“十三五”国家重点出版物出版规划项目
卓越工程能力培养与工程教育专业认证系列规划教材
（电气工程及其自动化、自动化专业）

数字电路与逻辑设计

万国春　编著

机 械 工 业 出 版 社

本书主要介绍了数字逻辑设计的基本理论和基本概念、数字电路分析方法、逻辑设计方法以及工程实践。全书内容安排由浅入深、循序渐进，理论结合实践，第 1 部分讲述数字逻辑设计基础，主要内容包括数字逻辑基础、逻辑代数；第 2 部分讲述数字电路基础，主要内容包括逻辑门电路、组合逻辑电路、时序逻辑与存储电路、脉冲波形产生与数-模转换电路；第 3 部分讲述逻辑设计方法，包括硬件描述语言 VHDL、数字逻辑设计基础、数字系统设计与 FPGA。本书注重前后内容的连贯性，注重理论联系实际，紧跟数字电子系统技术的最新发展，强调新技术的使用以及分析问题和解决问题的能力培养。

本书借鉴了国内外经典教材和最新的相关专业文献，内容精练、实例丰富，应用性强，可作为高等学校电子信息类专业、电气信息类专业、计算机类专业的基础课教材，也可供相关专业科技人员参考。

图书在版编目（CIP）数据

数字电路与逻辑设计/万国春编著. —北京：机械工业出版社，2019.7（2023.4 重印）

“十三五”国家重点出版物出版规划项目　卓越工程能力培养与工程教育专业认证系列规划教材. 电气工程及其自动化、自动化专业

ISBN 978-7-111-62452-3

Ⅰ.①数…　Ⅱ.①万…　Ⅲ.①数字电路-逻辑设计-高等学校-教材
Ⅳ.①TN79

中国版本图书馆 CIP 数据核字（2019）第 063759 号

机械工业出版社（北京市百万庄大街 22 号　邮政编码 100037）
策划编辑：路乙达　责任编辑：路乙达　张珂玲　王小东
责任校对：郑　婕　封面设计：鞠　杨
责任印制：张　博
北京雁林吉兆印刷有限公司印刷
2023 年 4 月第 1 版第 2 次印刷
184mm×260mm · 25.5 印张 · 632 千字
标准书号：ISBN 978-7-111-62452-3
定价：59.80 元

电话服务	网络服务
客服电话：010-88361066	机　工　官　网：www.cmpbook.com
010-88379833	机　工　官　博：weibo.com/cmp1952
010-68326294	金　书　网：www.golden-book.com
封底无防伪标均为盗版	机工教育服务网：www.cmpedu.com

前　言

现代科学技术发展日新月异，数字技术已经成为新技术发展的一个重要标志。数字电路除了不能用于模拟信号采集、微弱信号放大和高频功率放大等局部领域外，它在电子科学、通信、计算机、自动控制领域的应用越来越广泛，随着数字技术的普及、大数据科学和人工智能的快速发展和应用，数字技术已成为微电子、计算机科学和自动控制领域中不可缺少的专业基础知识和技术。

随着微电子技术的不断进步，数字电路与逻辑系统分析与设计也在快速进步与发展，一般数字系统设计普遍在可编程逻辑器件上进行，设计方法从传统的单纯硬件设计，发展到用计算机软硬件辅助设计，本书的内容注重适应数字电路与系统分析和设计技术的发展，适应新一代电子通信人才培养的需要，同时也注重与本书相关课程内容的前后连贯性，突出数字逻辑电路的基础理论、分析方法和设计方法，加强设计例题分析和应用方面的介绍。

全书共分为 3 部分 9 章。第 1 部分为数字逻辑设计基础，第 2 部分为数字电路基础，第 3 部分为逻辑设计方法。具体而言，本书第 1 章介绍了几种常用的数制和数制转换、二进制算术运算、几种常用编码。第 2 章分析了逻辑代数中的基本运算和基本定理、逻辑函数及其描述方法、卡诺图与奎恩-麦克拉斯基化简方法、具有无关项的逻辑函数及其化简、多输出逻辑函数的化简与逻辑函数形式的变换。第 3 章介绍了数字逻辑抽象、半导体开关器件及其门电路分析、CMOS 和 TTL 门电路、NMOS 和 PMOS 晶体管以及未来半导体技术可能的发展方向。第 4 章介绍了组合逻辑电路的分析方法和基本设计方法、组合逻辑电路模块和时序问题等。第 5 章介绍了锁存器与触发器的组成和结构，分析了时序逻辑电路和常用的时序逻辑电路模块、时序逻辑电路的设计方法以及“竞争-冒险”、ROM 和 RAM 的结构和工作原理等。第 6 章介绍了脉冲波形产生电路、D-A 转换器、A-D 转换电路的结构和工作原理等。第 7 章介绍了 VHDL 结构体的描述方式、结构体的子结构形式、顺序语句和并发语句、VHDL 中的信号和信号处理等。第 8 章讲述了组合逻辑电路和时序电路的 VHDL 设计方法、有限状态机的 VHDL 设计，分析了多边沿触发问题。第 9 章介绍了基于 FPGA 的数字系统设计过程和方法，以及典型的数字系统综合实验。

本书内容全面系统，除介绍数字电路和逻辑设计方法之外，还结合基础项目实践案例，让读者了解数字电路的相关基础理论以及数字逻辑设计方法，帮助读者逐步掌握数字系统设计的基本方法，以满足未来课程基础要求。本书许多逻辑符号采用的国际上流行的符号，因此在书末附上了逻辑符号国外与国标对照表。

本书可作为高等院校电子信息类、电气信息类和计算机类专业教材，也可作为相关专业教师、科研人员及数字集成电路设计工程师的学习参考资料。

本书在写作过程中，得到了同济大学电子科学与技术系教师的许多宝贵的修改意见，对于他们的帮助和支持，编者在此表示衷心的感谢！

特别感谢课题组的刘雯静、陈晨晨、李蒙蒙、唐令怡、邝永康、周健及陈怡等研究生，他们在专业技术资料收集、整理、案例分析和验证等方面做了大量卓有成效的专业技术工作。

由于编者水平有限，书中具体内容可能有疏漏、欠妥和错误之处，恳请各界读者多加指正，以便今后不断改进。

编　者

目　录

第3部分　逻辑设计方法

第 1 部分

数字逻辑设计基础

第1章 数字逻辑基础

1.1 几种常用的数制和数制转换

在自然界中，存在着各种各样的物理量，这些物理量可以分为两大类：数字量和模拟量。图 1.1.1 为一种常见的数字和模拟混合系统。该系统中，传感器采集自然界的物理量信号，模拟系统通过模-数转换器把模拟信号转换为数字信号，数字计算机对数字信息进行处理，包括存储、分析与控制。数-模转换器把需要输出的数字量转换为模拟控制信号，通过模拟系统输出给被控对象。

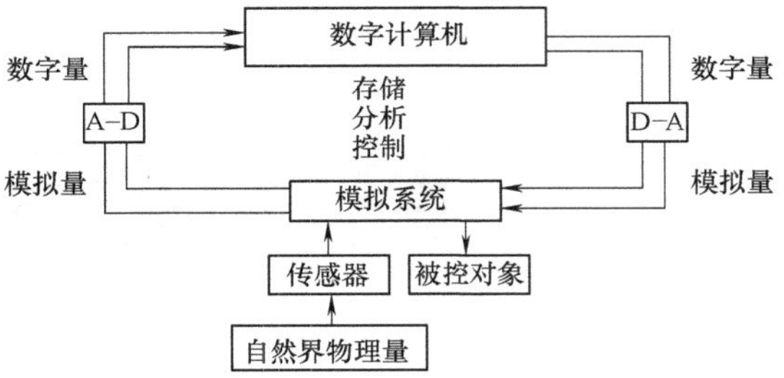

图 1.1.1 一种常见的数字和模拟混合系统

一般来说，在时间上和数量上都是离散的物理量称为数字量，表示数字量的信号叫数字信号，工作在数字信号下的电子电路叫数字电子电路。在时间上或数量上都是连续的物理量称为模拟量，表示模拟量的信号叫模拟信号，工作在模拟信号下的电子电路叫模拟电子电路。从图 1.1.1 系统中可以看出，与模拟信号相比，数字信号具有传输可靠、易于存储、抗干扰能力强、稳定性好等优点。因此，数字电子电路获得了越来越广泛的应用。

1.1.1 数字抽象

大部分的物理变量值都是连续的，例如正弦交流电压、模拟音频信号、振动的频率、物体位置的数值等都是连续的。而数字电子系统中使用离散变量（Discrete—Variables）来表示信息的变化。一般来说，离散变量是有限数目的不同离散值。

早期 Charles Babbage 的分析机（Analytical Engine）使用了具有 10 个离散变量的数字系统。从 1834 年到 1871 年，Babbage 一直在设计和尝试制作这种机械计算机。分析机使用从 0 号到 9 号 10 个齿轮表示 0 ~9 共 10 个数字，这很像汽车里的机械里程表。这种分析机中每一行表示一个数字，Babbage 使用了 25 行齿轮，因此这台机器的精度为 25 位数字。

与 Babbage 的机器不同的是，大部分电子计算机使用二进制数制，在正逻辑体制中，数字电子系统用高电平代表“1”，低电平代表“0”。这是因为半导体器件和电路的发展，很容易用电路中晶体管的导通和截止状态得到高电平和低电平输出。

一个有 N 个不同状态的离散变量的信息量（Amount of Information）D 由比特（bit）衡量，N 和 D 之间的关系是

$$D=\log_2 N \text{ bit} \tag{1-1}$$

一个二进制状态变量包含了 $\log_2 2=1$bit 的信息，事实上，bit 是 binary digit 的缩写。每一个 Babbage 的齿轮包含了 $\log_2{}^{10}=3.322$bit 的信息，这是因为它能够表示 $2^{3.322}=10$ 种不同状态的一种。

通常，在正逻辑体制中，规定高电平为逻辑“1”、低电平为逻辑“0”；在负逻辑体制中，规定低电平为逻辑“1”、高电平为逻辑“0”，本书中如果未加说明，则按照正逻辑体制分析与理解。

本书着重讲述使用二进制数码“1”和“0”表示的数字电子系统。英国科学家乔治·布尔（George Boole）于 19 世纪中叶提出布尔代数（Boolean Logic），又称为逻辑代数，它是一种针对二进制变量进行逻辑操作的系统，每个布尔变量都可以取值 TRUE 或 FALSE 中的一种。电子计算机普遍使用正电压代表“1”，使用零电压代表“0”。本书中使用的“1”与 TRUE 和 HIGH 具有同等的含义。

数字抽象（Digital Abstraction）的优势在于设计者可以只关注“0”和“1”，而忽略布尔变量的物理表示到底是特定电压，还是旋转的齿轮，或者是液体的高度。计算机编程人员可以不需要了解计算机硬件的细节就能工作。此外，对硬件细节的理解使得程序员可以针对特定计算机来优化软件。

1.1.2　十进制、二进制、八进制和十六进制

1. 数制

虽然计算机能极快地进行运算，但其内部并不像人类在实际生活中使用的是十进制数，而是使用只包含 0 和 1 两个数值的二进制数。当然，人们输入计算机的十进制数被转换成二进制数进行计算，计算后的结果又由二进制数转换成十进制数。数制也称计数制，是用一组固定的符号和统一的规则来表示数值的方法。人们通常采用的数制有二进制（Binary）、八进制（Octal）、十进制（Decimal）和十六进制（Hexadecimal），当然，在有些研究工作中，可以根据特殊应用需要自己定义 N 进制，如 $N=12$、$N=24$、$N=60$、$N=365$ 等。

数码是数制中表示基本数值大小的不同数字符号。例如，十进制有 10 个数码：0、1、2、3、4、5、6、7、8、9。表示数码中每一位的构成及进位的规则称为进位计数制，简称数制（Number system）。

一种数制中允许使用的数码个数称为该数制的基数。

数的一般展开式表示法如式（1-2）所示。

$$\begin{aligned} D&=(a_{n-1}a_{n-2}\cdots a_1a_0a_{-1}a_{-2}\cdots a_{-m})_R=\sum_{i=-m}^{n-1}a_i\times R^i \\ &=a_{n-1}\times R^{n-1}+a_{n-2}\times R^{n-2}+\cdots+a_0\times R^0+a_{-1}\times R^{-1}+\cdots+a_{-m}\times R^{-m} \end{aligned} \tag{1-2}$$

式中，n 是整数部分的位数；m 是小数部分的位数；a_i 是第 i 位的系数；R 是基数，R^i 称为第 i 位的权。

（1）十进制

十进制是人们日常生活中最熟悉的进位计数制。在十进制中，基数 R 为 10，它有 0、1、2、3、4、5、6、7、8、9 共 10 个有效数码，低位向相邻高位“逢十进一，借一为十”。十进制数一般用下标 10 或 D 表示，如 $(2018)_{10}$、$(2019)_D$。

（2）二进制

二进制是在计算机系统中采用的进位计数制。基数 R 为 2 的进位计数制称为二进制，它只有 0 和 1 两个有效数码，低位向相邻高位“逢二进一，借一为二”。二进制数一般用下标 2 或 B 表示，如 $(10101100)_2$、$(11110000)_B$ 等。

（3）八进制

基数 R 为 8 的进位计数制称为八进制，它有 0、1、2、3、4、5、6、7 共 8 个有效数码，低位向相邻高位“逢八进一，借一为八”。八进制数一般用下标 8 或 O 表示，如 $(722)_8$、$(713)_O$ 等。

（4）十六进制

十六进制是人们在计算机指令代码和数据的书写中经常使用的数制。在十六进制中，基数 R 为 16，十六进制有 0、1、2、3、4、5、6、7、8、9、A、B、C、D、E、F 共 16 个有效数码，低位向相邻高位“逢十六进一，借一为十六”。十六进制数一般用下标 16 或 H 表示，如 $(08EF)_{16}$、$(16DE)_H$ 等。

2. 不同数制间的转换

一个数可以表示为不同进制的形式。在日常生活中，人们习惯使用十进制数，而在计算机等设备中则使用二进制数和十六进制数，因此有时需要在不同数制之间进行转换。

（1）二—十转换

在求二进制数的等值十进制数时，将所有值为 1 的数位的位权相加即可。

[例 1.1.1] 将二进制数 $(10010001.11)_2$ 转换为等值的十进制数。

解： 二进制数 $(11001101.11)_2$ 各位对应的位权如下：

位权：2^7　2^6　2^5　2^4　2^3　2^2　2^1　2^0　2^{-1}　2^{-2}

二进制数 1　0　0　1　0　0　0　1 . 1　1 的等值十进制数为

$$2^7+2^4+2^0+2^{-1}+2^{-2}=128+16+1+0.5+0.25=(145.75)_D$$

（2）十—二转换

十—二转换采用除 2 取余法，即每次将整数部分除以 2，余数为该位权上的数，而商继续除以 2，余数又为上一个位权上的数，这个步骤一直持续下去，直到商为 0 为止，进行读数时候，从最后一个余数读起，一直到最前面的一个余数。将十进制数转换为二进制数时，要分别对整数部分和小数部分进行转换。

进行整数部分转换时，先将十进制整数除以 2，再对每次得到的商除以 2。直至商等于 0 为止。然后将各次余数按倒序写出来，即第一次的余数为二进制整数的最低有效位（LSB），最后一次的余数为二进制整数的最高有效位（MSB），所得数值即为等值二进制整数。

[例 1.1.2] 将 $(12)_D$ 转换为二进制数。

解：转换过程如下：

```
2 | 12    0
   2 | 6    0
      2 | 3   1
         1
```

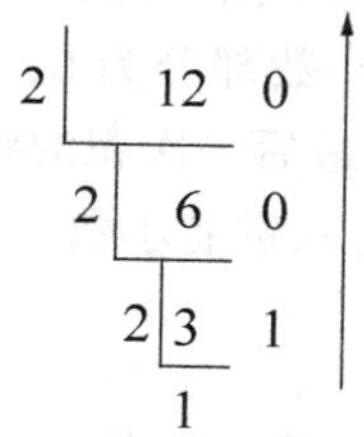

因此，对应的二进制整数为（1100）$_B$。

进行小数部分转换时，先将十进制小数乘以 2，积的整数作为相应的二进制小数，再对积的小数部分乘以 2。如此类推，直至小数部分为 0，或按精度要求确定小数值数。第一次积的整数为二进制小数的最高有效位，最后一次积的整数为二进制小数的最低有效位。

［**例 1.1.3**］　将（0.25）$_D$ 转换为二进制小数。

解：转换过程如下：

```
0.25×2=0.5
    0.5×2=1
```

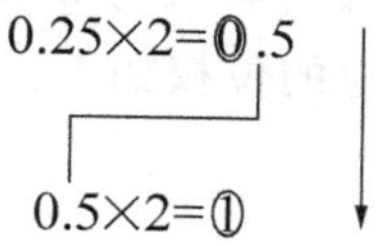

因此，对应的二进制小数为（0.01）$_B$。

（3）八—十转换

求八进制数的等值十进制数时，将各数位的值和相应的位权相乘，然后相加。

［**例 1.1.4**］　将八进制数（71.5）$_O$ 转换为等值的十进制数。

解：八进制数（71.5）$_O$，各位对应的位权如下：

位权：8^1　8^0　8^{-1}

八进制数：7　1.　5

等值十进制数为 $7×8^1+1×8^0+5×8^{-1}=7×8+1×1+5×0.125=(57.625)_D$

（4）十—八转换

将十进制数转换为八进制数时，要分别对整数部分和小数部分进行转换。

进行整数部分转换时，先将十进制整数除以 8，再对每次得到的商除以 8，直至商等于 0 为止。然后将各次余数按倒序写出来，即第一次的余数为八进制整数的最低有效位，最后一次的余数为八进制整数的最高有效位，所得数值即为等值八进制整数。

［**例 1.1.5**］　将（1225）$_D$ 转换为八进制数。

解：转换过程如下：

```
8 | 1225   1
   8 | 153   1
      8 | 19  3
```

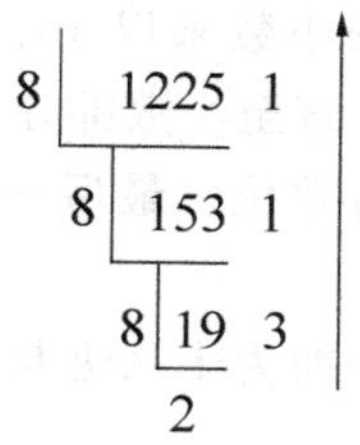

因此，对应的八进制整数为（2311）$_O$。

进行小数部分转换时，先将十进制小数乘以 8，积的整数作为相应的八进制小数，再对积的小数部分乘以 8。如此类推，直至小数部分为 0，或按精度要求确定小数位数。第一次积的整数为八进制小数的最高有效位，最后一次积的整数为八进制小数的最低有效位。

[例 1.1.6]　将（0.1875）$_D$转换为八进制小数。

解：转换过程如下：

$0.1875\times8=①.5$

$0.5\times8=④$

因此，对应的八进制小数为（0.14）$_O$。

（5）十六—十转换

求十六进制数的等值十进制数时，将各数位的值和相应的位权相乘，然后相加即可。

[例 1.1.7]　将十六进制数（1B.A）$_H$转换为等值的十进制数。

解：十六进制数（1B.A）$_H$各位对应的位权如下：

位权：16^1　16^0　16^{-1}

十六进制数：1　B.　A

等值十进制数为

$$1\times16^1+11\times16^0+10\times16^{-1}=1\times16+11\times1+10\times0.0625=(27.625)_D$$

（6）十—十六转换

将十进制数转换为十六进制数时，要分别对整数部分和小数部分进行转换。

进行整数部分转换时，先将十进制整数除以 16，再对每次得到的商除以 16，直至商等于 0 为止。然后将各次余数按倒序写出来，即第一次的余数为十六进制整数的最低有效位，最后一次的余数为十六进制整数的最高有效位，所得数值即为等值十六进制整数。

[例 1.1.8]　将（386）$_D$转换为十六进制数。

解：转换过程如下：

16 | 386　2

16 | 24　8

1

因此，对应的十六进制整数为（182）$_H$。

进行小数部分转换时，先将十进制小数乘以 16，积的整数作为相应的十六进制小数，再对积的小数部分乘以 16。如此类推，直至小数部分为 0，或按精度要求确定小数位数。第一次积的整数为十六进制小数的最高有效位，最后一次积的整数为十六进制小数的最低有效位。

[例 1.1.9]　将（0.62890625）$_D$转换为十六进制数。

解：转换过程如下：

$$0.62890625\times16=⑩.0625$$

$$0.0625\times16=①$$

因此，对应的十六进制小数为（0. A1）$_H$。

（7）二—八转换

将二进制数转换为八进制数时，整数部分自右往左每 3 位划为一组，最后剩余不足 3 位时在左面补 0；小数部分自左往右每 3 位划为一组，最后剩余不足 3 位时在右面补 0；然后将每一组用 1 位八进制数代替。

［例 1.1.10］ 将二进制数（100110011. 110）$_B$转换为八进制数。

解：转换过程如下：

二进制数 100 110 011 . 110

八进制数 4 6 3 . 6

因此，对应的八进制数为（463. 6）$_O$。

（8）八—二转换

将八进制数转换为二进制数时，将每位八进制数展开成 3 位二进制数即可。

［例 1.1.11］ 将八进制数 365. 23$_O$转换为二进制数。

解：转换过程如下：

八进制数 3 6 5. 2 3

二进制数 011 110 101.010 011

因此，对应的二进制数为（11110101. 010011）$_B$。

（9）二—十六转换

将二进制数转换为十六进制数时，整数部分自右往左每 4 位划为一组，最后剩余不足 4 位时在左面补 0；小数部分自左往右每 4 位划为一组，最后剩余不足 4 位时在右面补 0；然后将每一组用 1 位十六进制数代替。

［例 1.1.12］ 将二进制数（100111010001. 1100）$_B$转换为十六进制数。

解：转换过程如下：

二进制数 1001 1101 0001.1100

十六进制数 9 D 1. C

因此，对应的十六进制数为（9D1. C）$_H$。

（10）十六—二转换

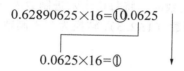

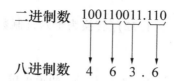

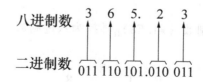

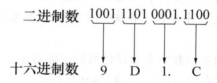

将十六进制数转换为二进制数时，将每位十六进制数展开成 4 位二进制数即可。

[例 1.1.13] 将十六进制数（1A2.3）$_H$转换为二进制数。

解：转换过程如下：

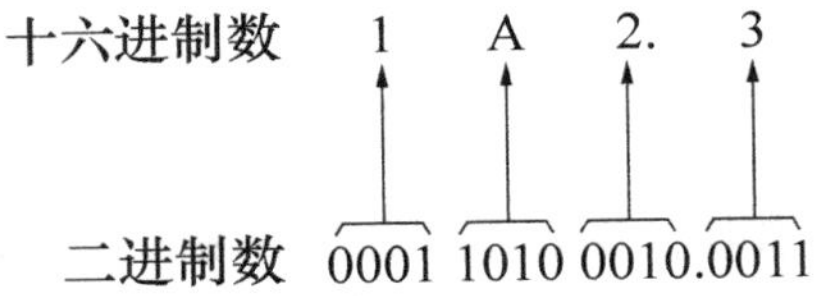

因此，对应的二进制数为（110100010.0011）$_B$。

（11）八—十六转换

将八进制数转换为十六进制数时，先将八进制数转换为二进制数，再将所得的二进制数转换为十六进制数。

[例 1.1.14] 将八进制数（361.72）$_O$转换为十六进制数。

解：转换过程如下：

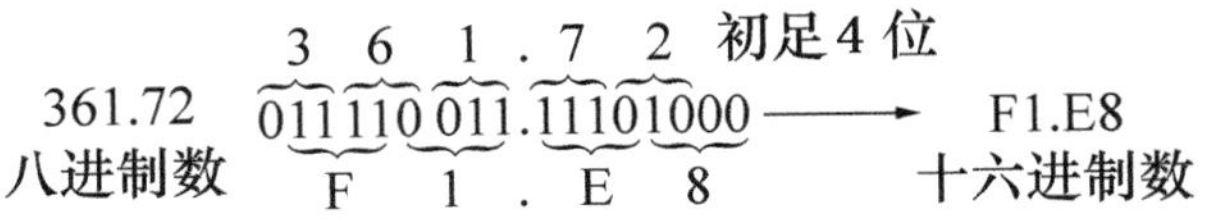
3 6 1 . 7 2 初足4 位
361.72
八进制数
011110011.11101000
F 1 . E 8
F1.E8
十六进制数

因此，对应的十六进制数为（F1.E8）$_H$。

（12）十六—八转换

将十六进制数转换为八进制数时，先将十六进制数转换为二进制数，再将所得的二进制数转换为八进制数。

[例 1.1.15] 将十六进制数（F1.E8）$_H$转换为八进制数。

解：转换过程如下：

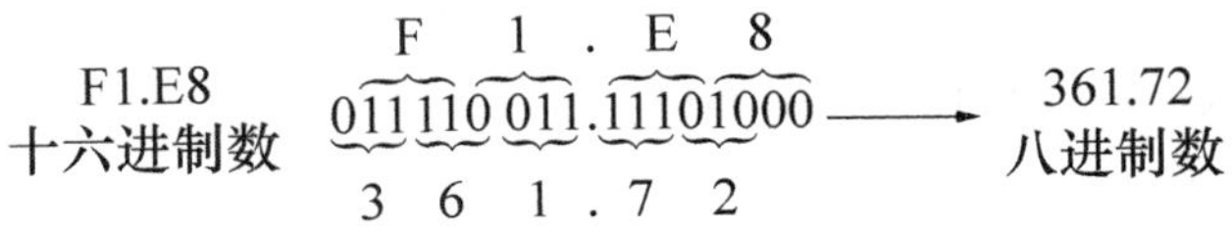

因此，对应的八进制数为（361.72）$_O$。

1.1.3 字节

字节（Byte）是计算机信息技术中用于计量存储容量的一种计量单位，也在一些计算机编程语言中表示数据类型和语言字符。字节是指一小组相邻的二进制数码。通常是 8 位作为一个字节。它是构成信息的一个小单位，作为一个整体来参加操作，比字小，是构成字的单位。

在微型计算机中，通常用字节数来表示存储器的存储容量。在不同的编码方式下，英文字母和中文汉字会占用不同的存储空间。比如，ASCII 码：一个英文字母（不分大小写）占一个字节的空间，一个中文汉字占两个字节的空间。一个二进制数字序列，在计算机中作为一个数字单元，一般为 8 位二进制数，换算为十进制数后，最小值为 0，最大值为 255，如一个 ASCII 码就是一个字节。UTF-8 编码：一个英文字母等于一个字节，一个中文汉字（含繁体）等于三个字节。Unicode 编码：一个英文字母等于两个字节，一个中文汉字（含繁体）等于两个字节。

数据存储是以“字节”（Byte）为单位，数据传输大多是以“位”（bit，又名“比特”）为单位，1 位就代表一个“0”或“1”（即二进制数），每 8 位（bit，简写为 b）组成一个字节（Byte，简写为 B），是最小一级的信息单位。数字电子系统中存储容量的字节单位和换算如表 1.1.1 所示。

表 1.1.1　数字电子系统中存储容量的字节单位和换算

中文单位	中文简称	英文单位	英文简称	进率（Byte=）
位	比特	bit	b	0.125
字节	字节	Byte	B	1
千字节	千字节	Kilo Byte	KB	2^{10}
兆字节	兆	Mega Byte	MB	2^{20}
吉字节	吉	Giga Byte	GB	2^{30}
太字节	太	Trillion Byte	TB	2^{40}
拍字节	拍	Peta Byte	PB	2^{50}
艾字节	艾	Exa Byte	EB	2^{60}
泽字节	泽	Zetta Byte	ZB	2^{70}
尧字节	尧	Yotta Byte	YB	2^{80}
千亿亿亿字节	千亿亿亿字节	Bront Byte	BB	2^{90}
百万亿亿亿字节	百万亿亿亿字节	Nona Byte	NB	2^{100}
十亿亿亿亿字节	十亿亿亿亿字节	Dogga Byte	DB	2^{110}
万亿亿亿亿字节	万亿亿亿亿字节	Corydon Byte	CB	2^{120}

1.2　二进制算术运算

1.2.1　二进制加法和有符号的二进制数

1. 二进制数的运算

电子计算机具有强大的运算能力，它可以进行两种运算：算术运算和逻辑运算。在数字电子电路中，0 和 1 表示逻辑状态，当用于表示数量的大小时，可以进行算术运算。

（1）二进制算数运算特点

当两个二进制数码表示两个数量大小时，它们之间可以进行数值运算，这种运算称为算术运算。二进制算术运算和十进制算术运算的规则基本相同，唯一的区别在于二进制数是“逢二进一”而不是十进制数的“逢十进一”。

与十进制数的算术运算相比，二进制数的算术运算特点是：

1）运算的规则类似。

2）进位和借位规则不同（逢二进一，借一当二）

在数字电子系统中实现二进制数的加、减、乘、除运算，算法上，可以用加法器和移位寄存器这两种操作实现，这样做有利于简化数字电子电路。因此，在数字电子电路中普遍采用二进制算术运算。

(2) 二进制数加法

运算规则：0+0=0，0+1=1，1+1=10（向高位进一）——逢二进一

[例 1.2.1] 计算二进制数 1010 和 0101 的和。

解：计算过程如下：

$$\begin{array}{r} 1\ 0\ 1\ 0 \\ +\ 0\ 1\ 0\ 1 \\ \hline 1\ 1\ 1\ 1 \end{array}$$

因此，结果为 1111。

(3) 二进制数减法

运算规则：0-0=0，1-1=0，1-0=1，0-1=11（向高位借一）——借一当二

[例 1.2.2] 计算二进制数 1010 和 0101 的差。

解：计算过程如下：

$$\begin{array}{r} 1\ 0\ 1\ 0 \\ -\ 0\ 1\ 0\ 1 \\ \hline 0\ 1\ 0\ 1 \end{array}$$

因此，结果为 0101。

(4) 二进制数乘法

由左移被乘数（或零）与加法运算构成。

[例 1.2.3] 计算二进制数 1010 和 0101 的积。

解：计算过程如下：

$$\begin{array}{r} 1\ 0\ 1\ 0 \\ \times\ 0\ 1\ 0\ 1 \\ \hline 1\ 0\ 1\ 0 \\ 0\ 0\ 0\ 0\ \ \ \\ 1\ 0\ 1\ 0\ \ \ \ \ \ \\ 0\ 0\ 0\ 0\ \ \ \ \ \ \ \ \ \ \\ \hline 1\ 1\ 0\ 0\ 1\ 0 \end{array}$$

因此，结果为 110010。

(5) 二进制数除法

由右移被除数与减法运算构成。

[例 1.2.4] 计算二进制数 1010 和 111 之商。

解：计算过程如下：

$$\begin{array}{r} 1.0\ 1\ 1 \\ 111\,\big)\ 1\ 0\ 1\ 0\ \ \ \ \ \ \ \ \ \\ 1\ 1\ 1\ \ \ \ \ \ \ \ \ \ \ \\ \hline 1\ 1\ 0\ 0\ \ \ \ \\ 1\ 1\ 1\ \ \ \\ \hline 1\ 0\ 1\ 0 \\ 1\ 1\ 1 \\ \hline 1\ 1 \end{array}$$

因此，结果为 1.011…

总结上述例题，可以看到二进制算术运算有两个特点，即二进制数的乘法运算可以通过若干次的“被乘数（或零）左移 1 位”和“被乘数（或零）与部分积相加”这两种操作完成；而二进制数的除法运算能通过若干次的“除数右移 1 位”和“从被除数或余数中减去除数”这两种方法完成。

如果再能设法将减法操作转化为某种形式的加法操作，那么加、减、乘、除运算就全部可以用“移位”和“相加”两种操作实现了。利用上述特点能使运算电路的结构大为简化，这也是数字电子电路中普遍采用二进制算术运算的重要原因之一。

2. 有符号的二进制数

数字电子电路在进行二进制数值运算时，必须能同时处理正数和负数。带符号位的二进制数含有符号和数值信息。符号位指明这个数是正数还是负数，而数值就是该数的值。在二进制中，带符号数有三种表达方式：原码、反码和补码；非整数及非常大或非常小的数可以用浮点格式来表示。

带符号的二进制数最左边的一位是符号位，用来指明这个数是正数还是负数。符号位 0 表示正数，1 表示负数。数值位对正数和负数来说都是二进制原码（非补码）。例如，十进制数+25 表示为符号数值的形式就是一个 8 位带符号的二进制数，即

00011001

符号位 数值位

十进制数−25 表示为

10011001

注意+25 和−25 之间的唯一区别是符号位，因为对于正数和负数来说，数值位都属于二进制原码。

1.2.2 原码、反码、补码及其运算

1. 原码

原码指“符号位”+“真值的绝对值”，通常也是人脑最容易理解和计算的表示方式，即用第一位表示符号，其余位表示值。比如，对 8 位二进制数：

$$[+1]_{原码}=(0\ 000\ 0001)_B$$

$$[-1]_{原码}=1\ 000\ 0001$$

第一位是符号位。因为第一位是符号位，所以 8 位二进制数的取值范围就是：[1111 1111，0111 1111]，即十进制的 [−127，127]。

[例 1.2.5] 当机器字长为 8 位二进制数时：

$$X=+1011011，[X]_{原码}=01011011$$

$$Y=-1011011，[Y]_{原码}=11011011$$

$$[+1]_{原码}=00000001，[-1]_{原码}=10000001$$

$$[+127]_{原码}=01111111，[127]_{原码}=11111111$$

原码表示的整数范围是：$-(2^n-1)\sim 2^n-1$，关于零点对称，中间对于 0 存在+0 和−0 两

种表示形式，其中 n 为字长。因此，8 位二进制原码表示的整数范围是−127～+127，16 位二进制原码表示的整数范围是−32767～+32767。

2. 反码

反码的表示方法是：正数的反码是其本身，负数的反码是在其原码的基础上，符号位不变，其余各位取反。

$$[+1]=[00000001]_{原码}=[00000001]_{反码}$$

$$[-1]=[10000001]_{原码}=[11111110]_{反码}$$

可见如果一个反码表示的是负数，人脑无法直观地看出它的数值。通常要将其转换成原码再计算。

[例 1.2.6] 当字长为 8 位二进制数时：

$$X=+1011011,\ [X]_{原码}=01011011,\ [X]_{反码}=01011011$$

$$Y=-1011011,\ [Y]_{原码}=11011011,\ [Y]_{反码}=10100100$$

$$[+1]_{反码}=00000001,[-1]_{反码}=11111110$$

$$[+127]_{反码}=01111111,[-127]_{反码}=10000000$$

负数的反码与负数的原码有很大的区别，反码通常用作求补码过程中的中间形式。反码表示的整数范围与原码相同。

3. 补码（Complement）

补码的表示方法是：正数的补码就是其本身，负数的补码是在其原码的基础上，符号位不变，其余各位取反（求反码），最后+1。

$$[+1]=[00000001]_{原码}=[00000001]_{反码}=[00000001]_{补码}$$

$$[-1]=[10000001]_{原码}=[11111110]_{反码}=[11111111]_{补码}$$

[例 1.2.7] （1）$X=+1011011$，（2）$Y=-1011011$

（1）根据定义有：$[X]_{原码}=(01011011)_B$，$[X]_{反码}=(01011011)_B$，$[X]_{补码}=(01011011)_B$

（2）根据定义有：$[Y]_{原码}=(11011011)_B$，$[Y]_{反码}=(10100100)_B$，$[Y]_{补码}=(10100101)_B$

补码表示的整数范围是 $-2^n \sim 2^n-1$，不对称的原因在于，补码里的 0 只有一种表示。多余的一个离散状态在二进制整数中是 -2^n，其中 n 为字长。因此，8 位二进制补码表示的整数范围是−128～+127（−128 表示为二进制数 10000000，无对应的原码和反码）；16 位二进制补码表示的整数范围是−32768～+32767。

当运算结果超出这个范围时，就不能正确表示数了，此时称为溢出。

补码的设计目的是：

1）使符号位能与有效值部分一起参加运算，从而简化运算规则。

2）使减法运算转换为加法运算，进一步简化数字电子电路。

对于负数，补码表示方式也是人脑无法直观看出其数值的，通常也需要转换成原码再计算其数值。

表 1.2.1 是带符号位的 3 位二进制数原码、反码和补码的对照表。其中规定用 1000 作为（−8）的补码，而不用来表示−0。

表 1.2.1　原码、反码和补码对照表

十进制数	二进制数		
	原码(带符号数)	反码	补码
+7	0111	0111	0111
+6	0110	0110	0110
+5	0101	0101	0101
+4	0100	0100	0100
+3	0011	0011	0011
+2	0010	0010	0010
+1	0001	0001	0001
+0	0000	0000	0000
−0	1000	1111	—
−1	1001	1110	1111
−2	1010	1101	1110
−3	1011	1100	1101
−4	1100	1011	1100
−5	1101	1010	1011
−6	1110	1001	1010
−7	1111	1000	1001
−8	1000	—	1000

在计算机系统中，数值一律用补码来表示和存储。其主要原因在于使用补码可以将符号位和数值域统一处理；同时，加法和减法也可以统一处理。此外，补码与原码相互转换，其运算过程是相同的，不需要额外的硬件电路。

4. 补码和真值之间的转换

正数补码的真值等于补码本身，负数补码转换为其真值时，将负数补码按位求反，末位加 1，即可得到该负数补码对应的真值的绝对值。

[例 1.2.8]　$[X]_{补码}=(01011001)_B$，$[Y]_{补码}=(11011001)_B$，分别求其真值。

解：(1) $[X]_{补码}$代表的数是正数，其真值

$$X=+(1011001)_B$$
$$=+(1\times2^6+1\times2^4+1\times2^3+1\times2^0)_D$$
$$=+(64+16+8+1)_D$$
$$=+(89)_D$$

(2) $[Y]_{补码}$代表的数是负数，则真值

$$Y=-([1011001]求反+1)_B$$
$$=-(0100110+1)_B$$
$$=-(0100111)_B$$
$$=-(1\times2^5+1\times2^2+1\times2^1+1\times2^0)_D$$
$$=-(32+4+2+1)_D$$
$$=-(39)_D$$

5. 加法的符号位讨论

[例 1.2.9] 用二进制补码运算求出 12+10、12-10、-12+10、-12-10

解： 由于 12+10 和-12-10 的绝对值为 22，所以必须用 5 位有效数字的二进制数进行表示，加上 1 位符号位，就得到 8 位二进制补码。

通过补码定义，+12 的二进制补码为 001100，-12 的二进制补码为 110100，+10 的二进制补码为 001010，-10 的二进制补码为 110110。计算结果为

$$
\begin{array}{rl}
+12 & 0\ 01100 \\
+10 & 0\ 01010 \\
\hline
+22 & 0\ 10110
\end{array}
\qquad
\begin{array}{rl}
+12 & 0\ 01100 \\
-10 & 1\ 10110 \\
\hline
+2 & 0\ 00010
\end{array}
$$

$$
\begin{array}{rl}
-12 & 1\ 10100 \\
+10 & 0\ 01010 \\
\hline
-2 & 1\ 11110
\end{array}
\qquad
\begin{array}{rl}
-12 & 1\ 10100 \\
-10 & 1\ 10110 \\
\hline
-22 & 1\ 01010
\end{array}
$$

由上例可得，二进制在加法运算中，将两个加数的符号位和来自最高位的数字位的进位相加，其结果即为和的符号。

此外，需要注意的是，将两个加数的符号位和来自最高位数字位的进位相加，结果就是和的符号；同时，在两个同符号数相加时，绝对值之和要小于有效数字位所能表示的最大值，避免产生溢出。

1.3 几种常用编码

在数字系统中，将若干个二进制数码 0 和 1 按一定规则排列起来表示某种特定含义的代码称为二进制代码（Code），简称二进制码。代码可以分为数字型和字符型码，有权和无权码。数字型代码用来表示数字的大小，字符型代码用来表示不同的符号或事物。有权代码的每一数值都定义相应的位权，无权代码的数位没有定义相应的位权。下面介绍几种常用的代码。

1.3.1 几种常见的二—十进制代码

为了将十进制码转换为二进制码，根据规则，二进制码至少要有 4 位。4 位二进制码从 0000 到 1111 一共有 16 个，在这里仅取前 10 个与 0~9 相对应来说明下列常见的几种 BCD 码的特点以及编码规则，如表 1.3.1 所示。

表 1.3.1 几种常见的 BCD 码

十进制数	8421 码	2421(A)码	2421(B)码	5421 码	余 3 码
0	0000	0000	0000	0000	0011
1	0001	0001	0001	0001	0100
2	0010	0010	0010	0010	0101
3	0011	0011	0011	0011	0110
4	0100	0100	0100	0100	0111
5	0101	0101	1011	1000	1000

（续）

十进制数	8421 码	2421(A)码	2421(B)码	5421 码	余 3 码
6	0110	0110	1100	1001	1001
7	0111	0111	1101	1010	1010
8	1000	1110	1110	1011	1011
9	1001	1111	1111	1100	1100

8421 码又称 BCD 码（Binary-Coded Decimal），亦称二进制码十进数或二—十进制代码，用 4 位二进制数来表示 1 位十进制数中的 0~9 这 10 个数码，是一种二进制的数字编码形式。它是一种有权码，4 位的权值自左至右依次为 8、4、2、1，是用二进制编码的十进制代码。这种编码形式用每 4 个位元来储存一个十进制的数码，使二进制和十进制之间的转换得以快捷地进行。

余 3 码的编码规则与 8421 码不同，它的数值比十进制数码多 3，即需要将 8421 码的数值加上 0011，故这种代码称为余 3 码。从表 1.3.1 中可以看出，余 3 码的 0 和 9、1 和 8、2 和 7、3 和 6、4 和 5 互为反码。

2421（A）和 2421（B）码是一种恒权代码，恒权代码是指任何两个十进制数位，采用这三种编码的任何一种编码，它们相加之和等于或大于 10 时，其结果的最高位向左产生进位，小于 10 时则不产生进位，这一特点有利于实现“逢十进位”的计数和加法规则。2421（B）码中的 0 和 9、1 和 8、2 和 7、3 和 6、4 和 5 互为反码，这个特点与上述的余 3 码相似。

5421 码与 2421 码相似，也是一种恒权代码。

1.3.2　格雷码

在一组数的编码中，若任意两个相邻的代码只有 1 位二进制数不同，则称这种编码为格雷码（Gray Code）；另外，由于最大数与最小数之间也仅 1 位数不同，即“首尾相连”，因此又称循环码或反射码。

格雷码是一种无权循环码，它的特点是：相邻项或对称项只有 1 位不同。表 1.3.2 列出了十进制数 0~9 的 4 位格雷码。在数字电子系统中，常要求代码按一定顺序变化。例如，按自然数递减计数，若采用 8421 码，则数 1000 变到 0111 时 4 位均要变化。在实际电路中，4 位的变化不可能绝对同步发生，而可能在计数中出现短暂的其他代码（1001、1100 等），即过渡“干扰项”。在特定情况下，这可能导致电路状态错误或输入错误。而使用格雷码可以避免这种错误，这也是格雷码的最大优点。

表 1.3.2　4 位格雷码

十进制数	格雷码	十进制数	格雷码
0	0000	5	0111
1	0001	6	0101
2	0011	7	0100
3	0010	8	1100
4	0110	9	1101

1.3.3　ASCII 码

ASCII 码，即美国信息交换标准代码（American Standard Code for Information

Interchange)，见表 1.3.4，是目前国际上广泛采用的一种字符码。ASCII 码使用指定的 7 位或 8 位二进制数组合来表示 128 或 256 种可能的字符。标准 ASCII 码也叫基础 ASCII 码，使用 7 位二进制数来表示所有的大写和小写字母、数字 0~9、标点符号以及在美式英语中使用的特殊控制字符，如表 1.3.3 和表 1.3.4 所示。

表 1.3.3　部分 ASCII 码中控制码的含义

代码	含义	代码	含义	代码	含义
NUL	空	VT	垂直制表	SYN	空转同步
SOH	标题开始	FF	走纸控制	ETB	信息组传送结束
STX	正文开始	CR	回车	CAN	作废
ETX	正文结束	SO	移位输出	EM	纸尽
EOY	传输结束	SI	移位输入	SUB	换置
ENQ	询问字符	DLE	空格	ESC	换码
ACK	承认	DC1	设备控制 1	FS	文字分隔符
BEL	报警	DC2	设备控制 2	GS	组分隔符
BS	退一格	DC3	设备控制 3	RS	记录分隔符
HT	横向列表	DC4	设备控制 4	US	单元分隔符
LF	换行	NAK	否定	DEL	删除

表 1.3.4　美国信息交换标准代码（ASCII）

ASCII	控制字符	ASCII	控制字符	ASCII	控制字符	ASCII	控制字符
0	NUT	32	(space)	64	@	96	、
1	SOH	33	!	65	A	97	a
2	STX	34	”	66	B	98	b
3	ETX	35	#	67	C	99	c
4	EOT	36	$	68	D	100	d
5	ENQ	37	%	69	E	101	e
6	ACK	38	&	70	F	102	f
7	BEL	39	,	71	G	103	g
8	BS	40	(	72	H	104	h
9	HT	41	)	73	I	105	i
10	LF	42	*	74	J	106	j
11	VT	43	+	75	K	107	k
12	FF	44	,	76	L	108	l
13	CR	45	-	77	M	109	m
14	SO	46	.	78	N	110	n
15	SI	47	/	79	O	111	o
16	DLE	48	0	80	P	112	p
17	DCI	49	1	81	Q	113	q
18	DC2	50	2	82	R	114	r
19	DC3	51	3	83	X	115	s
20	DC4	52	4	84	T	116	t
21	NAK	53	5	85	U	117	u
22	SYN	54	6	86	V	118	v
23	TB	55	7	87	W	119	w
24	CAN	56	8	88	X	120	x
25	EM	57	9	89	Y	121	y
26	SUB	58	:	90	Z	122	z
27	ESC	59	;	91	[	123	{
28	FS	60	<	92	/	124	|
29	GS	61	=	93	]	125	}
30	RS	62	>	94	^	126	~
31	US	63	?	95	—	127	DEL

1.3.4　奇偶校验码

奇偶校验码是一种增加二进制传输系统最小距离的简单和广泛采用的方法。它是一种通过增加冗余位使得码字中“1”的个数恒为奇数或偶数的编码方法，也是一种检错码。如果它的码元有奇数个“1”，就称为具有奇性。例如，码字“10101110”有 5 个“1”，因此这个码字具有奇性。同理，偶性码字具有偶数个“1”。在实际使用时又可分为垂直奇偶校验、水平奇偶校验和水平垂直奇偶校验等几种。

1.3.5　量子编码

量子编码（Quantum Coding）是量子通信中的编码方式。量子编码是用一些特殊的量子态来表示量子比特，以达到克服消相干的目的。量子编码有量子纠错码、量子避错码和量子防错码三种形式。

量子信息科学是一门新兴的交叉学科，其主要利用微观粒子作为载体，凭借着量子力学所特有的一些性质：不确定性、相干性、纠缠等，可以完成一些经典的通信、计算、密码学无法实现的任务。近年来，量子信息论不管是在理论上，还是实验上都取得了许多激动人心的进展，显示出经典信息无法比拟的优势，打破了传统的信息沟通、密码使用和计算的限制。

1.3.6　赫夫曼编码

赫夫曼编码（Huffman Coding），又称霍夫曼编码，是可变字长编码（VLC）的一种。Huffman 于 1952 年提出了一种编码方法，该方法完全依据字符出现概率来构造异字头的平均长度最短的码字，有时称之为最佳编码，一般就叫作 Huffman 编码。

众所周知，在计算机中，数据的存储和加工都是以字节作为基本单位的。一个西文字符要通过一个字节来表达，而一个汉字就要用两个字节来表达。把每一个字符都通过相同的字节数来表达的编码形式称为定长编码。以西文字符为例，例如要在计算机中存储这样的一句话：I am a teacher，就需要 15 个字节，也就是用 120 个二进制位的数据来实现。与这种定长编码不同的是，赫夫曼编码是一种变长编码。它根据字符出现的概率来构造平均长度最短的码字。换句话说，如果一个字符在一段文档中出现的次数多，它的编码就相应的短，如果一个字符在一段文档中出现的次数少，它的编码就相应的长。当编码时，各码字的长度严格按照对应符号出现的概率大小进行逆序排列时，则编码的平均长度是最小的。这就是赫夫曼编码实现数据压缩的基本原理。要想得到一段数据的赫夫曼编码，需要用到以下三个步骤。

第一步：扫描需编码的数据，统计原数据中各字符出现的概率。

第二步：利用得到的概率值创建赫夫曼树。

第三步：对赫夫曼树进行编码，并把编码后得到的码字存储起来。

习　题

1-1　将下列十进制数转换为二进制数、八进制数和十六进制数。

（1）$(25)_{10}$　（2）$(121)_{10}$　（3）$(12.75)_{10}$　（4）$(3.25)_{10}$

1-2　将下列二进制数转换为十进制数、八进制数和十六进制数。

(1) $(1010)_2$　　(2) $(111001)_2$　　(3) $(110.101)_2$　　(4) $(110011.1101)_2$

1-3　将二进制数 110111.0101 和 1001101.101 分别转换成十进制数、八进制数和十六进制数。

1-4　将十进制数 3692 转换成二进制数及 8421 码。

1-5　数码 100010010011 作为二进制数或 8421 码时，相应的十进制数各为多少?

1-6　求 10110010 的补码。

1-7　确定下列以反码表示的带符号二进制数的十进制值。

(1) 00010111　　(2) 11101000

1-8　确定下列以补码表示的带符号的二进制数的十进制值。

(1) 01010110　　(2) 1010101010

1-9　符号数相加：01000100/00011011/00001110 和 00010010。

1-10　完成下面带符号数的减法运算。

(1) 00001000-00000011　　(2) 00001100-11110111

(3) 11100111-00010011　　(4) 10001000-11100010

第2章 逻辑代数

2.1 逻辑代数中的基本运算

在第 1 章提及的逻辑代数又称为布尔代数，是由英国数学家乔治·布尔（George Boole）于 1849 年提出的。它是分析和设计现代数字逻辑电路不可缺少的数学工具。逻辑代数有一系列的定律、定理和规则，用于对数学表达式进行处理，以完成对逻辑电路的化简、变换、分析和设计。

逻辑关系指的是事件产生的条件和结果之间的因果关系。在数字电子电路中往往是将事件的条件作为输入信号，而结果用输出信号表示。通常用逻辑“1”和“0”表示条件和结果的各种状态。

在第 1 章中分析了二进制数的算术运算方法，它是两个表示数量大小的二进制数码之间进行的数值运算。从这一章开始主要分析数字电路与逻辑设计的逻辑运算方法，逻辑运算是两个表示不同逻辑状态的二进制逻辑“0”“1”之间按照某种因果关系进行的逻辑运算。

2.1.1 “与”“或”“非”及其复合逻辑

在数字电路中，输入的信号是“条件”，输出的信号是“结果”，因此输入、输出信号之间存在一定的因果关系，这种因果关系称为逻辑关系。逻辑代数中有三种基本运算：“与”运算、“或”运算和“非”运算。下面就这三种基本逻辑运算分别进行分析。

1. 逻辑“与”

只有当决定某事件的全部条件同时具备时，该事件才发生，这样的逻辑关系称为逻辑“与”，或称逻辑相乘。

在图 2.1.1 开关电路中，电源通过两个串联开关 A 和 B 给电灯 Y 供电。只有当开关 A 和 B 同时导通时，电灯 Y 才会亮。若以 A、B 表示两个开关的状态，以 Y 表示电灯的状态，用“1”表示开关接通和电灯亮，用“0”表示开关断开和电灯灭，则只有当 A 和 B 同时为“1”时，Y 才为“1”，Y 与 A 和 B 之间是一种“与”的逻辑关系。逻辑“与”运算的运算符为“·”，写成 $Y=A\cdot B$ 或简化为 $Y=AB$，其电路符号如图 2.1.2 所示。

逻辑变量之间取值的对应关系可用一张表来表示，这种表叫作逻辑真值表，简称真值表。“与”逻辑关系的真值表如表 2.1.1 所示。

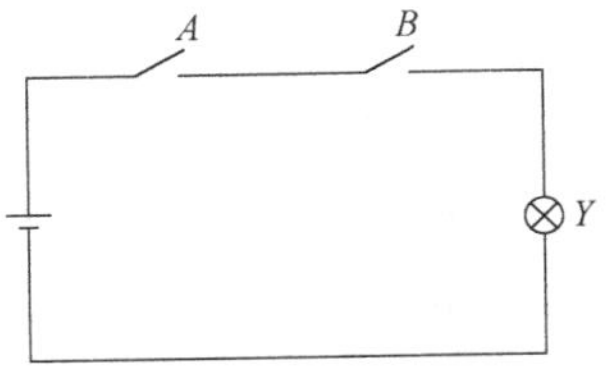

图 2.1.1 逻辑“与”电路图

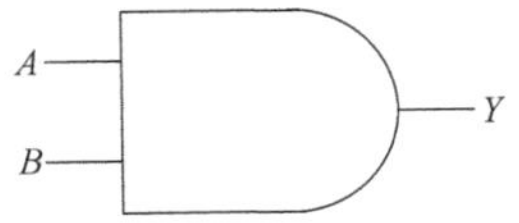

图 2.1.2 逻辑“与”电路符号

表 2.1.1 逻辑“与”真值表

A	B	Y	A	B	Y
0	0	0	1	0	0
0	1	0	1	1	1

2. 逻辑“或”

当决定事件结果的几个条件中，只要有一个或一个以上的条件得到满足，结果就会发生，这种逻辑关系称为“或”逻辑。图 2.1.3 是一种“或”逻辑模型电路，图中电源通过 A、B 是两个并联开关给灯泡 Y 供电。当 A、B 均不通时，则灯泡 Y 不亮；只要开关 A 或 B 有一个接通或两个均接通，则灯泡 Y 亮。可以看出该电路满足“或”逻辑关系，逻辑“或”运算的运算符为“+”，写成 $Y=A+B$，其电路符号如图 2.1.4 所示。其逻辑真值表如表 2.1.2 所示。

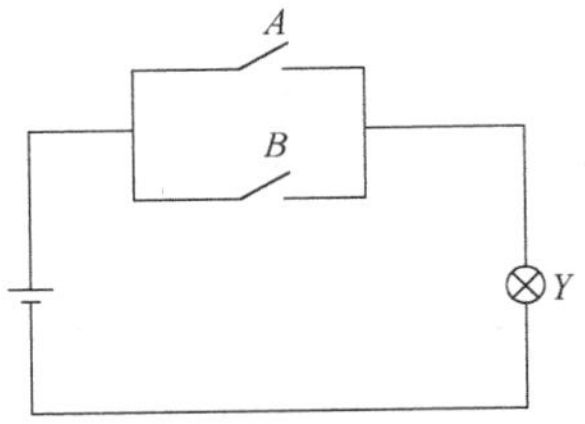

图 2.1.3 逻辑“或”电路

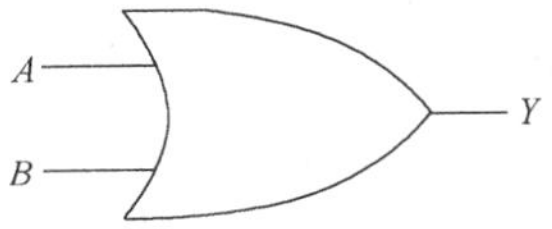

图 2.1.4 逻辑“或”电路符号

表 2.1.2 逻辑“或”真值表

A	B	Y	A	B	Y
0	0	0	1	0	1
0	1	1	1	1	1

3. 逻辑“非”

另外一种基本的逻辑运算就是“非”运算，即一件事情（灯泡亮与灭）的发生是以其相反的条件为依据。这种“非”逻辑的逻辑电路如图 2.1.5 所示。开关 A 闭合时，灯泡 Y 不亮；开关 A 断开时，灯泡 Y 则亮。其逻辑关系同样也可写成真值表的形式，如表 2.1.3 所示。

表 2.1.3 逻辑“非”真值表

A	Y	A	Y
0	1	1	0

从真值表中可以看出，非逻辑的运算规律为：输入 0 则输出 1；输入 1 则输出 0，即“输入、输出始终相反”。非运算的逻辑表达式可写为 $Y=A'$，也可以字母 A 上方加“-”表

示非运算。在某些文献里，也有用“~”或“¬”来表示非运算的。用非逻辑门电路实现非运算，其电路符号如图 2.1.6 所示。

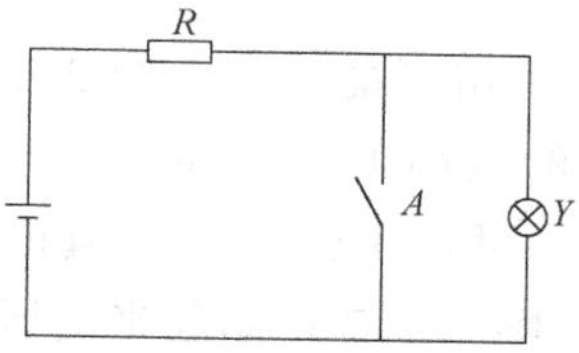

图 2.1.5　逻辑“非”电路图

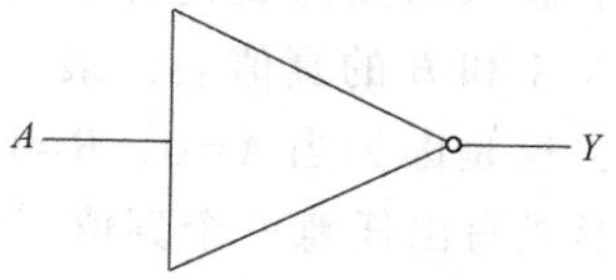

图 2.1.6　逻辑“非”电路符号

4. 几种常见的复合逻辑关系

“与”“或”“非”运算是逻辑代数中最基本的三种运算，任何复杂的逻辑关系都可以通过“与”“或”“非”组合而成。常见的复合逻辑运算有：与非、或非、异或、同或、与或非、与非与非、或非或非等，这些运算的表达式如表 2.1.4 所示。

表 2.1.4　常见复合逻辑

与非：条件 x、y 都具备，则 F 不发生	$F=(x\cdot y)'$	
或非：条件 x、y 任一不具备，则 F 不发生	$F=(x+y)'$	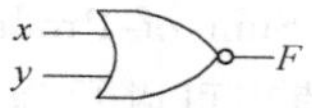
异或：条件 x、y 有一个具备，另一个不具备，则 F 发生	$F=xy'+x'y=x\oplus y$	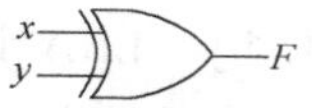
同或：条件 x、y 相同，则 F 发生	$F=xy+x'y'=(x\oplus y)'$	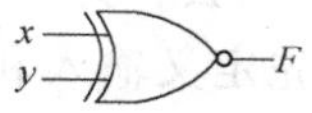

以上这些复合逻辑运算的真值表分别如表 2.1.5~表 2.1.8 所示。

表 2.1.5　逻辑“与非”真值表

x	y	F
0	0	1
0	1	1
1	0	1
1	1	0

表 2.1.6　逻辑“或非”真值表

x	y	F
0	0	1
0	1	0
1	0	0
1	1	0

表 2.1.7　逻辑“异或”真值表

x	y	F
0	0	0
0	1	1
1	0	1
1	1	0

表 2.1.8　逻辑“同或”真值表

x	y	F
0	0	1
0	1	0
1	0	0
1	1	1

2.1.2 “与或”“或与”表达式

1. “与或”式

有 n 个输入的真值表包含 2^n 行，每一行对应了输入的一组可能取值。图 2.1.7 是一个有两个输入 A 和 B 的真值表，最后一列给出了每一行对应的最小项（比如，第一行的最小项是 $A'B'$，这是因为当 $A=0$、$B=0$ 时，$A'B'$ 取值为“1”）。可以用输出 Y 为真的所有最小项之和的形式写出任意一个真值表的布尔表达式。例如，在图 2.1.7 中圈起来的区域中仅仅存在一行（一个最小项）输出 Y 为“1”。图 2.1.8 的真值表中有多行 Y 的输出为真。取每一个被圈起来的最小项之和（逻辑或），可以得出：$Y=A'B+AB$。

A	B	Y	最小项
0	0	0	$A'B'$
0	1	1	$A'B$
1	0	0	AB'
1	1	0	AB

图 2.1.7 真值表和最小项

A	B	Y	最小项
0	0	0	$A'B'$
0	1	1	$A'B$
1	0	0	AB'
1	1	1	AB

图 2.1.8 包含多个真值最小项的真值表

这种形式是由若干积（“与”）构成的最小项的和（“或”）构成，称为一个函数的“与或”范式（Sum-of-Products Canonical Form）。虽然有多种形式表示同一个函数，比如图 2.1.8 的真值表可以写为 $Y=BA'+BA$，但可以将它们按照在真值表中出现的顺序进行排序，因此同一个真值表总是能写出唯一的布尔表达式。

[例 2.1.1] LILY 计划当天去上海动物园，如果天气下雨或者临时有其他事情的话，LILY 当天将不能去上海动物园，分析其逻辑关系，试设计一个电路，当其输出为“1”时，表示 LILY 可以去，为“0”时表示不能去。

解： 首先定义输入和输出，输入为 A 和 R，它们分别表示有临时有事和天气下雨。临时有其他事情时 A 为“1”，没有其他事情时，A 为“0”。同样，下雨时 R 为“1”，不下雨时，R 为“0”。输出为 E，表示 LILY 去动物园。如果 LILY 去动物园，E 为“1”；如果 LILY 没能去动物园，E 为“0”。表 2.1.9 表示 LILY 是否去动物园的真值表。

使用“与或”式，写出的等式如下：$E=A'R'$。可以用两个反向器和“与门”来实现等式。如图 2.1.9 所示。

表 2.1.9 LILY 的真值表

A	R	E
0	0	1
0	1	0
1	0	0
1	1	0

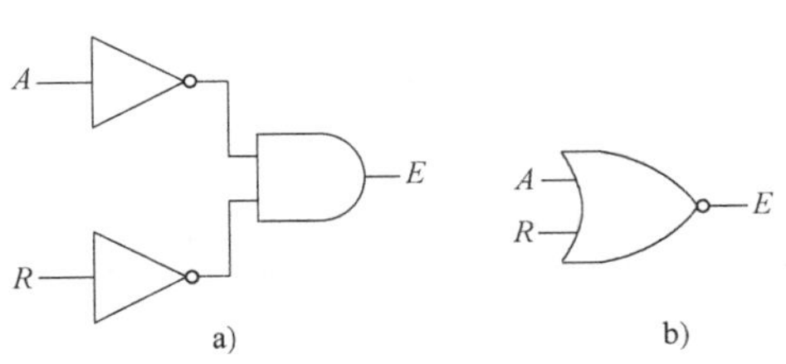

图 2.1.9 LILY 的电路

对具有任意多变量的真值表可以用“与或”式写出唯一的布尔表达式。表 2.1.10 是一个三输入变量的真值表，逻辑函数的“与或”式如下：

$$Y=AB'C'+AB'C$$

但是，“与或”式并不一定能产生最简逻辑等式。在后面的章节中，将介绍如何用较少的项写出同样的函数。

表 2.1.10　三输入真值表

A	B	C	Y	A	B	C	Y
0	0	0	0	1	0	0	1
0	0	1	0	1	0	1	1
0	1	0	0	1	1	0	0
0	1	1	0	1	1	1	0

2. “或与”式

布尔函数的第二种表达式是“或与”范式（Canonical Form）。真值表的每一行对应了为“0”的一个最大项。比如，二输入真值表的第一行的最大项为（$A+B$），这是因为当 $A=0$、$B=0$ 时，（$A+B$）为“0”。可以直接通过将真值表中每一个输出为“0”的最大项相“与”而得到电路的布尔表达式。

[例 2.1.2]　为图 2.1.10 中的真值表写出“或与”表达式。

解：真值表中有两行输出为“0”，所以函数可以写成“或与”式：$Y=(A+B)(A'+B)$。第一个最大项为（$A+B$），在 $A=0$ 且 $B=0$ 时。任何值与 0 相与都等于 0，保证了 $Y=0$，同样，第二个最大项为（$A'+B$），在 $A=1$ 且 $B=0$ 时，保证了 $Y=0$。图 2.1.9 是相同的真值表，表明可以用多种方法写出同一个函数。

A	B	Y	最大项
0	0	0	$A+B$
0	1	1	$A+B'$
1	0	0	$A'+B$
1	1	1	$A'+B'$

图 2.1.10　包含了多个假值最大项的真值表

同样地，通过圈出三个为“0”的行，图 2.1.9 表示 LILY 去动物园的布尔表达式可以写成“或与”式，得到 $E=(A+R')(A'+R)(A'+R')$。它比“与或”式 $E=A'R'$要复杂，但这两个等式在逻辑上是等价的。

当真值表中仅有少数行输出为“1”时，“与或”式产生的等式较短。当真值表中仅有少数行输出为“0”时，“或与”式比较简单。

2.2　逻辑代数的基本定理

2.2.1　定律

逻辑代数的基本公式如下，这些公式也称为布尔恒等式，可以根据“与”“或”“非”的逻辑定义，通过列真值表来证明公式成立。

1. 0-1 律

$$A+0=A,\ A+1=1,\ A\cdot 1=A,\ A\cdot 0=0$$

2. 交换律

$$A+B=B+A,\ A\cdot B=B\cdot A$$

3. 结合律

$$(A+B)+C=A+(B+C),\ (A\cdot B)\cdot C=A\cdot(B\cdot C)$$

4. 分配律

$$A+(B\cdot C)=(A+B)(A+C),\ A\cdot(B+C)=A\cdot B+A\cdot C$$

5. 反演律（也称德·摩根律）

$$(A\cdot B)'=A'+B',\ (A+B)'=A'B'$$

6. 吸收律

$$A+(A\cdot B)=A,\ A\cdot(A+B)=A$$

7. 互补律

$$A+A'=1,\ A\cdot A'=0$$

8. 重叠律

$$A\cdot A=A,\ A+A=A$$

9. 还原律

$$(A')'=A$$

2.2.2 单变量定理

首先介绍逻辑等式的对偶规则：对任一个逻辑等式 Y，将“·”换成“+”、“+”换成“·”，“0”换成“1”、“1”换成“0”，则得到原逻辑函数式的对偶式 Y^D。两个函数式相等，则它们的对偶式也相等；做逻辑等式的对偶变换时注意：变量不改变；不能改变原来的运算顺序。

表 2.2.1 中的定理 T1～T5 描述了如何化简包含一个变量的逻辑等式。同一性定理 T1，表示对于任何布尔变量 B，$B\cdot1=B$，它的对偶式表示 $B+0=B$。

表 2.2.1 单变量的布尔代数定理

名称	定理		对偶定理	
同一性定理	T1	$B\cdot1=B$	$T1^D$	$B+0=B$
零元定理	T2	$B\cdot0=0$	$T2^D$	$B+1=1$
重叠定理	T3	$B\cdot B=B$	$T3^D$	$B+B=B$
回旋定理	T4	$(B')'=B$	$T4^D$	$(B')'=B$
互补定理	T5	$B\cdot B'=0$	$T5^D$	$B+B'=1$

如图 2.2.1 所示的硬件中，T1 的意思是在二输入“与”门中如果有一个输入总是为 1，则可以删除“与”门，用连接输入变量 B 的一条导线代替“与”门。同样，$T1^D$ 的意思是在二输入“或门”中如果有一个输入总是为“0”，则可以用连接输入变量 B 的一条导线代替“或”门。一般来说，逻辑门电路要花费成本，产生功耗和延迟，用导线来代替门电路是有利的。

零元定理 T2，表示和“0”相“与”总是等于“0”。所以，“0”被称为“与”操作的零元，因为它使任何其他输入的影响无效。对偶式表明，B 和“1”相“或”总是等于“1”。所以，1 是“或”操作的零元。在硬件电路中，如图 2.2.2 所示，如果一个“与”门的输入是“0”，则可以用连接低电平（“0”）的一条导线代替“与”门。同样，如果一个“或”门的输入是“1”，则可以用连接高电平（“1”）的一条导线代替“或”门。

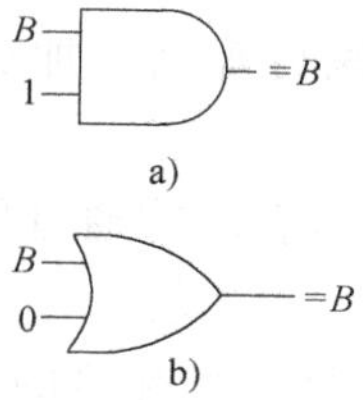

图 2.2.1　同一性定理的硬件解释

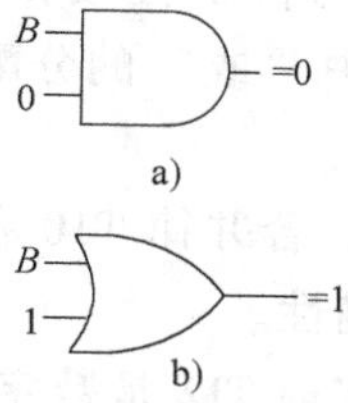

图 2.2.2　零元定理的硬件解释

重叠定理 T3，表示变量和它自身相“与”就等于它本身。同样，一个变量和它自身相“或”就等于它本身。从拉丁语语源给出了定理的名字：同一的和强有力的。这个操作返回和输入相同的值。图 2.2.3 所示，重叠定理也允许用一根导线来代替“门”。

回旋定理 T4，说明对一个变量进行两次求反码可以得到原来的变量，在数字电子学中，两次错误将产生一个正确结果。串联的两个反向器在逻辑上等效于一条导线，如图 2.2.4 所示。T4 的对偶式是它自身。

互补定理 T5，表示一个变量和它自己的反码相“与”的结果是“0”(因为它们中必然有一个值为“0”)。同时，对偶式表明一个变量与它自己的反码相“或”的结果为“1”(因为它们中必然有一个值为“1”)，如图 2.2.5 所示。

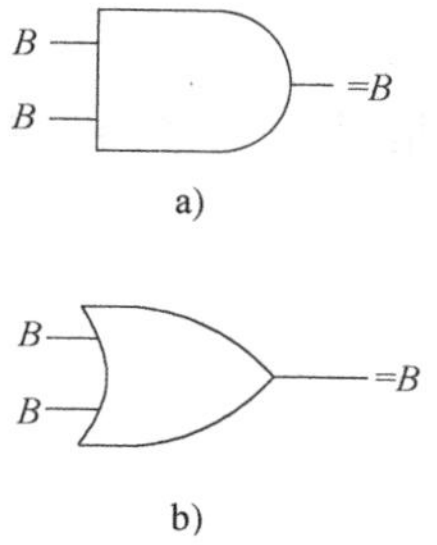

图 2.2.3　重叠定理硬件解释

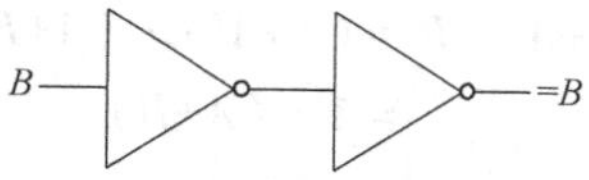

图 2.2.4　回旋定理硬件解释

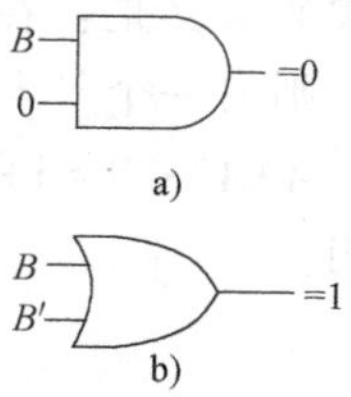

图 2.2.5　互补定理硬件解释

2.2.3　多变量定理

表 2.2.2 中的定理 T6~T12 描述了如何化简包含多个变量的逻辑表达式。

交换律 T6 和结合律 T7 与传统代数相似，交换律表明“与”或者“或”函数的输入顺序不影响输出的值。结合律表明特定输入的分组不影响输出结果的值。

表 2.2.2　含多个变量的布尔定理

名称	定理		对偶定理	
交换律	T6	$B\cdot C=C\cdot B$	$T6^D$	$B+C=C+B$
结合律	T7	$(B\cdot C)\cdot D=B\cdot(C\cdot D)$	$T7^D$	$(B+C)+D=B+(C+D)$
分配律	T8	$(B\cdot C)+(B\cdot D)=B\cdot(C+D)$	$T8^D$	$(B+C)\cdot(B+D)=B+(C\cdot D)$
吸收律	T9	$B\cdot(B+C)=B$	$T9^D$	$B+(B\cdot C)=B$
合并律	T10	$(B\cdot C)+(B\cdot C')=B$	$T10^D$	$(B+C)\cdot(B+C')=B$
一致律	T11	$(B\cdot C)+(B'\cdot D)+(C\cdot D)$ $=(B\cdot C)+(B'\cdot D)$	$T11^D$	$(B+C)\cdot(B'+D)\cdot(C+D)$ $=(B+C)\cdot(B'+D)$
德·摩根定理	T12	$(B_0\cdot B_1\cdot B_2\cdot\cdots)'=(B_0'+B_1'+B_2'+\cdots)$	$T12^D$	$(B_0+B_1+B_2+\cdots)'=(B_0'\cdot B_1'\cdot B_2'\cdots)$

分配律 T8 与传统代数相同，但是它的对偶式 $T8^D$ 不同。在 T8 中“与”的分配高于“或”，在 $T8^D$ 中“或”的分配高于“与”。在传统代数中，乘法分配高于加法但是加法分配不高于乘法。

吸收律 T9、合并律 T10 和一致律 T11 允许消除冗余变量。读者应能通过思考自己证明这些定理的正确性。

德·摩根定理 TI2 是数字设计中常用的工具之一。定理说明，所有项的乘积的“非”等于每个项各自取“非”后相“或”。同样，所有项求“或”的“非”等于每个项各自取“非”后相“与”。根据德·摩根定理，一个“与非”门等效于一个带反向器输入的“或”门。同样，一个“或非”门等效于一个带反向器输入的“与”门。每个函数的这两种表达式称为对偶式，它们是逻辑等效的，可以相互替换。

2.2.4 定理的证明方法

下面列出一些常用的逻辑代数公式，利用之前介绍的基本公式可以对它们加以证明。

(1) $A+A\cdot B=A$

证明：

$$\begin{aligned} A+A\cdot B &= A\cdot 1+A\cdot B \\ &= A\cdot(1+B) \\ &= A\cdot 1 \\ &= A \end{aligned}$$

公式的含义是：在一个“与或”表达式中，如果一个“与”项是另一个“与”项的一个因子，则另一个“与”项可以不要。这一公式称为吸收律。

(2) $A+A'\cdot B=A+B$

证明：

$$\begin{aligned} A+A'\cdot B &= (A+A')\cdot(A+B) \\ &= 1\cdot(A+B) \\ &= A+B \end{aligned}$$

公式的含义是：在一个“与或”表达式中，如果一个“与”项的反码是另一个“与”项的一个因子，则这个因子可以不要。

(3) $A\cdot B+A'\cdot C=A\cdot B+A'\cdot C+B\cdot C$

证明：

$$\begin{aligned} A\cdot B+A'\cdot C+B\cdot C &= A\cdot B+A'\cdot C+B\cdot C\cdot(A+A') \\ &= A\cdot B+A'\cdot C+A\cdot B\cdot C+A'\cdot B\cdot C \\ &= (A\cdot B+A\cdot B\cdot C)+(A'\cdot C+A'\cdot C\cdot B) \\ &= A\cdot B+A'\cdot C \end{aligned}$$

公式的含义是：在一个“与或”表达式中，如果一个“与”项中的一个因子的反码是另一个“与”项的一个因子，则由这两个“与”项其余的因子组成的“与”项是可要可不要的。

例如：

$$\begin{aligned} A\cdot B\cdot C+(A'+B')\cdot D+C\cdot D &= (A\cdot B)\cdot C+(A\cdot B)'\cdot D+C\cdot D \\ &= (A\cdot B)\cdot C+(A\cdot B)'\cdot D \\ &= A\cdot B\cdot C+(A'+B')\cdot D \end{aligned}$$

(4) $A\cdot B+A'\cdot C=A\cdot B+A'\cdot C+B\cdot C\cdot D$

证明：

$$\begin{aligned} A\cdot B+A'\cdot C+B\cdot C\cdot D &= (A\cdot B+A'\cdot C)+B\cdot C\cdot D \\ &= A\cdot B+A'\cdot C+B\cdot C+B\cdot C\cdot D \\ &= A\cdot B+A'\cdot C+(B\cdot C+B\cdot C\cdot D) \\ &= A\cdot B+A'\cdot C+B\cdot C \\ &= A\cdot B+A'\cdot C \end{aligned}$$

公式的含义是：在一个“与或”表达式中，如果一个“与”项中的一个因子的反码是另一个“与”项的一个因子，则包含这两个“与”项其余的因子作为因子的“与”项是可要可不要的。

例如：

$$A\cdot B\cdot C+(A'+B')\cdot D+C\cdot D\cdot(E+F\cdot G)'=A\cdot B\cdot C+(A'+B')\cdot D$$

2.2.5 等式化简

在进行逻辑运算时常常会看到，同一个逻辑函数可以写成不同的逻辑式，而这些逻辑式的繁简程度又相差甚远。逻辑式越是简单，它所表示的逻辑关系越明显，同时也有利于用最少的电子器件实现这个逻辑函数。因此，经常需要通过化简的手段找出逻辑函数的最简形式。

注：从此节开始，“·”逻辑符号省略。

例如，有两个逻辑函数

$$Y=ABC+B'C+ACD$$

$$Y=AC+B'C$$

将它们的真值表分别列出后即可见到，它们是同一个逻辑函数。显然，下式比上式简单得多。

在“与或”逻辑函数式中，若其中包含的乘积项已经最少，而且每个乘积项里的因子也不能再减少时，则称此逻辑函数式为最简形式。对“与或”逻辑式最简形式的定义对其他形式的逻辑式同样也适用，即函数式中相加的乘积项不能再减少，而且每项中相乘的因子不能再减少时，则函数式为最简形式。

化简逻辑函数的目的就是要消去多余的乘积项和每个乘积项中多余的因子，以得到逻辑函数式的最简形式。常用的化简方法有公式化简法、卡诺图化简法以及适用于编制计算机辅助分析程序的 Q-M 法等。

公式法化简逻辑函数，就是利用逻辑代数的基本公式，对函数进行消项、消因子等，以求得函数的最简表达式。下面介绍常用的五种公式化简方法。

1. 吸收法

利用公式 $A+AB=A$ 可以将 AB 项消去。同样，A 和 B 均可以是任何复杂的逻辑式。

［例 2.2.1］ 求函数 $F=(A+AB+ABC+ABCD)(A+B+C+D)$ 的最简“与或”表达式。

解：

$$\begin{aligned} F &= (A+AB+ABC+ABCD)(A+B+C+D) \\ &= A(A+B+C+D) \\ &= AA+AB+AC+AD \\ &= A+AB+AC+AD \\ &= A \end{aligned}$$

2. 并项法

利用公式 $A+AB'=A$ 将两个“与”项合并为一个，并消去其中的一个变量。而且，根据代入定理可知，A 和 B 均可以是任何复杂的逻辑式。

[例 2.2.2] 求函数 $F=AB+AB'+A'B+A'B'$的最简“与或”表达式。

解：

$$\begin{aligned} F &= AB+AB'+A'B+A'B' \\ &= (AB+AB')+(A'B+A'B') \\ &= A+A' \\ &= 1 \end{aligned}$$

3. 消去法

利用公式 $AB+A'C+BC=AB+A'C$ 及 $AB+A'C+BCD=AB+A'C$ 将 BC 或 BCD 项消去；其中 A、B、C、D 均可以是任何复杂的逻辑式。

[例 2.2.3] 求函数 $F=AB+A'C+B'C+C'D+D'$的最简“与或”表达式。

解：

$$\begin{aligned} F &= AB+A'C+B'C+C'D+D' \\ &= AB+A'C+B'C+C'+D' \\ &= AB+A'+B'+C'+D' \\ &= B+A'+B'+C'+D' \\ &= 1 \end{aligned}$$

4. 配项法

1）利用公式 $A+A=A$ 及 $A\cdot A=A$ 来消去其他项。其中 A 可以是任何复杂的逻辑式。

[例 2.2.4] 求函数 $F=ABC'+ABC+AB'C'+A'BC'$的最简“与或”表达式。

解：

$$\begin{aligned} F &= ABC'+ABC+AB'C'+A'BC' \\ &= (ABC'+ABC'+ABC')+ABC+AB'C'+A'BC' \\ &= (ABC'+ABC)+(ABC'+AB'C')+(ABC'+A'BC') \\ &= AB+AC'+BC' \end{aligned}$$

2）利用公式 $AB+A'C=AB+A'C+BC$ 进行配项，以消去更多的“与”项。

[例 2.2.5] 求函数 $F=AB'+BD+DA'+DCE$ 的最简“与或”表达式。

解：

$$\begin{aligned} F &= AB'+BD+DA'+DCE \\ &= AB'+BD+AD+DA'+DCE \\ &= AB'+BD+D+DCE \\ &= AB'+D \end{aligned}$$

[例 2.2.6] 求函数 $F=AB'+B'C+BC'+A'B$ 的最简“与或”表达式。

解：

$$\begin{aligned} F &= AB'+B'C+BC'+A'B \\ &= AB'+BC'+(B'C+A'B) \\ &= AB'+BC'+B'C+A'B+A'C \\ &= AB'+B'C+(BC'+A'C+A'B) \\ &= AB'+B'C+BC'+A'C \\ &= (AB'+A'C+B'C)+BC' \\ &= AB'+A'C+BC' \end{aligned}$$

2.3　逻辑函数及其描述方法

2.3.1　逻辑函数

逻辑函数（Logical Function）是描述数字电子电路的数学工具之一，输入、输出量是高、低电平，可以用二元常量（0，1）来表示，输入量和输出量之间的关系是一种逻辑上的因果关系。仿效普通函数的概念，数字电路可以用逻辑函数的数学工具来描述。

$$F=f(A_1,A_2,\cdots,A_n)$$

式中，A_1，A_2，…，A_n 为输入逻辑变量，取值是 0 或 1；F 为输出逻辑变量，取值是 0 或 1；F 称为 A_1，A_2，…，A_n 的输出逻辑函数。

2.3.2　逻辑函数的两种标准形式

在 2.1.2 节中，提到了最大项和最小项的概念，为了进一步规范，本节先介绍最小项、最大项相关知识。之后，再介绍逻辑函数的两种标准形式——“最小项之和”及“最大项之积”。

1. 最小项和最大项

（1）最小项

n 个变量的最小项是包含 n 个因子的乘积项，而且每个变量都只以它的原变量或者非变量的形式在乘积项中出现一次。

对 n 变量的最小项应有 2^n 个。例如，A、B、C 三个变量的最小项有 8 个（2^3），他们分别是 $A'B'C'$、$A'B'C$、$A'BC'$、$A'BC$、$AB'C'$、$AB'C$、ABC'、ABC。

输入变量的每一组取值都使得相应的一个最小项的值为 1。例如，在三变量 A、B、C 的最小项中，当 $A=1$、$B=1$、$C=0$ 时，$ABC'=1$。如果把 ABC'的取值 110 看作一个二进制数，其相应的十进制数为 6。在此将 ABC'这个最小项记作 m_6。表 2.3.1 给出了三变量最小项的编号表。

表 2.3.1　三变量最小项的编号表

最小项	使最小项的值为 1 的变量取值			对应的十进制数	编号
	A	B	C		
$A'B'C'$	0	0	0	0	m_0
$A'B'C$	0	0	1	1	m_1
$A'BC'$	0	1	0	2	m_2
$A'BC$	0	1	1	3	m_3
$AB'C'$	1	0	0	4	m_4
$AB'C$	1	0	1	5	m_5
ABC'	1	1	0	6	m_6
ABC	1	1	1	7	m_7

同理可知，四变量的 16 个最小项可记作 $m_0 \sim m_{15}$。

由最小项的定义，可以推导分析得到以下性质：

1）对于任一最小项，输入变量有且只有一组取值使得它的值为 1。

2）对于不同最小项，使其值为 1 的输入变量组的取值不同。

3）对于输入变量的任何一组取值，任意两个最小项的乘积为 0。

4）对于输入变量的任何一组取值，全体最小项之和为 1。

对两个最小项，若只有一个因子不同，则称这两个最小项具有相邻性。例如，ABC'和$AB'C'$就具有相邻性。具有相邻性的两个最小项之和可以合并从而消去一对因子，所以有

$$ABC'+AB'C'=(B+B')AC'=AC'$$

（2）最大项

n 个变量的最大项是包含 n 个因子的逻辑“和”项，而且每个变量都只以它的原变量或者非变量的形式在“和”项中出现一次。

对 n 变量的最大项应有 2^n 个。例如，A、B、C 三个变量的最大项有 8 个（2^3），它们分别是（$A'+B'+C'$）、（$A'+B'+C$）、（$A'+B+C'$）、（$A'+B+C$）、（$A+B'+C'$）、（$A+B'+C$）、（$A+B+C'$）和（$A+B+C$）。

输入变量的每一组取值都使得相应的一个最大项的值为0。例如，在三变量 A、B、C 的最大项中，当 $A=1$、$B=1$、$C=0$ 时，（$A'+B'+C$）$=0$。如果把（$A'+B'+C$）的取值 110 看作一个二进制数，其相应的十进制数为 6。在此约定将（$A'+B'+C$）这个最大项记作 M_6。表 2.3.2 给出三变量最大项的编号表。

表 2.3.2　三变量最大项的编号表

最大项	使最大项的值为 0 的变量取值			对应的十进制数	编号
	A	B	C		
$A+B+C$	0	0	0	0	M_0
$A+B+C'$	0	0	1	1	M_1
$A+B'+C$	0	1	0	2	M_2
$A+B'+C'$	0	1	1	3	M_3
$A'+B+C$	1	0	0	4	M_4
$A'+B+C'$	1	0	1	5	M_5
$A'+B'+C$	1	1	0	6	M_6
$A'+B'+C'$	1	1	1	7	M_7

对比表 2.3.1 和表 2.3.2 最大项和最小项之间存在如下关系：

$$M_i=m_i'$$

2. “最小项之和”形式

根据 2.1.2 节，逻辑函数的“最小项之和”形式，也称标准“与或”表达式。

利用基本公式 $A+A'=1$，可将任何一个逻辑函数化为最小项之和的标准形式。这种标准形式在逻辑函数的化简以及计算机辅助分析和设计中得到了广泛的应用。

[例 2.3.1]　试将逻辑函数 $Y=AB'C'D'+A'CD+AC$ 展为“最小项之和”的标准形式。

解：

$$\begin{aligned}Y&=AB'C'D'+A'CD+AC\\&=AB'C'D'+A'(B+B')CD+A(B+B')C(D+D')\\&=AB'C'D'+A'BCD+A'B'CD+ABCD+ABCD'+AB'CD+AB'CD'\\&=m_8+m_7+m_3+m_{15}+m_{14}+m_{11}+m_{10}\\&=\sum m(3,7,8,10,11,14,15)\end{aligned}$$

3. “最大项之积”形式

逻辑函数的“最大项之积”形式，也称标准“或与”表达式。

［证明］　任何一个逻辑函数都可以化成最大项之积的标准形式。

证明：因为任何一个逻辑函数均可以化成“最小项之和”的形式，则 n 变量逻辑函数可以表示为

$$F=\sum_{i} \mathrm{m}_i\text{，其中 } i\in Z\text{，且 } i\in(0,\ 1,\ \cdots,\ 2^n-1)$$

则

$$F'=\sum_{j\neq i} \mathrm{m}_j\text{，其中 } i,\ j\in Z\text{，且 } i,\ j\in(0,\ 1,\ \cdots,\ 2^n-1)$$

所以

$$F=\sum_{j\neq i} \mathrm{m}'_j=\prod_{j\neq i} \mathrm{m}'_j=\prod_{j\neq i} \mathrm{M}_j$$

其中 $i,\ j\in Z$，且 $i,\ j\in(0,\ 1,\ \cdots,\ 2^n-1)$，$n$ 为函数 F 的变量数

因此，任何一个逻辑函数既可以化成“最小项之和”（即标准“与或”式），又可以化为“最大项之积”（即标准“或与”式）两种标准形式。

［例 2.3.2］　试将逻辑函数 $Y=ABC'+BC$ 展为“最小项之和”的标准形式。

解：

因为

$$\begin{aligned}Y&=ABC'+BC=ABC'+(A+A')BC\\&=\mathrm{m}_3+\mathrm{m}_6+\mathrm{m}_7\end{aligned}$$

所以

$$Y'=\mathrm{m}_0+\mathrm{m}_1+\mathrm{m}_2+\mathrm{m}_4+\mathrm{m}_5$$

即

$$\begin{aligned}Y&=(\mathrm{m}_0+\mathrm{m}_1+\mathrm{m}_2+\mathrm{m}_4+\mathrm{m}_5)'\\&=\mathrm{m}'_0\mathrm{m}'_1\mathrm{m}'_2\mathrm{m}'_4\mathrm{m}'_5\\&=\mathrm{M}_0\mathrm{M}_1\mathrm{M}_2\mathrm{M}_4\mathrm{M}_5\\&=\prod \mathrm{M}(0,\ 1,\ 2,\ 4,\ 5)\end{aligned}$$

2.3.3　逻辑函数的描述方法

通常，逻辑函数的描述方法有逻辑表达式、逻辑真值表、卡诺图和逻辑图等。

1. 逻辑表达式

由逻辑变量和逻辑运算符号组成的用于表示变量之间逻辑关系的式子，称为逻辑表达式。常用的逻辑表达式有“与或”表达式、标准“与或”表达式、“或与”表达式、标准“或与”表达式、“与非与非”表达式、“或非或非”表达式、“与或非”表达式等。

“与或”表达式：$F=AB+ACD'$

标准“与或”表达式：$F=A'BC'D+ABCD'+ABCD$

“或与”表达式：$F=(A+B)(A+C+D')$

标准“或与”表达式：$F=(A'+B'+C'+D')(A+B+C+D)(A+B'+C+D')$

“与非与非”表达式：$F=[(AB)'(CD)']'$

“或非或非”表达式：$F=[(A+B)'+(C+D)']'$

“与或非”表达式：$F=(AB+CD)'$

2. 逻辑真值表

用来反映变量所有取值组合及对应函数值的表格，称为真值表。将输入变量所有的取值

下对应的输出值找出来列成表格，即可得到真值表。n 个输入变量可以有 2^n 个组合，一般按二进制数的顺序，输出与输入状态一一对应，列出所有可能的状态。

以三人表决电路为例，输入变量有 A、B、C，输入变量为 1 表示同意，0 表示不同意，输出（函数）Y 为 1 表示通过，0 表示不通过。表 2.3.3 为该例真值表。

表 2.3.3　三人表决电路真值表

A	B	C	Y	A	B	C	Y
0	0	0	0	1	0	0	0
0	0	1	0	1	0	1	1
0	1	0	0	1	1	0	1
0	1	1	1	1	1	1	1

3. 卡诺图

美国贝尔实验室的电信工程师莫里斯·卡诺（Maurice Karnaugh）在 1953 年根据维奇图改进的卡诺图（Karnaugh map）或 K 图（K-map）在数字逻辑、故障诊断等许多领域中广泛应用，它是将 n 变量的全部最小项各用一个小方块表示，并使具有逻辑相邻性的最小项在几何位置上也相邻地排列起来，所得到的图形称为 n 变量最小项的卡诺图。

图 2.3.1～图 2.3.4 中画出了二到五变量最小项的卡诺图。图形两侧标注的 0 和 1 表示使对应小方格内的最小项为 1 的变量取值。同时，这些由 0 和 1 组成的二进制数所对应的十进制数大小也就是对应的最小项的编号。

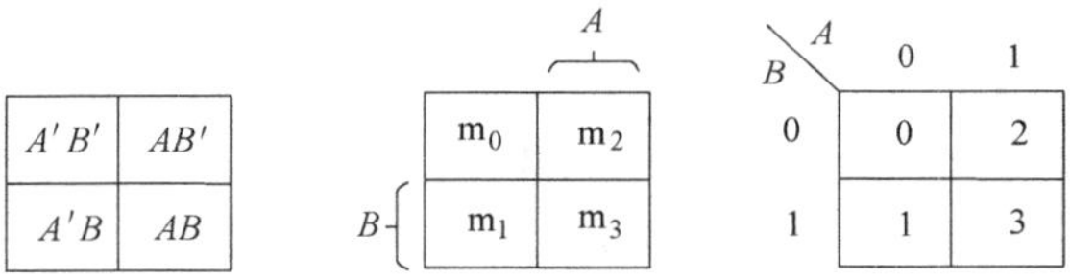

a)　　b)　　c)

图 2.3.1　二变量卡诺图

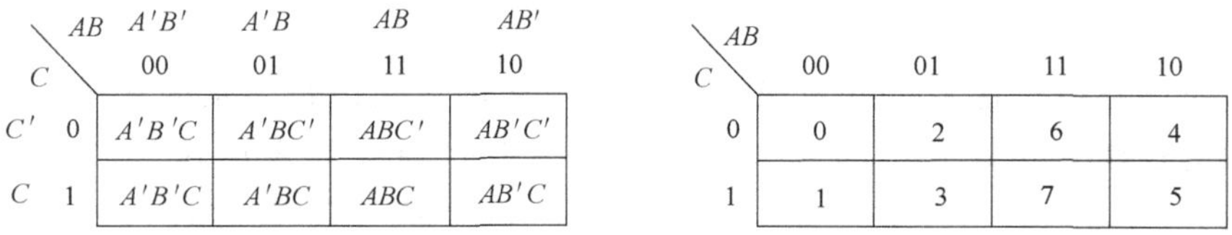

a)　　b)

图 2.3.2　三变量卡诺图

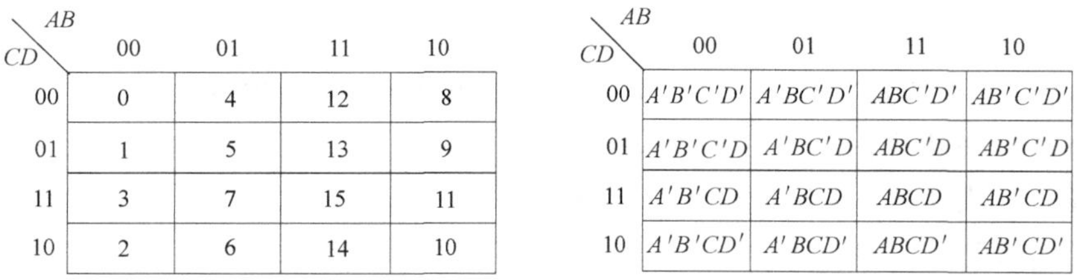

a)　　b)

图 2.3.3　四变量卡诺图

CD \ ABC	000	001	011	010	110	111	101	100
00	0	4	12	8	24	28	20	16
01	1	5	13	9	25	29	21	17
11	3	7	15	11	27	31	23	19
10	2	6	14	10	26	30	22	18

图 2.3.4　五变量卡诺图

为了保证图中几何位置相邻的最小项在逻辑上也具有相邻性，这些数码不能按自然二进制数从小到大的顺序排列，而必须按图中的方式排列，以确保相邻的两个最小项仅有一个变量是不同的。

从图 2.3.1~图 2.3.4 所示的卡诺图上还可以看到，处在任何一行或一列两端的最小项也仅有一个变量不同，所以它们也具有逻辑相邻性。因此，从几何位置上应当将卡诺图看成是上下、左右闭合的图形。

在变量数大于等于 5 以后，仅仅用几何图形在两维空间的相邻性来表示逻辑相邻性已经不够了。例如，在图 2.3.4 所示的五变量最小项的卡诺图中，除了几何位置相邻的最小项具有逻辑相邻性以外，以图中双竖线为轴左右对称位置上的两个最小项也具有逻辑相邻性。

既然任何一个逻辑函数都能表示为若干最小项之和的形式，那么自然也就可以设法用卡诺图来表示任意一个逻辑函数。具体的方法是：首先将逻辑函数化为最小项之和的形式，然后在卡诺图上与这些最小项对应的位置上填入 1，在其余的位置上填入 0，就得到了表示该逻辑函数的卡诺图。也就是说，任何一个逻辑函数都等于它的卡诺图中填入 1 的那些最小项之和。

［例 2.3.3］　用卡诺图表示逻辑函数

$$Y=A'B'C'D+A'BD'+ACD+AB'$$

解：首先将 Y 化简为最小项之和的形式

$$\begin{aligned}Y &=A'B'C'D+A'B(C+C')D'+A(B+B')CD+AB'(C+C')(D+D')\\&=A'B'C'D+A'BCD'+A'BC'D'+ABCD+AB'CD+AB'CD'+AB'C'D+AB'C'D'\end{aligned}$$

画出四变量最小项的卡诺图，在对应于函数式中个最小项的位置上填入 1，其他位置上填入 0，就得到了图 2.3.5 中的函数 Y 的卡诺图。

AB \ CD	00	01	11	10
00	0	1	0	0
01	1	0	0	1
11	0	0	1	0
10	1	1	1	1

图 2.3.5　例 2.3.3 函数 Y 的卡诺图

4. 逻辑图

逻辑图由许多逻辑图形符号构成，用来表示逻辑变量之间关系的图形称为逻辑电路图。它与真值表及表达式一样，是描述逻辑函数的一种方法，简称逻辑图。

图 2.3.6 为函数 $F=AB+C(D+E)$ 的逻辑图，图 2.3.7 为函数 $F=AB+CD+CE$ 的逻辑图。

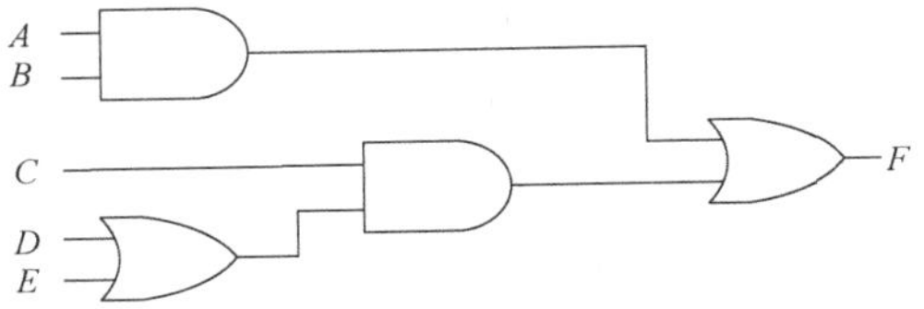

图 2.3.6

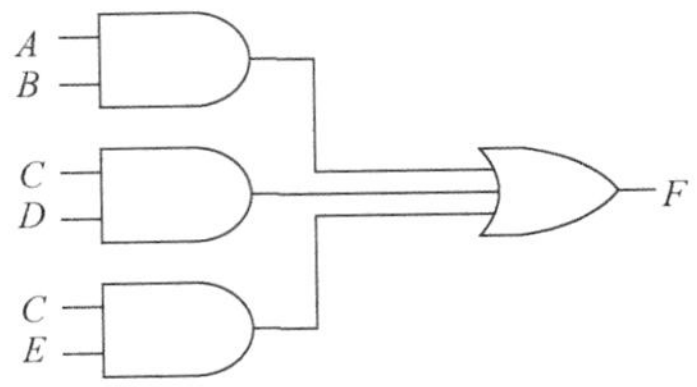

图 2.3.7

5. 波形图

如果将逻辑函数输入变量每一种可能出现的取值与对应的输出值按时间顺序依次排列起来，就得到了表示该逻辑函数的波形图。这种波形图（Wave Form）也称为时序图（Timing Diagram）。在逻辑分析仪和一些计算机仿真工具中，经常以这种波形图的形式给出分析结果。此外，也可以通过试验观察这些波形图，以检验实际逻辑电路的功能是否正确。

如果用波形图来描述表 2.3.3 三人表决器的逻辑函数，则只需将其输入变量与对应的输出变量取值依时间序排列起来，就可以得到所要的波形图了，如图 2.3.8 所示。

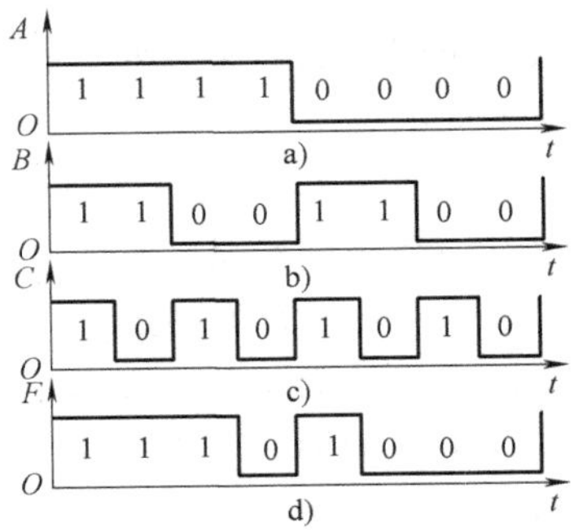

图 2.3.8　三人表决器波形图

2.4　卡诺图与奎恩-麦克拉斯基化简方法

2.4.1　卡诺图化简逻辑

1. 卡诺图

利用卡诺图化简逻辑函数的方法称为卡诺图化简法或图形化简法。化简时依据的基本原理就是具有相邻性的最小项可以合并，并消去不同的因子。由于在卡诺图上几何位置相邻与逻辑上的相邻性是一致的，因而从卡诺图上能直观地找出那些具有相邻性的最小项并将其合并化简。

（1）卡诺图的相邻性

最小项的相邻性定义：两个最小项，如果只有一个变量的形式不同（在一个最小项中以原变量出现，在另一个最小项中以反变量出现），其余变量的形式都不变，则称这两个最小项是逻辑相邻的。

卡诺图的相邻性判别：在卡诺图的两个方格中，如果只有一个变量的取值不同（在一个方格中取 1，在另一个方格中取 0，其余变量的取值都不变，则称这两个最小项是逻辑相邻的。

在卡诺图中，由于变量取值按循环码排列，使得几何相邻的方格对应的最小项是逻辑相邻的。具体而言就是：每一方格和上、下、左、右四边紧靠它的方格相邻；最上一行和最下一行对应的方格相邻；最左一列和最右一列对应的方格相邻；对折相重合的方格相邻。图

2.4.1 画出了卡诺图中最小项相邻的几种情况。

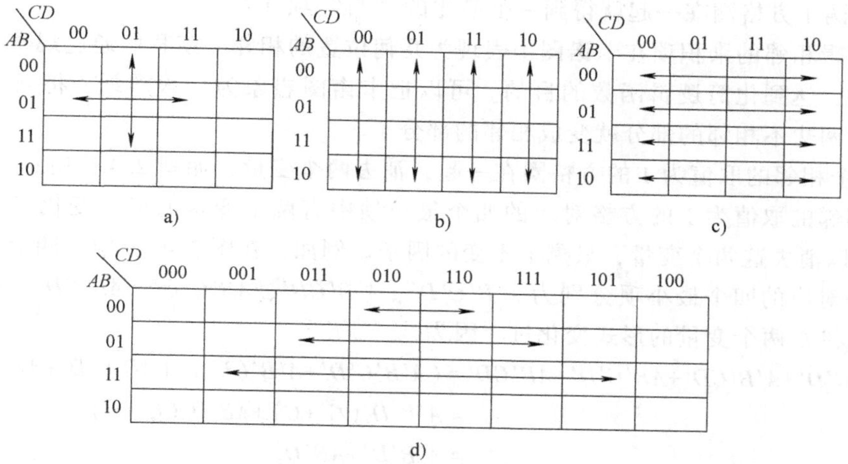

图 2.4.1　卡诺图中最小项相邻的几种情况

（2）卡诺图化简法的一般规律

1）两个相邻的取值为 1 的方格圈在一起，消去一个变量，如图 2.4.2 所示。

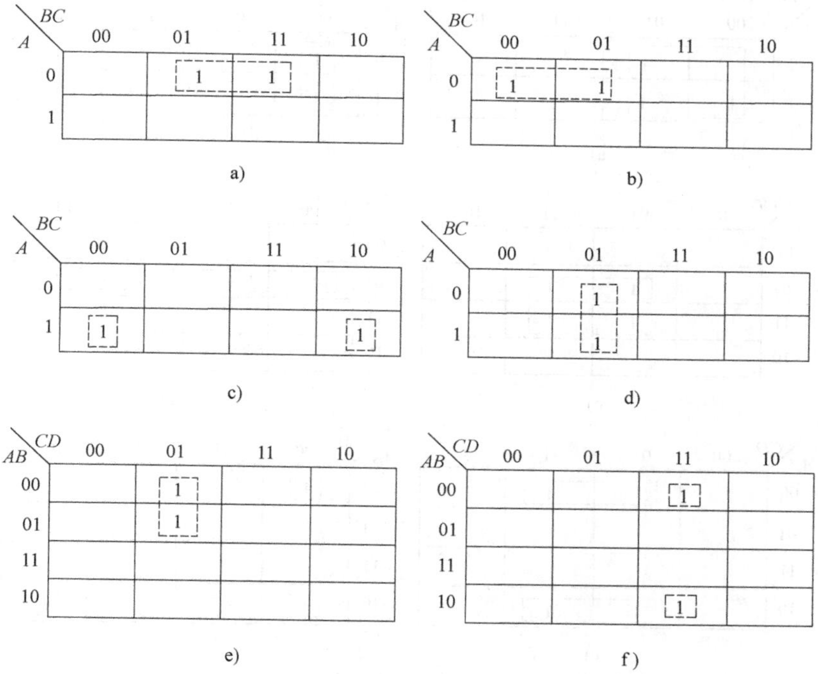

图 2.4.2　两个相邻的取值为 1 的方格

a）$A'B'C+A'BC=A'C$　b）$A'B'C'+A'B'C=A'B'$　c）$AB'C'+ABC'=AC'$

d）$A'B'C+AB'C=B'C$　e）$A'B'C'D+A'BC'D=A'C'D$　f）$A'B'CD+AB'CD=B'CD$

两个相邻的取值为 1 的方格对应的两个最小项中只有一个变量的形式不同，将它们相“或”时可以消去该变量，只剩下不变的因子。例如，在图 2.4.2a 中，两个相邻的取值为 1

的方格对应的两个最小项为$A'B'C$和$A'BC$，结果将变量B消去，剩下了两个不变的因子A'和C。将这两个方格圈在一起就得到一个简化的“与”项$A'C$。

两个逻辑相邻的乘积项在卡诺图中表现为几何位置的相邻，使我们通过观察图形即可实现块的合并，达到化简逻辑函数的目的。可以把卡诺图想象为一张图纸，将其卷成一个圆筒，则原来两边不相邻的部分就变成相邻的部分了。

2）四个相邻的取值为1的方格圈在一起，消去两个变量，如图2.4.3所示。

四个相邻的取值为1的方格对应的四个最小项中有两个变量的形式变化过，将它们相“或”时可以消去这两个变量，只剩下不变的因子。例如，在图2.4.3f中，四个相邻的取值为1的方格对应的四个最小项分别为$A'B'C'D'$、$A'B'CD'$、$AB'C'D'$、$AB'CD'$，在这四个最小项中，A和C两个变量的形式变化过。因为

$$\begin{aligned}A'B'C'D'+A'B'CD'+AB'C'D'+AB'CD' &= (A'B'C'D'+A'B'CD')+(AB'C'D'+AB'CD') \\ &= A'B'D'(C'+C)+AB'D'(C'+C) \\ &= A'B'D'+AB'D' \\ &= (A'+A)B'D'\end{aligned}$$

结果是将A和C两个变量消去，剩下了两个不变的因子。因此，将这四个方格圈在一起时得到一个简化的与项$B'D'$。

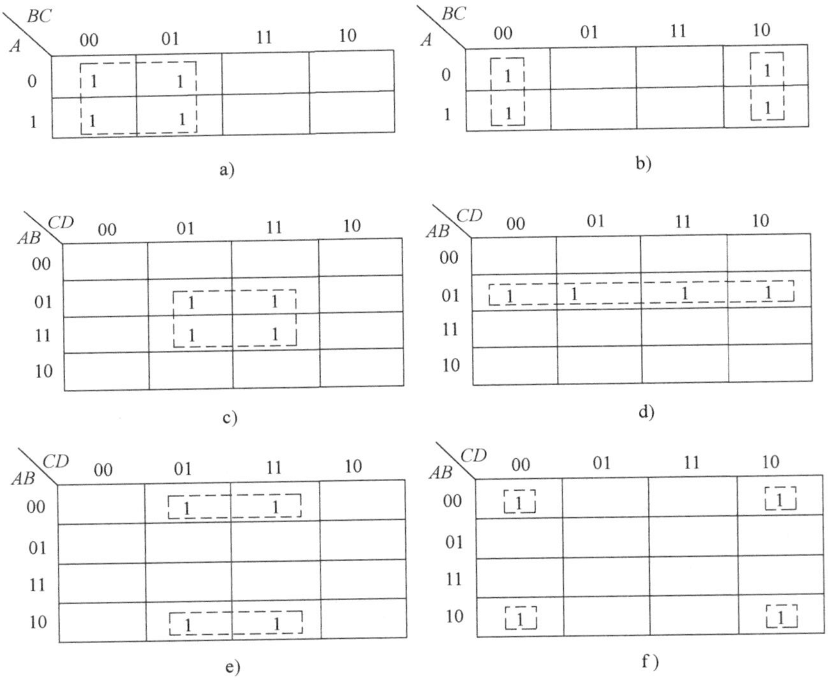

图2.4.3 四个相邻的取值为1的方格

a) $A'B'C'+A'B'C+AB'C'+AB'C=B'$ b) $A'B'C'+AB'C'+A'BC'+ABC'=C'$

c) $A'BC'D+A'BCD+ABC'D+ABCD=BD$ d) $A'BC'D'+A'BC'D+A'BCD+A'BCD'=A'B$

e) $A'B'C'D+A'B'CD+AB'C'D+AB'CD=B'D$ f) $A'B'C'D'+A'B'CD'+AB'C'D'+AB'CD'=B'D'$

3）八个相邻的取值为1的方格圈在一起，消去三个变量，如图2.4.4所示。八个相邻

的取值为 1 的方格对应的八个最小项中有三个变量的形式变化过，将它们相“或”时可以消去这三个变量，只剩下不变的因子。

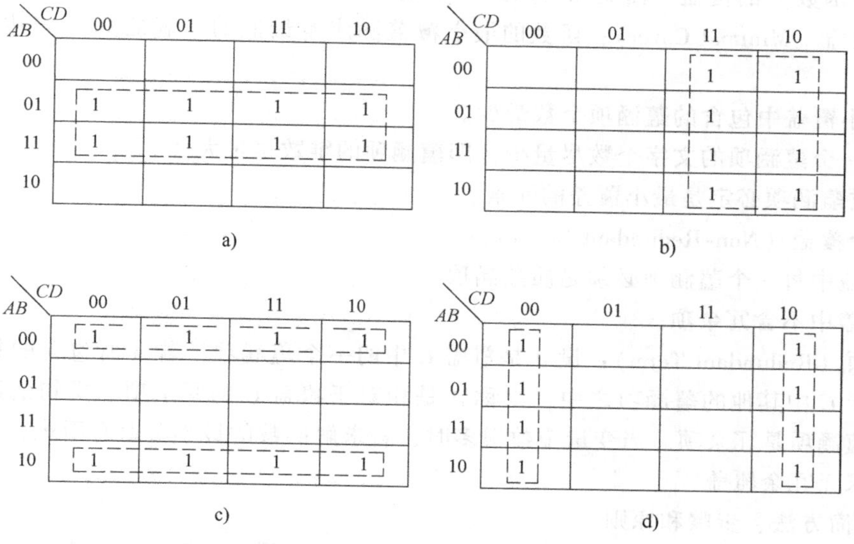

图 2.4.4 八个相邻的取值为 1 的方格

其中，图 2.4.4a 中 A、C、D 三个变量形式都变化过，可化简为 B。图 2.4.4b 中 A、B、D 三个变量形式都变化过，可化简为 C。图 2.4.4c 中 A、C、D 三个变量形式都变化过，可化简为 B'。图 2.4.4d 中 A、B、C 三个变量形式都变化过，可化简为 D'。

4）2^n 个相邻的取值为 1 的方格圈在一起，消去 n 个变量。

2^n 个相邻的取值为 1 的方格对应的 2^n 个最小项中，有 n 个变量的形式变化过，将它们相“或”时可以消去这 n 个变量，只剩下不变的因子。

5）如果卡诺图中所有的方格取值都为 1，将它们圈在一起，结果为 1。

如果卡诺图中所有的方格都为 1，将它们圈在一起，等于将变量的所有不同最小项相“或”，因此结果为 1。这种情形表示在变量的任何取值情况下，函数值恒为 1。

（3）卡诺图化简法的步骤和原则

1）相关概念。

蕴涵项：在函数的“与或”表达式中，每个“与”项被称为该函数的蕴涵项（Implication）。显然，在函数卡诺图中，任何一个取值为 1 的方格所对应的最小项或者卡诺圈中的取值为 1 的方格所对应的“与”项都是函数的蕴涵项。冗余项和必要质示意图如图 2.4.5 所示。

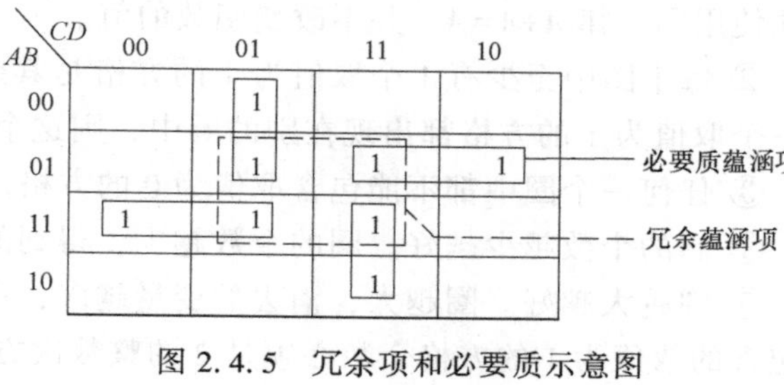

图 2.4.5 冗余项和必要质示意图

质蕴涵项：若函数的一个蕴涵项不是该函数中其他蕴涵项的子集，则此蕴涵项称为质蕴涵项（Prime Implication），简称为质项。显然，在函数卡诺图中，按照最小项合并规律，如果某个卡诺圈不可能被其他更大的卡诺圈包含，那么该卡诺圈所对应的“与”项为质蕴涵项。

覆盖（Cover）：若一个蕴涵项的集合能说明给定逻辑函数 F 为 1 的所有情况，则称此蕴涵项集合是函数 F 的覆盖。覆盖和函数的“积之和”表达式相对应。

最小覆盖（Minimal Cover）：函数的最小覆盖和成本最低的“积之和”表达式相对应，其要求为：

① 最小覆盖中包含的蕴涵项个数最少。

② 每一个蕴涵项的文字个数尽量少，即蕴涵项的维数尽量大。

必要质蕴涵项必定是最小覆盖的元素。

无冗余覆盖（Non-Redundant Cover）：

① 覆盖中每一个蕴涵项必须是质蕴涵项。

② 覆盖中不含冗余项。

冗余项（Redundant Term）：设 A 是覆盖 C 中的一个蕴涵项，若 A 所包含的每一个最小项皆存在于 C 中其他的蕴涵项之中，则称 A 是相对于覆盖 C 的冗余项。换句话说，没有独立贡献的蕴涵项是冗余项。当变量个数很多时，若求解函数的最小覆盖有困难，可退而求其次，转而求无冗余覆盖。

2）化简方法、步骤和原则

利用卡诺图化简逻辑函数的方法称为卡诺图化简法或图形化简法。化简时依据的基本原理就是具有相邻性的最小项可以合并，并消去形式变化的因子。由于在卡诺图上几何位置相邻与逻辑上的相邻性是一致的，因而从卡诺图上能直观地找出那些具有相邻性的最小项并将其合并化简。

用卡诺图化简逻辑函数时，一般先画出函数的卡诺图，然后将卡诺图中的取值为 1 的方格按逻辑相邻特性进行分组划圈。每个圈得到一个简化的“与”项，“与”项中只包含在图中取值没有变化过的变量，值为 1 的以原变量出现，值为 0 的以反变量出现。再将所得各个“与”项相“或”，即得到该函数的最简“与或”表达式。

用卡诺图化简法求函数最简“与或”表达式的一般步骤如下：

① 画出函数的卡诺图。

② 对相邻最小项进行分组合并。

③ 写出最简“与或”表达式。

用卡诺图化简法求函数最简“与或”表达式的原则如下：

① 每个取值为 1 的方格至少被圈一次。当某个方格被圈多于一次时，相当于对这个最小项使用同一律 $A+A=A$，并不改变函数的值。

② 每个圈中至少有 1 个取值为 1 的方格是其余所有圈中不包含的。如果一个圈中的任何一个取值为 1 的方格都出现在别的圈中，则这个圈就是多余的。

③ 任何一个圈中都不能包含取值为 0 的方格。

④ 圈的个数越少越好。圈的个数越少，得到的“与”项就越少。

⑤ 圈越大越好。圈越大，消去的变量越多，所得“与”项包含的因子就越少。每个圈中包含的取值为 1 的方格个数必须是 2 的整数次方。

[例 2.4.1] 用卡诺图法将函数 $Y=AC'+A'C+BC'+B'C$ 化简为最简“与或”表达式。

解： 首先画出函数 Y 的卡诺图，如图 2.4.6 所示。

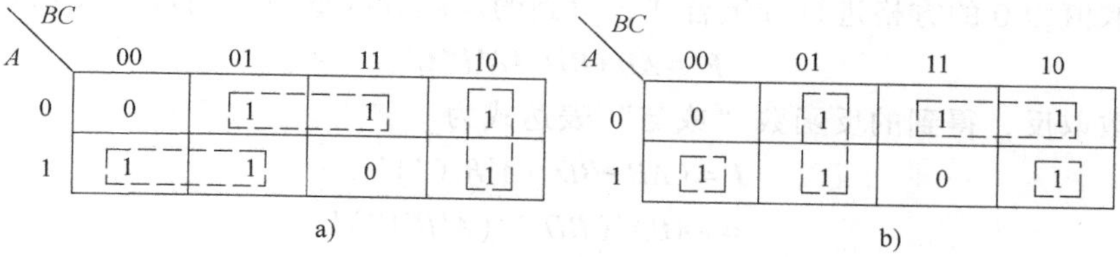

图 2.4.6　例 2.4.1 函数 Y 的卡诺图

由图 2.4.6a、b 可见，有两种可取的合并最小项方案。

如果按图 2.4.6a 进行化简，可以得到

$$Y=AB'+A'C+BC'$$

如果按图 2.4.6b 进行化简，可以得到

$$Y=AC'+B'C+A'B$$

两个化简结果都符合最简“与或”式的标准。此例说明，有时一个逻辑函数的化简结果不是唯一的。

［例 2.4.2］　用图形法化简函数 $F(A,\ B,\ C,\ D)=A'C'D'+AB+B'C'D+A'BC+AC$，写出其最简“与或”表达式。

解：画出函数 F 的卡诺图，如图 2.4.7 所示

由图 2.4.7 可以看出函数 F 的卡诺图的合并方案。根据图 2.4.7 得到

$$F=AC+BC+AD+BD'+A'B'C'$$

2. 用卡诺图化简法求函数的最简“或与”表达式

当求函数的最简“或与”表达式时，可以先求出其反函数的最简“与或”表达式，然后取反得到函数的最简“或与”表达式。在函数的卡诺图中，函数值为 0 意味着其反函数的值为 1，因此，利用卡诺图化简法求函数的最简“或与”表达式时，对函数卡诺图中相邻的取值为 0 的方格对应的最小项进行分组合并。一般的步骤如下：

1）画出函数的卡诺图。

2）对相邻的取值为 0 的方格对应的最小项进行分组合并，求反函数的最简“与或”表达式。

3）对所得反函数的最简“与或”表达式取反，得函数的最简“或与”表达式。

［例 2.4.3］　用图形法化简函数 $F=A'CD+AB'+A'B'CD'+A'BC'D$，写出其最简“或与”表达式。

解：先圈出函数 F 的卡诺图，如图 2.4.8 所示。

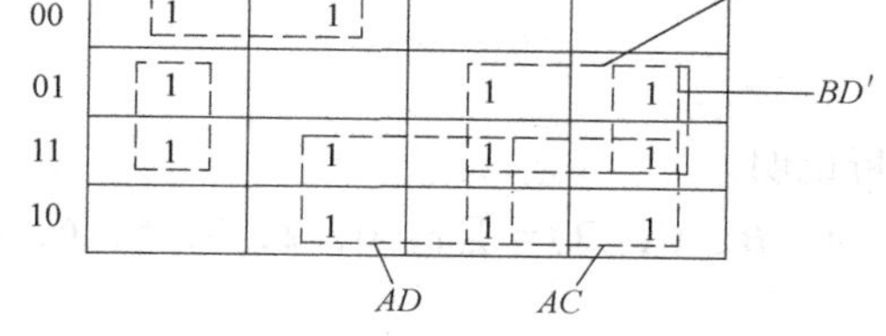

图 2.4.7　例 2.4.2 函数 F 的卡诺图

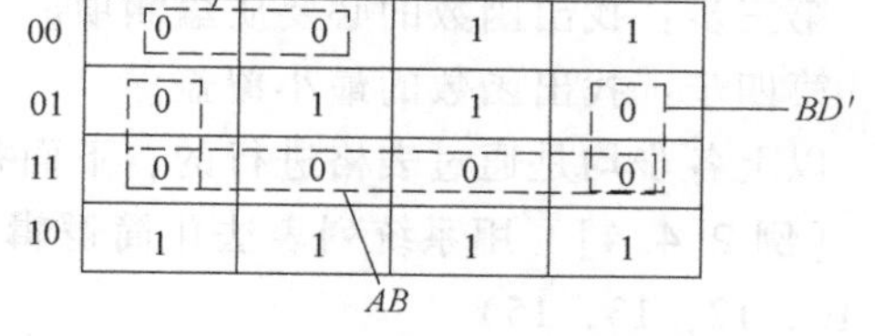

图 2.4.8　例 2.4.3 卡诺图

然后对取值为 0 的方格进行分组合并，得到的反函数的最简“与或”表达式为

$$F'=AB+BD'+A'B'C'$$

对反函数取反，得到的反函数“或与”表达式为

$$\begin{aligned}F&=(AB+BD'+A'B'C')'\\&=(AB)'(BD')'(A'B'C')'\\&=(A'+B')(B'+D)(A+B+C)\end{aligned}$$

2.4.2 奎恩-麦克拉斯基化简方法

目前绝大多数数字电子电路教材，介绍的是利用代数化简法和卡诺图化简法来化简逻辑函数，这两种化简方法的实施多采用的是人工的方法。这里，介绍一种更适用于计算机分析和处理的化简逻辑函数的方法，即奎恩-麦克拉斯基（Q-M）化简法，也称为系统列表化简法。

系统列表化简法是由 Quine 和 Mccluskey 提出的一种系统列表化简法，因此，又称为 Q-M 化简法。这种化简方法和卡诺图化简法的基本思路大致相同，是通过找出函数 F 的全部质蕴涵项、必要质蕴涵项以及最简质蕴涵项集来求得最简表达式。

1. 必要质蕴涵项

若函数的一个质蕴涵项所包含的某一个最小项不被函数的其他任何质蕴涵项包含，则此质蕴涵项被称为必要质蕴涵项（Essential Prime Implication)，简称为必要质项。在函数卡诺图中，若某个卡诺圈包含了不可能被任何其他卡诺圈包含的取值为 1 的方格，那么该卡诺圈所对应的“与”项为必要质蕴涵项。

2. 奎恩-麦克拉斯基化简法的思路和化简步骤

(1) 系统列表化简法的思路

系统列表化简法的思路是通过找出函数 F 的全部质蕴涵项、必要质蕴涵项以及最简质蕴涵项集来求得最简表达式。它与卡诺图化简法所不同的是，在 Q-M 化简法中上述结果都是通过约定形式的表格，按照一定规则求得的。

(2) 系统列表化简法的化简步骤

系统列表化简法的化简步骤一般可以概括为以下四步。

第一步：将函数表示成“最小项之和”形式，并用二进制码表示每一个最小项。

第二步：找出函数的全部质蕴涵项。

寻找函数全部质蕴涵项的方法是先将 n 个变量函数中的相邻最小项合并，消去相异的一个变量，得到 $(n-1)$ 个变量的“与”项，再将相邻的 $(n-1)$ 个变量的“与”项合并，消去相异的变量，得到 $(n-2)$ 个变量的“与”项，依此类推，直到不能再合并为止。所得到的全部不能再合并的“与”项（包括不能合并的最小项)，即所要求的全部质蕴涵项。

第三步：找出函数的必要质蕴涵项。

第四步：找出函数的最小覆盖。

以上各步均是通过表格进行的，下面举例分析说明。

[例 2.4.4] 用系统列表法化简逻辑函数 $F(A,B,C,D)=\sum m(0,2,3,5,6,8,9,10,12,13,15)$

解：第一步：用二进制代码表示函数中的每一个最小项，如表 2.4.1 所示。

第二步：求函数的全部质蕴涵项。

考虑到相邻最小项的二进制码中 1 的个数只能相差 1，因此将表 2.4.1 中最小项按二进制编码中 1 的个数进行分组，且按 1 的个数的递增顺序排列在表 2.4.1 的第（Ⅰ）栏中。这样，可以合并的最小项便只能处于相邻的两组内。因此，可将第（Ⅰ）栏中相邻两组的二进制码逐个进行比较，找出那些只有一个变量不同的最小项合并，消去值不同的变量，组成（n-1）个变量的“与”项列于表 2.4.1 的第（Ⅱ）栏中。例如，首先将 0 组的最小项 m_0 与 1 组的 m_2 进行比较、合并，即消去相异的 C 变量，用“-”表示消去的变量，然后将合并后的“与”项列入第（Ⅱ）栏中。由于该“与”项是由 m_0 和 m_2 合并产生的，故在第Ⅰ栏中 m_0 和 m_2 的右边打上“√”标记，表示它们已经包含在（Ⅱ）栏的“与”项中了，并在（Ⅱ）栏中的第二列指出相应“与”项是由哪几个最小项合并产生的。第 0 组的最小项与第 1 组的最小项比较完后，接着比较第 1 组和第 2 组的最小项。即将 m_2 和 m_8 分别与 m_3、m_5、m_6、m_9、m_{10}、m_{12}进行比较，显然 m_2 与 m_3 可以合并消去变量 D，m_8 与 m_5不能合并，因为它们之间有多个变量不同，而 m_2 与 m_6 可以合并消去变量 B，将合并后得到的“与”项同样列入（Ⅱ）栏中。依次类推，将（Ⅰ）栏中全部最小项逐一进行比较、合并，得到表的（Ⅱ）栏。在（Ⅱ）栏中的“与”项均由（n-1）个变量组成，此例（Ⅱ）栏的“与”项由三个变量组成。

按上述同样的方法，再对表 2.4.1（Ⅱ）栏中的全部“与”项进行比较、合并，可形成表的第（Ⅲ）栏。由于第（Ⅲ）栏的“与”项不再相邻，故合并到此结束。

表 2.4.1 中凡是没有打“√”标记的“与”项，即函数的质蕴涵项用 P_i 表示，该函数的全部质蕴涵项为

$$P_1=\sum m(8,19,12,13)=AC'$$
$$P_2=\sum m(0,2,8,10)=B'D'$$
$$P_3=\sum m(13,15)=ABD$$
$$P_4=\sum m(5,13)=BC'D$$
$$P_5=\sum m(2,10)=B'CD'$$
$$P_6=\sum m(2,6)=A'CD'$$
$$P_7=\sum m(2,3)=A'B'C$$

表 2.4.1　质蕴涵项产生表

（Ⅰ）最小项				（Ⅱ）（n-1）个变量的“与”项				（Ⅲ）（n-2）个变量的“与”项			
组号	m_i	$ABCD$	P_i	组号	$\sum m_i$	$ABCD$	P_i	组号	$\sum m_i$	$ABCD$	P_i
0	0	0000	√	0	0,2	00-0	√	0	0,2,8,10	-0-0	P_2
1	2	0010	√	1	2,3	001-	P_7	1	8,9,12,13	1-0-	P_1
	8	1000	√		2,6	0-10	P_6				
2	3	0011	√		2,10	-010	P_5				
	5	0101	√		8,9	100-	√				
	6	0110	√		8,10	10-0	√				
	9	1001	√		8,12	1-00	√				
	10	1010	√	2	5,13	-101	P_4				
	12	1100	√		9,13	1-01	√				
3	13	1101	√		12,13	110-	√				
4	15	1111	√	3	13,15	11-1	P_3				

第三步：求函数的全部必要质蕴涵项。

通过建立必要质蕴涵项产生表，可求出函数的全部必要质蕴涵项。

本例的必要质蕴涵项产生表如表 2.4.2 所示。表中第一行为 F 的全部最小项，第一列为上一步求得的全部质蕴涵项，必要质蕴涵项可按下述步骤求得：

1）逐行标上各质蕴涵项覆盖最小项的情况。例如，表中质蕴涵项 P_1 可覆盖最小项 m_8、m_9、m_{12} 和 m_{13}，故在 P_1 这一行与上述最小项相应列的交叉处打上“×”标记，其他各行依此类推。

2）逐列检查标有的情况，凡只有一个“×”号的列的相应最小项即为必要最小项，在“×”外面打上一个圈（即“⊗”）。例如，表中最小项 m_0、m_3、m_5、m_6、m_9、m_{12}、m_{15} 各列均只有一个“×”，故都在“×”号外加上圈。

3）找出包含“⊗”号的各行，这些行对应的质蕴涵项即为必要质蕴涵项。在这些质蕴涵项右上角加上“⊗”标记。例如，表中的 P_1、P_2、P_3、P_4、P_6 和 P_7 均为必要质蕴涵项。

4）在表的最后一行覆盖情况一栏中，标上必要质蕴涵项覆盖最小项的情况。凡能被必要质蕴涵项覆盖的最小项，在最后一行的该列上打上标记“√”，供下一步找函数最小覆盖时参考。

表 2.4.2　必要质蕴涵项产生表

P_i	m_i										
	0	2	3	5	6	8	9	10	12	13	15
$P_{1\otimes}$						×	⊗		⊗	×	
$P_{2\otimes}$	⊗	×				×		×			
$P_{3\otimes}$										×	⊗
$P_{4\otimes}$				⊗						×	
P_5		×						×			
$P_{6\otimes}$		×			⊗						
$P_{7\otimes}$		×	⊗								
覆盖情况	√	√	√	√	√	√	√	√	√	√	√

第四步：找出函数的最小覆盖。所谓最小覆盖是指既要覆盖全部最小项，又要使质蕴涵项数目达到最少。

为了能覆盖全部最小项，必要质蕴涵项是首先必须选用的质蕴涵项。本例从表 2.4.2 的覆盖情况一行可知，选取必要质蕴涵项 P_1、P_2、P_3、P_4、P_6 和 P_7 后即可覆盖函数的全部最小项。因此，该函数化简的最终结果为

$$F(A,B,C,D)=P_1+P_2+P_3+P_4+P_6+P_7=AC'+B'D'+ABD+BC'D+A'CD'+A'B'C$$

综上所述，系统列表法化简逻辑函数的优点是规律性强，对变量数较多的函数，尽管工作量很大，但总可以经过反复比较、合并得到最简结果。与代数化简法和卡诺图化简法来比较，用该方法来化简逻辑函数非常适用于计算机分析和处理逻辑函数。

2.5　具有无关项的逻辑函数及其化简

2.5.1　约束项、任意项和逻辑函数式中的无关项

1. 约束项、任意项和无关项含义

在有些逻辑函数中，对于变量的取值有一定的限制，某些变量取值的组合不可能出现，

或者不允许出现，这就是“约束”的含义。还有另外一种函数，在输入变量的某些取值组合下，函数的输出值为 1 或者为 0 都是可以，不影响函数的逻辑功能，在这些变量组合取值下等于 1 的最小项称为任意项，这完全是由逻辑函数本身性质决定的。

在逻辑函数式中，通常将约束项和任意项统称为无关项。

[例 2.5.1]　有三个逻辑变量 A、B、C，它们分别表示交通灯的红灯、绿灯、黄灯。变量取 1 表示灯亮，取 0 表示灯不亮，Y 表示汽车能否通过，$Y=0$ 表示通车，$Y=1$ 表示停车。正常情况下，某一时刻只有一个灯亮，不允许两个或两个以上的灯同时亮。三个灯都不亮时，允许车辆感到安全时通过。即变量取值只可能出现 000、001、010、100，而不允许出现 011、101、110、111。这说明 A、B、C 之间有着一定的制约关系，因此称这三个变量是有约束的变量。

不会出现的变量取值所对应的最小项叫作约束项。

由最小项的性质可知，只有对应变量取值出现时，其值才会为 1。而约束项对应的是不出现的变量取值，所以其值总等于 0。因此，在存在约束项的情况下，既可以把约束项写进逻辑函数式中，也可以把约束项从函数式中删掉，而不影响函数值。

2. 约束条件

由约束项加起来所构成的值为 0 的逻辑表达式，叫约束条件。因为约束项的值恒为 0。而无论多少个 0 加起来还是 0。所以约束条件是一个值恒为 0 的条件等式。

约束条件通常有以下几种表示方法：

1）在真值表中，用叉号（“×”）表示。在对应于约束项的变量取值所决定的函数值处，记上“×”。例 2.5.1 真值表如表 2.5.1 所示。

2）在逻辑表达式中，用等于 0 的条件等式表示，即

$$A'BC+AB'C+ABC'+ABC=0$$

$$\text{或}\sum(3,5,6,7)=0,\ \text{或}\sum d(3,5,6,7)$$

3）在卡诺图中，用叉号（“×”）表示，即在约束项处记上“×”。例 2.5.1 的卡诺图如图 2.5.1 所示。

由约束的变量所决定的逻辑函数，叫作有约束的逻辑函数。例 2.5.1 带有约束条件的逻辑函数可以用逻辑表达式表示为

$$\begin{cases} Y=A'B'C+AB'C' \\ A'BC+AB'C+ABC'+ABC=0 \quad \text{（约束条件）} \end{cases}$$

也可以写为

$$Y=\sum m(1,4)+\sum d(3,5,6,7)$$

表 2.5.1　例 2.5.1 真值表

A	B	C	Y
0	0	0	0
0	0	1	1
0	1	0	0
0	1	1	×
1	0	0	1
1	0	1	×
1	1	0	×
1	1	1	×

A \ BC	00	01	11	10
0	0	1	×	0
1	1	×	×	×

图 2.5.1　例 2.5.1 卡诺图

2.5.2　无关项在化简逻辑函数中的应用

1. 公式法化简

利用约束项其值恒为 0 的特性，可以根据化简的需要，在逻辑函数式中，既可以加入约束项，也可以把约束项从函数式中删掉。因为在逻辑表达式中加上或删去 0 是不会影响函数值的。

[**例 2.5.2**]　化简具有约束条件的逻辑函数

$$Y=A'B'C'D+A'BCD+AB'C'D'$$

已知约束条件为

$$A'B'CD+A'BC'D+ABC'D'+AB'CD+ABCD+AB'CD'+ABCD'=0$$

解：如果不利用约束项，则 Y 已经无法再化简。但适当地写进一些约束项以后，可得

$$\begin{aligned}Y&=(A'B'C'D+A'B'CD)+(A'BCD+A'BC'D)+(AB'C'D'+ABC'D')+(AB'CD'+ABCD')\\&=(A'B'D+A'BD)+(AC'D'+ACD')=A'D+AD'\end{aligned}$$

可见，利用了约束项以后能使逻辑函数进一步简化。但是用公式法化简时在确定应该加入哪些约束项时还不够直观。

2. 卡诺图化简

在利用函数的卡诺图合并最小项时，可根据化简的需要包含或去掉约束项。因在合并最小项时，如果圈中包含了约束项，则相当于在函数式中加入了该约束项（其值恒为 0），显然不会影响函数值。

[**例 2.5.3**]　利用卡诺图化简

$$Y=A'B'C'D+A'BCD+A'BCD'+AB'C'D'$$

给定约束条件为

$$A'B'CD+A'BC'D+ABC'D'+ABCD+ABCD'+AB'C'D+AB'CD'=0$$

解：先画出函数 Y 的卡诺图，如图 2.5.2 所示。

AB \ CD	00	01	11	10
00	0	1	×	0
01	0	×	1	1
11	×	0	×	×
10	1	×	0	×

图 2.5.2　逻辑函数的卡诺图

由图可见，利用约束项 m_1、m_3、m_5、m_7合并为 $A'D$。于是得到 $Y=A'D+AD'$。

2.6　多输出逻辑函数的化简与逻辑函数形式的变换

2.6.1　多输出函数的化简

在实践中常常会遇到多输出逻辑网络，它的每一个输出端的工作情况可用一个逻辑函数来表示。如果对每一个逻辑函数分别进行简化，再把它们合并在一起，一般是不能得到最简的多输出逻辑函数网络的，即所用电路“门”的个数不能达到最少。这就需要从整体上化简来达到最佳效果。当前化简多输出逻辑函数的方法是表格化简法。这种方法在当输出函数个数增加时，计算工作量将急剧增加，用卡诺图化简多输出函数，计算工作量相对少。

1. 化简步骤

为叙述方便，这里认为每一个逻辑输出函数以“与或”式表达。多输出逻辑函数网络是由独立的“与”门、“或”门和“非”门构成的。设多输出逻辑函数网络有 m 个逻辑函

数输出端，逻辑函数中逻辑变量的最大个数为 n。

第一步：取逻辑函数中逻辑变量的最大个数 n 做 n 维卡诺图。即取所有输出逻辑函数中逻辑变量的并集做卡诺图。

第二步：对第 m 个逻辑函数，找出该函数的所有最小项，在卡诺图上对应的小方格内填 m。

第三步：对所有输出函数所构成的组合，写出化简后的结果。m 个输出逻辑函数，其构成的组合为 2^m-1 个。在化简的时候遵循：

1）对每一种组合，找小方格中只包含这一种组合的方格来化简。若不存在仅包含这种组合的小方格，则暂时无化简式对应这种组合。

2）在化简每种组合时，将该组合看成一个元素。将凡包含这种组合的小方格看成具有相同元素的方格。依据单输出逻辑函数卡诺图方法化简。

3）在化简中，组合项的一部分已用于化简了的，将剩下的用 1 标记，表示第 k 个剩余项。由于是临时的，称之为临时剩余项。这种被破坏了的组合项不再用于最初组合那类的化简。

4）化简中的方案多于一种时，以剩余项化简形成项少的方案为准。

第四步：化简过程中经过合并的临时剩余项划掉，剩下的为剩余项。对相邻的剩余项寻找它们的并集，若并集是相邻方格组合项的子集，则该剩余项可以化简，取组合项的子集为新的组合项来化简。

第五步：每个输出逻辑函数化简后的表达式是所有组合项中含该函数的化简项（表达式）的“或”。

2. 方法的正确性与最简性

每一个输出逻辑函数的最小项都填在卡诺图上对应的小方格中。第 m 个逻辑函数的最小项都包含在有 m 的组合所对应的化简式中。而化简结果是对这些化简式的“或”，所以得到的表达式与原逻辑输出函数是一样的。

对于用“与或”表达式表示的多输出逻辑函数，构成的逻辑函数网络是二级电路“门”网（假设每个逻辑变量的正负态同时存在）。第一级为“与”门。第二级为“或”门。每一个逻辑函数的输出对应着一个“或”门，因此“或”门的个数是固定的。对于第一级“与”门，由第三步得到，化简的每一个组合所对应的项不能归属于其他组，所以任一个都不可舍弃。且剩余的合并使得“与”门输入端数为最少。所以所得到的是公共“与”项最多，整体上用的“门”数最少。

［例 2.6.1］　化简多输出逻辑函数

$$F_1(A,B,C)=\sum m(0,1,2,4,5,6)$$

$$F_2(A,B,C)=\sum m(1,2,3,5,6)$$

$$F_3(A,B,C)=\sum m(1,3,5,6)$$

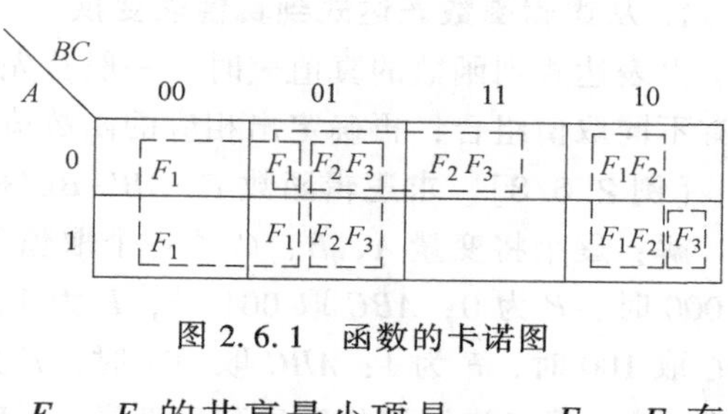

图 2.6.1　函数的卡诺图

解：

1）将多输出函数 F_1、F_2、F_3 表示在卡诺图上，如图 2.6.1 所示。

2）F_1、F_2、F_3 有共享最小项 m_1、m_5 和 m_6，F_1、F_2 的共享最小项是 m_2，F_2、F_3 有共享最小项 m_3。

3）合并共享最小项，使得共享圈和卡诺圈既最大，总数又最少，同时又要使多输出函数表达式中“与”项总数最少。综合考虑，F_1、F_2和 F_2、F_3的共享最小项各自合并，要比 F_1、F_2、F_3的共享最小项合并得到的函数表达式简单。

4）m_0、m_4属非共享最小项，按单输出函数最小项合并。

5）F_1、F_2、F_3的共享最小项 m_1、m_5被 F_1的卡诺圈全部圈住，因此 m_1、m_5表示的“与”项将不属 F_1、F_2、F_3所共有；同理，m_6表示的“与”项将也不属 F_1、F_2、F_3所共有。

6）将各共享圈和卡诺圈表示的“与”项归入各相应输出函数并求和，得到的最后化简结果为

$$F_1(A,B,C)=B'+BC'$$

$$F_2(A,B,C)=B'C+A'C+BC'$$

$$F_3(A,B,C)=B'C+A'C+ABC'$$

该表达式共有 8 个“与”项和 5 个不同“与”项，各不同“与”项变量总数为 10 个。若用“与非”门实现函数，共用“与非”门 7 个，则所有“与非”门输入端总数为 18 个。

[**例 2.6.2**]　化简多输出函数

$$F_1(A,B,C,D)=\sum m(2,6,7,8,10,12,14,15)$$

$$F_2(A,B,C,D)=\sum m(5,8,9,10,11,12,13,14,15)$$

$$F_3(A,B,C,D)=\sum m(2,6,7,9,11,13,15)$$

解： 把三个输出函数的最小项分别以 1/2/3 表示在同一个卡诺图上，如图 2.6.2 所示。

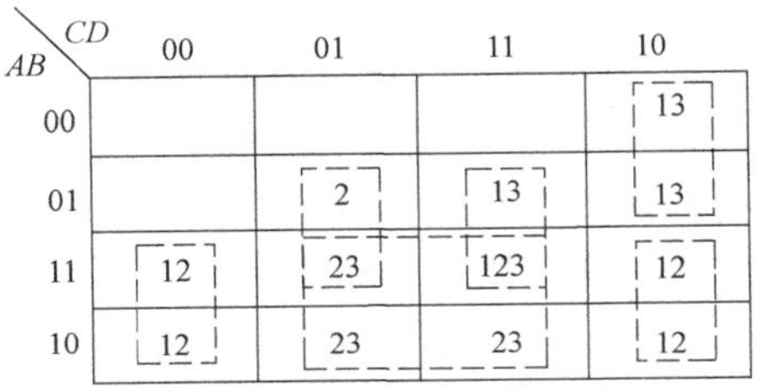

图 2.6.2　函数卡诺图

在卡诺图上寻找同类共享最小项，综合考虑并合并同类共享最小项，最后化简结果如下：

$$F_1(A,B,C,D)=AD'+A'CD'+BCD$$

$$F_2(A,B,C,D)=AD'+BC'D+AD$$

$$F_3(A,B,C,D)=BCD+A'CD'+AD$$

该组表达式中共有 9 个“与”项和 5 个不同“与”项，各不同“与”项所含变量为 16 个，此结果使多输出函数整体达到最简。

2.6.2　不同逻辑函数形式的变换

1. 从逻辑函数表达式到真值表变换

由表达式列函数的真值表时，一般首先按自然二进制码的顺序列出函数所含逻辑变量的所有不同取值组合，再确定出相应的函数值。

[**例 2.6.3**]　求逻辑函数 $F=AB'+BC'+CA'$的真值表。

解： 逐个将变量 A、B、C 的各个取值组合代入逻辑函数中，求出相应的函数值。ABC 取 000 时，F 为 0；ABC 取 001 时，F 为 1；ABC 取 010 时 F 为 1；ABC 取 011 时，F 为 1；ABC 取 100 时，F 为 1；ABC 取 101 时，F 为 1；ABC 取 110 时，F 为 1；ABC 取 111 时，F 为 0。按自然二进制码的顺序列出变量 A、B、C 的所有不同取值组合，再根据以上的分析结果，可以得到如表 2.6.1 所示的真值表。

表 2.6.1　例 2.6.3 真值表

A	B	C	F	A	B	C	F
0	0	0	0	1	0	0	1
0	0	1	1	1	0	1	1
0	1	0	1	1	1	0	1
0	1	1	1	1	1	1	0

[例 2.6.4]　求逻辑函数 $F=AC+B'(A+D)'+ABC'D$ 的真值表。

解：可以先将逻辑函数转化为“与或”表达式，再找出使每个“与”项等于 1 的取值组合，这些组合对应的函数值为 1。化简为“与或”表达式：

$$F=AC+B'(A+D)'+ABC'D=AC+A'B'D'+ABC'D$$

第一个“与”项为 AC，A、C 同时为 1 时，其值为 1，包括 1010、1011、1110、1111 四个组合；第二个“与”项为 $A'B'D'$，A、B、D 同时为 0 时，其值为 1，包括 0000、0010 两个组合；第三个“与”项为 $ABC'D$，只有当 $ABCD$ 为 1101 时，其值才为 1。因此，可得如表 2.6.2 所示的真值表。

表 2.6.2　例 2.6.4 真值表

A	B	C	D	F	A	B	C	D	F
0	0	0	0	1	1	0	0	0	0
0	0	0	1	0	1	0	0	1	0
0	0	1	0	1	1	0	1	0	1
0	0	1	1	0	1	0	1	1	1
0	1	0	0	0	1	1	0	0	0
0	1	0	1	0	1	1	0	1	1
0	1	1	0	0	1	1	1	0	1
0	1	1	1	0	1	1	1	1	1

2. 已知真值表求逻辑函数表达式

由真值表写函数的表达式时，有两种标准的形式：标准“与或”表达式和标准“或与”表达式。

在讲述逻辑函数的标准形式之前，先介绍一下最小项和最大项的概念，然后再介绍逻辑函数的“最小项之和”及“最大项之积”这两种标准形式。标准“与或”表达式是一种特殊的“与或”表达式，其中的每个“与”项都包含了所有相关的逻辑变量，每个变量以原变量或反变量形式出现一次且仅出现一次，这样的“与”项称为标准“与”项，又称最小项。

最小项的主要性质：

1）每个最小项都与变量的唯一的一个取值组合相对应，只有该组合使这个最小项取值为 1，其余任何组合均使该最小项取值为 0。

2）所有不同的最小项相“或”，结果一定为 1。

3）任意两个不同的最小项相“与”，结果一定为 0。

最小项的编号：最小项对应变量取值组合的大小，称为该最小项的编号。

求最小项对应的变量取值组合时，如果变量为原变量，则对应组合中变量取值为 1，如果变量为反变量，则对应组合中变量取值为 0。

我们知道，一个逻辑函数的表达式不是唯一的。但是，一个逻辑函数的标准“与或”表达式是唯一的。从函数的一般“与或”表达式可以很容易写出其标准“与或”表达式。具体方法为：如果一个“与”项缺少某变量，则乘上该变量和其反变量的逻辑和，直至每一个“与”项都是最小项为止。

由真值表写出逻辑函数表达式有两种方法。

方法一：以真值表输出端为“1”为准

1）从真值表内找输出端为“1”的各行，把每行的输入变量写成乘积形式；遇到“0”的输入变量上加非号。

2）将这些乘积项相加，既可得到逻辑函数 F 的表达式。

[例 2.6.5] 已知某逻辑函数的真值表如表 2.6.3 所示，写出该函数的表达式。

表 2.6.3 某逻辑函数真值表

A	B	C	F	A	B	C	F
0	0	0	0	1	0	0	0
0	0	1	0	1	0	1	1
0	1	0	0	1	1	0	0
0	1	1	1	1	1	1	1

解：第一步：将输出端为“1”的各行写成乘积项，即第四行：$A'BC$，第六行：$AB'C$；第八行：ABC。

第二步：将各乘积项相加，即得逻辑函数表达式。

所以，逻辑函数表达式为 $F=A'BC+AB'C+ABC$

方法二：以真值表内输出端为“0”为准

1）从真值表内找输出端为“0”的各行，把每行的输入变量写成求和的形式，遇到“1”的输入变量上加非号。

2）将这些求和项相乘，既可得到逻辑函数 F 的表达式。

[例 2.6.6] 已知某逻辑函数的真值表如表 2.6.4 所示，写出该函数的表达式。

表 2.6.4 某逻辑函数真值表

A	B	F	A	B	F
0	0	1	1	0	0
0	1	0	1	1	1

解：第一步：将输出端为“0”的各行写成求和形式，即第二行：$A+B'$，第三行：$A'+B$。

第二步：将各求和项相乘即得函数表达式。

所以，逻辑表达式为：$F=(A+B')(A'+B)$

注：在具体使用两种方法时，应观察输出端是“1”多还是“0”多，以少的为准写函数表达式（这样最简单），若输出端“1”与“0”出现的次数一样多，一般以“1”为准运算较为简单。

3. 已知真值表画卡诺图

已知逻辑函数的真值表，只需找出真值表中函数值为 1 的变量组合，确定大小编号，并在卡诺图中具有相应编号的方格中标上 1，即可得到该函数的卡诺图。

例如，表 2.6.5 所示的逻辑函数 F 的真值表，它的卡诺图如图 2.6.3 所示。

表 2.6.5　逻辑函数 F 真值表

A	B	C	D	F	A	B	C	D	F
0	0	0	0	1	1	0	0	0	0
0	0	0	1	0	1	0	0	1	0
0	0	1	0	1	1	0	1	0	1
0	0	1	1	0	1	0	1	1	1
0	1	0	0	0	1	1	0	0	0
0	1	0	1	0	1	1	0	1	1
0	1	1	0	0	1	1	1	0	1
0	1	1	1	0	1	1	1	1	1

4. 已知卡诺图求真值表

已知逻辑函数的卡诺图，只需找出卡诺图中函数值为 1 的方格所对应的变量组合，并在真值表中让相应组合的函数值为 1，即可得到函数真值表。

图 2.6.4 为逻辑函数 F 的卡诺图。从图 2.6.4 可以看出：当 ABC 为 001、011、100 和 110 时，逻辑函数 F 的值为 1，由此可知逻辑函数 F 的真值表如表 2.6.6 所示。

AB \ CD	00	01	11	10
00	1	0	0	1
01	0	0	0	0
11	0	1	1	1
10	0	0	1	1

图 2.6.3　逻辑函数 F 卡诺图

A \ BC	00	01	11	10
0		1	1	
1	1			1

图 2.6.4　逻辑函数 F 卡诺图

表 2.6.6　逻辑函数 F 的真值表

A	B	C	F	A	B	C	F
0	0	0	0	1	0	0	1
0	0	1	1	1	0	1	0
0	1	0	0	1	1	0	1
0	1	1	1	1	1	1	0

5. 已知逻辑函数表达式画卡诺图

已知逻辑函数的表达式，若要画出函数的卡诺图，则可以先将逻辑函数转化为一般的“与或”表达式，再找出使每个“与”项等于 1 的取值组合，最后将卡诺图中对应这些组合的方格标为 1 即可。

[例 2.6.7]　画出逻辑函数 $F=AC+B'(A+D)'+ABC'D$ 的卡诺图。

解： $F=AC+B'(A+D)'+ABC'D=AC+A'B'D'+ABC'D$

当 A、C 同时为 1 时，第一个“与”项 AC 为 1。$A=1$ 对应卡诺图的第三行和第四行，$C=1$对应卡诺因的第三列和第四列，因此，将第三行、第四行和第三列、第四列公共的四个方格标为 1。

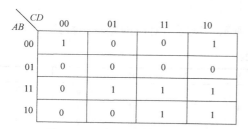

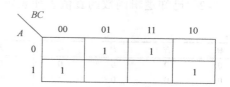

当 A、B、D 同时为 0 时，第二个“与”项 $A'B'D'$等于 1。A、B 同时为 0 对应卡诺图的

第一行，D 为 0 对应卡诺图的第一列和第四列，因此，将第一行和第一列、第四列公共的两个方格标为 1。

当 $ABCD$ 为 1101 时，第二个“与”项 $ABC'D$ 的值为 1。AB 为 11 对应卡诺图的第三行，CD 为 01 对应卡诺图的第二列，因此将第三行和第二列公共的一个方格标为 1。

AB \ CD	00	01	11	10
00	1	0	0	1
01	0	0	0	0
11	0	1	1	1
10	0	0	1	1

图 2.6.5　例 2.6.7 卡诺图

结果得到图 2.6.5 所示的卡诺图。

从上面例子可以看出，一个“与”项如果缺少一个变量，则对应卡诺图中两个方格；一个“与”项如果缺少两个变量，则对应卡诺图中四个方格。如此类推，一个“与”项如果缺少 n 个变量，则对应卡诺图中 2^n 个方格。

习　　题

2-1　证明下列逻辑恒等式。

(1) $(A+B)(A+C)=A+BC$

(2) $[(A+B+C')'C'D]'+(B+C')(AB'D+B'C')=1$

2-2　已知逻辑函数的真值表如表题 2-2a、b 所示，试写出对应的逻辑函数式。

表题 2-2a

M	N	P	O	Z	M	N	P	O	Z
0	0	0	0	0	1	0	0	0	0
0	0	0	1	0	1	0	0	1	0
0	0	1	0	0	1	0	1	0	0
0	0	1	1	1	1	0	1	1	1
0	1	0	0	0	1	1	0	0	1
0	1	0	1	0	1	1	0	1	1
0	1	1	0	1	1	1	1	0	1
0	1	1	1	1	1	1	1	1	1

表题 2-2b

A	B	C	Y	A	B	C	Y
0	0	0	0	1	0	0	1
0	0	1	1	1	0	1	0
0	1	0	1	1	1	0	0
0	1	1	0	1	1	1	0

2-3　用逻辑代数的基本公式和常用公式将下列逻辑函数化为最简“与或”形式。

(1) $Y=AB'+B+A'B$

(2) $Y=AB'C+A'+B+C'$

(3) $Y=(A'BC)'+(AB')'$

(4) $Y=AB'CD+ABD+AC'D$

(5) $Y=AB'[A'CD+(AD+B'C')'(A'+B)]$

2-4　列出下列逻辑函数的真值表。

（1）$L=A'B+BC'$

（2）$F=\{[(AB)'C]'+(A'B'+C)'\}'$

2-5　写出图题 2-5a、b 中所示电路图的输出逻辑函数表达式。

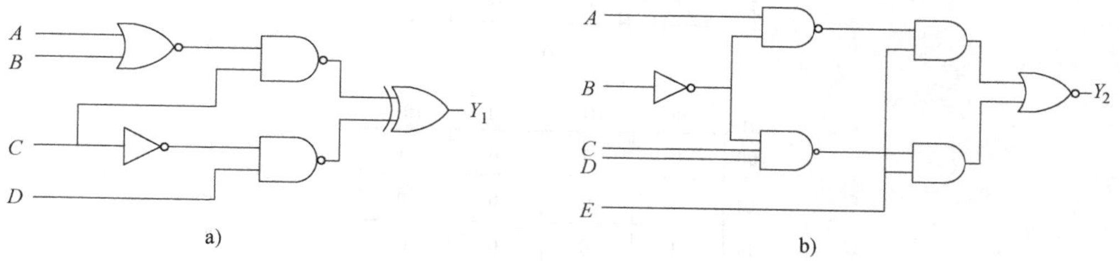

图题 2-5

2-6　已知逻辑函数 Y 的波形图如图题 2-6 所示，试求 Y 的真值表和逻辑函数式。

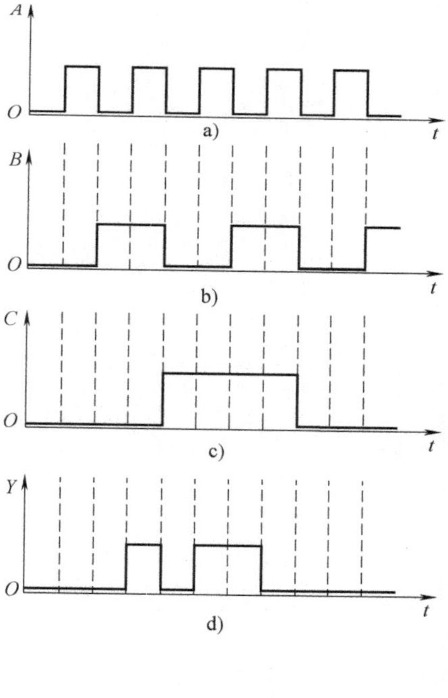

图题 2-6

2-7　按要求完成下列题目

（1）将逻辑函数表达式 $Y=AB'+A'C$ 转化为“或非或非”表达式，并画出由“非”门和“或非”门逻辑单元构成的逻辑电路图。

（2）将逻辑函数表达式 $Y=A'B'C'+AB'C'+A'B'D$ 转化为“与非与非”表达式，并画出由“非”门和“与非”门逻辑单元构成的逻辑电路图。

2-8　写出图题 2-8 卡诺图所表示的逻辑表达式。

A \ BC	00	01	11	10
0	0	1	1	1
1	1	1	0	1

a)

AB \ CD	00	01	11	10
00	0	1	0	1
01	1	0	0	0
11	1	0	0	0
10	0	1	0	1

b)

图题 2-8

2-9　将逻辑函数化为最简单的“与或”逻辑式。

$$F(A,B,C,D)=\sum m(0,2,4,6,9,13)+\sum d(1,3,5,7,11,15)$$

第 2 部分

数字电路基础

第3章 逻辑门电路

3.1 数字逻辑抽象

用以实现基本逻辑运算和复合逻辑运算的单元电路通称为门电路。基本逻辑运算和复合逻辑运算相对应，常用的门电路在逻辑功能上有与门、或门、非门、与非门、或非门、与或非门、异或门等几种。

在电子电路中，用高、低电平分别表示二值逻辑的 1 和 0 两种逻辑状态。获得高、低输出电平的基本原理可以用图 3.1.1 表示。当开关 S 断开时，输出电压 V_O为高电平；而当 S 接通以后，输出便为低电平。开关状态可以用半导体二极管或晶体管导通和截止来实现。只要能通过输入信号 V_I控制二极管或晶体管工作在截止和导通两个状态，它们就可以起到图 3.1.1 中开关 S 的作用。

在第 1 章提到，如果以输出的高电平表示逻辑 1，以低电平表示逻辑 0，则称这种表示方法为正逻辑。反之，若以输出的高电平表示逻辑 0，而以低电平表示逻辑 1，则称这种表示方法为负逻辑。今后除非特别说明，本书中一律采用正逻辑。

由于在实际工作时只要能区分出来高、低电平就可以知道它所表示的逻辑状态，所以高、低电平都有一个允许的范围，如图 3.1.2 所示。在数字电子电路中，无论是对元器件参数精度的要求还是对供电电源稳定度的要求，都比模拟电路略低一些。

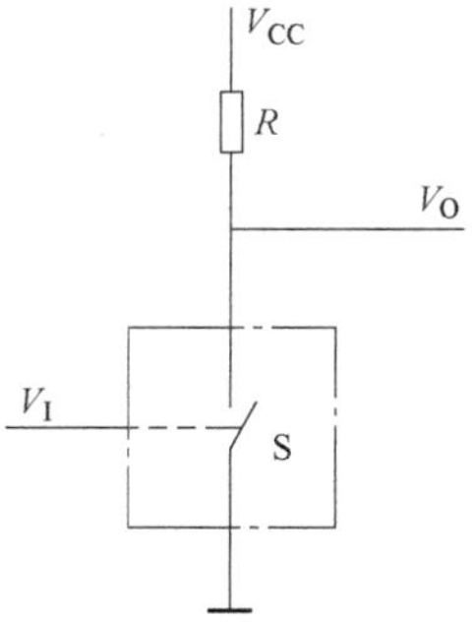

图 3.1.1 获得高、低输出电平的基本原理

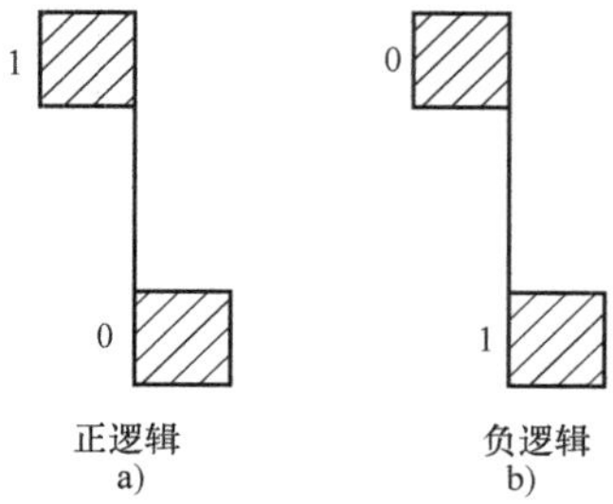

图 3.1.2 正逻辑与负逻辑

3.1.1 电源电压

数字系统的变量采用离散取值。然而这些变量需要由连续的物理量来表示，常见的单电源数字电子系统中，最低的电压时 0V，称为地（Ground，GND）。系统中最高的电压来自电源，常称为 V_{DD}。在 1970～1980 年的数字电子技术下，V_{DD}一般为 5V。随着微电子技术的发展，对大规模集成电路有了低功耗的要求，因此 V_{DD}呈现逐渐下降的趋势，下降为 3.3V、2.5V、1.8V、1.5V、1.2V，甚至更低，以减少功耗和避免晶体管过载。有的集成数字电路（Integrated Circuit，IC）会采用双电源方式（$-V_{CC}$，$+V_{CC}$）。

3.1.2 逻辑电平

通过定义逻辑电平（Logic Level），可以将连续变量映射成离散的二进制变量，如图 3.1.3 所示的两个级联的“非”门电路，第一个驱动源（Driver）输出作为第二个门接收端（Receiver）的输入，如果驱动源产生低电平输出，其电压处于 0～V_{OL}之间；或者产生高电平输出，其电压处于 V_{OH}～V_{DD}之间。如果，接收端的输入电压处于 0～V_{IL}之间，则接收端认为其输入为低电平，如果接收端的输入电压处于 V_{IH}～V_{DD}之间，则接收端认为输入为高电平。把 V_{OH}和 V_{OL}称为输出高和输出低逻辑电平，V_{IH}和 V_{IL}称为输入高和输入低逻辑电平。

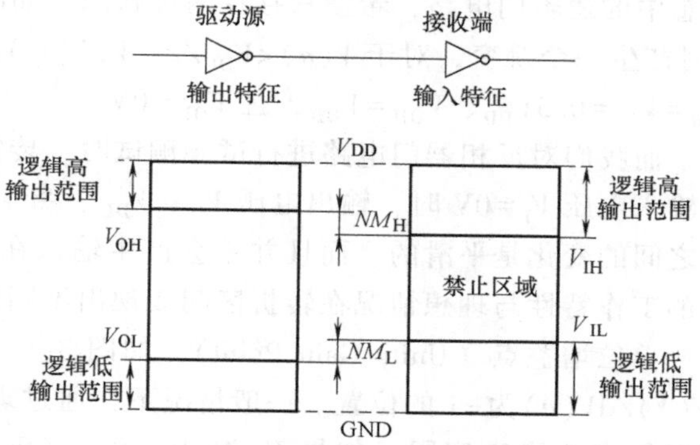

图 3.1.3　逻辑电平和噪声容限

如果驱动源输出信号传输到接收端信号中，受到外界噪声干扰，使得接收端输入电压处于 V_{IL}和 V_{IH}之间的禁止区域（Forbidden Zone），则输入门电路无法识别高电平或者低电平，即逻辑电路的行为不可预测。因此噪声容限是衡量数字电子电路性能的一个很重要的指标之一。

3.1.3 噪声容限

要使驱动源的输出能够被接收端的输入正确解释，就必须选择 $V_{OL}<V_{IL}$、$V_{OH}>V_{IH}$。因此，即使驱动源的输出总被一些噪声干扰，接收端的输入依然能够检测到正确的逻辑电平。叠加在输出上但依然能正确解释为有效输入的最大噪声值，称为噪声容限（Noise Margin）。如图 3.1.3 所示，低电平和高电平的噪声容限分别为

$$NM_L = V_{IL} - V_{OL}$$
$$NM_H = V_{OH} - V_{IH}$$

[例 3.1.1]　分析图 3.1.4 中的反相器，V_{O1}是反相器（驱动源）I1 的输出电压，V_{I2}是反相器（接收端）I2 的输入电压。两个反相器在同样的逻辑电平体制下工作，V_{DD} = 4.8V、V_{IL} = 1.36V、V_{OL} =

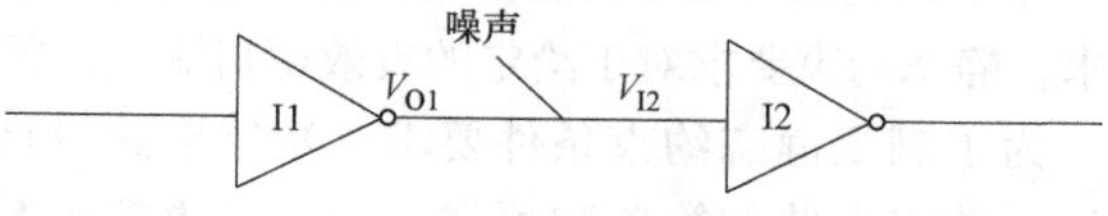

图 3.1.4　反相器电路

0.32V、$V_{OH}=3.86V$、$V_{IH}=3.14V$。反相器的低电平和高电平的噪声容限分别为多少？这个电路可否承受 V_{O1} 和 V_{I2} 之间 1V 的噪声？

解： 反相器的噪声容限为

$$NM_L = V_{IL} - V_{OL} = 1.36V - 0.32V = 1.04V$$

$$NM_H = V_{OH} - V_{IH} = 3.86V - 3.14V = 0.72V$$

分析：电路在输出为低电平时，可以承受 1.04V 的噪声电压（$NM_L=1.04V$），但是在输出为高电平时，不能承受 1V 的噪声电压（因为 $NM_H=0.72V$）。

3.1.4 电压传输特性与静态约束

逻辑门的直流电压传输特性（DC Transfer Characteristics）是指当输入电压变化时，输出电压随输入电压变化的函数关系。这个函数称为传输特性。

数字逻辑中的 0 和 1 两种状态，在正逻辑体制的门电路中用低电平和高电平表达，因此理想中的逻辑门电路，希望只存在两种状态，如图 3.1.5a 所示，在输入电压达到门限 $V_{DD}/2$ 时产生一个跳变，对于 $V(a)<V_{DD}/2$、$V(Y)=V_{DD}$。对于 $V(a)>V_{DD}/2$、$V(Y)=0V$。此时，$V_{IH}=V_{IL}=0.5V_{DD}$、$V_{OH}=V_{DD}$，且 $V_{OL}=0V$。

而我们对反相器门电路进行试验测试时，传输特性表现出如图 3.1.5b 所示的变化趋势。当输入电压 $V_I=0V$ 时，输出电压 $V_O \approx V_{DD}$。当 $V(a)=V_{DD}$时，$V_O \approx 0V$。然而，在这两个端点之间的变化是平滑的，而且并不会产生输入在中点 $0.5V_{DD}$时的突变。因此实际逻辑门电路的工作特性与理想情况在转折区间表现出不同的特性。

单位增益点（Unity Gain Point）：如图 3.1.5b 所示，单位增益点在传输特征曲线斜率 $dV(Y)/dV(a)$为-1 的位置。一般情况下，通过理论分析可知，在单位增益点选择逻辑电平可以最大化噪声容限。如果 V_{IL} 减少，V_{OH} 将仅仅增加一点。如果 V_{IL} 增加，V_{OH} 则将显著降低。

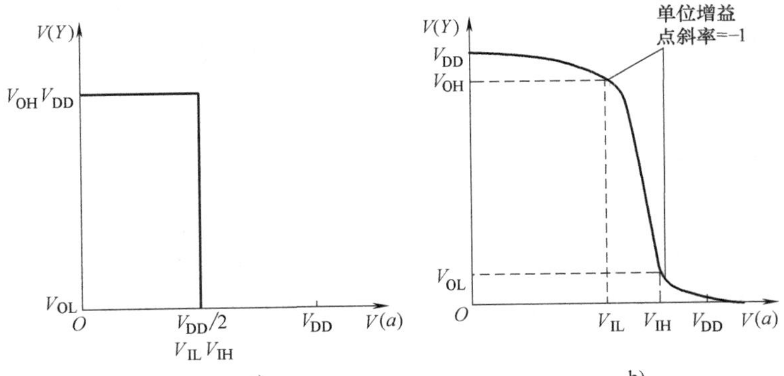

图 3.1.5 直流电压传输特性和逻辑电平

为了避免输入处于禁止区域，数字逻辑门的设计需要遵循静态约束（Static Discipline）条件要求。静态约束要求对于给定的有效逻辑输入，每个电路元件应该能产生有效的逻辑输出。

为了满足静态约束条件要求，数字电路设计师需要牺牲使用任意模拟器件的自由，但是换回了数字电路的简单和可靠。通过从模拟到数字之间抽象层次的提高，可以隐藏无需了解的细节来提高设计生产率。

V_{DD}和逻辑电平可以任意选择，但是所有相互通信的逻辑门的逻辑电平必须保持兼容。因此，逻辑门可以按照逻辑系列（Logic Family）来区分，其中同一逻辑系列的所有门都遵循相同的静态约束条件要求。同一逻辑系列中的逻辑门像积木一样组合在一起，使用相同的电源电压和逻辑电平。

通过查阅文献并进行分析得知，目前常用的逻辑系列有 TTL、CMOS、LVTTL、LVCOMS、ECL、PECL、GTL、I2L、RS-232、RS-422、LVDS 等。其中 TTL（Transistor-Transistor Logic）和 CMOS（Complementary Metal-Oxide-Semiconductor Logic）的逻辑电平按典型电压主要分为四类：5V 系列（5V-TTL 和 5V CMOS）、3.3V 系列、2.5V 系列和 1.8V 系列。5V-TTL 和 5V CMOS 逻辑电平是通用的逻辑电平。3.3V 及以下的逻辑电平被称为低电压逻辑电平，常用的为 LVTTL 电平。低电压的逻辑电平还有 2.5V 和 1.8V 两种。ECL/PECL 和 LVDS 是差分输入输出。RS-422/485 和 RS-232 是串口的接口标准，RS-422/485 是差分输入输出，RS-232 是单端输入输出。表 3.1.1 比较了典型的 5V 和 3.3V 系列的逻辑电平。随着微纳电子技术和工艺的不断发展，集成电路会不断分化出新的逻辑系列。

表 3.1.1　5V 和 3.3V 逻辑系列的典型逻辑电平

逻辑系列	V_{DD}/V	V_{IL}/V	V_{IH}/V	V_{OL}/V	V_{OH}/V
TTL	5(4.75~5.25)	0.8	2.0	0.4	2.4
CMOS	5(4.5~6)	1.35	3.15	0.33	3.84
LVTTL	3.3(3~3.6)	0.8	2.0	0.4	2.4
LVCMOS	3.3(3~3.6)	0.9	1.8	0.36	2.7

［例 3.1.2］　分析芯片 HD74HC152 和 DM74LS283 的逻辑系列兼容性。

解：在进行数字电子电路设计和芯片连接时，当存在不同类型的器件（如：CMOS 和 TTL）时，逻辑系列之间的兼容性问题是必须首先考虑的问题之一，对于不同芯片商提供的 IC，工程师首先需要查询 IC 的产品文档，通常，5V 的 TTL 或 CMOS 逻辑系列可能产生的高电平输出电压为 5V，但如果用 5V CMOS 信号驱动 3.3V 的 LVTTL 或 LVCMOS 逻辑系列输入，可能会损坏接收端。

题目要求分析芯片 HD74HC152 和 DM74LS283 的逻辑系列兼容性，通常的方法是找到芯片 HD74HC152 和 DM74LS283 的逻辑电气性能，主要包括：工作电压 V_{CC}、高电平输入电压 V_{IH}、低电平输入电压 V_{IL}、高电平输出电压 V_{OH}、低电平输出电压 V_{OL} 等与逻辑兼容性相关的参数。注意了解参数的数字范围，再比较分析 IC 输入和输出之间逻辑性能是否兼容。表 3.1.2 为 DM54LS283 和 DM74LS283 的逻辑电平性能，表 3.1.3 为 HD74HC152 的逻辑电平性能。然后参照图 3.1.3 进行判断。

表 3.1.2　DM54LS283 和 DM74LS283 逻辑电平性能

推荐工作条件

符号	参数	DM54LS283			DM74LS283		
		最小值	典型值	最大值	最小值	典型值	最大值
V_{CC}	供电电压/V	4.5	5	5.5	4.75	5	5.25
V_{IH}	高电平输入电压/V	2			2		
V_{IL}	低电平输入电压/V			0.7			0.8
I_{OH}	高电平输出电流/mA			−0.4			−0.4
I_{OL}	低电平输出电流/mA			4			8
T_A	自然工作温度/℃	−55		125			70

（续）

电气特性

符号	参数代号	条　件		最小值	典型值	最大值
V_I	输入钳位电压/V	V_{CC} = Min, I_I = -18mA				-1.5
V_{OH}	高电平输出电压/V	V_{CC} = Min, I_{OH} = Max	DM54	2.5	3.4	
		V_{IL} = Max, V_{IH} = Min	DM74	2.7	3.4	
V_{OL}	低电平输出电压/V	V_{CC} = Min, I_{OL} = Max	DM54		0.25	0.4
		V_{IL} = Max, V_{IH} = Min	DM74		0.35	0.5
		I_{OL} = 4mA, V_{CC} = Min	DM74		0.25	0.4

表 3.1.3　HD74HC152 逻辑电平性能

名称	符号	V_{CC}/V	T_a = 25℃			T_a = -40 ~ +85℃		测试条件
			最小值	典型值	最大值	最小值	最大值	
输入电压	V_{IH}	2.0	1.5	—	—	1.5	—	
		4.5	3.15	—	—	3.15	—	
		6.0	4.2	—	—	4.2	—	
	V_{IL}	2.0	—	—	0.5	—	0.5	
		4.5	—	—	1.35	—	1.35	
		6.0	—	—	1.8	—	1.8	
输出电压	V_{OH}	2.0	1.9	2.0	—	1.9	—	V_{in} = V_{IH}或 V_{IL}　I_{OH} = -20μA
		4.5	4.4	4.5	—	4.4	—	
		6.0	5.9	6.0	—	5.9	—	
		4.5	4.18	—	—	4.13	—	I_{OH} = -4mA
		6.0	5.68	—	—	5.63	—	I_{OH} = -5.2mA
	V_{OL}	2.0	—	0.0	0.1	—	0.1	V_{in} = V_{IH}或 V_{IL}　I_{OL} = 20μA
		4.5	—	0.0	0.1	—	0.1	
		6.0	—	0.0	0.1	—	0.1	
		4.5	—	—	0.26	—	0.33	I_{OL} = 4mA
		6.0	—	—	0.26	—	0.33	I_{OL} = 5. 2mA

3.2　半导体开关器件及其门电路分析

3.2.1　半导体

1. 本征半导体及其特性

物质的导电性能决定于原子结构。常用的半导体材料硅（Si）和锗（Ge）均为四价元素，它们原子最外层电子既不像导体那样容易挣脱原子核的束缚，也不像绝缘体那样被原子核束缚得那么紧，其导电性能介于导体和绝缘体之间。

纯净的半导体经过一定的工艺过程制成单晶体，称为本征半导体。晶体中的原子在空间形成排列整齐的点阵，称为晶格。

晶体中的共价键具有很强的结合力，在常温下仅有极少数的价电子受热激发得到足够的能量，挣脱共价键的束缚变成为自由电子。与此同时，在共价键中留下空穴。原子因失掉一个价电子而带正电，或者说空穴带正电。在本征半导体中，自由电子与空穴是成对出现的，即自由电子与空穴数目相等。相邻的共价键中的价电子受热可以移至有空穴的共价键内，在原来的位置产生新的空穴，这种情况等效于空穴在移动。空穴的移动方向与价电子的移动方向相反，在无外加电场时，电子和空穴的移动都是杂乱无章的，对于外部不呈现电流。

在本征半导体两端外加一电场时，自由电子将产生定向移动，形成电子电流；同时由于空穴的存在，价电子将按一定的方向依次填补空穴，等效空穴也产生与电子移动方向相反的移动，形成空穴电流。本征半导体中的电流是两个电流之和。

运载电流的粒子称为载流子。在本征半导体中，自由电子和空穴都是载流子，这是半导体导电的特殊性质。而导体导电中只有一种载流子，即只有自由电子导电。

半导体在受热激发下产生自由电子和空穴对的现象称为本征激发。自由电子在运动的过程中，如果与空穴相遇就会填补空穴，使两者同时消失，这种现象称为复合。

当环境温度升高时，热运动加剧，挣脱本征半导体共价键束缚的自由电子增多，空穴也随之增多，即载流子的浓度升高，因而使得导电性能增强；反之，若环境温度降低，则载流子的浓度降低，因而导电性能变差。理论和试验证明，本征半导体载流子浓度的变化量与温度的变化呈指数关系。

2. 杂质半导体及其特性

在本征半导体中人为地掺入少量的其他元素（称为掺杂），掺入杂质的本征半导体称为杂质半导体。可以使半导体的导电性能发生显著的变化。利用这一特性，通过控制掺入杂质的浓度，可以制成人们所期望的各种性能的半导体器件。

（1）N（Negative）型半导体

在本征半导体中掺入少量的五价元素，如磷、砷和锑，使每一个五价元素取代一个四价元素在晶体中的位置，形成N型半导体。在一个五价原子取代一个四价原子后，五价原子外层的4个电子与四价原子结合形成共价键，余下一个电子不在共价键之内，五价原子对其的束缚力较弱，在常温下便可激发成为自由电子，而五价元素本身因失去电子而成为正离子。由于五价元素贡献出一个电子，称之为施主杂质。

在N型半导体中，由于掺入了五价元素，自由电子的浓度大于空穴的浓度。半导体中导电以电子为主，故自由电子为多数载流子，简称为多子；空穴为少数载流子，简称为少子。由于杂质原子可以提供电子，故称之为施主原子。N型半导体主要靠自由电子导电，掺入的杂质越多，多子（自由电子）的浓度就越高，导电性能也就越强。

（2）P（Positive）型半导体

在本征半导体中掺入少量的三价元素，如硼、铝和铟，使之取代一个四价元素在晶体中的位置，形成P型半导体。由于杂质原子的最外层有3个价电子，所以当它们与周围的原子形成共价键时，就产生了一个“空位”（空位为电中性），当四价原子外层电子于热运动填补此空位时，杂质原子成为不可移动的负离子，同时，在四价原子的共价键中产生一个空穴。由于杂质原子中的空位吸收电子，故称之为受主杂质。在P型半导体中，空穴为多子，自由电子为少子，主要靠空穴导电。与N型半导体相同，掺入的杂质越多，多子（空穴）的浓度就越高，少子（电子）的浓度就愈低。

3. PN结及其单向导电性

采用不同的掺杂工艺，将P型半导体与N型半导体制作在一起，使这两种杂质半导体在接触处保持晶格连续，在它们的交界面就形成PN结。

扩散运动：如图3.2.1a所示在PN结中，由于P区的空穴浓度远远高于N区，P区的空穴越过交界面向N区移动；同时N区的自由电子浓度也远远高于P区，N区的电子越过交界面向 P 区移动。

势垒区：如图 3.2.1b 所示，扩散到 P 区的自由电子与空穴复合，而扩散到 N 区的空穴与自由电子复合，在 PN 结的交界面附近多子的浓度下降，P 区出现负离子区，N 区出现正离子区，它们是不能移动的。

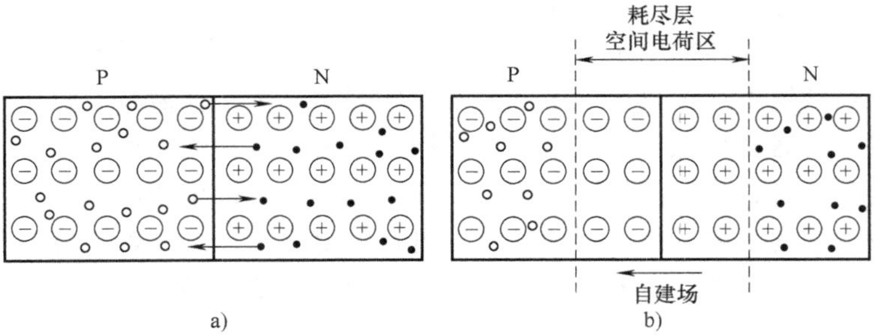

图 3.2.1 PN 结原理示意图

a）PN 结载流子扩散运动 b）PN 结势垒形成示意图

随着扩散运动的进行，位垒区加宽，内电场增强，其方向由 N 区指向 P 区，阻止扩散运动的进行。只有那些能量足够大的多数载流子，才能克服势垒的阻力，越过势垒区，进入到相对区域。

动态平衡：在半导体物理中，将少子在电场作用下的定向运动称作漂移运动。在无外电场和其他激发作用下，势垒区形成之后，由于多子扩散形成的扩散电流与少子漂移形成的漂移电流大小相等、方向相反，在外部呈现出电流为零。

（1）PN 结外加正向电压时处于导通状态

如图 3.2.2a 所示，当电源的正极接到 PN 结的 P 端，电源的负极接到 PN 结的 N 端时，称 PN 结正向偏置。此时外电场将多数载流子推向势垒区，使其变窄，势垒降低，削弱了内电场，破坏了原来的平衡，使扩散运动加剧，而漂移运动减弱。由于电源的作用，扩散运动将源源不断地进行，从而形成正向电流，PN 结导通，PN 结导通时的结压降上只有零点几伏，所以，应该在它所在的回路中串联一个电阻，以限制回路的电流，防止 PN 结因正向电流过大而损坏。

（2）PN 结外加反向电压时处于截止状态

如图 3.2.2b 所示，当电源的正极接到 PN 结的 N 端，电源的负极接到 PN 结的 P 端时，

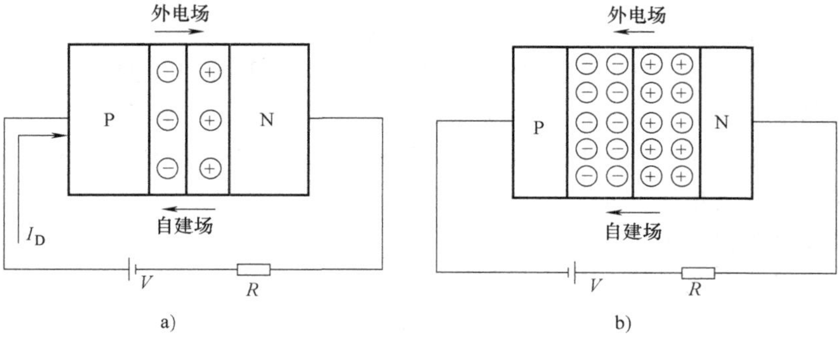

图 3.2.2 PN 结加正反向电压时的状态

a）PN 结加正向电压时处于导通状态 b）PN 结加反向电压时处于截止状态

称 PN 结反向偏置，此时外电场使势垒区变宽，势垒增高，加强了内电场，阻止扩散运动的进行，而加剧漂移运动的进行，形成反向电流，也称为漂移电流。由于它不随反向电压变化而改变，故称之为反向饱和电流。

因为少子的数目极少，即使所有的少子都参与漂移运动，反向电流也非常小，所以在近似分析过程中，常将它忽略不计，认为 PN 结外加反向电压时，处于截止状态。

3.2.2 半导体二极管

PN 结两端各引出一个电极并加上封装，就形成了半导体二极管。二极管的符号如图 3.2.3d 所示。PN 结的 P 型半导体一端引出的电极称为阳极（正极），PN 结的 N 型半导体一端引出的电极称为阴极（负极）。

点接触型半导体二极管：结构如图 3.2.3a 所示。主要特点是 PN 结面积小、高频性能好，适用于高频检波电路和开关电路。

面接触型半导体二极管：结构如图 3.2.3b 所示。主要特点是 PN 结面积大、可通过较大的电流，一般用于低频整流电路中。

平面型半导体二极管：结构如图 3.2.3c 所示。常用硅平面开关管，其 PN 结面积较大时，适用于大功率整流；其 PN 结面积较小时，适用于脉冲数字电路中做开关管使用。

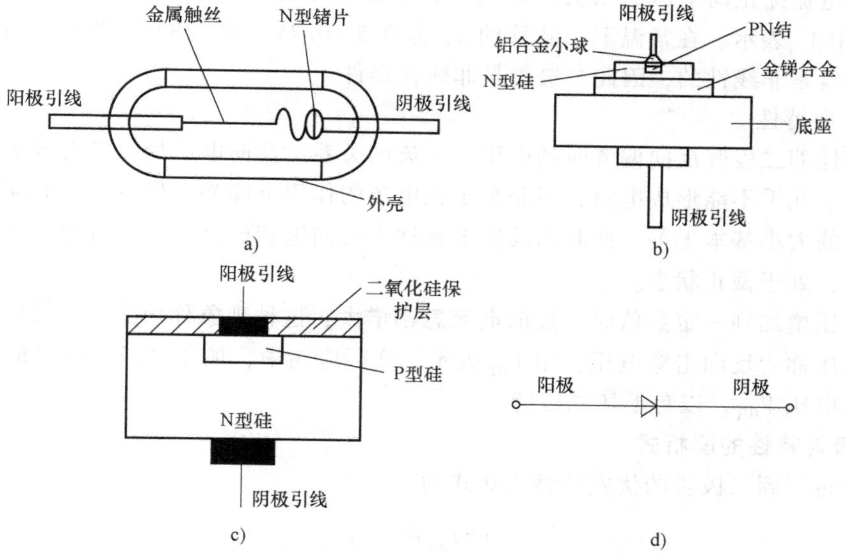

图 3.2.3 半导体二极管的结构和电路符号

a）点接触型 b）面接触型 c）平面型 d）电路符号

1. 二极管的特性

二极管的核心是 PN 结，它的特性就是 PN 结的特性——单向导电性。常用伏安特性曲线来描述二极管的单向导电性。如图 3.2.4 所示横坐标代表电压，纵坐标代表电流。

（1）二极管主要参数

最大整流电流 I_{OM}：最大整流电路是指二极管长期使用时，允许流过的最大正向平均电流。

反向击穿电压 V_{BR}：反向击穿电压是指二极管反向击穿时的电压值。击穿时，反向电流剧增，二极管的单向导电性被破坏，甚至因过热而烧坏。一般手册上给出的最高反向工作电压是击穿电压的一半，以确保二极管安全工作。

反向饱和电流 I_S：反向饱和电流是指二极管反向工作电压时的反向电流。反向电流大，说明管子的单向导电性差，因此反向电流越小越好。反向电流受温度的影响，温度越高反向电流越大。硅管的反向电流较小，锗管的反向电流比硅管大几十到几百倍。

最高工作频率 f_M：f_M是二极管工作的上限频率。

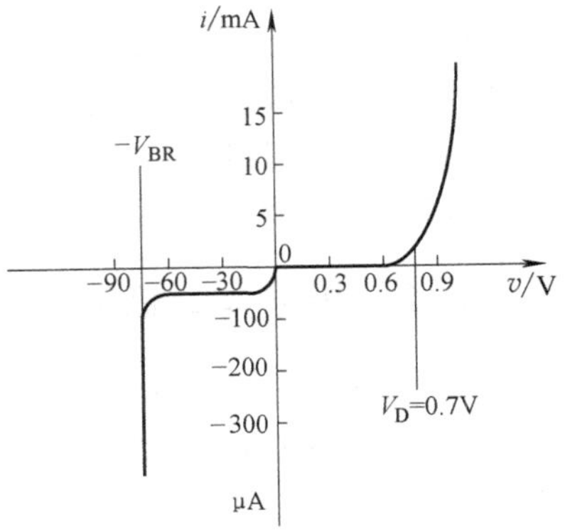

图 3.2.4　硅二极管伏安特性曲线

(2) 正向特性（外加正向电压）

正向特性即二极管正向偏置时的电压与电流的关系。二极管两端加正向电压较小时，正向电压产生的外电场不足以使多子形成扩散运动，这时的二极管实际上还没有很好地导通，通常称为“死区”，此时的二极管相当于一个很大的电阻，正向电流很小。

当正向电压超过一定值后，内电场被大大削弱，多子在外电场的作用下形成扩散运动，这时，正向电流随正向电压的增大迅速增大，二极管导通。该电压称为门槛电压（也称阈值电压），用 V_{th}表示。在常温下，硅管的 V_{th}为 0.5～0.7V，锗管的 V_{th}为 0.1～0.3V。二极管的正向曲线是非线性的，因此二极管是非线性器件。

(3) 反向特性

反向特性即二极管反向偏置时的电压、电流的关系。反向电压加强了内电场对多子扩散的阻碍，多子几乎不能形成电流，但是少子在电场的作用下漂移，形成很小的漂移电流，且与反向电压的大小基本无关。此时的反向电流称为反向饱和电流 I_s，此时的二极管呈现很高的反向电阻，处于截止状态。

反向电压增加到一定数值时，反向电流急剧增大，这种现象称为二极管的反向击穿。此时对应的电压称为反向击穿电压，用 V_{BR}表示。实际应用中，加在二极管的反向电压应该小于反向击穿电压 V_{BR}，以免损坏二极管。

2. 二极管特性的解析式

理论分析得到二极管的伏安特性表达式为

$$i=I_S(e^{\frac{qv}{kT}}-1) \tag{3-1}$$

式中　I_S为反向饱和电流；q 为电子的电量，其值为 1.602×10^{-19}C；k 为玻耳兹曼常数，其值为 1.38×10^{-23}J/K；T 为绝对温度，常温（20℃）相当于 $T=293$K。定义

$$V_T=\frac{kT}{q}\approx 26\text{mV} \tag{3-2}$$

则二极管的伏安特性表达式为

$$i=I_S(e^{\frac{v}{V_T}}-1) \tag{3-3}$$

由式（3-3）可见，当二极管两端的正向电压高于 100mV 时，$e^{\frac{v}{V_T}}\gg1$，式（3-3）简化为

$$i=I_S e^{\frac{v}{V_T}} \tag{3-4}$$

即正向电流与正向电压成指数关系。

当二极管两端反向电压超过 100mV 时，$e^{\frac{v}{V_T}} \ll 1$，式（3-3）简化为

$$i=-I_S \tag{3-5}$$

即反向电流与外加电压无关，为一个恒定值——反向饱和电流 I_S。

3.2.3　半导体晶体管

半导体晶体管也称双极型晶体管或晶体三极管，是一种控制电流的半导体器件。其作用是把微弱信号放大成幅值较大的电信号，也用作无触点开关。晶体管，是半导体基本元器件之一，具有电流放大作用，是电子电路的核心元件。晶体管是在一块半导体基片上制作两个相距很近的 PN 结，两个 PN 结把整块半导体分成三部分，中间部分是基区，两侧部分是发射区和集电区，排列方式有 PNP 和 NPN 两种。

无论是 NPN 型或是 PNP 型的晶体管，它们均包含三个区：发射区、基区和集电区，并相应地引出三个电极：发射极（e）、基极（b）和集电极（c）。同时，在三个区的两两交界处，形成两个 PN 结，分别称为发射结和集电结。常用的半导体材料有硅和锗，因此共有四种晶体管类型。它们对应的型号分别为：锗 PNP、锗 NPN、硅 PNP、硅 NPN 四种系列，如图 3.2.5 所示。常见的晶体管连接方式有：共基极、共射极和共集电极，如图 3.2.6 所示。

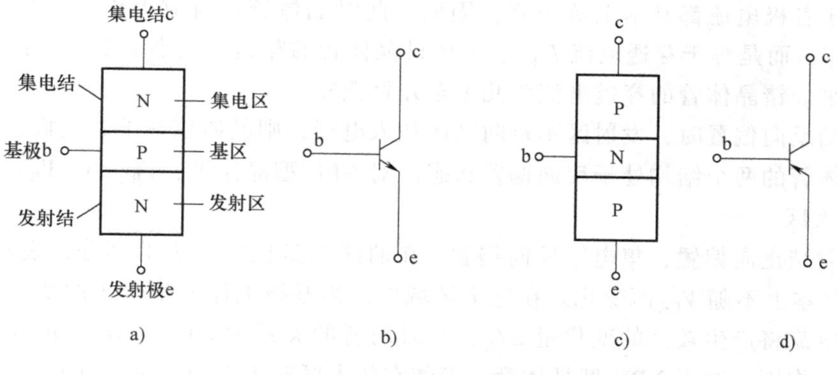

图 3.2.5　晶体管的结构示意图和符号

a）NPN 型晶体管结构　b）NPN 型晶体管图形符号　c）PNP 型晶体管结构　d）PNP 型晶体管图形符号

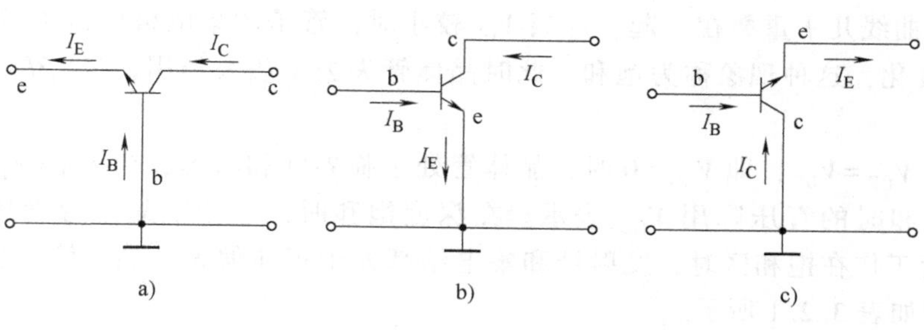

图 3.2.6　晶体管的三种连接方式

a）共基极　b）共射极　c）共集电极

1. 晶体管的特性曲线

建立晶体管特性曲线测试电路，如图 3.2.7a 所示，分析激励与响应之间的关系，当 V_{CE}不变时，输入回路中的电流 I_B 与电压 V_{BE}之间的关系曲线称为输入特性，即 $i_B = f(V_{BE})|_{V_{CE}}$，如图 3.2.7b 所示；当 I_B 不变时，输出回路中的电流 I_C 与电压 V_{CE}之间的关系曲线称为输出特性，即 $i_C = f(V_{CE})|_{I_B}$，如图 3.2.7c 所示。

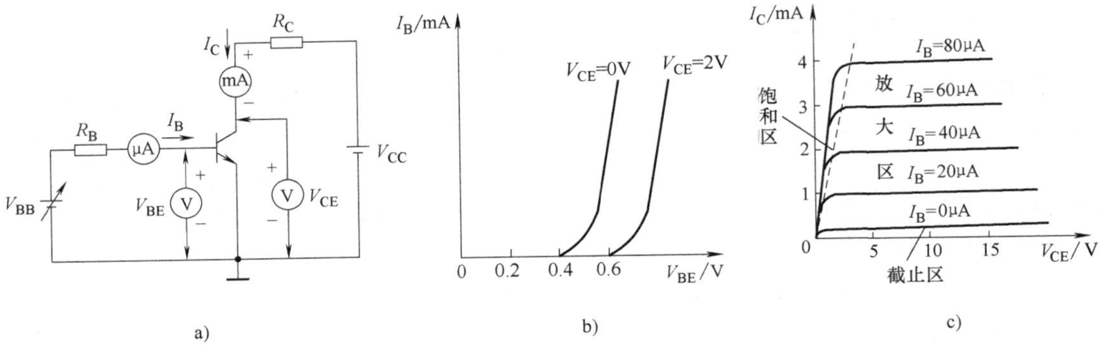

图 3.2.7 晶体管的特性曲线

（1）截止区

一般将 $I_B \leqslant 0$ 的区域称为截止区，在图中为 $I_B = 0$ 的一条曲线以下的部分。此时 I_C也近似为零。由于各极电流都基本上等于零，因而，此时晶体管没有放大作用。其实 $I_S = 0$ 时，I_C并不等于零，而是等于穿透电流 I_{CEO}。一般硅晶体管的穿透电流小于 1μA，在特性曲线上无法表示出来。锗晶体管的穿透电流为几十至几百微安。

当发射结反向偏置时，发射区不再向基区注入电子，则晶体管处于截止状态。所以，在截止区，晶体管的两个结均处于反向偏置状态。对 NPN 型晶体管，$V_{BE}<0$、$V_{BC}<0$。

（2）放大区

此时发射结正向偏置，集电结反向偏置。在曲线上是比较平坦的部分，表示当 I_B 一定时，I_C的值基本上不随 V_{CE}而变化。在这个区域内，当基极电流发生微小的变化 ΔI_B 时，相应的集电极电流将产生较大的变化量 ΔI_C，此时两者的关系为 $\Delta I_C = \beta \Delta I_B$；该式体现了晶体管的电流放大作用。对于 NPN 型晶体管，工作在放大区时 $V_{BE} \geqslant 0.7V$，而 $V_{BC}<0$。

（3）饱和区

曲线靠近纵轴附近，各条输出特性曲线的上升部分属于饱和区。在这个区域，不同 I_B 值的各条特性曲线几乎重叠在一起，即当 V_{CE} 较小时，管子的集电极电流 I_C 基本上不随基极电流 I_B 而变化，这种现象称为饱和。此时晶体管失去了放大作用，$I_C = \beta I_B$ 或 $\Delta I_C = \beta \Delta I_B$ 关系不成立。

一般认为 $V_{CE} = V_{BE}$，即 $V_{CB} = 0$ 时，晶体管处于临界饱和状态，当 $V_{CE} < V_{BE}$时称为过饱和。晶体管饱和时的管压降用 V_{CES}表示。在深度饱和时，小功率晶体管管压降通常小于 0.3V。晶体管工作在饱和区时，发射结和集电结都处于正向偏置。晶体管三种工作状态工作特点的比较如表 3.2.1 所示。

2. 晶体管的主要参数

1）共发射极交流电流放大系数 β。β 体现共射极接法之下的电流放大作用。

表 3.2.1　晶体管三种工作状态工作特点

工作状态		截　止	放　大	饱　和
条　　件		$i_B=0$	$0<i_B<I_{BS}$	$i_B>I_{BS}$
工作特点	偏置情况	发射结反偏 集电结反偏 $V_{BE}<0, V_{BC}<0$	发射结正偏 集电结反偏 $V_{BE}>0, V_{BC}<0$	发射结正偏 集电结正偏 $V_{BE}>0, V_{BC}>0$
	集电极电流	$i_C=0$	$i_C=\beta i_B$	$i_C=I_{CS}$
	ce 间电压	$V_{CE}=V_{CC}$	$V_{CE}=V_{CC}-i_C R_c$	$V_{CE}=V_{CES}=0.3V$
	ce 间等效电阻	很大，相当开关断开	可变	很小，相当开关闭合

$$\beta=\frac{\Delta I_C}{\Delta I_B}\bigg|_{V_{CE}=\text{常数}} \tag{3-6}$$

2）共发射极直流电流放大系数 $\bar{\beta}$：

$$\bar{\beta}=\frac{I_C-I_{CEO}}{I_B} \tag{3-7}$$

3）共基极交流电流放大系数 α。α 体现共基极接法下的电流放大作用。

$$\alpha=\frac{\Delta I_C}{\Delta I_E} \tag{3-8}$$

4）共基极直流电流放大系数 $\bar{\alpha}$。$\bar{\alpha}$ 体现共基极接法下的电流放大作用。在忽略反向饱和电流 I_{CBO} 时：

$$\bar{\alpha}\approx\frac{I_C}{I_E} \tag{3-9}$$

5）极间反向电流 I_{CBO} 和 I_{CEO}。晶体管极间反向电流的测量如图 3.2.8 所示，β 与 I_C 的关系曲线如图 3.2.9 所示。

6）集电极最大允许电流 I_{CM}

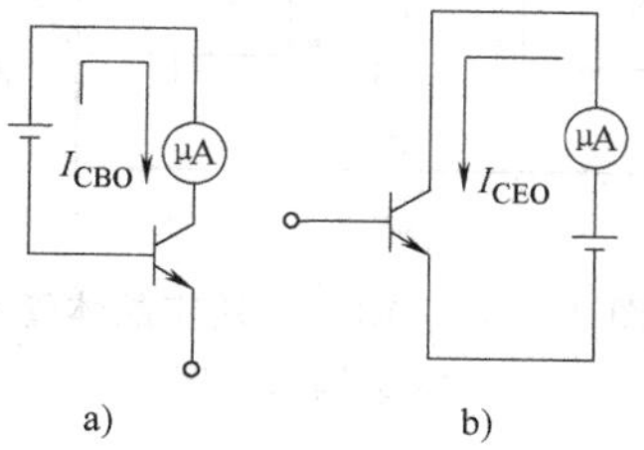

图 3.2.8　晶体管极间反向电流的测量

a）I_{CBO}　b）I_{CEO}

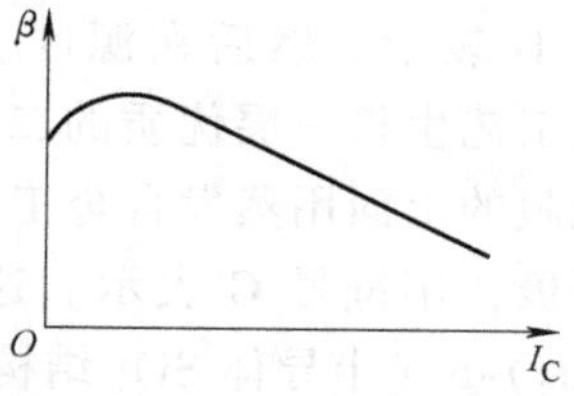

图 3.2.9　β 与 I_C 的关系曲线

7）集电极最大允许功率损耗 P_{CM}：当晶体管工作时，管子两端电压为 V_{CE}，集电极电流为 I_C，因此集电极损耗的功率为

$$P_C=I_C V_{CE}$$

8）反向击穿电压：

BV_{CBO}——发射极开路时，集电极-基极间的反向击穿电压。

BV_{CEO}——基极开路时，集电极-发射极间的反向击穿电压。

BV_{CER}——基射极间接有电阻 R 时，集电极-发射极间的反向击穿电压。

BV_{CES}——基射极间短路时，集电极-发射极间的反向击穿电压。

BV_{EBO}——集电极开路时，发射极-基极间的反向击穿电压，此电压一般较小，仅有几伏左右。

晶体管的安全工作区如图 3.2.10 所示。

3. 温度对晶体管主要参数的影响

研究发现，晶体管的参数受温度影响主要表现在对 I_{CBO}、V_{BE}、β 等的影响上。

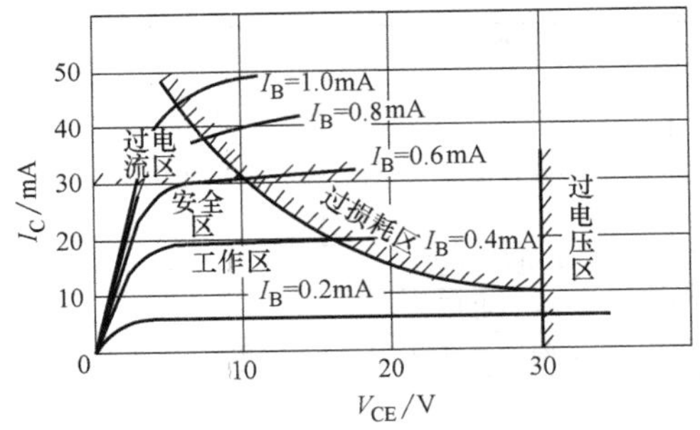

图 3.2.10 晶体管的安全工作区

3.2.4 MOS 场效应晶体管

场效应晶体管是不同于双极型晶体管的另一类晶体管。它是一种电压型控制器件，由于它的工作电流只涉及一种载流子（即多数载流子），所以称其为“单极型晶体管”。根据结构和制造工艺的不同，场效应晶体管可分为三类：结型场效应晶体管（JFET）、金属-半导体场效应晶体管（MESFET）和绝缘栅场效应晶体管（MISFET）。在绝缘栅场应晶体管中可以单元素半导体 Ge、Si 为衬底材料，也可以化合物半导体 GaAs 等为衬底材料，使用 SiO_2较为普遍。因此，M-SiO_2-Si 是 MISFET 的代表结构，简称 MOS 场效应晶体管。

MOSFET 在半导体器件中占有相当重要的地位，它是大规模集成电路和超大规模集成电路中最基本、最核心的组成部分。

1. MOS 场效应晶体管的工作原理

图 3.2.11 示出了一种采用平面工艺制作的 N 型沟道 MOS 场效应晶体管的基本结构。它是一个四端器件，其结构是在 P 型衬底上，用扩散或离子注入方法形成两个 N^+区，分别为源区和漏区，并在这两个区上制作欧姆接触电极，作为源极和漏极，用符号 S 和 D 表示。然后在源区、漏区之间的区域上，用氧化工艺生长一层优质的二氧化硅（SiO_2）薄膜，在氧化膜的上面用蒸发合金工艺制作欧姆接触电极，作为栅极，用符号 G 表示。这样形成了 M（金属）-O(SiO_2)-S（半导体 Si）结构的 MOS 场效应晶体管的主体结构。另外，还有一个衬底电极，用符号 B 表示。在单管应用时，往往将源极 S 和衬底电极 B 短接，形成一个三端器件。

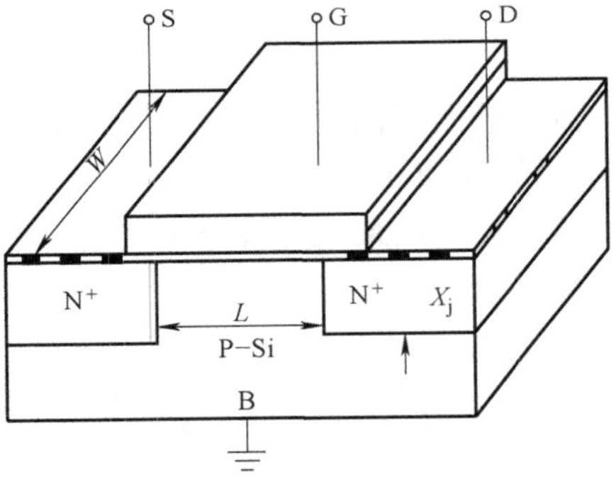

图 3.2.11 MOS 场效应晶体管基本结构示意图

MOS 场效应晶体管结构的基本参数有沟道长度 L（即源区和漏区之间的距离）、沟道宽度 W、栅氧化层厚度 t_{OX}、源区和漏区的结深 X_j、衬底掺杂浓度 N（图 3.2.11 的衬底为 P 型 Si，其掺杂浓度用 N_A表示）等。

反型层形成过程分析：以图 3.2.11 所示器件为例，当栅极电压 $V_G=0$ 时，源极、漏极之间无论加何种极性的电压，两个背靠背的 PN 结中总有一个处于反向偏置，S 与 D 之间只能有微小的反向电流流过。若在栅极到源极——衬底之间加上正电压 V_{GS}，如图 3.2.12 所示。在中心部位的 MOS 结构中，将产生一个垂直于 Si-SiO_2 界面的电场，从而在半导体表面感应出负电荷，随着正向栅极电压的增加，P 型半导体表面的多数载流子空穴逐渐减小直到耗尽，而电子逐渐积累使表面反型。当栅极电压增加到使表面积累的电子浓度等于或超过衬底内部平衡时的空穴浓度时，半导体表面达到强反型。电子积累层将在 N^+区的源与漏之间形成导电沟道，此时，若在漏极、源极之间加上正向偏置电压 V_{DS}，载流子就会通过导电沟道从源极流向漏极，由漏极收集形成漏电流。使半导体表面达到强反型时所需加的栅源电压称阈值电压，通常用 V_T表示。半导体表面出现强反型时积累的电子层称为反型层，在 MOS 场效应晶体管中称之为沟道，以电子导电的反型层称作 N 沟道，以空穴导电的反型层则称为 P 沟道。

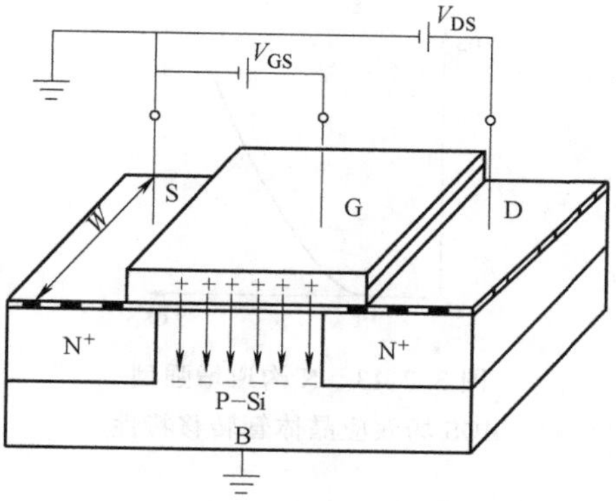

图 3.2.12 MOS 场效应晶体管工作原理示意图

由此看来，MOS 场效应晶体管工作原理最关键的是栅极加上一定的电压，表面形成导电沟道，导电沟道将源区和漏区连通，然后在 V_{DS}的作用下，产生明显的漏电流 I_{DS}，实现了电压对电流的控制。

MOS 场效应晶体管的栅极和半导体之间被 SiO_2层阻隔，器件导通时只有从漏极经过沟道到源极这一条电流通道。MOS 场效应晶体管是一种典型的电压控制器件，当采用共源极工作时，栅极输入电压控制漏源输出电流。若作放大元件工作时，叠加在栅源偏置电压上的 ΔV_{GS}将引起输出回路中的 ΔI_{DS}响应，负载电阻上随之产生电压 ΔV_{RL}，由此而获得增益。另外，MOS 场效应晶体管也可作为开关元件使用，当栅源电压小于阈值电压时器件截止，反之器件导通。

2. MOS 场效应晶体管的转移特性

根据形成导电沟道的起因和沟道中载流子的类别不同，MOS 场效应晶体管可以分为四种类型：N 沟道增强型、N 沟道耗尽型、P 沟道增强型和 P 沟道耗尽型。

（1） NMOS

N 沟道增强型 MOS 场效应晶体管的转移特性曲线如图 3.2.13 所示。把这种 N 沟道 MOS 场效应晶体管称为 N 沟道增强型 MOS 场效应晶体管。用“增强”这两个字的原因是，当栅源电压 $V_{GS}=0$ 时，半导体表面不存在导电沟道，MOS 场效应晶体管处于截止状态（或称常断），只有当外加栅源电压大于阈值电压时才形成导电沟道，且随着正电压的增加，沟道的导电性能随之增强。

N 沟道耗尽型 MOS 场效应晶体管的转移特性曲线如图 3.2.14 所示。若 SiO_2薄膜中的正电荷密度足够高，而 P 型衬底杂质浓度又较低时，即便没有施加栅源电压，即在零栅源电压时（$V_{GS}=0$），在 SiO_2正电荷中心的作用下，硅的表面已经形成反型导电沟道，器件处于导通状态。

对于 N 沟道耗尽型。当 $V_{GS}=0$ 时，漏源之间就有了电流，要使器件的沟道消失，必须施加一个较大的负电压完全抵消 SiO_2 中的正电荷作用，使反型层消失。使沟道消失所加的栅源电压称为耗尽型 MOS 管的阈值电压，也称为夹断电压。很显然 N 沟道耗尽型 MOS 管的阈值电压 $V_{GS}<0$，为负值，当 $V_{GS}<V_T$时，$I_{DS}=0$；当 $V_{GS}>V_T$时，$I_{DS}>0$。与增强型相对应，这种管子叫常开型。

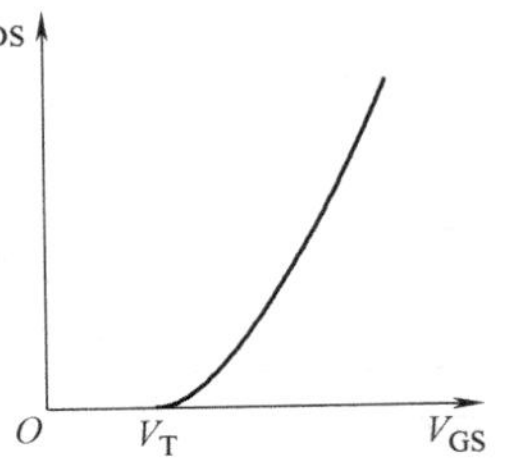

图 3.2.13　N 沟道增强型 MOS 场效应晶体管转移特性

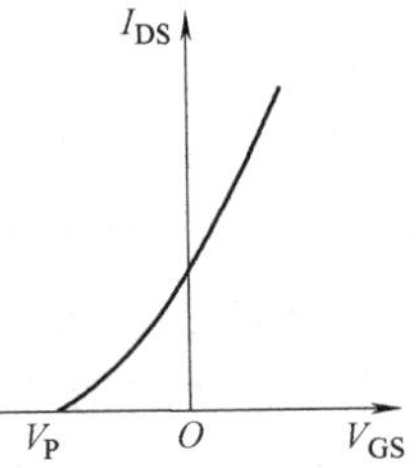

图 3.2.14　N 沟道耗尽型 MOS 场效应晶体管转移特性

（2）PMOS

P 沟道 MOS 场效应晶体管器件则是以 N 型硅为衬底，通过扩散或离子注入形成 P^+源区和漏区而制成的器件。与 N 沟道器件相反，当在栅极施加负栅压时，就会在栅极下面产生一个垂直电场，把 N 型硅表面附近的电子排斥走，吸引大量的空穴积累，形成一个能导电的 P 型沟道把源区和漏区连通起来，在漏源电压作用下，空穴经过 P 型沟道从源端流向漏端，由于传输电流的载流子是空穴，所以称其为 P 沟道 MOS 场效应晶体管。

P 沟道增强 MOS 场效应晶体管转移特性如图 3.2.15 所示。在 P 沟道 MOS 场效应晶体管中，当漏源电压 V_{DS}为一定值时，漏源电流 I_{DS}随栅源电压 V_{GS}的变化关系符合下列条件：$V_{GS}=0$、$I_{DS}=0$、$V_{GS}<V_T<0$ 时，管子才导电，而且栅极上负电压增大，流过管子的电流随之增加。

P 沟道耗尽型 MOS 场效应晶体管转移特性曲线如图 3.2.16 所示。

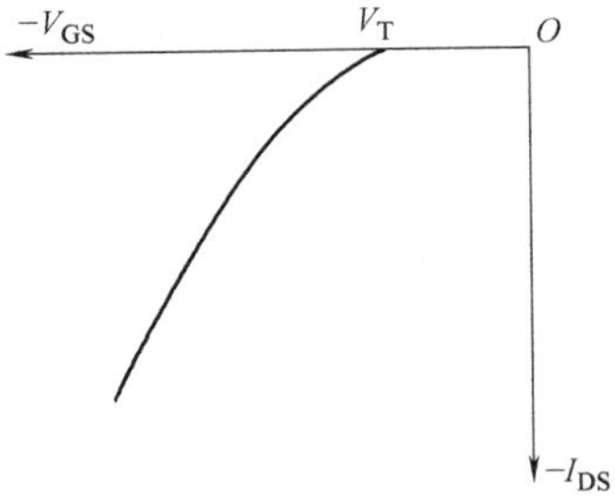

图 3.2.15　P 沟道增强型 MOS 场效应晶体管转移特性

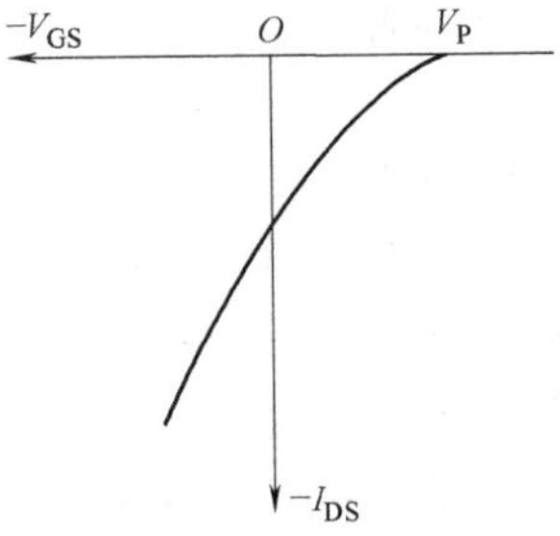

图 3.2.16　P 沟道耗尽型 MOS 场效应晶体管转移特性

3. MOS 场效应晶体管的输出特性

同双极型晶体管一样，场效应晶体管的许多基本特性可以通过它的特性曲线表示出来。由于 MOS 场效应晶体管是以加在栅极、源极之间的输入电压控制漏极、源极输出电流而工作的，因此它的栅极为输入端，漏极为输出端，而源极则是接地的公共端。图 3.2.17 是一个在 N 沟道 MOS 场效应晶体管的输入、输出端施加偏置电压的示意图。

用晶体管图示仪可方便地测量 MOS 场效应晶体管的特性曲线，N 沟道 MOS 场效应晶体管的输出特性曲线如图 3.2.18 所示。

从图 3.2.18 输出特性曲线上可以观察到，当 $V_{GS}=0$ 时，I_{DS}基本上为 0。V_{GS}越大，对应的漏源电流 I_{DS}就越大；V_{GS}越小，对应的漏源电流越小。每一条特性曲线根据 V_{DS}的大

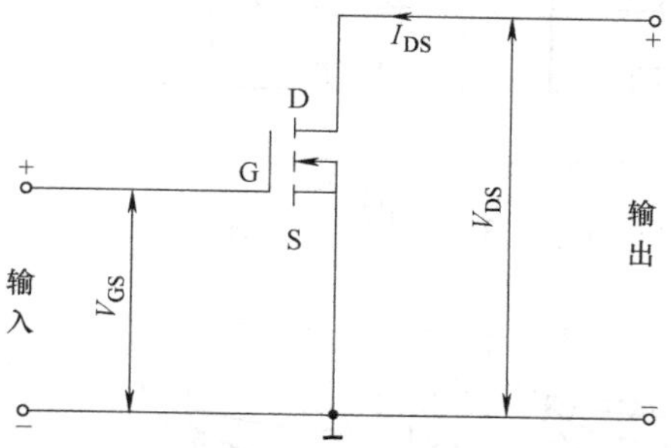

图 3.2.17　N 沟道 MOS 场效应晶体管的偏置电压

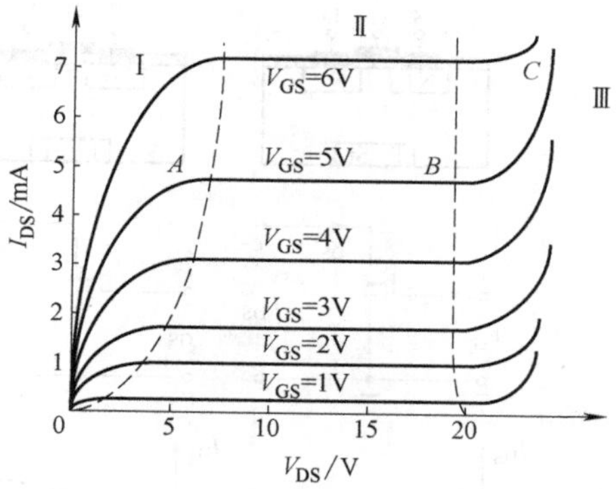

图 3.2.18　N 沟道 MOS 场效应晶体管的输出特性曲线

小，在三个不同的区域中表现出不同的特性，分别是：Ⅰ为可调电阻区、Ⅱ为饱和区、Ⅲ为雪崩区。为了进一步理解 MOS 场效应晶体管的工作原理与特性，下面分区进行讨论。

（1）可调电阻区（线性工作区）

在 V_{DS}很小的Ⅰ区中，漏源电流 I_{DS}随漏源电压线性上升，表现出类似电阻特性，并且栅源电压越大，曲线愈陡，这表明沟道电阻数值会随栅源电压的增大而减小。

（2）饱和工作区

随着 V_{DS}的增大，曲线逐渐弯曲，I_{DS}趋于饱和，不再随 V_{DS}的增加而增加，而且栅源电压越大，饱和电流的数值也越大。此时，电流—电压特性对应着图 3.2.8 中 $V_{GS}=5V$ 曲线的 *AB* 段。反型层的产生或消失取决于栅源电压与沟道之间电势的差，取决于它比阈值电压 V_T 大还是小。当 V_{DS}比较小时，反型层产生的条件是 $V_{GS}>V_T$；当 V_{GS}比较大时，在靠近漏极的地方，栅极与沟道之间电势的差为 $V_{GS}-V_{DS}$，当 V_{DS}上升到 $V_{GS}-V_{DS}\leqslant V_T$时，沟道被夹断。由此得到使沟道夹断进入饱和区的条件为 $V_{DS}\geqslant V_{GS}-V_T$。

（3）击穿工作区

当 V_{DS}达到或超过漏端 PN 结反向击穿电压时，漏端 PN 结发生击穿，MOS 场效应晶体管进入击穿工作区，此时电流—电压特性对应着图 3.2.18 中的 $V_{GS}=5V$ 曲线的 *BC* 段。

P 型沟道 MOS 场效应晶体管的输出特性与 N 型沟道相似。在正常运用时，P 型沟道与 N 型沟道器件的电压极性及漏电流的方向均相反。所以，电压坐标轴取向是从原点向左，电流坐标轴取向是从原点向下。

为了便于比较上述四种 MOS 场效应晶体管的异同，将四种 MOS 器件的结构、接法和特性曲线汇总如图 3.2.19 所示，同时也把四种 MOS 场效应晶体管的结构特点和偏置电压极性列入表 3.2.2 中。

表 3.2.2　四种不同 MOS 场效应晶体管的结构特点和偏置电压极性

类型		衬底	漏源区	沟道载流子	漏源电压	阈值电压
N 沟道	增强型	P	N+	电子	正	$V_T>0$
	耗尽型	P	N+	电子	正	$V_P<0$
P 沟道	增强型	N	P+	空穴	负	$V_T<0$
	耗尽型	N	P+	空穴	负	$V_P>0$

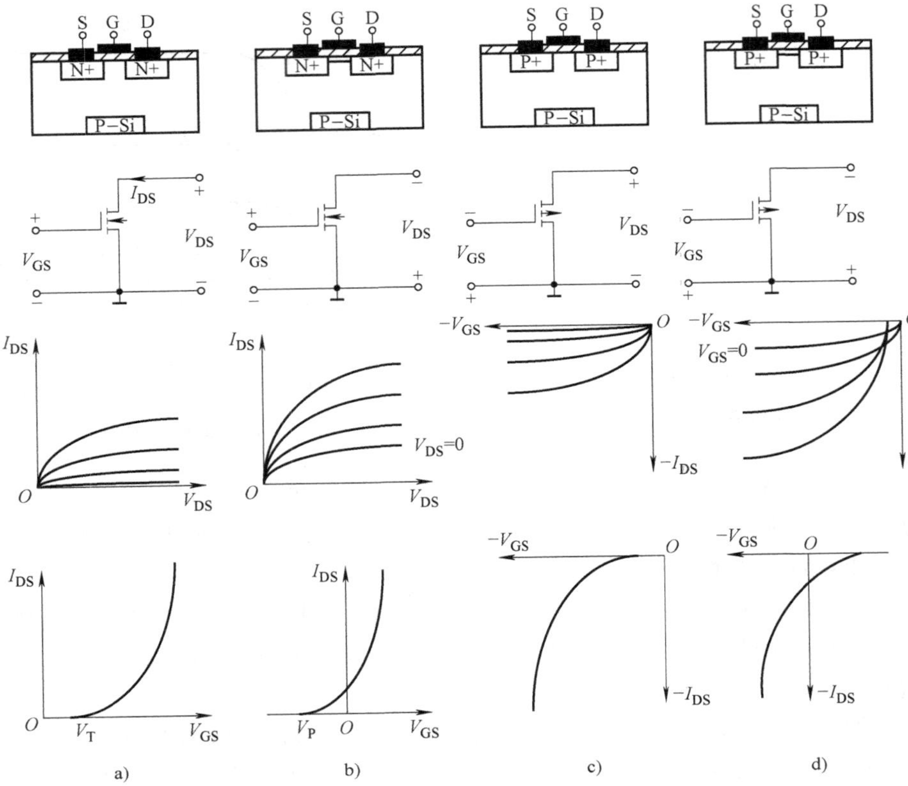

图 3.2.19 4 种 MOS 晶体管的结构、接法和特性曲线

a) N 沟道增强型 b) N 沟道耗尽型 c) P 沟道增强型 d) P 沟道耗尽型

4. MOS 场效应晶体管的直流伏安特性

以 N 沟道增强型 MOS 场效应晶体管为例，推导其电流—电压特性。为便于分析，特作如下假设：

① 源接触电极与沟道源端、漏接触电极与沟道漏端之间的压降忽略不计。

② 沟道电流为漂移电流。

③ 反型层中电子迁移率为常数。

④ 沟道与衬底 PN 结反向饱和电流为零。

⑤ 当对 MOS 场效应晶体管同时施加栅源电压 V_{GS} 和漏源电压 V_{DS} 时，栅源电压将在垂直于沟道的 x 方向产生纵向电场 E_x，使半导体表面形成反型导电沟道；漏源电压将在沟道方向产生横向电场 E_y，在漏源之间产生漂移电流。当 V_{DS} 很小时，沟道中任意一点 y 处的横向电场 E_y 远小于此处的纵向电场 E_x（$E_y \ll E_x$），以满足缓变沟道近似模型需求。

（1）线性工作区的伏安特性

在线性工作区，漏源电压 V_{DS} 很小，即 $V_{DS} \ll V_{GS}-V_T$，故沟道压降 $V(y)$ 很小，近似忽略不计，认为从源端到漏端各处栅氧化层上的压降基本不变，那么线性工作区的漏源电流可表示为

$$I_{DS}\mathrm{d}y=(V_{GS}-V_T)W\mu_n C_{OX}\mathrm{d}V(y)$$

将上式从源极（$y=0$）到漏极（$y=L$）相应的 $V(0)=0$、$V(L)=V_{DS}$ 进行积分可得到线性区

漏源电流为

$$I_{DS}=\frac{W\mu_n C_{OX}}{L}(V_{GS}-V_T)V_{DS}$$

式中，$C_{OX}=\frac{\varepsilon_S\varepsilon_0}{t_{OX}}$，$t_{OX}$为绝缘层厚度，$\varepsilon_0$ 为真空介电常数，ε_S 为氧化层相对介电常数，μ_n 为载流子迁移率。

这就是线性工作区的直流伏安特性近似方程式。

若令 $\beta=\frac{W\mu_n C_{OX}}{L}$，上式可变为

$$I_{DS}=\beta(V_{GS}-V_T)V_{DS} \tag{3-10}$$

显然 β 因子是由材料与器件结构参数所决定。可以看出，在栅源电压 V_{GS}一定时，I_{DS}随V_{DS}的增大而线性上升。这是由于 V_{DS}很小时，沟道各处的电子浓度相等，导电沟道近似为一个阻值恒定的欧姆电阻，其阻值为

$$R=\frac{V_{DS}}{I_{DS}}=\frac{1}{\beta(V_{GS}-V_T)}=\frac{t_{OX}L}{\varepsilon_S\,\varepsilon_0\mu_n W}\frac{1}{V_{GS}-V_T} \tag{3-11}$$

线性工作区的电阻特性对应着图 3.2.20 中 I_{DS}-V_{DS}曲线上的直线段①。

（2）非饱和区伏安特性

当 V_{DS}增大时，沟道压降 $V(y)$ 也上升，其结果是使栅绝缘层上的压降从源端逐渐下降，致使反型沟道逐渐减薄。考虑沟道的压降影响之后，则

$$I_{DS}=\beta[(V_{GS}-V_T)V_{DS}-\frac{1}{2}V_{DS}^2]$$

可见当 V_{DS}较大时，漏电流 I_{DS}仍然随 V_{DS}的增大而上升，但上升的速率却随 V_{DS}的增大而逐渐变慢，此时 I_{DS}与 V_{DS}的对应关系表现处于图 3.2.20 曲线上的②段。

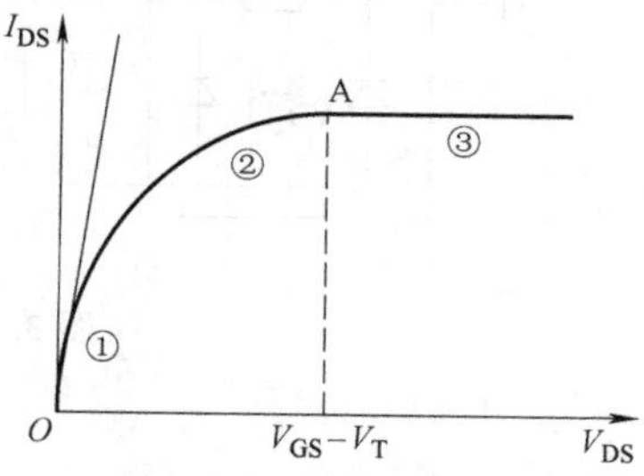

图 3.2.20　I_{DS}-V_{DS}曲线

（3）饱和区的伏安特性

当漏源电压 V_{DS}继续增加到 $V_{DS}=V_{GS}-V_T$时，漏端沟道消失即被夹断。MOS 场效应晶体管将进入饱和区（I_{DS}将趋于不变），使 MOS 场效应晶体管进入饱和工作区所加漏源电压 V_{DSat}有

$$V_{DSat}=V_{GS}-V_T \tag{3-12}$$

可以得到饱和工作区的漏源电流。即漏源饱和电流 I_{DSat}为

$$I_{DSat}=\frac{1}{2}\beta(V_{GS}-V_T)^2 \tag{3-13}$$

可见沟道夹断以后，器件的电特性仍由导电沟道部分的电特性决定，即沟道夹断后，漏电流仍等于刚开始夹断时的漏电流，并基本保持不变，称为饱和漏电流，它对应图 3.2.20 中的③段。

3.3　CMOS 门电路

CMOS（Complementary Metal Oxide Semiconductor）中文名称为互补金属氧化物半导体，

它是一种电压控制的器件，是当今组成 CMOS 数字集成电路的最基本单元。

经过研究与测试，与 TTL 集成电路性能相比较，COMS 集成电路呈现出如下特点：

1. 功耗低

CMOS 集成电路采用场效应晶体管，且都用互补结构，工作时两串联的场效应晶体管总是处于一个管导通，另一个管截止的状态，因而电路静态功耗在理论上为零。当然，由于存在泄漏电流，CMOS 电路尚有微瓦量级的静态功耗，因此，CMOS 门电路是大规模数字集成电路的基本单元之一。

2. 电源电压范围宽

从 CMOS 数字集成电路工作电源供给情况来看，如：国产 CC000 系列的 CMOS 电路，工作电压范围为 7~15V；而 CC4000 系列的 CMOS 电路，可在 3~18V 电压下正常工作。由此降低了对电源电压的适配性要求，同时大大降低了对电源电压稳定度的要求（未加稳压的电源也可以使用）。相比之下，TTL 电路的电源电压范围窄得多，仅为 4.5~5.5V。

3. 输入阻抗高

理论上的 CMOS 电路的输入端一般都是绝缘栅极输入，理想情况下的输入阻抗无穷大，考虑实际的 CMOS 输入保护电路，如图 3.3.1 所示，输入阻抗会下降，但在正常工作电压范围内，试验测试结果表明，其等效输入电阻仍大于 $10^8\Omega$，可以看成输入端是开路的。因此，驱动 CMOS 电路所需功耗甚小，与其他集成电路或分立元件的接口连接十分方便，这是 TTL 电路远不能及的。

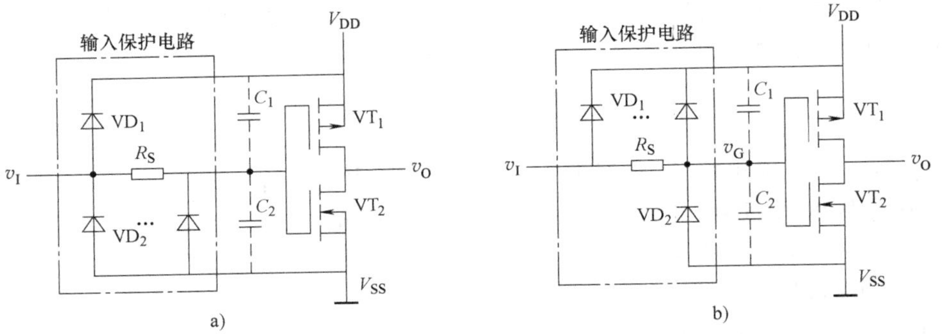

图 3.3.1 一种 CMOS 反相器输入保护电路

a) 74HC 系列 b) 4000 系列

4. 抗干扰能力强

图 3.3.2 为 CMOS 门电路的噪声容限与输入/输出电压测试关系特性曲线，从图 3.3.2 中可以看出，随着电源电压的增加，噪声容限电压的绝对值必然成比例地增长。当电源电压 $V_{DD}=10V$ 时，噪声容限可以比 TTL 电路高三倍以上（TTL 电路的噪声容限仅有 0.8V）。当 CMOS 电路的工作电压提高到 15V 时，其噪声容限性能得到提升，因此，可以通过提高 V_{DD} 来提高噪声容限，测试结果表明，在输出高低电平的变化不大于限定值的 10% V_{DD} 的情况下，输入信号高低电平允许的变化量大于 30% V_{DD}。由此可见，CMOS 电路具有极高的抗拒外来干扰的能力。

但同时，也要看到另外不利的一方面，V_{DD} 的增加，对于降低数字集成电路的功耗起着负面作用，在现代大规模、超大规模数字集成电路设计中，低功耗 IC 设计是要考虑的关键问题之一。

5. 扇出系数高

要完成复杂的逻辑运算，一个门电路一般需要驱动若干个作为其负载的后级门电路。一

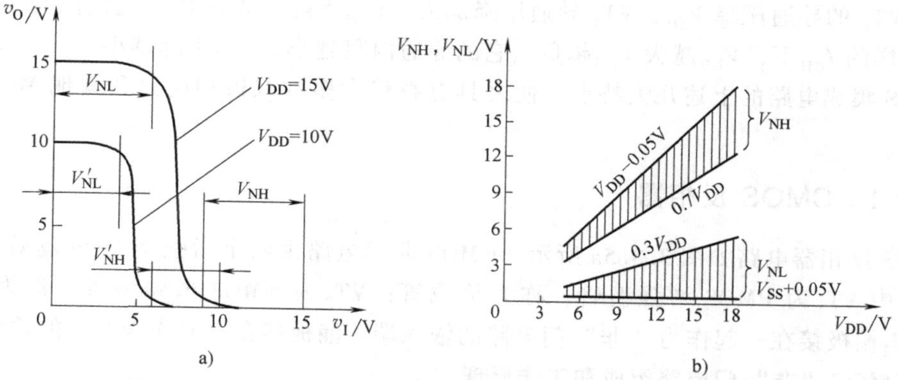

图 3.3.2 CMOS 门电路噪声容限与输入/输出电压的关系特性

个门电路的输出端所能带动的输入端个数是有限的，能够驱动同类门的最大个数越大，即扇出系数越大，负载能力就越强。相比于 TTL 逻辑门电路，CMOS 电路的输入端是栅氧化膜，其阻抗高；由于输入、输出阻抗值相差甚多，因此 CMOS 电路扇出能力强。

CMOS 门电路的低电平输出特性如图 3.3.3 所示，可以看出同样的 I_{OL} 下，V_{DD} 越大，VT_2 导通的 V_{GS2} 越大，V_{OL} 越小。

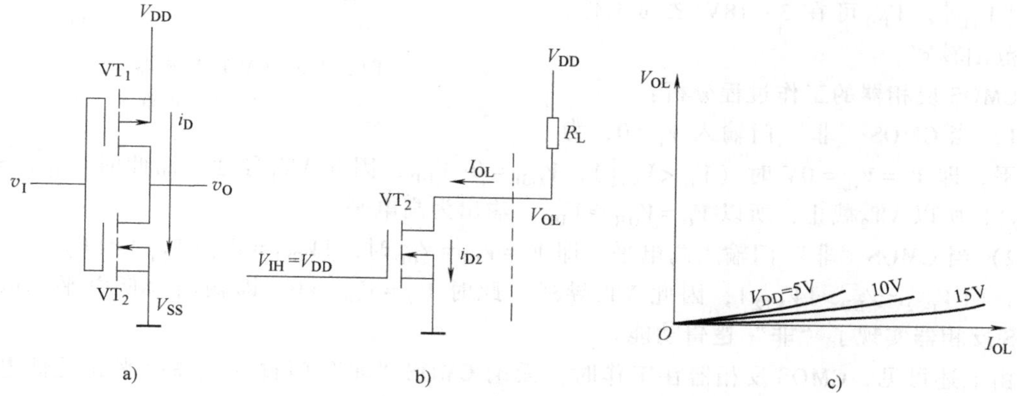

图 3.3.3 CMOS 门电路的低电平输出特性

CMOS 门电路的高电平输出特性如图 3.3.4 所示，从图中可以看出，V_{OH} 的数值等于

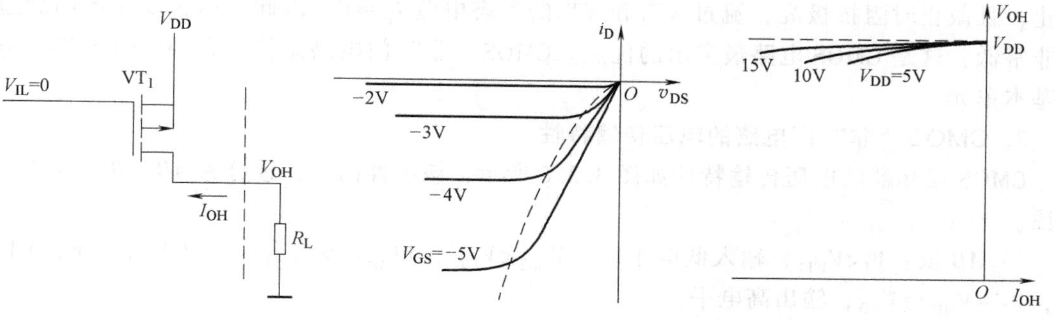

图 3.3.4 CMOS 门电路的高电平输出特性

V_{DD}减去 VT_1 的导通压降 V_{SD}，VT_1 导通压降加大，V_{OH}下降。MOS 的导通内阻与 V_{GS}的大小有关，同样的 I_{OH}下，V_{DD}越大 V_{GS}越负，它的导通内阻越小，V_{OH}下降越小。

CMOS 集成电路的上述几大特点，使之具有替代大多数双极型电路和其他 MOS 电路的能力。

3.3.1 CMOS 反相器

CMOS 反相器电路如图 3.3.5a 所示，CMOS 非门电路由两个增强型 MOS 场效应晶体管组成，其中 VT_1为 PMOS 增强型管，称为负载管；VT_2为 NMOS 增强型管，称为驱动管。VT_1和 VT_2栅极接在一起作为“非”门电路的输入端，漏极接在一起作为非门的输出端。

1. CMOS“非”门电路组成和工作原理

图 3.3.5b 是 CMOS 反相器的简化电路。工作时，VT_2的源极接地，NMOS 管的栅源开启电压 V_{T2}为正值；VT_1的源极接电源 V_{DD}，PMOS 管的栅源开启电压 V_{T1}是负值，其数值范围在 2～5V 之间。为了使电路正常工作，通常取电源电压 $V_{DD}>V_{T2}+|V_{T1}|$。V_{DD}可在 3～18V 之间工作，适用范围较宽。

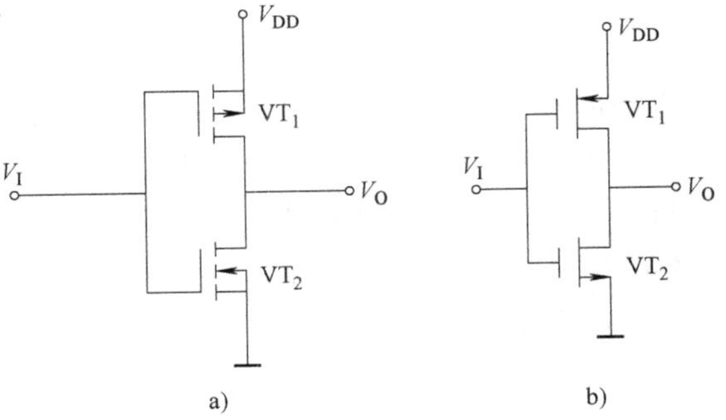

图 3.3.5 CMOS 反相器

a）电路图 b）简化电路

CMOS 反相器的工作过程分析：

1）当 CMOS“非”门输入 $V_I=0$，为低电平，即 $V_I=V_{IL}=0V$ 时（$V_{IL}<V_{VT1}$），$V_{GS1}=0-V_{DD}$，因此 VT_1导通，而此时$|V_{GS2}|=0<|V_{VT2}|$，所以 VT_2截止，所以 $V_O=V_{OH}\approx V_{DD}$，输出为高电平。

2）当 CMOS“非”门输入高电平，即 $V_I=V_{IH}=V_{DD}$时，$|V_{GS1}=V_{DD}-V_{DD}|<|V_{VT1}|$，$VT_1$截止；而 $V_{GS2}=V_{DD}>|V_{VT2}|$，因此 VT_2导通。此时 $V_O=V_{OL}\approx 0$，即输出为低电平。可见，CMOS 反相器实现了“非”逻辑功能。

由上述可见，CMOS 反相器在工作时，无论 CMOS“非”门输入是高电平还是低电平，VT_1和 VT_2总是一个导通而另一个截止，成互补式工作状态，故称之为互补对称式 MOS 电路，简称 CMOS 电路。

CMOS“非”门电路由于采用了互补对称工作方式，在静态下，VT_1和 VT_2中总有一个截止，且截止时阻抗极高，流过 VT_1和 VT_2的静态电流 $i_D\approx 0$，因此 CMOS 反相器的静态功耗非常低，这是 CMOS 电路最突出的优点。CMOS“非”门电路是构成各种 CMOS 逻辑电路的基本单元。

2. CMOS“非”门电路的电压传输特性

CMOS 反相器的电压传输特性如图 3.3.6 所示，该特性曲线大致分为 AB、BC、CD 三个阶段。

1）AB 段：$V_I<V_{VT1}$，输入低电平时，$V_{GS2}<V_{VT2}$，$|V_{GS1}|>|V_{VT1}|$，故 VT_2截止，VT_1导通，$V_O=V_{OH}\approx V_{DD}$，输出高电平。

2）CD 段：$V_I\approx V_{DD}$，输入为高电平，VT_2导通，而，故 VT_1截止，$V_O=V_{OL}\approx 0$，所以输出低电平。

3）*BC* 段：$V_{TN}<V_I<(V_{DD}-|V_{TP}|)$，此时由于 $V_{GS2}>V_{TN}$，$|V_{GS1}|>|V_{TP}|$，故 VT_1、VT_2均导通。若 VT_1、VT_2的参数对称，则 $V_I=0.5V_{DD}$时两管导通内阻相等，$V_O=0.5V_{DD}$。此时，在 i_D 产生一个短暂的尖峰电流脉冲，如图 3.3.7 所示的 CMOS 反相器电流传输特性。

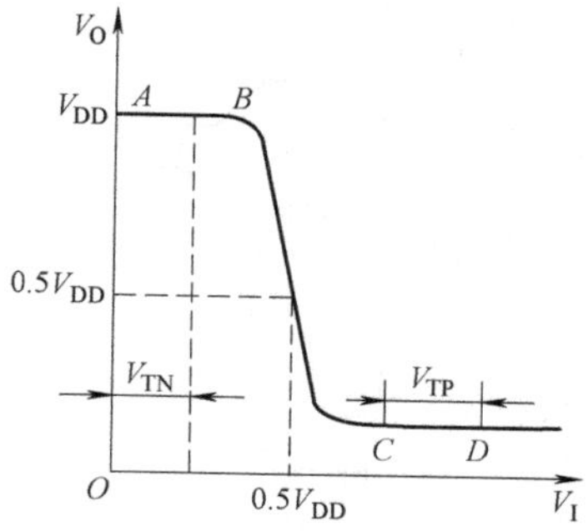

图 3.3.6　CMOS 反相器的电压传输特性

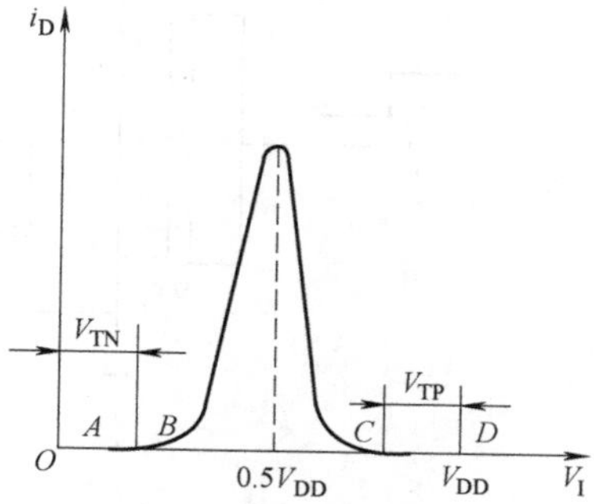

图 3.3.7　CMOS 反相器的电流传输特性

分析图 3.3.7 电流传输特性，在 *AB* 段由于 VT_2截止，阻抗很高，所以流过 VT_1和 VT_2的漏电流几乎为 0。在 *CD* 段 VT_1截止，阻抗很高，所以流过 VT_1和 VT_2的漏电流也几乎为 0。只有在 *BC* 段，VT_1和 VT_2均导通时，才有电流流过 VT_1和 VT_2，并且在 $V_I=0.5V_{DD}$附近时，漏电流最大。

3. CMOS 反相器的动态特性分析

1）传输延迟时间：传输延迟时间是表征门电路开关速度的参数，它说明门电路在输入脉冲波作用下，其输出波形相对输入波形的延时。由于受 MOS 分布输入电容 C_I、R_{ON}、负载电容 C_L 等回路充放电的影响，如图 3.3.8 所示，会产生延时时间 t_{PHL}和 t_{PLH}。

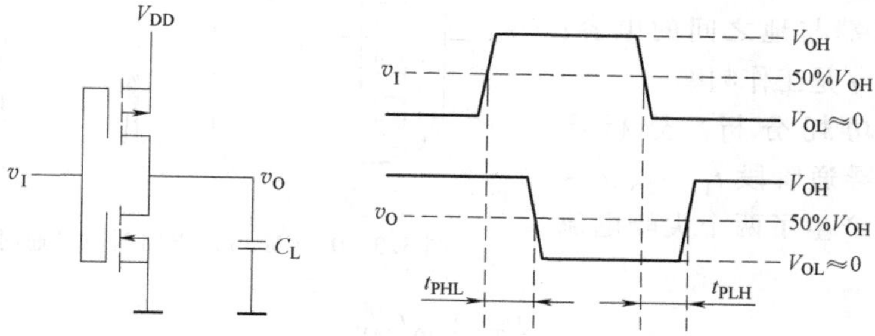

图 3.3.8　CMOS 反相器的传输延时特性

2）动态功耗：前面分析过 CMOS 静态功耗，其静态功耗 P_S 是指电路没有状态转换时的功耗，即电路空载时电源总电流与电源电压的乘积，与动态功耗相比，基本可以忽略不计。而动态功耗是指电路在输出状态转换时的功耗。总的动态功耗包括瞬时导通功耗 P_T，负载电容充放电功耗 P_C，其表达式为

$$P_D=P_T+P_C+P_S \tag{3-14}$$

如图 3.3.9a 所示，输入信号从“1”变成“0”时，VT_1从导通变成截止，VT_2从截止变为导通。VT_2为负载电容 *C* 提供了一个低阻充电回路。

当输入端信号由“0”变成“1”时，VT_1从截止变导通，VT_2从导通变为截止，VT_1为

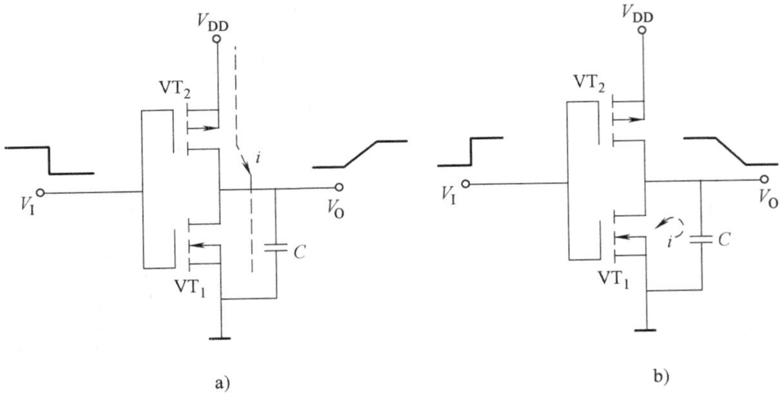

图 3.3.9　CMOS 门电路负载电容的充放电

负载电容 C 提供了一个低阻放电回路，如图 3.3.9b 所示。由于 CMOS 对负载电容的充放电均可得到较大的电流，因而提高了门电路的开关速度。因此 CMOS 反相器的平均传输延迟时间 t_{pd}约为 200ns。可见 CMOS 逻辑门的速度要比 PMOS 提高了好几倍。并且由于 CMOS 功耗小、抗干扰能力强等优点，所以它在数字电路中获得了广泛的应用。通过理论分析与计算，CMOS 反相器的动态功耗为

$$P_C = C(V_{DD})^2 f \qquad (3\text{-}15)$$

式中，C 为输出端与地之间的电容；V_{DD}为电源电压；f 是工作频率。

瞬时导通功耗分析：分析图 3.3.10，在瞬时导通阶段 $t_1 \sim t_2$、$t_3 \sim t_4$ 的短暂过程中产生了两个尖峰电流脉冲。因此

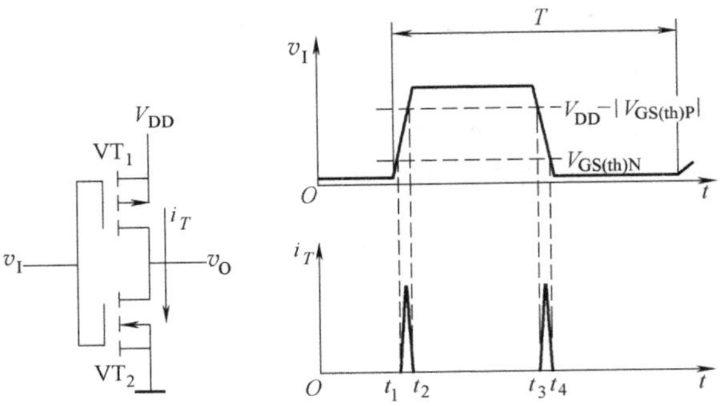

图 3.3.10　CMOS 门电路瞬时导通时状态分析

$$P_T = V_{DD} I_{TAV} \qquad (3\text{-}16)$$

式中，$I_{TAV} = \dfrac{1}{T}\left(\int_{t_1}^{t_2} i_T \mathrm{d}t + \int_{t_3}^{t_4} i_T \mathrm{d}t\right)$

3.3.2　其他 CMOS 逻辑门

1. 其他逻辑功能的 CMOS 门电路

在 CMOS 门电路的系列产品中，除反相器（非门）外，常见的 CMOS 门电路还有或非门、与非门、或门、与门、与或非门、异或门等几种。

图 3.3.11 所示是 CMOS“与非”门的基本结构形式，它由两个并联的 P 沟道增强型 MOS 管 VT_1、VT_3和两个串联的 N 沟道增强型 MOS 管 VT_2、VT_4组成。

当 $A=1$、$B=0$ 时，VT_3导通、VT_4截止，故 $Y=1$；而当 $A=0$、$B=1$ 时，VT_1导通，VT_2

截止，$Y=1$。只有在 $A=B=1$ 时，VT_1 和 VT_3 同时截止，VT_2 和 VT_4 同时导通，才有 $Y=0$。因此，Y 和 A，B 之间是“与非”关系，即 $Y=(AB)'$。

一种 CMOS“或非”门的基本结构形式如图 3.3.12 所示，它由两个并联的 N 沟道增强型 MOS 管 VT_2、VT_4 和两个串联的 P 沟道增强型 MOS 管 VT_1、VT_3 组成。

分析这个电路中开关工作状态，可以明显看出，只要 A、B 当中有一个高电平，VT_2 或者 VT_4 有一个会导通，而 VT_1 或者 VT_3 其中有一个处于截止状态，输出就是低电平。只有 A、B 同时为低电平时，VT_2 和 VT_4 同时截止、VT_1 和 VT_3 同时导通，输出为高电平。因此，Y 和 A、B 之间是“或非”关系，即 $Y=(A+B)'$。

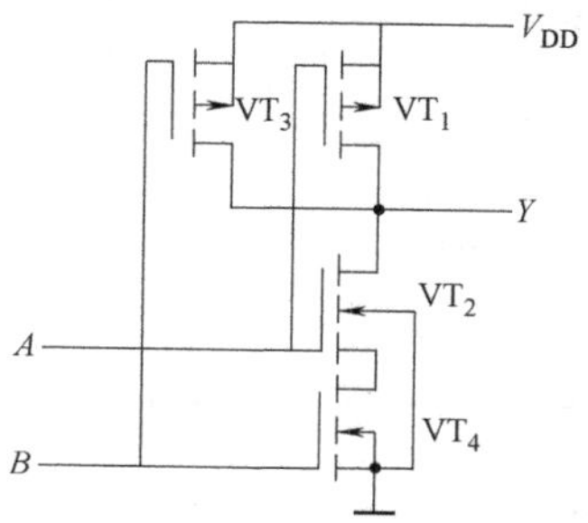

图 3.3.11 CMOS“与非”门

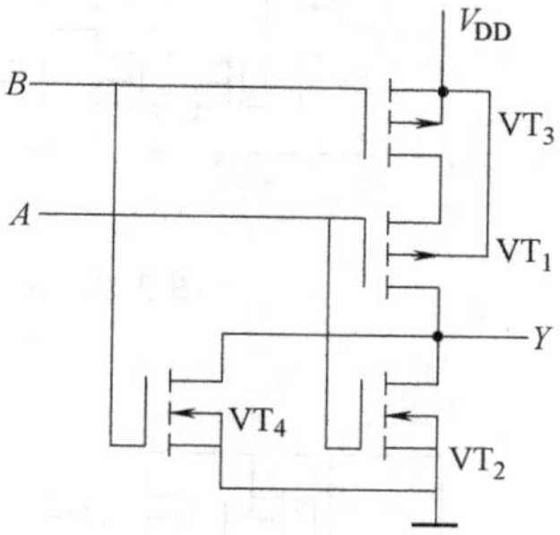

图 3.3.12 CMOS“或非”门

利用 CMOS 反相器、与非门、或非门电路，在逻辑上可以实现“与”门、“或”门；而“与、或、非”是构成逻辑代数最基本的逻辑单元。

2. 带缓冲级的 CMOS 门电路

上述所讲的“与非”门电路虽然结构很简单，但是存在着由于输出阻抗不匹配，导致输出电平不一致的问题。

首先，它的输出电阻 R_O 受输入端状态的影响。假定每个 MOS 管的导通内阻均为 R_{ON}。截止内阻 $R_{OFF}\approx\infty$，以图 3.3.11 中的 CMOS“与非”门电路为例进行分析：

1）如果输入逻辑 $A=B=1$，则 $R_O=R_{ON2}+R_{ON4}=2R_{ON}$。

2）如果输入逻辑 $A=B=0$，则 $R_O=R_{ON1}//R_{ON3}=1/2R_{ON}$。

3）如果输入逻辑 $A=1$、$B=0$，则 $R_O=R_{ON3}=R_{ON}$。

4）如果输入逻辑 $A=0$、$B=1$，则 $R_O=R_{ON1}=R_{ON}$。

通过上面四种不同逻辑情况分析，不同的输入状态可以使输出电阻相差四倍，如果在相同负载情况下，导致输出电平不一致。

其次，输出的高、低电平受输入端数目的影响。输入端数目越多，串联的驱动管数目也越多，输出的低电平 V_{OL} 也越高，导致电路的低噪声容限性能下降。而当输入全部为低电平时，输入端越多，负载管并联的数目越多，输出高电平 V_{OH} 也更高一些，导致高电平噪声容限性能提升，使得输出的高低电平性能不一致。

此外，输入端工作状态不同对电压传输特性也有一定的影响。

同样，分析图 3.3.12 所示的 CMOS“或非”门电路中也存在类似的问题。

为了克服这些缺点，在 CMOS 电路中均采用带缓冲级的结构，例题 CC4000 系列和

74HC 系列芯片在门电路的每个输入端、输出端各增设一级反相器。新增的这些具有标准参数的反相器称为缓冲器。图 3.3.13 的“与非”门电路是在图 3.3.12 所示的“或非”门电路的基础上增加了缓冲器以后得到的。同样的道理，在原来“与非”门的基础上增加缓冲级，得到了“或非”门电路，如图 3.3.14 所示。

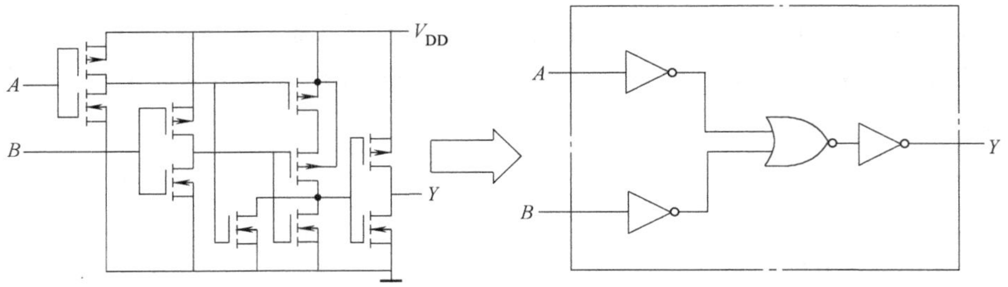

图 3.3.13　带缓冲级的 CMOS“与非”门电路

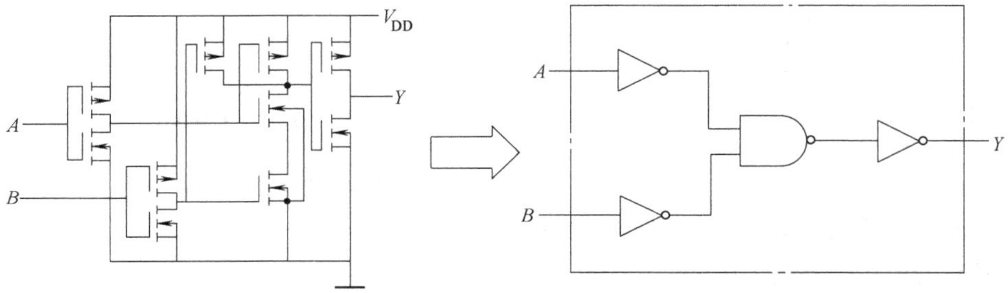

图 3.3.14　带缓冲级的 CMOS“或非”门电路

这些带缓冲级的门电路其输出电阻输出的高、低电平以及电压传输特性将不受输入端状态的影响。而且电压传输特性的转折区也变得更陡了。此外，前面分析过的 CMOS 反相器的输入特性和输出特性对这些门电路也适用。

3. 漏极开路的门电路（OD 门）

“线与”逻辑，即两个输出端（包括两个以上）直接互连可以实现“与”的逻辑功能。在总线传输等实际应用中需要多个门的输出端并联连接使用，而一般 CMOS 门输出端并不能直接并接使用，如图 3.3.15 所示，当上面 CMOS 输出为“1”，下面 CMOS 输出“0”时，并联使用后，这些门的输出管之间由于低阻抗将形成很大的短路电流（灌电流）而烧坏器件。

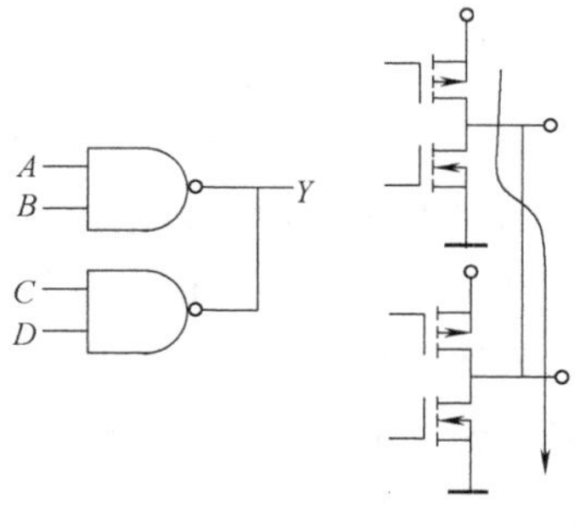

图 3.3.15　两个普通的 CMOS 门电路输出端相连可能形成的短路电流

在硬件上，为了避免上述情况的发生，可用集电极开路门（Open Drain，OD）或三态门（TS 门）来实现“线与”逻辑。

如图 3.3.16 所示，为漏极开路（OD）输出的“与非”门，输出端 v_O 在使用时，需要外接一个上拉电阻，输入信号的高电平 $V_{IH}=V_{DD1}$，而输出端外接电源为 V_{DD2}，则输出的高电平将为 $V_{OH}\approx V_{DD2}$。这样就把 $V_{DD1}\sim 0$ 的输入信号高、低电平转换成了 $0\sim V_{DD2}$ 的输出电平了。OD 输出“与非”门的逻辑符号及函数式如图 3.3.17 所示。

［例 3.3.1］　一个 CMOS 电路如图 3.3.18 所示，试分析其逻辑功能，写出其逻辑表达式。

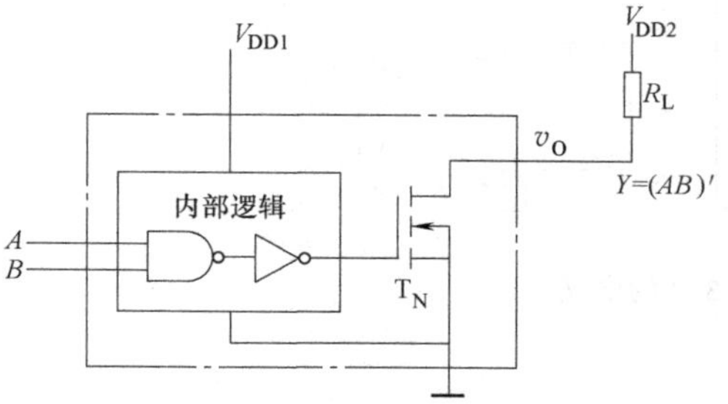

图 3.3.16　漏极开路输出的“与非”门

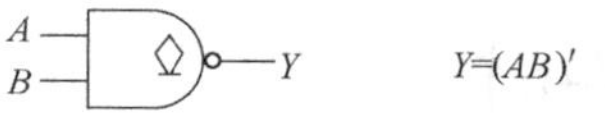

图 3.3.17　OD 输出“与非”门的逻辑符号及函数式

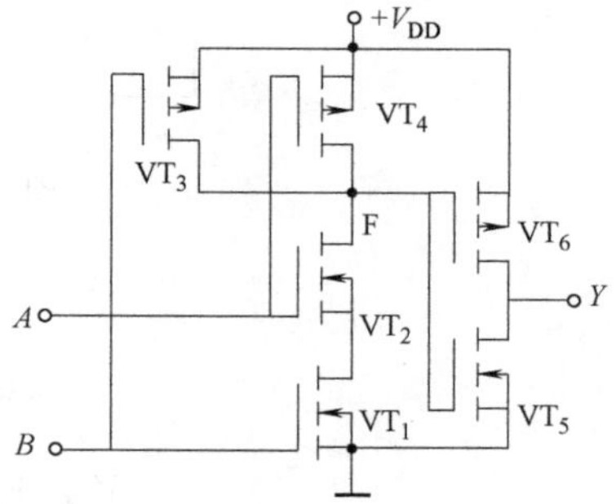

图 3.3.18　CMOS 电路图

解：从电路结构上分析，MOS 管 VT_1、VT_2、VT_3、VT_4组成 CMOS“与非”门电路，输出 F 表达式为

$$F=(AB)'$$

MOS 管 VT_5和 VT_6组成 CMOS“非”门电路，输出 Y 表达式为

$$Y=F'=(AB)''=AB$$

该电路为一个二输入的“与”门电路，$Y=AB$。

分析讨论：在试验室中，如果要搭建电路时需要“与”门、“或”门和“或非”门，但是市场上暂时只有常用的集成“与非”门，你能够用“与非”门组成所需要的三种门电路吗？同学们课后可以思考讨论这个问题。

［例 3.3.2］　在图 3.3.19 电路中，CMOS 门电路 G_1 通过接口电路同时驱动 TTL“与非”门 G_2、G_3 和 TTL“或非”门 G_4 和 G_5。已知 G_1 输出的高、低电平分别为 4.3V 和 0.1V，输出电阻小于 50Ω；$G_2\sim G_5$ 的高电平输入电流 $I_{IH}=40\mu A$，低电平输入电流 $I_{IL}=-1.6mA$；晶体管的电流放大系数 $\beta=60$，饱和压降 $V_{CE(sat)}\leqslant 0.2V$。要求接口电路输出的高、低电平满足 $V_{OH}\geqslant 3.4V$、$V_{OL}\leqslant 0.2V$，试选择一组合适的 R_B 和 R_C 的阻值。

解：当 G_1 输出低电平时，接口电路的输入为 $v_I=V_{IL}=0.1V$，故晶体管截止，v_O 的高电平应满足式（3-16），即

$$V_{OH}=V_{CC}-R_C|i_L|\geqslant 3.4V \tag{3-17}$$

为了保证 $V_{OH}\geqslant 3.4V$，选 $V_{CC}=5V$。而 $|i_L|=8|I_{IH}|=0.32mA$，于是得到

$$R_C\leqslant\frac{V_{CC}-3.4}{|i_L|}=\frac{5-3.4}{0.32}k\Omega=5.0k\Omega$$

当 G_1 输出高电平时，接口电路的输入为 $v_I=V_{IH}=4.3V$，为保证晶体管饱和导通，应

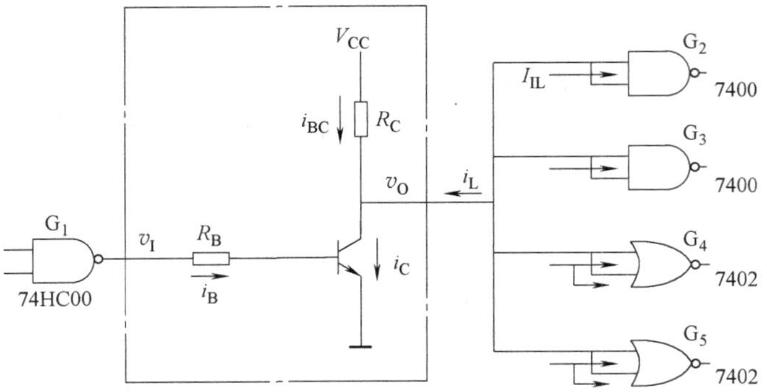

图 3.3.19　例 3.3.2 的电路

满足

$$i_B \geqslant \frac{1}{\beta}\left(\frac{V_{CC}-V_{CE(sat)}}{R_C}+i_L\right) \tag{3-18}$$

$$\frac{V_{IH}-V_{BE}}{R_B} \geqslant \frac{1}{\beta}\left(\frac{V_{CC}-V_{CE(sat)}}{R_C}+i_L\right) \tag{3-19}$$

式中有 R_B 和 R_C 两个待定参数，通常可以在已求出的 R_C 允许阻值范围内选定一个阻值，然后代入式（3-18）中求出所需要的 R_B 值。因为“与非”门的输入端并联后总的低电平输入电流并不增加，而“或非”门输入端并联后总的低电平输入电流按并联输入端的数目加倍，所以 v_O 为低电平时接口电路总的负载电流 i_L 等于 $6|I_{IL}|$。若取 $R_C=2\text{k}\Omega$，则将这些值代入式（3-18）后得到

$$\frac{4.3-0.7}{R_B} \geqslant \frac{1}{60}\left(\frac{5-0.2}{2}+6\times1.6\right)$$

$$R_B \leqslant \frac{3.6}{2.4+9.6}\times60\text{k}\Omega=18\text{k}\Omega$$

由于产品手册上给出的 β 值通常都是晶体管工作在线性放大区时的 β 值，而进入饱和区以后 β 值迅速减小，所以应当选用比上面计算结果更小的 R_B 阻值。在本例中可以选 $R_B=12\text{k}\Omega$（或 $15\text{k}\Omega$）。

[例 3.3.3]　在图 3.3.20 所示电路中，G_1 和 G_2 是两个 OD 输出结构的“与非”门 74HC03。74HC03 输出端 MOS 管截止时的漏电流为 $I_{OH(max)}=5\mu\text{A}$；导通的允许的最大负载电流为 $I_{OL(max)}=5.2\text{mA}$，这时对应的输出电压 $V_{OL(max)}=0.33\text{V}$。负载门 $G_3 \sim G_5$ 是二输入端“或非”门 74HC27，每个输入端的高电平输入电流最大值为 $I_{IH(max)}=1\mu\text{A}$。低电平输入电流最大值为 $I_{H(max)}=-1\mu\text{A}$。试求在 $V_{DD}=5\text{V}$，并且满足 $V_{OH}\geqslant 4.4\text{V}$、$V_{OL}\leqslant 0.33\text{V}$ 的情况下，R_L 取值的允许范围。

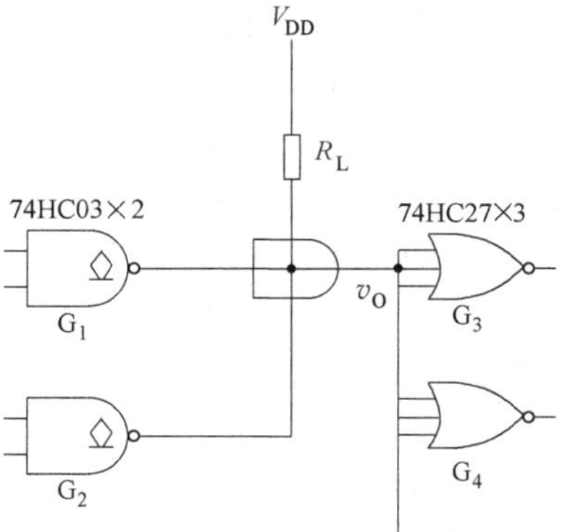

图 3.3.20　例 3.3.3 的电路

解：根据公式

$$R_{L(max)}=\frac{V_{DD}-V_{OH}}{nI_{OH}+mI_{IH}}=\frac{5-4.4}{2\times5\times10^{-6}+9\times1\times10^{-6}}\Omega=31.6k\Omega$$

同时又根据式

$$R_{L(min)}=\frac{V_{DD}-V_{OL}}{I_{OL(max)}-|m'I_{IL}|}=\frac{5-0.33}{5.2\times10^{-3}+9\times10^{-6}}\Omega=0.9k\Omega$$

故 R_L 的取值范围应为

$$0.9k\Omega\leqslant R_L\leqslant31.6k\Omega$$

[**例 3.3.4**]　说明图 3.3.21 中各门电路的输出是高电平还是低电平。已知它们都是 74HC 系列的 CMOS 电路。

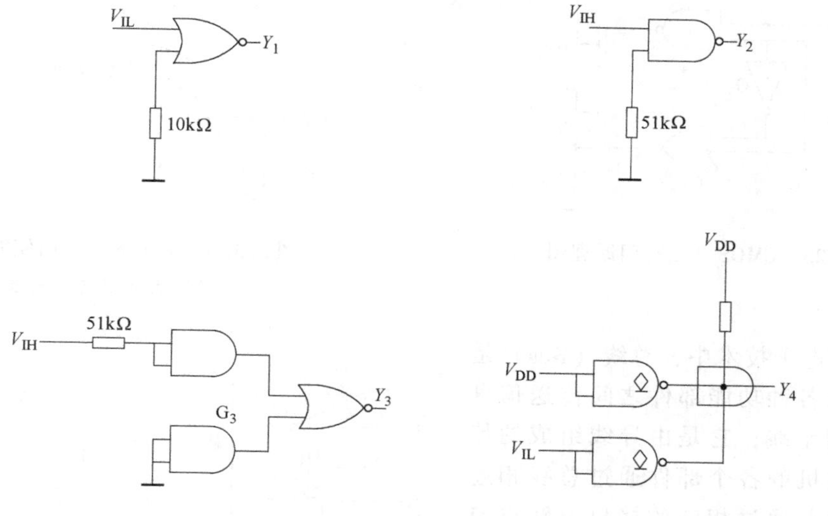

图 3.3.21　例 3.3.4 的电路

解：Y_1为高电平；Y_2为高电平；Y_3为低电平；Y_4为低电平。

4. CMOS 三态门

三态门，是指逻辑门的输出除有高、低电平两种状态外，还有第三种状态——高阻状态的门电路。高阻态相当于隔断状态（电阻很大，相当于开路）。三态门都有一个使能控制端 *EN*，来控制门电路的通断。

如图 3.3.22 所示，其结构是在 CMOS 反相器基础上，分别增加了两个开关控制器件 V_{P2}和 V_{N2}，如果 $EN'=0$ 时，V_{P2} 和 V_{N2} 导通，呈现

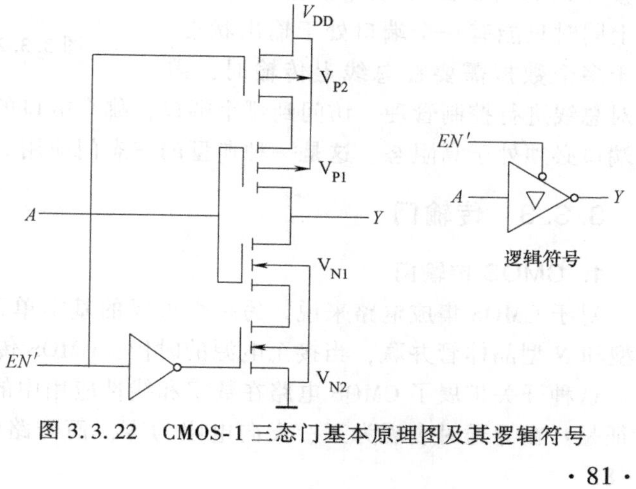

图 3.3.22　CMOS-1 三态门基本原理图及其逻辑符号

低电阻，不影响 CMOS 反相器工作，$Y=A'$；$EN'=1$ 时，V_{P2}、V_{N2}均截止，输出端 Y 呈现高阻态。

另外一种常见的 CMOS 三态门原理图如图 3.3.23 所示，$EN'=1$，G_4输出高电平，G_5输出低电平，VT_1、VT_2同时截止，输出呈高阻态。$EN'=0$，若 $A=1$，则 G_4、G_5输出均为高电平，VT_1截止、VT_2导通，$Y=0$；若 $A=0$，则 G_4、G_5输出均为低电平，VT_1 导通、VT_2 截止，$Y=1$；实现 CMOS 反相器工作，即 $Y=A'$。CMOS 三态门使能端 EN 控制状态与输出关系如图 3.3.24 所示。在使用过程中要注意不同逻辑符号对应不同的逻辑控制状态输出。

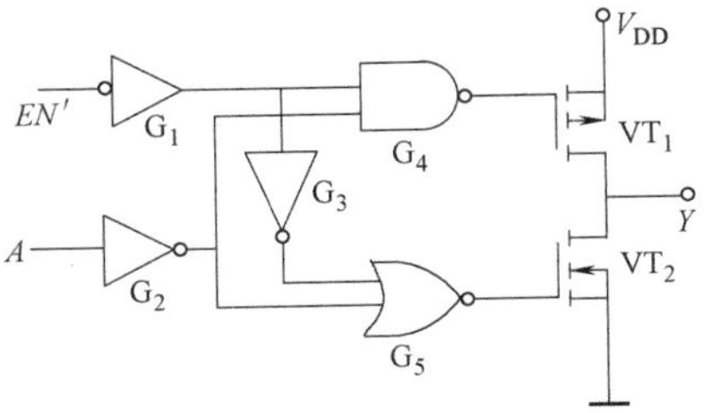

图 3.3.23　CMOS-2 三态门原理图

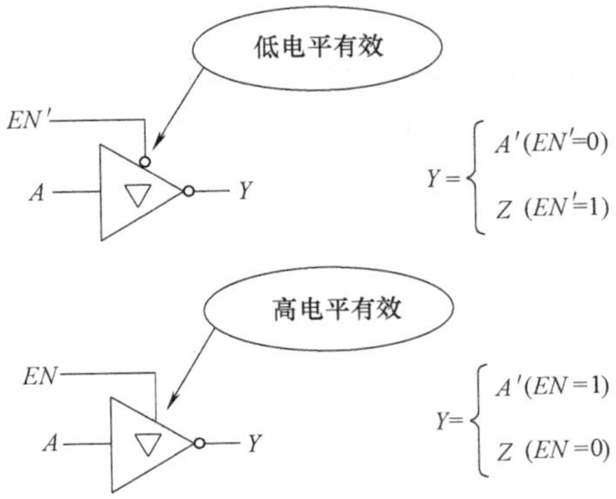

图 3.3.24　CMOS 三态门使能端 EN 控制状态与输出关系

在现在电子技术中，总线（Bus）是数字计算机各种功能部件之间传送信息的公共通信干线，它是由导线组成的传输线束，主机的各个部件通过总线相连接，外部设备通过相应的接口电路再与总线相连接，从而形成了计算机硬件系统。微型计算机是以总线结构来连接各个功能部件的。常见的总线与数据端口连接方式如图 3.3.25 所示。由于一个总线上同时只能有一个端口处于输出状态，对于多个数据需要在总线上传输时，需要对总线进行控制管理，访问到哪个端口，哪个端口的三态缓冲器才可以转入输出状态，其他端口必须处于高阻态，这是一种典型的三态门应用。

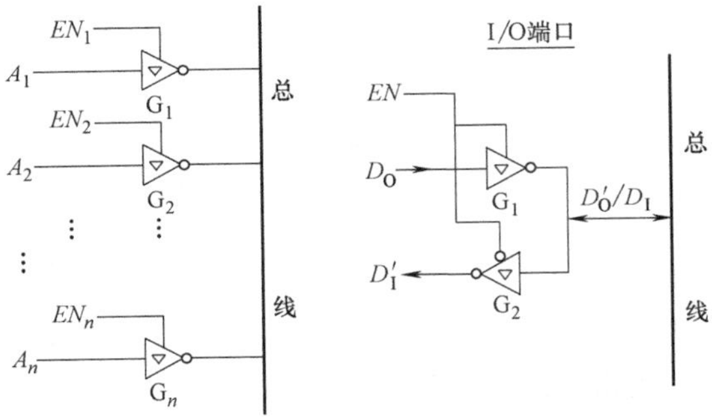

图 3.3.25　常见的总线与数据端口连接方式

3.3.3　传输门

1. CMOS 传输门

对于 CMOS 集成电路来说，另一个重要的基本单元是如图 3.3.26 所示的传输门。其中 P 型和 N 型晶体管并联，当接至电源的时候，CMOS 传输门便组成一个单刀单掷开关。

这种开关扩展了 CMOS 电路在数字和线性应用中的灵活性。理想的传输门或传输开关的特征是：在导通时表现为正、反向电阻为零，而开路时电阻为无穷大（即具有一个无穷大的通/断阻抗比）。CMOS 传输门接近于这些理想的条件。

当传输门导通时，在输入和输出之间存在一个低电阻，电流可以从任一个方向流过此门。对于 N 沟道器件的衬底（V_{SS}）来说，输入端的电压必须是正的，而对于 P 沟道器件的衬底（V_{DD}）来说，输入端的电压必须是负的。当 P 沟道器件的栅极（G_1）处于 V_{SS}，而 N 沟道器件的栅极（G_2）处于 V_{DD}时，门是导通的。当 G_2处于 V_{SS}，而 G_1处于 V_{DD}时，传输门是截止的，输入和输出之间的电阻大于 1000MΩ。

加在这对门上的控制信号是反相的，而不像基本倒相器那样，其极性是相同的。制作在内部的倒相器通常与传输门一起用来产生互补的控制信号。因此，这对元件在信号通道中起着单刀单掷开关的作用，要么导通，要么截止。

具有相反极性的器件并联的优点是两种信号开关的摆幅都不受门阈的限制，而且信号的摆幅可覆盖 CMOS 的整个电源范围。因为这些 MOS 器件的源极和漏极是可以相互交换的，所以信号流动方向是双向的。

图 3.3.27 是经过改进的基本传输门结构：增加了第三个器件以控制 N 沟道器件的衬底偏压。该器件的作用是延迟 N 沟道器件的截止，这样可使 R_{on} 与 V_{in} 的关系曲线比较平直。

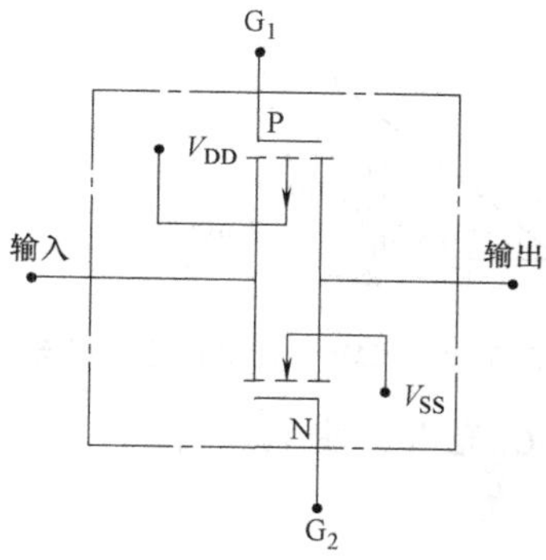

图 3.3.26　基本的 CMOS 传输门

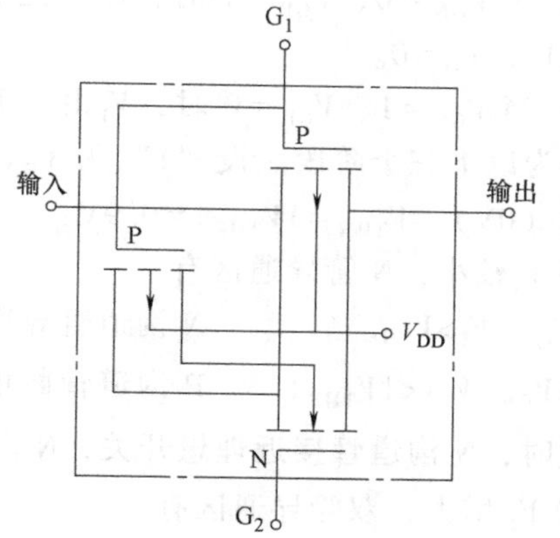

图 3.3.27　改进的 CMOS 传输门

在 CMOS 逻辑系统中通常需要传送或阻塞某些数字信号，这时便可使用两个或更多的开关来选择哪一个信号送至下面一个门。在某一时刻只有一个传输门是导通的，而其低阻抗（几百欧姆）将接通其中一个信号。同时，其他截止的门呈现高阻抗，就如开路一样。

在许多 CMOS 工艺的中、大规模集成电路的设计中，传输门是一种有价值的工具。传输门可与基本倒相器电路组合在一起形成一种如图 3.3.28 所示的单刀开关。因为倒相器能够给互补单元提供必要的控制电压，因此只要一个控制电压就够了。图 3.3.28 中所示的线路在各种模拟和数字多路开关应用方面应用得较多。

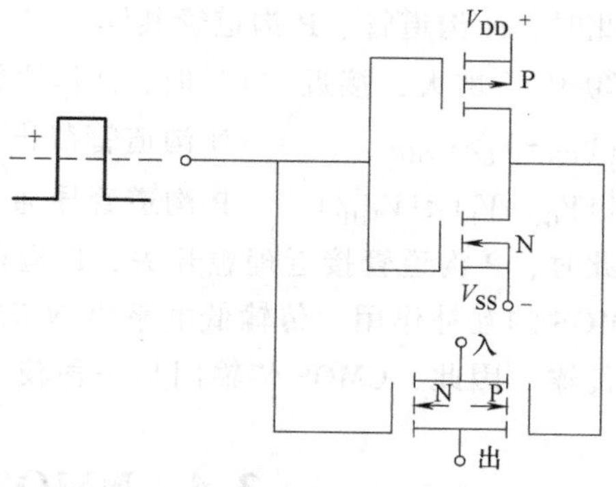

图 3.3.28　传输门和基本倒向器组成一个开关

2. CMOS 传输门的直流传输特性

如图 3.3.29 所示的 CMOS 传输门电路，NMOS 管和 PMOS 管的源极、漏极接在一起，NMOS 衬底接地，PMOS 衬底接 V_{DD}，二者的栅极控制电压反相，即 $V_{GP}=-V_{GN}$。

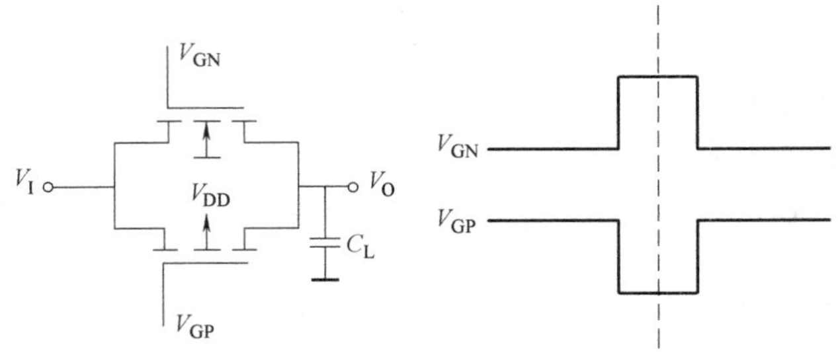

图 3.3.29　传输门电路及栅极控制电压波形

CMOS 传输门的直流传输特性如图 3.3.30 所示，它不存在阈值损失问题，其理由说明如下：

1）当 $V_{GN}=0$、$V_{GP}=1$ 时，N 沟道管、P 沟道管均截止，$V_O=0$。

2）当 $V_{GN}=1$、$V_{GP}=0$ 时，V_I 由 0 升高到 1 的过程分为以下三个阶段。设“1”为 $V_{DD}=5V$，“0”为接地（0V），$V_{THN}=|V_{THP}|=0.9V$：

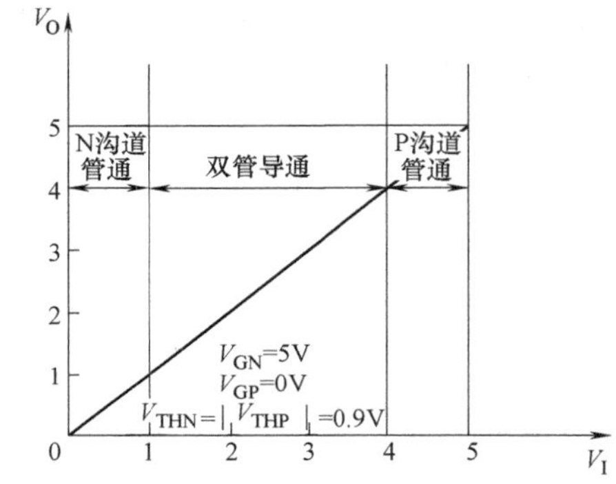

图 3.3.30　CMOS 传输门直流传输特性

① V_I 较小，N 管导通区有

$$\begin{cases} V_{GN}-V_I>V_{THN} & \text{N 沟道管导通} \\ |V_{GP}-V_I|<|V_{THP}| & \text{P 沟道管截止} \end{cases}$$

此时，N 沟道管接近理想开关，N 沟道管沟道电流向 C_L 充电，使 $V_O=V_I$。

② V_I 增大，双管导通区有

$$\begin{cases} V_{GN}-V_I>V_{THN} & \text{N 沟道管导通} \\ |V_{GP}-V_I|<|V_{THP}| & \text{P 沟道管导通} \end{cases}$$

此时，N 沟道管、P 沟道管共同向 C_L 充电，仍使 $V_O=V_I$。

③ V_I 再增大，接近“1”时，P 沟道管导通区有

$$\begin{cases} V_{GN}-V_I>V_{THN} & \text{N 沟道管截止} \\ |V_{GP}-V_I|<|V_{THP}| & \text{P 沟道管导通} \end{cases}$$

此时，P 沟道管接近理想开关，P 沟道管沟道电流继续向 C_L 充电，仍维持 $V_O=V_I$。利用 CMOS 的互补作用，传输低电平靠 N 沟道管，传输高电平靠 P 沟道管，可以使信号做到无损传输。因此，CMOS 传输门是一种较为理想的开关。

3.4　NMOS 和 PMOS 晶体管

MOS 逻辑门是金属（M）-氧化物（O）-半导体（S）场效应晶体管逻辑门的简称；MOS 器件的基本结构有 N 沟道和 P 沟道两种，分别简称为 NMOS 和 PMOS 电路。由于工艺上的

原因，PMOS 逻辑门电路问世较早。但是，由于 PMOS 电路工作速度低和使用负电源，输出电平为负，不便于和 TTL 电路配合使用，故目前已很少使用。NMOS 电路的特点是：工作速度快、集成度高，改进后的 NMOS 工艺比较适宜制作大规模数字集成电路，如存储器和微处理器等，但由于 NMOS 电路带电容性负载的能力较弱，故不适宜制作逻辑门电路。

另一种 MOS 工艺，叫作互补对称 MOS，简称 CMOS，特别适宜制作通用逻辑门电路。

1. NMOS 晶体管

MOS 管的工作原理基于的是半导体表面“场效应”物理现象。所谓表面“场效应”是指半导体表面有电场作用时，表面的载流子浓度要发生变化。

N 沟道 MOS 晶体管的基本结构如图 3.4.1 所示，在 P 型半导体衬底的表面上扩散两个杂质浓度较高的 N^+型区，并用金属铝引出电极，一个称为源极（S），另一个称为漏极（D）。由于衬底—源极和衬底—漏极所构成的 PN 结两者是背靠背的，所以如在源极和漏极之间加上电压，器件不会产生电流。在两个扩散区之间覆盖一块金属电极，成为栅极（G），栅极与衬底之间用二氧化硅隔绝，所以又有绝缘栅 MOS 晶体管之称。

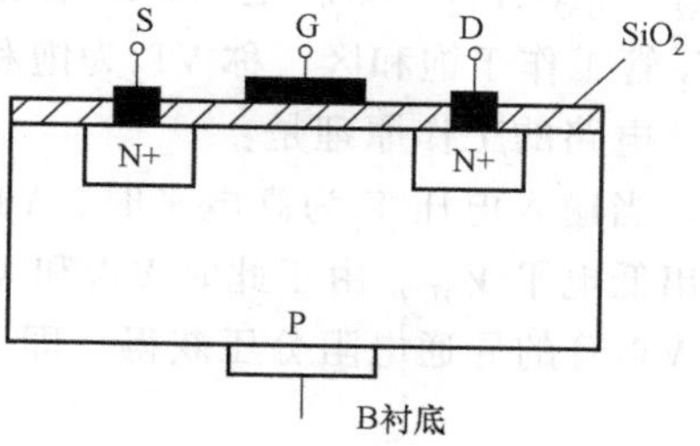

图 3.4.1　绝缘栅 N 沟道 MOS 晶体管的结构示意图

（1）NMOS 逻辑门电路

在 MOS 门电路中，使用较多的是 N 沟道增强型 MOS 晶体管（简称 E 型 NMOS 晶体管），NMOS 晶体管漏极到源极的电压应为正电压。当栅源电压 V_{GS}为正压，且大于管子的开启电压 V_T（即 $V_{GS}>V_T$）时，建立起 N 型导电沟道，该管就导通。反之，当 $V_{GS}<V_T$时，导电沟道消失，晶体管截止。所以 E 型 NMOS 晶体管的开关，决定于它的开启电压 V_T，当 $V_{GS}>V_T$时，NMOS 管导通，相当于开关接通；当 $V_{GS}<V_T$时，NMOS 管截止，相当于开关断开。

如果在栅极与源极之间加以较小的正电压 V_{GS}，栅极下面的衬底区域就会感应出电子。但此少量的电子会被 P 型衬底中大量空穴所中和，所以即使 V_{DS}有一定的电压，也不会有从漏极流向源极的电流 I_D，即 $I_D\approx 0$。当栅源电压 V_{GS}增强到某一定值时，在 P 型半导体靠近绝缘层表面感应出一道电子层，称为 N 沟道，在 V_{DS}电场作用下有 I_D流通。这时的 V_{GS}称为开启电压，开启电压用符号 V_T表示。因为欲使这种形式的 MOS 晶体管的漏—源之间产生电流，栅源正电压 V_{GS}必须增加到一定的值（V_T），所以这种 MOS 晶体管称为增强型 MOS 管。

如果在栅极下面的二氧化硅绝缘层中掺有大量的正离子，在两个 N^+区之间便感应出很多的电子，形成一条沟道。这时，即使 $V_{GS}=0$，当源—漏之间加有一定的电压时，便有 I_D流通，此电流称饱和电流 I_{DSS}。当 $V_{GS}>0$ 时，I_D随着 V_{GS}的增加而增大。当 $V_{GS}<0$ 时，即加上反向电压，使 N 沟道内的耗尽区（绝缘层中正离子与 P 型衬底形成的空间电荷区）扩大，导电沟道缩小，I_D减小。当 V_{GS}减小到一定数值时，导电沟道消失，$I_D\approx 0$。这种形式的 MOS 晶体管称为耗尽型 MOS 管。由此可见，耗尽型 MOS 晶体管栅源电压不论是正还是负，都能控制 I_D。

（2）NMOS 反相器

MOS 管反相器是构成集成 MOS 数字电路的基本单元，E 型 NMOS 反相器可分为饱和型负载管 NMOS 反相器和非饱和型负载管 NMOS 反相器两类。

图 3.4.2a 为饱和型负载管 NMOS 反相器电路，图 3.4.2 电路中的 VT_1 管为驱动管，VT_2 管为负载管。两管均为 E 型 NMOS 晶体管。在集成电路中，衬底都接地，图 3.4.2b 为其简化电路。

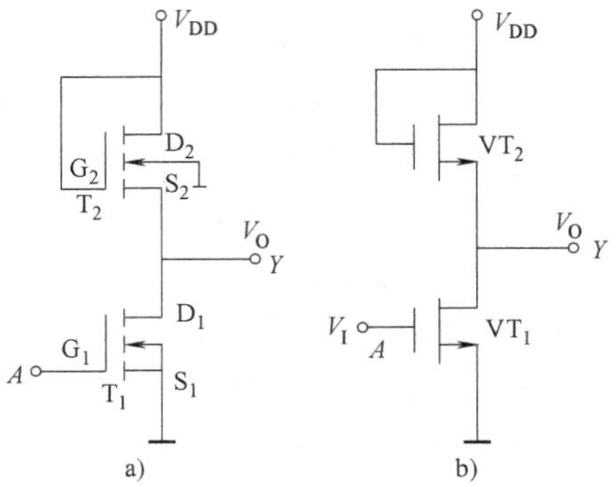

图 3.4.2 饱和性负载管 NMOS 反相器

a) 电路 b) 简化电路

由图 3.4.2a 电路可见，VT_2 的栅极（G_2）和漏极（D_2）同接电源 V_{DD}，所以 $V_{DS2}=V_{GS2}$，满足 $V_{GS2}-V_{DS2}<V_{T2}$，即满足 NMOS 管饱和条件。因此 VT_2 管工作于饱和区，称 VT_2 为饱和型负载管。

电路的工作原理是：

当输入电压 V_I 为高电平时，VT_1 管导通，电路输出低电平 V_{OL}。由于此时 VT_1 和 VT_2 管都处于导通状态，所以输出低电平，V_{OL} 的值由 VT_1 和 VT_2 管的导通电阻分压获得，即

$$V_{OL}=\frac{R_{DS1}}{R_{DS1}+R_{DS2}}V_{DD}$$

式中，R_{DS1}、R_{DS2} 分别为 VT_1、VT_2 管的导通电阻。

2. PMOS 晶体管

PMOS 晶体管是一种 N 型衬底、P 沟道，靠空穴的流动运送电流的 MOS 管。PMOS 的工作原理与 NMOS 相类似。因为 PMOS 是 N 型硅衬底，其中的多数载流子是空穴，少数载流子是电子，源漏区的掺杂类型是 P 型，所以，PMOS 的工作条件是在栅极上相对于源极施加负电压，亦即在 PMOS 的栅极上施加的是负电荷电子，而在衬底感应的是可运动的正电荷空穴和带固定正电荷的耗尽层，不考虑 SiO_2 中存在的电荷的影响，衬底中感应的正电荷数量就等于 PMOS 栅极上的负电荷的数量。当达到强反型时，在相对于源端为负的漏源电压的作用下，源端的正电荷空穴经过导通的 P 型沟道到达漏端，形成从源到漏的源漏电流。同样地，V_{GS} 越负（绝对值越大），沟道的导通电阻越小，电流的数值越大。

（1）PMOS 反相器电路

PMOS 反相器是一种基本的数字电路。图 3.4.3a 是电阻负载的反相器电路，其中 P 沟道增强型晶体管的漏极通过负载电阻 R_L 与负电源 V_{DD} 相连，输入信号加在栅极 G 上，输出信号由漏极 D 取出。

其中 PMOS 晶体管的电源电压 V_{DD} 对地应是负电压，漏极特性的电压 V_{DS} 和电流 I_D 的坐标轴也都是负值刻度。

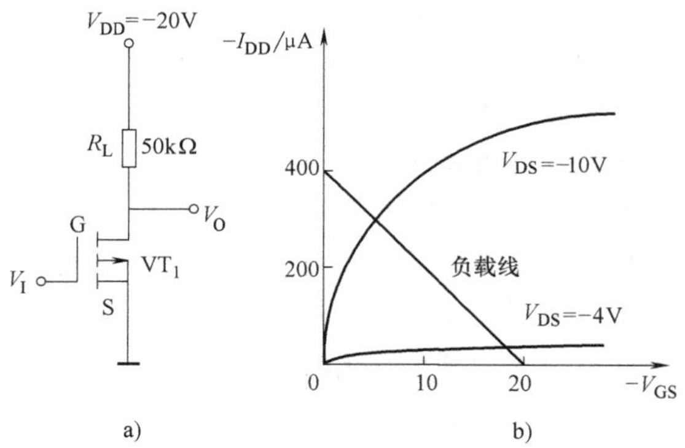

图 3.4.3 电阻负载的反相器

a) PMOS 管接线图 b) 漏极特性和电阻负载线

当输入信号为高电平，即栅极对地的电压为零时，晶体管 VT_1 截止，输出电压 $V_O=V_{DD}=-20V$。当输入电压为某一负值，例如 −10V，这个负电压的绝对值大于开启电压 V_T 的

绝对值（V_T=－3～－5V），所以 VT_1 就会导通。此时漏极与源极间的电阻变得很小（相对于负载电阻 R_L 讲的），因此电源电压几乎全部降落在电阻 R_L 上，输出电压近似地等于零。这种电路的输入和输出电压的关系符合反相器的逻辑关系。

（2）PMOS“与非”门电路

在反相器的电路上稍加一些改变就可以组成各种逻辑电路。由于 P 沟道场效应晶体管的电源是负电压，因此在使用中可以采用正逻辑，也可以采用负逻辑。我们依旧采用正逻辑，即逻辑“1”是高电平，对 PMOS 而言是接近零电位；逻辑“0”是低电平，接近于负电源电压。

图 3.4.4a 是“与非”门电路，其中 VT_3 的栅极和漏极相连，作为 VT_1 和 VT_2 的负载管，VT_1 和 VT_2 并联，A 和 B 是电路的两个输入端，F 是输出端。

当 A 和 B 两个输入端中有一个是“0”，或者两个输入端全是“0”时，则 VT_1 和 VT_2 同时导通。因为两个晶体管是并联，所以只要一个管导通，就有较大的电流流过电路。电源电压大部分降落在负载管 VT_3 上，这时输出电压近似为零，即输出“1”。因此，真值表如图 3.4.4b 所示，它反映出图 3.4.4a 是一个“与非”门电路。

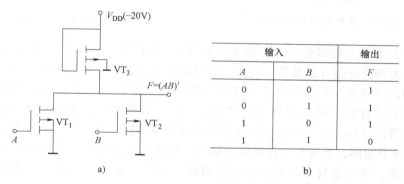

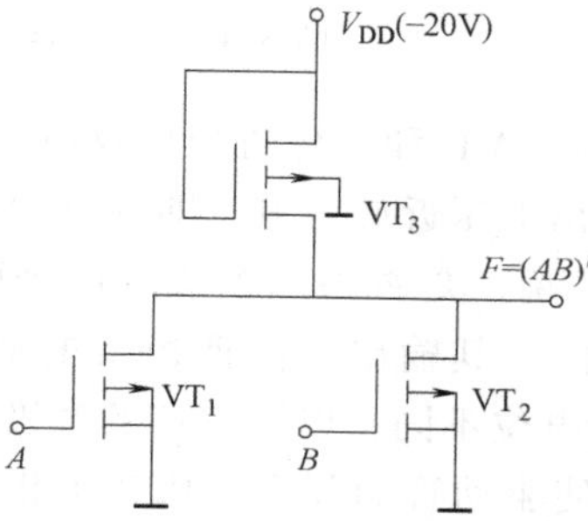

a)

输入		输出
A	B	F
0	0	1
0	1	1
1	0	1
1	1	0

b)

图 3.4.4 PMOS“与非”门电路

a）“与非”门电路 b）真值表

对于双极型集成元件来说，每个电路都受到负载能力（扇出系数）的限制，这是因为电路输出为逻辑“0”时，下一级的双极型电路会有输入短路电流灌入前级。如果需要推动的元件数量过多，就会有很大的电流流入前级的输出管，使逻辑“0”的实际电位值升高，造成逻辑上的混乱，并且会损坏集成元件。所以双极型集成电路的负载能力是有一定限制的。

然而，MOS 集成电路的输出端一般是接在同类型场效应晶体管的栅极，不论输出是“0”或者“1”，前级与后级之间没有电流流过。这样从表面上看，似乎 MOS 集成电路的负载能力不受限制，其实不然，还必须考虑到速度的问题。

每一个 MOS 集成电路的输入端对地都存在一定的电容，如果后一级的许多 MOS 集成电路的输入端并联在前一级的输出端上（如图 3.4.5 所示），会使前一级 MOS 电路的电容负载增大。VT_1 由导通变为截止时，负载电容 C 通过前一级的 VT_2 充电。如果后一级输入电容很大，前一级的关断时间就会很长。为了保证电路有一定的开关速度，MOS 集成电路的负载能力亦会受到限制，一般规定扇出系数为 10 个门电路。

(3) PMOS“或非”门电路

图 3.4.6 是“或非”门电路，VT_3的栅极与漏极相连，作负载管用。当 A 和 B 两个输入端中的任一个为“1”时，即栅—源间电压 V_{GS}为 0V，则该 MOS 管截止。因为 VT_1和 VT_2串联，只要有一管截止，整个电路就不通了。于是输出电压为 $V_{DD}-V_T$，即输出低电平(“0”)。

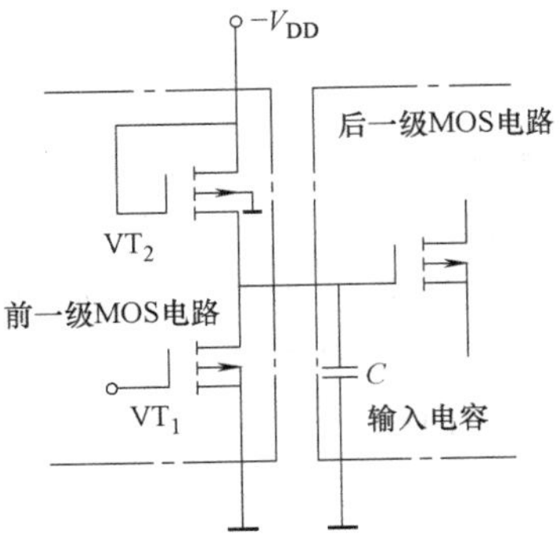

图 3.4.5　MOS 电路的输出极

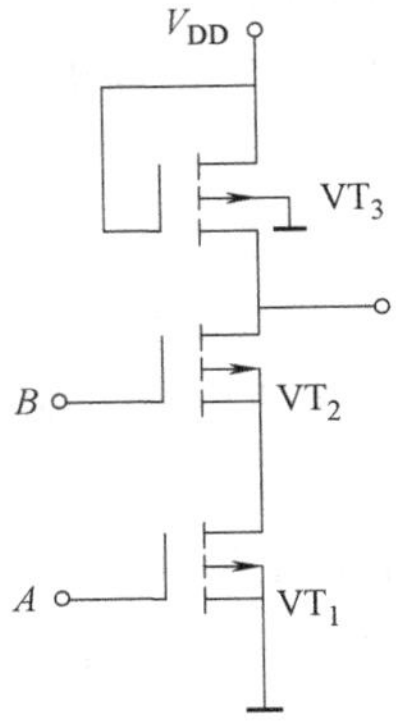

图 3.4.6　“或非”门电路

当 A 和 B 两个输入端都是“0”，即加上负栅压，VT_1和 VT_2两个场效应晶体管都导通，因此电源电压大部分降落在负载管 VT_3上。这时输出电压近似为零，即输出“1”。

多输入端的“或非”门，例如三个或四个输入端，是否将三个或者四个驱动管串联在一起就行了呢？这样的连接法所制成的“或非”门，其输出的高低逻辑电平会难于确定。因为几个晶体管串联后，每个场效应晶体管的源极电位不同，以致它们的源极和衬底之间的电位差 V_{GS}都各不相同，就要产生衬底偏压效应，使驱动管的开启电压各不相同。再加上对结构尺寸的要求，这种多管串联方式的电路设计，实际上是不可能的。以串联方式工作的“或非”门电路，其输入端被限制在三个以下。

(4) 类 NMOS 门逻辑

在一个 N 输入“或非”门中需要 N 个 NMOS 晶体管并联和 N 个 PMOS 晶体管串联。正如多个电阻串联后的阻值要大于并联的阻值，多个串联的晶体管速度也较慢。此外，由于 PMOS 晶体管的空穴在晶格中的移动速度要低于电子速度，所以 PMOS 晶体管的速度要慢于 NMOS 晶体管。因此，并联的多个 NMOS 晶体管速度要快于串联的多个 PMOS 晶体管，尤其当串联的晶体管数 A 较多时，速度差异更大。

类 NMOS 逻辑（pseudo-NMOS logic）将上拉网络中的 PMOS 晶体管替换为单个始终导通的 PMOS 晶体管，如图 3.4.7 所示。这个 PMOS 晶体管经常称为弱上拉（weak pull-up），其物理尺寸被设计成满足当所有 NMOS 晶体管都不导通时，这个弱上拉 PMOS 晶体管可以维持输出高电平；只要有一个 NMOS 晶体管导通，就将输出 Y 下拉到地，而产生逻辑“0”。

可以利用类 NMOS 逻辑的特点构造多输入快速“或非”门。图 3.4.8 中给出了一个 4 输入“或非”门的例子。类 NMOS 门很适合构造存储器和逻辑阵列。其缺点在于当输入为低电平时，若 PMOS 晶体管和所有 NMOS 晶体管都导通，则在电源和地之间产生短路。短路将持续消耗能量，因此类 NMOS 逻辑必须谨慎使用。

类 NMOS 门在 20 世纪 70 年代得名，当时的制造工艺仅能生产 NMOS 晶体管，还不能生产 PMOS 晶体管，因此使用一个 NMOS 晶体管来实现上拉。

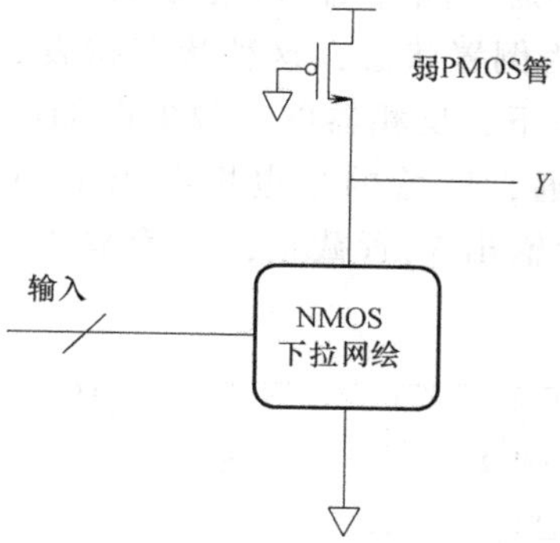

图 3.4.7　类 NMOS 通用结构图

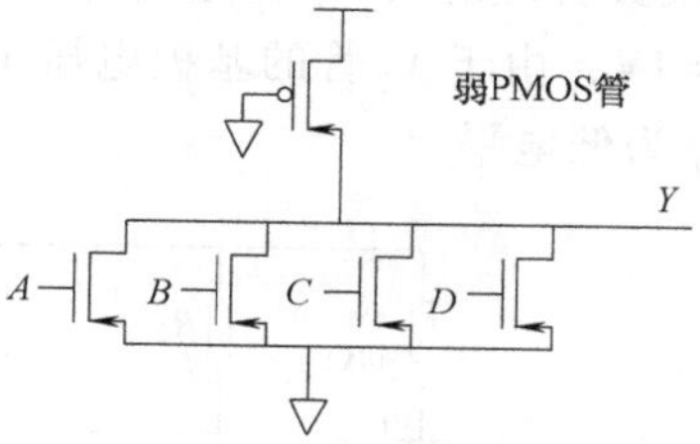

图 3.4.8　“或非”门

3.5　TTL 门电路

3.5.1　晶体管反相器

在 3.2.3 节中，分析了半导体晶体管的工作原理，输出特性中有放大区、饱和区和截止区，合理设置晶体管静态工作点，使其分别工作于饱和区或者截止区，就可以实现开关工作状态，输出低电平和高电平，如图 3.5.1 所示，选择合理参数 $V_I = V_{IL}$时，V 截止，$V_O = V_{OH}$；$V_I = V_{IH}$时，V 导通，$V_O = V_{OL}$。在实际应用中，为保证 $V_I = V_{IL}$时 V 可靠截止，常在输入端接入负压。

3.5.2　TTL 反相器的电路结构和工作原理

TTL（Transistor-Transistor Logic）反相器的基本电路结构如图 3.5.2 所示，逻辑信号 V_I 经过输入级、中间级和输出级开关状态处理后，从输出端输出 V_O。

如果输入电平为低电平（设 $V_I = 0.2V$），这时 V_1管的基极电压为 0.9V，不足以维持 V_1 集电结、V_2和 V_4发射结导通，因此 V_2和 V_4截止，等效工作电路简化为图 3.5.3a。这时 V_3

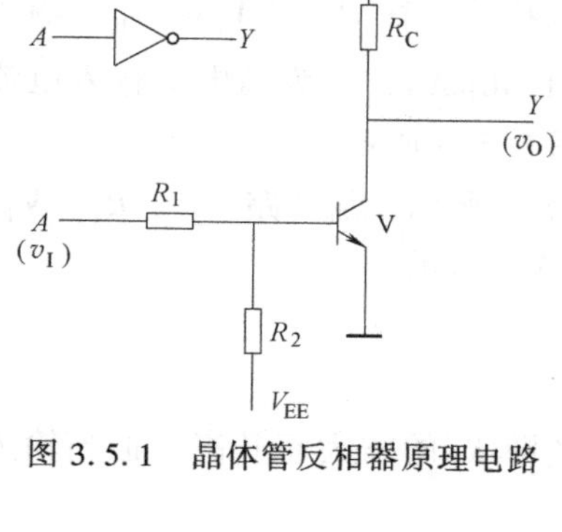

图 3.5.1　晶体管反相器原理电路

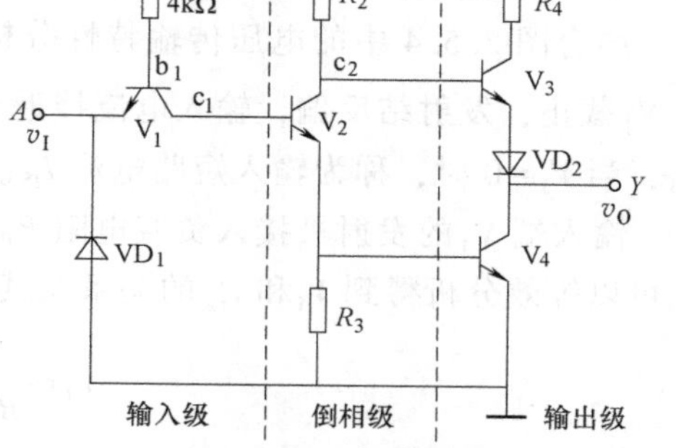

图 3.5.2　TTL 反相器基本电路结构

饱和导通，V_O输出为高电平。

若输入为高电平（$V_I=3.4V$），这时，V_2和V_4导通，晶体管V_1的基极电压钳位为2.1V，V_1管集电结导通，发射结截止，把这种状态称为倒置状态，这种状态在表3.2.1中并未提及，是晶体管的一种特殊工作状态。在这种状态下，反相器的等效电路如图3.5.3b所示，设置合理的R_2和R_3参数，可以使得V_2饱和导通，V_2管的集电极电压$V_{C2}\approx(0.3+0.7)V=1V$，由于$V_3$管的基极电压$V_{b3}=V_{C2}\approx 1V$，因此输出$V_3$管截止，$V_4$管饱和导通，输出端$V_O$为低电平。

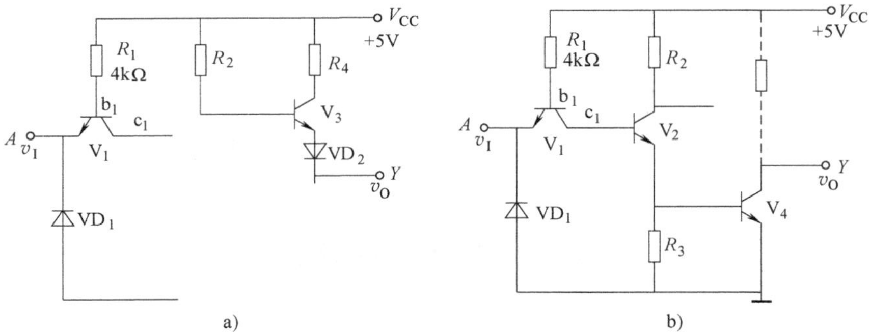

图3.5.3　TTL反相器输入为低电平和高电平时等效电路

总结上面两种情况，V_I输入高电平时，输出V_O为低电平；V_I输入低电平时，输出V_O为高电平，在电路功能上实现了逻辑“非”的功能。

3.5.3　TTL反相器特性分析

1. 电压传输特性分析

从图3.5.2可以得出，随着输入电压V_I从0开始逐渐增加，输出V_O呈现四个阶段的变化，在AB段，V_1导通，V_2和V_4截止，V_3导通，$V_{OH}=V_{CC}-V_{R4}-V_{BE3}-V_{VD2}\approx 3.4V$，输出高电平，把这段区域称为截止区。在$BC$段，$0.7<V_I<1.3V$，$V_2$导通且工作在放大区，$V_4$截止，$V_3$导通，由于$V_I$升高，使得$V_O$近似线性下降，把段区域称为线性区。需要指出，可以用BC段设计振荡电路。CD段为转折工作区，$V_I=T_{TH}\approx 1.4V$，因此$V_{B1}\geqslant 2.1V$，V_2和V_4同时导通，V_1截止，V_O迅速下降，$V_{OL}\approx 0$。DE段，V_I继续下降，V_O输出基本不变，保持低电平输出。

2. TTL反相器的静态输入特性

结合图3.5.4中的电压传输特性分析反相器的静态输入特性，在DE段$V_I\geqslant V_{TH}$，输入端V_1截止，发射结反偏，输入电流接近于零（图中标示小于40μA），称为高电平输入电流I_{IH}，当$V_I=0$时，称为输入短路电流I_{IS}。整体变化情况如图3.5.5所示。

输入端V_1的发射极接入负载电阻R_P的等效电路如图3.5.6所示，从回路V_{CC}、R_1、V_1、R_P可以等效分析得到V_I和R_P的关系及其特性曲线，如图3.5.7所示。

$$V_I\approx\frac{R_P}{R_1+R_P}(V_{CC}-V_{BE1})$$

从图3.5.7所示特性曲线可以看出，在一定范围内，V_I随R_P的增大而升高。但当输入

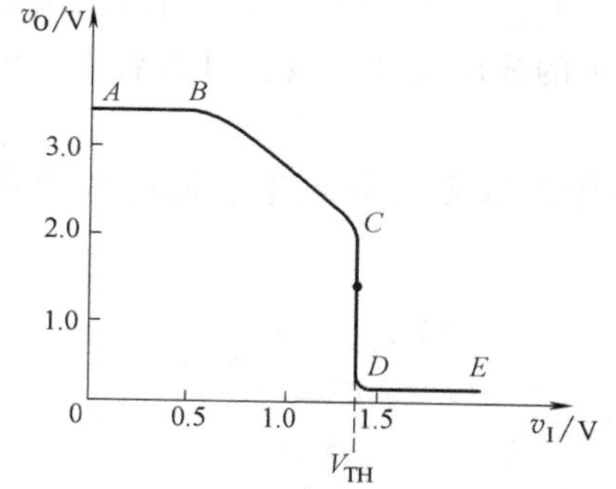

图 3.5.4　TTL 反相器电压传输特性曲线

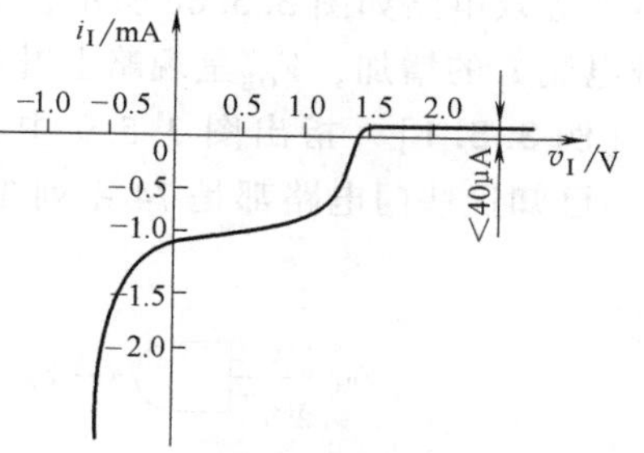

图 3.5.5　TTL 反相器的静态输入特性曲线

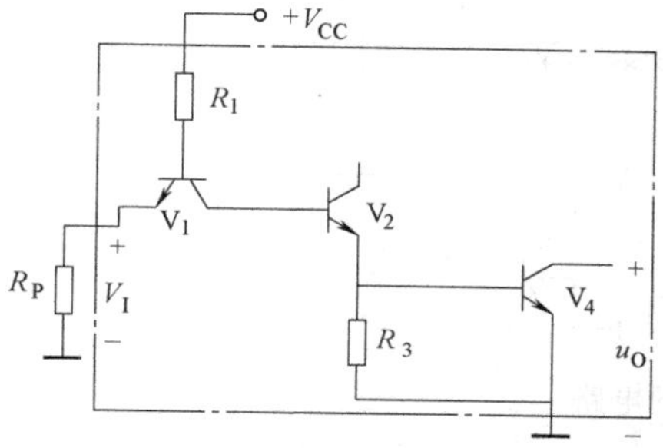

图 3.5.6　输入负载特性等效电路

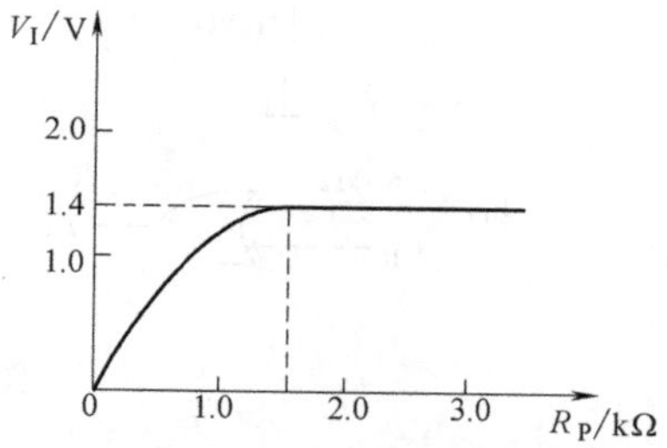

图 3.5.7　V_I 和 R_P 的关系特性曲线

电压 V_I达到 1.4V 以后，$V_{B1}=2.1$V，随着 R_P的增大，由于 V_{B1}不变，故 $V_I=1.4$V 也不变。这时 V_2和 V_4饱和导通，输出为低电平。

1）关门电阻 R_{OFF}：在保证门电路输出为额定高电平的条件下，所允许 R_P的最大值称为关门电阻。典型的 TTL 门电路 $R_{OFF}\approx0.7\text{k}\Omega$。

2）开门电阻 R_{ON}：在保证门电路输出为额定低电平的条件下，所允许 R_P的最小值称为开门电阻。典型的 TTL 门电路 $R_{ON}\approx2\text{k}\Omega$。

数字电路中要求输入负载电阻 $R_P\geqslant R_{ON}$或 $R_P\leqslant R_{OFF}$，否则输入信号将不在高低电平范围内。应用 TTL 反相器振荡电路时，可以令 $R_{OFF}\leqslant R_P\leqslant R_{ON}$使电路处于转折区。

3. 输出特性分析

当输出为高电平时，等效电路如图 3.5.8a 所示，负载电流和输出电压特性如图 3.5.8b

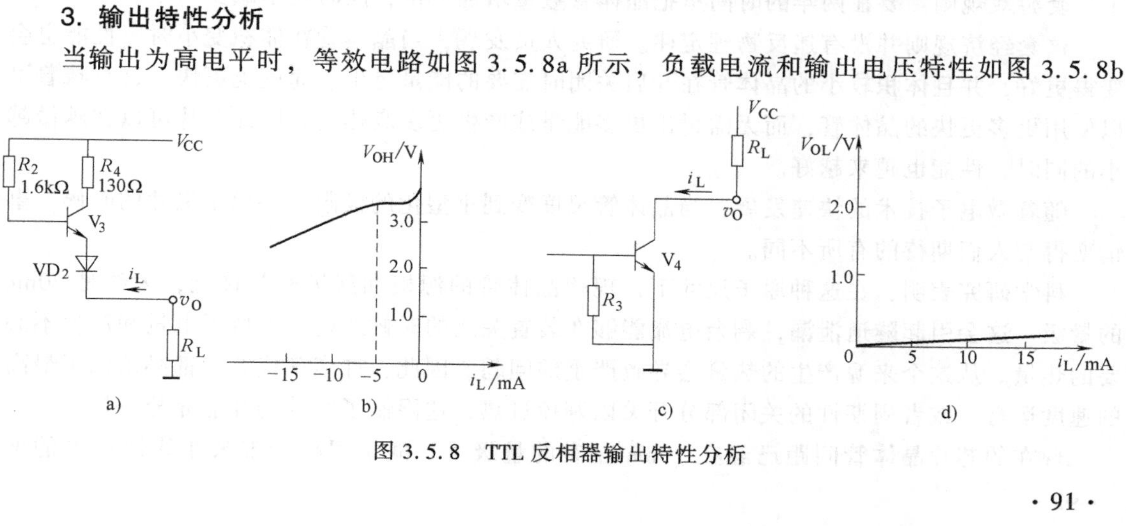

图 3.5.8　TTL 反相器输出特性分析

所示。从图 3.5.8 中可以看到，随着负载电流 i_L 的增加，V_{OH} 呈现下降趋势。当输出为低电平时，等效电路如图 3.5.8c 所示，分析如图 3.5.8d 所示的输出特性曲线，可以看出，随着负载电流 i_L 的增加，V_{OL} 呈现略上升趋势。

[例 3.5.1] 指出图 3.5.9 中各门电路的输出是什么状态（高电平、低电平或高阻态）。已知这些门电路都是 74 系列 TTL 电路。

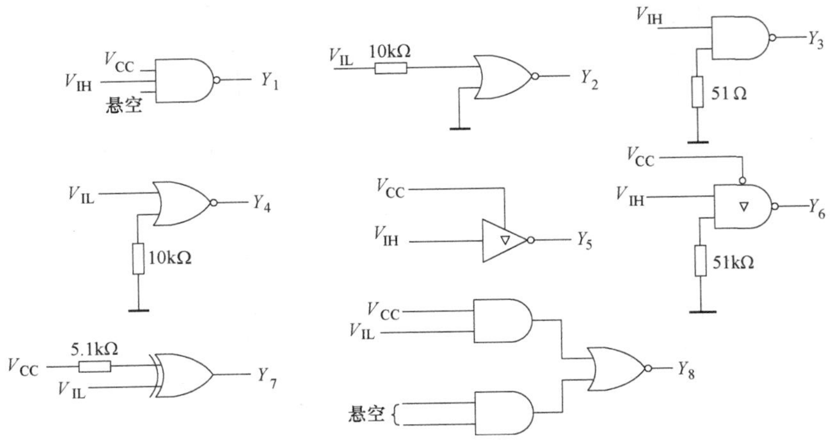

图 3.5.9 例 3.5.1 的电路

解： Y_1 为低电平，Y_2 为高电平，Y_3 为高电平，Y_4 为低电平，Y_5 为低电平，Y_6 为高阻态，Y_7 为高电平，Y_8 为低电平。

3.6 未来半导体技术可能的发展方向

摩尔定律最早由英特尔联合创始人 Gordon Moore 于 1971 年提出，该定律指出：当价格不变时，集成电路上可容纳的元器件数量约每隔 18~24 个月就会增加一倍，性能也将提升一倍。后面 Moore 修正了模型，表述为单位面积芯片上的晶体管数量每两年能实现翻番。这个定律并不是一套物理定律，而是大公司定义的经济规则。以英特尔为首的芯片公司也定义了一套游戏规则：要在两年的时间里把晶体管数量增加一倍，同时成本减少一半。

这套经济规则并没有违反物理定律。研究人员发现，当晶体管在体积变小时，性能也会变得更好，并且体积较小的晶体管在开启关闭时需要的能量更少、速度也更快。这意味着可以使用更多更快的晶体管，而无需付出更多能量或产生更多废热量，因此芯片可以在越做越小的同时，性能也越来越好。

随着微电子技术的快速发展，当晶体管尺度变到小型化的极限——原子尺寸的时候，事情变得与人们期待的有所不同。

科学研究表明，在这种原子尺寸下，现代晶体管的源极和漏极非常接近，大约是 20nm 的量级。这会引起隧道泄漏，剩余电流能够在装置关闭的时候通过，浪费了电量和产生不必要的热量。从这个来源产生的热量会导致严重的问题。因此，许多现代芯片都必须低于最高的速度运行，或者周期性的关闭部分开关以避免过热，这限制了芯片的性能充分发挥。

现在的芯片晶体管间距已经在 10nm 左右的量级了。减小间距会带来非线性成本的增加，根据国际商务战略公司 CEO Handel Jones 的估计，当业界能够生产晶体管间距 5nm 的芯片时，晶圆厂的成本可能飙升到超过 160 亿美元。

很显然，传统的芯片设计方案已经遇到了瓶颈。要找到下一代芯片，需要两个广泛的变化。一方面，晶体管的设计必须从根本上改变；另外一方面，行业必须找到硅的替代品，因为硅的电学属性已经被推到了极限。

习　　题

3-1　对 CMOS 门电路，以下________说法是错误的。

A. 输入端悬空会造成逻辑出错。

B. 输入端接 510kΩ 的大电阻到地相当于接高电平。

C. 输入端接 510Ω 的小电阻到地相当于接低电平。

D. 噪声容限与电源电压有关。

3-2　已知图题 3-2 中各 MOSFET 管的 $|V_T| = 2V$，若忽略电阻上的压降，则电路______的晶体管处于导通状态。

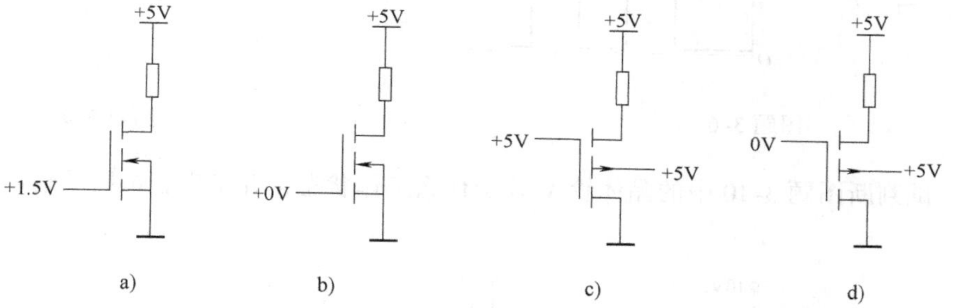

图题 3-2

3-3　晶体管的开关特性指的是什么？什么是晶体管的开通时间和关断时间？若希望提高晶体管的开关速度，应采取哪些措施？

3-4　试画出图题 3-4 所示电路在下列两种情况下的输出电压波形。输入端 A、B 的电压波形如图中所示。

3-5　试说明能否将与非门、或非门、异或门当作反相器使用？如果可以，各输入应该如何连接？

3-6　画出图题 3-6 所示电路在下列两种情况下的输出电压波形：

（1）忽略所有门电路的传输延迟时间。

（2）考虑每个门都有传输延迟时间 t_{pd}。

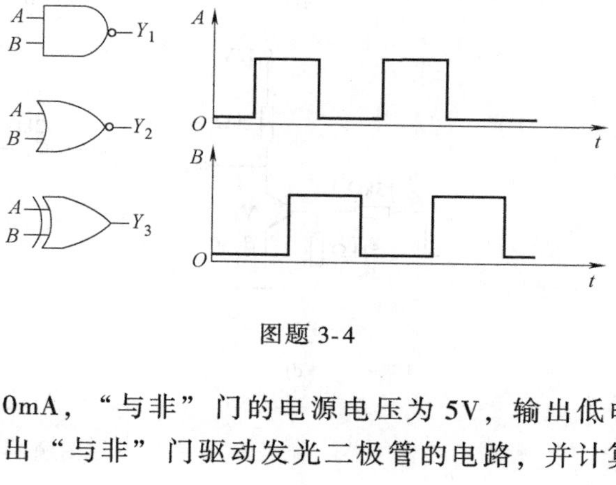

图题 3-4

3-7　设发光二极管的正向导通电流为 10mA，“与非”门的电源电压为 5V，输出低电平为 0.2V，输出低电平电流为 16mA，试画出“与非”门驱动发光二极管的电路，并计算出发光二极管支路中的限流电阻阻值。

3-8 已知 CMOS 门电路的电源电压 $V_{DD}=5V$，静态电源电流 $I_{DD}=2mA$，输入信号为200kHz 的方波（上升时间和下降时间可忽略不计），负载电容 $C_L=200pF$，功率电容 $C_{pd}=20pF$，试计算它的静态功耗、动态功耗、总功耗和电源平均电流。

3-9 在图题 3-9 中，若输入为矩形脉冲信号，其高、低电平分别为 5V 和 0.5V，求晶体管 V 和二极管 VD 在高、低电平下的工作状态及相应的输出电压 F。

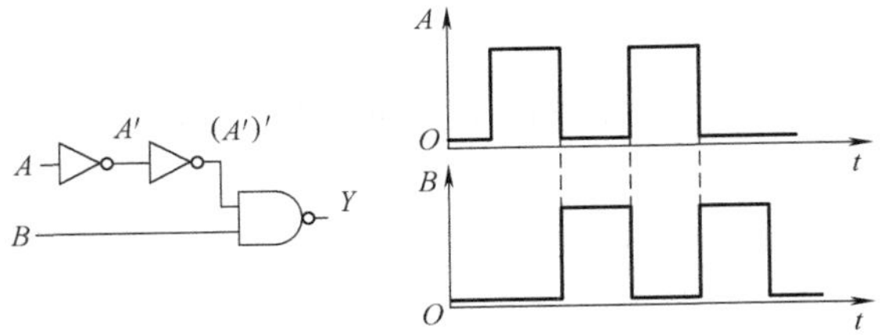

图题 3-6

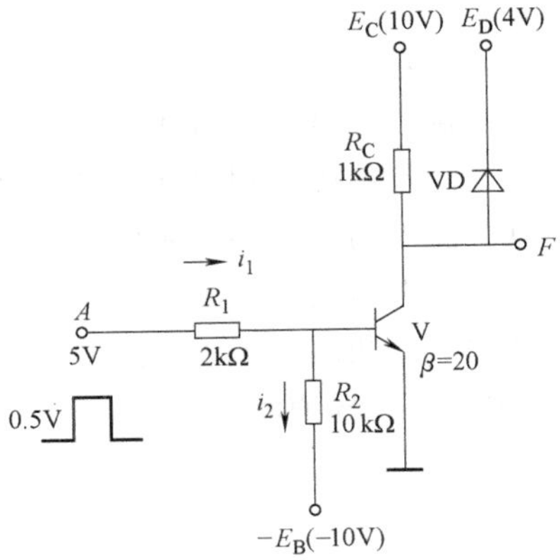

图题 3-9

3-10 试判断图题 3-10 中的晶体管 V 处于什么工作状态，并求出各电路的输出 $F_1\sim F_6$。

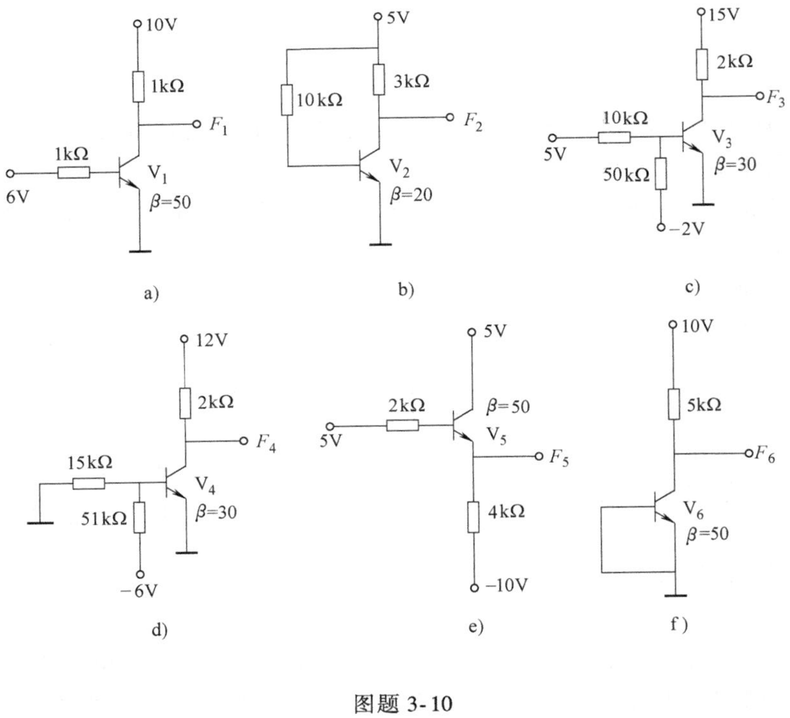

图题 3-10

3-11　写出图题 3-11 所示的 CMOS 门电路的逻辑表达式。

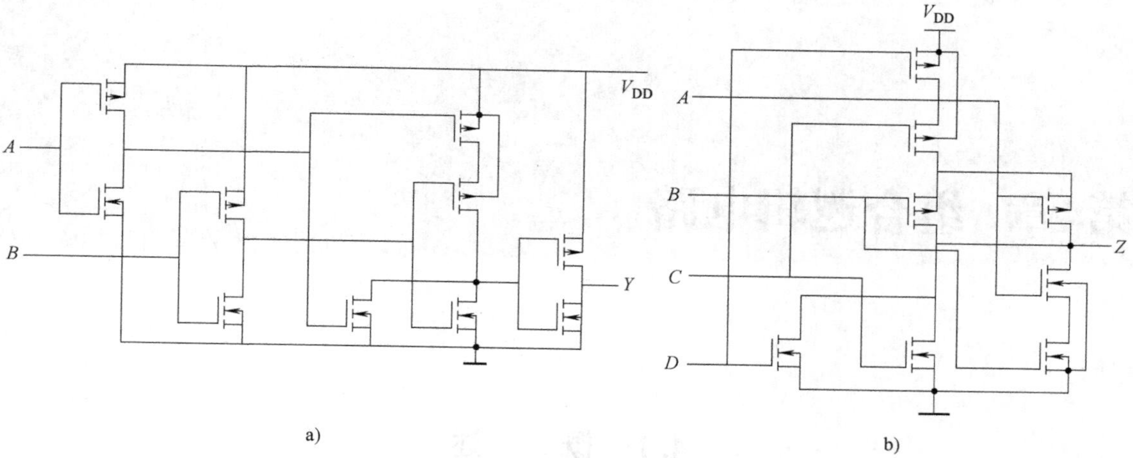

图题 3-11

3-12　分析图题 3-12 所示电路的逻辑功能，指出是什么门。

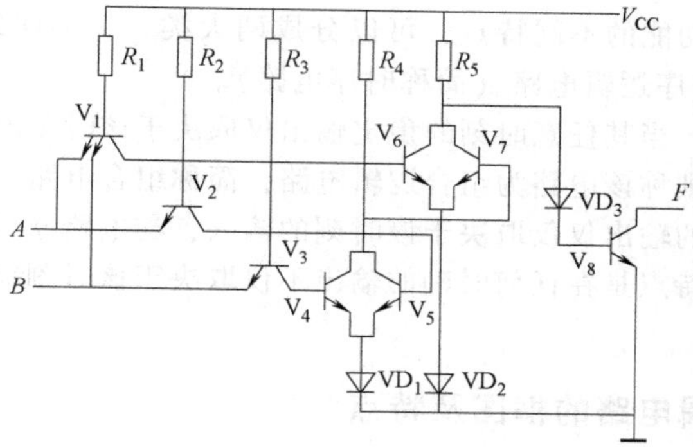

图题 3-12

第4章 组合逻辑电路

4.1 概 述

4.1.1 组合逻辑电路的基本概念

数字电路根据逻辑功能的不同特点，可以分成两大类，一类叫组合逻辑电路（简称组合电路），另一类叫作时序逻辑电路（简称时序电路）。

对于数字逻辑电路，当其任意时刻的稳定输出仅取决于该时刻的输入变量的取值，而与过去的输出状态无关，则称该电路为组合逻辑电路，简称组合电路。组合逻辑电路在逻辑功能上的特点是任意时刻的输出仅仅取决于该时刻的输入，与电路原来的状态无关。而时序逻辑电路在逻辑功能上的特点是在任何时刻的输出不仅取决于该时刻输入信号的组合，而且与电路原有的状态有关。

4.1.2 组合逻辑电路的框图及特点

组合逻辑电路示意框图如图 4.1.1 所示。

图 4.1.1 组合逻辑电路框图

组合逻辑电路的基本构成单元为门电路。组合逻辑电路没有输出端到输入端的信号反馈网络。假设组合电路有 n 个输入变量为 I_0、I_1、…、I_{n-1}，m 个输出变量为 Y_0、Y_1、…、Y_{m-1}，根据图 4.1.1 可以列出 m 个输出函数表达式：

$$\begin{cases} Y_0 = F_0(I_0, I_1, \cdots, I_{n-1}) \\ Y_1 = F_1(I_0, I_1, \cdots, I_{n-1}) \\ \quad\vdots \\ Y_{m-1} = F_{m-1}(I_0, I_1, \cdots, I_{n-1}) \end{cases} \tag{4-1}$$

从输出函数表达式可以看出，当前输出变量只与当前输入变量有关，也就是说，组合逻辑电路没有存储和记忆作用。所以组合逻辑电路是无记忆性电路。

4.1.3　组合逻辑电路逻辑功能的表示方法

组合逻辑电路的逻辑功能是指输出变量与输入变量之间的函数关系，表示形式有输出函数表达式、逻辑电路图、真值表、卡诺图等。

4.2　组合逻辑电路的分析方法

分析组合逻辑电路的目的，就是针对给定的组合逻辑电路，利用门电路和逻辑代数知识，确定电路的逻辑功能。也是我们了解和掌握组合电路模块逻辑功能的主要手段。组合逻辑电路的分析步骤大致如下：

1）根据给定的逻辑电路图，写出各输出端的逻辑表达式。

2）对各逻辑表达式进行化简与变换。

3）列出真值表。

4）分析逻辑功能。

在分析过程中，如果通过对输出表达式的化简与变换，逻辑功能已明朗，则可通过表达式进行逻辑功能评述；通常情况下，完成步骤 2）后，无法直接判断其逻辑功能时，应该重点分析真值表中输出和输入之间的逻辑关系，再结合实际情况和逻辑抽象准确判断电路的逻辑功能。

[例 4.2.1]　分析如图 4.2.1 所示电路，写出逻辑真值表，分析逻辑功能。

解： 电路中有三个 CMOS 反相器、两个传输门构成，分析 AB 在不同状态下的输出特性，得到真值表如表 4.2.1 所示。

分析其逻辑功能，当 AB 为相同输入时，输出 Y 为 0，而 AB 为不同输入时，Y 为 1。

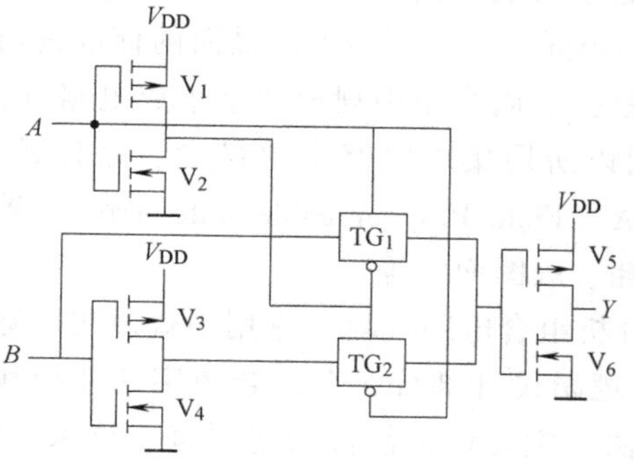

图 4.2.1　例 4.2.1 逻辑图

表 4.2.1　例 4.2.1 真值表

A	B	Y
0	0	0
0	1	1
1	0	1
1	1	0

[例 4.2.2]　一逻辑电路如图 4.2.2 所示，写出输出变量 Y 的逻辑函数表达式，列出真值表，并分析其实现的逻辑功能。

解：

（1）写出逻辑表达式。

$$Z_1 = ABC$$

$$Z_2 = (A+B+C)'$$

$$F = Z_1 + Z_2 = ABC + (A+B+C)'$$

（2）列出真值表。如表 4.2.2 所示。

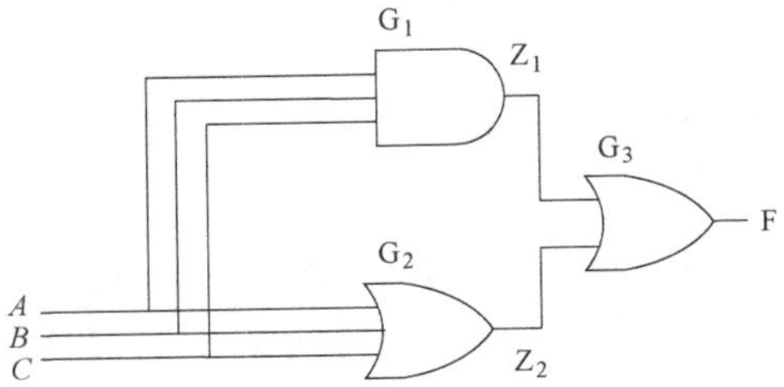

图 4.2.2　例 4.2.2 逻辑图

表 4.2.2　例 4.2.2 真值表

A	B	C	Z_1	Z_2	F
0	0	0	0	1	1
0	0	1	0	0	0
0	1	0	0	0	0
0	1	1	0	0	0
1	0	0	0	0	0
1	0	1	0	0	0
1	1	0	0	0	0
1	1	1	1	0	1

（3）分析逻辑功能：真值表已经全面地反映了该电路的逻辑功能。

逻辑功能描述：从真值表中可以看出，当 A、B、C 三个输入一致时（全为“0”或全为“1”），输出才为“1”，否则输出为“0”。所以，这个组合逻辑电路具有检测“输入状态一致性”的判断功能。

4.3　组合逻辑电路的基本设计方法

一般来说，组合逻辑电路的设计过程是分析的逆过程。设计组合逻辑电路要完成的工作是，设计者根据给定的具体逻辑问题，分析因果关系，通过逻辑抽象设计出实现这一逻辑关系的最简单的逻辑电路。

在使用不同的器件进行设计时，电路的“最简”是一个相对的概念，其评价标准也是根据具体情况做出的具体分析。比如，当用小规模数字集成电路（Small Scale Integrated circuit，SSI）进行设计时，是以门电路作为电路的基本单元，所以逻辑电路最简的标准是所用的门电路数目最少，种类最少，门的输入端数目也最少。而当用中规模数字集成电路（Medium Scale Integrated circuit，MSI）进行设计时，则以所用集成电路个数最少、品种最少、集成电路间的连线也最少作为最简标准。应用 FPGA（Field Programmable Gate Array）器件进行数字系统设计时，考虑的是优化器件资源、功耗、版图面积等。

在本节中，首先介绍逻辑电路 SSI 设计方法，分析组合电路模块（常用中规模集成数字电路）后，陆续介绍 MSI 设计方法，在本书的最后逻辑设计部分，会结合数字功能模块的实例，分析介绍基于 FPGA 的数字系统设计基本方法，主要包括硬件描述语言、算术电路、时序逻辑电路设计，以及存储器、有限状态机设计方法等。

组合逻辑电路的设计工作大体上可按如下步骤进行：

步骤 1　分析因果关系，确定输入与输出变量，定义逻辑状态的含义（赋值），列出真值表。

1）分析事件的因果关系，确定输入变量与输出变量。一般地，把引起事件的原因定为输入变量。

2）定义逻辑状态的含义、进行逻辑赋值。以二值逻辑的“0”“1”两种状态分别表示输入变量和输出变量各自不同的两种状态，对应事件的状态。

3）根据给定的事件因果关系列出逻辑状态真值表。

步骤 2　根据逻辑真值表写出逻辑函数式。

步骤 3　根据设计任务需要，将逻辑函数式化简或变换成适当的形式。

步骤 4　根据化简或变换后的函数式画出逻辑电路的连接图。

应当指出，上述设计步骤只是通常的设计思路和过程，并不是一成不变的。在设计过程中，设计者根据设计要求，可以做适当的灵活处理，有些逻辑问题较简单，某些设计步骤就可以省略。例如，有时设计要求中已经给出了真值表，逻辑抽象步骤就不用进行了。又如，有的问题逻辑关系可以不经过真值表而直接写出函数式来，如“异或”逻辑、“同或”逻辑。

[例 4.3.1]　设计一个楼上、楼下开关的逻辑控制电路来控制楼梯上的电灯，使之在上楼前，用楼下开关控制电灯开关状态，上楼后，用楼上开关控制电灯状态。

解：

（1）分析给定的实际逻辑问题，根据设计的逻辑要求列出真值表。

在实际家用照明电气设计中，可以用两个单刀双掷开关 A、B 完成这一简单的逻辑功能，如图 4.3.1 所示。

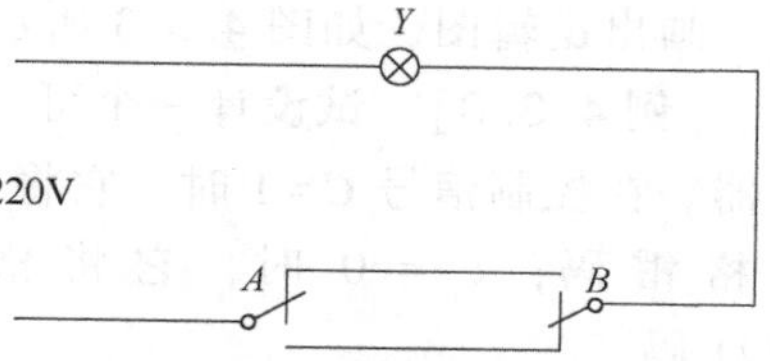

图 4.3.1　例 4.3.1 实际电路图

设输入变量为 A、B，分别代表楼下开关和楼上开关；输出函数为 Y，代表灯泡输出状态。并设 A、B 掷向上方时为“1”，掷向下方时为“0”；灯亮时 Y 为“1”，灯灭时 Y 为“0”。根据逻辑要求可以列出真值表，如表 4.3.1 所示。

表 4.3.1　例 4.3.1 真值表

A	B	Y	A	B	Y
0	0	0	1	0	1
0	1	1	1	1	0

（2）根据真值表写出逻辑函数的表达式并化简。由表 4.3.1 可得

$$Y=AB'+A'B$$

此表达式已为最简式。

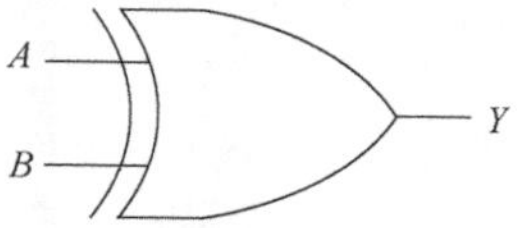

图 4.3.2　例 4.3.1 设计电路

（3）电路实现：用一个“异或”门就可以实现，AB 作为“异或”门输入端，Y 作为输出端。如图 4.3.2 所示。

[例 4.3.2]　交通信号灯有红、绿、黄 3 种，3 种灯分别单独工作，或黄、绿灯同时工作时属于正常情况，其他情况均属于故障，要求出现故障时输出报警信号。试用“与非”门设计一个交通报警控制电路。

解：

（1）逻辑抽象：根据逻辑要求列出真值表。输入变量为 A、B、C，分别代表红、绿、黄三种灯信号，灯亮时其值为“1”，灯灭时其值为“0”；输出报警信号用 Y 表示，灯正常工作时其值为“0”，灯出现故障时其值为“1”。

（2）列出真值表，如表 4.3.2 所示。

表 4.3.2　例 4.3.2 报警电路真值表

A	B	C	Y	A	B	C	Y
0	0	0	1	1	0	0	0
0	0	1	0	1	0	1	1
0	1	0	0	1	1	0	1
0	1	1	0	1	1	1	1

（3）根据真值表写出逻辑表达式，并化简。由表 4.3.2 可得函数 Y 的“与或”表达式为

$$Y=A'B'C'+AB'C+ABC'+ABC$$
$$=A'B'C'+AB+AC$$

（4）由于题目中要求用“与非”门设计实现，因此将函数表达式通过反演定律变换为“与非与非”表达式，即

$$Y=[(A'B'C')'\cdot(AB)'\cdot(AC)']'$$

画出逻辑图，如图 4.3.3 所示。

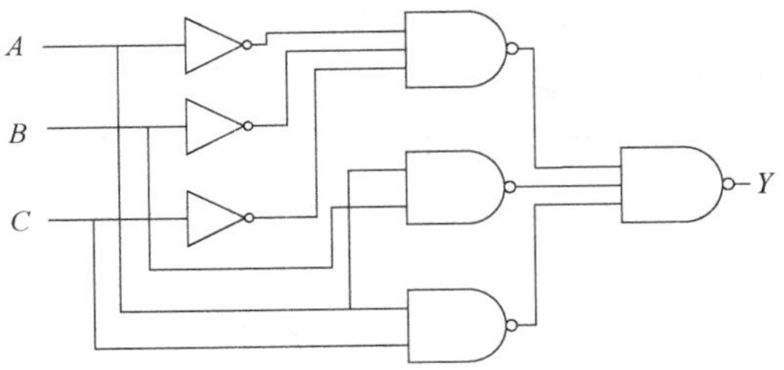

图 4.3.3　例 4.3.2 逻辑图

[例 4.3.3]　试设计一个可逆的 4 位码变换器。在控制信号 $C=1$ 时，它将 8421 码转换为格雷码；$C=0$ 时，它将格雷码转换 8421 码。

解：根据在第 1 章学习的码制相关知识，可以得知，4 位 8421 码与格雷码的对应关系是确定的，电路的设计可直接列真值表。

（1）列出真值表，如表 4.3.3 所示。当 $C=1$ 时，定义输入 $X_3X_2X_1X_0$ 作为 8421 码，对应的输出 $g_3g_2g_1g_0$ 为格雷码；当 $C=0$ 时，输入则作为格雷码，对应的输出 $b_3b_2b_1b_0$ 为 8421 码。此时，$X_3X_2X_1X_0$ 作为格雷码的排列顺序与 $b_3b_2b_1b_0$ 呈一一对应关系。

（2）分别画出 $C=1$ 和 $C=0$ 时各输出函数的卡诺图，分别如图 4.3.4、图 4.3.5 所示。

（3）由卡诺图可求得各输出逻辑表达式。若同时考虑 C 变量，当 $C=1$ 时，有

$$\begin{cases} g_3=X_3C \\ g_2=(X_3X_2'+X_3'X_2)C=(X_3\oplus X_2)C \\ g_1=(X_2X_1'+X_2'X_1)C=(X_2\oplus X_1)C \\ g_0=(X_1X_0'+X_1'X_0)C=(X_1\oplus X_0)C \end{cases}$$

当 $C=0$ 时，有

$$\begin{cases} b_3=X_3C' \\ b_2=(X_3X_2'+X_3'X_2)C'=(X_3\oplus X_2)C' \\ b_1=(X_3X_2'X_1'+X_3'X_2X_1'+X_3X_2X_1+X_3'X_2'X_1)C' \\ \quad=[(X_3X_2'+X_3'X_2)X_1'+(X_3X_2+X_3'X_2')X_1]C' \\ \quad=[(X_3\oplus X_2)X_1'+(X_3\oplus X_2)'X_1]C' \\ \quad=(X_3\oplus X_2\oplus X_1)C' \\ b_0=(X_3\oplus X_2\oplus X_1\oplus X_0)C' \end{cases}$$

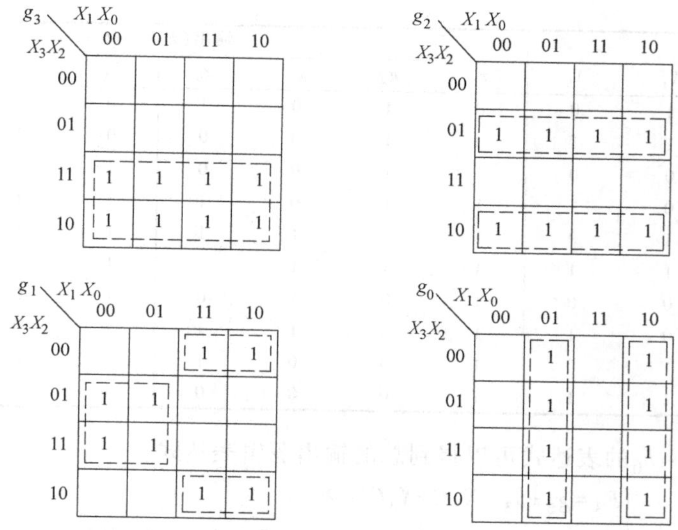

图 4.3.4　例 4.3.3 输出函数 $C=0$ 时的卡诺图

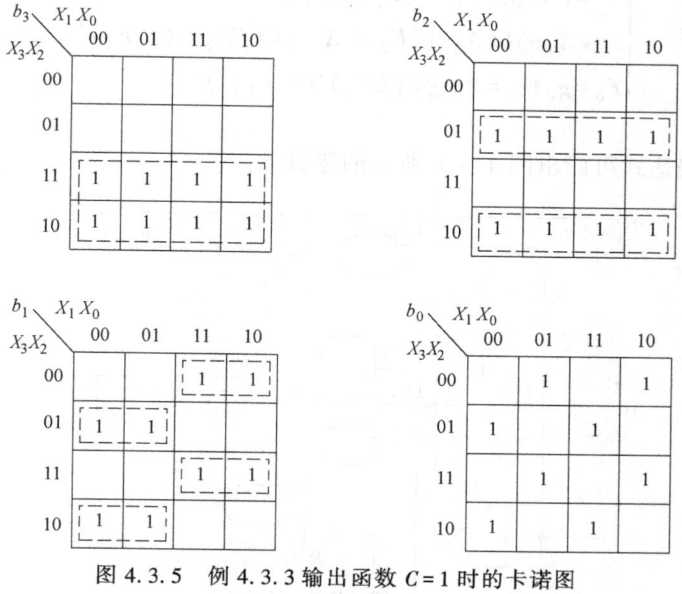

图 4.3.5　例 4.3.3 输出函数 $C=1$ 时的卡诺图

表 4.3.3　例 4.3.3 数码变换关系真值表

输入				输出（$F_i=g_i+b_i$）							
X_3	X_2	X_1	X_0	g_3	g_2	g_1	g_0	b_3	b_2	b_1	b_0
0	0	0	0	0	0	0	0	0	0	0	0
0	0	0	1	0	0	0	1	0	0	0	1
0	0	1	0	0	0	1	1	0	0	1	1
0	0	1	1	0	0	1	0	0	0	1	0
0	1	0	0	0	1	1	0	0	1	1	1
0	1	0	1	0	1	1	1	0	1	1	0

（续）

输入				输出（$F_i=g_i+b_i$）							
X_3	X_2	X_1	X_0	g_3	g_2	g_1	g_0	b_3	b_2	b_1	b_0
0	1	1	0	0	1	0	1	0	1	0	0
0	1	1	1	0	1	0	0	0	1	0	1
1	0	0	0	1	1	0	0	1	1	1	1
1	0	0	1	1	1	0	1	1	1	1	0
1	0	1	0	1	1	1	1	1	1	0	0
1	0	1	1	1	1	1	0	1	1	0	1
1	1	0	0	1	0	1	0	1	0	0	0
1	1	0	1	1	0	1	1	1	0	0	1
1	1	1	0	1	0	0	1	1	0	1	1
1	1	1	1	1	0	0	0	1	0	1	0

由 $g_3 \sim g_0$ 和 $b_3 \sim b_0$ 的表达式可以得到总的输出逻辑表达式：

$$\begin{cases} F_3=g_3+b_3=X_3C+X_3C'=X_3 \\ F_2=g_2+b_2=(X_3 \oplus X_2)C+(X_3 \oplus X_2)C'=X_3 \oplus X_2 \\ F_1=g_1+b_1=(X_2 \oplus X_1)C+(X_3 \oplus X_2 \oplus X_1)C' \\ \quad =(X_2 \oplus X_1)C+(F_2 \oplus X_1)C' \\ \quad =X_1 \oplus (CX_2+C'F_2)=X_1 \oplus ((CX_2)'(C'F_2)')' \\ F_0=g_0+b_0=X_0 \oplus ((CX_1)'(C'F_1)')' \end{cases}$$

同理：

由 $F_3 \sim F_0$ 的表达式可画出图 4.3.6 所示的逻辑图。

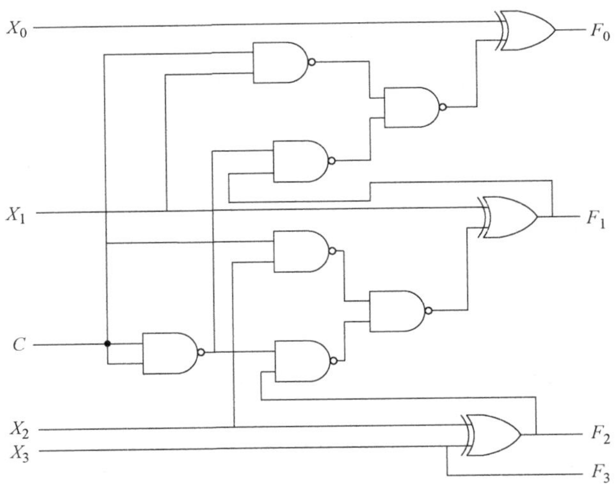

图 4.3.6 例 4.3.3 的逻辑电路图

从以上逻辑表达式和逻辑图可以看出，用“异或”门代替“与”门和“或”门能使逻辑电路比较简单。在化简和变换逻辑表达式时，应尽可能使某些输入作为另一些输出的条件，例如，利用 F_2 作为 F_1 的一个输入，F_1 又作为 F_0 的一个输入，这样可以使电路更简单。在化简时，注意综合考虑，使式中的相同项尽可能多，则可以使电路得到进一步简化。

4.4 组合逻辑电路模块

4.4.1 编码器和译码器

1. 编码器（Encoder）

一般地说，用文字、符号或者数字表示特定对象的过程叫作编码。日常生活中就经常遇到编码问题。例如，商店中销售的商品有条码，奥林匹克运动会给运动员进行编号，学生入学会有一个学籍号（学号）等，都是编码。生活中的编码大多用的是十进制数，而数字电路主要用类似于二进制数的 0、1 进行逻辑运算，所以在数字电路中用二进制数进行编码，相应的二进制数叫二进制代码。因此，将具有特定含义的信息（商品条码、汉字、电话号码、键盘符号等）编成相应二进制代码的过程叫编码。实现编码功能的电路称为编码器。

常见的编码器有普通编码器、优先编码器、二进制编码器、二—十进制编码器等。在普通编码器中，任一时刻都有且只有一个输入信号出现。在优先编码器中，允许两个或两个以上的信号同时出现，所有输入信号按优先权顺序排队，当有多于 1 个信号同时出现时，只对其中优先级最高的 1 个信号进行编码。用 n 位 0、1 代码对 2^n 个信号进行编码的电路称为二进制编码器。用二进制代码对 0~9 共 10 个十进制符号进行编码的电路称为二—十进制编码器。编码器就是实现编码操作的电路。

（1）二进制普通编码器

用 n 位二进制代码对 2^n 个相互排斥的信号进行编码的电路，称为二进制普通编码器。3 位二进制普通编码器的功能是对 8 个相互排斥的输入信号进行编码，它有 8 个输入、3 个输出，因此也称为 8 线-3 线二进制普通编码器。图 4.4.1 是 3 位二进制普通编码器的框图，表 4.4.1 是它的真值表。表 4.4.1 只列出了输入 $I_0 \sim I_7$ 可能出现的组合，其他组合在编码过程定义为约束项，约束可以表示为

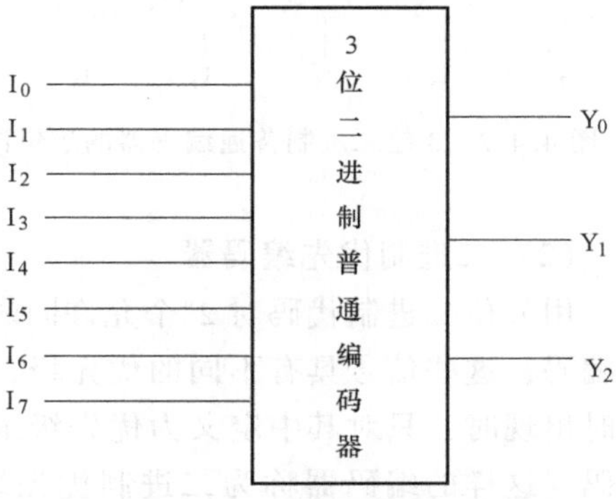

图 4.4.1 3 位二进制普通编码器框

$$I_iI_j=0 \quad (i\neq j \quad i,j=0,1,\cdots,7) \tag{4-2}$$

表 4.4.1 3 位二进制普通编码器真值表

I_7	I_6	I_5	I_4	I_3	I_2	I_1	I_0	Y_2	Y_1	Y_0
0	0	0	0	0	0	0	**1**	0	0	0
0	0	0	0	0	0	**1**	0	0	0	1
0	0	0	0	0	**1**	0	0	0	1	0
0	0	0	0	**1**	0	0	0	0	1	1
0	0	0	**1**	0	0	0	0	1	0	0
0	0	**1**	0	0	0	0	0	1	0	1
0	**1**	0	0	0	0	0	0	1	1	0
1	0	0	0	0	0	0	0	1	1	1

由表 4.4.1 可以写出如下逻辑表达式：

$$\begin{cases}Y_2=I_7'I_6'I_5'I_4I_3'I_2'I_1'I_0'+I_7'I_6'I_5I_4'I_3'I_2'I_1'I_0'+I_7'I_6I_5'I_4'I_3'I_2'I_1'I_0'+I_7I_6'I_5'I_4'I_3'I_2'I_1'I_0'\\Y_1=I_7'I_6'I_5'I_4'I_3'I_2I_1'I_0'+I_7'I_6'I_5'I_4'I_3I_2'I_1'I_0'+I_7'I_6I_5'I_4'I_3'I_2'I_1'I_0'+I_7I_6'I_5'I_4'I_3'I_2'I_1'I_0'\\Y_0=I_7'I_6'I_5'I_4'I_3'I_2'I_1I_0'+I_7'I_6'I_5'I_4'I_3I_2'I_1'I_0'+I_7'I_6'I_5I_4'I_3'I_2'I_1'I_0'+I_7I_6'I_5'I_4'I_3'I_2'I_1'I_0'\end{cases}$$

利用约束条件 $I_iI_j=0$ （$i\neq j$　i，$j=0$，1，…，7）和公式 $A+A'B=A+B$ 对上述表达式进行化简，可以得到

$$\begin{cases}Y_2=I_4+I_5+I_6+I_7\\Y_1=I_2+I_3+I_6+I_7\\Y_0=I_1+I_3+I_5+I_7\end{cases}$$

图 4.4.2 是用“与非”门实现的逻辑图，图 4.4.3 是用“或门”实现的逻辑图。

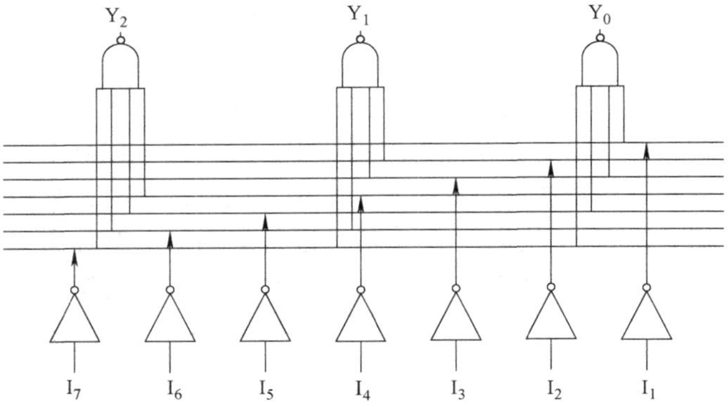

图 4.4.2　3 位二进制普通编码器的逻辑图（“与非”门）

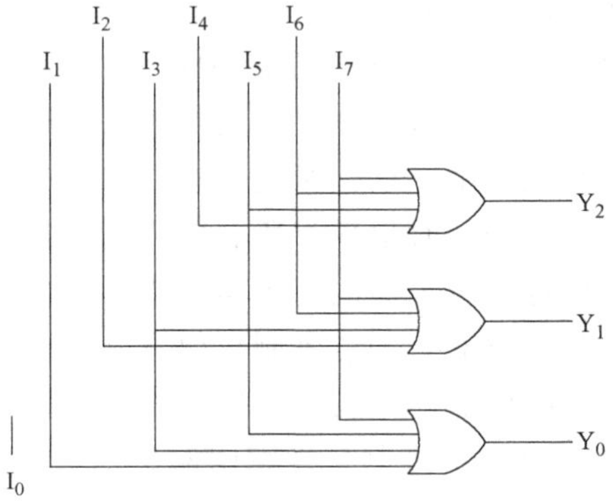

图 4.4.3　3 位二进制普通编码器的逻辑图（“或”门）

（2）二进制优先编码器

用 n 位二进制代码对 2^n 个允许同时出现的信号进行编码，这些信号具有不同的优先级，多于 1 个信号同时出现时，只对其中定义为优先级最高的信号进行编码，这样的编码器称为二进制优先编码器。8 线-3 线二进制优先编码器的框图如图 4.4.4 所示，表 4.4.2 是它的真值表。在真值表中，给 $I_0\sim I_7$，定义 I_7 的优先级最高，I_6 次之，依次顺序类推，I_0 的优先级最低。真值表中的“×”表示该输入信号取值为任意状态（“0”或者“1”），不影响电路的输出。

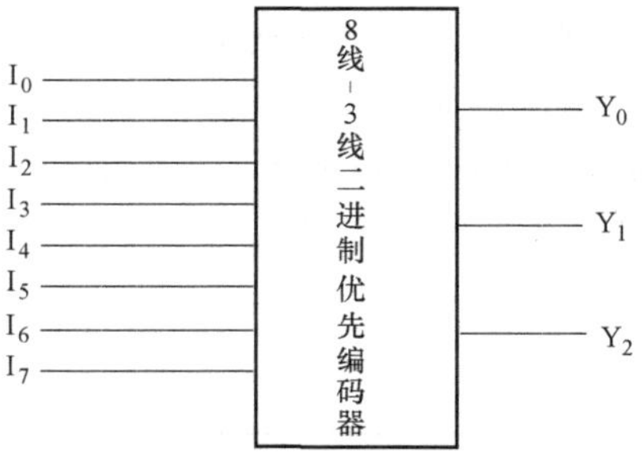

图 4.4.4　8 线-3 线二进制优先编码器的框图

表 4.4.2　8 线-3 线二进制优先编码器真值表

I_7	I_6	I_5	I_4	I_3	I_2	I_1	I_0	Y_2	Y_1	Y_0
0	0	0	0	0	0	0	**1**	0	0	0
0	0	0	0	0	0	**1**	×	0	0	1
0	0	0	0	0	**1**	×	×	0	1	0
0	0	0	0	**1**	×	×	×	0	1	1
0	0	0	**1**	×	×	×	×	1	0	0
0	0	**1**	×	×	×	×	×	1	0	1
0	**1**	×	×	×	×	×	×	1	1	0
1	×	×	×	×	×	×	×	1	1	1

由表 4.4.2 可以写出如下逻辑表达式：

$$\begin{cases}Y_2=I_7'I_6'I_5'I_4+I_7'I_6'I_5+I_7'I_6+I_7\\Y_1=I_7'I_6'I_5'I_4'I_3'I_2+I_7'I_6'I_5'I_4'I_3+I_7'I_6+I_7\\Y_0=I_7'I_6'I_5'I_4'I_3'I_2'I_1+I_7'I_6'I_5'I_4'I_3+I_7'I_6'I_5+I_7\end{cases}$$

利用公式 $A+A'B=A+B$ 对表达式进行化简可以得到

$$\begin{cases}Y_2=I_7+I_6+I_5+I_4=(I_7'I_6'I_5'I_4')'\\Y_1=I_5'I_4'I_2+I_5'I_4'I_3+I_6+I_7=[(I_5'I_4'I_2)'(I_5'I_4'I_3)'I_6'I_7']'\\Y_0=I_6'I_4'I_2'I_1+I_6'I_4'I_3+I_6'I_5+I_7=[(I_6'I_4'I_2I_1)'(I_6'I_4'I_3)'(I_6'I_5)'I_7']'\end{cases}$$

图 4.4.5 是用“与非”门实现的逻辑图。

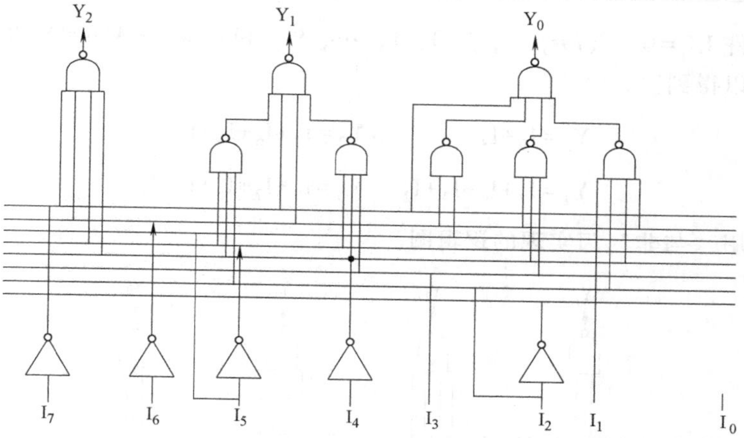

图 4.4.5　3 位二进制优先编码器逻辑图

(3) 10 线-4 线普通编码器

10 线-4 线普通编码器是用 4 位 8421BCD 码实现对 0~9 十个相互排斥的十进制数进行编码的电路，又称为 8421BCD 普通编码器。它有 10 个输入、4 个输出。图 4.4.6 是 8421BCD 普通编码器的框图，表 4.4.3 是它的真值表。表 4.4.3 中只列出了输入 $I_0 \sim I_9$ 可能出现的组合，其他组合定义为约束项，约束可以表示为

$$I_iI_j=0 \quad (i\neq j \quad i,j=0,1,\cdots,9) \tag{4-3}$$

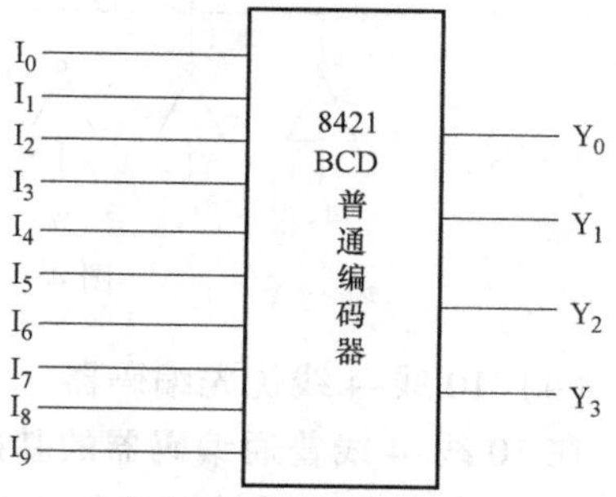

图 4.4.6　8421BCD 普通编码器框图

由表 4.4.3 真值表可以写出如下逻辑表达式：

$$\begin{cases}Y_3=I_9'I_8I_7'I_6'I_5'I_4'I_3'I_2'I_1'I_0'+I_9I_8'I_7'I_6'I_5'I_4'I_3'I_2'I_1'I_0'\\Y_2=I_9'I_8'I_7'I_6'I_5'I_4I_3'I_2'I_1'I_0'+I_9'I_8'I_7'I_6'I_5I_4'I_3'I_2'I_1'I_0'+I_9'I_8'I_7'I_6I_5'I_4'I_3'I_2'I_1'I_0'+I_9'I_8'I_7I_6'I_5'I_4'I_3'I_2'I_1'I_0'\\Y_1=I_9'I_8'I_7'I_6'I_5'I_4'I_3'I_2I_1'I_0'+I_9'I_8'I_7'I_6'I_5'I_4'I_3I_2'I_1'I_0'+I_9'I_8'I_7'I_6I_5'I_4'I_3'I_2'I_1'I_0'+I_9'I_8'I_7I_6'I_5'I_4'I_3'I_2'I_1'I_0'\\Y_0=I_9'I_8'I_7'I_6'I_5'I_4'I_3'I_2'I_1I_0'+I_9'I_8'I_7'I_6'I_5'I_4'I_3I_2'I_1'I_0'+I_9'I_8'I_7'I_6'I_5I_4'I_3'I_2'I_1'I_0'+I_9'I_8'I_7I_6'I_5'I_4'I_3'I_2'I_1'I_0'+\\\quad I_9I_8'I_7'I_6'I_5'I_4'I_3'I_2'I_1'I_0'\end{cases}$$

表 4.4.3　8421BCD 普通编码器的真值表

I_9	I_8	I_7	I_6	I_5	I_4	I_3	I_2	I_1	I_0	Y_3	Y_2	Y_1	Y_0
0	0	0	0	0	0	0	0	0	**1**	0	0	0	0
0	0	0	0	0	0	0	0	**1**	0	0	0	0	1
0	0	0	0	0	0	0	**1**	0	0	0	0	1	0
0	0	0	0	0	0	**1**	0	0	0	0	0	1	1
0	0	0	0	0	**1**	0	0	0	0	0	1	0	0
0	0	0	0	**1**	0	0	0	0	0	0	1	0	1
0	0	0	**1**	0	0	0	0	0	0	0	1	1	0
0	0	**1**	0	0	0	0	0	0	0	0	1	1	1
0	**1**	0	0	0	0	0	0	0	0	1	0	0	0
1	0	0	0	0	0	0	0	0	0	1	0	0	1

利用约束条件 $I_iI_j=0$　($i\neq j$　i，$j=0$，1，…，9）和公式 $A+A'B=A+B$ 对上面的表达式进行化简，可以得到

$$Y_3=I_9+I_8 \qquad Y_2=I_7+I_6+I_5+I_4$$

$$Y_1=I_7+I_6+I_3+I_2 \qquad Y_0=I_9+I_7+I_5+I_3+I_1$$

图 4.4.7 是用“与非”门实现的逻辑图。

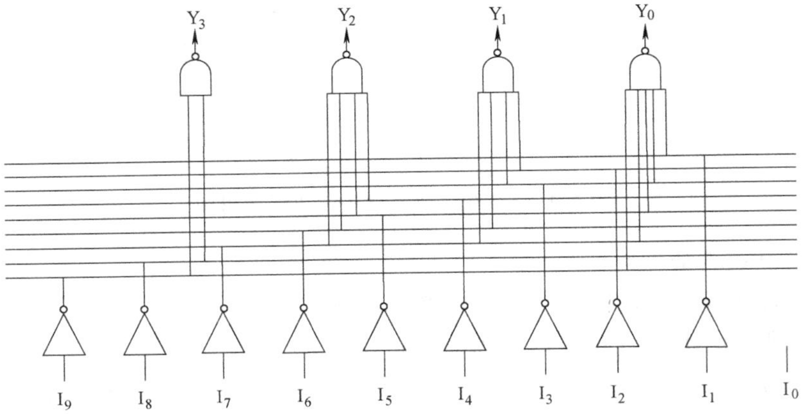

图 4.4.7　8421BCD 普通编码器的逻辑图

(4) 10 线-4 线优先编码器

在 10 线-4 线普通编码器的基础上，用 4 位 8421BCD 码对 0~9 十个允许同时出现的十进制数按一定优先顺序进行编码，当有 1 个以上信号同时出现时，只对其中优先级别最高的 1 个进行编码，这样的电路称为 10 线-4 线优先编码器，又称为 8421BCD 优先编码器。8421BCD 优先编码器的框图如图 4.4.8 所示，表 4.4.4 是它的真值表。在真值表中，给 I_0~I_9定义 I_9的优先级最高，I_8次之，依次顺序类推，I_0的优先级最低。真值表中的“×”表示该输入信号为约束项，对电路的输出不产生影响。

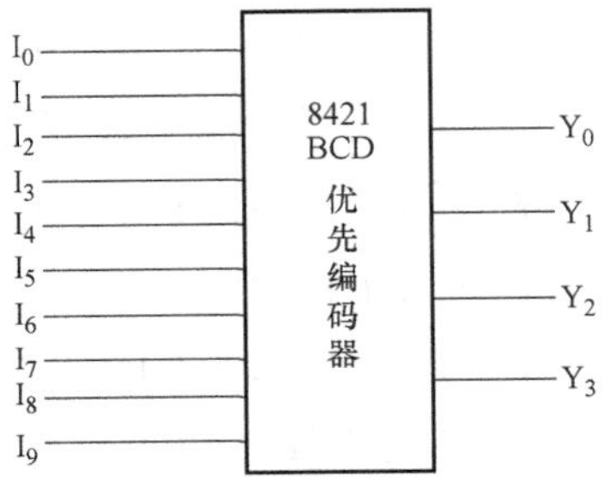

图 4.4.8　8421BCD 优先编码器框图

表 4.4.4 8421BCD 优先编码器真值表

I_9	I_8	I_7	I_6	I_5	I_4	I_3	I_2	I_1	I_0	Y_3	Y_2	Y_1	Y_0
0	0	0	0	0	0	0	0	0	**1**	0	0	0	0
0	0	0	0	0	0	0	0	**1**	×	0	0	0	1
0	0	0	0	0	0	0	**1**	×	×	0	0	1	0
0	0	0	0	0	0	**1**	×	×	×	0	0	1	1
0	0	0	0	0	**1**	×	×	×	×	0	1	0	0
0	0	0	0	**1**	×	×	×	×	×	0	1	0	1
0	0	0	**1**	×	×	×	×	×	×	0	1	1	0
0	0	**1**	×	×	×	×	×	×	×	0	1	1	1
0	**1**	×	×	×	×	×	×	×	×	1	0	0	0
1	×	×	×	×	×	×	×	×	×	1	0	0	1

由表 4.4.4 的真值表可以写出如下逻辑表达式：

$$\begin{cases} Y_3 = I_9'I_8 + I_9 \\ Y_2 = I_9'I_8'I_7'I_6'I_5'I_4 + I_9'I_8'I_7'I_6'I_5 + I_9'I_8'I_7'I_6 + I_9'I_8'I_7 \\ Y_1 = I_9'I_8'I_7'I_6'I_5'I_4'I_3'I_2 + I_9'I_8'I_7'I_6'I_5'I_4'I_3 + I_9'I_8'I_7'I_6 + I_9'I_8'I_7 \\ Y_0 = I_9'I_8'I_7'I_6'I_5'I_4'I_3'I_2'I_1 + I_9'I_8'I_7'I_6'I_5'I_4'I_3 + I_9'I_8'I_7'I_6'I_5 + I_9'I_8'I_7 + I_9 \end{cases}$$

用公式 $A+A'B=A+B$ 对表达式进行化简，可以得到

$$\begin{cases} Y_3 = I_9 + I_8 \\ Y_2 = I_9'I_8'I_4 + I_9'I_8'I_5 + I_9'I_8'I_6 + I_9'I_8'I_7 \\ Y_1 = I_9'I_8'I_5'I_4'I_2 + I_9'I_8'I_5'I_4'I_3 + I_9'I_8'I_6 + I_9'I_8'I_7 \\ Y_0 = I_8'I_6'I_4'I_2'I_1 + I_8'I_6'I_4'I_3 + I_8'I_6'I_5 + I_8'I_7 + I_9 \end{cases}$$

同学们可以根据优先编码器的函数表达式，参照以上编码器，自行完成 10 线-4 线优先编码器的电路图。在实际的工程设计中，大多采样专用的编码器芯片来实现编码的逻辑功能。

（5）74147 和 74148 编码器芯片功能分析

1）74147 和 74148 芯片的顶视图。

图 4.4.9 为芯片 74147 和 74148 的顶视图，包括直插式和贴片式结构，图中 NC（No internal Connection）为无定义的空脚，V_{CC} 为电源端口，GND 为地端口，其他为输入和输出端口。

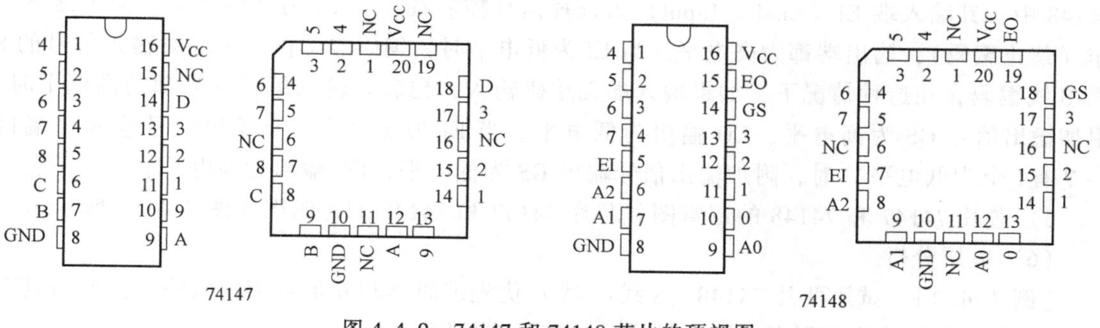

图 4.4.9 74147 和 74148 芯片的顶视图

2）74147 和 74148 芯片的逻辑功能表。芯片 74147 和 74148 的逻辑功能表见表 4.4.5 和表 4.4.6。

表 4.4.5　74147 芯片的逻辑功能表

输入									输出			
1	2	3	4	5	6	7	8	9	D	C	B	A
H	H	H	H	H	H	H	H	H	H	H	H	H
×	×	×	×	×	×	×	×	L	L	H	H	L
×	×	×	×	×	×	×	L	H	L	H	H	H
×	×	×	×	×	×	L	H	H	H	L	L	L
×	×	×	×	×	L	H	H	H	H	L	L	H
×	×	×	×	L	H	H	H	H	H	L	H	L
×	×	×	L	H	H	H	H	H	H	L	H	H
×	×	L	H	H	H	H	H	H	H	H	L	L
×	L	H	H	H	H	H	H	H	H	H	L	H
L	H	H	H	H	H	H	H	H	H	H	H	L

表 4.4.6　74148 芯片的逻辑功能表

输入									输出				
EI	0	1	2	3	4	5	6	7	A_2	A_1	A_0	GS	EO
H	×	×	×	×	×	×	×	×	H	H	H	H	H
L	H	H	H	H	H	H	H	H	H	H	H	H	L
L	×	×	×	×	×	×	×	L	L	L	L	L	H
L	×	×	×	×	×	×	L	H	L	L	H	L	H
L	×	×	×	×	×	L	H	H	L	H	L	L	H
L	×	×	×	×	L	H	H	H	L	H	H	L	H
L	×	×	×	L	H	H	H	H	H	L	L	L	H
L	×	×	L	H	H	H	H	H	H	L	H	L	H
L	×	L	H	H	H	H	H	H	H	H	L	L	H
L	L	H	H	H	H	H	H	H	H	H	H	L	H

在功能表中，H（High logic level）表示高电平，L（Low logic level）表示低电平，×定义为无关项（Irrelevant）。

结合前面学习的编码器的原理和 74147 和 74148 的功能表，可以分析出，74147 实现的是 10 线-4 线优先编码器的逻辑功能。74148 实现的是 8 线-3 线优先编码器的功能，在 74148 中，其输入端 EI（Enable Input）为选择信号控制端，当 EI 为高电平时，编码器不工作（禁止编码），输出端都为高电平。当 EI 为低电平时，编码器工作，实现对输入信号的 8 线-3 线编码，在这种情况下，如果输入端无编码输入，也就是输入编码信号都为高电平时，附加输出信号 GS 为高电平，EO 输出为低电平。当 EI 为低电平，有编码信号输入（端口 0~7 有1 个为低电平）时，附加输出信号输出 GS 为低电平，EO 输出为高电平。

3）芯片 74147 和 74148 的逻辑图。芯片 74147 和 74148 的逻辑图如图 4.4.10 所示。

（6）应用分析

[例 4.4.1]　试用两片 74148（8 线-3 线）优先编码器和其他常用门电路，扩展为具有 16 线-4 线功能的优先编码器。画出扩展后的芯片连接图。

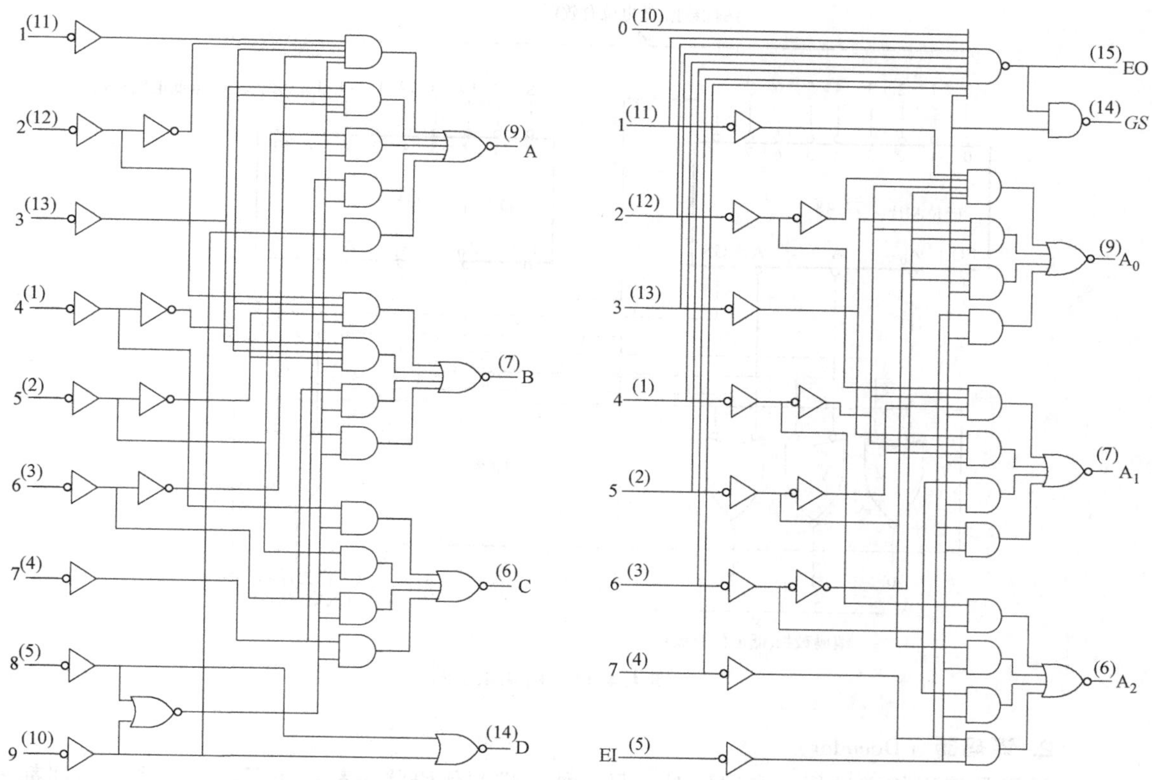

图 4.4.10　芯片 74147 和 74148 的逻辑图

解：为了将 16 个低电平信号编成 16 个对应的二进制代码，定义高位芯片的 7 的优先权最高，低位芯片的 0 优先权最低，则只需要将两个 74148 串联起来，高位（右边）芯片的 EI=0，高位芯片输出控制端信号 EO 连接到低位芯片选端（左边芯片）*EI*，如图 4.4.11 所示。可实现输入信号的优先排队，则输出的编码需要用 4 位，以高低位芯片的 0~7 表示 16 个编码输入信号（对应于图 4.4.11 的 0、1、2、3、…、15 输入端），以 $D_3D_2D_1D_0$ 表示输出编码（对于图 4.4.11 的 74LS08 输出端 3、2、1、0），由于每一片 74148 输出编码只有 3 位，所以另外 1 位借助附加输出信号 *GS* 来产生。

当高位芯片有编码信号输入时，其 GS=0、EO=1，低位芯片 EI=1，这时高位芯片译码，低位芯片禁止译码，这时低位芯片所有输出端输出高电平。图中 7408 是二输入端“与”门，这时高位芯片译码输出端 $D_3=GS$、$D_2=A2$、$D_1=A1$、$D_0=A0$。译码状态标志位（priority flag）输出为 0。

当高片没有编码信号输入时，高片位 GS=1，EO=0，因此，低片位的 EI=0，低片位芯片处于编码状态。当低片位没有编码输入时，GS=1，译码状态标志位（priority flag）=1，表示 16 线-4 线编码器没有编码信号输入。但低位芯片有编码信号输入时，低位芯片 GS=0，译码状态标志位（priority flag）=0。低位芯片开始编码。

进一步思考：如果题目改为扩展为 32 线-5 线译码器，如何进行分析与设计？

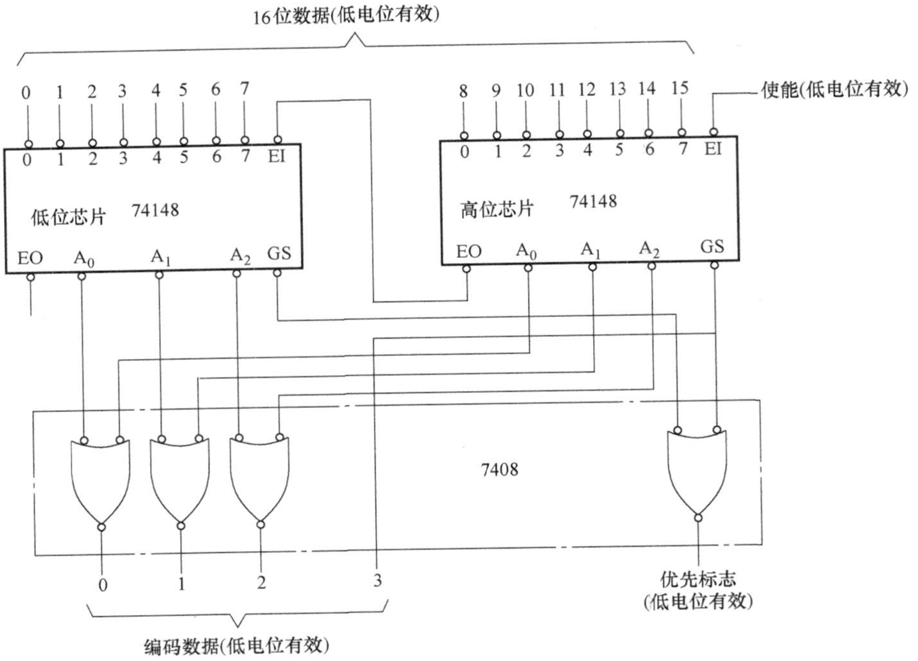

图 4.4.11 例 4.4.1 图

2. 译码器 (Decoder)

译码是编码的逆过程，在编码时，每一种二进制代码状态都赋予了特定的含义，即都表示了一个确定的信号和对象。将表示特定意义信息的二进制代码翻译出来的过程称为译码，实现译码操作的电路称为译码器。在电子产品中译码器的使用场合比较广泛，例如数字仪表中的各种显示译码器，计算机中的地址译码器、指令译码器、各种代码转换的译码器等。下面将分别介绍二进制译码器、二—十进制译码器和显示译码器，它们是数字电路中三种最典型、使用十分广泛的译码电路。

(1) 二进制译码器

译码器可以分为两种，其中一种叫作地址译码器，就是将每一个地址代码转换成一个有效信号，从而选中对应的单元。另一种则是将一种代码转换成另一种代码，所以也称为代码变换器。下面介绍几种常见的二进制地址译码器。

1) 2 线-4 线译码器。

2 线-4 线译码器有两个输入端、4 个输出信号，其逻辑图如图 4.4.12 所示，其值表见表 4.4.7。常见芯片 74LS139 是一种 2 线-4 线译码器。通过设置使能端，当 $G'=1$ 时，无论输入为何种状态，输出都为“1”，译码器属于非工作状态；而当 $G'=0$ 时，则译码器正常工作，其逻辑表达式如下：

$$Y_0'=(GI_1'I_0')'$$

$$Y_1'=(GI_1'I_0)'$$

$$Y_2'=(GI_1I_0')'$$

$$Y_3'=(GI_1I_0)'$$

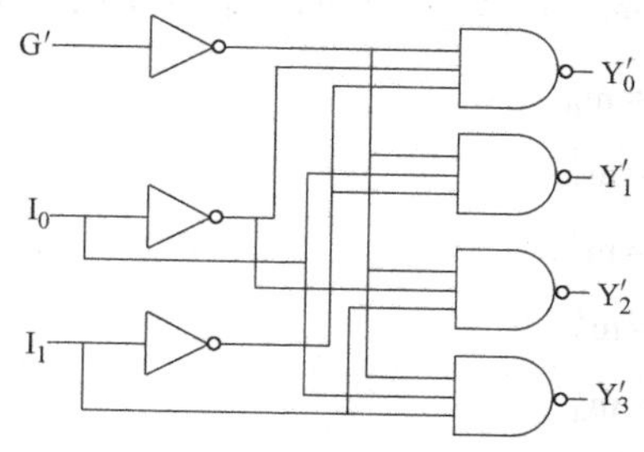

图 4.4.12　2 线-4 线译码器逻辑图

表 4.4.7　2 线-4 线译码器真值表

输入			输出			
G'	I_0	I_1	Y'_0	Y'_1	Y'_2	Y'_3
1	×	×	1	1	1	1
0	0	0	0	1	1	1
0	0	1	1	0	1	1
0	1	0	1	1	0	1
0	1	1	1	1	1	0

2）3 线-8 线译码器。

常用的集成二进制译码器通常分为 CMOS 型和 TTL 型，例如 74HC138（CMOS 型），74LS138（TTL 型），两者在逻辑功能上没有区别，只是性能参数不一样。一般来说 TTL 工作电压范围为正负 5V 左右，CMOS 为 3~18V。下面介绍 TTL 型 74LS138 译码器。

74LS138 是 3 线-8 线译码器，其逻辑功能如表 4.4.8 所示，逻辑电路与逻辑符号如图 4.4.13 所示。

表 4.4.8　3 线-8 线译码器真值表

输入					输出							
S_1	$S'_2+S'_3$	A_2	A_1	A_0	Y'_0	Y'_1	Y'_2	Y'_3	Y'_4	Y'_5	Y'_6	Y'_7
0	×	×	×	×	1	1	1	1	1	1	1	1
×	1	×	×	×	1	1	1	1	1	1	1	1
1	0	0	0	0	0	1	1	1	1	1	1	1
1	0	0	0	1	1	0	1	1	1	1	1	1
1	0	0	1	0	1	1	0	1	1	1	1	1
1	0	0	1	1	1	1	1	0	1	1	1	1
1	0	1	0	0	1	1	1	1	0	1	1	1
1	0	1	0	1	1	1	1	1	1	0	1	1
1	0	1	1	0	1	1	1	1	1	1	0	1
1	0	1	1	1	1	1	1	1	1	1	1	0

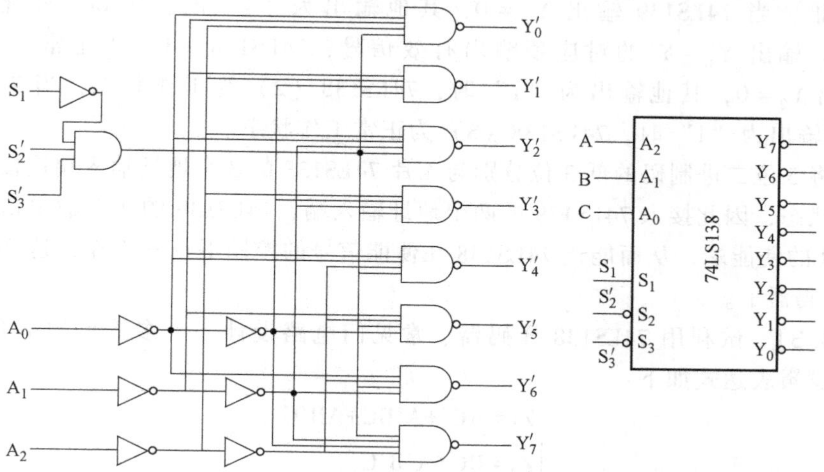

a)　　　　　　　　b)

图 4.4.13　74LS138 的逻辑电路及其逻辑符号图

a）逻辑电路　b）逻辑符号

其逻辑输出函数表达式 $Y'=(A_2A_1A_0)'(S)$，其中 $m_0' \sim m_7'$是最小项，当 $S=1$ 时，有

$$Y_0'=(A_2'A_1'A_0')'=m_0'$$
$$Y_1'=(A_2'A_1'A_0)'=m_1'$$
$$Y_2'=(A_2'A_1A_0')'=m_2'$$
$$Y_3'=(A_2'A_1A_0)'=m_3'$$
$$Y_4'=(A_2A_1'A_0')'=m_4'$$
$$Y_5'=(A_2A_1'A_0)'=m_5'$$
$$Y_6'=(A_2A_1A_0')'=m_6'$$
$$Y_7'=(A_2A_1A_0)'=m_7'$$

通过功能表，可以看出该译码器有 3 个二进制输入 A_2、A_1、A_0。它们共有 8 种状态组合，输出为 $Y_0' \sim Y_7'$，同时该译码器还有 3 个附加的“片选”输入控制端，由功能表可知，当 $S_1=1$、$S_2'+S_3'=0$ 时，$S=1$，译码器处于工作状态，否则译码器被禁止，所有输出端处于高电平，这 3 个控制端有时可以用来扩展 74LS138 的功能。

[例 4.4.2] 试用 4 片 3 线-8 线译码器 74LS138 和一片 2 线-4 线译码器 74LS139 组成 5 线-32 线译码器，将输入的 5 位二进制代码转换成 32 个独立的低电平信号。

解：题目中给出了 4 片 3 线-8 线译码器 74LS138，由于每片 3 线-8 线译码器 74LS138 可以实现 3 线-8 线译码，所以 4×8=32，可以完成译码输出，关键是如何将 3 线输入端扩展到 5 线，正好题目给出了一片 2 线-4 线译码器 74LS139，可以用其中的 2 线与 74LS138 的 3 线组成 5 线，通过 2 线-4 线译码器 4 个译码输出去控制 74LS138 的附件功能控制端 S，实现 5 线-32 线译码。根据这个思路，设计的扩展电路如图 4.4.14 所示。

当 74LS139 输出 $Y_0=0$，其他输出为“1”时，74LS138（0）芯片进行译码，而从 000 变化到 111 时，74LS138（0）输出 $Y_0' \sim Y_7'$中的对应项译码输出为“0”，其余输出全为“1”。因此 4 片 74LS138 中，其余 3 片此时为禁止工作状态，对应输出全为 1。

以此类推，当 74LS139 输出 $Y_1=0$，其他输出为“1”时，从 000 变化到 111 时，74LS138（1）输出 $Y_0' \sim Y_7'$的对应项输出有效信号，74LS138（1）为正常工作状态。当 74LS139 输出 $Y_2=0$，其他输出为“1”时，74LS138（2）为工作状态，当 74LS139 输出 $Y_3=0$，其他输出为“1”时，74LS138（3）为正常工作状态。

因此，将 5 位二进制码的低 3 位分别与 4 片 74LS138 的 3 个地址输入端连接起来。高位有 4 种组合状态，因此接入 74LS139 的两个地址输入端，74LS139 的 4 个输出信号分别接入 4 片 74LS138 的使能端，从而能让 74LS138 在使能信号的控制下正常工作，这样就可以得到 5 线-32 线译码器了。

[例 4.4.3] 试利用 74LS138 译码器、常见门电路设计一个多输出的组合逻辑电路，要求实现的逻辑表达式如下：

$$\begin{cases} Z_1=AC'+A'BC+AB'C \\ Z_2=BC+A'B'C \\ Z_3=A'B+AB'C \\ Z_4=A'BC'+B'C'+ABC \end{cases}$$

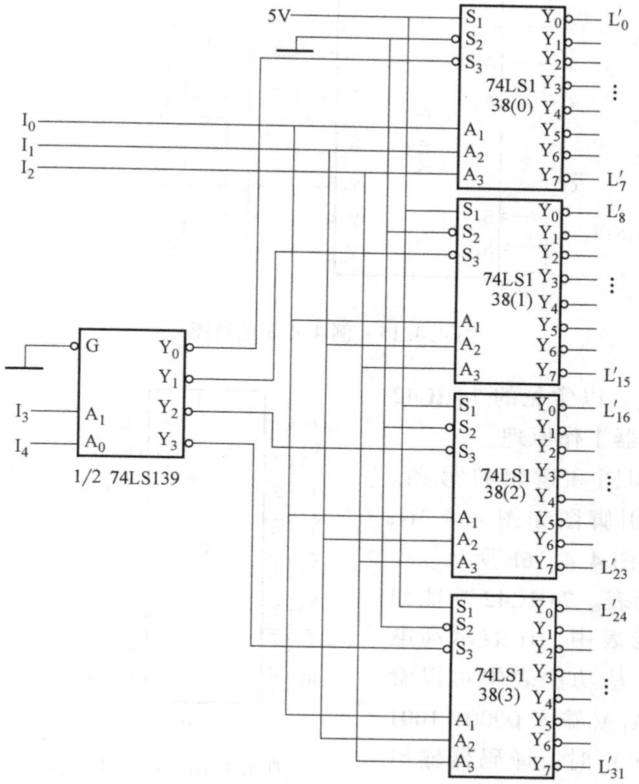

图 4.4.14　例 4.4.2 的逻辑电路图

解：由于 74LS138 译码输出端，都是以最小项“非”形式输出，在本书第 2 章分析过，任何逻辑函数都可以展开为最小项“或”的形式。本题的解题方法先是把给定的逻辑函数化为最小项之和的形式：

$$\begin{cases}Z_1 = ABC'+AB'C'+A'BC+AB'C\\ Z_2 = ABC+A'B'C+A'BC\\ Z_3 = A'BC+A'BC'+AB'C\\ Z_4 = A'BC'+AB'C'+A'B'C'+ABC\end{cases}$$

将上式转换成最小项的形式表示出来

$$\begin{cases}Z_1 = (m_3'm_4'm_5'm_6')'\\ Z_2 = (m_1'm_3'm_7')'\\ Z_3 = (m_2'm_3'm_5')'\\ Z_4 = (m_0'm_2'm_4'm_7')'\end{cases}$$

上式表明只要在 74LS138 的输出端附加 4 个“与非”门，就可以得到题目要求的逻辑功能了，实现的逻辑电路如图 4.4.15 所示。

（2）二—十进制译码器

将输入 BCD 码的 10 个代码译成 10 个高、低电平的输出信号，BCD 码以外的码，输出

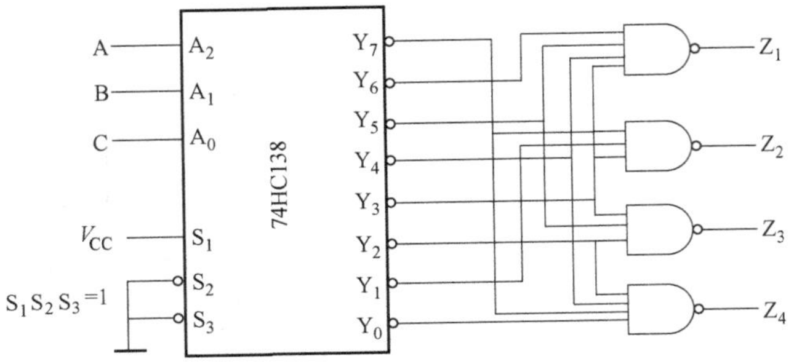

图 4.4.15　例 4.4.3 逻辑图

均无低电平信号产生。以常见的 74HC42 分析二—十进制译码器工作原理。

1）74HC42 引脚图和逻辑符号图。如图 4.4.16 所示，引脚图如图 4.4.16a 所示，逻辑符号图如图 4.4.16b 所示。

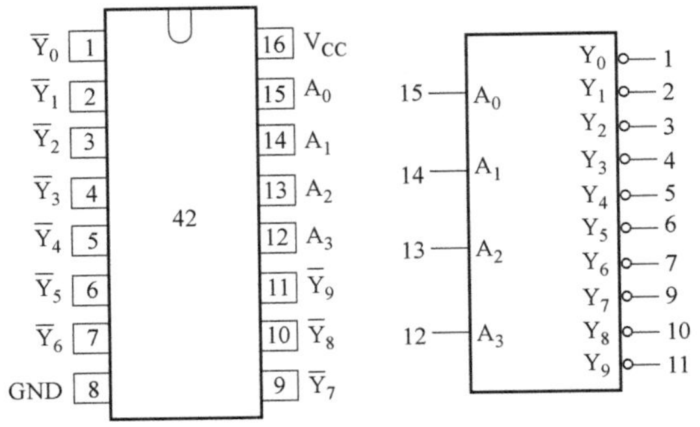

a)　　b)

图 4.4.16　74HC42 引脚图和逻辑符号图

2）74HC42 功能表。74HC42 功能如表 4.4.9 所示。功能表中，H 表示高电平，L 表示低电平。从功能表中可以看出，当输入端 $A_3A_2A_1A_0$ 输入 0000～1001（对应十进制数 0～9）时，译码器输出 Y'_0～Y'_9 中的对应项输出低电平，多余的逻辑输入状态 1010～1111（对应十进制数 10～15）没有译码信号输出，这时 Y_0～Y_9 输出呈现高电平。

表 4.4.9　74HC42 逻辑功能表

输入				输出									
A_3	A_2	A_1	A_0	Y'_0	Y'_1	Y'_2	Y'_3	Y'_4	Y'_5	Y'_6	Y'_7	Y'_8	Y'_9
L	L	L	L	L	H	H	H	H	H	H	H	H	H
L	L	L	H	H	L	H	H	H	H	H	H	H	H
L	L	H	L	H	H	L	H	H	H	H	H	H	H
L	L	H	H	H	H	H	L	H	H	H	H	H	H
L	H	L	L	H	H	H	H	L	H	H	H	H	H
L	H	L	H	H	H	H	H	H	L	H	H	H	H
L	H	H	L	H	H	H	H	H	H	L	H	H	H
L	H	H	H	H	H	H	H	H	H	H	L	H	H
H	L	L	L	H	H	H	H	H	H	H	H	L	H
H	L	L	H	H	H	H	H	H	H	H	H	H	L
H	L	H	L	H	H	H	H	H	H	H	H	H	H
H	L	H	H	H	H	H	H	H	H	H	H	H	H
H	H	L	L	H	H	H	H	H	H	H	H	H	H
H	H	L	H	H	H	H	H	H	H	H	H	H	H
H	H	H	L	H	H	H	H	H	H	H	H	H	H
H	H	H	H	H	H	H	H	H	H	H	H	H	H

3）74HC42 逻辑电路。74HC42 逻辑电路如图 4.4.17 所示。

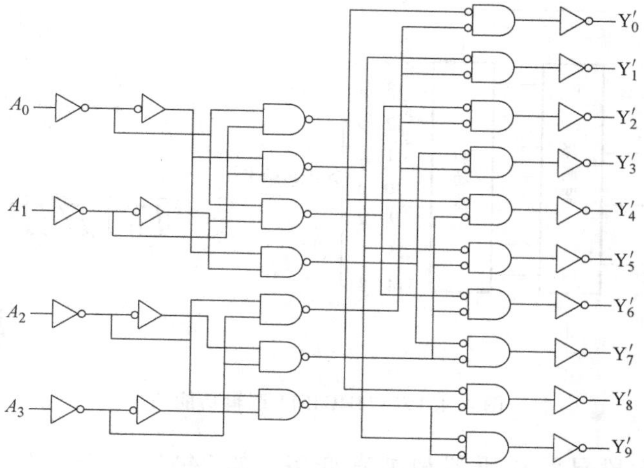

图 4.4.17　74HC42 逻辑电路

（3）显示译码器

在数字测量、显示仪表、各种数字系统中，有时需要将数字量直观地显示出来，一方面供人们直接读取测量和运算的结果；另一方面用于监视数字系统的工作情况。因此，数字显示电路在许多数字设备中起着比较重要的作用。数字显示电路通常由译码器、驱动器和显示器等部分组成。常见的七段字符显示器有半导体数码管和液晶显示器两种。半导体数码管的每个线段都是一个发光二极管，因此也把它们叫作 LED 七段显示器，下面主要介绍发光二极管所构成的七段显示器，其外部和内部结构如图 4.4.18 所示。

发光二极管构成的七段显示器主要有两种结构形式，分别是共阴极和共阳极，在图 4.4.18b 共阴极电路中，7 个发光二极管的阴极连在一起接低电平，需要某一段发光，将相应二极管的阳极接高电平。共阳极则正好相反，在某些数码管中还在右下角处增加了一个小数点（图 4.4.18a），形成了八段数码管。半导体数码管不仅具有工作电压低、体积小、寿命长、可靠性高等优点，而且响应时间短，亮度也比较高。但是工作时工作电流比较大，每一段的工作电流在 10mA 左右，功耗随之上升，同时在应用过程中，需要在发光二极管上串联电阻进行限流，保护发光二极管。图 4.4.19 为 74HC4511 逻辑功能图。

为了使数码管能显示十进制数，必须将十进制数的代码经译码器译出，然后经驱动器点

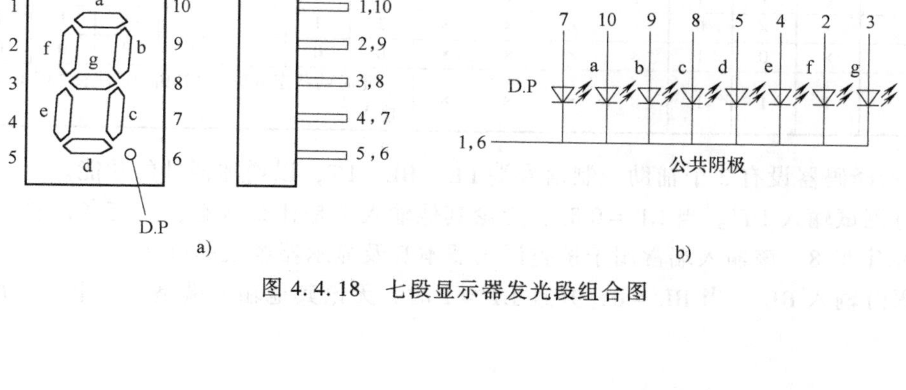

图 4.4.18　七段显示器发光段组合图

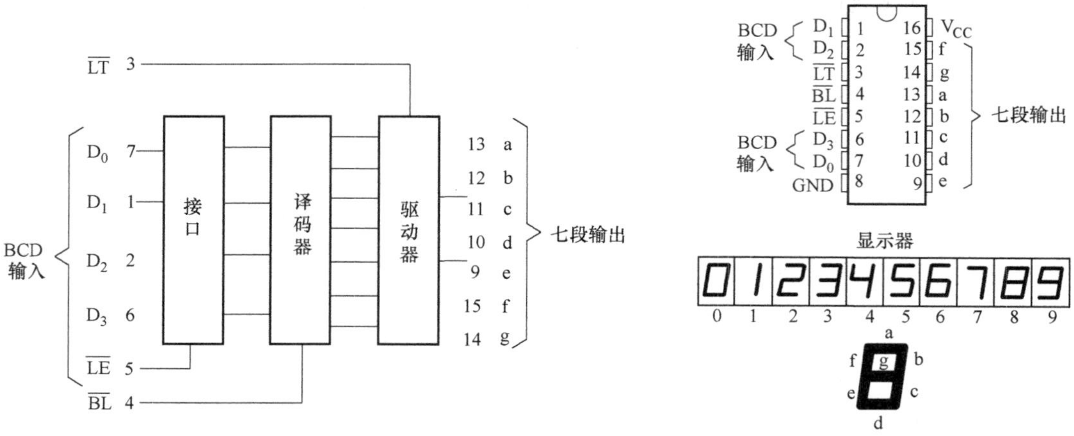

图 4.4.19　74HC4511 逻辑功能图

亮对应的发光段。七段显示译码器种类有许多，如 7447、7448、74HC4511 等，下面以 74HC4511 为例分析常用的 COMS 七段显示译码器的工作原理。

74HC4511 七段显示译码器的功能如表 4.4.10 所示，当输入 8421BCD 码时，输出高电平有效，用以驱动共阴极显示器。当输入为 1010~1111 六个状态时，输出全为低电平，显示器无显示。图 4.4.20 给出了 74HC4511 的逻辑符号。

表 4.4.10　74HC4511 七段显示译码器功能表

十进制数或功能	输入							输出							字形
	LE	BL′	LT′	D_3	D_2	D_1	D_0	a	b	c	d	e	f	g	
0	0	1	1	0	0	0	0	1	1	1	1	1	1	0	0
1	0	1	1	0	0	0	1	0	1	1	0	0	0	0	1
2	0	1	1	0	0	1	0	1	1	0	1	1	0	1	2
3	0	1	1	0	0	1	1	1	1	1	1	0	0	1	3
4	0	1	1	0	1	0	0	0	1	1	0	0	1	1	4
5	0	1	1	0	1	0	1	1	0	1	1	0	1	1	5
6	0	1	1	0	1	1	0	0	0	1	1	1	1	1	6
7	0	1	1	0	1	1	1	1	1	1	0	0	0	0	7
8	0	1	1	1	0	0	0	1	1	1	1	1	1	1	8
9	0	1	1	1	0	0	1	1	1	1	1	0	1	1	9
10	0	1	1	1	0	1	0	0	0	0	0	0	0	0	熄灭
11	0	1	1	1	0	1	1	0	0	0	0	0	0	0	熄灭
12	0	1	1	1	1	0	0	0	0	0	0	0	0	0	熄灭
13	0	1	1	1	1	0	1	0	0	0	0	0	0	0	熄灭
14	0	1	1	1	1	1	0	0	0	0	0	0	0	0	熄灭
15	0	1	1	1	1	1	1	0	0	0	0	0	0	0	熄灭
灯测试	×	×	0	×	×	×	×	1	1	1	1	1	1	1	8
灭　灯	×	0	1	×	×	×	×	0	0	0	0	0	0	0	熄灭
锁　存	1	1	1	×	×	×	×	此时的状态取决于 LE 由“0”跳变“1”时 BCD 码的输入							

该显示译码器设有 3 个辅助控制信号端 LE、BL、LT，以增加器件的功能。

1）灯测试输入 LT′。当 LT′=0 时，无论其他输入端是什么状态，所有各段输出 a~g 均为 1，显示字形 8。该输入端常用于检查译码器本身及显示器各段的好坏。

2）灭灯输入 BL′。当 BL′=0，并且 LT′=1 时，无论其他输入端是什么电平，所有各段输出 a~g 均为 0，所以字形熄灭。该输入端用于将不必要显示的“零”熄灭，使显示结果更加清楚。

3）锁存使能输入 LE。在 BL′=LT′=1 的条件下，当 LE=0 时，锁存器不工作，译码器的输出随输入码的变化而变化；当 LE=0 跳变为“1”时，输入码被锁存，输出只取决于锁存器的内容，不再随输入的变化而变化。

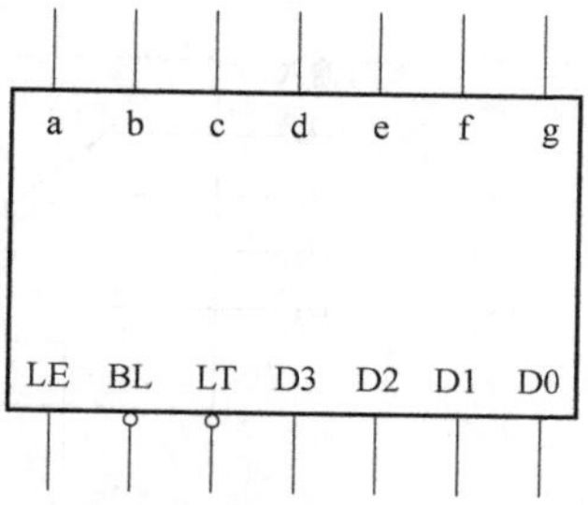

图 4.4.20　74HC4511 逻辑符号

[例 4.4.4]　由 74HC4511 构成的 24 小时及分钟的译码电路，如图 4.4.21 所示，试分析“小时”高位是否具有零熄灭功能。

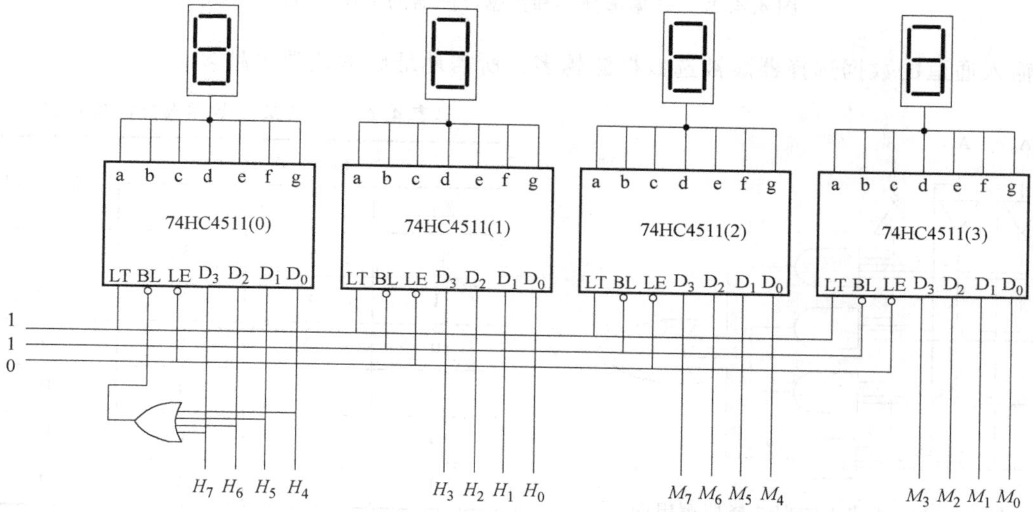

图 4.4.21　例 4.4.4 译码器显示电路

解： 根据 74HC4511 功能表所示，译码器正常译码时，LE 为低电平，BL′和 LT′均为高电平。

如果输入的 8421BCD 码为 0000 时，显示器不显示，要求 LE 为低电平，LT′仍为高电平，而 LE 可以是任意值。“小时”高位的 BCD 码经“或”门连接到 BL′信号端，当输入为 0000 时，“或”门的输出为“0”，使 BL′为“0”，高位“零”被熄灭。

4.4.2　数据选择器、数据分配器

根据地址码的要求，从多路输入信号中选择其中一路输出的电路，即实现数据选择功能的逻辑电路称为数据选择器。其工作示意图如图 4.4.22a 所示，数据选择器的输入信号个数 N 与地址码个数 n 的关系为 $N=2^n$。数据分配器是根据地址码的要求，将一路数据分配到指定输出通道上去的电路，其结构示意图如图 4.4.22b 所示。

下面以 4 选 1 数据选择器为例，说明工作原理及基本功能。其逻辑图如图 4.4.23 所示，功能如表 4.4.11 所示。

图中 S′为附件控制端信号，用于控制电路工作状态和扩展功能，当 S′=1 时，所有“与”门被截止，输出 Y 总为 0，当 S′=0 时，封锁解除，电路正常工作。同理，可以构造

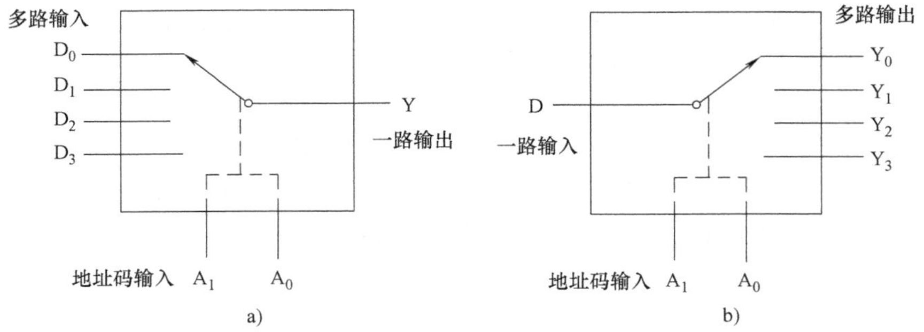

图 4.4.22 数据选择器和数据分配器的工作示意图

更多输入通道的数据选择器。被选数据源越多，所需地址码的位数也越多。

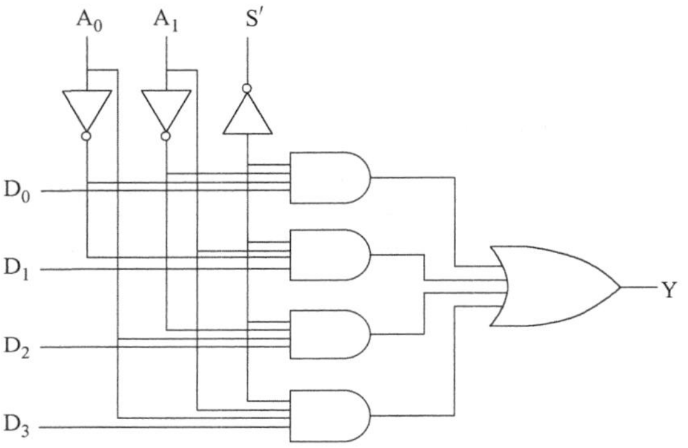

图 4.4.23 4 选 1 数据选择器逻辑图

表 4.4.11 4 选 1 数据选择器功能表

输入			输出
使能	地址		
S'	A_1	A_0	Y
1	×	×	0
0	0	0	D_0
0	0	1	D_1
0	1	0	D_2
0	1	1	D_3

下面介绍 74HC153 双 4 选 1 数据选择器。芯片的真值表如表 4.4.12 所示，它是由两个相同的 4 选 1 数据选择器组成。S'端作为附加控制端，当 $S'=0$ 时数据选择器正常工作，$S'=1$ 时数据选择器被封死，输出为低电平，通过控制 74HC153 的两个控制端来具体操作数据的选择，同时也可以通过将其作为扩展端来实现更多的数据选择。其逻辑图和逻辑符号如图 4.4.24 所示。

表 4.4.12 双 4 选 1 数据选择器 74HC153 真值表

输　入			输　出
使　能	地　址		
$S_0'(S_1')$	A_0	A_1	$Y_1(Y_2)$
1	×	×	×
0	0	0	$D_{10}(D_{20})$
0	0	1	$D_{11}(D_{21})$
0	1	0	$D_{12}(D_{22})$
0	1	1	$D_{13}(D_{23})$

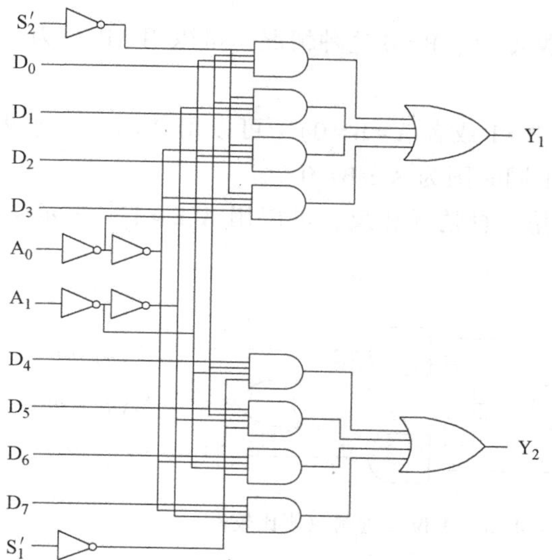

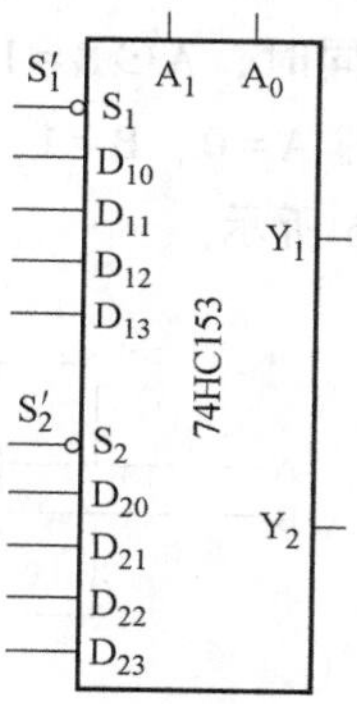

图 4.4.24　双 4 选 1 数据选择器 74HC153 逻辑图和逻辑符号

a）逻辑图　b）逻辑符号

［例 4.4.5］　使用双 4 选 1 数据选择器 74HC153 组成一个 8 选 1 的数据选择器

解：为了能选择 8 个数据中的一个，必须通过使用 3 位输入地址代码。因此选择使用控制端 S'来作为第三位地址输入端。

将输入的低位地址代码 A_1A_0 接到公共地址输入端。将高位输入地址代码 A_2 接到 S'_1端，而将 A'_1接到 S'_2端，同时将两个数据选择器的输出相"或"。8 选 1 数据选择器如图 4.4.25 所示。

当 $A_2=0$ 时，上面的数据选择器工作，输出 $D_0 \sim D_3$ 中的一个数据，并通过"或"门送到输出端 Y，当 $A_2=1$ 时则相反，下面的数据选择器工作，输出 $D_4 \sim D_7$ 中的一个数据。其逻辑关系表达式为

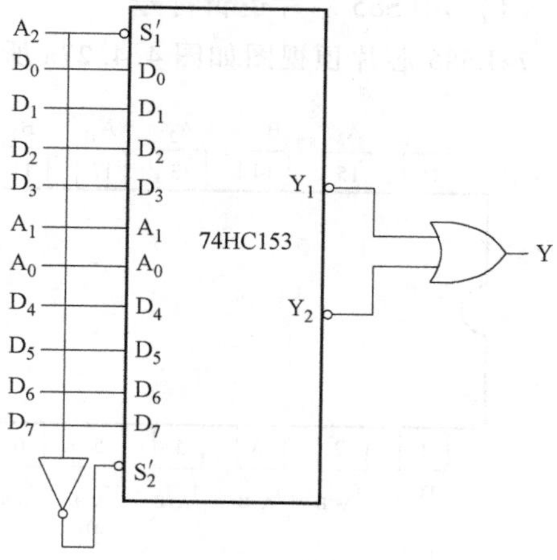

图 4.4.25　例 4.4.5 电路图

$$Y=(A'_2A'_1A'_0)D_0+(A'_2A'_1A_0)D_1+(A'_2A_1A'_0)D_2+(A'_2A_1A_0)D_3+(A_2A'_1A'_0)D_4+$$
$$(A_2A'_1A_0)D_5+(A_2A_1A'_0)D_6+(A_2A_1A_0)D_7$$

4.4.3　数值比较器

数值比较器，顾名思义就是用来比较数值大小，在数字系统中常常需要比较两个二进制数的大小，为完成这一逻辑功能的电路系统称为数值比较器。

1. 1 位数字比较器

讨论数值比较器时首先从最简单的 1 位二进制数的比较开始。1 位二进制数的比较分为

三种情况，即 A>B、A=B、A<B。

1）A>B。对应于 1 位二进制数 A=1、B=0 这种情况，可以用 AB′作为 A>B 这种情况的表示，这时候 AB′=1。

2）A=B。当 AB 相同时（A=B=1 或者 A=B=0），可以用“同或”来表示，即 A⊙B，这时候当 AB 相同时，A⊙B=1，不同时则为 A⊙B=0。

3）A<B。即 A=0、B=1，与第一种情况相反，可以用 A′B=1 来表示 A<B 的情况。逻辑图如图 4.4.26 所示。

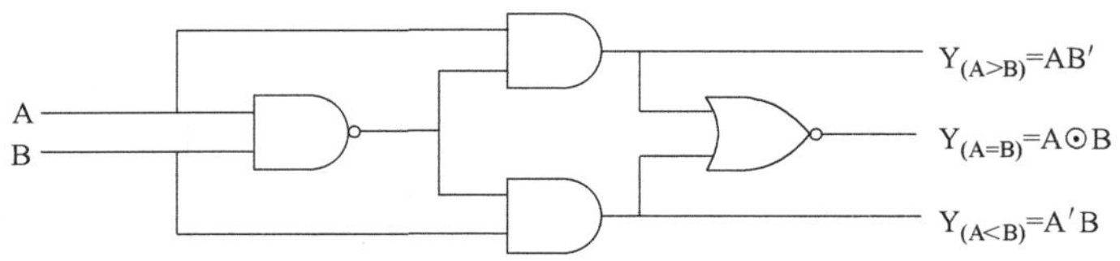

图 4.4.26　1 位二进制数值比较器

2. 多位数值比较器

在比较两个多位数的大小时，则必须由高到低逐位比较，而且只有在高位相等时才需要比较低位，接下来本书介绍常用的 4 位数值比较器芯片 74LS85。

（1）74LS85 芯片逻辑符号

74LS85 芯片顶视图如图 4.4.27a 所示，其逻辑符号如图 4.4.27b 所示。

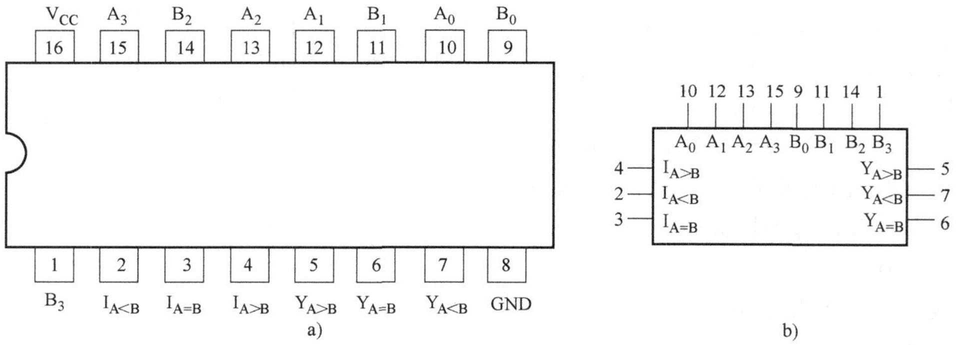

图 4.4.27　74LS85 芯片顶视图和芯片逻辑符号

（2）74LS85 芯片的真值表

分析 74LS85 的逻辑功能表（如表 4.4.13 所示），可以看出，从数值位 A、B 的高位开始 A_3、B_3比较，如果高位 A_3B_3的数值比较有了结果，比如 $A_3>B_3$，则输出 $Y_{A>B}=1$，其余输出端为低电平；如果 $A_3<B_3$，则数值比较器的输出 $Y_{A<B}=1$，其余输出端为低电平。只有高位 $A_3=B_3$，则比较下一位 A_2B_2，依次顺序进行比较。

如果比较的结果是 A=B，也就是当 $A_3=B_3$、$A_2=B_2$、$A_1=B_1$、$A_0=B_0$时，再比较级联输入端 $I_{A>B}$、$I_{A<B}$、$I_{A=B}$的逻辑状态，得到输出比较 $Y_{A>B}$、$Y_{A<B}$、$Y_{A=B}$的逻辑结果。有时也用 $O_{A>B}$、$O_{A<B}$、$O_{A=B}$表示，如图 4.4.28 所示。

（3）74LS85 芯片的逻辑图

表 4.4.13　74LS85 真值表

比较输入				级联输入			输出		
A_3,B_3	A_2,B_2	A_1,B_1	A_0,B_0	$I_{A>B}$	$I_{A<B}$	$I_{A=B}$	$Y_{A>B}$	$Y_{A<B}$	$Y_{A=B}$
$A_3>B_3$	×	×	×	×	×	×	H	L	L
$A_3<B_3$	×	×	×	×	×	×	L	H	L
$A_3=B_3$	$A_2>B_2$	×	×	×	×	×	H	L	L
$A_3=B_3$	$A_2<B_2$	×	×	×	×	×	L	H	L
$A_3=B_3$	$A_2=B_2$	$A_1>B_1$	×	×	×	×	H	L	L
$A_3=B_3$	$A_2=B_2$	$A_1<B_1$	×	×	×	×	L	H	L
$A_3=B_3$	$A_2=B_2$	$A_1=B_1$	$A_0>B_0$	×	×	×	H	L	L
$A_3=B_3$	$A_2=B_2$	$A_1=B_1$	$A_0<B_0$	×	×	×	L	H	L
$A_3=B_3$	$A_2=B_2$	$A_1=B_1$	$A_0=B_0$	H	L	L	H	L	L
$A_3=B_3$	$A_2=B_2$	$A_1=B_1$	$A_0=B_0$	L	H	L	L	H	L
$A_3=B_3$	$A_2=B_2$	$A_1=B_1$	$A_0=B_0$	×	×	H	L	L	H
$A_3=B_3$	$A_2=B_2$	$A_1=B_1$	$A_0=B_0$	H	H	L	L	L	L
$A_3=B_3$	$A_2=B_2$	$A_1=B_1$	$A_0=B_0$	L	L	L	H	H	L

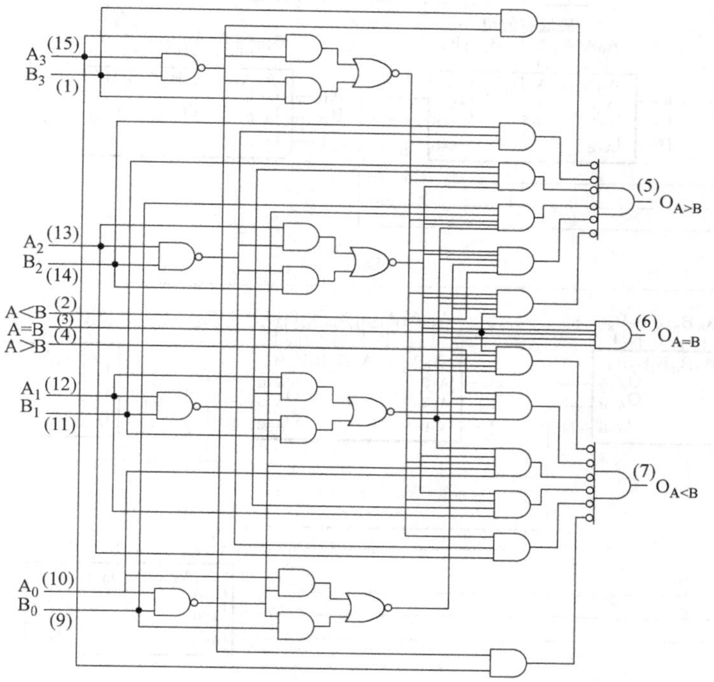

图 4.4.28　74LS85 芯片的逻辑电路图

[例 4.4.6]　试用两片 74LS85 组成一个 8 位数值比较器。

解：参考学习过的有关 74LS85 逻辑符号、真值表知识进行分析与设计，数值比较是从高位开始比较，因此，将两个数的高 4 位部分放在 74LS85（1）上进行比较，低 4 位部分放在 74LS85（0）上比较，通过把 74LS85 芯片（0）的输出接入 74LS85（1）的 3 个扩展端口，就可以进行 8 位数值比较了，由于 74LS85（0）用于低 4 位比较，没有来自更低位数比较的结果了，设置 $I_{A>B}=0$、$I_{A<B}=0$、$I_{A=B}=1$。逻辑电路如图 4.4.29 所示。

[例 4.4.7]　如图 4.4.30 所示是应用 6 片 74LS85 芯片（标号分别为：#1、#2、#3、#4、

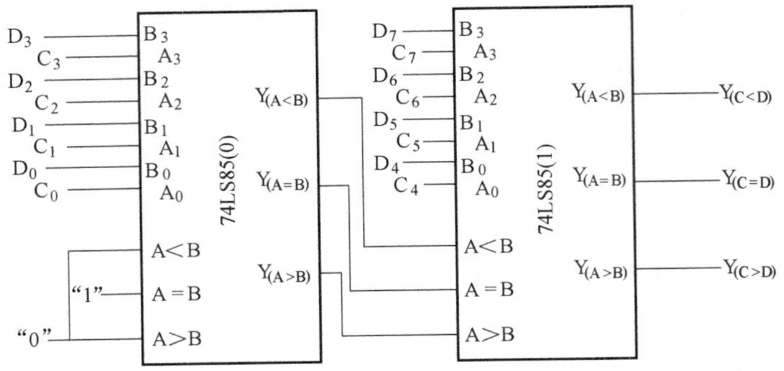

图 4.4.29　例 4.4.6 逻辑电路

#5、#6）设计的一个逻辑功能电路，结合所学的 74LS85 逻辑符号和功能描述等知识，分析该电路的逻辑功能。

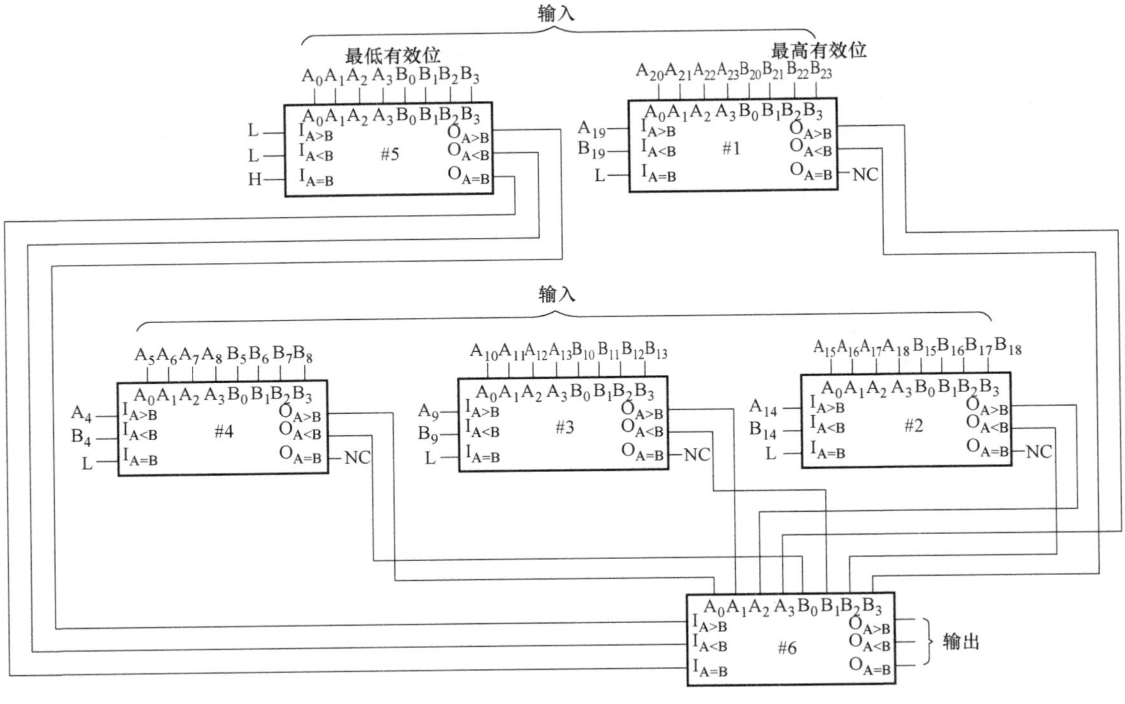

图 4.4.30　例 4.4.7 图

解：从图 4.4.30 中可以分析出，这种连接方式以并联方式为主，是一种应用并行扩展的方式进行二进制数值比较的方法，芯片#1、#2、#3、#4 分别对两个 5 位数值进行比较，4 片比较两个 4×5bit=20bit 数值；#5 为最低位，设计对两个 4 位数值进行比较，因此该电路可以并行为两个 20bit+4bit=24bit（two 24-bit）的二进制数进行比较，#6 芯片的数值输入端分别与#1、#2、#3、#4 的输出端 $O_{A>B}$、$O_{A<B}$连接，从高位开始依次进行数值比较。#6 芯片的级联输入端 $I_{A>B}$、$I_{A<B}$、$I_{A=B}$与#5 芯片输出端串联，当#1、#2、#3、#4 结果都相等的前提下，才能比较最低位（$A_3A_2A_1A_0$，$B_3B_2B_1B_0$）的最终结果。

1）#1 芯片比较两个 5bit 二进制数 $A_{19}A_{20}A_{21}A_{22}A_{23}$ 和 $B_{19}B_{20}B_{21}B_{22}B_{23}$。

2）#2 芯片比较两个 5bit 二进制数 $A_{18}A_{17}A_{16}A_{15}A_{14}$ 和 $B_{18}B_{17}B_{16}B_{15}B_{14}$。

3）#3 芯片比较两个 5bit 二进制数 $A_{13}A_{12}A_{11}A_{10}A_{9}$ 和 $B_{13}B_{12}B_{11}B_{10}B_{9}$。

4）#4 芯片比较两个 5bit 二进制数 $A_{8}A_{7}A_{6}A_{5}A_{4}$ 和 $B_{8}B_{7}B_{6}B_{5}B_{4}$。

5）#5 芯片比较两个 4bit 二进制数 $A_{3}A_{2}A_{1}A_{0}$ 和 $B_{3}B_{2}B_{1}B_{0}$。

因此，该电路的主要功能是比较两个 24 位的二进制数值 A 和 B 的大小，比较结果从#6 芯片的 $O_{A>B}$、$O_{A<B}$、$O_{A=B}$ 输出。当 $A>B$ 时，$O_{A>B}=1$，其余输出状态为 0；当 $A<B$ 时，$O_{A<B}=1$，其余输出状态为 0；当 $A=B$ 时，$O_{A=B}=1$，其余输出状态为 0。

与例题 4.4.6 中的串联扩展方式相比，电路比较速度得到提升，比较位数也增加了。

4.4.4 加法器

在数字电子系统中，加法器（adder）是一种用于执行加法运算的数字电路部件，是构成计算机核心微处理器的最重要算术逻辑单元。在这些电子系统中，加法器是一种计算机算术逻辑部件，存在于算术逻辑单元（ALU）中，用于执行逻辑操作、移位与指令调用等。除此之外，加法器也是其他一些硬件，例如二进制数乘法器的重要组成部分。

尽管可以为不同计数系统设计专门的加法器，但是由于数字电路通常以二进制为基础，因此二进制加法器在实际应用中最为普遍。在数字电路中，二进制数的减法可以通过加一个负数来间接完成。为了使负数的计算能够直接用加法器来完成，计算中的负数可以使用二补数（补码）来表示，本书在第 1 章已经分析了这个方法。

半加器和全加器的概念：加数和被加数为输入，和数与进位为输出的装置为半加器。若加数、被加数与低位的进位数为输入，而和数与进位为输出的装置则为全加器。主要的加法器是以二进制数进行运算的。

1. 加法器的基本单元电路

（1）半加器

1 位半加器（Half-Adder，HA）的功能是将两个 1 位二进制数相加（不考虑来自低位的进位数），因此，它具有两个输入和两个输出（分别是和 S、进位 C）。输出的进位信号代表了输入两个数相加溢出的高一位数值。列出二进制数半加器的真值表（如表 4.4.14 所示），通过真值表得到输出函数 S 和进位 C 的逻辑函数表达式 $S=A'B+AB'=A\oplus B$、$C=AB$。

根据逻辑函数表达式，得到 1 位半加器设计图（如图 4.4.31 所示）。它使用了一个“异或”门来产生和 S，并使用了一个“与”门来产生进位信号 C。

（2）全加器

表 4.4.14 1 位半加器真值表

输入		输出	
A	B	C	S
0	0	0	0
1	0	0	1
0	1	0	1
1	1	1	0

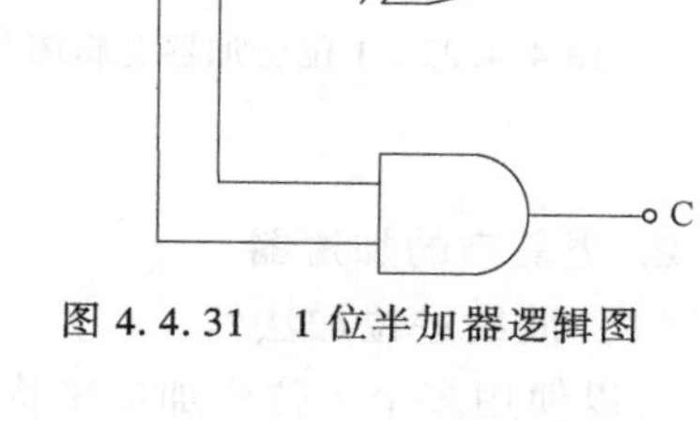

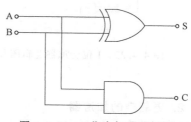

图 4.4.31 1 位半加器逻辑图

全加器（full adder）将两个1位二进制数相加，并根据接收到的低位进位信号，输出和、进位。一般地，定义全加器的3个输入信号为两个加数 A_i、B_i 和低位进位 C_{in}（简称CI）。全加器通常可以通过级联（cascade）的方式，构成多位（如8位、16位、32位）二进制数加法器的基本部分。它与半加器不同之处在于它还能接收一个低位进位输入信号 C_{in}。全加器的输出和半加器类似，包括向高位的进位信号 C_{out}（简称CO）和本位的和信号S（S_i），1位全加器的真值表如表4.4.15所示。

表4.4.15　1位全加器真值表

输　入			输　出	
A	B	CI	CO	S
0	0	0	0	0
0	0	1	0	1
0	1	0	0	1
0	1	1	1	0
1	0	0	0	1
1	0	1	1	0
1	1	0	1	0
1	1	1	1	1

通过真值表，得到全加器的输出变量逻辑函数表达式如下：

$$S=(A'B'CI'+A'B\cdot CI+AB'CI+ABCI')'$$

$$CO=(A'B'+B'CI'+A'CI')'$$

1位全加器的电路如图4.4.32a所示，其逻辑符号如图4.4.32b所示。

在实际的应用中，全加器可以通过不同的方式来实现，可以用SSI器件的逻辑门来构成和、进位信号，对应的逻辑函数表达式分别为 $S=A\oplus B\oplus C_{in}$ 以及 $C_{out}=AB+C_{in}(A\oplus B)$，如图4.4.33所示。也可以用MSI器件来实现，如74LS283芯片。

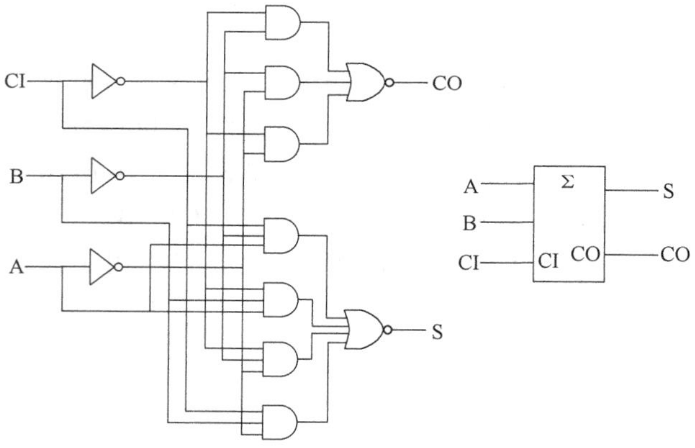

a)　　b)

图4.4.32　1位全加器逻辑图和逻辑符号

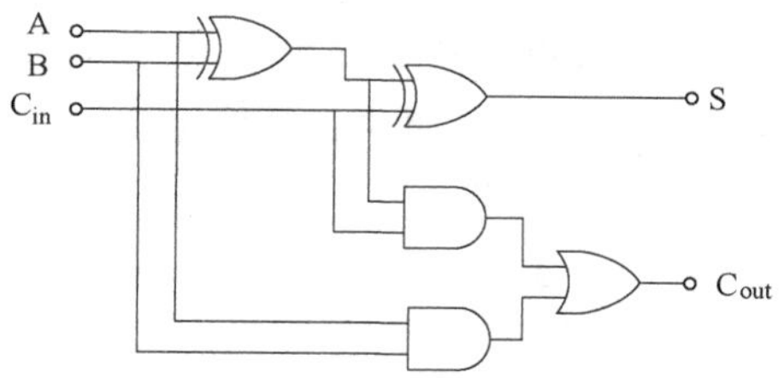

图4.4.33　用“异或”门、“与”门、“或”门构成的1位全加器的逻辑电路

2. 更复杂的加法器

（1）波纹进位加法器

可以使用多个1位全加器来构成 N 位加法器，其中相对低位的全加器将其进位输出信

号 CO 连接到高一位的全加器的进位输入端 CI。这种构成多位加法器的形式被称为“波纹进位加法器（Ripple-Carry Adder）”，“波纹”形象地描述了进位信号依次向前传递的情形。如果不需要连接其他进位信号，则最低位的全加器可以用半加器替换，有时也称为串行进位加法器。

串行进位加法器的电路布局形式较为简单，设计这种电路花费的时间较短，电路结构如图 4.4.34 所示。其主要特点是其低位进位输出端依次连至相邻高位的进位输入端，最低位进位输入端接地。因此，高位数的相加必须等到低位运算完成后才能进行，这种进位方式称

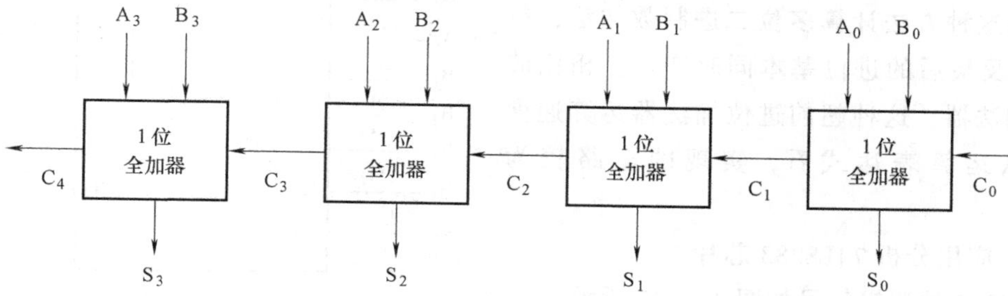

图 4.4.34　4 位波纹进位加法器逻辑图

为串行进位，然而，波纹进位加法器的进位输出、输入所经过的路径上的逻辑门数量比其他布局方式多，高位的计算必须等待低位的进位输出信号被计算出来后才能开始，因此造成了更长的延迟时间，运算速度较慢。

下面简单计算信号在加法器中的延迟。每一个全加器具有三级逻辑函数。在一个 32 位串行进位加法器中，有 32 个全加器，随之产生的逻辑门延迟则可以根据关键路径的延迟时间来决定，即 2 倍的最高位全加器信号输入、进位输出延迟，加上 31 乘以 3 倍的其他全加器上的延迟，总共等于 95 倍的逻辑门延迟。因此，必须考虑延时带来的实时性问题，在电路设计上必须进行优化。超前进位加法器就是在考虑并行结构运算基础上提出来的。

（2）超前进位加法器

为了减少多位二进制数加减计算所需的时间，工程师设计了一种比脉动进位加法器速度更快的加法器电路，这种加法器被称为“超前进位加法器（Carry-Lookahead Adder）”。

下面简述超前进位加法器的主要算法原理，分析二进制数 $A_i \cdots A_2 A_1 A_0 + B_i \cdots B_2 B_1 B_0 = (CO) S_i \cdots S_2 S_1 S_0$，分别用代入法推导 $i=0$、1、2、…时加法器的和 S_i 与进位 CO 表达式。

当 $i=0$ 时，$(CI)_0=0$

$$S_0 = A_0 \oplus B_0 \oplus (CI)_0$$

$$(CO)_0 = A_0 B_0 + (A_0 + B_0)(CI)_0)$$

当 $i=1$ 时，$(CI)_1=(CO)_0$

$$S_1 = A_1 \oplus B_1 \oplus (CO)_0$$

$$= A_1 \oplus B_1 \oplus (A_0 B_0 + (A_0 + B_0)(CI)_0)$$

$$(CO)_1 = A_1 B_1 + (A_1 + B_1)(CO)_0$$

$$= A_1 B_1 + (A_1 + B_1)(A_0 B_0 + (A_0 + B_0)(CI)_0)$$

当 $i=2$ 时，$(CI)_2=(CO)_1$

$$(CO_2) = A_2 B_2 + (A_2 + B_2)(CI)_2$$

$$=A_2B_2+(A_2+B_2)(A_1B_1+(A_1+B_1)(A_0B_0+(A_0+B_0)(CI)_0))$$

$$S_2=A_2\oplus B_2\oplus(CI)_2$$

$$=A_2\oplus B_2\oplus(A_1B_1+(A_1+B_1)(A_0B_0+(A_0+B_0)(CI)_0))$$

$$\vdots$$

总结上面的推导过程，可以看到加到第 i 位的进位输入信号是两个加数第 i 位以前各位（$0\sim i-1$）的函数，可在相加前由 A、B 两数确定。采用这种方法计算多位二进制数加法，每 1 位的和及最后的进位基本同时产生，相比波纹进位加法器，这种超前进位加法器运算速度快。但从运算表达式看，实现的电路较为复杂。

（3）应用分析 74LS283 芯片

74LS283 的逻辑符号如图 4.4.35 所示。

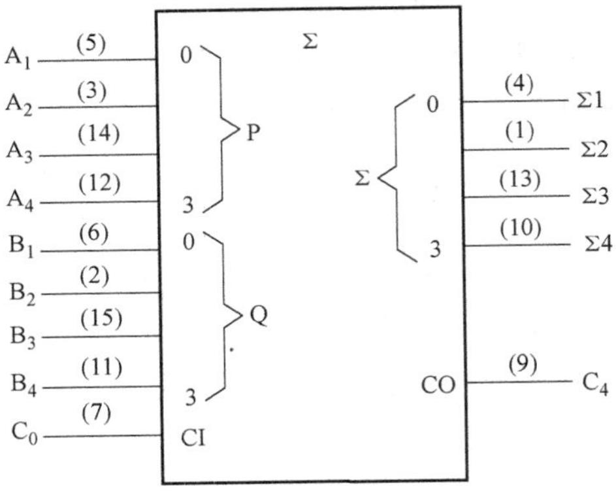

图 4.4.35　74LS283 的逻辑符号

74LS283 的逻辑电路如图 4.4.36 所示。

[例 4.4.8]　应用 74LS283 加法器实现将 8421BCD 码转换为余 3 码。

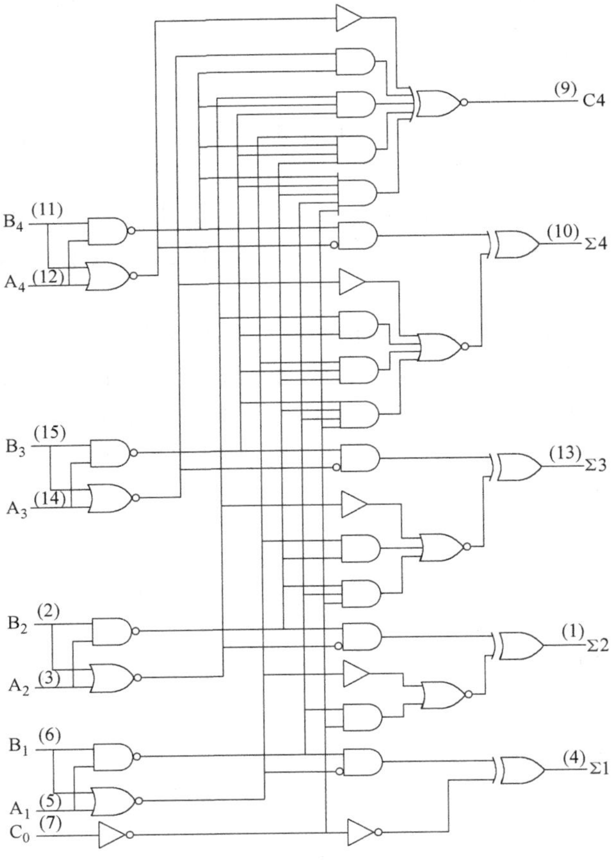

图 4.4.36　74LS283 的逻辑电路

解：本书第 1 章讲述码制的时候，分析了 8421BCD 码和余 3 码，知道它们之间的转换关系为

$$Y_3Y_2Y_1Y_0=DCBA+0011$$

因此，4 位 8424BCD 码 DCBA 从 74LS283 的 A_3、A_2、A_1、A_0 端输入，0011（+3）从芯片的 B_3、B_2、B_1、B_0 端输入。转换的结果（余三码）从芯片的 CO、S_3、S_2、S_1、S_0 端输出。设计的逻辑电路如图 4.4.37 所示。

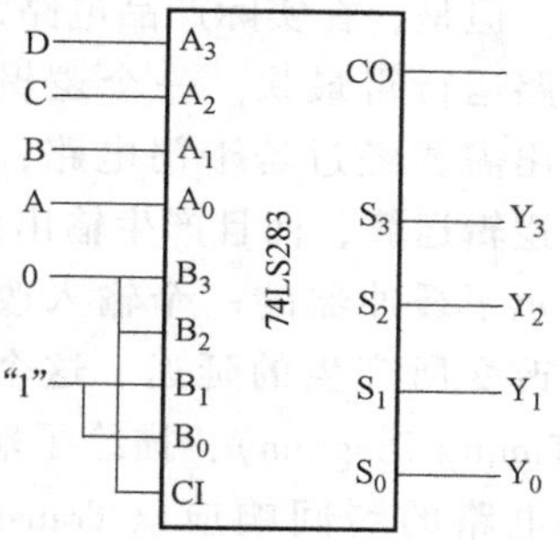

图 4.4.37　例 4.4.8 图

［例 4.4.9］　用 4 位并行加法器 74LS283 设计一个加/减运算电路。当控制信号 T=0 时，将两个输入的 4 位二进制数相加；而 T=1 时，将两个输入的 4 位二进制数相减。两数相加的绝对值不大于 15。允许附加必要的门电路。

解：根据二进制数的加、减运算方法可知，若在 T=0 时进行两个 4 位数 $a_3a_2a_1a_0$ 和 $b_3b_2b_1b_0$ 相加运算，则直接将两数加到 74LS283 的两组输入端就行了。而如果在 T=1 时进行 $a_3a_2a_1a_0-b_3b_2b_1b_0$ 的运算，则应将 $b_3b_2b_1b_0$ 变成补码与 $a_3a_2a_1a_0$ 的补码（与原码相同）相加。为此，需将 $b_3b_2b_1b_0$ 每一位求反，同时在最低位加 1。

为满足上述要求，可将 b_3、b_2、b_1、b_0 与 T 作"异或"运算后加到 74LS283 上，同时将 T 接至加法器的进位输入端 CI，如图 4.4.38 所示。当 T=0 时，$B_3B_2B_1B_0=b_3b_2b_1b_0$，故得

$$S_3S_2S_1S_0=a_3a_2a_1a_0+b_3b_2b_1b_0$$

当 T=1 时，$B_3B_2B_1B_0=b_3'b_2'b_1'b_0'$，即每一位求反，而且这时还从进位输入端 CI 加入 1，故得

$$S_3S_2S_1S_0=a_3a_2a_1a_0+[b_3b_2b_1b_0]_{补}=a_3a_2a_1a_0-b_3b_2b_1b_0$$

输出的和是补码形式，S_T 是和的符号位，和为正数时 $S_T=0$，和为负数时 $S_T=1$。

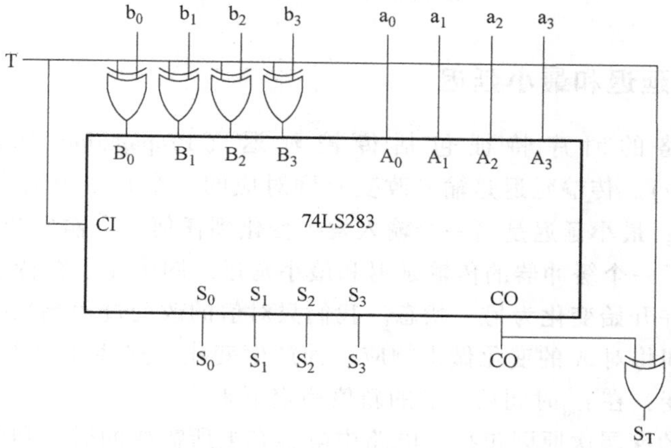

图 4.4.38　例 4.4.9 图

4.5 时　　序

之前的章节主要分析与讨论的是在使用最少数量门的理想状态下是否能够实现逻辑功能。但是，在实际产品电路设计与调试中，最具有挑战性的问题是时序（Timing）：如何使电路运行得最快。一个逻辑信号从输入到输出需要经过若干门电路，门电路不但进行逻辑运算，而且产生输出延时。图 4.5.1 显示了缓冲器的一个输入改变和随后输出的改变所产生的延迟。这个图称为时序图（Timing Diagram），描绘了输入改变时缓冲器电路的瞬间响应（Transient Response）。

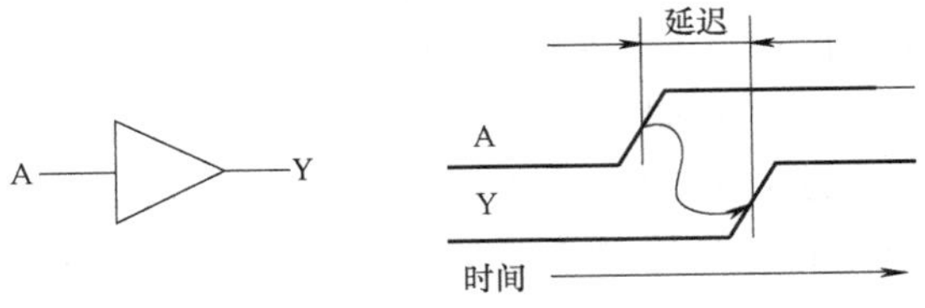

图 4.5.1　电路延迟

从低电平到高电平的转变称为上升沿，同样，从高电平到低电平的转变称为下降沿（在图中没有显示）。在输入信号 A 的 50%点到输出信号 Y 的 50%点之间测量延迟。50%点是信号在转变过程中电压处于高电平和低电平之间的中间点位置。

图 4.5.2 是本书前面提到的芯片 74HC42 和 74HC4511 传输时序。

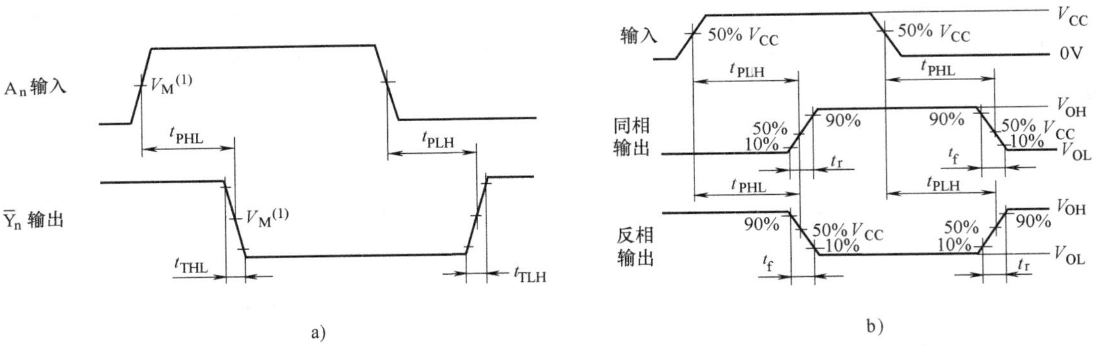

图 4.5.2　芯片传输过程时序

a）74HC42　b）74HC4511

4.5.1　传播延迟和最小延迟

组合逻辑电路的时序特征包括传输延迟（Propagation Delay）和最小延迟（Contamination Delay）。传输延迟是输入改变直到对应的一个和多个输出达到它们最终的值所经历 的最长时间；最小延迟是当一个输入发生变化到任何一个输出开始改变的最短时间。

图 4.5.3 显示了一个缓冲器的传输延迟和最小延迟。图中显示在特定时间内的初值是高电平或者低电平，并开始变化为另一状态。我们只对值的改变过程感兴趣，而不用关心值是多少。Y 在稍后时间将对 A 的变化做出响应，并产生变化。这些弧形表示在 A 发生转变 t_{cd} 时间后，Y 开始改变；在 t_{pd}时间后，Y 的新值稳定下来。

电路产生延迟的深层次原因包括：电路中电容充电所需要的时间和电信号以光速传输的时间。由此 t_{pd}和 t_{cd}的值可能不同，包括：

1）不同的上升和下降延迟。

2）多个输入和输出之间的延迟可能有所不同。

3）半导体器件受温度影响，当电路较热时速度会变慢，较冷时会变快。

计算 t_{pd}和 t_{cd}需要更低抽象层次的知识，不在本书知识范围。但是芯片制造商通常提供数据手册以说明每个门的延迟时间。

根据已经列举出的各种因素，传输延迟和最小延迟也可以由一个信号从输入到输出的路径来确定，图 4.5.4 给出了一个四输入逻辑电路。关键路径（Critical Path）是从 A 或者 B 到输出 Y，因为从输入通过了 3 个门才传输到输出，所以它是最长的一条路径，也是最慢的路径。这个路径成为关键路径，是因为它限制了电路运行的速度。最短路径（Short Path）是从输入 D 到输出 Y 的路径。因为从输入通过 1 个门就到输出，因此该路径是最短的路径，也是通过电路的最快路径。

组合电路的传输延迟是关键路径上每一个元件的传输延迟之和。最小延迟是在最短路径上每个元件的最小延迟之和。这些延迟如图 4.5.4 所示，也可由下列等式描述：

$$t_{pd}=2t_{pd\_AND}+t_{pd\_OR}$$

$$t_{cd}=t_{cd\_AND}$$

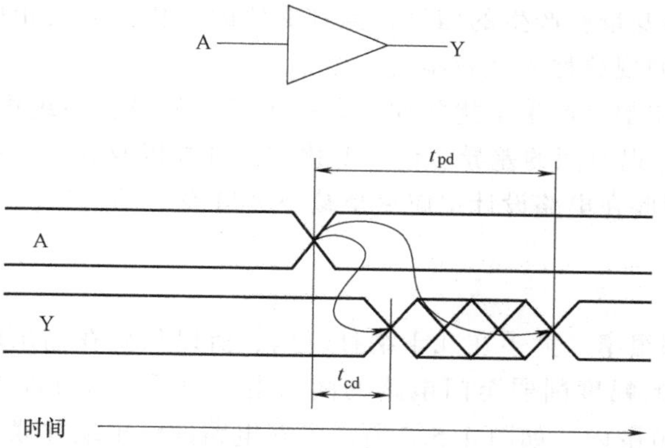

图 4.5.3　传输延迟和最小延迟

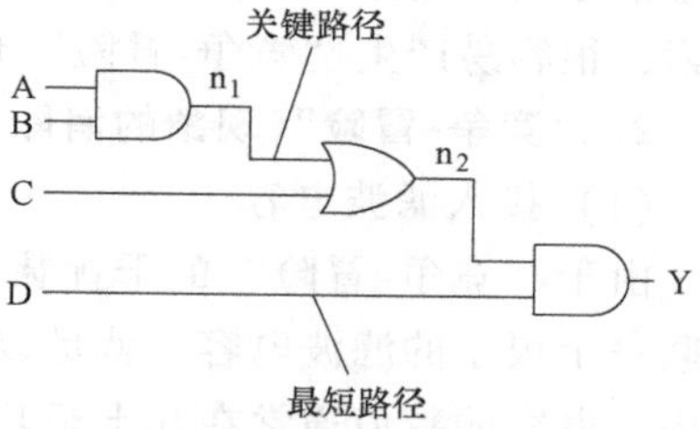

图 4.5.4　最短路径和关键路径

4.5.2　组合逻辑电路中的“竞争-冒险”

1. “竞争-冒险”现象及其产生的原因

在前面进行组合逻辑电路的分析和设计中，通常只考虑了电路在稳态条件下，输入和输出之间的逻辑关系，对时序问题理想化了，但在实际电路中，由于门电路存在传输延迟，电路并不能马上进入稳定状态，此时逻辑电路的输入与输出之间的逻辑关系可能不符合稳态时的逻辑关系。组合逻辑电路中的信号从输入端传输到输出端会经过不同的路径，不同路径上门的级数不同，或者门电路平均传输延迟时间有差异，使信号通过不同的路径到达某一门的输出端时产生一定的时差。这个短暂的时间，有可能使逻辑电路产生错误输出，这种现象称为“竞争-冒险”。

一般来说，在组合逻辑电路中，如果有两个或两个以上的信号经不同路径加到同一门的输入端，在门的输出端得到稳定的输出之前，可能出现短暂的、不是原设计要求的错误输出，其输出波形图形状是一个宽度仅为时差的窄脉冲。在图 4.5.5 所示的电路中，逻辑表达式为 L=A+A′，理想情况下，输出应恒等于 1，但是由于 G_1门存在延迟时间 t_{pd}，A′下降沿到达 G_2门的时间比 A 信号上升沿晚 t_{pd}，因此，使 G_2输出端出现了一个负向窄脉冲，如图 4.5.6 所示，由此产生输出干扰脉冲的现象我们称为“冒险”。

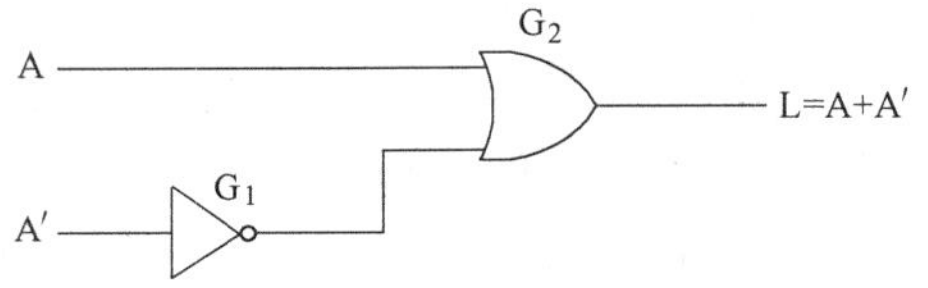

图 4.5.5　逻辑图

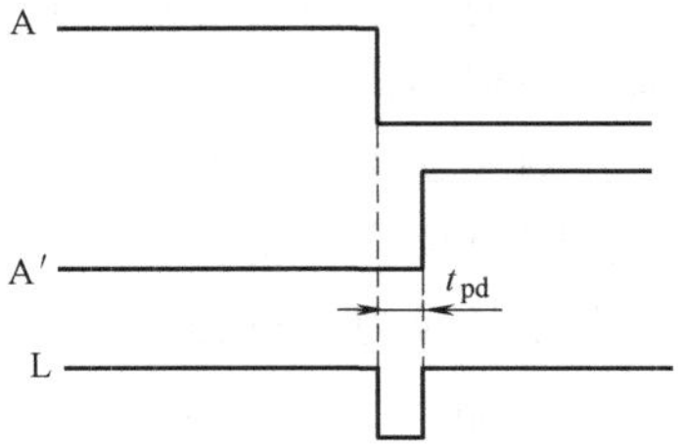

图 4.5.6　波形图

干扰脉冲有可能引起前后级电路产生错误动作。产生“冒险”的原因是由于一个门（如 G_2）的两个互补的输入信号分别经过两条路径传输，由于延迟时间不同，因而到达的时间不同。

所以，当一个逻辑门的两个输入端的信号同时向相反方向变化，而变化的时间有差异的现象称为“竞争”。两个输入端可以是不同变量所产生的信号，但其取值的变化方向是相反的。而由“竞争”可能产生输出干扰脉冲的现象称为“冒险”。

需要注意的是有“竞争”现象时不一定都会产生干扰脉冲。在一个复杂的逻辑系统中，由于信号的传输路径不同，或者各个信号延迟时间的差异、信号变化的互补性以及其他一些因素，很容易产生“竞争-冒险”现象。因此在电路设计中应尽量减小“冒险”的产生。

2. “竞争-冒险”现象的消除方法

（1）接入滤波电容

由于“竞争-冒险”的干扰脉冲一般都很窄，大多在几十纳秒以内，所以只要在输出端并联一个很小的滤波电容，就足以把脉冲的幅度削弱至门电路的阈值电压以下。在 TTL 电路中，电容的数值通常在几十至几百皮法范围内。如图 4.5.7 所示，在电路的输出端并联了电容 C_f。

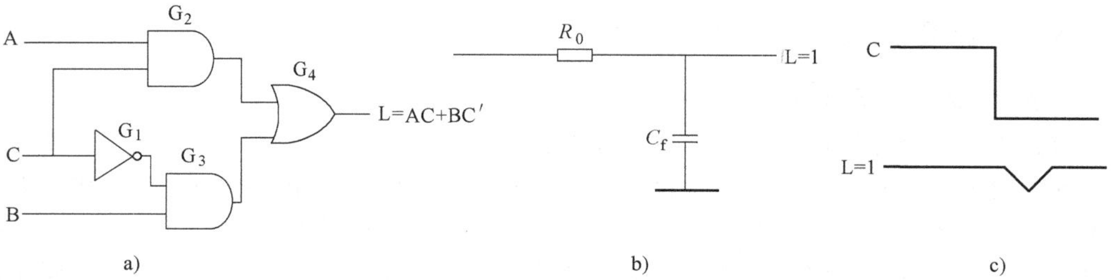

图 4.5.7　接入滤波电容消除“竞争-冒险”

其中，R_0是逻辑门电路的输出电阻，C_f是输出端并联电容，当 A=B=1，C 的波形不变的情况下，得到图 4.5.7b 所示的输出波形。显然电容对脉冲起到了削弱的作用，使输出端不会出现逻辑错误。这样的方法简单易行，但是却增加了输出电压波形的上升时间和下降时间，使波形变差。

（2）修改电路逻辑

以图 4.5.7a 所示电路为例，可以根据常用恒等式来增加乘积项，输出逻辑从 $L=AC+BC'$ 变为 $L=AC+BC'+AB$，修改为如图 4.5.8 所示的逻辑电路。当 $A=B=1$ 时，根据逻辑表达式有 $L=C+C'+1$，不会只出现互补相加的情况。而此时电路中 G_5 输出为 1，使 G_4 输出也为 1，这样就消除了 C 的状态变化对输出状态的影响，从而消除了“竞争-冒险”现象发生。

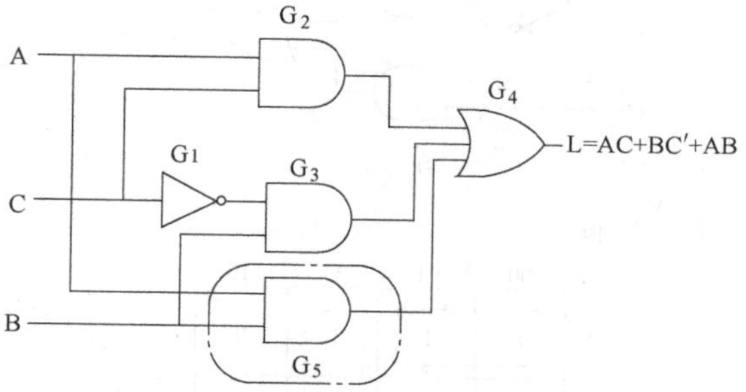

图 4.5.8　增加了冗余项的逻辑电路

因为 AB 对逻辑电路来说是多余的，所以也把它叫冗余项，同时把这种修改方法叫作增加冗余项法。但是增加冗余项的方法消除“竞争-冒险”的适用范围是有限的，由图 4.5.8 电路可以看出，如果 AC 同时改变状态，从 10 变为 01 时，电路仍然存在“竞争-冒险”。因此增加了冗余项 AB 以后只消除了 $A=B=1$ 时由于 C 的状态变化所引起的“竞争-冒险”。

以上分析了“产生-竞争”冒险的原因和消除方法。通过使用计算机仿真软件（如 Multisim）也可以检查电路是否存在“竞争-冒险”现象，但在最终一定要在试验中检验查证。这个需要大量的实践积累和经验总结。

4.5.3　毛刺及其处理方法

我们已经讨论了一个输入信号的改变导致一个输出信号的改变的情况。但是，一个输入信号的改变可能导致多个输出信号的改变，这被称为毛刺（Glitch）或者冲突（Hazard）。虽然毛刺通常不会导致什么问题，但是了解它们的存在和在时序图中识别它们也是重要的。图 4.5.9 显示了一个会产生毛刺的电路的卡诺图。

考察图 4.5.10，当 $A=0$、$C=1$，B 从 1 变成 0 时会发生什么情况。最短的路径通过“与”门和“或”门两个门。关键路径通过了一个反相器和一个“与”门和一个“或”门。

当 B 从 1 变成 0，n_2（在最短路径上）在 n_1（在关键路径上）上升之前下降。直到 n_1 上升前，两个输入到或门的都是 0，输出 Y 下降到 0。当最后 n_1 上升后，Y 的值回到 1。时序图如图 4.5.10b 所示，Y 的值从 1 开始，结束时也为 1，但是存在暂时为 0 的毛刺。

只要读取输出数据之前的等待时间和传输延迟一样长，出现毛刺是不会有问题的，这是因为输出最终将稳定在正确的值上。

可以在已有的电路中增加门电路来避免毛刺产生。这可以从卡诺图中去理解。图 4.5.11 显示了从 ABC=001 变成 ABC =011 时在 B 上输入的改变，使得从一个主蕴涵项圈移到另外的一个。这个变化穿过了卡诺图中两个主蕴涵项的边界，从而可能会产生毛刺。

从图 4.5.11 中可以看出，在一个主蕴涵项的电路开启之前，如果另一个主蕴涵项的电路关闭，就会产生毛刺。为了去除毛刺，可以增加一个新的覆盖主蕴涵项边缘的圈，如图 4.5.12 所示。根据一致性定理，新增加的项是一致的或者多余的。

图 4.5.13 是一个防止毛刺出现的电路，其中增加了一个“与”门。现在当 $A=0$ 和 $C=$

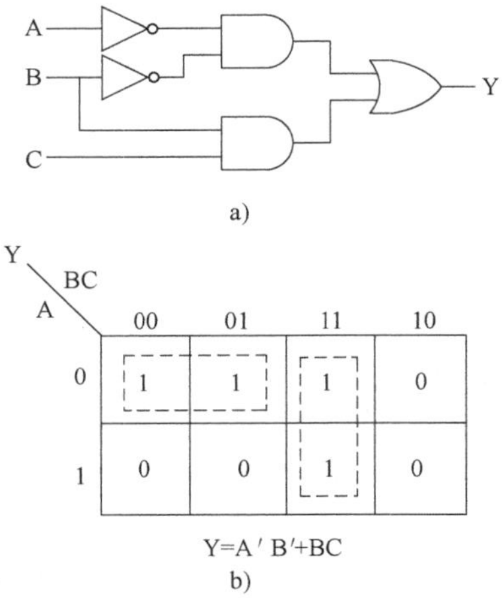

图 4.5.9　会产生毛刺的电路卡诺图

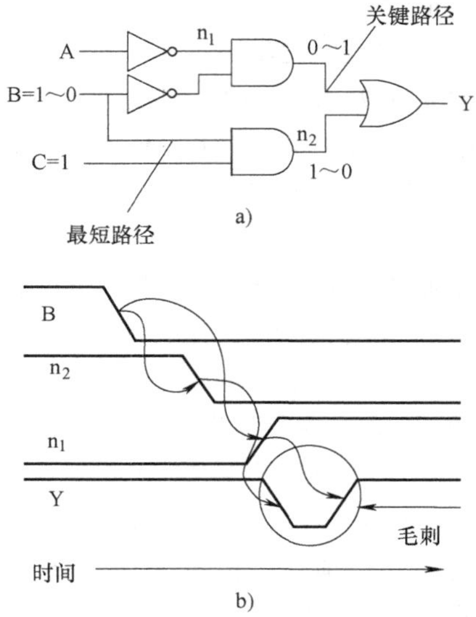

图 4.5.10　产生毛刺的时序

1 时，即使 B 变化也不会造成输出毛刺出现，这是因为在整个变化过程中增加的“与”门始终输出为 1。

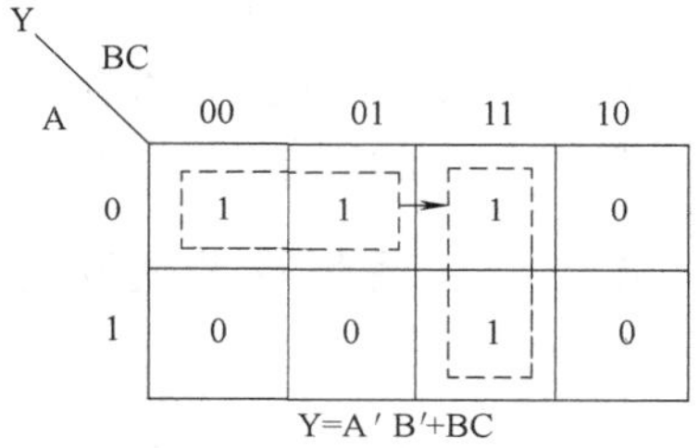

图 4.5.11　输入的改变穿越了蕴涵项的边界

总之，一个信号的变化在卡诺图中穿越两个主蕴涵项的边缘时会导致毛刺现象出现。通过在卡诺图中增加多余的蕴涵项盖住这些边缘以避免毛刺现象出现。这是以增加额外的硬件成本为代价的。

然而，多个变量同时发生变化也会导致毛刺现象出现，这些毛刺不能通过增加硬件来避免。因为多数的系统都会有多个变量同时发生（或者几乎同时发生）变化。毛刺在大多数电路中都存在。虽然已经介绍了一种避免毛刺的方法，但讨论毛刺的关键不在于如何去除它们，而是要意识到毛刺的存在。这一点在示波器和仿真器上看时序图时非常重要。实践中，可以针对具体问题进行具体分析。

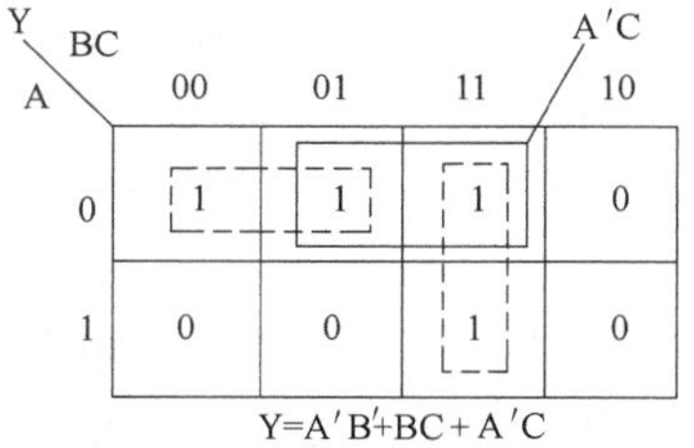

图 4.5.12　无毛刺的卡诺图

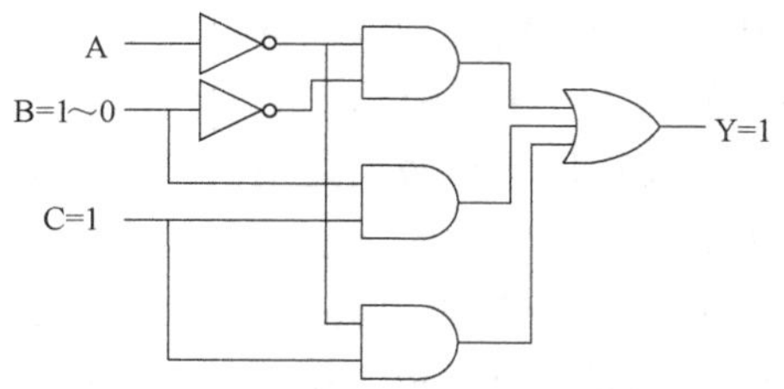

图 4.5.13　无毛刺的电路图

4.6　基于 Multisim 的组合逻辑电路设计简介

在设计硬件电路之前，常用一些虚拟软件进行仿真设计，Multisim 是一款应用较广、功能强大的电子电路设计与开发仿真软件，是国内大学与研究所应用最广泛的 EDA 软件。该软件以图形界面为主，具有庞大的元器件模型参数库和功能齐全的仪器仪表库，能够完成直流工作点分析、交流分析、瞬态分析等十几种电路分析。

例如，在学习编码器时，可以构建如图 4.6.1 所示的编码器功能验证电路，其中 74148N 是 8 线-3 线优先编码器，输入状态 $D_0 \sim D_7$，用“VCC”和“GND”表示输入端信号的“高”“低”电平状态。解码输出端用发光二极管 LED1、LED2、LED3 来分别显示各输出端的输出状态；当发光二极管点亮时，表明输出状态为“1”，当发光二极管熄灭时，表明输出状态为“0”。74148N 的选通输出端和扩展端的状态用万用表来显示，当输入端有不同组合输入时，输出情况可以通过发光二极管显示。

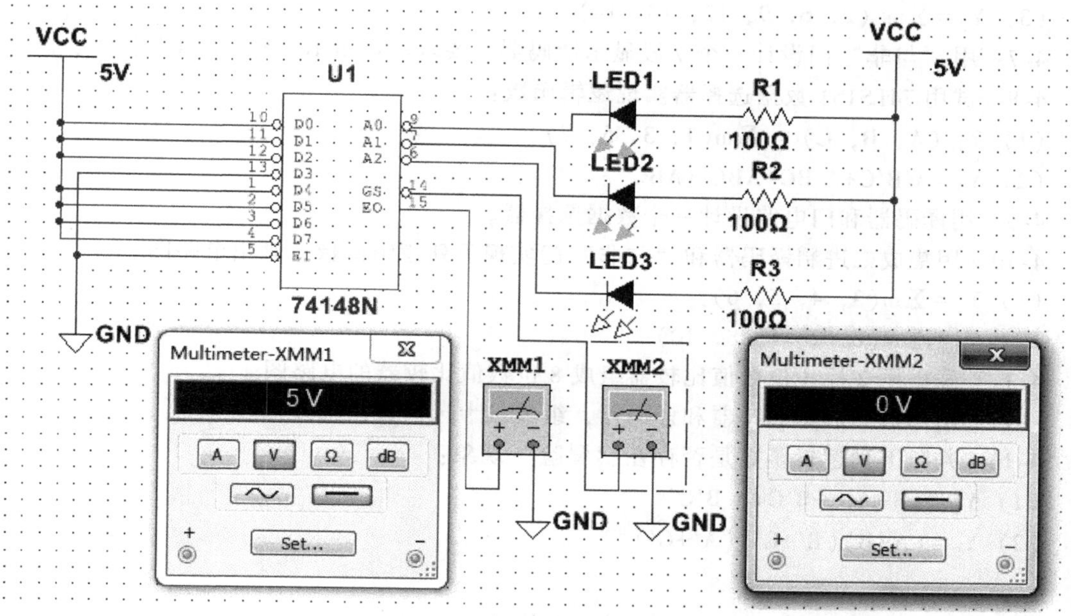

图 4.6.1　74148N 编码器功能验证电路

习　题

4-1　采用“与非”门设计下列逻辑电路：

（1）三变量“非”一致电路。

（2）三变量判奇电路（含 1 的个数）。

（3）三变量多数表决电路。

4-2　有一个车间，有红、黄两个故障指示灯，用来表示 3 台设备的工作情况。当有一台设备出现故障时，黄灯亮；若有两台设备出现故障时，红灯亮；若 3 台设备都出现故障时，红灯、黄灯都亮。试用“与非”门设计一个控制灯亮的逻辑电路。

4-3　A、B、C 和 D 4 人在同一试验室工作，他们之间的工作关系是：

（1）A 到试验室，就可以工作。

（2）B 必须在 C 到试验室后才有工作可做。

(3) D 只有 A 在试验室时才可以工作。

请将试验室中没人工作这一事件用逻辑表达式表达出来。

4-4 设计用单刀双掷开关来控制楼梯照明灯的电路。要求在楼下开灯后，可在楼上关灯；同样也可在楼上开灯，而在楼下关灯。用“与非”门实现上述逻辑功能。

4-5 旅客列车分为特快、直快、慢车等 3 种。它们的优先顺序由高到低依次是特快、直快、慢车。试设计一个列车从车站开出的逻辑电路。

4-6 用译码器实现下列逻辑函数，画出电路图。

(1) $Y_1=\sum m(3, 4, 5, 6)$

(2) $Y_2=\sum m(1, 3, 5, 9, 11)$

(3) $Y_3=\sum m(2, 6, 9, 12, 13, 14)$

4-7 用“与非”门设计一个 7 段显示译码器，要求能显示 H、F、E、L4 个符号。

4-8 试用 74LS151 数据选择器实现逻辑函数：

(1) $Y_1(A, B, C)=\sum m(1, 3, 5, 7)$

(2) $Y_2=A'B'C+A'BC+ABC'+ABC$

4-9 用译码器和门电路设计一个数据选择器。

4-10 用集成二进制译码器和“与非”门实现下列逻辑函数，画出电路图。

(1) $Y_1=\sum m(3, 4, 5, 6)$

(2) $Y_2=\sum m(0, 2, 6, 8, 10)$

4-11 画出用 2 片 4 位数值比较器组成 8 位数值比较器的电路图。

4-12 用四选一数据选择器和译码器，组成二十选一数据选择器。

4-13 判断下列逻辑函数是否存在“冒险”现象：

(1) $Y_1=AB+A'C+B'C+A'B'C'$

(2) $Y_2=(A+B)(B'+C')(A'+C')$

第5章 时序逻辑与存储电路

5.1 引 言

时序逻辑与存储电路主要包括时序逻辑电路和半导体存储电路两个方面的内容，数字逻辑电路主要分为组合逻辑电路和时序逻辑电路，时序逻辑电路的主要特点是任何时刻的输出不仅取决于该时刻的输入信号，而且与电路原有的状态有关。由存储电路和组合逻辑电路组成的时序逻辑电路的一般结构形式如图 5.1.1 所示。逻辑上可以用 3 个方程来描述其特性：输出方程、驱动方程和状态方程。如式（5-1）、式（5-2）和式（5-3）所示。

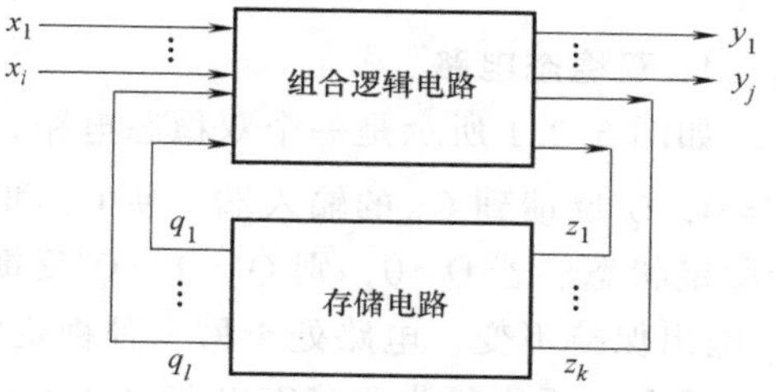

图 5.1.1 时序逻辑电路的一般形式

$$\begin{cases} y_1 = f_1(x_1, x_2, \cdots, x_i, q_1, q_2, \cdots, q_l) \\ y_j = f_j(x_1, x_2, \cdots, x_i, q_1, q_2, \cdots, q_l) \end{cases} \Rightarrow \text{输出方程 } Y = F(X, Q) \tag{5-1}$$

$$\begin{cases} q_1^* = h_1(z_1, z_2, \cdots, z_i, q_1, q_2, \cdots, q_l) \\ q_l^* = h_l(z_1, z_2, \cdots, z_i, q_1, q_2, \cdots, q_l) \end{cases} \Rightarrow \text{状态方程 } Q^* = H(Z, Q) \tag{5-2}$$

$$\begin{cases} z_1 = g_1(x_1, x_2, \cdots, x_i, q_1, q_2, \cdots, q_l) \\ z_k = g_k(x_1, x_2, \cdots, x_i, q_1, q_2, \cdots, q_l) \end{cases} \Rightarrow \text{驱动方程 } Z = F(X, Q) \tag{5-3}$$

根据时钟控制情况来看，构成时序逻辑电路的基本器件是触发器（Flip Flop，FF）。时序逻辑电路分为同步时序逻辑电路和异步时序逻辑电路两大类型，同步时序逻辑电路中所有的触发器使用统一的时钟脉冲（Clock Pulse，CP），状态变化发生在同一时刻。异步时序逻辑电路没有统一的 CP，其触发器状态的变化有先有后。

半导体存储器（Semi-Conductor Memory）是一种以半导体电路作为存储媒体的存储器，按其功能可分为：随机存取存储器（Random Access Memory，RAM）和只读存储器（Read-Only Memory，ROM）；按其制造工艺来分，可分为：双极晶体管存储器和 MOS 晶体管存储器。MOS 晶体管的主要特点是体积小、存储速度快、存储密度高，与逻辑电路接口容易。

本章从时序逻辑电路的锁存器、触发器的结构特点入手，着重叙述常见的时序逻辑电路的分析方法和设计方法，为时序逻辑电路的运用打下一定的基础。现代数字系统应用集成电路越来越广泛，因此，本章还对一些时序逻辑电路的中规模集成电路芯片及其典型应用展开分析，以提高对数字电路的综合设计能力。最后分析半导体存储电路的结构、基本工作原理、扩展方法。

5.2 锁存器与触发器

在各种复杂的数字电路中，不仅需要对二值信号进行算术运算和逻辑运算，还经常需要将这些信号和运算结果保存起来。为此，需要使用具有记忆功能的基本逻辑单元。能够存储1位二值信号的基本逻辑单元统称为触发器。SR锁存器是将要在本章展开分析的各种触发器的基本构成单元电路。在这一节里首先分析作为许多触发器电路的基本构成部分的SR锁存器，然后从触发方式和逻辑功能两个方面对触发器进行分类讲解，并强调说明触发方式和逻辑功能的区别以及两者之间的关系，最后扼要地介绍了触发器的动态特性。

5.2.1 SR锁存器

1. 双稳态电路

如图5.2.1所示是一个双稳态电路，由两个反相器 G_1、G_2 交叉连接而成。若 $Q=1$，则 $Q'=0$，Q'反馈到 G_1 的输入端，使 G_1 和 G_2 输出保持不变，电路处于稳定状态。若 $Q=0$，则 $Q'=1$，Q'反馈到 G_1 的输入端，使 G_1 和 G_2 输出保持不变，电路处于另一种稳定状态。可见，该电路有两个稳定状态，通常称为双稳态电路（Bistate Elements）。因为没有控制信号输入，所以无法确定电路在通上电时究竟处于哪一种状态，也无法在运行中控制或改变它的状态。

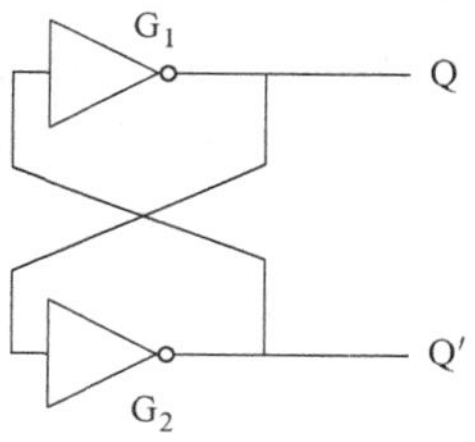

图5.2.1　双稳态电路

2. 电路结构与工作原理

为了弥补双稳态电路的不足，基本SR锁存器在双稳态电路上增加两个控制信号输入端，从而实现通过外部信号来改变电路状态的目的。基本SR锁存器具有两种电路结构形式，一种是由“或非”门构成的基本SR锁存器，其逻辑电路及逻辑符号如图5.2.2所示。另一种是由“与非”门构成的基本SR锁存器，其逻辑电路及逻辑符号如图5.2.3所示。

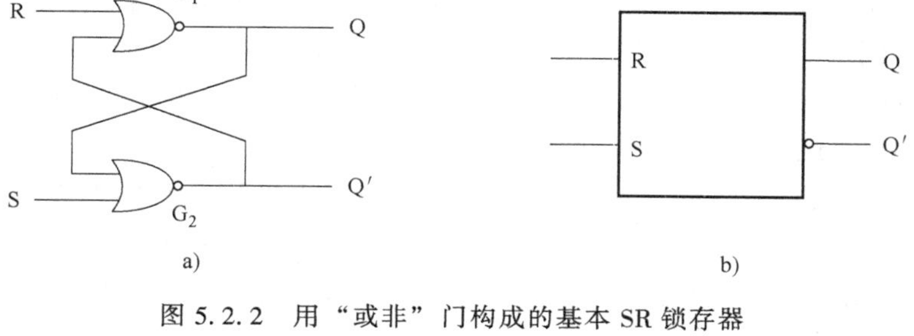

图5.2.2　用“或非”门构成的基本SR锁存器

a）逻辑图　b）逻辑符号

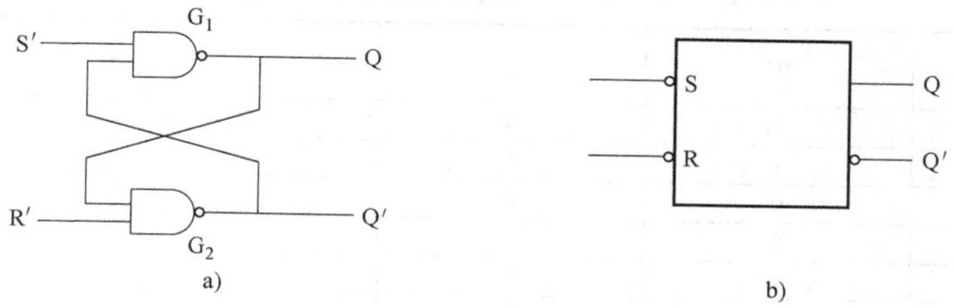

图 5.2.3　用“与非”门构成基本 SR 锁存器
a）逻辑图　b）逻辑符号

基本 SR 锁存器有两个输入、两个输出 Q 和 Q′，其中 S 端（set）称为置位端，R 端（reset）称为复位端或清零端。锁存器现态用 Q 表示（有的书用 Q^n），次态（新的状态）用 Q^* 表示，有的书用 Q^{n+1}表示，次态不仅与输入状态有关而且与锁存器原来的状态 Q 有关；定义 Q=1、Q′=0 为锁存器的“1 状态”，Q=0、Q′=1 为锁存器的“0 状态”。

根据电路结构分析得到“或非”门构成的基本 SR 锁存器特性表，如表 5.2.1 所示。

表 5.2.1　用“或非”门构成的基本 SR 锁存器特性表

S	R	Q	Q^*	功能
0	0	0	0	保持
0	0	1	1	
0	1	0	0	置 0
0	1	1	0	
1	0	0	1	置 1
1	0	1	1	
1	1	0	0^*	不定
1	1	1	0^*	

当 R=0、S=0 时，这两个输入信号对两个“或非”门的输出 Q 和 Q′不起作用，电路状态保持不变，功能与图 5.2.1 的双稳态电路相同，可存储 1 位二进制数值。

当 S=1、R=0 时，若锁存器初态 Q=1、Q′=0，这时 $Q^*=1$；若 Q=0、Q′=1，这时 $Q^*=1$。所以其逻辑功能是置 1。

当 S=0、R=1 时，这时 $Q^*=0$。在 R=1 信号消失以后（即 R 回到 0），电路保持 0 状态不变。

当 S=1、R=1 时，锁存器的新的状态 Q=Q′=0，锁存器处在既非 1 状态，又非 0 状态，属于不确定状态。若 S 和 R 同时回到 0，则无法预先确定锁存器将回到 1 状态还是 0 状态，这个与两个“或门”的延时参数有关。因此，在正常工作时输入信号应遵守 SR=0 的约束条件，也就是说不允许 S=R=1。

用“与非”门构成的基本 SR 锁存器是以低电平作为输入信号的，所以用 S′和 R′分别表示置 1 输入和置 0 输入。在图 5.2.3b 所示的图形符号上，用输入端的小圆圈表示用低电平作为输入信号，或者称低电平有效。用“与非”门构成的基本 SR 锁存器特性表如表 5.2.2 所示。

表 5.2.2　用“与非”门构成的基本 SR 锁存器特性表

S′	R′	Q	Q^*	功能
1	1	0	0	保持
1	1	1	1	
1	0	0	0	置 0
1	0	1	0	
0	1	0	1	置 1
0	1	1	1	
0	0	0	1^*	不定
0	0	1	1^*	

当输入为 $S'=R'=0$ 时．该锁存器处于不确定状态，因此工作时应当受到 $S'+R'=(SR)'=1$的条件约束，即同样遵守 $SR=0$ 的约束条件。

[例 5.2.1]　由“或非”门构成的基本 SR 锁存器如图 5.2.2 所示，已知 S、R 的波形如图 5.2.4 所示，试画出 Q 和 Q′的波形。设基本 SR 锁存器的初始状态为 0（$Q=0$，$Q'=1$）。如果波形为图 5.2.5 所示，试画出 Q 和 Q′的波形。

解：在 S、R 信号发生改变时，用虚线分割不同的区间。每个区间根据表 5.2.1 所示的输入输出关系确定 Q 和 Q′的状态。需要注意的是 S、R 的初始输入值为 00，锁存器的状态保持不变，这时需要根据题目中给出的初始状态来确定 Q 和 Q′的状态。输出的波形图如图 5.2.4 和图 5.2.5 所示。

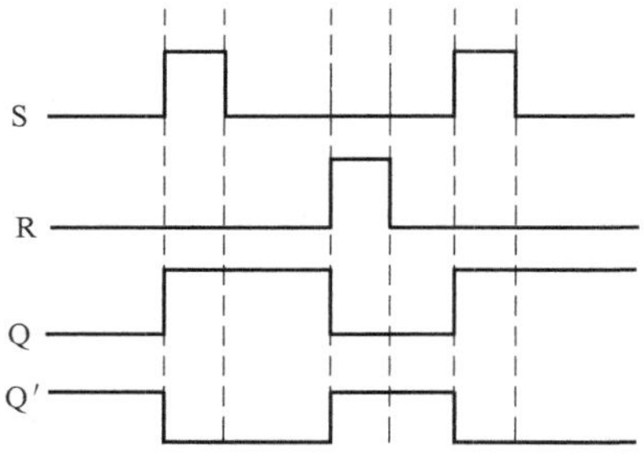

图 5.2.4　例 5.2.1 的输出波形

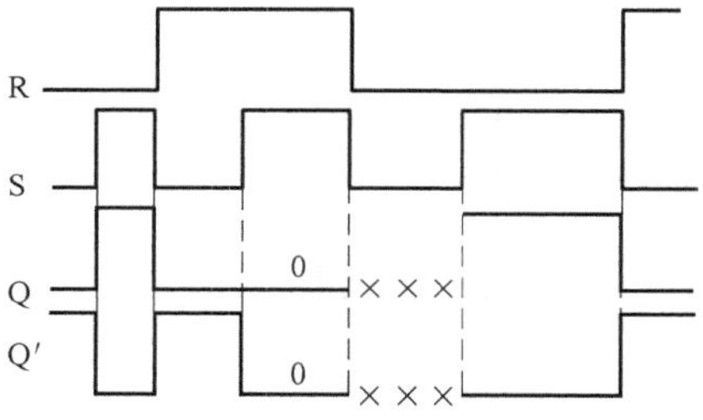

图 5.2.5　例 5.2.1 的输出波形

从图 5.2.4 和图 5.2.5 中可以看出，只要 S 端加一正脉冲，就可以将锁存器置成 $Q=1$，$Q'=0$；只要 R 端加一正脉冲，就可以将锁存器置成 $Q=0$，$Q'=1$；在输入信号的正脉冲消失（在 R 和 S 同时为 0）后，电路的输出结果也能保持不变，说明基本 SR 锁存器具有记忆功能。

图 5.2.5 中，出现了 $R=S=1$ 状态，这时 $Q=Q'=0$，这种状态属于不稳定状态，不是 0 状态，也不是 1 状态，当下一个状态输入 $R=S=0$ 时，Q 的状态无法确定，所以在波形中用“×”表示。

[例 5.2.2]　如图 5.2.3 所示，由“与非”门构成的基本 SR 锁存器中，已知 S′和 R′的波形，试画出 Q 和 Q′的波形。（设初始状态为$Q=0$）

解：根据已知的 R 和 S 状态确定 Q 和 Q′状态的问题。只要根据每个时间区间里 S 和 R 的状态去查锁存器的功能表 5.2.2，即可找出 Q 和 Q′的相应状态，并画出它们的波形图如图 5.2.6 所示。

在 $R'=0$ 和 $S'=0$ 时，违背了约束，在①处 Q 和 Q′输出同时为 1，是不稳定状态，下个状态在 $R'=1$ 和 $S'=1$ 时，锁存器的状态②输出将无法确定，最后结果与实际门电路的延时速度有关，从而失去对它的控制，在实际应用中必须避免出现这种情况。

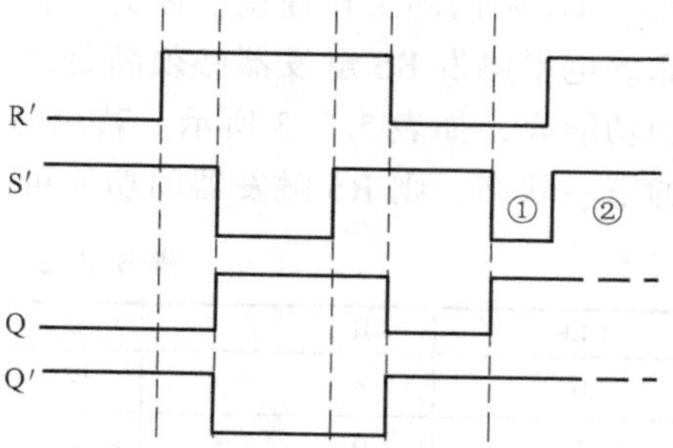

图 5.2.6　例 5.2.2 的输出波形

5.2.2　电平触发的触发器

在数字系统中往往有多个触发器，为使各触发器的动作协调一致，需要引入一个同步信号。这个信号叫时钟脉冲（Clock Pulse），简称时钟，常用 CLK 表示（有时用 CP 或 CK 表示）。受时钟控制的触发器，统称为钟控触发器或同步触发器。钟控触发器根据输入信号的不同，按逻辑功能分为 RS、D、T、JK 等几种；根据其输出状态翻转时刻和时钟的关系，按触发方式的不同又可分为电平触发、主从触发、边沿触发三种。如果触发器输出状态的翻转发生在 CLK 为高电平或低电平期间，其工作方式称为电平触发。具有电平触发的触发器，则称为电平触发器。下面分析具有 RS 和 D 功能的两种电平触发器。

1. 电平触发 RS 触发器

图 5.2.7a 为 RS 触发器的工作原理图，图 5.2.7b 为其逻辑符号。其中 R、S 为输入信号，CLK 为时钟控制信号。

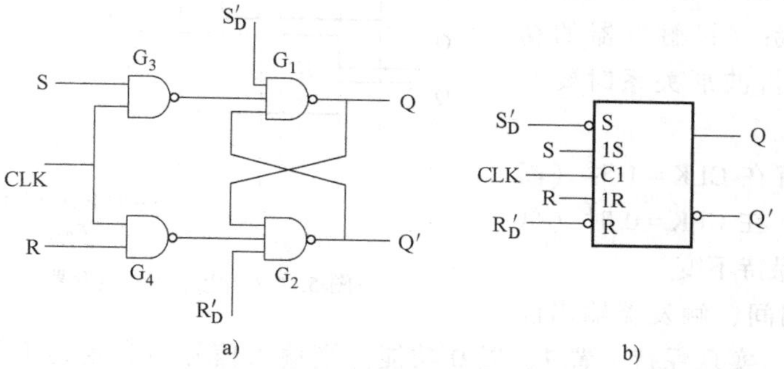

a)　　b)

图 5.2.7　电平触发 RS 触发器原理电路

a）逻辑图　b）逻辑符号

（1）功能分析

当 CLK=0 时，无论 R、S 输入信号是什么状态，G_3、G_4 这两个“与非”门的输出均为 1。由基本触发器的功能分析可知，此时触发器的输出 Q、Q′保持原来状态。

当 CLK=1 时，G_3、G_4 两门的输出随 R、S 信号变化：若 $R=S=0$，G_3、G_4 两门的输出均为 1，则触发器的输出 Q、Q′仍保持原来状态；若 $R=0$、$S=1$，G_3 输出为 0，G_4 输出为 1，则 $Q=1$、$Q'=0$；若 $R=1$、$S=0$，G_3 输出为 1，G_4 输出为 0，则 $Q=0$、$Q'=1$；若 $R=S=1$，则 G_3、G_4 两门的输出均为 0，迫使 Q、Q′全为 1，呈现不稳定状态，但是，此后 R、S 两信号若同时由 1 变为 0，或 CLK 由 1 变 0，使得 G_3、G_4 两门输出变为 1，此时，G_1、G_2 两门的输入又出现全 1 的状态，触发器的输出状态不能确定，Q 和 Q′哪个是 1 哪个是 0 取决

于 G_1、G_2 两门的工作速度。因此，在使用 R、S 触发器时，R=S=1 的输入状态定义为禁止状态。电平触发 RS 触发器必须满足约束条件 RS=0。将以上分析归纳起来，便得到 RS 触发器的功能表，如表 5.2.3 所示。若用 Q 代表触发原来状态，Q^* 代表一个 CLK 脉冲过后触发器的下一状态，则 RS 触发器的功能可简化成表 5.2.4。

表 5.2.3 电平触发 RS 触发器特性表

CLK	R	S	Q	Q′	CLK	R	S	Q	Q′
0	×	×	保	持	1	1	1	1	1
1	0	0	保	持	1	R、S 同时由 1 变 0		不确定	
1	0	1	1	0	CLK 由 1 变 0	1	1	不确定	
1	1	0	0	1					

表 5.2.4 RS 触发器简化特性表

R	S	Q^*	R	S	Q^*
0	0	Q	1	0	0
0	1	1	1	1	不确定

(2) 输入、输出信号的波形

为了更好地理解 RS 触发器的功能，在信号 R、S、CLK 已知的前提下，图 5.2.8 中绘出了 RS 触发器各信号间的波形关系（设触发器的初始状态为 0)。分析波形关系时要注意两点：

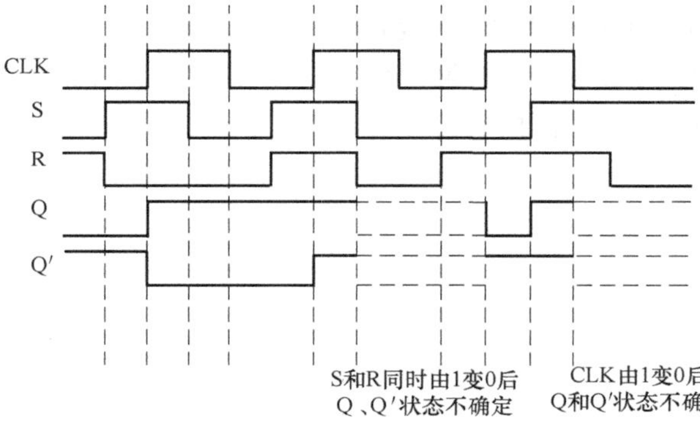

图 5.2.8 电平 RS 触发器的波形关系

该触发器只有在 CLK=1 时（高电平）才能翻转，在 CLK=0 时（低电平）输出状态保持不变。

在 CLK=1 期间，触发器输出随 R、S 信号的变化，实现保持、置 1、置 0 功能。当输入信号不满足约束条件 RS=0 时，输出状态不确定，在实际逻辑电路设计时，应避免出现这种情况。

各段波形的变化，请读者根据功能表自行分析，其中要特别注意 Q 和 Q′波形中的两段不确定状态。

在实际电路中，有时需要在时钟到来之前，预先将触发器置为某一状态（置 0 或者置 1)，置 0（复位）输入 R'_D 和（置 1）输入 S'_D 如图 5.2.7 所示，置 0 输入 R'_D 和置 1 输入 S'_D 具有如下特点：一是不受时钟信号 CLK 的制约；二是低电平有效。这两个输入的功能描述为：当 $R'_D=0$、$S'_D=1$ 时，无论触发器其他输入为何值，也无论触发器原来处于什么状态，触发器次态输出都为 0 状态（置 0)；当 $R'_D=1$、$S'_D=0$ 时，无论触发器其他输入端为何值，也无论触发器原来处于什么状态，触发器次态输出都为 1 状态（复位)；当 $R'_D=1$、$S'_D=1$ 时，电路工作状态正常。电路中不允许 R'_D 和 S'_D 同时为 0。

2. 电平触发 D 触发器

为了适应单端输入信号的需要，解决 RS 触发器中 R、S 的约束问题，可对图 5.2.7a 电路稍加修改，使之变成图 5.2.9a 所示的形式，这样便成为只有一个输入端的 D 触发器，其逻辑符号如图 5.2.9b 所示。

D 触发器不仅可以实现定时控制，而且在时钟脉冲作用期间（CLK = 1 时），可以将输入信号 D 转换成一对互补信号送至基本 RS 触发器的两个输入端，使基本 RS 触发器的两个输入信号只能是 01 或 10 两种组合，从而消除了状态不确定的现象，解决了对输入的约束问题。

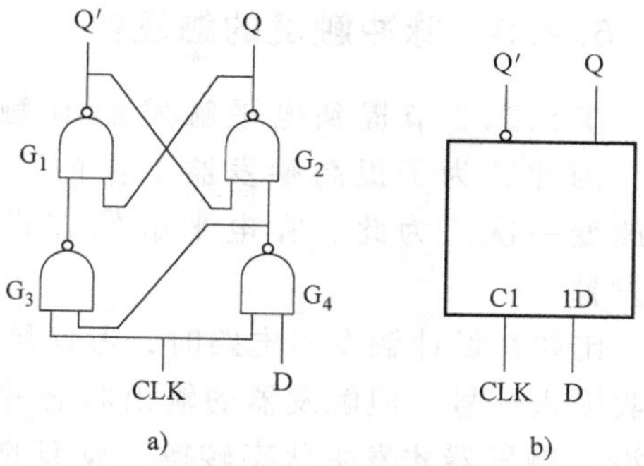

图 5.2.9　电平触发 D 触发器原理电路
a）逻辑图　b）逻辑符号

由此可见，在时钟脉冲的作用下，D 触发器的新状态仅取决于输入信号 D，而与原状态无关，故 D 触发器的真值表（当 CLK = 1 时）如表 5.2.5 所示。

表 5.2.5　D 触发器真值表（CLK = 1 时）

D	Q	Q^*	D	Q	Q^*
0	0	0	0	1	0
1	0	1	1	1	1

由于 D 触发器是在 CLK = 1 时控制 D 触发器的状态变化，所以称为电平触发 D 触发器。

电平触发 D 触发器的结构简单，且能实现定时控制。当 CLK = 0 时，触发器被禁止，输入信号不起作用，其状态保持不变；当 CLK = 1 时，其新状态 Q^* 始终和 D 输入一致，故也称为 D 锁存器。

3. 电平触发方式的动作特点

1）只有当 CLK 变为有效电平时，触发器才能接受输入信号，并按照输入信号将触发器的输出置成相应的状态。

2）在 CLK=1 的全部时间里，S 和 R 状态的变化都可能引起输出状态的改变。在 CLK 回到 0 以后，触发器保存的是 CLK 回到 0 以前瞬间的状态。

根据上述的动作特点可以想象到，如果在 CLK = 1 期间 S、R 状态多次发生变化，那么触发器输出的状态也将发生多次翻转，这就降低了触发器的抗干扰能力。

[例 5.2.3]　如图 5.2.9a 所示电路，一个电平触发的 D 触发器的 CLK 信号和 D 输入信号如图 5.2.10 所示，设初始状态为 0，确定输出 Q 的波形。

解：在 CLK = 1 时，无论 D 为高电平信号还是为低电平信号，输出信号 Q 总是和输入信号 D 相同；而在 CLK = 0 时，Q 输出保持不变，故 Q 输出波形如图 5.2.10 所示。

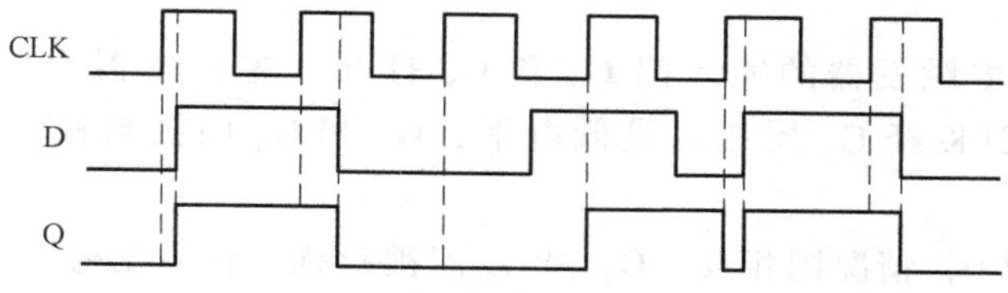

图 5.2.10　例 5.2.3 的波形图

5.2.3 脉冲触发的触发器

在 5.2.2 节提到电平触发的 D 触发器在 CLK = 1 时，输出受到输入干扰影响较大，因此，为了提高触发器工作的可靠性，希望在每个 CLK 周期里输出端的状态只能改变一次。为此，在电平触发方式触发器的基础上，又设计出了脉冲触发方式的触发器。

比如在设计触发器电路时，考虑脉冲触发的触发器是在时钟脉冲 CLK 的高电平期间接收输入信号，但触发器的输出状态并不改变，到时钟脉冲从 1 变 0 的时刻（CLK 的下降沿）触发器才发生状态转换。典型的脉冲触发方式的触发器有主从 RS 触发器和主从 JK 触发器。

1. 主从 RS 触发器

主从 RS 触发器由两个 RS 触发器和一个反相器组成，如图 5.2.11 所示。其中，门 G_1 ~ G_4 组成的 RS 触发器称为从触发器，G_5 ~ G_8 门组成的 RS 触发器称为主触发器。反相器的作用是使主触发器和从触发器的时钟信号相位相反。

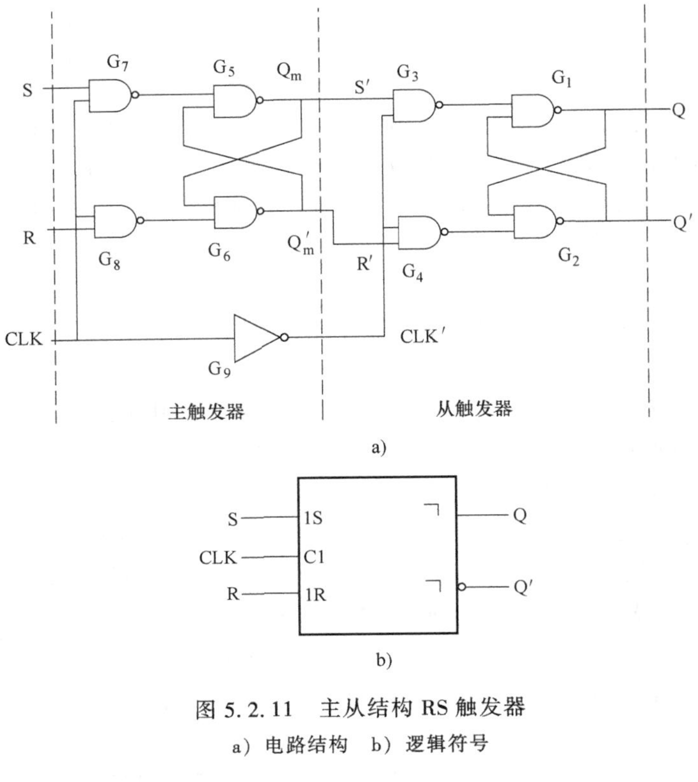

图 5.2.11 主从结构 RS 触发器

a）电路结构 b）逻辑符号

当 CLK = 1 时，主触发器的输入门 G_7 和 G_8 打开，主触发器根据 R、S 的状态触发翻转；同时，由于 CLK 经 G_9 反相后是低电平，G_3 和 G_4 门被封锁，从触发器的状态保持不变。

当 CLK 从 1 变成 0，情况则相反，G_7 和 G_8 门被封锁，输入信号 R、S 不影响主触发器的状态。G_9输出高电平，使从触发器的 G_3 和 G_4 门打开，从触发器根据主触发器的状态触发翻转。从触发器的翻转发生在 CLK 由 1 变 0 的时刻（CLK 的下降沿）。表 5.2.6 是主从 RS 触发器的特性表。

表 5.2.6　主从 RS 触发器的特性表

CLK	S	R	Q	Q^*
—	×	×	×	Q^n
⎍↓	0	0	0	0
⎍↓	0	0	1	1
⎍↓	0	1	0	0
⎍↓	0	1	1	0
⎍↓	1	0	0	1
⎍↓	1	0	1	1
⎍↓	1	1	0	1^*
⎍↓	1	1	1	1^*

CLK 信号就是触发器的时钟脉冲。有 CLK 信号的触发器是真正意义的触发器-时钟触发器。主从 RS 触发器的状态变化被 CLK 信号同步。在数字电路系统中，如果各个触发器的 CLK 信号都来自同一个时钟脉冲，就可以保证它们的状态变化发生在同一个时刻，这就是同步的逻辑电路。否则就是异步逻辑电路。

在表 5.2.6 中，不再像电平触发那样用 0 和 1 表示 CLK 的状态，而是用“⎍↓”图形表示有效的时钟信号是 CLK 的下降沿。CLK 的其他状态都不发生触发器的状态转换。

主从 RS 触发器的逻辑符号中的“┐”表示“延迟输出”，即触发器在 CLK = 1 期间并不转换状态，而是在 CLK 从 1 变 0 的时刻（CLK 的下降沿）才发生状态转换。主从 RS 触发器仍然有 S 和 R 不能同时为 1 的约束。当 CLK 信号以低电平为有效信号时，在 CLK 输入端加小圆圈，输出状态的变化发生在 CLK 脉冲的上升沿。

[例 5.2.4]　设某一个主从 RS 触发器的初始状态为 Q = 0 如图 5.2.12 所示，画出该触发器在图 5.2.12 的输入波形下 Q 和 Q′的输出波形。

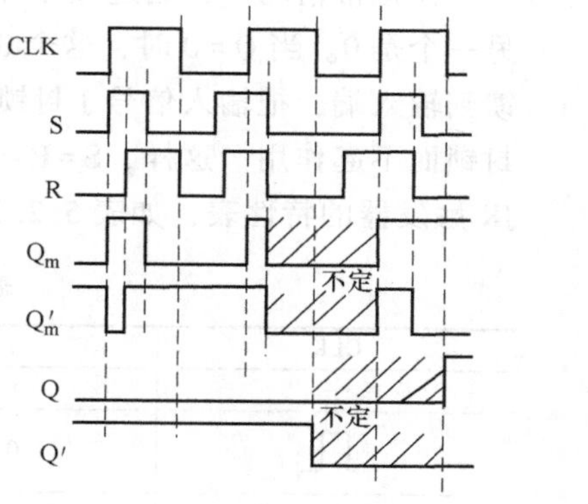

图 5.2.12　例 5.2.4 的电压波形

解：主从 RS 触发器在 CLK = 1 时，主触发器接收 S 和 R 信号的变化并改变相应状态，但从触发器的状态保持不变。在 CLK 由 1 变 0 的时刻（CLK 的下降沿），从触发器按照主触发器的状态翻转，而主触发器的状态保持不变。为了便于画输出波形图，可以分两步走。即先根据图 5.2.12 的输入波形画出主触发器的输出波形，然后再把主触发器的输出波形作为从触发器的输入波形画出主从 RS

触发器的输出波形。如果在 CLK = 1 期间，输入 S、R 有多次变化，需要逐个分析其对主触发器的状态影响。

在图 5. 2. 12 中，特别要注意，S = R = 1 的情况出现了三次。其中，在第二个时钟脉冲高电平期间，当 S = R = 1 后 S 和 R 同时变成 0，触发器出现不定状态。

2. 主从 JK 触发器

虽然从触发器在一个时钟周期里只能改变一次，提高了主从结构 RS 触发器的抗干扰能力，但是如果在 CLK = 1 期间输入 S、R 有多次变化，主触发器仍然会随着多次翻转。而且主从 RS 触发器还存在 S 和 R 不能同时为 1 的约束。要解决这两个问题，还需进一步分析和改进主从触发器的电路结构。

把主从 RS 触发器的互补的输出分别交叉反馈到触发器的输入门，如图 5. 2. 13 所示，就得到一个新的触发器电路。为了与主从 RS 触发器有所区别，把输入信号的名称 S 和 R 分别改成 J 和 K，这就是主从 JK 触发器。虽然主从 JK 触发器只比主从 RS 触发器多了两条内部连线，但是性能得到了很大提升，输入 J、K 没有约束条件的限制。

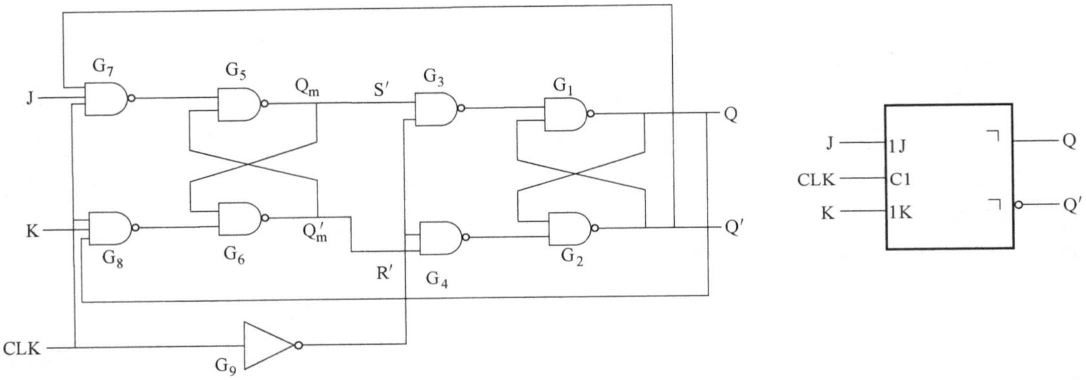

a) b)

图 5. 2. 13 主从结构 JK 触发器

a）电路结构 b）逻辑符号

在正常情况下，通过数字系统初始化过程，触发器的输出信号 Q 和 Q′总有一个是 1，另一个是 0。当 Q = 0 时，这个 0 反馈到输入端，把输入信号 K 封锁。当 Q′ = 0 时，这个 0 反馈到输入端，把输入信号 J 封锁。因此，即使出现 J = K = 1 的情况，这两个 1 中总有一个被封锁而不起作用。这样，S = R = 1 的情况就永远不会出现了。分析电路功能，可以得到主从 JK 触发器的特性表，如表 5. 2. 7 所示。

表 5. 2. 7 主从 JK 触发器的特性表

CLK	J	K	Q	Q^*
—	×	×	×	Q^n
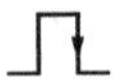	0	0	0	0
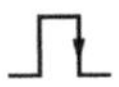	0	0	1	1

（续）

CLK	J	K	Q	Q^*
⎍	0	1	0	0
⎍	0	1	1	0
⎍	1	0	0	1
⎍	1	0	1	1
⎍	1	1	0	1
⎍	1	1	1	0

假设电路初始状态为 1，即 $Q=1$，$Q'=0$，结合电路 5.2.13 进行逻辑分析：

当 $J=1$、$K=0$ 时，相当于 RS 触发器的 $S=1$、$R=0$，其作用是使触发器置 1。

当 $J=0$、$K=1$ 时，相当于 RS 触发器的 $S=0$、$R=1$，其作用是使触发器置 0。

当 $J=0$、$K=0$ 时，相当于 RS 触发器的 $S=0$、$R=0$，其作用是使触发器保持状态不变。

当 $J=1$、$K=1$ 时，分 $Q=0$ 和 $Q=1$ 两种情况进行分析。如果触发器的现态 $Q=0$，输入信号 K 被封锁，实际上相当于 $J=1$、$K=0$，使触发器置 1。如果触发器的现态 $Q=1$，输入信号 J 被封锁，实际上相当于 $J=0$、$K=1$，使触发器置 0。也就是说，当 $J=1$、$K=1$ 时，触发器发生翻转，$Q^*=Q'$，不会出现非法状态和不定状态。

由于主从 JK 触发器的两个输入端 J 和 K 在任何时刻都有一个被封锁，在 $CLK=1$ 期间，如果输入信号 J、K 发生多次变化，主触发器的状态最多只会改变一次。

[例 5.2.5]　图 5.2.13 所示的主从 JK 触发器的 J、K 和 CLK 的输入波形如图 5.2.14 所示。试分析并画出 Q 和 Q' 的输出波形。设触发器的初始状态为 $Q=0$。

解：在 $CLK=1$ 期间，如果输入信号可以使触发器的状态改变，主触发器的状态最多只会改变一次，决定最后状态的是在 $CLK=1$ 期间主触发器状态的第一次翻转；题目中 $CLK=1$ 期间，主触发器输入 J、K 都有过变化。参照表 5.2.7 进行主触发器状态分析，从 JK 触发器的状态在 CLK 的下降沿时改变。可以画出图 5.2.14 所示的时序图。

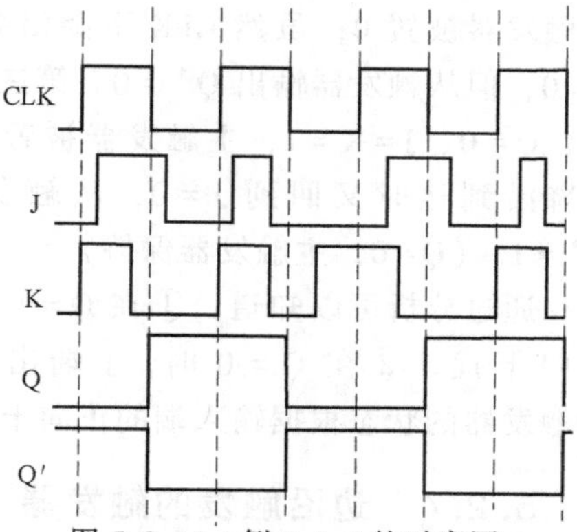

图 5.2.14　例 5.2.5 的时序图

由于主从 JK 触发器没有约束条件，因此在画波形图时可以先分析完成 Q 的波形，最后将 Q 的波形取“非”就是 Q' 的波形。

3. 动作特点

主从结构触发器由两级触发器构成。主从触发器的动作特点是：

1）触发器的翻转分两步动作。第一步，主触发器在 $CLK=1$ 期间接收输入信号，并置成相应的状态，而从触发器的状态保持不变。第二步，当 CLK 下降沿到来时，主触发器的状态不变，而从触发器按照主触发器的状态翻转。在每个时钟周期里，主从结构触发器的输出 Q 和 Q′的状态只在 CLK 的下降沿发生变化，在其他时刻都不改变，提高了主从结构触发器的抗干扰能力。

2）由于主触发器本身是一个同步 RS 触发器（门控 SR 锁存器），因此在 CLK = 1 的全部时间里所有输入信号（包括干扰信号）都能影响主触发器的状态。

在分析输入信号在 CLK = 1 期间对触发器状态的作用时，不仅要注意上述两个动作特点，还要注意主从 RS 触发器和主从 JK 触发器在 CLK = 1 期间的表现各不相同。

1）如果主从 RS 触发器的输入信号 S、R 在 CLK = 1 期间有多次变化，当 CLK 下降沿到来时，主触发器的状态取决于最后一个能够使主触发器翻转的输入信号组合。

2）如果主从 JK 触发器的输入信号 J、K 在 CLK = 1 期间有多次变化，当 CLK 下降沿到来时，主触发器的状态取决于第一个使主触发器翻转的输入信号组合。

只有在 CLK = 1 的全部时间里输入信号始终稳定不变的情况下，才能根据 CLK 下降沿到来时输入信号的组合决定触发器的次态。

[例 5.2.6]　图 5.2.13 所示主从 JK 触发器的 J、K 和 CLK 的输入波形如图 5.2.15 所示，试分析并画出 Q 和 Q′的输出波形。设触发器的初始状态为 Q = 0。

解：第 1 个和第 2 个 CLK = 1 期间，J、K 没有干扰信号，根据输入，可以分析下降沿到来时，Q = 1。第二个 CLK = 1 期间，Q = 1、J = 0、K = 1，主触发器被置 0；虽然 CLK 下降沿到达时又回到 K = 0，但从触发器输出 $Q^* = 0$。第三个 CLK = 1 期间，Q = 0、J = K = 1，主触发器被置 1，虽然 CLK 下降沿到达时又回到 J = 0，从触发器保持输出 $Q^* = 1$。（Q = 0，主触发器保持）

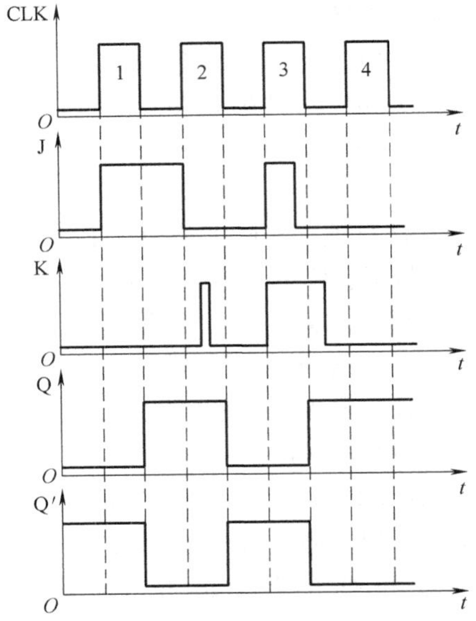

图 5.2.15　例 5.2.6 图

通过分析可以知道：①在 Q = 1 时，K 端出现正向干扰。②在 Q = 0 时，J 端出现正向干扰。③触发器的状态根据输入端的正向干扰信号改变一次的现象称为一次变化现象。

5.2.4　边沿触发的触发器

一次变化现象降低了主从 JK 触发器的抗干扰能力。为了提高触发器的可靠性，增强抗干扰能力，主从 JK 触发器在使用时要求 J、K 信号在 CLK 上升沿前加入，CLK = 1 期间保持不变，在 CLK 下降沿时触发器状态发生改变。因此研究具备上述特点的触发器对提升触发器的抗干扰能力尤为重要。目前主要种类有边沿触发器、维持阻塞触发器、用门电路 t_{pd} 的边沿触发器等，本书主要分析边沿触发器的工作特点。

1. 边沿触发器的工作特点

边沿触发器从结构上来分，可以分为主从型和维持阻塞型触发器等。不论什么类型，其工作特点都相同。边沿触发器的工作方式又分为上升沿触发方式和下降沿触发方式两种。仅在时钟脉冲 CLK 的上升沿才接受触发信号，改变电路的输出状态，在其他时刻（包括CLK=0、CLK=1和 CLK 由 1 变 0 时刻）电路输出都保持不变的触发方式称为上升沿触发。仅在时钟脉冲 CLK 下降沿才接受触发信号，从而改变电路输出状态，在其他时刻电路输出都保持不变的触发方式称为下降沿触发。下面仅以常用的 JK 触发器和 D 触发器为例，分别用“↑”和“↓”表示 CLK 的上升沿和下降沿，如图 5. 2. 16 和图 5. 2. 17 所示。用两个电平触发 D 触发器组成的边沿触发器如图 5. 2. 18 所示，主要利用了 D 触发器的跟随特性。利用 CMOS 传输门组成的边沿触发器结构如图 5. 2. 19 所示。

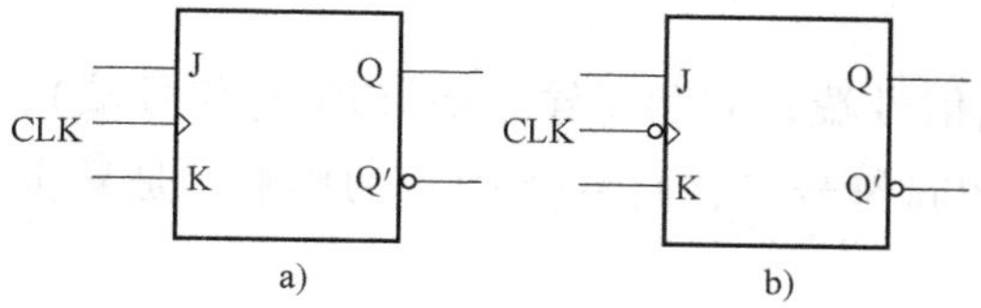

图 5. 2. 16　边沿 JK 触发器逻辑符号

a）上升沿触发 JK 触发器　b）下降沿触发 JK 触发器

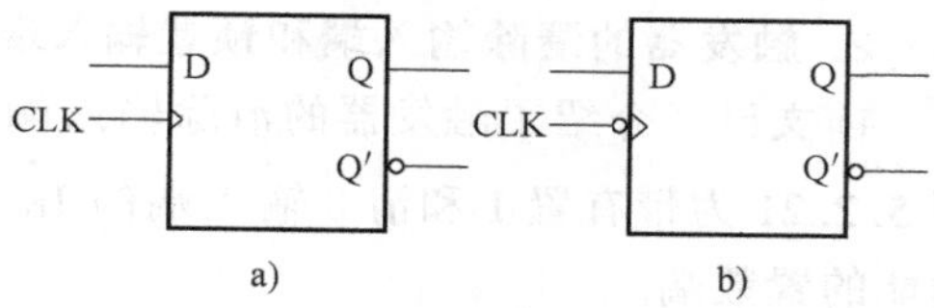

图 5. 2. 17　边沿 D 触发器逻辑符号

a）上升沿触发 D 触发器　b）下降沿触发 D 触发器

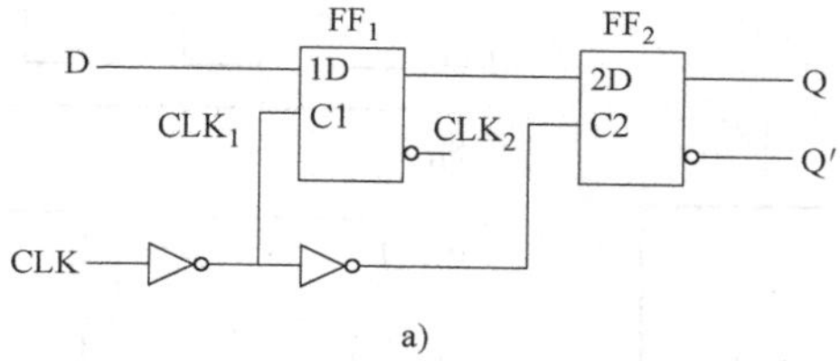

特性表

CLK	D	Q^*
0	×	Q
↑	0	0
↑	1	1

b)

图 5. 2. 18　边沿触发器电路与特性表

a）电路　b）特性表

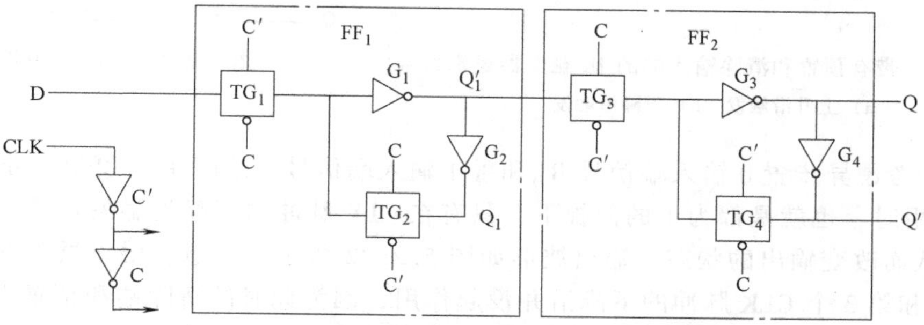

图 5. 2. 19　用 CMOS 传输门组成的边沿触发器结构

［例 5. 2. 7］　分析图 5. 2. 19 中 CMOS 传输门的边沿触发器的工作原理。

解：（1）CLK=0 时，主触发器中 TG_1 导通，TG_2 断开，从触发器中，TG_3 断开，TG_4 导通，Q 保持反馈通路接通，进入自锁状态。

（2）CLK 上升沿到来后，主触发器 TG_1 断开，TG_2 导通。主触发器保持之前的状态 D。这时从触发器 TG_3 导通，TG_4 断开，Q=D，反馈通路断开。

（3）通过分析，可以看出 Q^* 的变化发生在 CLK 的上升沿，并且 Q^* 仅仅取决于上升沿到达时输入的状态，而与此前、此后的状态无关。

[例 5.2.8] 上升沿触发的 D 触发器，初始状态假设为 0，在给定 CLK 和 D 的波形（如图 5.2.20 所示）下，试画出相应输出 Q 的波形图。

解：只需考虑每一个 CLK 上升沿到来前瞬间 D 的状态变化。由于边沿触发方式的特殊性，新状态仅取决于 CLK 上升沿时刻的输入信号，而与 Q 无关。Q 端的波形如图 5.2.20 所示。

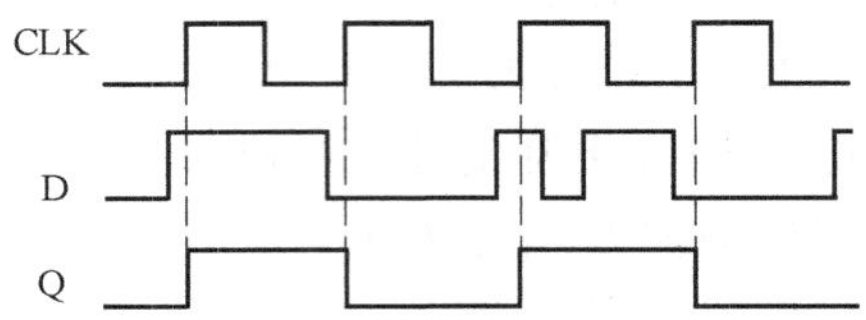

图 5.2.20 例 5.2.8 图

由此可见，边沿触发器在一个时钟脉冲的作用下最多只能翻转一次。

2. 触发器的清除输入端和预置输入端

前文已经介绍了触发器的清除输入端（即 R'_D信号端）和预置输入端（即 S'_D信号端），图 5.2.21 为带有置 1 和清 0 输入端的 JK 触发器逻辑符号，它们不受 CLK 的影响，是异步功能的置数端。

[例 5.2.9] 如图 5.2.22 所示，一个下降沿触发的 JK 触发器，在给定 CLK、J、K 以及 R'_D和 S'_D波形的情况下，试画出相应输出 Q 的波形图。

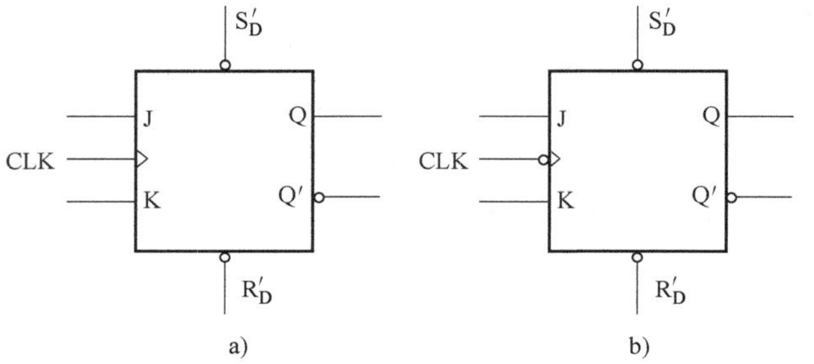

图 5.2.21 带有预置和清除输入端的 JK 触发器逻辑符号
a）上升沿触发 b）下降沿触发

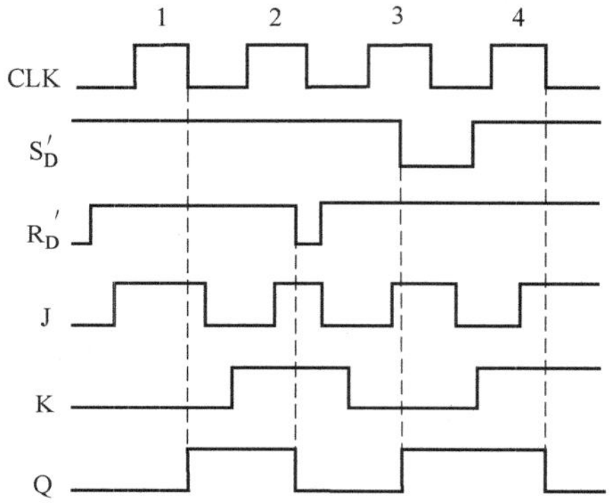

图 5.2.22 例 5.2.9 图

解：①考虑异步置 0 输入端信号 R'_D和置 1 输入端信号 S'_D的作用。②进一步分析在R'_D和 S'_D不作用时，也就是都为 1 的前提下，只有在 CLK 脉冲的下降沿触发器才接受触发输入信号，从而改变输出的状态。输出波形如图 5.2.22 所示。注意，触发器的初始状态为 0，第 2 个和第 3 个 CLK 脉冲的下降沿并没起作用，因为此时的清除端和预置端低电平分别为有效。

边沿触发器的动作特点：触发器的次态仅取决于时钟信号的上升沿（或者下降沿）到达时输入的逻辑状态，而在这以前或以后，输入信号的变化对触发器输出的状态没有影响。边沿触发器有效地提高了触发器的抗干扰能力，因而也提高了电路的工作可靠性。

5.2.5 触发器的逻辑功能及其描述方法

5.2.2~5.2.4 小节从触发器的电路结构方面对触发器的动作特点进行了分析，本小节从触发器的逻辑功能方面进行分析，通常从触发器次态和现态以及输入信号之间的关系上，可以将触发器分为 RS 触发器、D 触发器、JK 触发器和 T 触发器等几种类型。描述触发器逻辑功能的常用方式有：特性方程、驱动方程、输出方程、状态转换图、时序图。状态转换图则用图形来描述触发器的转换和相应驱动信号的关系。时序图反映了时钟控制信号、输入信号、触发器状态变化的时间对应关系。

1. RS 触发器

前面所讲的同步 RS 触发器和主从 RS 触发器统称为 RS 触发器，它们的逻辑功能本质上是相同的，都符合表 5.2.8 所规定的逻辑功能，其区别主要是时钟控制方式不同。

表 5.2.8　RS 触发器特性表

R	S	Q	Q^*	R	S	Q	Q^*
0	0	0	0	1	0	0	0
0	0	1	1	1	0	1	0
0	1	0	1	1	1	0	不确定
0	1	1	1	1	1	1	不确定

（1）特性方程

特性方程指触发器次态与输入信号和电路原有状态之间的逻辑关系式。把 Q 作为输入，按照前面所讲的由真值表写表达式的方法，先填写次态/现态-输入信号卡诺图，把约束条件作为无关项参与化简，如图 5.2.23 所示，可以把特性表规定的逻辑关系写成逻辑表达式的形式。RS 触发器的特性方程如式（5-4）所示。

$$\begin{cases} Q^*=S+R'Q \\ RS=0(\text{约束条件}) \end{cases} \tag{5-4}$$

（2）状态转换图

状态转换图表示触发器从一个状态变化到另一个状态或保持原状不变时，对输入信号的要求。用圆圈及其内的标注表示电路的所有稳态，用箭头表示状态转换的方向，箭头旁的标注表示状态转换的条件。图 5.2.24 所示为 RS 触发器的状态转换图。

注意：RS 触发器是指带有钟控信号的，因此前面所讲的基本 RS 触发器不属于这里讲的 RS 触发器。

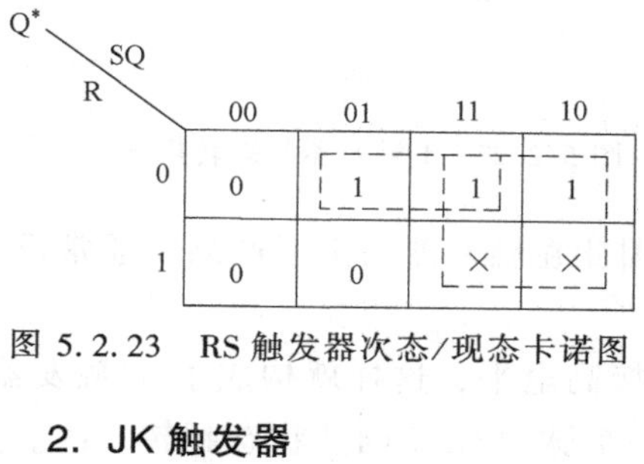

图 5.2.23　RS 触发器次态/现态卡诺图

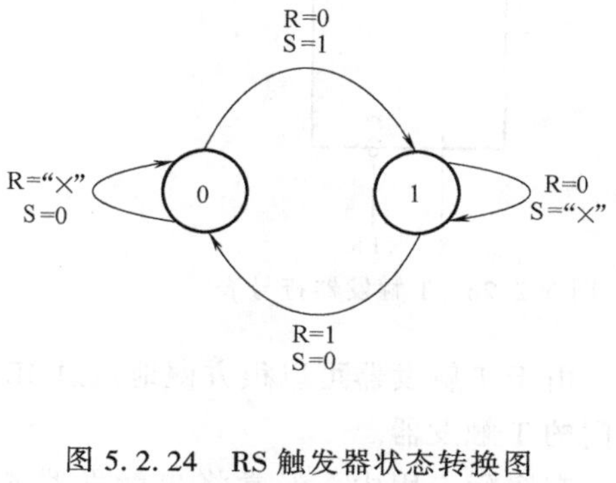

图 5.2.24　RS 触发器状态转换图

2. JK 触发器

逻辑功能符合表 5.2.9 所规定的带有钟控信号的触发器称为 JK 触发器。

表 5.2.9　JK 触发器特性表

J	K	Q	Q^*	J	K	Q	Q^*
0	0	0	0	1	0	0	1
0	0	1	1	1	0	1	1
0	1	0	0	1	1	0	1
0	1	1	0	1	1	1	0

按照和 RS 触发器同样的方法，列出次态/现态-输入信号卡诺图并化简，可以得到 JK 触发器的特性方程如式（5-5）所示。

$$Q^*=JQ'+K'Q \tag{5-5}$$

根据特性表可以画出 JK 触发器的状态转换图，如图 5.2.25 所示。

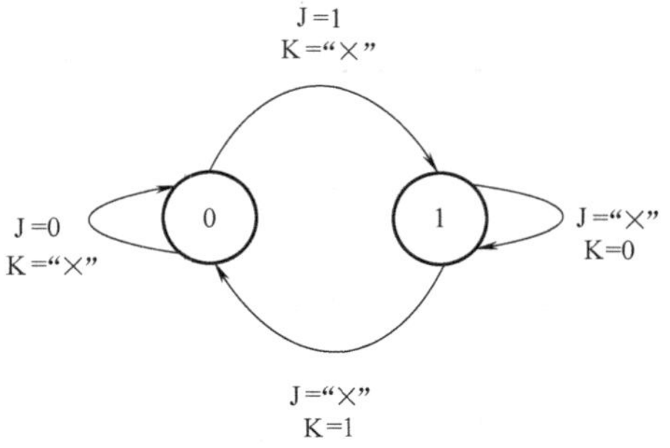

图 5.2.25　JK 触发器状态转换图

3. T 触发器

如果将 JK 触发器的输入端 J 和 K 连在一起作为 T 输入端就构成了 T 触发器。T=0 时，当 CLK 到来时，状态保持不变；T=1 时，每来一个 CLK 翻转一次。其特性如表 5.2.10 所示，逻辑符号如图 5.2.26 所示。

表 5.2.10　T 触发器特性表

T	Q	Q^*	T	Q	Q^*
0	0	0	1	0	1
0	1	1	1	1	0

从特性表可以写出 T 触发器的特性方程如式（5-6）所示。

$$Q^*=TQ'+T'Q \tag{5-6}$$

T 触发器的状态转换图如图 5.2.27 所示。

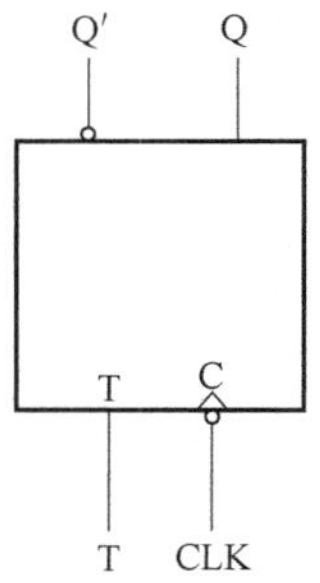

图 5.2.26　T 触发器符号表

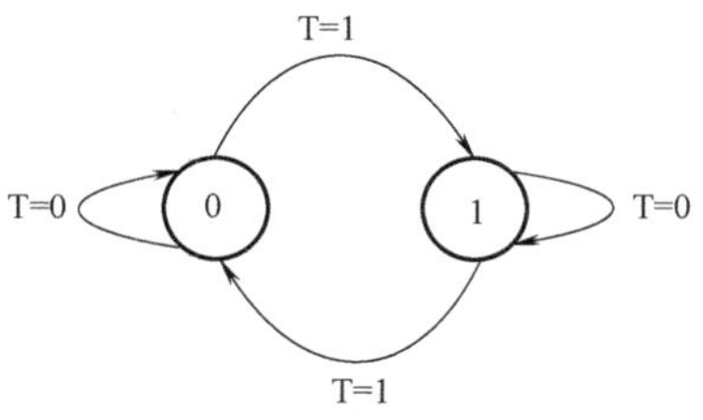

图 5.2.27　T 触发器状态转换图

由于 T 触发器可以很方便地通过 JK 触发器构成，因此在触发器的定型产品中通常没有专门的 T 触发器。

在实际应用中，经常将 T 触发器的输入端 T 固定接高电平，这样就构成了 T′触发器。其工作特性是只有 CLK 输入端，无数据输入端，每来一个脉冲 CLK 则其状态翻转一次。其特性方程如式（5-7）所示。

$$Q^{*}=Q' \tag{5-7}$$

4. D 触发器

逻辑功能符合表 5.2.11 所规定的带有钟控制信号的触发器称为 D 触发器。

表 5.2.11　D 触发器特性表

D	Q	Q^*	D	Q	Q^*
0	0	0	1	0	1
0	1	0	1	1	1

从特性表可以写出 D 触发器的特性方程，如式(5-8)所示。

$$Q^{*}=D \tag{5-8}$$

根据特性表可以画出 D 触发器的状态转换图，如图 5.2.28 所示。

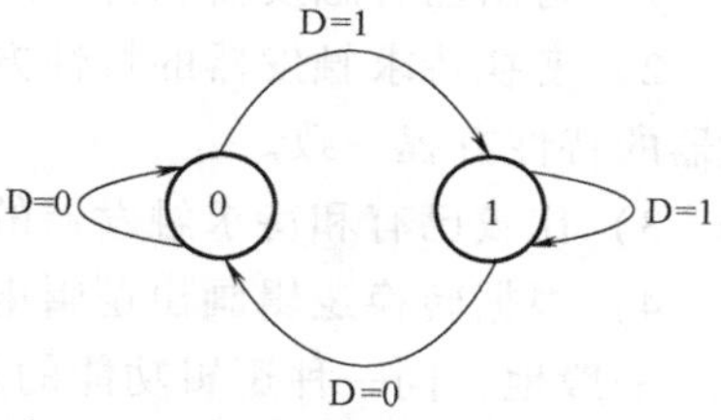

图 5.2.28　D 触发器状态转换图

在以上的几类触发器中，除去 RS 触发器有约束条件外，其他触发器都没有约束条件。而且，对于这几种触发器的时钟控制，只画出了其中的一种，但其时钟控制都有两种，即高电平或低电平，上升沿或下降沿，在使用时根据实际给出的状态进行区分。

5.2.6　触发器的动态特性

1. 动态参数

(1) 平均传输时间 t_{pd}

它的定义是指从时钟信号的动作沿（例如，主从触发器是指 CLK 的下降沿，维持阻塞触发器是指 CLK 的上升沿）开始，到触发器输出状态稳定为止的持续时间。通常输出端由高电平变为低电平的传输时间称为 t_{CPHL}，从低电平变为高电平的传输时间为 t_{CPLH}，一般 t_{CPHL} 比 t_{CPLH} 大一级门的延迟时间，这是对时钟脉冲 CLK 的要求。

(2) 最高时钟频率 f_{max}

f_{max} 是触发器在计数状态下能正常工作的最高频率，是表明触发器工作速度的一个指标。在测定 f_{max} 时，必须在规定的负载条件下进行，因为测得的结果和负载状况有关系。

2. JK 主从触发器的脉冲工作特性

为了正确使用触发器，不仅需要了解触发器的逻辑功能、主要参数，而且需要掌握触发器的脉冲工作特性，即触发器对时钟脉冲、输入信号以及它们之间互相配合的要求。

由于主从 JK 触发器存在一次变化现象，因此输入端 J、K 的信号必须在 CLK 下降沿前加入，并且不允许在 CLK=1 期间发生变化。为了工作可靠，CLK=1 的状态必须保持一段时间，直到主触发器的输出端电平稳定，这段时间称为维持时间 t_{CPH}。不难看出，t_{CPH} 应大于一级"与"门和三级"与非"门的传输延迟时间。

从 CLK 下降沿到触发器输出状态稳定，也需要一定的延迟时间 t_{CPH}。从时钟脉冲触发沿开始，到输出端 Q 由 0 变 1 所需的延迟时间称为 t_{CPLH}，把从 CLK 触发沿开始，到输出端 Q′由 1 变 0 的延迟时间称为 t_{CPHL}。

为了使触发器可靠翻转，要求 $t_{CPL}>t_{CPHL}$。

综上所示，JK 主从触发器要求 CLK 的最小工作周期 $T_{min}=t_{CPH}+t_{CPL}$，其脉冲工作特性如图 5.2.29 所示。

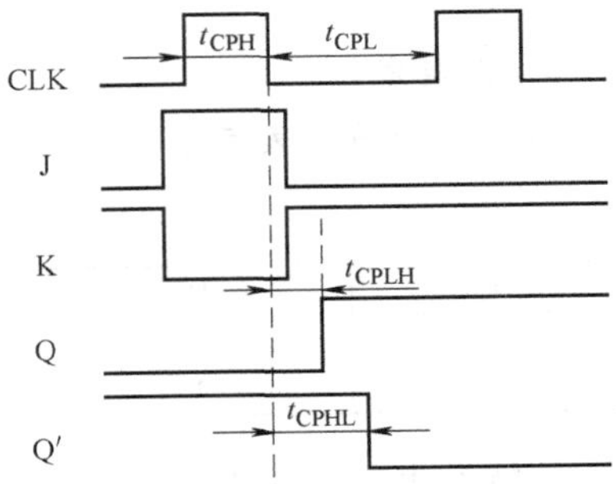

图 5.2.29　主从 JK 触发器的脉冲工作特性

5.2.7　不同逻辑功能触发器之间的相互转换

利用已有触发器和待求触发器的特性方程相等的原则，求出转换逻辑，得到被转换触发器的驱动方程。主要方法如下：

1）写出已有触发器和待求触发器的特性方程。

2）变换待求触发器的特性方程，使之形式与已有触发器的特性方程一致。

3）比较已有和待求触发器的特性方程，根据两个方程相等的原则求出转换逻辑。

4）根据转换逻辑画出逻辑电路图。

一般地，同一种逻辑功能的触发器可以用不同的电路结构实现。反过来，同一种电路结构形式可以作为不同逻辑功能的触发器。

[例 5.2.10]　现有一个 D 触发器，通过增加适当门电路转换为 T 触发器。

解：已有 D 触发器的特性方程：$Q^*=D$

待求触发器 T 的特性方程并进行变化：

$$Q^*=TQ'+T'Q=T\oplus Q$$

比较已有 D 和待求触发器 T 的特性方程，求出转换逻辑：

$$D=T\oplus Q$$

画出转换逻辑电路图，如图 5.2.30 所示。

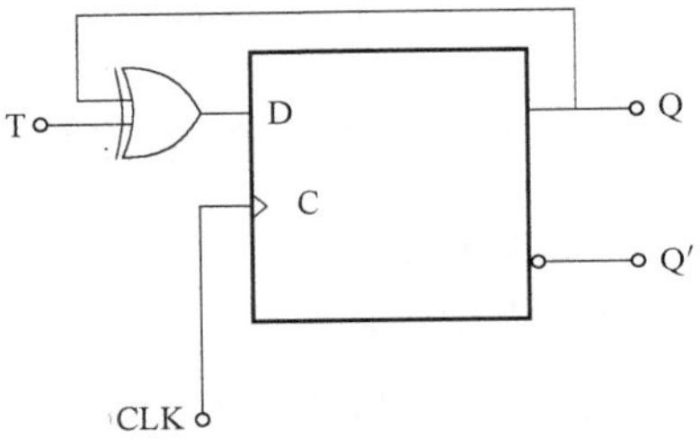

图 5.2.30　例 5.2.10 图

5.2.8　CD4027 芯片介绍

CD4027 是一种 CMOS 双 JK 主从触发器芯片。每个芯片包括两个相同的互补对称 JK 主从触发器，每个触发器有独立的 J、K、CLK、SET、RESET 输入和缓冲输出 Q 和 $\overline{Q}$，其结构如图 5.2.31a 所示，逻辑电路如图 5.2.31b 所示。基于逻辑电路图的真值表如表 5.2.12 所示。

表 5.2.12　CD4027 真值表

现态					CL*	次态		
输入				输出		输出		
J	K	S	R	Q		Q	Q′	
1	×	0	0	0	↑	1	0	
×	0	0	0	1	↑	1	0	
0	×	0	0	0	↑	0	1	
×	1	0	0	1	↑	0	1	

（续）

现态					CL*	次态		
输入				输出		输出		
J	K	S	R	Q		Q	Q′	
×	×	0	0	×	↘			不变
×	×	1	0	×	×	1	0	
×	×	0	1	×	×	0	1	
×	×	1	1	×	×	1	×	

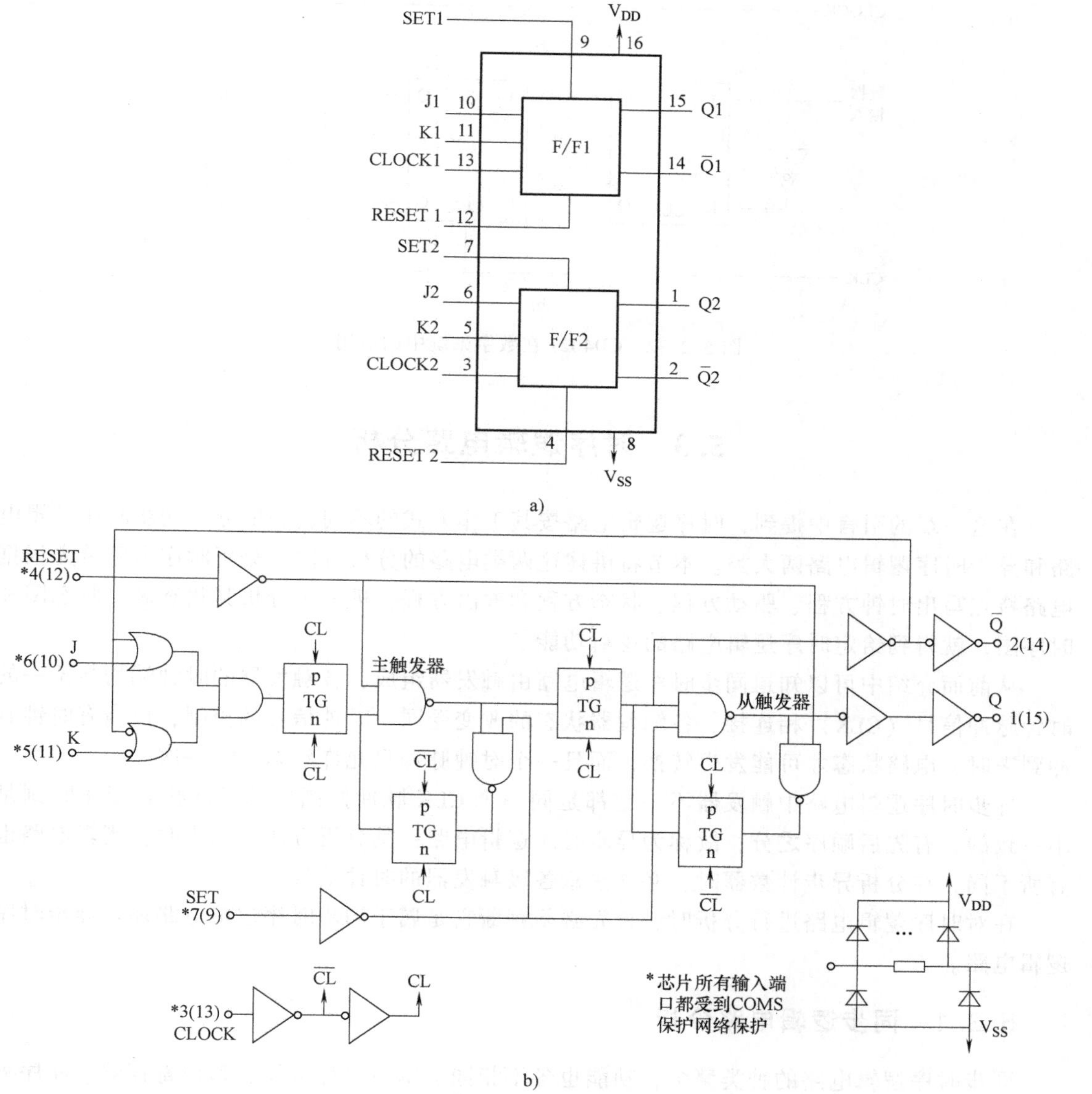

图 5.2.31　CD4027 结构功能和逻辑电路

a）结构图　b）逻辑电路图

CD4027 常用于数字系统中的寄存器、计数器和控制电路中，图 5.2.32a 所示为由触发器构成的二进制异步计数器，图 5.2.32b 所示为由触发器构成的移位寄存器电路。

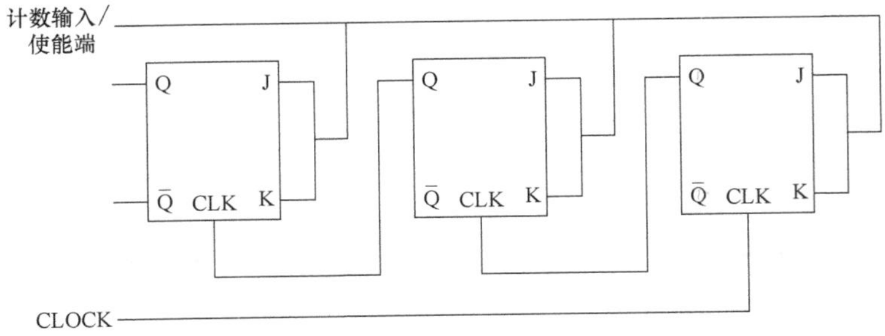

a)

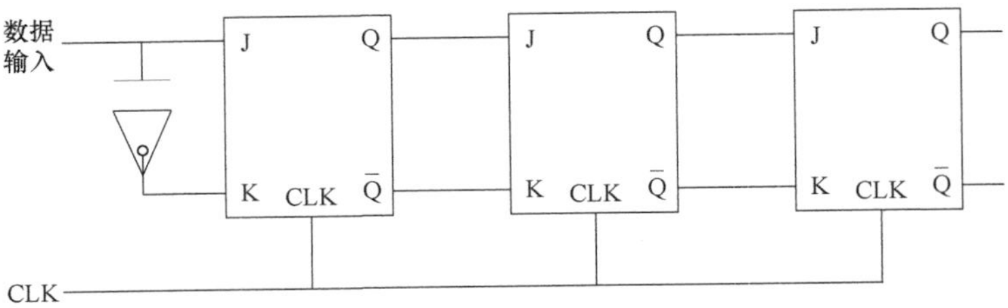

b)

图 5.2.32　CD4027 在数字系统中的应用

5.3　时序逻辑电路分析

在这一章的引言中提到，时序逻辑电路按其工作方式的不同，一般分为同步时序逻辑电路和异步时序逻辑电路两大类。本节将讲述这两类电路的分析方法。分析时序电路首先根据电路特点写出时钟方程、驱动方程、状态方程和输出方程，进一步分析其状态表、状态图和时序图，就得到给定时序逻辑电路的逻辑功能了。

从前面介绍中可以知道同步时序逻辑电路由触发器组成，各触发器的时钟端均与统一的时钟脉冲信号（CLK）相连接，各触发器状态的改变受同一时钟信号的控制，仅当有时钟脉冲到来时，电路状态才可能发生转换，而且一个时钟脉冲只允许状态改变一次。

异步时序逻辑电路中触发器不一定都是同一个 CLK 脉冲控制，触发器状态变化时刻是不一致的，有先后顺序之分，故称为异步时序逻辑电路；其分析方法与同步时序逻辑电路也有所不同，在分析异步计数器时，必须注意各级触发器的时钟信号。

在对时序逻辑电路进行分析时，首先必须判断它是属于同步时序逻辑电路还是异步时序逻辑电路。

5.3.1　同步逻辑电路分析

同步时序逻辑电路的种类繁多，功能也各不相同。本节以计数器、移位寄存器、m 序列产生器等几类在数字逻辑系统中最为常见的同步时序逻辑电路为主要对象，介绍其基本的电路分析过程与方法。这些分析方法对于更一般的同步时序逻辑电路也是适用的。

同步时序逻辑电路分析的任务是根据给定的同步时序逻辑电路，分析在输入信号及时钟脉冲信号作用下电路的输出以及所完成的逻辑功能，主要包括触发器的驱动方程、触发器的状态方程、输出方程、状态转移表、状态转换图和工作波形图等。

1. 状态转换表

若将任何一级输入变量及电路初态的取值代入状态方程和输出方程，即可算出电路的次态和现态下的输出值，以得到的次态作为新的初态，和这时的输入变量取值一起再代入状态方程和输出方程进行计算，又得到一组新的次态和输出值。如此继续下去，把全部的计算结果列成真值表的形式，就得到了状态转换表。

2. 状态转换图

为了以更加形象的方式直观地显示出时序电路的逻辑功能，可以进一步把状态转换表的内容表示成状态转换图的形式。将状态转换表的形式表示为状态转换图，是以小圆圈表示电路的各个状态，圆圈中填入存储单元的状态值，圆圈之间用箭头表示状态转换的方向，在箭头旁注明输入变量取值和输出值，输入和输出用斜线分开，斜线上方写输入值，斜线下方写输出值。

3. 时序图

为便于用试验观察的方法检查时序电路的逻辑功能，还可以将状态转换表的内容画成时间波形的形式。在时钟脉冲序列作用下，电路状态、输出状态随时间变化的波形图叫作时序图。

4. 分析步骤

分析同步时序逻辑电路一般步骤：

1）根据给定的电路，写出它的输出方程和驱动方程。时序逻辑电路的时钟都是统一的，因此时钟方程也可以省略不写。

2）将驱动方程代入触发器的特性方程，得到各个触发器的状态方程。

3）根据状态方程和输出方程进行计算，求出各种不同输入和现态情况下电路的次态和输出，再根据逻辑运算结果列状态表。

4）画状态图和时序图，分析逻辑功能。

[例 5.3.1]　分析图 5.3.1 所示的同步时序逻辑电路。

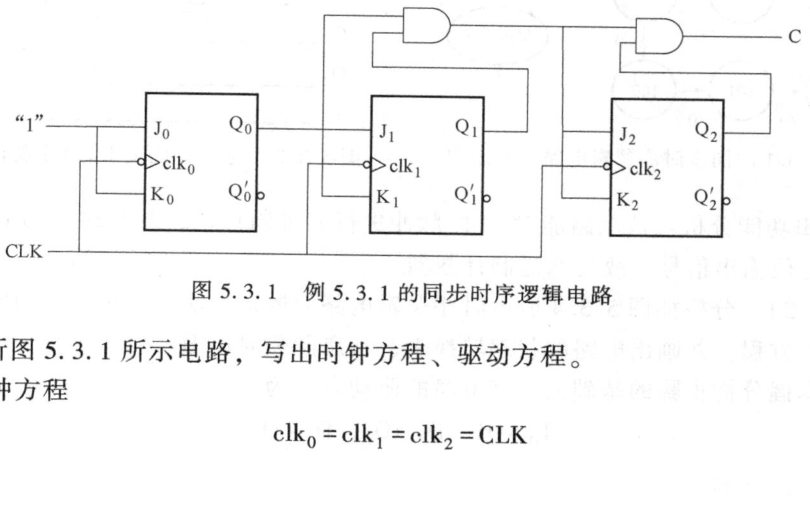

图 5.3.1　例 5.3.1 的同步时序逻辑电路

解： 分析图 5.3.1 所示电路，写出时钟方程、驱动方程。

（1）时钟方程

$$clk_0 = clk_1 = clk_2 = CLK$$

因此可以确定这是个同步时序逻辑电路。

（2）输出方程

$$C=Q_0Q_1Q_2$$

（3）驱动方程

$$J_0=K_0=1$$

$$J_1=K_1=Q_0$$

$$J_2=K_2=Q_0Q_1$$

（4）将驱动方程代入 JK 触发器的特性方程 $Q^*=JQ'+K'Q$ 中，求各个触发器的状态方程。各个触发器的状态方程为

$$Q_0^*=Q_0'$$

$$Q_1^*=Q_0Q_0'+Q_0'Q_1$$

$$Q_2^*=Q_0Q_1Q_2'+(Q_0Q_1)'Q_2$$

（5）根据状态方程和输出方程进行计算，列状态转换表，如表 5.3.1 所示。

表 5.3.1　例 5.3.1 的同步时序逻辑电路的状态转换表

Q_2	Q_1	Q_0	Q^*_2	Q^*_1	Q^*_0	C
0	0	0	0	0	1	0
0	0	1	0	1	0	0
0	1	0	0	1	1	0
0	1	1	1	0	0	0
1	0	0	1	0	1	0
1	0	1	1	1	0	0
1	1	0	1	1	1	0
1	1	1	0	0	0	1

状态转换表、转换图、时序图等都是描述时序电路状态转换全过程的方法，它们之间是可以相互转换的。通过表 5.3.1 可以得到转换图、时序图。

（6）画状态图和时序图，分别如图 5.3.2 和图 5.3.3 所示。

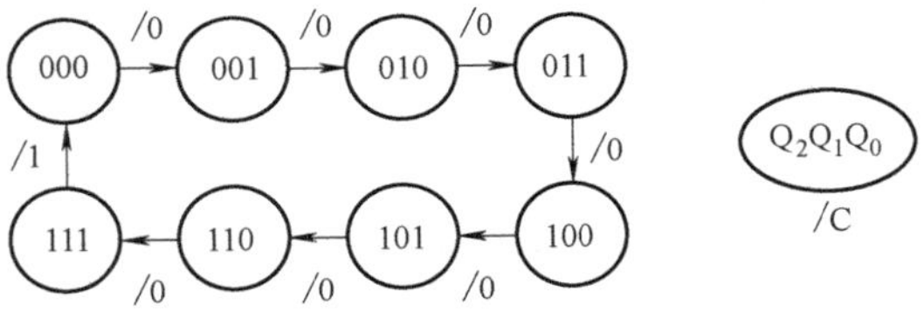

图 5.3.2　例 5.3.1 的同步时序逻辑电路的状态图

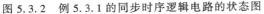

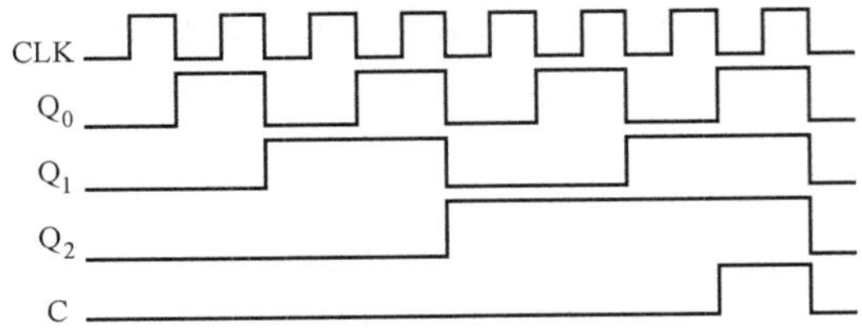

图 5.3.3　例 5.3.1 的同步时序逻辑电路的时序图

（7）逻辑功能分析：该电路能对 CLK 脉冲进行 8 进制计数，并在输出端 C 输出脉冲的下降沿作为进位输出信号。故为八进制计数器。

［例 5.3.2］　分析如图 5.3.4 所示时序逻辑电路的逻辑功能，写出电路的驱动方程、状态方程和输出方程，并画出电路的状态转换表、状态图和时序图。

解： 在掌握分析步骤的基础上，该电路的驱动方程为

$$T_0=Q_2',\quad D_1=Q_0,\quad D_2=Q_1$$

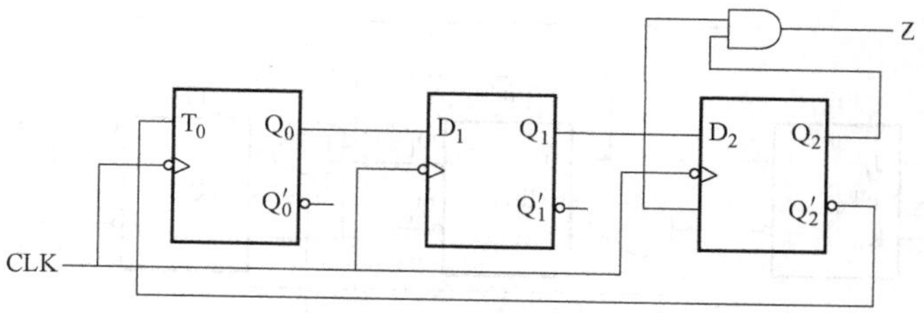

图 5.3.4　例 5.3.2 的时序逻辑电路图

将驱动方程分别带入 T 触发器和 D 触发器的特性方程，得该电路的状态方程为

$$Q_2^* = D_2 = Q_1，\ Q_1^* = D_1 = Q_0，\ Q_0^* = Q_2 \oplus Q_0$$

电路的输出方程为

$$Z = Q_1 Q_2$$

列状态转换表如表 5.3.2 所示，状态转换图如图 5.3.5 所示。

表 5.3.2　例 5.3.2 的状态表

Q_2	Q_1	Q_0	Q_2^*	Q_1^*	Q_0^*	Z
0	0	0	0	0	1	0
0	0	1	0	1	0	0
0	1	0	1	0	1	0
1	0	1	0	1	1	0
0	1	1	1	1	0	0
1	1	0	1	0	0	1
1	0	0	0	0	0	0
1	1	1	1	1	1	1

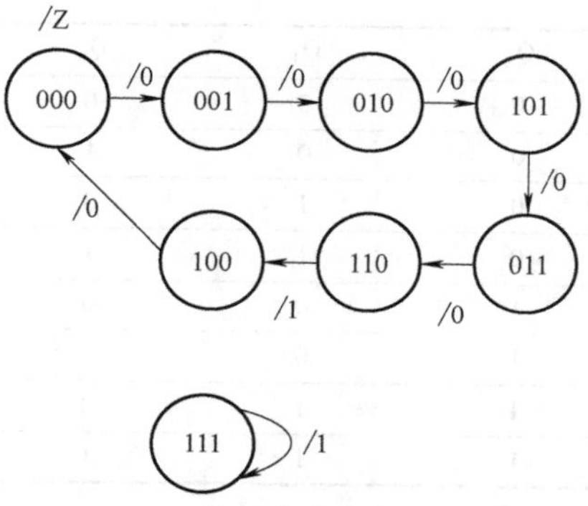

图 5.3.5　例 5.3.2 的状态图

时序图如图 5.3.6 所示。

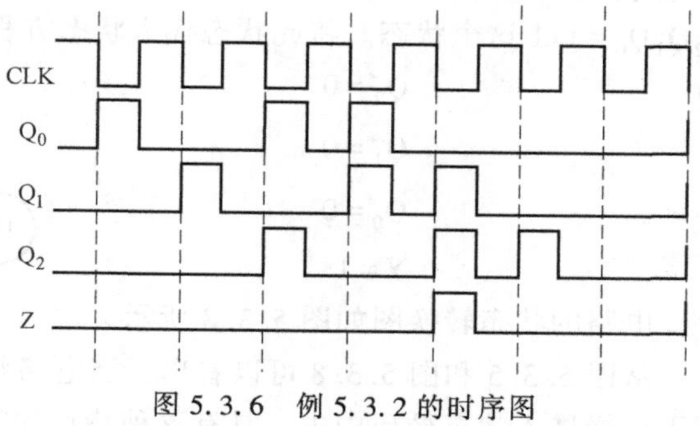

图 5.3.6　例 5.3.2 的时序图

[例 5.3.3]　分析如图 5.3.7 所示时序逻辑电路的逻辑功能，写出电路的驱动方程、状态方程和输出方程，并画出电路的状态转换表、状态转换图。FF_1、FF_2 和 FF_3 是 3 个主从结构的 TTL 触发器，下降沿动作，输入端悬空时和逻辑 1 状态等效。

解：从图 5.3.7 给定的逻辑图可写出电路的驱动方程为

$$J_0 = (Q_1 Q_2)',\ K_0 = 1$$
$$J_1 = Q_0,\ K_1 = (Q_0' Q_2')'$$
$$J_2 = Q_0 Q_1,\ K_2 = Q_1$$

将上式代入 JK 触发器的特性方程 $Q^* = JQ' + K'Q$ 中去，于是得到电路的状态方程

$$Q_0^* = (Q_1 Q_2)' Q_0'$$
$$Q_1^* = Q_0 Q_1' + Q_0' Q_2' Q_1$$

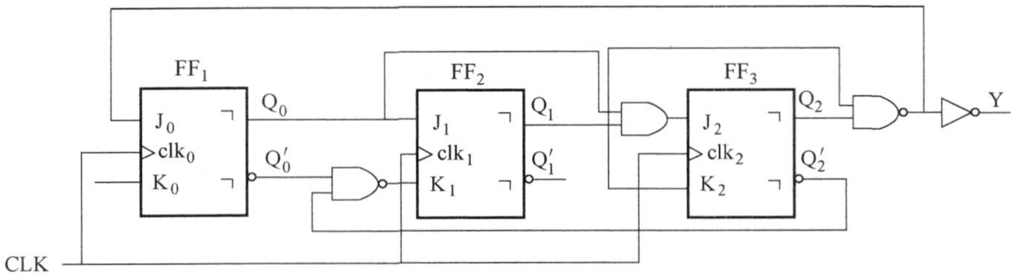

图 5.3.7　例 5.3.3 的时序逻辑电路

$$Q_2^* = Q_0 Q_1 Q_2' + Q_1' Q_2$$

根据逻辑图写出输出方程为

$$Y = Q_1 Q_2$$

列状态转换表如表 5.3.3 所示。

表 5.3.3　例 5.3.3 的状态转换表

Q_2	Q_1	Q_0	Q_2^*	Q_1^*	Q_0^*	Y
0	0	0	0	0	1	0
0	0	1	0	1	0	0
0	1	0	0	1	1	0
0	1	1	1	0	0	0
1	0	0	1	0	1	0
1	0	1	1	1	0	0
1	1	0	0	0	0	1
1	1	1	0	0	0	1

最后还要检查一下得到的状态转换表是否包含了电路所有可能出现的状态。结果发现，$Q_2Q_1Q_0$ 的状态组合共有 8 种，而根据计算过程列出的状态转换表中只有 7 种状态，缺少 $Q_2Q_1Q_0=111$ 这个状态。将此状态代入状态方程得到

$$Q_2^*=0$$

$$Q_1^*=0$$

$$Q_0^*=0$$

$$Y=1$$

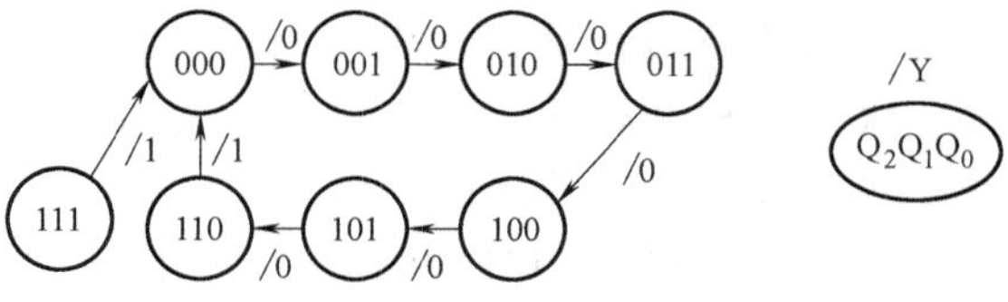

图 5.3.8　例 5.3.3 的状态转换图

电路的状态转换图如图 5.3.8 所示。

从图 5.3.5 和图 5.3.8 可以看出，当电路状态处于状态循环外时，无法在时钟信号的作用下最终进入状态循环中去，具有这种特点的时序电路叫作不能自行启动的时序电路。相反地，倘若电路处于状态循环外的一种状态时，会在时钟信号的作用下最终进入到状态循环中去，具有这种特点的时序电路叫作能够自行启动的时序电路。

5.3.2　异步逻辑电路分析

由于异步时序电路不受同一时钟控制，因此，分析异步时序电路时需写出时钟方程，并特别注意各触发器的时钟条件何时满足。其主要特点是所有触发器的 CLK 并没有完全连接

在一起，并且不是所有触发器状态的变化都与外接时钟脉冲同步，分析电路时，有时钟信号的触发器才需要用特性方程计算次态，而没有时钟信号的触发器将保持原来的状态不变。

分析异步时序逻辑电路的一般步骤：

1）根据逻辑图写方程，包括时钟方程、输出方程及各个触发器的驱动方程。

2）将驱动方程代入触发器的特性方程，得到各个触发器的状态方程。

3）根据时钟方程、状态方程和输出方程进行计算，求出各种不同输入和现态情况下电路的次态和输出，根据计算结果列状态表。在分析各个触发器逻辑状态变化时，要根据各个触发器的时钟方程来确定触发器的时钟信号是否有效。如果时钟信号有效，则按照对应的触发器状态方程分析触发器的次态；如果时钟信号无效，则触发器的状态不变。

4）画状态图和时序图，分析逻辑功能。

［例 5.3.4］　试分析图 5.3.9 所示电路的逻辑功能，写出驱动方程和输出方程，并画出状态转换图和时序图。

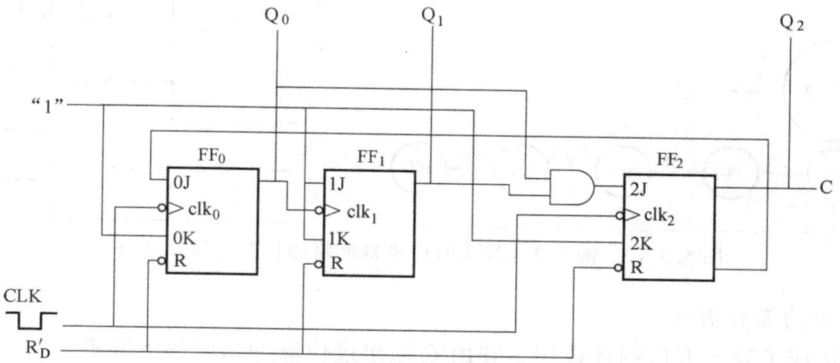

图 5.3.9　例 5.3.4 异步时序逻辑电路

解：

（1）写方程式

1）时钟方程

$$\begin{cases} CLK_0 = CLK_2 = CLK & \text{FF}_0\text{ 和 FF}_1\text{ 由 CLK 下降沿触发} \\ CLK_1 = Q_0 & \text{FF}_1\text{ 由 }Q_0\text{ 下降沿触发} \end{cases}$$

2）输出方程

$$C = Q_2$$

3）驱动方程

$$\begin{cases} J_0 = Q_2',\ K_0 = 1 \\ J_1 = K_1 = 1 \\ J_2 = Q_1 Q_0,\ K_2 = 1 \end{cases}$$

4）状态方程

$$\begin{cases} Q_0^* = J_0 Q_0' + K_0' Q_0 = Q_2' Q_0' + 1' Q_0 = Q_2' Q_0' \\ Q_1^* = J_1 Q_1' + K_1' Q_1 = 1 Q_1' + 1' Q_1 = Q_1' \\ Q_2^* = J_2 Q_2' + K_2' Q_2 = Q_1 Q_0 Q_2' + 1' Q_2 = Q_1 Q_0 Q_2' \end{cases} \Rightarrow \begin{cases} Q_0^* = Q_2' Q_0' & \text{CLK 下降沿有效} \\ Q_1^* = Q_1' & Q_0\text{ 下降沿有效} \\ Q_2^* = Q_1 Q_0 Q_2' & \text{CLK 下降沿有效} \end{cases}$$

(2) 列状态转换真值表

异步时序逻辑电路的状态转换表见表 5.3.4。

表 5.3.4 例 5.3.4 异步时序逻辑电路的状态转换表

现态			次态			输出	时钟脉冲		
Q_2	Q_1	Q_0	Q_2^*	Q_1^*	Q_0^*	C	CP_2	CP_1	CP_0
0	0	0	0	0	1	0	↓	↑	↓
0	0	1	0	1	0	0	↓	↓	↓
0	1	0	0	1	1	0	↓	↑	↓
0	1	1	1	0	0	0	↓	↓	↓
1	0	0	0	0	0	1	↓	↑	↓

(3) 画状态转换图和时序图

异步时序逻辑电路的状态图和时序图如图 5.3.10 所示。

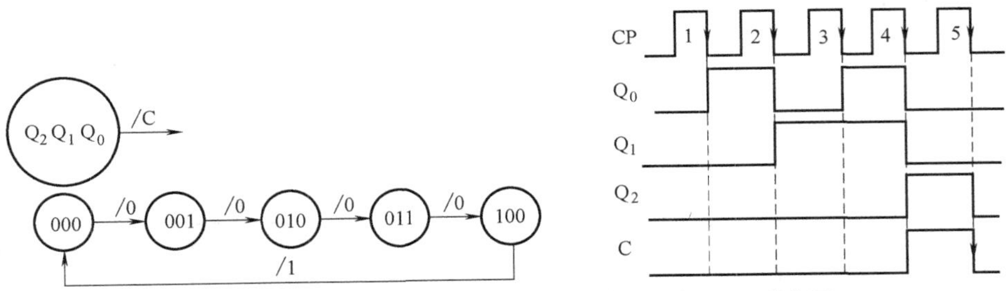

图 5.3.10 例 5.3.4 异步时序逻辑电路的状态图和时序图

(4) 逻辑功能分析

该电路构成了异步五进制计数器，并由 C 输出进位脉冲信号的下降沿。

[例 5.3.5] 分析图 5.3.11 所示的异步时序逻辑电路。

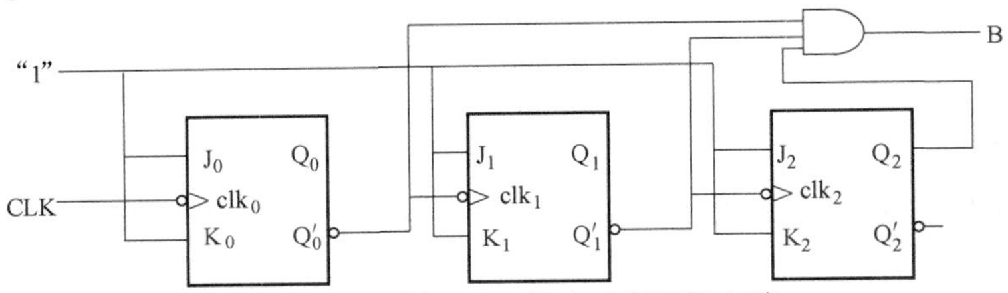

图 5.3.11 例 5.3.5 异步时序逻辑电路

解：(1) 分析电路结构，写出时钟方程、输出方程、驱动方程：

时钟方程

$$clk_0 = CLK,\ clk_1 = Q_0',\ clk_2 = Q_1'$$

输出方程

$$B = Q_0'Q_1'Q_2'$$

驱动方程

$$J_0 = K_0 = 1,\ J_1 = K_1 = 1,\ J_2 = K_2 = 1$$

(2) 将驱动方程代入 JK 触发器的特性方程 $Q^* = JQ' + K'Q$，求各个触发器的状态方程。

$$Q_0^* = Q_0' \quad (clk_0 \text{ 下降沿到来时})$$

$$Q_1^* = Q_1' \quad (clk_1 \text{ 下降沿到来时})$$

$$Q_2^* = Q_2' \quad (clk_2 \text{ 下降沿到来时})$$

（3）根据状态方程和输出方程进行逻辑计算，列状态表如表 5.3.5 所示。

表 5.3.5　例 5.3.5 异步时序逻辑电路的状态表

Q_2	Q_1	Q_0	Q_2^*	Q_1^*	Q_0^*	B	CLK	clk_0	clk_1	clk_2
0	0	0	1	1	1	1	↓	↓	↓	↓
0	0	1	0	0	0	0	↓	↓		
0	1	0	0	0	1	0	↓	↓	↓	
0	1	1	0	1	0	0	↓	↓		
1	0	0	0	1	1	0	↓	↓	↓	↓
1	0	1	1	0	0	0	↓	↓		
1	1	0	1	0	1	0	↓	↓	↓	
1	1	1	1	1	0	0	↓	↓		

状态图和时序图分别如图 5.3.12 和图 5.3.13 所示。

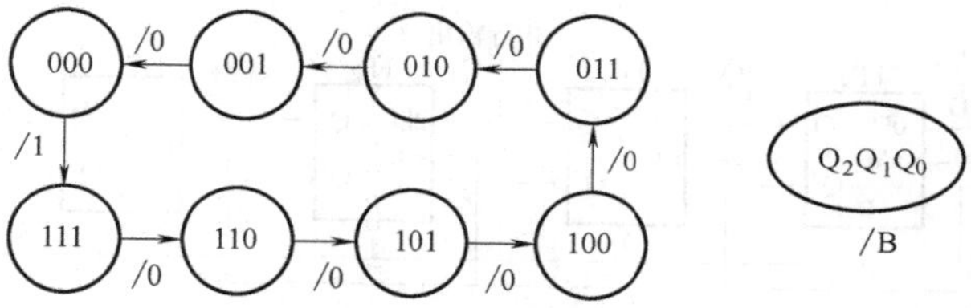

图 5.3.12　异步时序逻辑电路的状态图

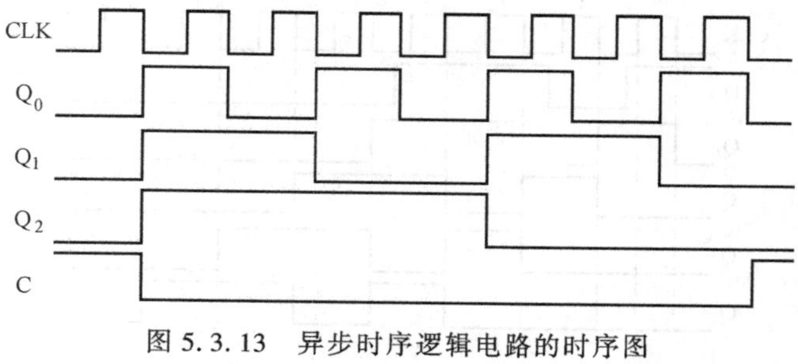

图 5.3.13　异步时序逻辑电路的时序图

5.4　常用的时序逻辑电路模块分析

在 5.2 节中，介绍了触发器应用于寄存器、计数器等功能电路中的例子。对于相对复杂的时序逻辑电路，目前使用一些中规模集成电路定型产品和可编程序逻辑器件来实现其功能。下面主要介绍几种典型的时序逻辑电路的工作原理及基本应用方法。

5.4.1　移位寄存器

移位寄存器不但具有存储代码的功能，还可以在移位指令的作用下，使触发器中的数据左移或右移，并能实现数据的串行—并行转换、数据的运算等功能。显然，移位寄存器属于同步时序电路。

1. 单向移位寄存器

图 5.4.1a 是由边沿触发方式的 D 触发器构成的右移（数据从左到右）移位寄存器的逻辑图。触发器前一级的输出依次接到下一级的输入端，由第一个触发器接收外来的输入代码。D_0 为串行输入端信号，$Q_3 \sim Q_0$ 为并行输出端信号，Q_3 为串行输出端信号。

若 D_0 有数据输入，当 CLK 上升沿到来时，加到寄存器输入端的代码 D_0 存入 FF_0，数据做第一次右移，由于从 CLK 上升沿到达开始到新状态的建立需要经过一段传输延迟时间，所以当 CLK 的上升沿同时作用于所有的触发器时，它们的输入端（D 端）的状态还没有改变。于是 FF_1 按 Q_0 原来的状态翻转，FF_2 按 Q_1 原来的状态翻转，FF_3 按 Q_2 原来的状态翻转。同时，加到寄存器输入端的代码 D_0 存入 FF_0。总的效果相当于移位寄存器里原有的代码依次右移了 1 位。

当串行输入端依次输入 1011 时，其工作波形如图 5.4.1b 所示，工作过程如表 5.4.1 所示。在第 4 个 CLK 脉冲周期之后，就可以在并行输出端得到 1011 数码，即 $Q_3Q_2Q_1Q_0=1011$，在第 4~7 个 CLK 脉冲周期之间，可在串行输出端依次得到 1011 数码，即 $Q_3=1011$。

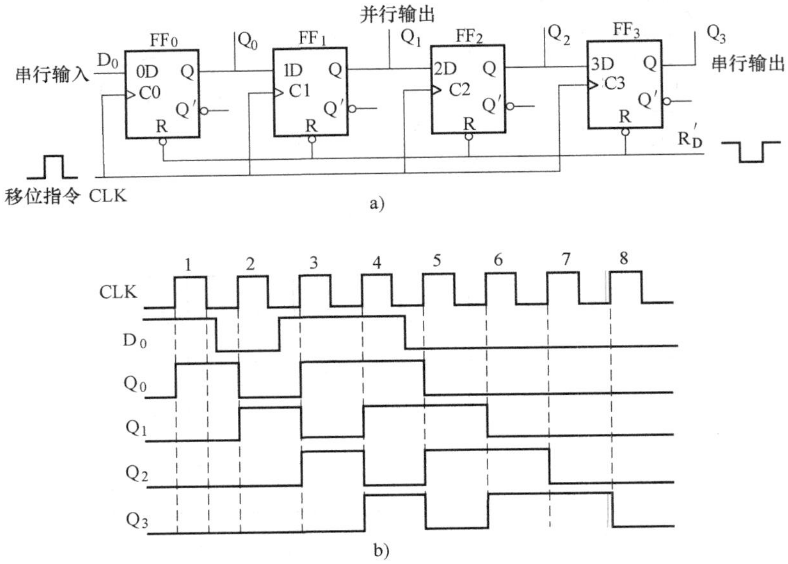

图 5.4.1　4 位右移移位寄存器

a）逻辑电路图　b）工作波形

表 5.4.1　移位寄存器代码移动状况

CLK	D_0	Q_0	Q_1	Q_2	Q_3
0	1	0	0	0	0
1	0	1	0	0	0
2	1	0	1	0	0
3	1	1	0	1	0
4	0	1	1	0	1
5	0	0	1	1	0
6	0	0	0	1	1
7	0	0	0	0	1
8	0	0	0	0	0

如果首先将 4 位数据并行地置入移位寄存器的 4 个触发器 $Q_3Q_2Q_1Q_0$ 中，然后连续地加入 4 个移位脉冲 CLK，则移位寄存器里的 4 位代码将从串行输出端 Q_3 依次送出，从而实现数据的并行—串行转换。

同样也可以通过同样的原理实现寄存器向左的依次移动，如图 5.4.2 所示。

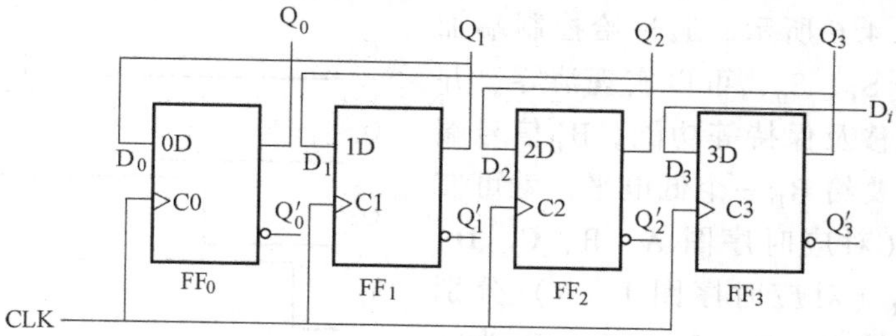

图 5.4.2　4 位左移寄存器逻辑电路图

与 4 位右移寄存器相类似，左移寄存器同样使用了 4 个 D 触发器，根据逻辑电路图可以列出驱动方程和状态方程。

驱动方程

$$D_0 = Q_1$$
$$D_1 = Q_2$$
$$D_2 = Q_3$$
$$D_3 = D_i$$

代入 D 触发器的特性方程中可得它的状态方程

$$Q_0^* = Q_1$$
$$Q_1^* = Q_2$$
$$Q_2^* = Q_3$$
$$Q_3^* = D_i$$

然后得出该 4 位左移寄存器的功能表与时序图。表 5.4.2 给出了移位寄存器代码移动状况。4 位左移寄存器时序图如图 5.4.3 所示。

表 5.4.2　移位寄存器代码移动状况

CLK	D_i	Q_0	Q_1	Q_2	Q_3	Q_0^*	Q_1^*	Q_2^*	Q_3^*
↑	1	0	0	0	0	0	0	0	1
↑	1	0	0	0	1	0	0	1	1
↑	1	0	0	1	1	0	1	1	1
↑	1	0	1	1	1	1	1	1	1
↑	0	1	1	1	1	1	1	1	0
↑	0	1	1	1	0	1	1	0	0

与右移寄存器类似，左移寄存器也具有将串行数据与并行数据相互转换的功能。为了可以更好地使用移位寄存器，可以在移位寄存器上增加控制左移或是右移的电路，以实现移位寄存器的双向移动，74LS194 就是一个典型常用的双向移位寄存器，它不仅可以控制数据的左右移动，而且还有数据置零（复位）、并行输入等功能。下面简单介绍一下 74LS194 双向

移位寄存器的原理和应用。

2. 中规模双向移位寄存器 74LS194

双向移位寄存器 74LS194 的引脚和逻辑符号如图 5.4.4 所示。逻辑电路图如图 5.4.5 所示，时序图如图 5.4.6 所示。通过给控制端加上不同的控制信号 S_1、S_0，可以实现清零、并行置数、左移、右移及保持等功能。R'_D信号端为异步清零端，只要给 R'_D一个低电平，就可使 D_3、D_2、D_1、D_0（对应时序图 A、B、C、D）均为零，D_{SL}、D_{SR}（对应时序图 L、R）分别为串行左移和右移输入，D_3、D_2、D_1、D_0为并行输入（置数）。

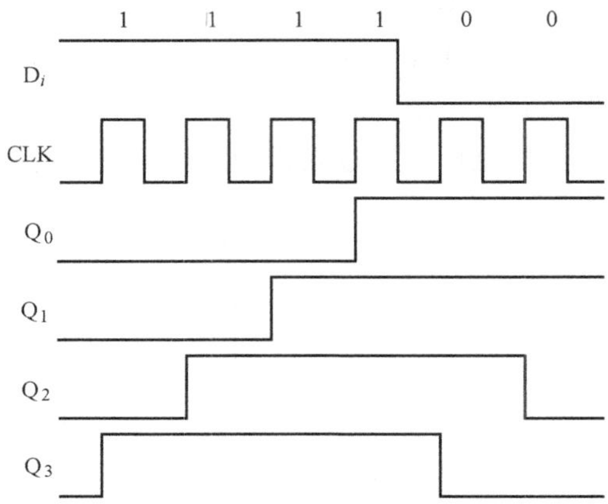

图 5.4.3　4 位左移寄存器时序图

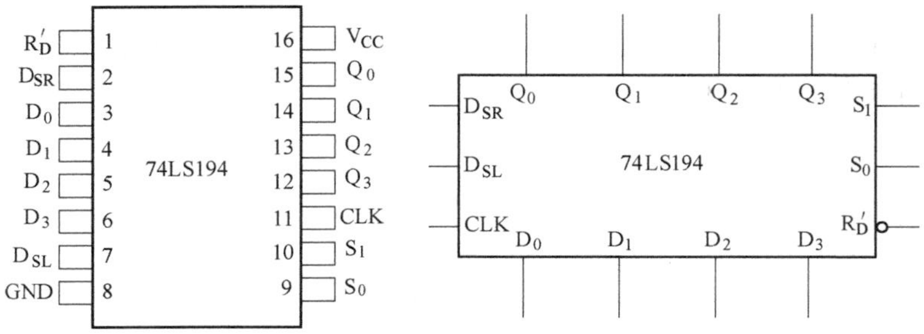

a)　　　　　　b)

图 5.4.4　双向移位寄存器 74LS194 的引脚和逻辑符号

a）引脚图　b）逻辑符号

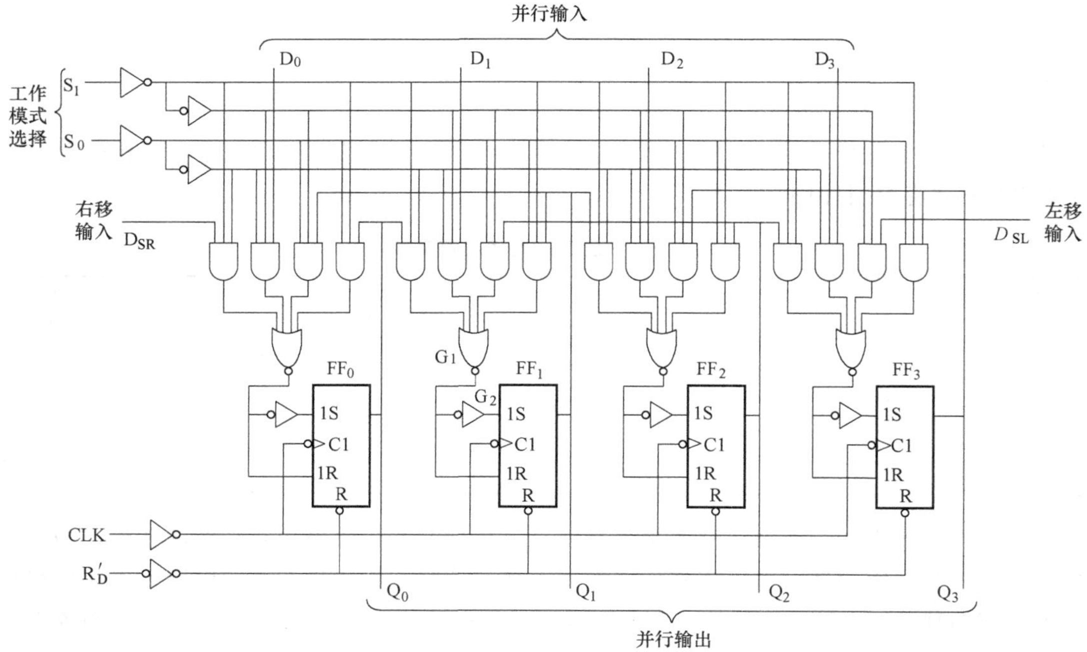

图 5.4.5　74LS194 逻辑电路图

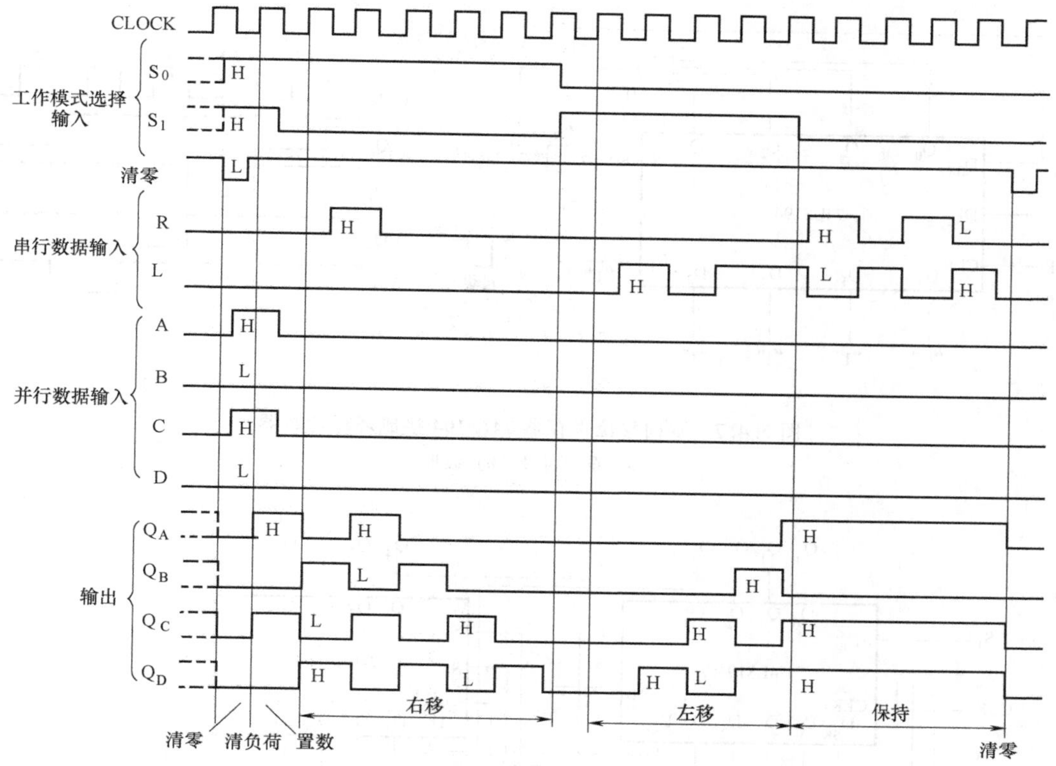

图 5.4.6　74LS194 的时序图

利用双向移位寄存器 74LSl94 接成环形计数器。可产生序列脉冲信号。其电路图如图 5.4.7a 所示。当启动信号输入负脉冲时，使 G_2 输出为 1，$S_1=S_0=1$，寄存器执行并行置数功能，$Q_0Q_1Q_2Q_3=D_0D_1D_2D_3=0111$。启动信号消失后，由于 $Q_0=0$，使 G_1 输出“1”，G_2 输出“0”，$S_1S_0=01$，开始执行右移操作。在移位过程中，因为 G_1 的输入端总有一个为“0”，所以能保证 G_1 输出“1”，G_2 输出“0”。维持 $S_1S_0=01$，使右移不断进行下去。且右移输入端信号 D_{SR} 为 G_1 门的输出信号，状态为“1”，故 Q_0 移入的是“1”。整个过程只有 D_0 一个初始状态“0”被右移，形成了低电平的右移，波形如图 5.4.7b 所示。当经过 4 个移位脉冲后，又重新并行置数，产生负脉冲系列。

图 5.4.8 是用两片 74LS194 接成 8 位双向移位寄存器的连接图。这时只需将其中一片的 Q_3 接至另一片的 D_{SR} 端，而将另一片的 Q_0 接到这一片的 D_{SL} 端，同时把两片的 S_1、S_0、CLK 和 R_D' 分别并联就行了。

[例 5.4.1]　如图 5.4.9 是一种由芯片 74LLS194、发光二极管，1kΩ 电阻和“非”门组成的节日彩灯控制电路，已知 CLK 信号周期为 1s，清零按键为单稳态控制，正常状态下断开，结合所学的 74LS194 特性表，试分析节日彩灯的工作原理。

解：从图中可以看出 74LS194 的状态控制端信号 $S_1S_0=01$，参考表 5.4.3 可以看出芯片功能设置为右移。当电路接入电源时钟时，电路开始工作。当用触发清零按钮，使得 $R_D'=0$，产生一个重发负向清理脉冲，2 片 74LS194 的输出 Q=0（0000 0000），这个时候，发光二极管导通，有电流流过，8 个发光二极管点亮。74LS194(2) $Q_3=0$，74LS194(1) $D_{IR}=1$，

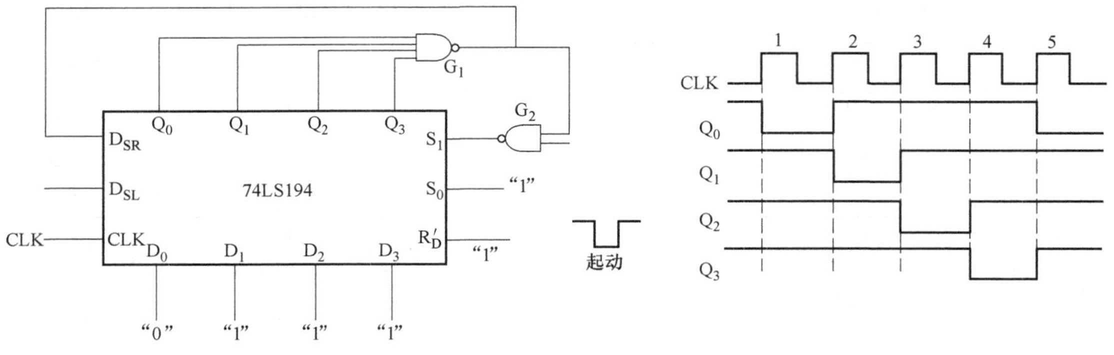

a) b)

图 5.4.7　双向移位寄存器 74LS194 接成环形计数器

a）逻辑符号　b）波形

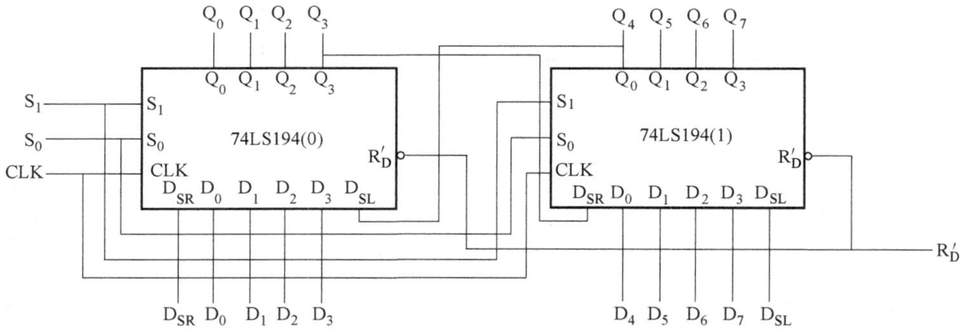

图 5.4.8　由两片 74LS194 扩展的 8 位双向移位寄存器

当第一个 CLK 上升沿到来时，74LS194 做第一次右移，$Q_0 = D_{IR} = 1$，其他 Q 端移位后，Q = 1，Q 的状态为 1000 0000，图中最右边的发光二极管截止，不发光，其他正常点亮。

当 CLK 第二个时钟上升沿到来时，Q 的状态为 1100 0000，第三个 CLK 作用时，Q 的状态为 1110 0000、…、1111 1110、1111 1111、0111 1111、0011 1111、…、0000 0001、0000 0000，这时完成了一个移位周期。发光二极管随着 Q 的输出状态而呈现接入彩灯的变化。

表 5.4.3　双向移位寄存器 74LS194 的功能表

R'_D	S_1	S_0	工作状态
0	×	×	置零
1	0	0	保持
1	0	1	右移
1	1	0	左移
1	1	1	并行输入

5.4.2　计数器

在数字电子系统中，能够记忆输入脉冲个数的电路称为计数器。计数器应用于分频、定时、产生节拍脉冲和脉冲序列、数字运算、程序和指令计数器等场所，另外数字化仪表的压

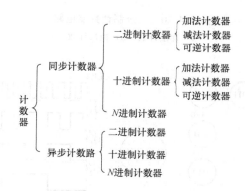

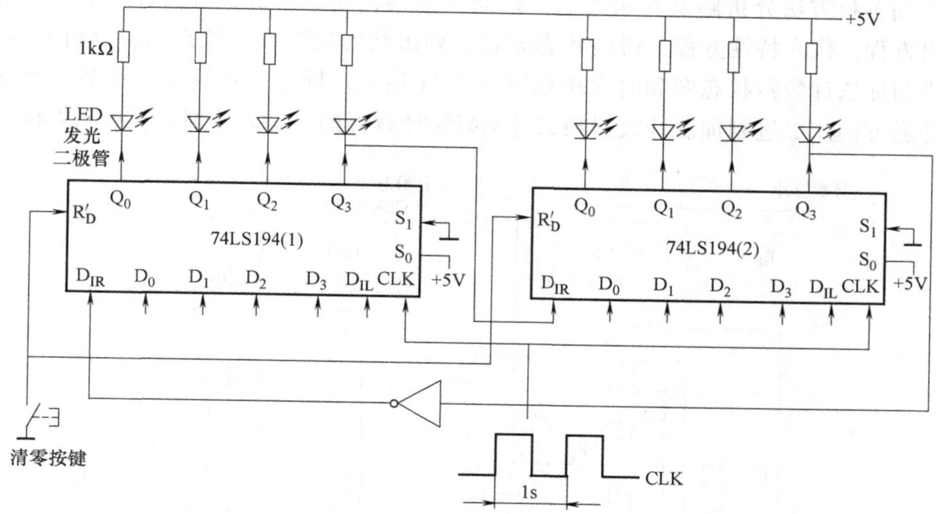

图 5.4.9　一种节日彩灯控制电路

力、温度、时间等物理量中的 ADC（Analog-to-Digital Converter）、DAC（Digital-to-Analog Converter）也可以通过脉冲计数来实现。本书在 5.2 节和 5.3 节分析同步和异步逻辑电路时，简单分析了用触发器构成的计数器电路基本工作原理。

计数器按照计数的进制来分，可以分为二进制、十进制和 N 进制计数器。每一种进制的计数器可以分为加法、减法和可逆计数器。计数器所能记忆的最大脉冲个数称为该计数器的模，计数器所能表述的最大数值称为计数器的容量。

- 计数器
  - 同步计数器
    - 二进制计数器
      - 加法计数器
      - 减法计数器
      - 可逆计数器
    - 十进制计数器
      - 加法计数器
      - 减法计数器
      - 可逆计数器
    - N进制计数器
  - 异步计数路
    - 二进制计数器
    - 十进制计数器
    - N进制计数器

1. 二进制计数电路

二进制计数器有同步二进制和异步二进制计数器两种，也有二进制加法计数器、减法计数器和加/减（可逆）计数器。下面从两种不同结构形式分别来分析二进制计数器电路的工作原理，一种是用触发器构成的二进制计数器，另外一种是集成二进制计数器。

（1）用触发器构成的二进制计数器

图 5.4.10 所示为同步二进制计数器，图 5.4.10a 为加法计数器，图 5.4.10b 为减法计数器；它们都是用 JK 触发器加上“与”门电路构成。电路结构有许多相同之处，FF_0 设置成 T′触发器，FF_1、FF_2 和 FF_3 设置为 T 触发器功能。可以应用本书在 5.3.1 节中的同步时

序逻辑电路分析方法分析触发器构成的二进制计数器，通过分析，写出各个触发器的驱动方程、输出方程，代入特性方程，得到状态方程，列出状态转换表、状态图，分析其逻辑功能。同步二进制加法计数器状态图和时序图如图 5.4.11 所示。同步二进制减法计数器是图 5.4.11 状态图的逆方向。二进制加法计数器和二进制减法计数器的状态表分别见表 5.4.4 和表 5.4.5。

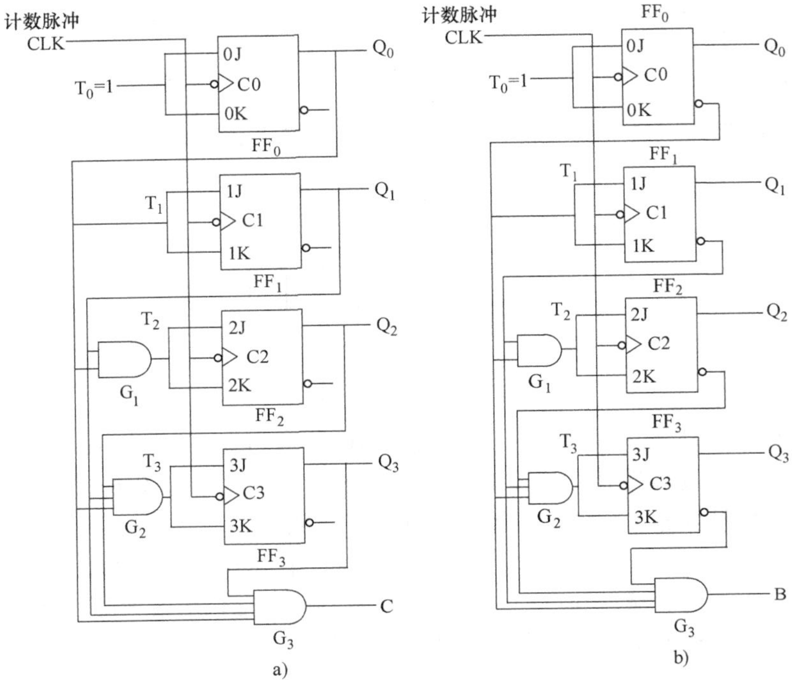

图 5.4.10　二进制计数器电路

a）加法计数　b）减法计数

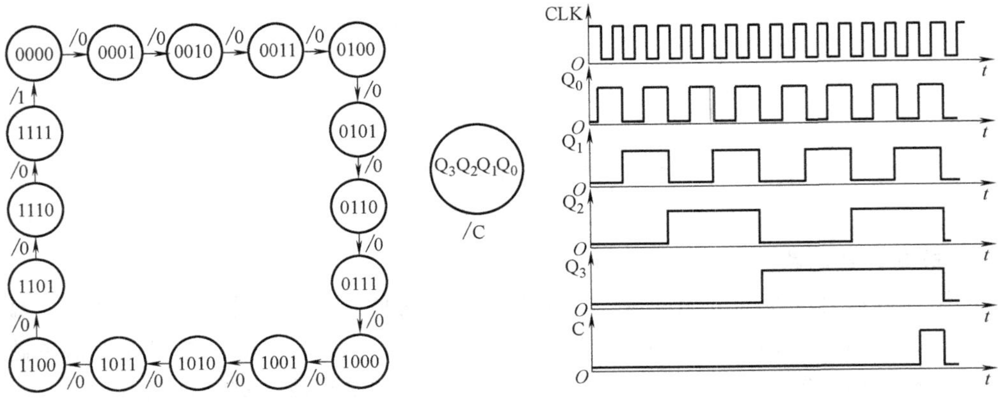

图 5.4.11　同步二进制加法计数器状态图和时序图

除了针对图 5.4.10 的二进制计数器电路的状态方程的分析方法之外，也可以从计数的规律角度去考虑和分析，可以分析它们计数状态从高位到低位（$Q_3Q_2Q_1Q_0$）。的状态规则。

加法计数规则：根据二进制加法运算规则可知，在多位二进制数末位加 1，若第 i 位以下皆为 1 时，则第 i 位应翻转。

减法计数规则：根据二进制减法运算规则可知，在多位二进制数末位减 1，若第 i 位以下皆为 0 时，则第 i 位应翻转。

从上面规则可以很好理解为什么在加法计数器中，后一级触发器的驱动是前级触发器输出的 Q 信号端，在减法计数器中后一级触发器的驱动是前级触发器输出的 Q′信号端。

（2）4 位集成二进制同步加法计数器 74LS161/163

74LS161 是一种具有异步清零和同步置数功能的集成二进制同步加法计数芯片。如图 5.4.12 所示，其中，图 5.4.12a 为集成芯片的顶视图，图 5.4.12b 为逻辑符号图，不同公司生产的芯片，其端口标称略有不同，图 5.4.12b 中用了不同表述方法，如数据输入端信号用 ABCD 表述，工作状态控制端信号用 ENT、ENP 或者 ET、EP 表述，计数器状态输出端信号用 $Q_AQ_BQ_CQ_D$ 表述，预置数控制端信号用 LOAD′或者 LD′表述，异步清零端信号用 CLR′或者 R'_D 表述，进位输出端信号用 RCO 或者 C 表述。在数字电路与逻辑设计中，无论使用哪一种集成芯片，必须参照芯片企业提供的帮助文档进行分析与设计。

结合图 4.5.13a 所示的 74LS161 工作电路的信号输入，可以分析出其工作时序图，如图 5.4.13 所示，其功能表如表 5.4.6 所示，在不同控制方式下，呈现出 5 种不同的工作状态。异步清零状态：若 CLR′或者 $R'_D=0$ 时，$Q_AQ_BQ_CQ_D$ 直接清零，R'_D 的控制权限最高。若 $R'_D=1$ 时，其他控制端才处于有效状态，LD′=0，且 CLK 上升沿到达时，为预置数功能，此时把数 ABCD 送入 $Q_AQ_BQ_CQ_D$；当 $R'_D=1$、LD′=0 时，如果工作状态控制端 EP=ET=1 时，在 CLK 的作用下，为二进制计数功能，计数的状态见表 5.4.4 所示。

集成芯片 74LS163 的引脚排列和 74LS161 相同，不同之处是 74LS163 采用 CLK 同步清零方式。其功能如表 5.4.7 所示。若 CLR′或者 $R'_D=0$ 时，$Q_AQ_BQ_CQ_D$ 不能直接清零，需要等到 CLK 上升沿到来，才能进行同步清零。

表 5.4.4　二进制加法计数器状态表

计数顺序	计数器状态			
	Q_3	Q_2	Q_1	Q_0
0	0	0	0	0
1	0	0	0	1
2	0	0	1	0
3	0	0	1	1
4	0	1	0	0
5	0	1	0	1
6	0	1	1	0
7	0	1	1	1
8	1	0	0	0
9	1	0	0	1
10	1	0	1	0
11	1	0	1	1
12	1	1	0	1
13	1	1	0	1
14	1	1	1	0
15	1	1	1	1
16	0	0	0	0

表 5.4.5　二进制减法计数器状态表

计数顺序	计数器状态			
	Q_3	Q_2	Q_1	Q_0
0	0	0	0	0
1	0	0	0	1
2	0	0	1	0
3	0	0	1	1
4	0	1	0	0
5	0	1	0	1
6	0	1	1	0
7	0	1	1	1
8	1	0	0	0
9	1	0	0	1
10	1	0	1	0
11	1	0	1	1
12	1	1	0	0
13	1	1	0	1
14	1	1	1	0
15	1	1	1	1
16	0	0	0	0

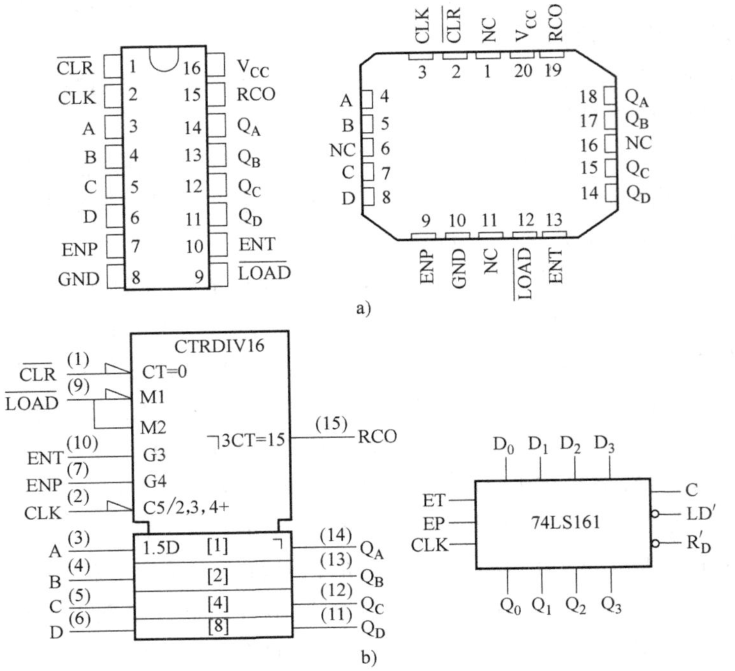

图 5.4.12 74LS161 顶视图和逻辑图

a）顶视图 b）逻辑符号图

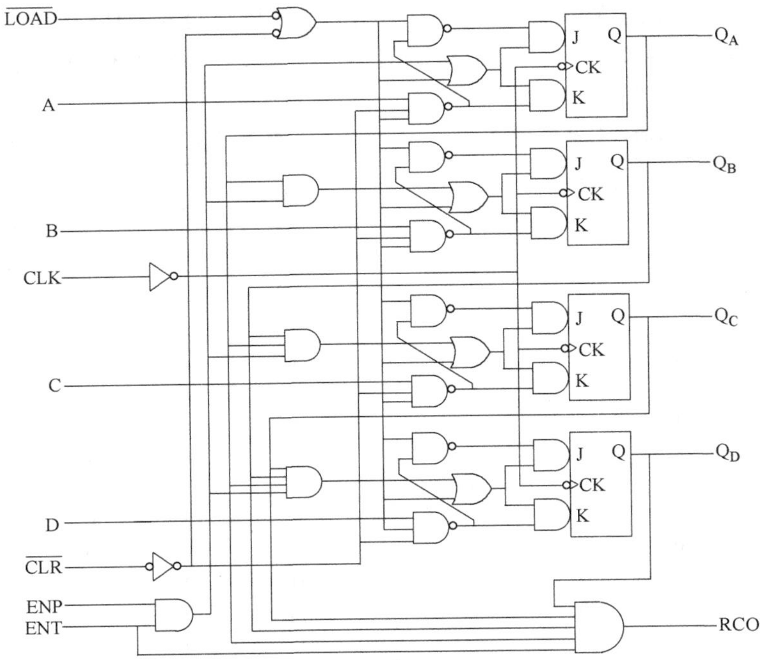

图 5.4.13 74LS161 逻辑电路和时序图

a）逻辑电路

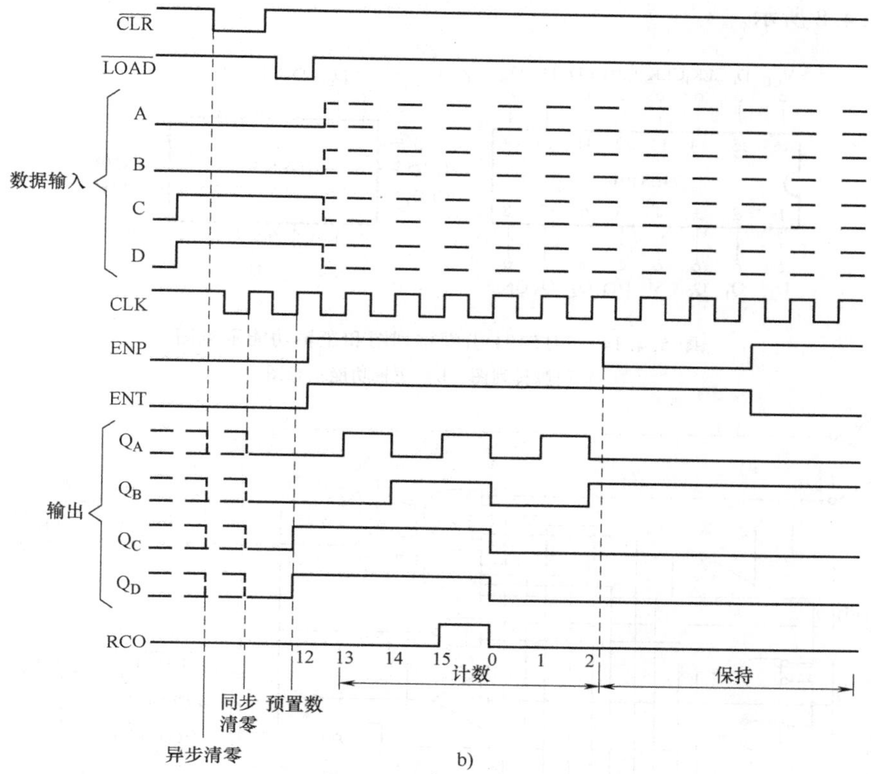

图 5.4.13　74LS161 逻辑电路和时序图（续）

b）时序图

表 5.4.6　74LS161 功能表

CLK	R'_D	LD′	EP	ET	工作状态
×	0	×	×	×	清零
↑	1	0	×	×	预置数
×	1	1	0	1	保持
×	1	1	×	0	保持($C=0$)
↑	1	1	1	1	计数

表 5.4.7　74LS163 功能表

CLK	R'_D	LD′	EP	ET	工作状态
↑	0	×	×	×	清零
↑	1	0	×	×	预置数
×	1	1	0	1	保持
×	1	1	×	0	保持($C=0$)
↑	1	1	1	1	计数

（3）4 位集成二进制同步可逆计数器 74LS191

在有些场合，要求计数器既能进行递增计数，又能进行递减计数，这就需要做成加/减（可逆）计数器。将图 5.4.10 中的加法计数器和减法计数器的控制电路合并，再通过一根加减控制线来选择加计数或减计数方式，就可以构成加/减计数器，74LS191 就是这样结构的集成二进制同步可逆计数器。

如图 5.4.14 所示，其中，图 5.4.14a 为集成芯片 74LS191 的引脚排列图，图 5.4.14b 为逻辑符号图，区别于 74LS161 的地方是，74LS191 增加了加减控制端 UP′/DOWN（U′/D），在时钟作用下，当 U′/D = 0 时，计数器为加计数状态，U′/D = 1 时为减计数状态。图 5.4.15 为芯片的逻辑电路图和工作时序图，通过同步时序电路分析方法，可以得到其功能表，如表 5.4.8 所示。

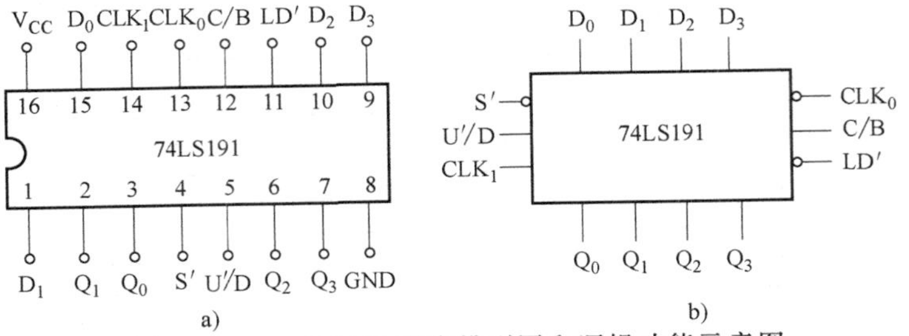

图 5.4.14 74LS191 引脚排列图和逻辑功能示意图

a）引脚排列图 b）逻辑功能示意图

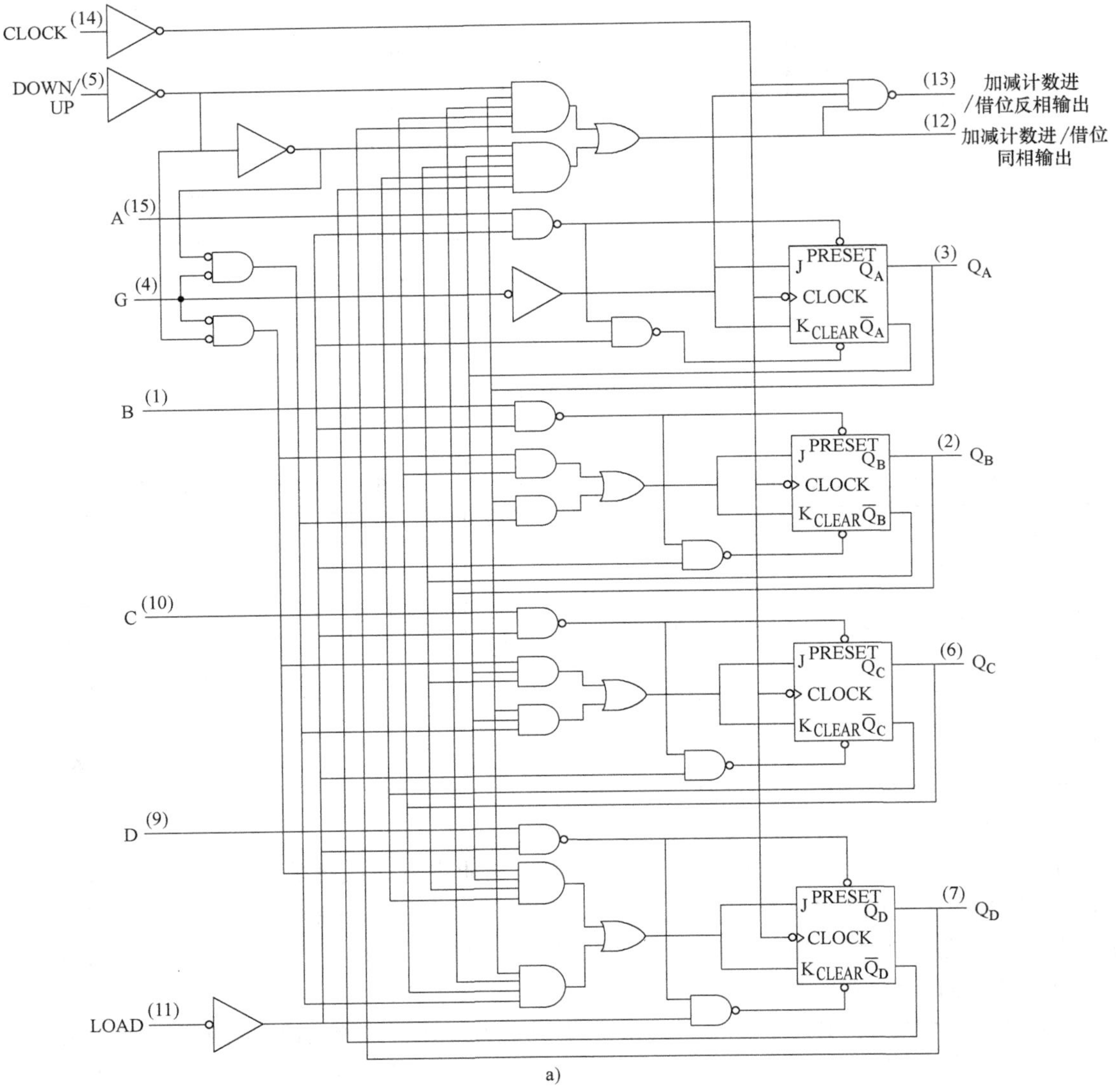

图 5.4.15 74LS191 逻辑电路图与工作时序图

a）逻辑电路图

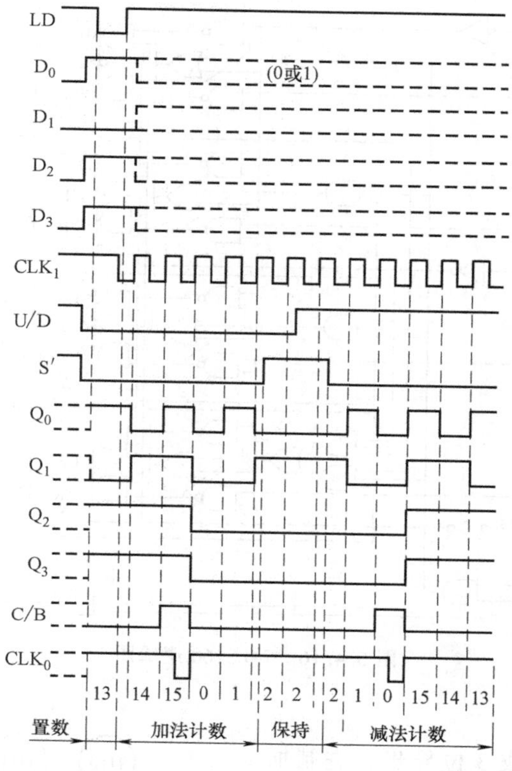

b)

图 5.4.15　74LS191 逻辑电路图与工作时序图（续）

b）工作时序图

表 5.4.8　74LS191 功能表

CLK_1	S′	LD′	U′/D	工作状态
×	1	1	×	保持
×	×	0	×	预置数
↑	0	1	0	加法计数
↑	0	1	1	减法计数

2. 十进制计数电路

十进制是日常生活中常用的进制，本书前面讲解的内容中分析了用触发器构成的 4 位二进制同步计数电路。图 5.4.11 中，0000、0001、…、1111 共有 16 种状态，因此可以考虑在 4 位二进制计数器基础上进行修改，当计到 1001 时，则下一个 CLK 电路状态回到 0000，实现十进制计数。74LS160 芯片是基于这种方法实现的十进制计数，它的顶视图和逻辑图与 74LS161 一样可参考图 5.4.12，逻辑电路如图 5.4.16 所示，功能与 74LS161 一样如表 5.4.6 所示，属于异步清零方式，计数状态下的状态转换如图 5.4.17 所示，是一种能够自启动的电路。

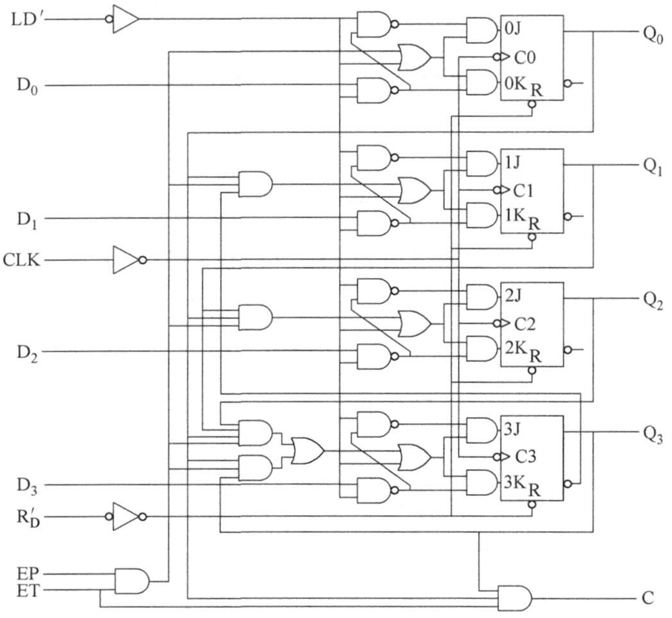

图 5.4.16　74LS160 逻辑图

3. 异步计数电路

（1）应用触发器构成 3 位异步二进制加法/减法电路

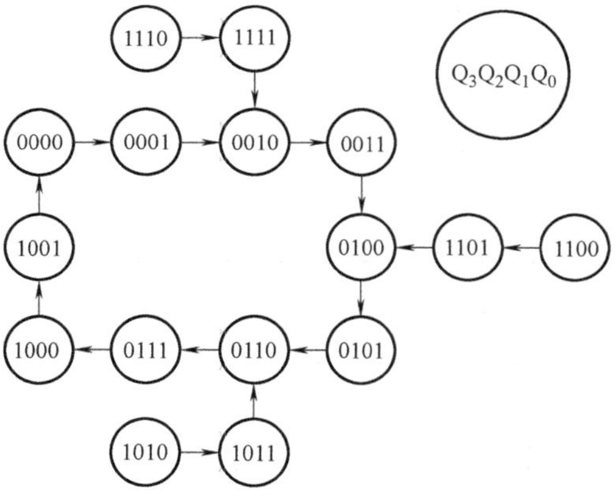

图 5.4.17　74LS160 状态转换图

图 5.4.18 是由触发器构成的异步计数电路。相比于同步时序逻辑电路分析，异步时序电路需要建立时钟方程，不同触发器在可能不同的 CLK 下工作，图 5.4.18a 3 位异步二进制加法电路中，FF_0的时钟信号是 CLK_0，FF_1的时钟信号是 Q_0，FF_2时钟信号是 Q_1，图 5.4.19a 是其工作时序图（考虑了传输时延 t_{pd}的影响）；如果把图 5.4.18a 中的时钟分别接在 Q′端，如图 5.4.18b 所示，则构成了 3 位异步二进制减法电路，根据电路写出时钟方程、驱动方程和状态方程，可以分析出其时序工作过程，如图 5.4.19b 所示。

（2）集成异步二—五—十进制计数器 74LS290

74LS290 芯片是集成二—五—十进制计数器，其引脚和逻辑图如图 5.4.20 所示，电路结构如图 5.4.21 所示，在这个电路中，触发器 FF_0 构成二进制计数电路，其时钟是从 10 脚输入的 CKA；FF_1、FF_2、FF_3 构成一个异步五进制计数器。触发器 FF1 和 FF3 时钟为 CKB，FF_2 的时钟是 Q_B。74LS290 功能如表 5.4.9 所示。$R_{0(1)}R_{0(2)}$ 为异步置零端，$R_{9(1)}R_{9(2)}$ 为异步置 9 端。$R_{0(1)}R_{0(2)}=1$，$R_{9(1)}R_{9(2)}=0$ 时，触发器输出端 Q 异步置 0，$R_{9(1)}R_{9(2)}=1$，触发器输出端 Q 异步置 9，它们的置位都不需要 CLA 和 CLB 作用。

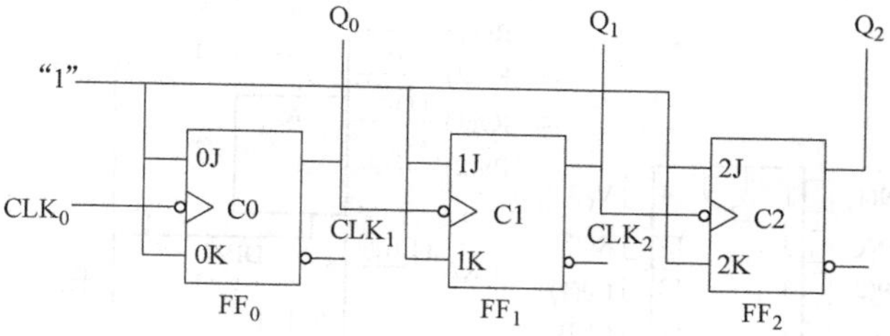

a)

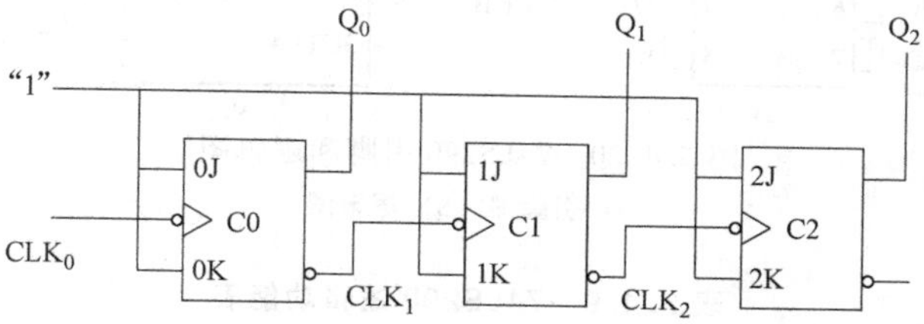

b)

图 5.4.18　3 位异步二进制加法/减法电路

a）3 位异步二进制加法电路　b）3 位异步二进制减法电路

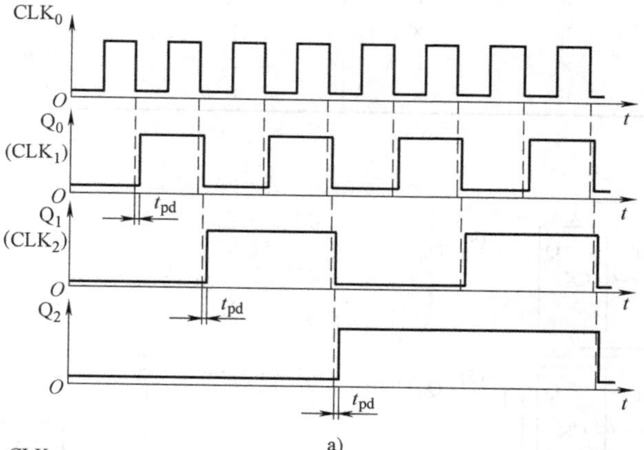

a)

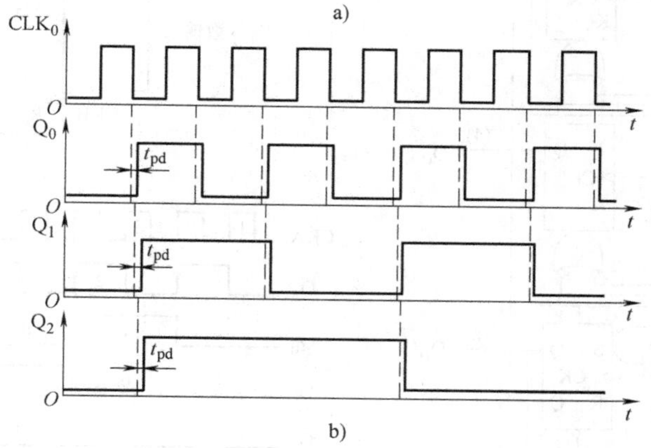

b)

图 5.4.19　3 位二进制加法/减法电路时序图

a）加法时序图　b）减法时序图

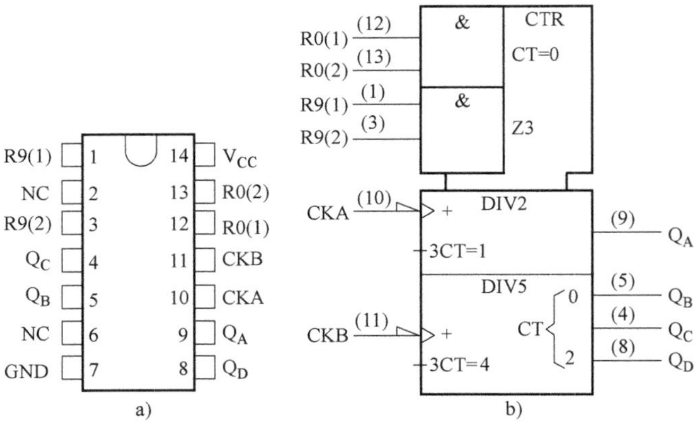

图 5.4.20　74LS290 引脚和逻辑图

a）引脚图　b）逻辑图

表 5.4.9　74LS290 逻辑功能表

预置数、输入				输出			
$R_{0(1)}$	$R_{0(2)}$	$R_{9(1)}$	$R_{9(2)}$	Q_D	Q_C	Q_B	Q_A
H	H	L	×	L	L	L	L
H	H	×	L	L	L	L	L
×	×	H	H	H	L	L	H
×	L	×	L	计数			
L	×	L	×	计数			
L	×	×	L	计数			
×	L	L	×	计数			

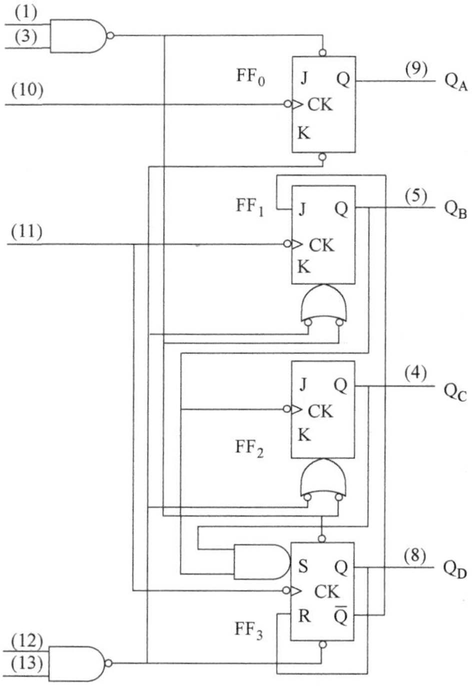

图 5.4.21　74LS290 电路结构图

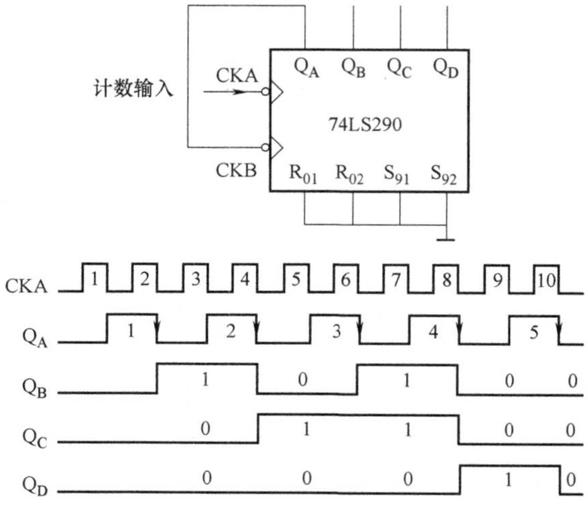

图 5.4.22　用 74LS290 构成 8421BCD 码异步十进制计数器

前面已经分析过，从 74LS290 逻辑结构可以看出，FF_0 在时钟 CKA 作用下做二进制计数，FF_1、FF_2、FF_3 在时钟 CKB 的作用下构成一个异步五进制计数器，如果把 Q_A 与 CKB 相连接（图 5.4.21 中，9 脚与 11 脚相连），二进制的输出 Q_A 作为五进制的时钟信号，则在时钟 CKA 作用下，$Q_AQ_BQ_CQ_D$ 构成 8421 码异步十进制计数器，电路和工作时序如图 5.4.22 所示。

在集成计数电路中，本书已经以典型的芯片为例（如 160、161、194、191、290 系列）进行了逻辑电路原理分析，在实践中常用的芯片的型号和逻辑功能如表 5.4.10 所示。由于器件的集成度、性能等在不断更新，因此在实际应用中，应该在熟读所用芯片的最新使用说明的情况下，结合所学的数字电路和逻辑设计的专业知识进行分析和设计。

表 5.4.10　几种常见的中规模集成计数电路逻辑功能

型　号	主 要 功 能
74LS161	“异步清零”“同步置数”的同步模为 16 的加法计数器
74LS163	“同步清零”,其余同 74161
74LS191	可“异步置数”的单时钟同步十六进制加/减法计数器
74LS193	可“异步清零”“异步置数”的双时钟同步十六进制加/减法计数器
74LS160	同步模为 10 的计数器,其余同 74161
74LS190	同步十进制计数器,其余同 74191
74LS192	模为 10 的同步可逆计数器,其余同 74193
54/74LS196	可“异步清零”“同步置数”的二—五—十进制同步计数器
74LS290	二—五—十进制异步计数器

4. 移位寄存器型计数电路

图 5.4.23 所示为扭环形同步计数电路，该电路由 4 个 D 触发器组成，是一种典型的移位寄存器型计数电路，该计数器的主要结构特点是触发器的输出连接到下一个触发器的输入，形成一个环形电路。驱动方程为

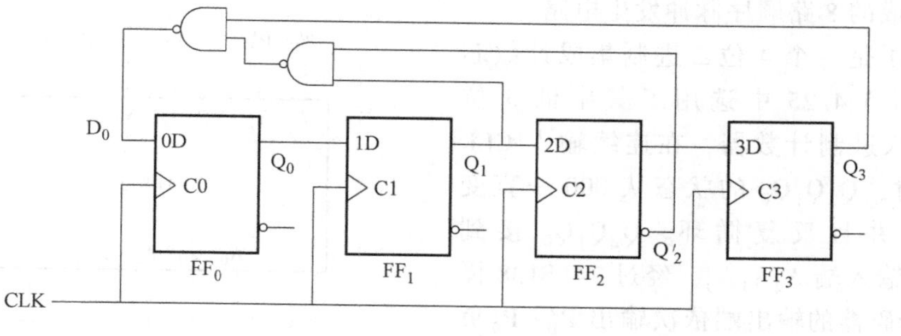

图 5.4.23　扭环形同步计数电路

$$D_0=(Q_3(Q_1Q_2')')'$$
$$D_1=Q_0$$
$$D_2=Q_1$$
$$D_3=Q_2$$

代入 D 触发器的特性方程，得到如下状态方程：

$$Q_0^* = (Q_3(Q_1Q_2')')'$$
$$Q_1^* = Q_0$$
$$Q_2^* = Q_1$$
$$Q_3^* = Q_2$$

通过分析状态方程，得到状态转换图，如图 5.4.24 所示。通过分析 4 位扭环形同步计数电路状态转换图可以看出，4 位移位寄存器构成的扭环形计数器有 2×4 个有效状态，有 $2^4-2\times4=8$ 个无效状态。

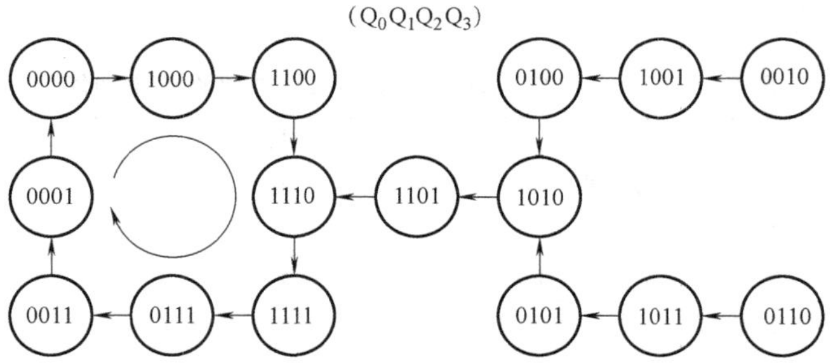

图 5.4.24 4 位扭环形同步计数电路状态转换图

5.4.3 顺序脉冲发生器

在数字电路系统中，顺序脉冲发生器就是产生顺序脉冲的电路。顺序脉冲发生器主要分为两类，即以计数器和译码器组成的计数器型顺序脉冲发生器和以移位寄存器组成的环形计数器为主构成的移位寄存器型顺序脉冲发生器。

1. 计数器型顺序脉冲发生器

如图 5.4.25 所示电路是用同步 4 位二进制加法计数器 74LS161 和 3 线-8 线译码器 74LS138 构成的 8 路顺序脉冲发生电路。

74LS161 是一个 4 位二进制集成计数芯片电路。图 5.4.25 中选用了其中低 3 位 $Q_2Q_1Q_0$ 为八进制计数器，在连续输入 CLK 计数脉冲时，$Q_2Q_1Q_0$ 的状态从 000 一直变化到 111，并且反复循环。$Q_2Q_1Q_0$ 接到 74LS138 的输入端 $A_2A_1A_0$，经过 74LS138 译码后，在译码器的输出端依次输出 $P_0'\sim P_7'$ 负脉冲顺序脉冲。

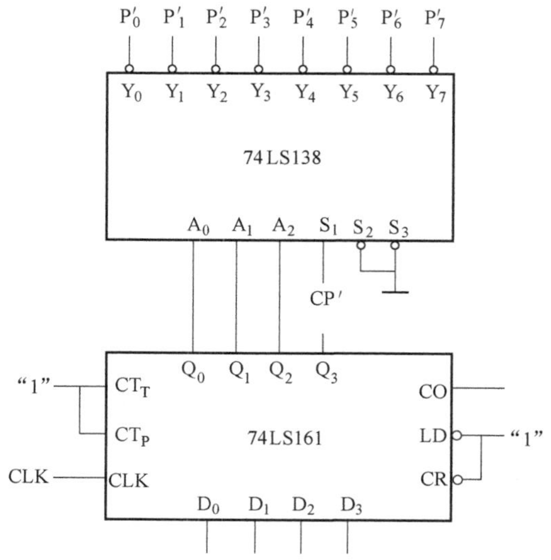

图 5.4.25 顺序脉冲发生器

由于集成芯片 74LS161 中各触发器的传输延迟时间不可能完全相同，将计数器输出状态输入译码器进行译码时，存在“竞争-冒险”现象。为了消除“竞争-冒险”现象，可以应用 74LS138 使能端 S_1（或者）加入选通脉冲，选通脉冲的有效时间应与触发器的翻转时间错开，可选择 CP′信号作为 74LS138 的选通脉冲，设计上可以利用时钟驱动 CLK 信号经过一个“非”门输出到 S_1 端口。输出的顺序脉冲波形图如图 5.4.26 所示。

采用集成计数器和集成译码器组成的顺序脉冲发生电路，可以很方便地改变顺序脉冲的个数，例如需要 16 路顺序脉冲，只要将译码器更换为 4 线-16 线译码器，计数器 74LS161 的 $Q_3Q_2Q_1Q_0$ 接译码器 $A_3A_2A_1A_0$ 即可。如果需要 7 路顺序脉冲，只要将计数器连接为七进制计数器即可。译码器输出为负脉冲顺序信号，若需要正脉冲信号，只要将译码器输出接“非”门即可。

2. 移位寄存器型顺序脉冲发生器

图 5.4.27 所示是应用集成 1 位寄存电路 74LS194（图 5.4.5）构成的一种顺序脉冲发生器。该电路应用 $Q_2Q_1Q_0$ 作为反馈输出，D_{SR} 作为反馈输入。结合其功能可以分析出其状态转换图和时序图如图 5.4.28 和图 5.4.29 所示。在时钟 CLK 作用下，$Q_3Q_2Q_1Q_0$ 产生了 4 个节拍脉冲。

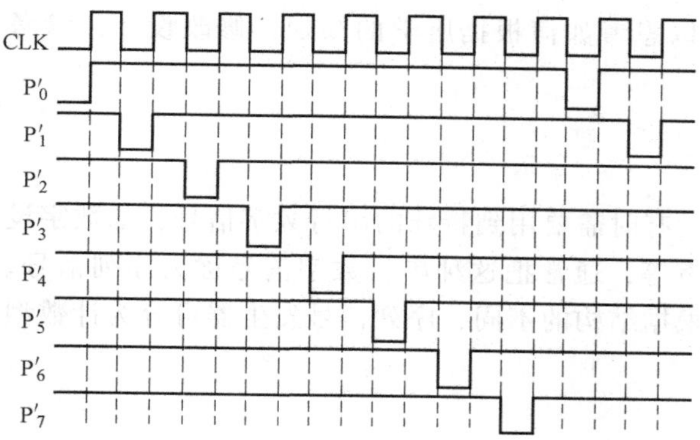

图 5.4.26　顺序脉冲波形图

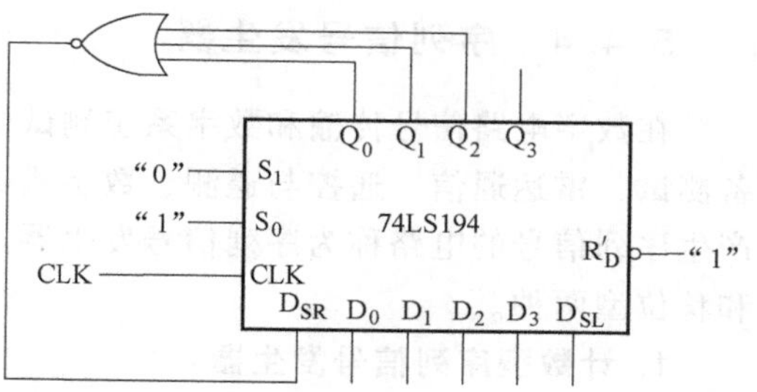

图 5.4.27　具有自启动能力的四进制环形计数器

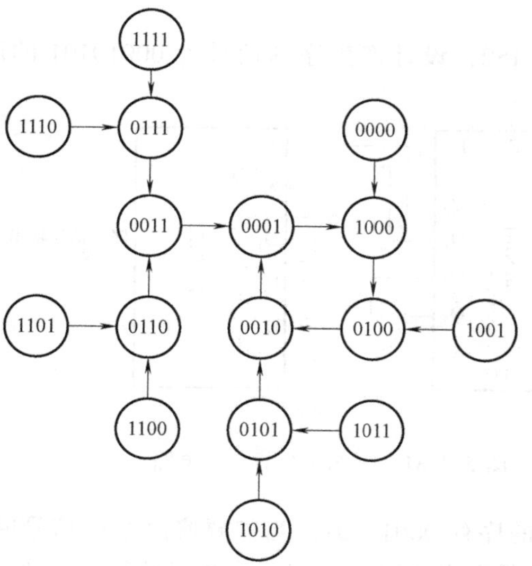

图 5.4.28　四进制环形计数器状态图

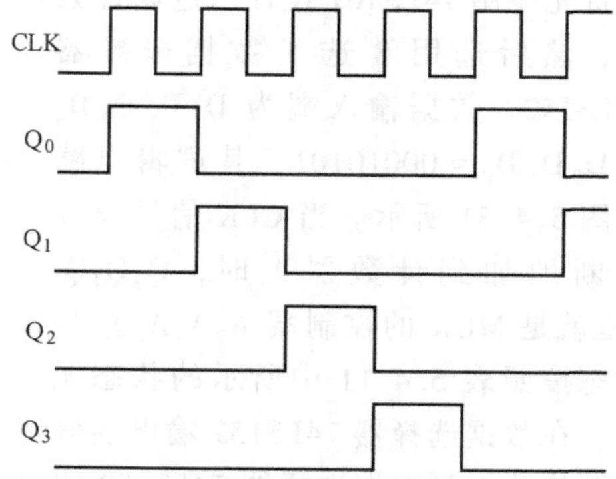

图 5.4.29　四进制环形计数器时序图

通过观察图 5.4.29，可以得知在工作循环中，每次状态改变，扭环形计数器的触发器只有一个状态改变，因此不会出现“竞争-冒险”问题，相比于计数器型顺序脉冲发生器，这是它的一个优点。上述扭环形计数器只有 4 种有效状态，其状态利用率低，而应用扭环形计数器可以提高到 8 种有效状态，如图 5.4.30 所示。

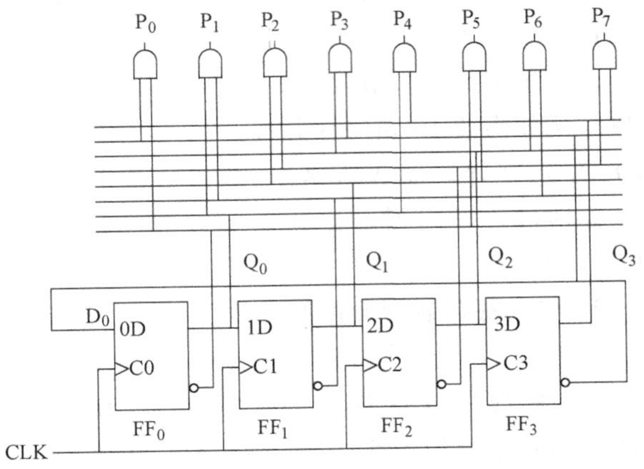

图 5.4.30　用扭环形计数器构成的顺序脉冲发生器

对于扭环形计数电路，也存在一个问题，即：这种计数电路存在两种可能不同的循环，每个循环有 8 个状态，可以定义一个为有效循环，当进入无效循环时，不能自启动。基于这个问题，读者可以思考如何根据所学的知识，修改设计，参考图 5.4.23。

5.4.4　序列信号发生器

在数字电路信号传输和数字系统测试中，有时需要用到特殊的串行数字信号，如数字设备测试、雷达通信、遥控与遥测、数字式噪声等，通常把这种串行数字信号称为序列信号。产生序列信号的电路称为序列信号发生器。根据结构的不同，序列信号发生器可分为计数型和移位型两种。

1. 计数型序列信号发生器

通常来说，计数型序列信号发生器可以有多种结构形式，如果要求实现序列长度为 L 的计数型序列信号发生电路，先设计一个模为 L 的计数电路，然后根据计数电路的状态转换关系和序列信号的要求，设计出输出组合电路。

[例 5.4.2]　应用集成芯片 74LS161 与 74LS152，设计产生序列信号为 00010101 的序列信号发生器。

解： 由于序列信号长度为 8，所以首先应用 74LS161 设计八进制计数器，然后选用 8 选 1 数据选择器 74LS152。数据输入端为 $D_7D_6D_5D_4D_3D_2D_1D_0$ = 00010101，其逻辑电路如图 5.4.31 所示。当 CLK 信号连续不断地加到计数器上时，$Q_2Q_1Q_0$（也就是 MUX 的控制端 $A_2A_1A_0$）的状态按照表 5.4.11 中所示的状态循环，在数据选择器 74LS152 输出端得到不断循环的序列 00010101。当需要修改序列信号时，只要修改加到数据选择器 74LS152 的 $D_0 \sim D_7$ 的高低电平即可，不需要对电路做其他改动。

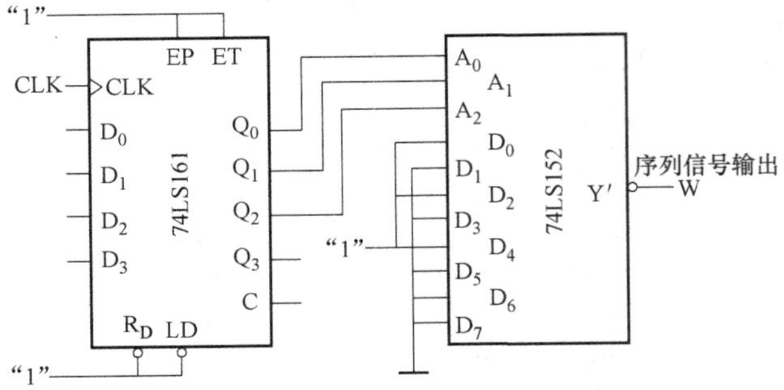

图 5.4.31　例 5.4.2 的逻辑电路

表 5.4.11　例 5.4.2 电路的状态转换表

CLK	Q_2 A_2	Q_1 A_1	Q_0 A_0	W	CLK	Q_2 A_2	Q_1 A_1	Q_0 A_0	W
0	0	0	0	$D_0(0)$	5	1	0	1	$D_5(1)$
1	0	0	1	$D_1(1)$	6	1	1	0	$D_6(1)$
2	0	1	0	$D_2(0)$	7	1	1	1	$D_7(1)$
3	0	1	1	$D_3(1)$	8	0	0	0	$D_8(0)$
4	1	0	0	$D_4(0)$					

2. 移位型序列信号发生器

移位型序列传号发生器由移位寄存器和组合电路两部分构成，其结构框图如图 5.4.32 所示。各触发器的 Q 端作为组合电路的输入，组合电路的输出作为移位寄存器的串行输入。在同步脉冲 CLK 的作用下，移位寄存器做移位操作，从输出端 Q_n 就得到一个序列信号输出，输出序列信号有多少位，则序列长度就为多少，由 n 位移位寄存器构成的序列发生器产生的序列信号的最大长度为 $P=2^n$。

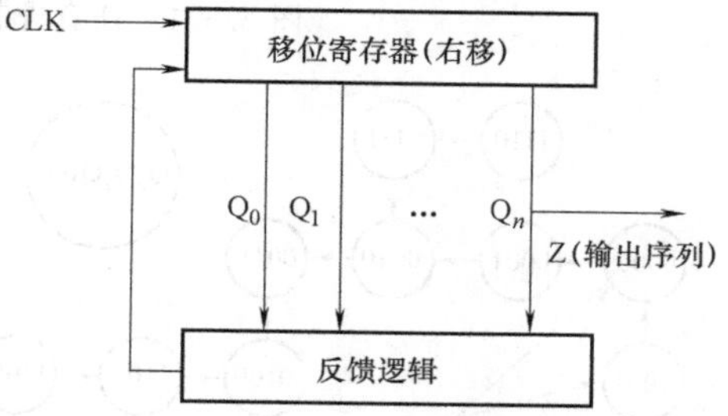

图 5.4.32　移位型序列信号发生器结构框图

5.5　时序逻辑电路的设计方法

5.5.1　基于集成芯片的任意进制计数电路的设计方法

在计数脉冲的驱动下，计数电路中循环的状态个数称为计数电路（通常也称为计数器）的模。如果用 N 表示，n 位二进制计数电路的模为 $N=2^n$（n 为触发器的个数）。这里提到的任意进制计数器是指 $N\neq2^n$。如二十四进制、六十进制、一百进制。如何在已有 N 进制芯片基础上设计一个 M 进制计数电路，通常设计一个任意 M 进制计数电路，可以划分为 $M<N$ 和 $M>N$ 两种情况。如果 $M<N$，则只需一片 N 进制计数器；如果 $M>N$，则要多片 N 进制计数器。多余的状态设法跳过，通常实现的方法是利用现有的 N 进制芯片的置数和置零功能，通常也称为置数法和置零法。

1. 任意进制计数电路的构成方法（$M<N$）

利用现有的 N 进制计数器构成任意进制（M）计数器时，如果 $M<N$，计数循环过程中设法跳过 $N—M$ 个状态。如图 5.5.1 所示，图 5.5.1a 为置零法，图 5.5.1b 为置数法。

[**例 5.5.1**]　已知有一集成芯片 74LS160 供设计使用，其逻辑功能与 74LS161 一样，如表 5.4.6 所示，在此基础上设计一个 7 进制计数电路。

解：74LS160 是集成十进制集成芯片，$N=10$，要构成 7 进制计数电路，则可以采用图 5.5.1 的置零法或者置数法。从表 5.4.6 可以看出，74LS160 具有异步清零和同步预置数的功能，因此采用异步置零方法时，如图 5.5.2a 所示，需要从初始状态 0000 计数到第 8 个状态（0111）去触发 R_D'，设计的电路如图 5.5.2b 所示。

采用预置数方法时，如果 $D_3D_2D_1D_0=0000$，分析状态图 5.5.2a，从初始状态 0000 开

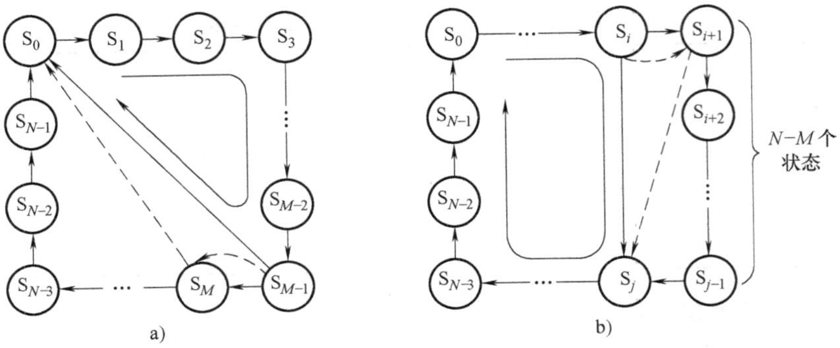

图 5.5.1　任意进制计数器的构成方法（$M<N$）

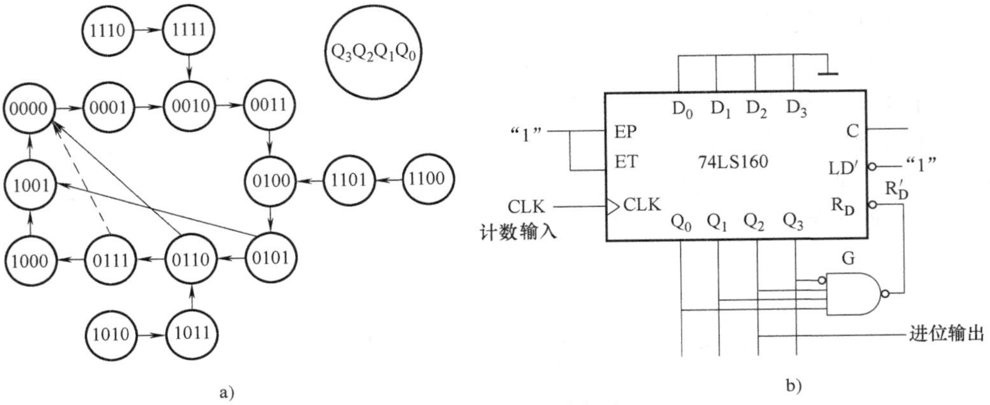

图 5.5.2　异步置零方法

始，计数到第 7 个（0110）状态时，译码使得 LD′=0，在时钟驱动下，按照图 5.5.2a 所示跳过 10−7=3 个状态，实现七进制计数功能，设计的电路如图 5.5.3a 所示。如果预置数 $D_3D_2D_1D_0=1001$，则需要跳过 0110、0111、1000 三个状态，因此计数到 0101 时，在时钟 CLK 驱动下，把 0101 译码得到 LD′=0。设计的电路如图 5.5.3b 所示。

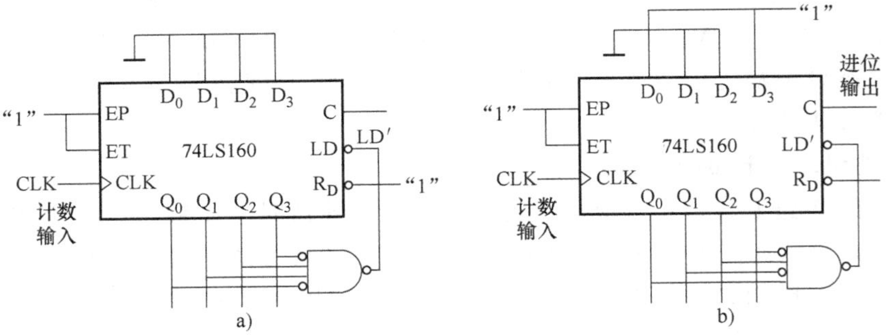

图 5.5.3　同步预置数方法

在设计电路时，要注意区分同步置数与异步置数，否则会造成计数偏离 1 个计数状态。通常来说，异步置数与时钟脉冲 CLK 无关，只要异步置数端出现有效电平，置数输入端的数据立刻被置入计数器。

因此，利用异步置数功能构成 N 进制计数器时（设：从 0 开始计数），应在输入第 N 个

CLK 脉冲时，通过控制电路产生置数信号，使计数器立即置数。

同步置数与时钟脉冲有关，当同步置数端出现有效电平时，并不能立刻置数，只是为置数创造了条件，需再输入一个 CLK 脉冲才能进行置数。

所以，利用同步置数功能构成 N 进制计数器时，应在输入第（$N-1$）个 CLK 脉冲时，通过控制电路产生置数信号，这样，在输入第 N 个 CLK 脉冲时，计数器才被置数。

2. 任意进制计数电路的构成方法（$M>N$）

当 $M>N$ 时，需用多片 N 进制计数器进行扩展，使得扩展后计数进制 N_1 大于 M，即 $M<N_1$，在这个电路结构上，再使用置零法和置数法形成 M 进制计数电路。具体的实施方法，通常有下面几种：

1）串行进位方式。以低位芯片的进位信号作为高位芯片的时钟输入信号

2）并行进位方式。以低位芯片的进位信号作为高位芯片的工作状态控制信号。

3）整体置零方式。首先将多片 N 进制计数器按最简单的方式接成一个大于 M 进制的计数器，然后在计数器记为 M 状态时使 $R_D'=0$，将多片计数器同时置零。

整体置数方式：首先将多片 N 进制计数器按最简单的方式接成一个大于 M 进制的计数器，然后在某一状态下使 $LD'=0$，将多片计数器同时置数成适当的状态，获得 M 进制计数器。

[例 5.5.2]　设计一个电路，用 3 片同步十进制计数器实现千进制计数器。

解：在电路设计方法上，通常采用并行进位方式和串行进位方式。

方式 1：并行进位方式，即由于 74LS160 是十进制计算电路，并行进位方式需要 3 片 74LS160（$1000=10\times10\times10$）。①芯片（1）的 EP 和 ET 恒为"1"，始终处于计数工作状态。②芯片（2）的进位输出 C 作为芯片（2）的 EP 和 ET 输入，每当芯片（1）计成 9（1001）时，C 变为"1"。③下一个 CLK 信号到达时，芯片（2）为计数工作状态，计入 1，而芯片（1）计成 0（0000）。④同样的方法，芯片（2）的进位输出 C 作为芯片（3）的 EP 和 ET 输入，每当芯片（2）计成 9（1001）时，C 变为"1"，下一个 CLK 信号到达时，芯片（3）为计数工作状态，计入 1。实现了 $10\times10\times10=1000$ 的计数电路。设计的电路如图 5.5.4 所示。

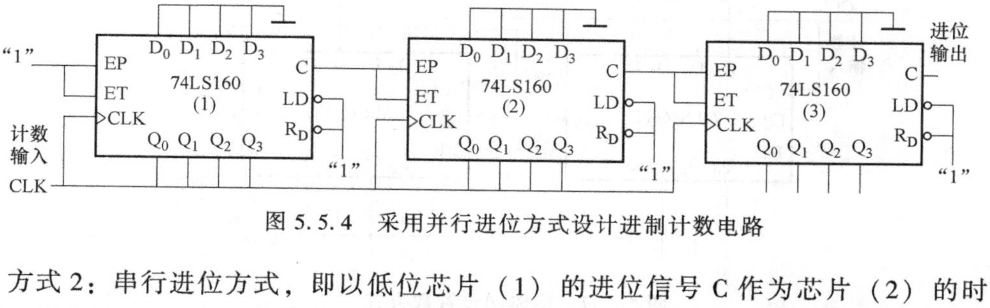

图 5.5.4　采用并行进位方式设计进制计数电路

方式 2：串行进位方式，即以低位芯片（1）的进位信号 C 作为芯片（2）的时钟输入信号，以芯片（2）的进位信号 C 作为高片位（3）的时钟输入信号，高位芯片输出 C 作为进位输出。实现了 $10\times10\times10=1000$ 的计数电路。设计的电路如图 5.5.5 所示。

[例 5.5.3]　用两片 74LS160 实现 39 进制计数器，画出设计的电路图。

解：整体置零方式：由于 74LS160 具有异步置零功能，因此设想计数从 0~39，当高位芯片计数到 3（0011），低位芯片计数到 9（1001）时，通过译码实现 $R_D'=0$。

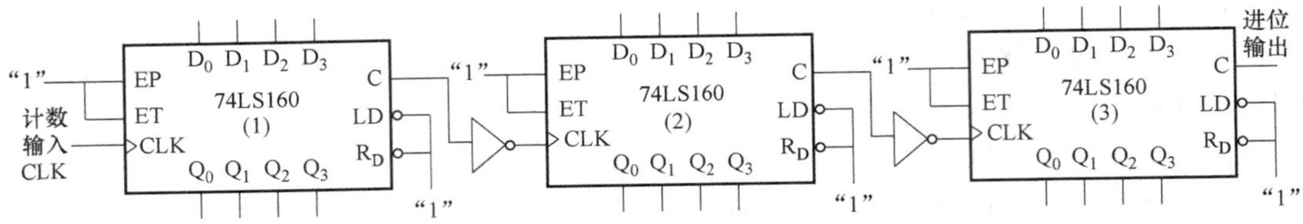

图 5.5.5　采用串行进位方式设计千进制计数电路

根据上述思路，首先将两片 10 进制计数器按最简单的方式接成一个 10×10 = 100 进制的计数器，然后在计数器记为 39 状态时使 $R_D' = 0$，将两片计数器同时置零。设计的电路如图 5.5.6 所示。

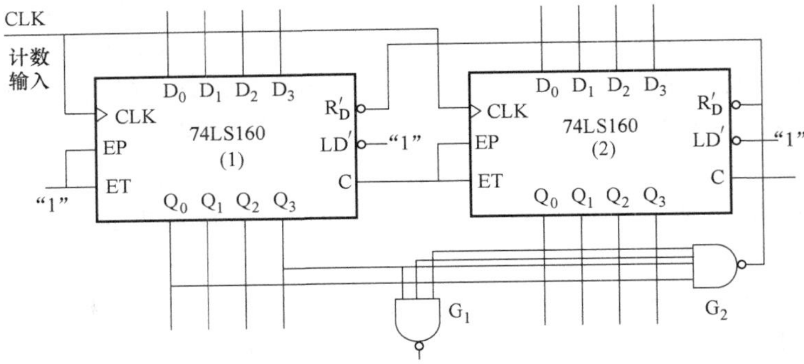

图 5.5.6　整体异步置零方法

整体置数方式：由于 74LS160 具有同步预置数功能，设想计数从 0～38，当高片位计数到 3（0011），低片位计数到 8（1000）时，通过译码实现 LD′ = 0，当时钟信号 CLK 驱动时，实现同步预置数，从 38 状态回到 0 状态，实现 39 进制计数功能。

在电路设计过程中，先将两片 10 进制计数器按最简单的方式接成一个百进制的计数器，然后在 38（0011，1000）状态下使 LD′ = 0，将两片计数器同时置数成适当的状态，获得 39 进制计数器。设计的电路如图 5.5.7 所示。

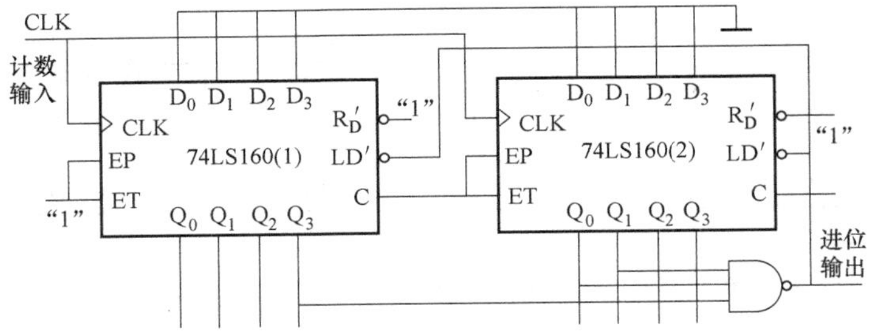

图 5.5.7　整体同步置数方式

5.5.2　同步时序逻辑电路的设计方法

时序逻辑电路的设计过程与分析过程是一个互逆的过程，与时序逻辑电路的分析方法类似，时序逻辑电路的设计也需要一定的设计过程和步骤，主要包括：

1. 进行逻辑抽象，建立原始状态图

根据给定的设计要求，确定输入变量、输出变量、电路内部状态间的关系及状态数。定义输入变量、输出变量逻辑状态，并进行状态赋值，对电路的各个状态进行编号。按照题意建立原始状态图。

2. 对状态进行化简，求最简状态图

从电路外部特性来看，等价状态是可以合并的，多个等价状态合并成一个状态，多余的都去掉，即可画出最简状态图；在原始状态图中，凡是在输入相同时，输出相同且要转换到的次态也相同的状态，都是等价状态。

3. 进行状态分配，画出用二进制数进行编码后的状态图

确定二进制代码的位数，如果用 M 表示电路状态数，用 n 代表要使用的二进制代码的位数，那么根据编码的概念应根据不等式 $2^{n-1}<M\leqslant 2^n$ 来确定。画出编码后的状态图。状态编码方案确定之后，进一步确定状态图中的电路次态、输出与现态及输入间的函数关系。

4. 选择触发器，求时钟方程、输出方程和状态方程

首先选择触发器，求时钟方程（如果采用同步方案，各个触发器的时钟信号都与输入 CLK 脉冲相连），接着求输出方程和状态方程。既可以通过状态图直接写出次态的标准“与或”表达式，再用公式法求最简“与或”式；或者应用卡诺图求次态的最简“与或”式。

5. 求驱动方程

驱动方程是各个触发器同步输入端信号的逻辑表达式。其过程是通过变换状态方程，使之具有和触发器特性方程相一致的表达形式。进一步与特性方程进行比较，按照变量相同、系数相等，两个方程必等的原则，求得驱动方程。

6. 画逻辑电路图

先画触发器，并进行必要的编号，标出有关的输入端和输出端。然后按照时钟方程、驱动方程和输出方程连线。

7. 检查设计的电路能否自启动

将电路无效状态依次代入状态方程进行计算。观察在 CLK 信号驱动下次态能否回到有效状态。如果存在无效状态不能进入有效循环，则所设计的电路不能自启动，反之则能自启动。

如果电路不能自启动，则应采取措施予以解决。例如，利用触发器的异步输入端强行预置到有效状态或者修改设计重新进行状态分配等。

[例 5.5.4]　试用负边沿 JK 触发器设计一个同步时序电路，其状态转换过程如图 5.5.8 所示。

解：按照设计步骤一步一步进行，因为本例中已经给出二进制编码形式的状态转换图，因此设计步骤的前三步都可以省略，从设计步骤的第四步开始：

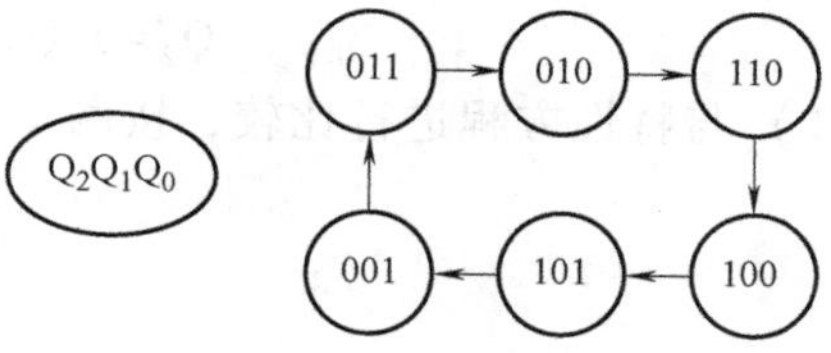

图 5.5.8　例 5.5.4 状态图

（1）选择触发器，求时钟方程、输出方程和状态方程。

本例中规定使用 JK 触发器；由于状态数量为 6 个，那么最少使用 3 个触发器；同步时序电路的时钟方程统一为 CLK；由于电路没有输出变量，因此无需求输出方程。

求状态方程：画出状态转换的次态卡诺图，用图形法求次态的最简“与或”式。

1）总的次态/现态卡诺图如图 5.5.9 所示。

2）把图 5.5.9 分成各个触发器输出的次态/现态卡诺图。

①Q_2^* 的卡诺图如图 5.5.10 所示，根据次态卡诺图可得：$Q_2^* = Q_0'$。

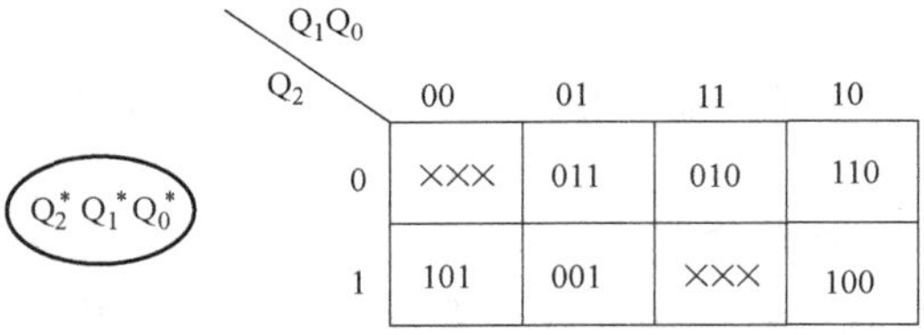

图 5.5.9　例 5.5.4 卡诺图（一）

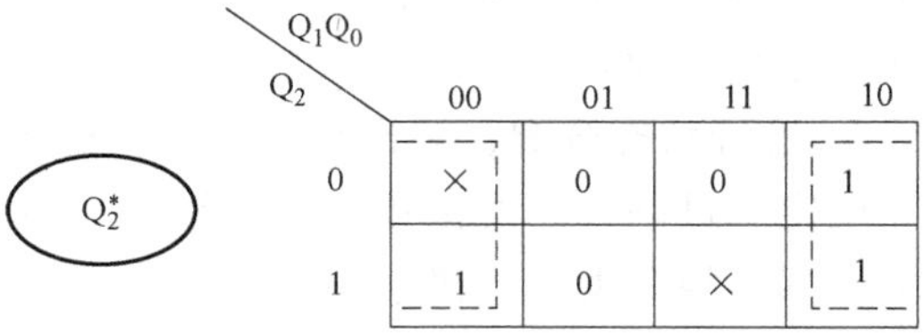

图 5.5.10　例 5.5.4 卡诺图（二）

② Q_1^* 的卡诺图如图 5.5.11 所示，根据次态卡诺图可得：$Q_1^* = Q_2'$。

③ Q_0^* 的卡诺图如图 5.5.12 所示，根据次态卡诺图可得：$Q_0^* = Q_1'$。

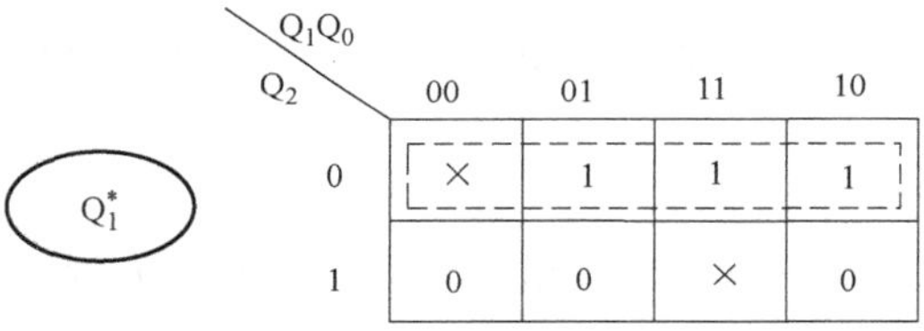

图 5.5.11　例 5.5.4 卡诺图（三）

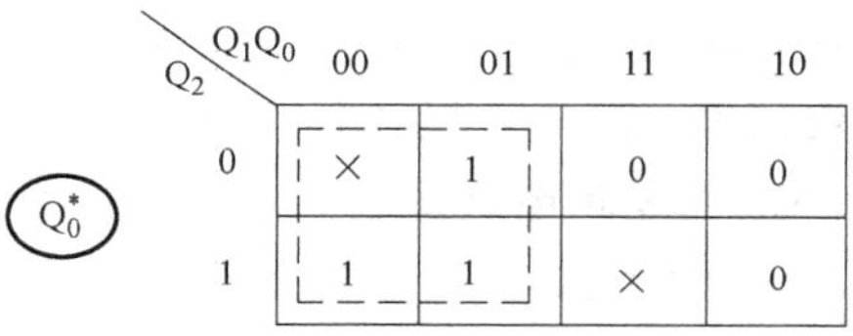

图 5.5.12　例 5.5.4 卡诺图（四）

（2）求驱动方程

变换状态方程，使之具有和触发器特性方程相一致的表达形式。

1）将上面得到的状态方程代入到 JK 触发器的特性方程中得

$$Q_0^* = J_0Q_0' + K_0'Q_0 = Q_1' = Q_1'Q_0' + Q_1'Q_0$$

$$Q_1^* = J_1Q_1' + K_1'Q_1 = Q_2' = Q_2'Q_1' + Q_2'Q_1$$

$$Q_2^* = J_2Q_2' + K_2'Q_2 = Q_0' = Q_0'Q_2' + Q_0'Q_2$$

2）与特性方程进行比较，按两个方程相等，系数相等的原则，求出驱动方程

$$J_0 = Q_1',\quad K_0 = Q_1$$

$$J_1 = Q_2',\quad K_1 = Q_2$$

$$J_2 = Q_0',\quad K_2 = Q_0$$

（3）画逻辑电路图

逻辑电路如图 5.5.13 所示。

（4）检查设计的电路能否自启动

当 $N=3$ 时，共有 2^3状态，两个状态 000 和 111 没有定义，将其代入到状态方程中，得到这两个状态的次态；000 状态的次态为 111；111 状态的次态为 000。因为这两个状态构成

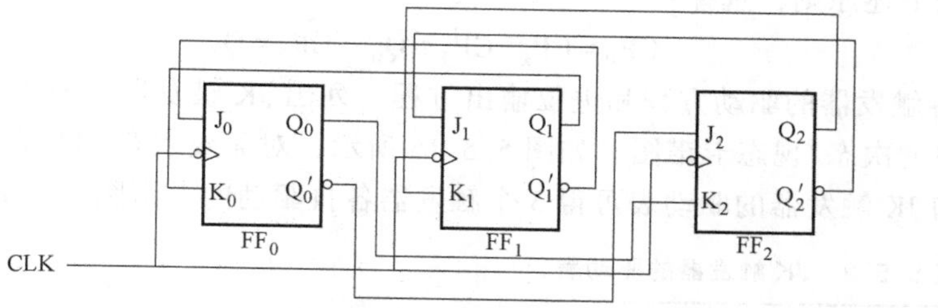

图 5.5.13　例 5.5.4 逻辑电路

了无效循环，因此这个电路不能自启动，分析原因还是在状态 000 和 111 时，卡诺图中的次态没有进入到有效状态，一般情况下，必须修改次态/现态卡诺图。这个问题将在 5.5.3 节做进一步分析。

5.5.3　异步时序逻辑电路的设计方法

由于异步时序逻辑电路中各触发器不是用统一的时钟脉冲信号，所以在设计异步时序逻辑电路时需要为每个触发器选择一个合适的时钟信号，即需要求各触发器的时钟方程。对于其他设计过程，异步时序逻辑电路的设计方法与同步时序逻辑电路大致相同。

[例 5.5.5]　试设计一个异步七进制加法计数器。

解：分析和设计过程如下：

(1) 根据设计要求，设定 7 个状态 S_0、S_1、…、S_6。进行状态编码后，列出状态转换表，如表 5.5.1 所示。表中的 Y 为进位输出变量。由于七进制计数器应有 7 个状态，所以不需要进行状态化简。

表 5.5.1　例 5.5.5 的状态转换表

状态转换顺序	现态			次态			进位输出
	Q_2	Q_1	Q_0	Q_2^*	Q_1^*	Q_0^*	Y
S_0	0	0	0	0	0	1	0
S_1	0	0	1	0	1	0	0
S_2	0	1	0	0	1	1	0
S_3	0	1	1	1	0	0	0
S_4	1	0	0	1	0	1	0
S_5	1	0	1	1	1	0	0
S_6	1	1	0	0	0	0	1

(2) 选择触发器。选用下降沿触发的 JK 触发器。

(3) 求各触发器的时钟方程

即为各触发器选择时钟信号。为了选择方便，由状态表画出电路的时序图，如图 5.5.14 所示。为触发器选择时钟信号的原则是：①触发器状态需要翻转时，必须要有时钟信号的翻转沿驱动。②当触发器状态不需要翻转时，“多余的”时钟信号越

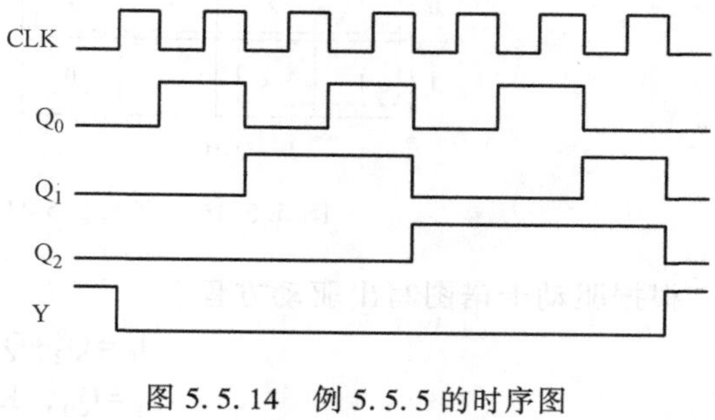

图 5.5.14　例 5.5.5 的时序图

少越好。根据上述原则，选择：

$$CP_0=CP \quad CP_1=Q_0 \quad CP_2=Q_1$$

（4）求各触发器的驱动方程和进位输出方程。列出 JK 触发器的驱动表，如表 5.5.2 所示，画出电路的次态/现态卡诺图，如图 5.5.15 所示，对无效状态 111 做无关项处理。根据次态卡诺图和 JK 触发器的驱动表可得 3 个触发器各自驱动的卡诺图，如图 5.5.16 所示。

表 5.5.2　JK 触发器的驱动表

Q	Q^*	J	K
0	0	0	×
0	1	1	×
1	0	×	1
1	1	×	0

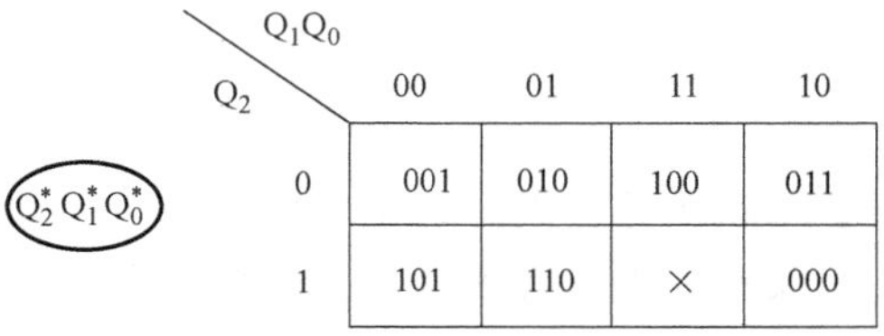

图 5.5.15　例 5.5.5 的次态/现态卡诺图

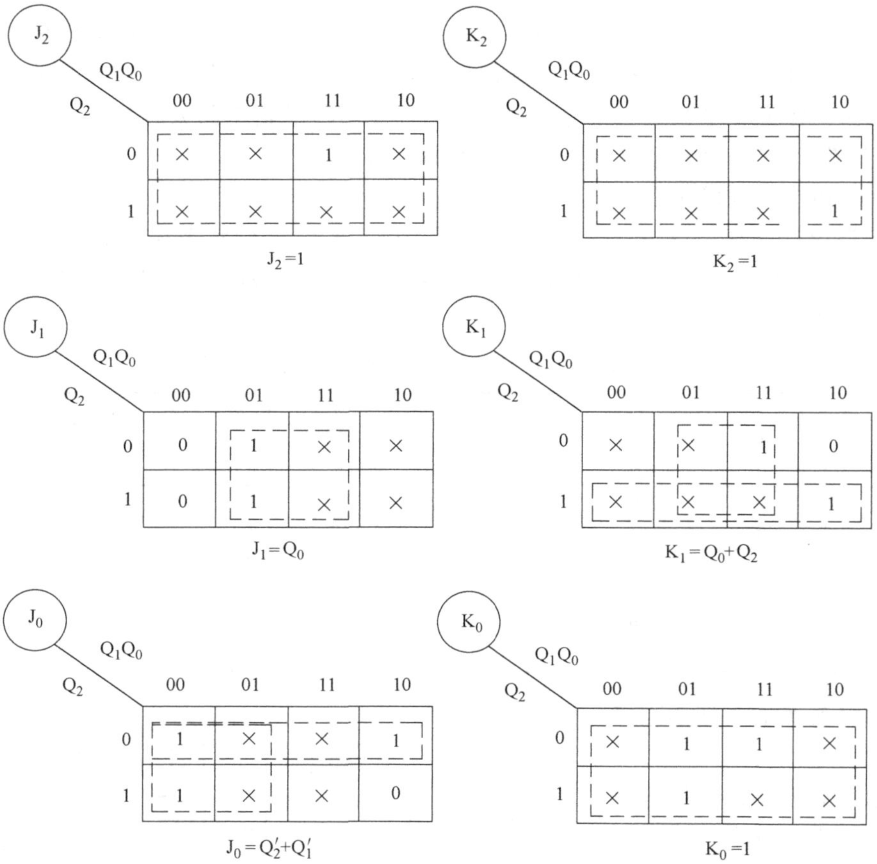

图 5.5.16　例 5.5.5 的各触发器的驱动卡诺图

根据驱动卡诺图写出驱动方程：

$$J_0=Q_2'+Q_1',\ K_0=1$$

$$J_1=Q_0,\ K_1=Q_0+Q_2$$

$$J_2 = 1, \quad K_2 = 1$$

再画出输出卡诺图，如图 5.5.17 所示，可得电路的输出方程为 $Y = Q_2Q_1$。

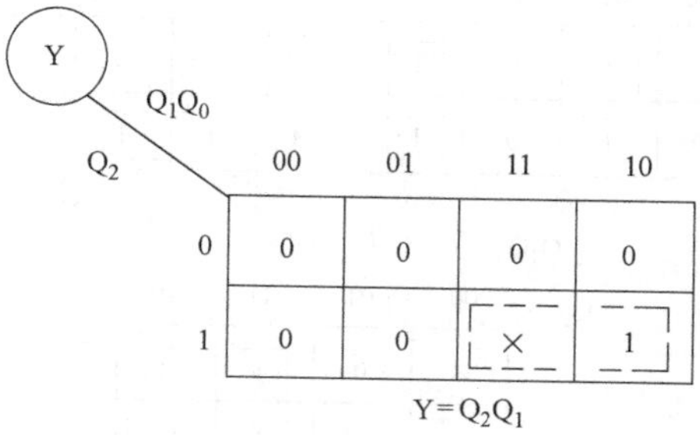

图 5.5.17　例 5.5.5 的输出卡诺图

（5）画逻辑图。根据驱动方程和输出方程，画出异步 7 进制计数器的逻辑图，如图 5.5.18 所示。

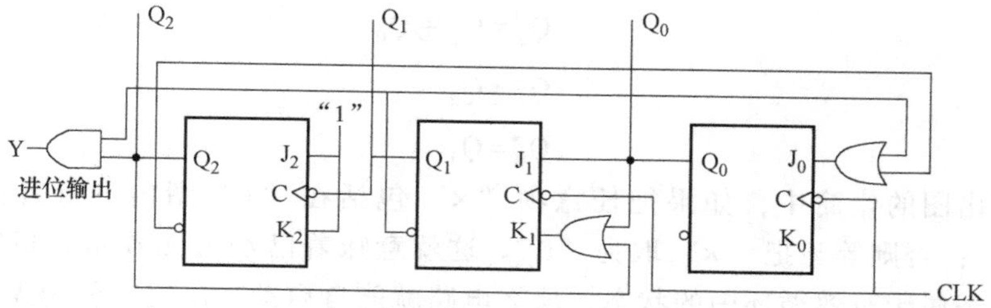

图 5.5.18　例 5.5.2 的逻辑图

（6）检查能否自启动。利用逻辑分析的方法画出电路的完整状态图，如图 5.5.19 所示。由图可知，当电路进入无效状态 111 时，在 CLK 脉冲作用下可进入有效状态 000，因此电路能够自启动。

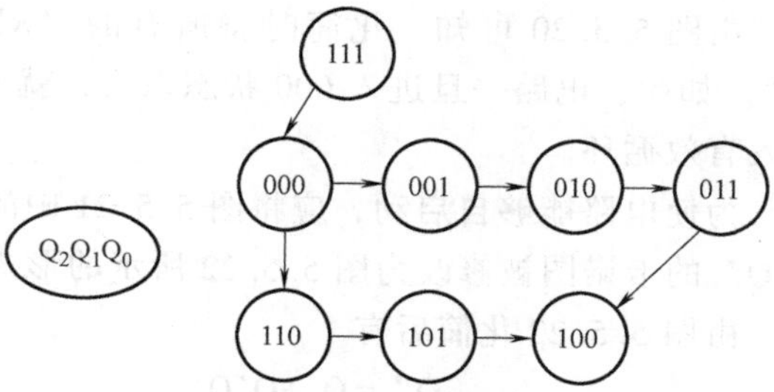

图 5.5.19　例 5.5.5 的完整状态图

5.5.4　时序逻辑电路的自启动设计

前面介绍时序电路设计步骤时，最后要求检查电路能否自启动。若电路不具有自启动特性，而设计又要求电路能自启动，就必须重新修改设计了。下面通过一个例子来说明如何通过设计实现电路自启动。

[例 5.5.6]　设计一模为 7 的计数器，要求它能够自启动。已知状态转换图及状态编码如图 5.5.20 所示。

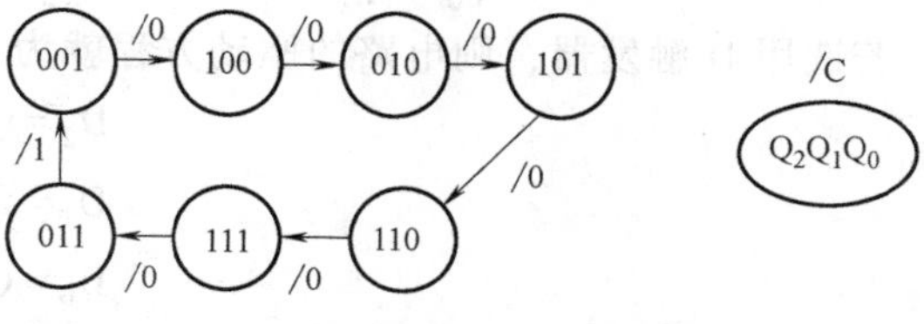

图 5.5.20　例 5.5.6 模为 7 的计数器状态转换图

解：由图 5.5.20 所示的状态转换图画出所要设计电路的新状态 Q_2^*、Q_1^*、Q_0^* 的卡诺图如图 5.5.21 所示。其中 000

为无效状态。

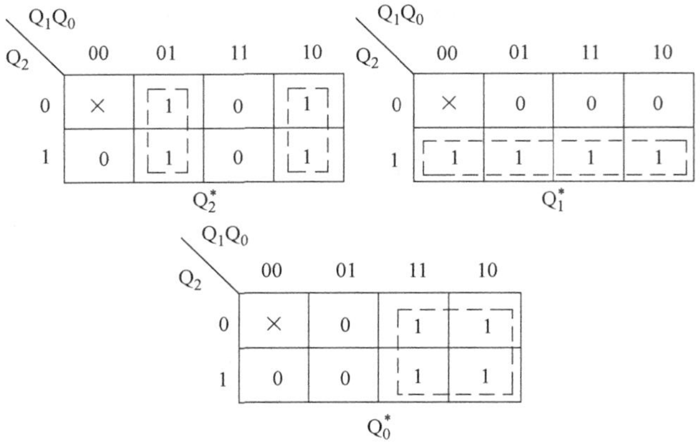

图 5.5.21　例 5.5.6 卡诺图

若单纯最简化状态方程，则可得

$$Q_2^* = Q_1 \oplus Q_0$$

$$Q_1^* = Q_2$$

$$Q_0^* = Q_1$$

在上述卡诺图的化简中，如果把任意项“×”包括在“1”圈内进行合并，则等于把“×”取作“1”；否则等于把“×”取为“0”。这就意味着已经为无效状态指定了次态。如果被指定的次态属于有效循环中的状态，那么电路就能自启动。反之，就为无效状态，则电路将不能自启动。在后一种情况下，就需要修改状态方程的化简方式，将无效状态的次态改为某个有效状态。

由图 5.5.20 可知，化简时将所有的“×”全都划在圈外，也就是化简时把它们取作“0”。如此，电路一旦进入 000 状态以后，就不可能在时钟信号作用下脱离这个无效状态而进入有效循环。

为使电路能够自启动，应将图 5.5.21 中的“×”取为一个有效状态，例如取为 010。这时 Q_1^* 的卡诺图被修改为图 5.5.22 所示的形式。

由图 5.5.22 化简后有

$$Q_1^* = Q_2 + Q_1'Q_0'$$

则状态方程修改为

$$Q_2^* = Q_1 \oplus Q_0$$

$$Q_1^* = Q_2 + Q_1'Q_0'$$

$$Q_0^* = Q_1$$

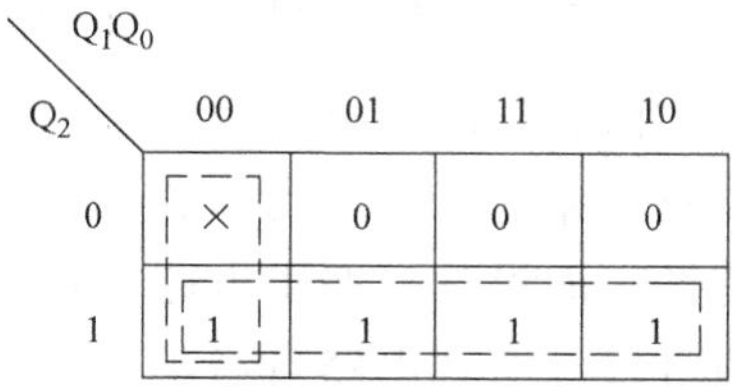

图 5.5.22　修改后的 Q_1^* 卡诺图

若选用 D 触发器，则电路的驱动方程就为

$$D_2 = Q_1 \oplus Q_0$$

$$D_1 = Q_2 + Q_1'Q_0'$$

$$D_0 = Q_1$$

计数器的进位输出方程显然由状态 011 译出：

$$C_0 = Q_2' Q_1 Q_0$$

根据以上两式便可画出其逻辑电路如图 5.5.23 所示。

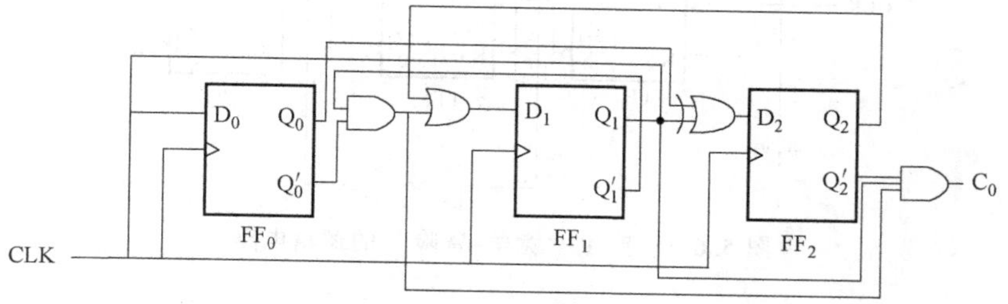

图 5.5.23　例 5.5.6 电路逻辑图

如此设计的电路状态转换图 5.5.20 就被修改成如图 5.5.24 所示，显然是具有自启动特性的电路。

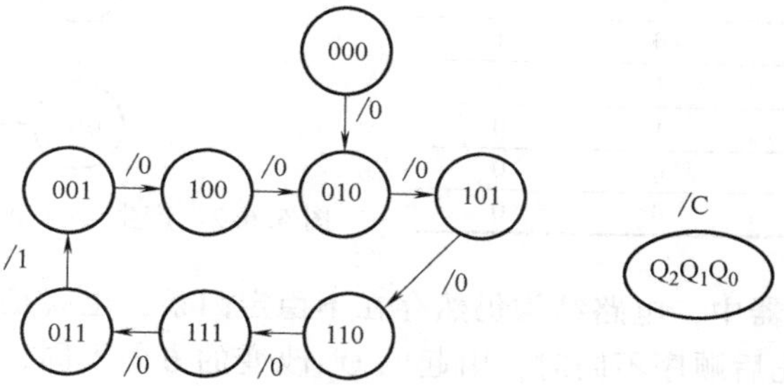

图 5.5.24　图 5.5.23 电路的状态转换图

5.6　时序逻辑电路中的"竞争-冒险"

时序逻辑电路中所存在的"竞争-冒险"现象分为两部分，一部分是组合逻辑电路部分内的"竞争-冒险"，这部分的"竞争-冒险"现象和组合逻辑电路中分析的"竞争-冒险"是一致的；另一部分是存储电路，也就是触发器部分的"竞争-冒险"，这是时序逻辑电路所特有的一个问题。在讨论触发器的动态特性时曾经指出，为了保证触发器可靠地翻转，输入信号和时钟信号在时间配合上应满足一定的要求，然而当输入信号和时钟信号同时改变，而通过不同路径到达同一触发器时，便产生了"竞争"，"竞争"的结果可能导致触发器误动作，这种现象称为存储电路的"竞争-冒险"现象。

图 5.6.1 所示为由 3 个 JK 型触发器构成的异步计数器电路，FF_0 和 FF_1 的输入端始终接高电平，因此，其各自的时钟信号下降沿到来时，它们都需要翻转，而 FF_2 的输入端为 Q_1，时钟信号则是 Q_0（在两个反相器未接入时），FF_1 的时钟信号则是 Q_0'，因此当 FF_0 由"0"变为"1"时，FF_2 的输入信号和时钟电平同时改变，从而导致了"竞争-冒险"发生。

如果 Q_0 从"0"变成"1"时 Q_1 的变化首先完成，那么 FF_2 的时钟信号后到来，在 $Q_0=1$ 的全部时间里，J_2 和 K_2 的状态将始终不变，就可以在 Q_0 的下降沿到达时，由 Q_1 的状态决定 FF_2 是否应该翻转，由此即可得到表 5.6.1、图 5.6.2 所示的状态转换表和状态转换图。

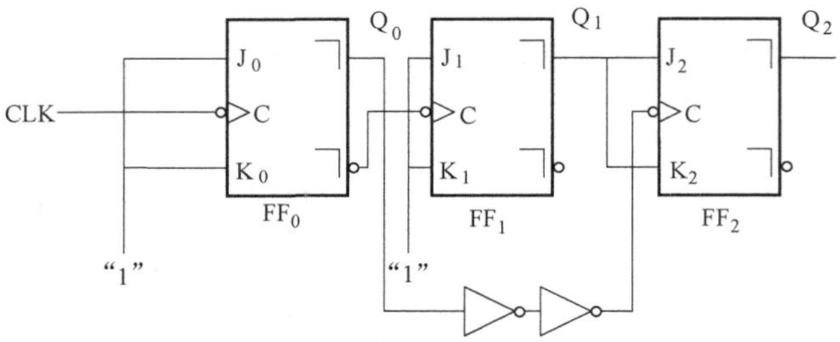

图 5.6.1　产生"竞争-冒险"的逻辑电路

表 5.6.1　状态转换表

时钟顺序	Q_0	Q_1	Q_2
0	0	0	0
1	1	1	0
2	0	1	1
3	1	0	1
4	0	0	1
5	1	1	1
6	0	1	0
7	1	0	0
8	0	0	0

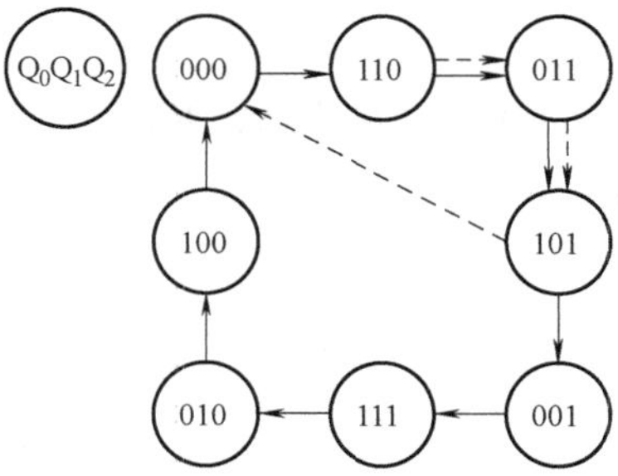

图 5.6.2　产生"竞争-冒险"的电路的状态图

在上述八进制计数器中，电路结构仍然存在不稳定因素，也就是触发器 FF_2 的时钟 CLK 和 J_2、K_2 状态改变的先后顺序不同时，引起的 Q_2 改变的方向不同，对于 FF_2，如果 $Q_2=1$，在 $Q_1=1$ 时，时钟在下降沿激励下（时钟滞后 Q_1），则 FF_2 反转，使得 $Q_2=0$，是图 5.6.2 虚线变化方向；如果时钟下降沿先于 Q_1 到达，这时触发的是 $Q_1=0$ 的状态，FF_2 是保持不变的，保持 $Q_2=1$，是图 5.6.2 实线变化方向。由此可以看出，FF_2 时钟和 JK 端在不同时序时，会使 Q_2 产生两种不同的状态结果，如表 5.6.1 和表 5.6.2 所示。

表 5.6.2　新状态转换表

时钟顺序	Q_0	Q_1	Q_2	时钟顺序	Q_0	Q_1	Q_2
0	0	0	0	3	1	0	1
1	1	1	0				
2	0	1	1	4	0	0	0

为了确保 Q_0 的上升沿在 Q_1 的新状态稳定建立后才到达 FF_2，可以在 Q_0 到 FF_2 时钟信号端口中间加入延迟环节，例如图 5.6.1 中的两个反相器，只要反相器的传输延迟够长，一定能使 Q_1 变化优先于 Q_0 作用于 FF_2 时钟信号端的变化，保证电路在稳定状态运行。

5.7　ROM 和 RAM

5.7.1　半导体存储器的一般结构形式

半导体存储器主要用于存放二值信息，主要包括 ROM 和 RAM 两种形式，其一般结构如图 5.7.1 所示，主要包括地址译码器、存储矩阵、输入/输出电路。ROM 种类比较多，包括掩模 ROM，其存储的数据在制造时确定，用户不能改变，用于批量大的产品。可编程序 ROM（Programmable ROM，PROM），其存储的数据由用户写入，但只能写一次。可擦除 PROM（Erasable PROM，EPROM），写入的数据可用紫外线擦除，用户可以多次改写存储的数据。电可擦除 EPROM（Electrically EPROM，E^2PROM），写入的数据可用电擦除，用户可以多次改写存储的数据，使用方便。

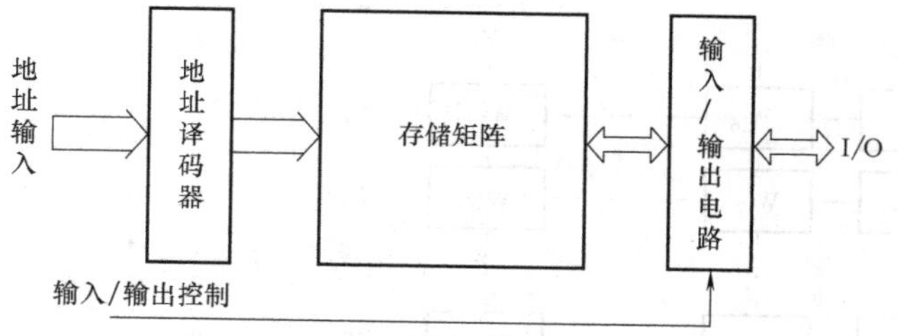

图 5.7.1　半导体存储器的一般结构

1. 地址译码器

从 ROM 中读出哪个字由地址码决定。地址译码器的作用是：根据输入地址码选中相应的字线，使该字内容通过位线输出。存储矩阵中存储单元的编址方式有单译码编址方式和双译码编址方式。一个 n 位地址码的 ROM 有 2^n 个字，对应 2^n 根字线，选中字线 W_i 就选中了该字的所有位。

图 5.7.2 为一种 32B×8bit/B 存储器的单地址译码结构，$n=5$，有 $2^5=32$ 根字线（W_0 ~ W_{31}），位线 D_0 ~ D_7 共 8 根。32×8 存储矩阵排成 32 行 8 列，每一行对应一个字节，每一列对应 32 个字的同一位。当 A_4 ~ A_0 给出一个地址信号时，便可选中相应字节的所有存储单元。当 A_4 ~ A_0 = 00000 时，选中字线 W_0，可将（0，0）~（0，7）这 8 个基本存储单元的内容同时读出。

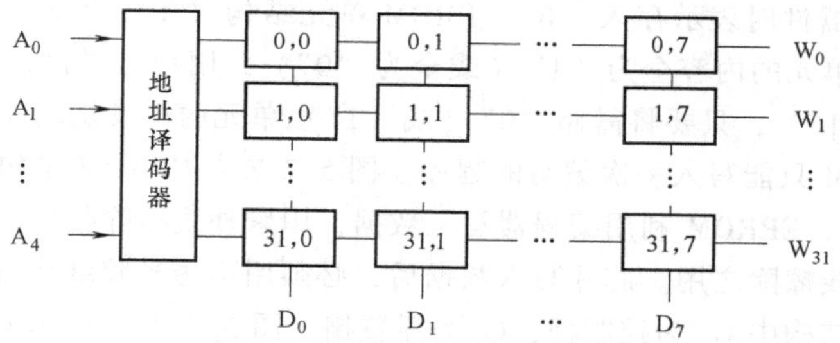

图 5.7.2　32×8 存储器的结构图

2. 双（行，列）地址译码方式

如图 5.7.3 所示为 256×1 的双（行，列）地址译码结构，256B 存储器需要 8 根地址线，分为 A_7 ~ A_4 和 A_3 ~ A_0 两组，A_3 ~ A_0 送入行地址译码器，产生 16 根行地址线（X_i）；A7~A4 送入列地址译码器，产生 16 根列地址线（Y_i），存储矩阵中某个字能否被选中，由行、列地址线共同决定。若采用单地址译码方式，则需 256 根内部地址线。当 A_7 ~ A_0 = 00001111 时，X_{15} 和 Y_0 地址线均为高电平，字 W_{15} 被选中，其存储内容被读出。

3. 存储矩阵的结构与工作原理

4×4 存储矩阵结构如图 5.7.4 所示，字线与位线的交叉点即为存储单元。每个存储单元可以存储 1 位二进制数。交叉处的圆点“·”表示存储“1”；交叉处无圆点表示存储“0”。当某字线被选中时，相应存储单元数据从位线 $D_3 \sim D_0$ 输出。从位线输出的每组二进制代码称为一个字。一个字中含有的存储单元数称为字长，即字长=位数。存储容量一般用“字数×字长（即位数）”表示，例如，一个 32B×8bit/B 的 ROM，表示它有 32 个字节，字长为 8 位，存储容量是 32B×8bit/B=256bit。

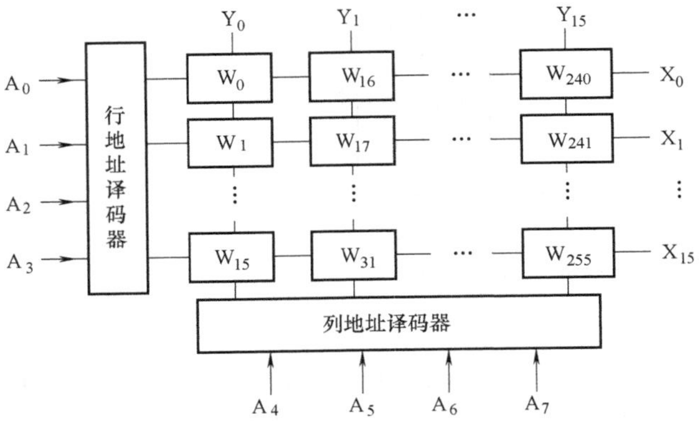

图 5.7.3 双地址译码方式 256 字存储器的结构图

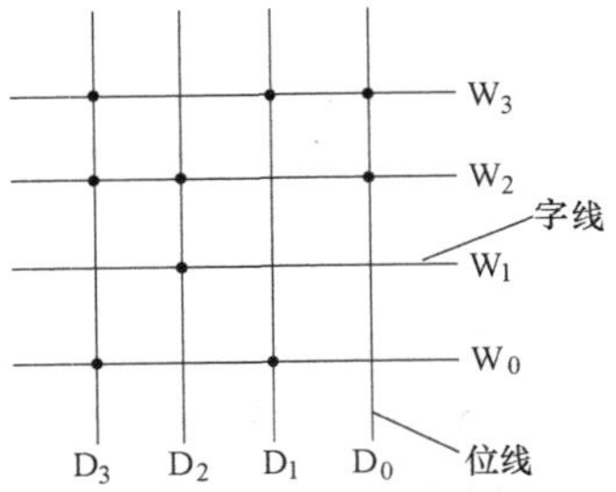

图 5.7.4 4×4 存储矩阵结构示意图

[例 5.7.1] 某台计算机的内存储存器设置有 32 位的地址线，16 位并行数据输入/输出段，试计算它的最大存储量是多少？

解： $2^{32}\times16\text{bit}=2^{10}\times2^{10}\times2^{10}\times4\times16\text{bit}=64\text{Gbit}$

4. 存储单元的电路结构

固定 ROM 的存储单元电路结构如图 5.7.5 所示，分别为二极管 ROM、TTLROM、晶体管 ROM 三种器件存储结构，存储矩阵的每个交叉点是一个存储单元，存储单元中有器件时表示存入“1”，无器件时表示存入“0”。PROM 单元结构（图 5.7.6）中的熔丝在出厂时全部都连通，存储单元的内容全为“1”（或全为“0”），用户可借助编程工具将某些单元改写为“0”（或“1”），只要将需储“0”（或“1”）单元的熔丝烧断即可，熔丝烧断后不可恢复，因此 PROM 只能写入一次编写的程序。图 5.7.7 为 EPROM 结构，用一个特殊的浮栅 MOS 管替代熔丝，EPROM 利用编程器写入数据，用紫外线擦除数据。其集成芯片上有一个石英窗口供紫外线擦除之用。芯片写入数据后，必须用不透光胶纸将石英窗口密封，以免破坏芯片内信息。结构中 G_c 为控制栅，G_f 为浮置栅。图 5.7.8 为 E^2PROM 中的浮栅隧道氧化层 MOS 管结构，该结构提高了擦除速度。

通常可以用“与”阵列逻辑实现译码功能，“或”阵列实现存储矩阵逻辑功能，一个 $2^n\times m$ 的 ROM 结构如图 5.7.9 所示。

随着微纳电子技术的不断发展，传统的芯片设计方案已经遇到了瓶颈。要找到下一代芯片，需要两种变化。目前主要的研究方向包括晶体管的设计必须从根本改变；行业必须找到硅的替代品，因为硅的电学属性已经被推到了极限。如图 5.7.10 所示为一种研究中的 fin-FETch 结构的晶体管，其方案是重新设计了隧道和栅极，给器件增加了第三个维度，让一个通道在芯片表面竖起来，栅极围绕着该通道三个裸露的方向，这使得它能够更好地处理发生在隧道内部的任务。

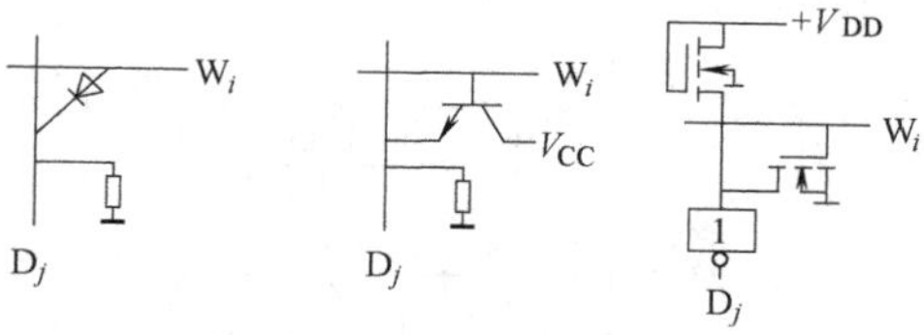

图 5.7.5　固定 ROM 的存储单元一般结构

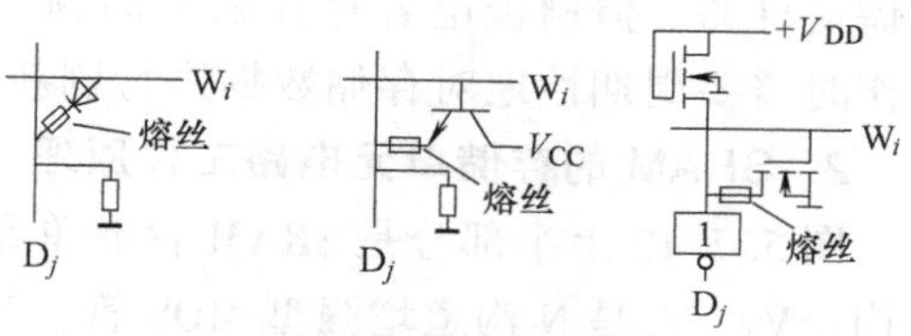

图 5.7.6　PROM 存储单元结构

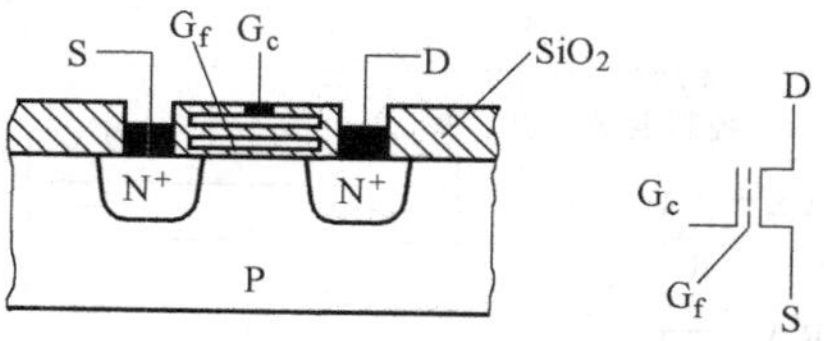

图 5.7.7　EPROM 结构中浮栅 MOS 管结构

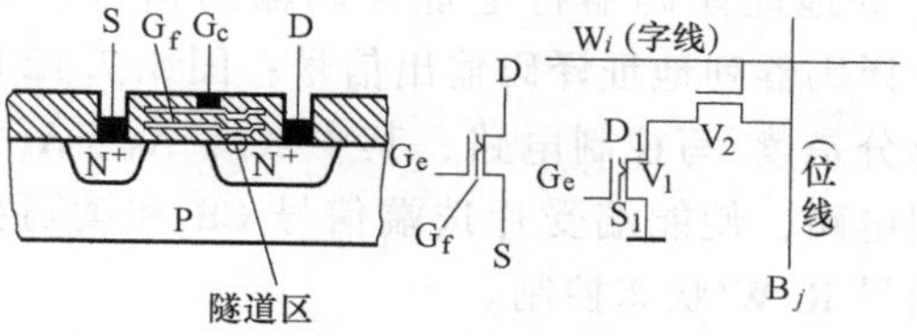

图 5.7.8　浮栅隧道氧化层 MOS 管结构

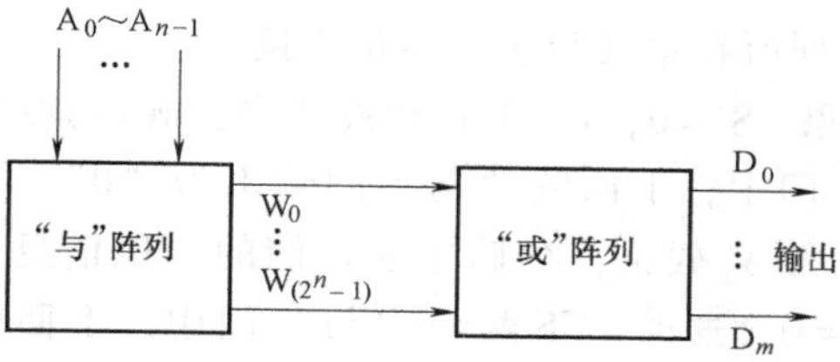

图 5.7.9　一个实现 $2^n \times m$ bit 的 ROM 结构

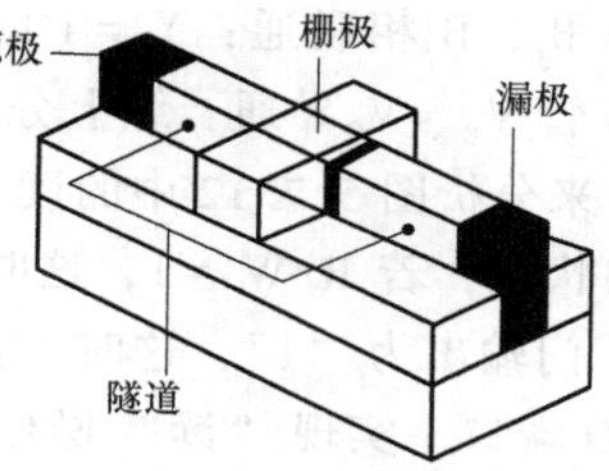

图 5.7.10　一种新型的 finFETch 结构的 MOS 管

5.7.2　RAM 的结构、类型和工作原理

1. RAM 的一般结构和类型

如图 5.7.11 所示为 $2^n \times m$bit RAM 的结构图，在前面学的知识中介绍了 ROM 结构中的地址译码器、存储矩阵电路组成和工作原理，RAM 和 ROM 的寻址原理相同，但 ROM 的存储矩阵是“或”阵列，是组合逻辑电路。ROM 工作时只能读出不能写入，掉电后数据不会丢失。RAM 的存储矩阵由触发器或动态存储单元构成，是时序逻辑电路。RAM 工作时能读出，也能写入，读或写由读/写控制电路进行控制，一般情况下，RAM 掉电后数据将丢失。

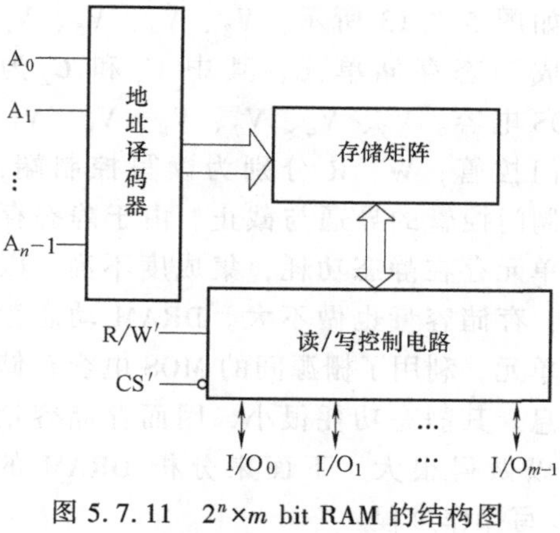

图 5.7.11　$2^n \times m$ bit RAM 的结构图

RAM 一般分为静态 RAM（Static RAM，SRAM）和动态 RAM（Dynamic RAM，DRAM）两种，SRAM 存储单元结构较复杂，集成度较低，但速度快。DRAM 存储单元结构简单，集成度高，价格便宜，广泛地用于计算机中，但速度较慢，且需要刷新及读出放大器等外围电路。DRAM 的存储单元是利用 MOS 管具有极高的输入电阻，在栅极电容上可暂存电荷的特点来

存储信息的。但栅极电容存在漏电问题，因此在工作时需要周期性地对存储数据进行刷新。

2. SRAM 的存储单元电路工作原理

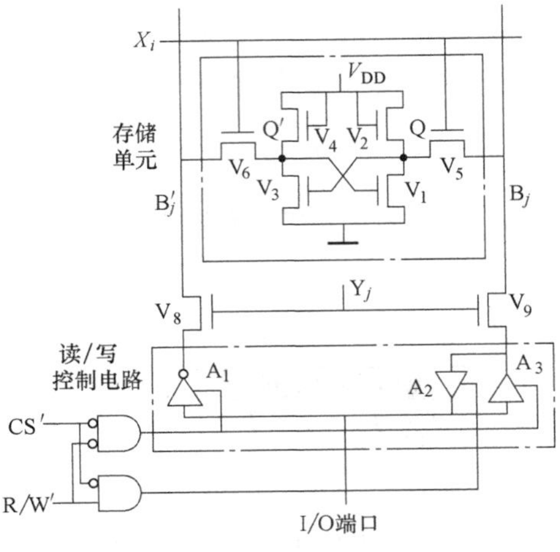

图 5.7.12 一种 SRAM 存储单元的电路结构

图 5.7.12 上半部分是 SRAM 存储单元的电路结构，$V_1 \sim V_6$是 N 沟道增强型 MOS 管，其中$V_1 \sim V_4$构成基本 RS 触发器用于存储 1 位二值信息。X_i 为地址译码器行地址译码输出信号，Y_i 为地址译码器列地址译码输出信号；图 5.7.12 的下半部分是读/写控制电路，其中 A_1、A_2、A_3为三态门电路，使能端受片选端信号 CS′和读写控制端信号 R/W′状态控制。

如果地址译码器 $X_i=1$，则第 i 行被选中，存储单元中的 MOS 管 V_5、V_6导通，RS 触发器 Q、Q′分别与 B_j、B_j'相联通；$Y_j=1$ 时，所在列被选中，MOS 管 V_8、V_9导通，综上分析，第 i 行、第 j 列所在单元与缓冲器相连接。

接下来分析图 5.7.12 中的读/写控制电路，如果 CS′=0，RAM 芯片被选中，观察读/写控制端的状态，若 R/W′=1，这时上下两个“与”门中，上面的“与”门输出为“0”，下面“与”门输出为“1”，这时三态门 A_2导通，A_1和 A_3截止，存储单元存储的二值信息 Q 输出到 IO 端口，实现“读”操作功能。若 R/W′=0，这时上下两个“与”门中，上面的“与”门输出为 1，下面的“与”门输出为“0”，这时三态门 A_2截止，A_1和 A_3导通，IO 端口存储的二值信息写到 RS 存储单元中，实现“写”操作功能。

3. DRAM 动态存储单元分析

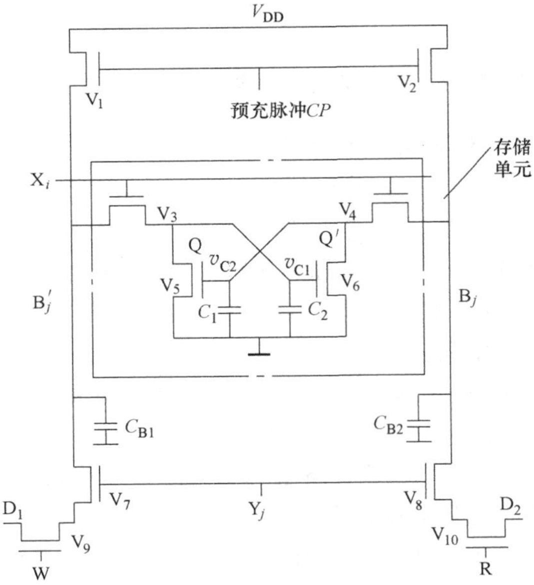

图 5.7.13 一种 DRAM 存储单元电路结构

动态存储单元（DRAM）的典型结构如图 5.7.13 所示，V_3、V_4、V_5、V_6构成动态存储单元，其中 C_1 和 C_2 为 MOS 电容。V_3、V_4、V_7、V_8、V_9、V_{10}为门控管，W、R 分别为读写控制端，控制门控管的导通与截止。由于静态存储单元存在静态功耗，集成度不高，因此，存储容量也做不大。DRAM 动态存储单元，利用了栅源间的 MOS 电容存储信息。其静态功耗很小，因而存储容量可以做得很大。下面来分析 DRAM 的读/写操作过程。

假设这个单元被选中，X_i 和 Y_j 为高电平；V_3、V_4、V_5、V_6导通，设原信息 Q=1、Q′=0 存储单元中的 V_6导通、V_5截止，MOS 电容 C_2充有电荷，门控管 V_3、V_4、V_7、V_8导通，这时“读”指令到来（W=0、R=1）时，V_9截止，V_{10}导通，进行“读”操作，存储

单元的 $Q'=0$ 从 D_2 输出。

当为写入操作时，V_9 导通，V_{10} 截止，假定原信息为“0”（$Q=0$，$Q'=1$），要写入信息“1”，该存储单元的地址有效后，X_i、Y_j 为高电平；在片选信号到达后，信息经 V_9、V_7、V_3 对 C_2 充电。充至一定电压后，V_6 导电，C_1 放电，V_5 截止，所以，Q 变为高电平，“1”信息写入到了该存储单元中。如果写入的信息是“0”，则原电容上的电荷不变。

动态 RAM 的刷新：由于 DRAM 靠 MOS 电容存储信息。当该信息长时间不处理时，电容上的电荷将会因漏电等原因而逐渐损失，从而造成存储数据丢失。及时补充电荷是动态 RAM 中一个十分重要的问题。补充充电的过程称为“刷新”。

补充充电的过程：加预充电脉冲 CP，预充电 MOS 管 V_1、V_2 导通，C_{B1}，C_{B2} 很快充电至 V_{DD}，CP 撤销后，C_{B1}，C_{B2} 上的电荷保持。当进行“读出”操作时：地址有效，行、列选线 X_i、Y_j 为高电平；$R=1$、$W=0$ 时进行“读出”操作，如果原信息为 $Q=1$，说明 MOS 场效应晶体管电容 C_2 有电荷，C_1 没有电荷（即 V_6 导电，V_5 截止）；这时 C_{B1} 上的电荷将对 C_2 补充充电，而 C_{B2} 上的电荷经 V_6 导电管放掉，结果对 C_2 实现了补充充电。读出的数据仍为“1”，则 $D_1=1$。

实际电路中，在每进行一次读出操作之前，必须对 DRAM 安排一次刷新，即先加一个预充电脉冲 CP，然后进行读出操作。同时在不进行任何操作时，外围中央控制单元（如 CPU）也应该每隔一定时间对 DRAM 进行一次补充充电，以弥补电荷损失。

5.7.3　存储器容量的扩展

当静态 RAM 的地址线和数据线不能与微机相匹配时，或者需要多片 RAM 扩展为更大容量的 RAM 时，可用地址线扩展、数据线扩展或地址和数据线同时进行扩展的方法加以解决。常用的方法有字扩展、位扩展、字和位同时扩展。

1. 位扩展方式

适用于每片 RAM/ROM 字数够用而位数不够时，主要方法是将各芯片的地址线、读/写线、片选线并联即可。

[例 5.7.2]　用 16 片 1024×1bit 扩展为 1024×16bit 的 RAM。

解：分析题目要求，扩展前后字线为 $1024=2^{10}$，扩展前后地址线都为 10，标注为 A_0 ~ A_9，容量的扩展主要是通过位线进行的，扩展 16 个 IO 口，定义数据口为 I/O_0 ~ I/O_{15}。因此把各个地址端、读/写端口、片选端口并联连接起来。如图 5.7.14 所示。

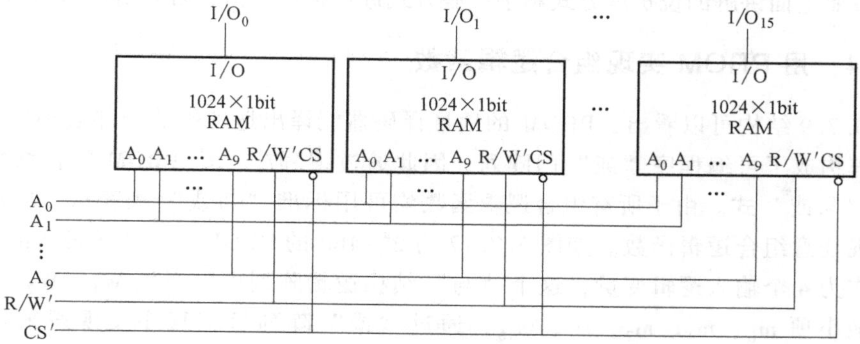

图 5.7.14　例 5.7.2 图

2. 字扩展方式

适用于每片 RAM/ROM 位数够用而字数不够时，主要方法是将各片的数据线并联起来，芯片已有的地址线、读/写线并联起来，需要扩展的地址线通过译码方式选择不同芯片的片选端来扩展。

[例 5.7.3] 用 8 片 256×8bit 扩展为 2048×8bit RAM。

解： 256×8bit RAM 中，有 8 根地址线 $A_0 \sim A_7$，2048×8bit RAM 中，有 11 根地址线（$2^{11}=2048$），因此在字扩展中，主要把 8 根地址线 $A_0 \sim A_7$ 扩展为 $A_0 \sim A_{10}$，其中把片芯片的地址线 $A_0 \sim A_7$、读写端 R/W'线并联起来，扩展的地址线 $A_8 \sim A_{10}$通过 3 线-8 线译码器的 8 个输出 $Y_0' \sim Y_7'$，分别取自控制芯片（1）~（8）的片选端 CS′信号。扩展的电路如图 5.7.15 所示。

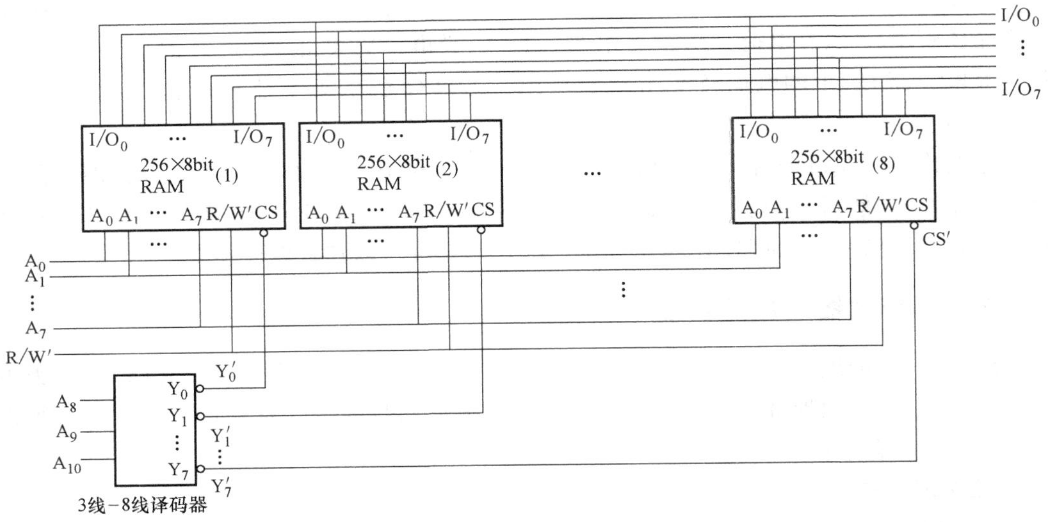

图 5.7.15 例 5.7.3 图

3. 字和位同时扩展方式

如果给出的存储芯片的字和位都不能满足要求，则需要对字和位同时进行扩展，按照上面分析过的字扩展和位扩展对字和位同时进行扩展。

[例 5.7.4] 试用 4K×4bit 的 RAM 接成 8K×8bit 的存储器。

解： 参照上面讲解的位扩展方式和字扩展方式进行扩展。扩展后的结果如图 5.7.16 所示。

5.7.4 用 PROM 实现组合逻辑函数

从图 5.7.9 结构可以看出，PROM 的地址译码器能译出地址码的全部最小项，而 PROM 的存储矩阵构成了可编程序“或”门阵列，因此通过编程序可从 PROM 的位线输出端得到任意标准“与或”式。由于所有组合逻辑函数均可用标准“与或”式表示，故理论上可用 PROM 实现任意组合逻辑函数。如图 5.7.17 为 2^4×4bit 的 PROM，地址译码器由 4 个地址端的信号，作为 4 个输入逻辑变量，这个“与”结构逻辑阵列可以产生 W_1、W_2、…、W_{15}字线输出的最小项 m_0、m_1、m_2、…、m_{15}，通过“或”阵列可编程序实现逻辑函数最小项的和。

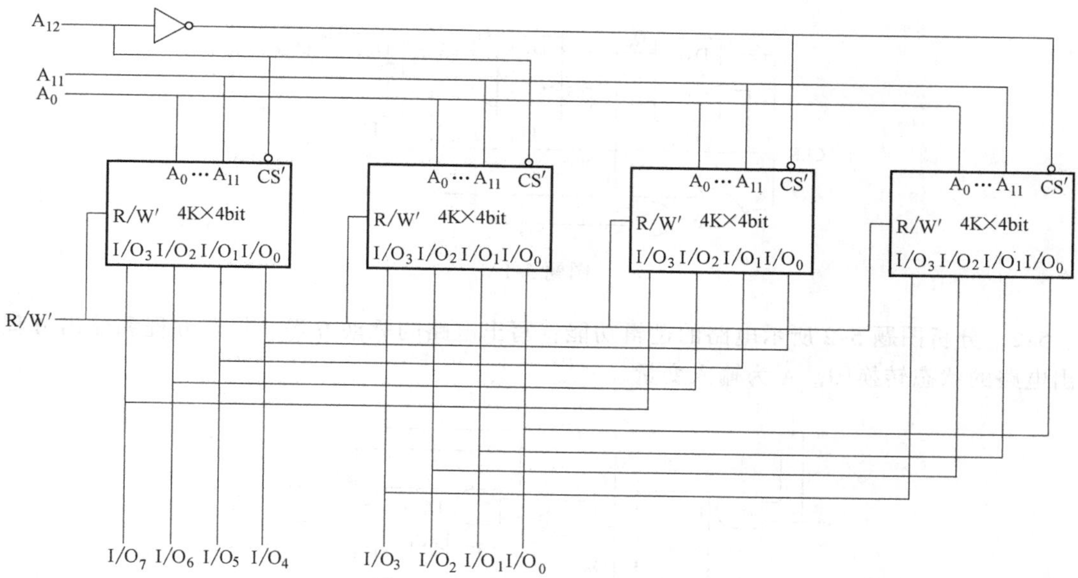

图 5.7.16　例 5.7.4 图

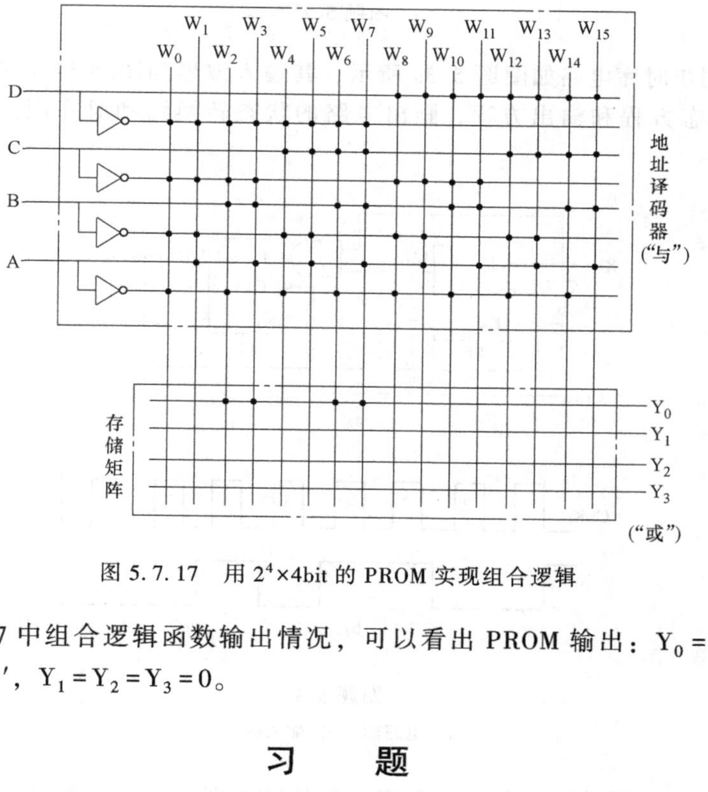

图 5.7.17　用 $2^4 \times 4$bit 的 PROM 实现组合逻辑

分析图 5.7.17 中组合逻辑函数输出情况，可以看出 PROM 输出：$Y_0 = A'BC'D' + ABC'D' + A'BCD' + ABCD'$，$Y_1 = Y_2 = Y_3 = 0$。

习　题

5-1　分析图题 5-1 所示时序电路的逻辑功能，写出电路的驱动方程、状态方程和输出方程，画出电路的状态转换图和时序图。

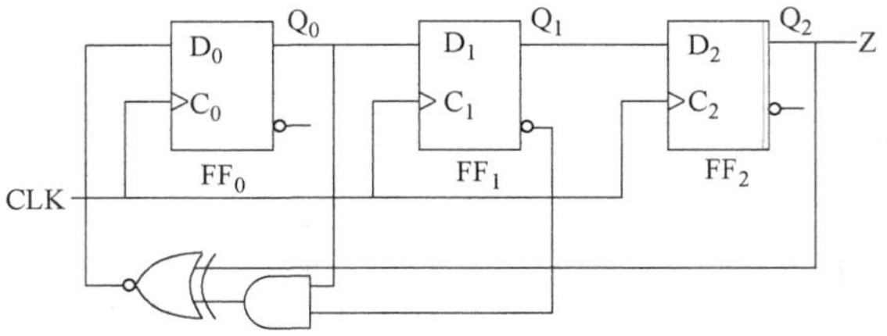

图题 5-1

5-2　分析图题 5-2 所示电路的逻辑功能，写出电路的驱动方程、状态方程和输出方程，画出电路的状态转换图。A 为输入变量。

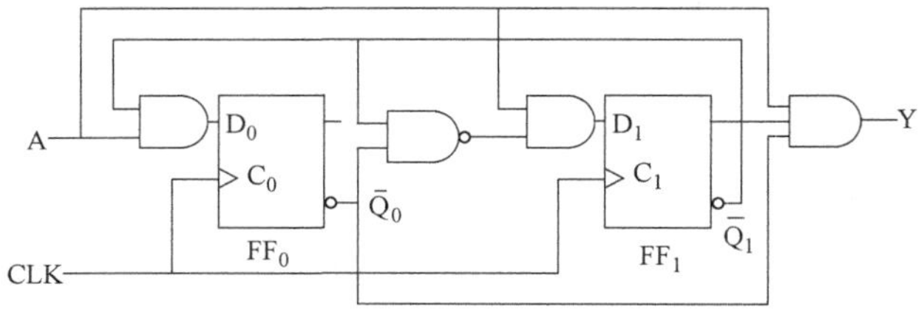

图题 5-2

5-3　已知同步时序电路如图题 5-3a 所示，其输入波形如图题 5-3b 所示。试写出电路的驱动方程、状态方程和输出方程，画出电路的状态转换图和时序图，并说明该电路的功能。

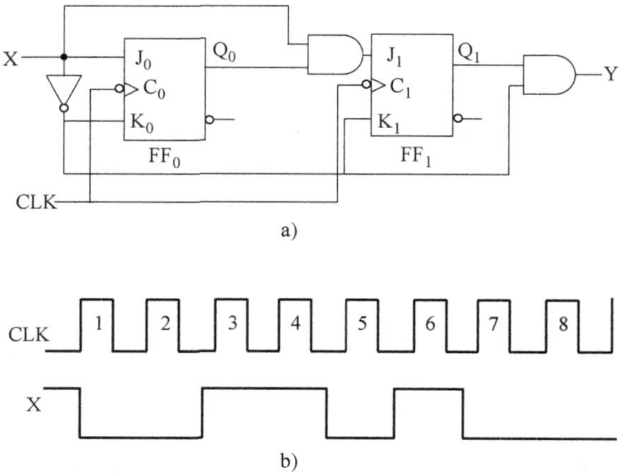

图题 5-3

a）电路图　b）输入波形

5-4　在图题 5-4 所示的电路中，若两个移位寄存器中的原始数据分别为 $A_3A_2A_1A_0=1100$，$B_3B_2B_1B_0=0001$，*CI* 的初值为 0，试问经过 4 个 CLK 信号作用以后两个寄存器中的数据如何？这个电路完成的是什么功能？

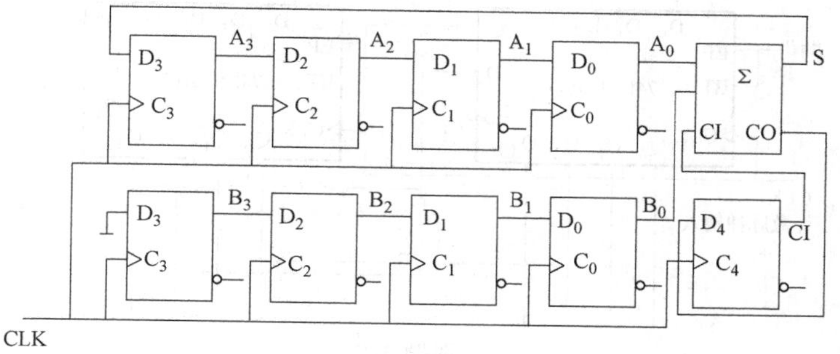

图题 5-4

5-5　分析如图题 5-5 所示的计数器电路，画出电路的状态转换图，说明这是多少进制的计数器。十六进制计数器 74LS161 的功能如表题 5-5 所示。

表题 5-5　74LS161 的功能

清零	预置	使能		时钟	预置数据输入	输出	工作模式
R_D	L_D	EP	ET	CLK	$D_3\ D_2\ D_1\ D_0$	$Q_3\ Q_2\ Q_1\ D_0$	
0	×	×	×	×	××××	××××	异步清零
1	0	×	×	↑	$d_3\ d_2\ d_1\ d_0$	$d_3\ d_2\ d_1\ d_0$	同步置数
1	1	0	×	×	××××	保持	数据保持
1	1	×	0	×	××××	保持	数据保持
1	1	1	1	↑	××××	计数	加法计算

5-6　分析图题 5-6 的计数器电路，在 M=0 和 M=1 时各为几进制？计数器 74LS160 的功能表与表题 5-5 相同。

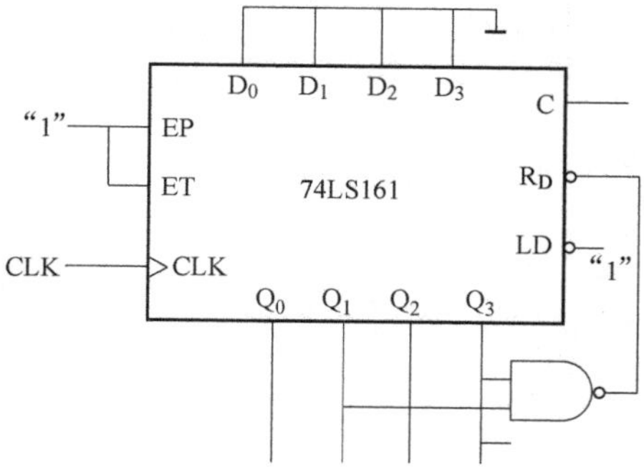

图题 5-5

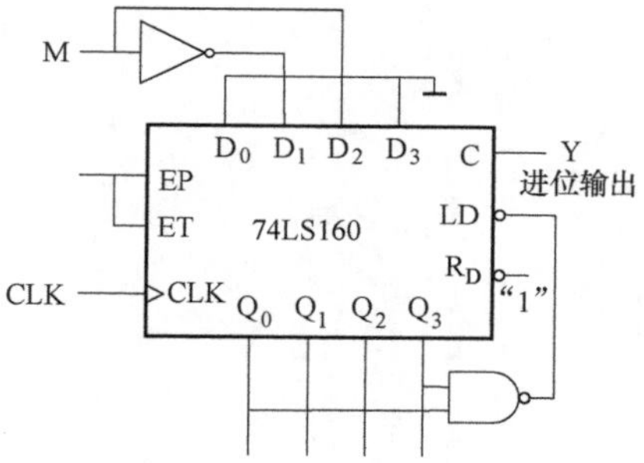

图题 5-6

5-7　图题 5-7 电路是由两片同步十六进制计数器 74LS161 组成的计数器，试分析它是多少进制的计数器？

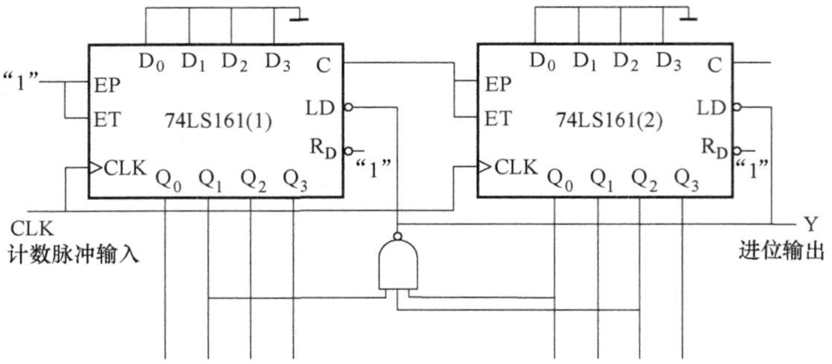

图题 5-7

5-8 设计一个序列信号发生器电路，使之在一系列 CLK 信号作用下能周期性地输出“0010110111”的序列信号。

第6章　脉冲波形产生与数-模转换电路

在常用的数字电路中，除了第 3 章讲述的逻辑门电路、第 4 章讲述的组合逻辑电路、第 5 章讲述的时序逻辑与存储电路之外，还有脉冲波形产生和数-模转换电路两个方面的内容。在时序逻辑电路中，时钟信号是一种常用的脉冲信号，如何产生不同电路需求的脉冲波形，是这一章要分析的主要内容之一。通常来说，矩形脉冲信号的获取方法有两种：①不用信号源，加上电源自激振荡，直接产生波形，如多谐振荡电路；②对输入信号源进行整形，如施密特触发和单稳态电路。

模拟信号是指用连续变化的物理量所表达的信息，如温度、湿度、压力、长度、电流、电压等，通常把模拟信号称为连续信号，它在一定的时间范围内可以有无限多个不同的取值。而数字信号是指在取值上是离散的、不连续的信号。计算机、计算机局域网与城域网中均使用二进制数字信号。因此，在模拟和数字电路通信中，需要在模拟信号和数字信号之间进行相互转换。一般来说，将模拟信号转换为数字信号，实现模-数（A-D）转换的电路称为 A-D 转换电路，简写为 ADC（Analog-Digital Converter）；将数字信号转换为模拟信号，实现数-模（D-A）转换的电路称为 D-A 转换电路，简写为 DAC（Digital-Analog Converter）。

本章主要简单介绍脉冲波形产生、整形电路、A-D 和 D-A 转换电路构成、工作原理、设计方法及其对实际应用进行分析。

6.1　脉冲波形产生电路

6.1.1　描述矩形脉冲的主要参数

如图 6.1.1 所示的矩形脉冲波形，主要参数包括：①脉冲幅度 V_m：脉冲波从底部到顶部之间的数值。②脉冲上升时间 t_r：脉冲波从 $0.1V_m$上升到 $0.9V_m$所经过的时间。③脉冲下降时间 t_f：脉冲从 $0.9V_m$下降到 $0.1V_m$所经历的时间。④脉冲宽度 t_w：即脉冲的持续时间。一般用脉冲前、后沿分别等于 $0.5V_m$时的时间间隔；有时也用脉冲前、后沿等于 $0.9V_m$时的时间间隔；或者脉冲前、后沿等于

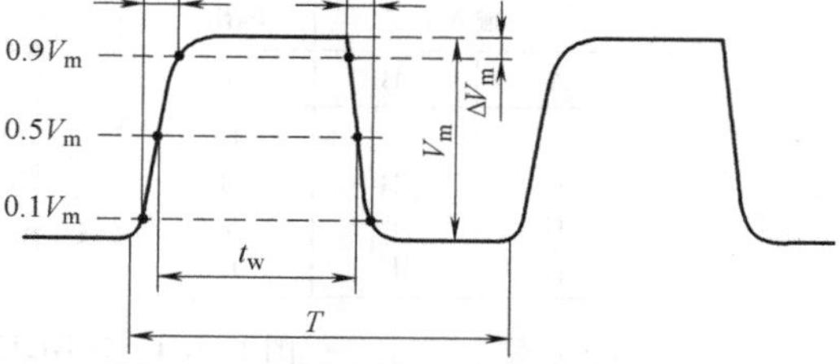

图 6.1.1　描述矩形脉冲的主要参数

0.1V_m时的时间间隔。⑤平顶降落 ΔV_m：实际矩形脉冲的顶部不能保持平直，而呈倾斜降落形状，称为平顶降落 ΔV_m。⑥上冲和下冲：脉冲上升边沿超过平顶值 V_m 以上所呈现的突出部分，称为上冲；脉冲下降超过底值以下所呈现的下突出部分，称为下冲。⑦脉冲周期 T：两个相邻脉冲之间的时间间隔。⑧脉冲的重复频率 $f=(1/T)$。⑨脉冲占空比 q：脉冲宽度 t_w 和重复周期 T 的比值，即 $q=t_w/T$。

6.1.2 施密特触发电路

施密特触发器（Schmitt Trigger）是一种能够把输入波形整形成为适合于数字电路需要的矩形脉冲的电路。与第5章分析的触发器（Flip-Flop）相比，它们只是中文译名相同，但性质完全不同的两种电路，不要误解为同一类电路。

滞回电压传输特性：输入电压的上升过程和下降过程的阈值电平不同。图6.1.2a、b为同相输出的施密特触发器逻辑符号和电压传输特性，图6.1.2c、d为反相输出的施密特触发器逻辑符号和电压传输特性。V_{T+}为正向阈值电压，V_{T-}为负向阈值电压，回差电压 $\Delta V_T=V_{T+}-V_{T-}$。

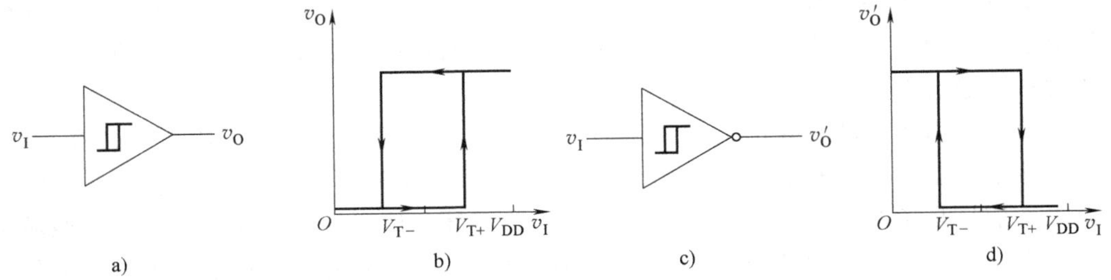

图6.1.2 施密特触发器逻辑符号和滞回特性

74HC132为2输入四“与非”施密特触发器触发电路芯片。其引脚和顶视图如图6.1.3所示，其功能表和逻辑电路如图6.1.4所示。

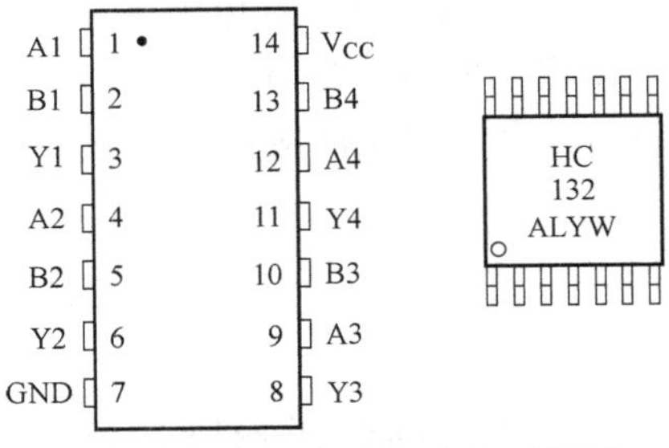

图6.1.3 74HC132引脚和顶视图

施密特触发器的主要应用领域包括波形变换、脉冲波的整形、脉冲鉴幅等。其中，波形变换可将三角波、正弦波、周期性波等变成矩形波；脉冲波的整形是指在数字系统中，矩形脉冲在传输中经常发生波形畸变，出现上升沿和下降沿不理想的情况，可用施密特触发器整形后，获得较理想的矩形脉冲；脉冲鉴幅

输入		输出
A	B	Y
L	L	H
L	H	H
H	L	H
H	H	L

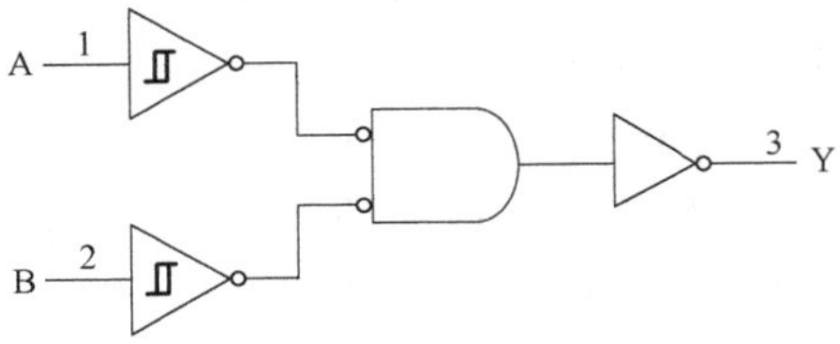

图6.1.4 74HC132功能表和逻辑电路

是指将幅度不同、不规则的脉冲信号施加到施密特触发器的输入端时，能选择幅度大于预设值的脉冲信号进行输出。图 6.1.5a 为波形变换过程，图 6.1.5b 为实现的电路，图 6.1.5c 为脉冲波的整形过程，提高了抗噪声性能，图 6.1.5d 为脉冲鉴幅，把幅度大于 V_{T+} 的脉冲选出。

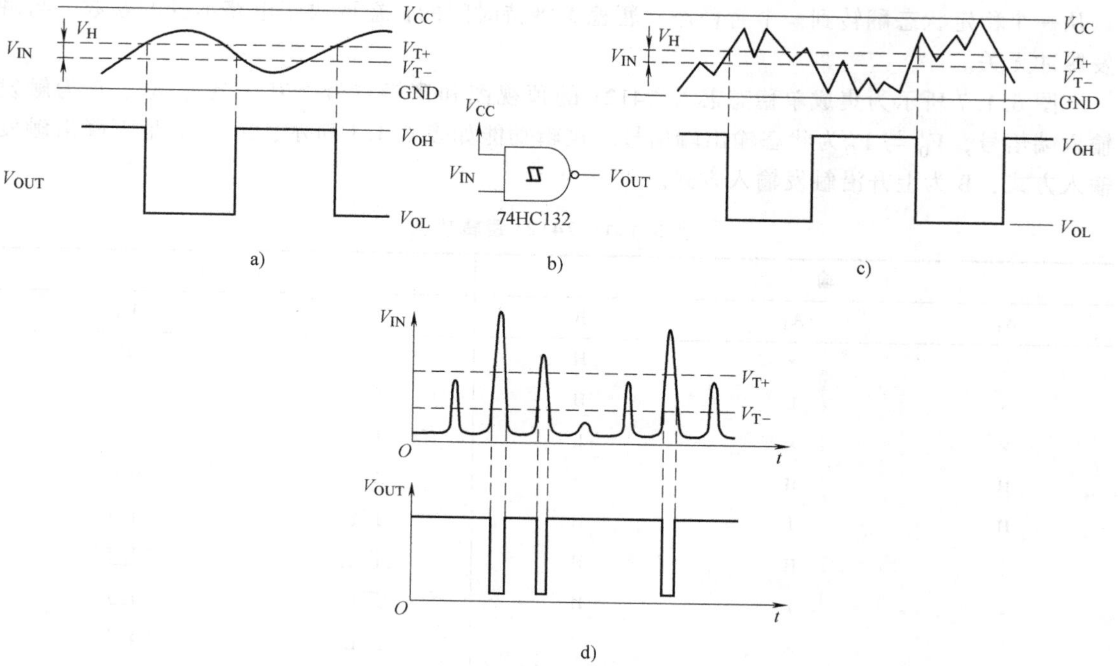

图 6.1.5　典型施密特触发器的应用

另外，施密特触发器还可以构成多谐振荡器，常用作脉冲信号源及时序电路中的时钟信号 CLK。如图 6.1.6 所示，图 6.1.6a 为电路图，图 6.1.6b 为工作波形。假设 $t=0$ 时，$V_C=0$、$V'_O=1$，通过 RC 回路对 C 充电，V_C 电平逐渐提升，当 $V_C=V_{T+}$ 时，施密特触发器翻转，使得 $V'_O=0$，这时 C 通过 RC 回路放电，V_C 电平逐渐下降，当下降到 V_{T-} 时，施密特触发器翻转，$V'_O=1$，因此电路产生了脉冲信号输出。

从上述分析可知，施密特触发器具有两个稳定的状态，是一种能够把输入波形整形成为

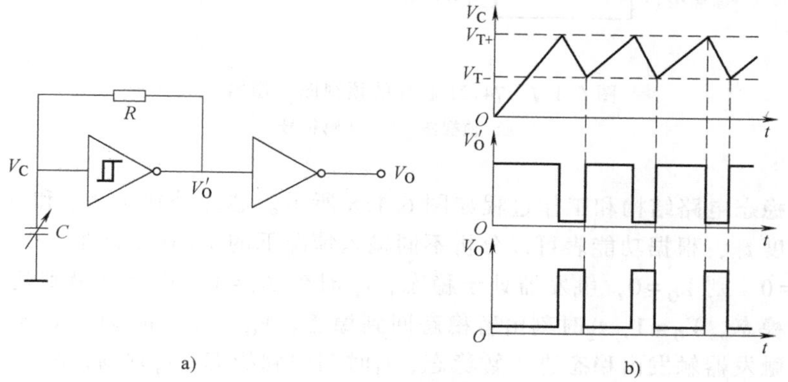

图 6.1.6　构成多谐振荡器

适合于数字电路需要的矩形脉冲的电路。而且由于具有滞回特性，所以抗干扰能力强。

6.1.3 集成单稳态触发器

单稳态触发器只有一个稳定状态和一个暂稳态。在外加脉冲的作用下，单稳态触发器可以从一个稳定状态翻转到一个暂稳态。暂稳态维持时间的长短取决于电路本身的参数，与触发脉冲无关。

图 6.1.7 所示为集成单稳态芯片 74121 的顶视图和逻辑符号，其中 A_1、A_2、B 为触发输入端信号，V_O 与 V_O'为状态输出端信号。逻辑功能如表 6.1.1 所示，A_1、A_2是下降沿触发输入方式，B 为上升沿触发输入方式。

表 6.1.1　74121 逻辑功能

输　入			输　出	
A_1	A_2	B	V_O	V_O'
L	×	H	L	H
×	L	H	L↑	H↑
×	×	L	L↑	H↑
H	H	×	L↑	H↑
H	↓	H	⊓	⊔
↓	H	H	⊓	⊔
↓	↓	H	⊓	⊔
L	×	↑	⊓	⊔
×	L	↑	⊓	⊔

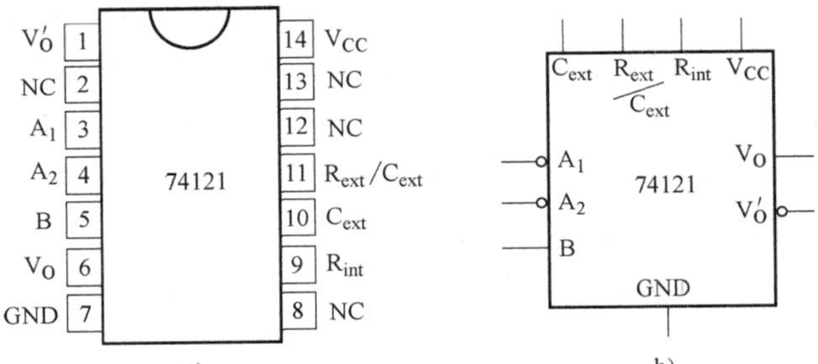

图 6.1.7　74121 芯片的顶视图和逻辑符号

a) 顶视图　b) 逻辑符号

典型的单稳态电路结构和工作过程如图 6.1.8 所示。芯片外接的 C_{ext}和 R_{ext}参数决定了单稳态脉冲宽度 t_w，根据功能表可以分析不同输入情况下的 V_O 输出波形，0~t_1 期间，$A_1=1$、$A_2=0$、$B=0$，则 $V_O=0$，触发器处于稳态；t_1 时刻 $A_1=0$、B 上升沿到达，触发器触发由稳态进入暂稳态，$V_O=1$，t_2时刻由暂稳态回到稳态，$V_O=0$；t_3时刻，$A_1=B=1$，此时 A_2 下降沿到达，触发器触发由稳态进入暂稳态，t_4时刻回到稳态；t_5时刻，$A_2=B=1$，此时 A_1 触发脉冲到达，触发器由稳态进入暂稳态，到 t_6时刻回到稳态。

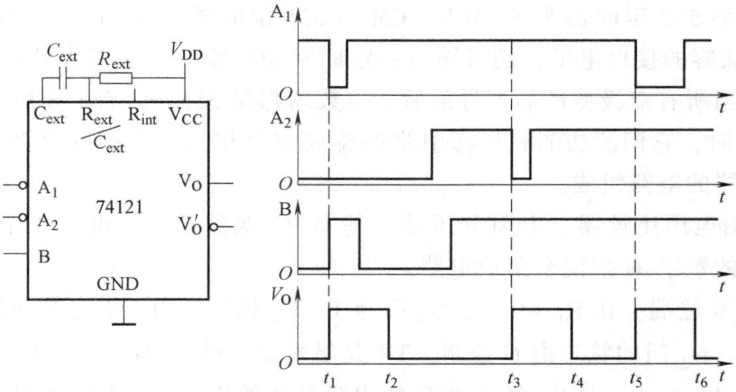

图 6.1.8　不同输入情况下的单稳态电路输出波形

目前使用的集成单稳态触发器有不可重复触发型和可重复触发型两种。不可重复触发的单稳态触发器一旦被触发进入暂稳态后，再加入触发脉冲不会影响电路的工作过程，必须在暂稳态结束后，才接受下一个触发脉冲而转入暂稳态。可重复触发的单稳态触发器进入暂稳态后，如果再次加入触发脉冲，电路将重新被触发，使输出脉冲再继续维持一个 t_w 宽度。

单稳态触发器可以用于产生固定宽度脉冲信号的用途中，应用很广，比如用于定时、延时与整形、噪声消除等。

6.1.4　多谐振荡电路

多谐振荡电路又称无稳电路，主要用于产生各种方波或时间脉冲信号。它是一种自激振荡器，在接通电源之后，不需要外加触发信号，便能自动地产生矩形脉冲波。由于矩形脉冲波中含有丰富的高次谐波分量，所以习惯上又把矩形波振荡器称为多谐振荡器。

1. 555 定时器的电路结构和功能

如图 6.1.9 所示，555 定时器因输入端设计有 3 个精密的 5kΩ 电阻而命名，它的电源电

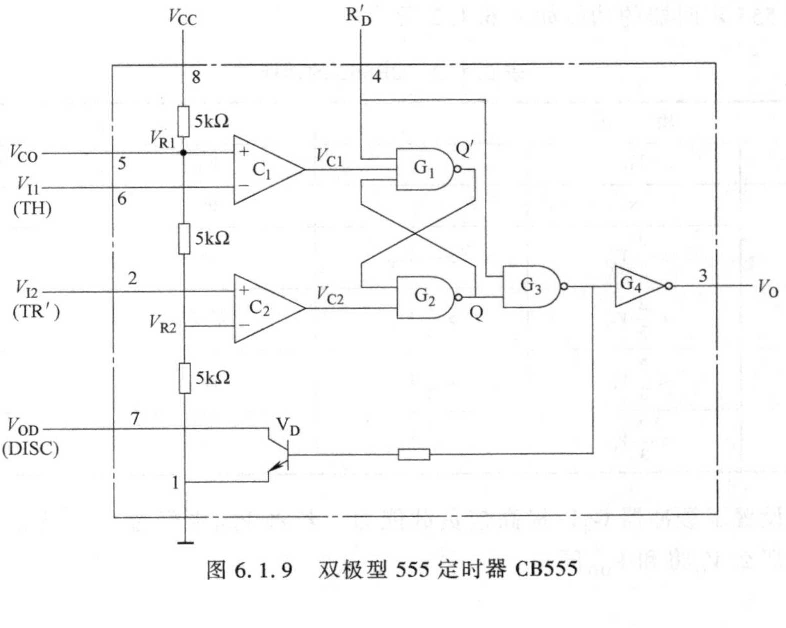

图 6.1.9　双极型 555 定时器 CB555

压范围宽（双极型555定时器为5~16V，CMOS 555定时器为3~18V），可提供与TTL及CMOS数字电路兼容的接口电平，还可输出一定的驱动功率，驱动能力较强。555定时器的产品型号繁多，当所有双极型产品型号最后3位数码都是555，所有CMOS产品型号最后的4位数码是7555时，它们的功能和外部引脚的排列完全相同。下面以双极型555定时器为例介绍555定时器的电路组成。

555定时器由电压比较器、电阻分压器、基本RS触发器、放电管4个基本单元组成，它是一种多用途的数字-模拟混合集成电路。

图中，R'_D为复位端，在$R'_D=0$时，G_3门为1，V_O输出为0，不受其他输入端状态的影响。在$R'_D=1$时，G_3门的状态由Q控制。TR′是触发输入端，TH是阈值输入端。比较器C_1和C_2的参考电压V_{R1}和V_{R2}由V_{CC}经三个5kΩ电阻分压给出。若在控制电压端（5脚）施加一个外加电压，比较器的参考电压将随之改变，从而影响电路的定时参数。当不用控制电压端时，一般都通过一个0.01μF电容接地，以旁路高频干扰，提高电路的工作稳定性，此时$V_{R1}=\frac{2}{3}V_{CC}$、$V_{R2}=\frac{1}{3}V_{CC}$。

分析图6.1.9的工作原理，当R'_D为高电平时，根据TH和TR′端的电平状态可分为四种工作情况：

1）当$V_{I1}>V_{R1}$，$V_{I2}>V_{R2}$时，$V_{C1}=0$、$V_{C2}=1$，RS触发器被置0，G_1输出高电平，V_O输出低电平，同时VD管导通。

2）当$V_{I1}<V_{R1}$，$V_{I2}>V_{R2}$时，$V_{C1}=1$、$V_{C2}=1$，触发器状态保持不变，V_O输出不变，VD管状态不变。

3）当$V_{I1}<V_{R1}$，$V_{I2}<V_{R2}$时，$V_{C1}=1$、$V_{C2}=0$，RS触发器被置1，G_1输出低电平，V_O输出高电平，同时VD管截止。

4）当$V_{I1}>V_{R1}$，$V_{I2}<V_{R2}$时，$V_{C1}=0$、$V_{C2}=0$，RS触发器处于$Q=Q'=1$的状态，V_O输出高电平，同时VD管截止。

由此得到555定时器的功能如表6.1.2所示。

表6.1.2　CB555的功能

输入			输出	
R'_D	V_{I1}	V_{I2}	V_O	VD状态
0	×	×	低	导通
1	$>\frac{2}{3}V_{CC}$	$>\frac{1}{3}V_{CC}$	低	导通
1	$<\frac{2}{3}V_{CC}$	$>\frac{1}{3}V_{CC}$	不变	不变
1	$<\frac{2}{3}V_{CC}$	$<\frac{1}{3}V_{CC}$	高	截止
1	$>\frac{2}{3}V_{CC}$	$<\frac{1}{3}V_{CC}$	高	截止

输出端还设置了缓冲器G_4以提高带负载能力。若将V_{OD}端经过一个足够大阻值的电阻接到电源上，那么V_O将和V_{OD}同相。

2. 用 555 定时器接成的施密特触发电路

将 555 定时器的高电平触发端 TH 和低电平 TR′触发端连接起来，作为触发信号的输入端，就可构成施密特触发器，如图 6.1.10 所示。

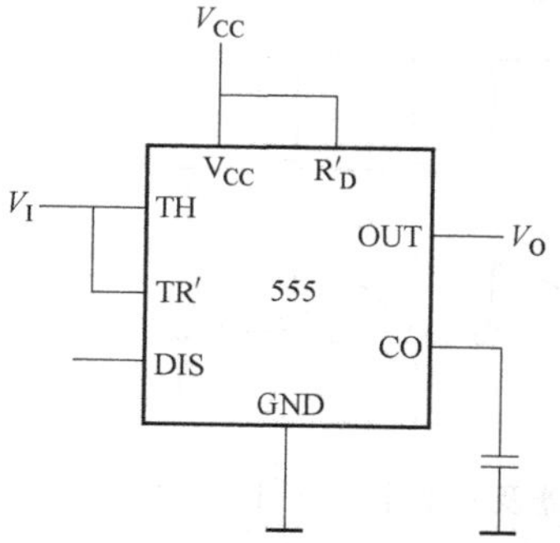

图 6.1.10　定时器构成的施密特触发器

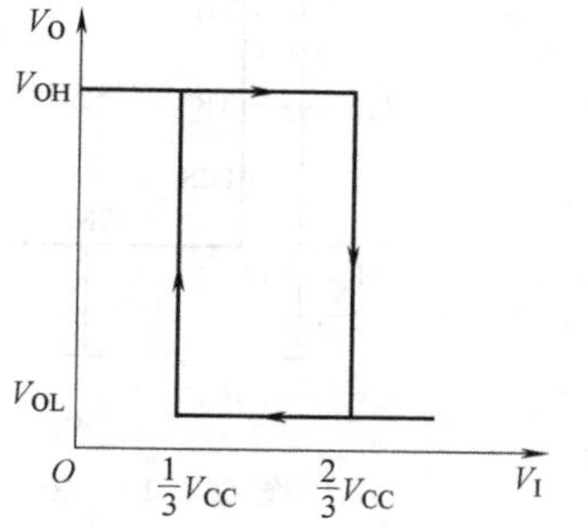

图 6.1.11　定时器构成的施密特触发器电压传输特性曲线

结合 555 定时器的功能表 6.1.2，分析图 6.1.10 的工作过程，当输入电压 V_I 处于上升期间，从 0~(2/3) V_{CC}时，555 内部的基本 RS 触发器输入 $V_{C1}=1$、$V_{C2}=0$，$V_O=1$；当 V_I 为 (1/3) V_{CC}~(2/3) V_{CC}时，$V_{C1}=1$、$V_{C2}=1$，输出保持不变，$V_O=1$；当 $V_I>(2/3)$ V_{CC}时，$V_{C1}=0$、$V_{C2}=1$，$V_O=0$。

当输入电压在 V_I由高电平逐渐下降，且从大于（2/3）V_{CC}逐渐减小到（2/3）V_{CC}区间时，$V_{C1}=0$、$V_{C2}=1$，$V_O=0$；当 V_I 从（2/3）V_{CC}减小到（1/3）V_{CC}时，$V_{C1}=1$、$V_{C2}=1$，输出保持不变，$V_O=0$；当 $V_I<(1/3)$ V_{CC}时，RS 触发器输入 $V_{C1}=1$、$V_{C2}=0$，$V_O=1$。综上分析可知，图 6.1.10 所示电路的工作过程形成的反相施密特触发器电压传输特性曲线如图 6.1.11 所示。

[例 6.1.1]　已知一个 555 定时芯片，请将输入的三角波转换成矩形波。

解：方法：施密特触发器具有波形变换作用，因此先用 555 定时器接成施密特触发电路，再将三角波接入到图 6.1.10 的 V_I 端，输出端可以得到如图 6.1.12 所示的输出矩形波。

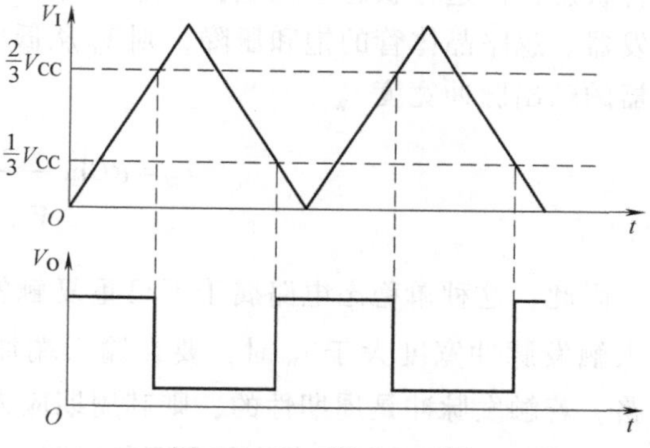

图 6.1.12　例 6.1.1 图

3. 用 555 定时器接成的单稳态电路

图 6.1.13 是由 555 定时器所构成的一种单稳态触发电路，其中 R、C 是定时元件。

由图 6.1.13 所示的电路可知，在稳态时，电容 C 放电完毕，由于触发端 TH 的电压低于（2/3）V_{CC}、输入端 TR′的电压高于（1/3）V_{CC}，因此 555 定时器 OUT 端保持输出低电平。

当低电平触发信号 V_I 到来时，TR′端的电压低于（1/3）V_{CC}，由 555 定时器功能表可知，此时不管高触发端电压为何值，定时器输出 V_O 恒为高电平，同时 DISC 和地之间的放

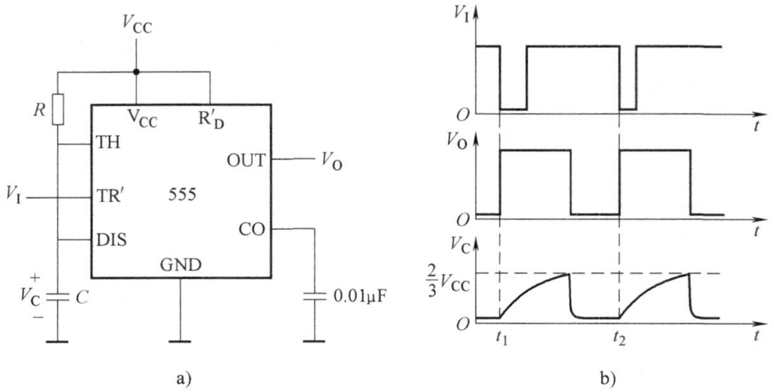

a)　　　　　　　　b)

图 6.1.13　由 555 定时器构成的单稳态触发器及其工作波形图

a）单稳态触发器　b）工作波形图

电管截止，电源通过 R 对 C 充电，在电容 C 充电期间，输出 V_O 保持为高电平，此时为暂稳态。

随着充电的不断进行，TH 端电位逐渐上升。当 TH 端电位上升到（2/3）V_{CC}，即触发端 TH 电压高于（2/3）V_{CC}时，由 555 定时器功能表可知，555 定时器输出 V_O 由高电平变为低电平，放电管导通，电容 C 通过放电管放电，电路返回到稳态，工作波形如图 6.1.13b 所示，在时刻 t_1 和 t_2 电路稳态时，有触发负脉冲输入，电路状态由稳态进入暂稳态，经过 RC 充电过程使得 V_C 电压上升，当上升到（2/3）V_{CC}时，电路状态回到稳态。

由以上分析可知，电路保持一种稳定状态不变，当触发信号到来时，电路马上转变成另一种状态，但这种状态不稳定，经过一段时间后，电路又自动返回到原状态，这就是单稳态触发器。忽略晶体管的饱和压降，则 V_C从低电平上升到（2/3）V_{CC}的时间，即为单稳态触发器的输出脉冲宽度 t_W。

$$t_W = RC\ln\frac{V_{CC}-0}{V_{CC}-\frac{2}{3}V_{CC}} = RC\ln 3$$

因此，这种单稳态电路属于不可重复触发，要求输入触发脉冲宽度一定要小于 t_W。当输入触发脉冲宽度大于 t_W时，要在输入端加 RC 微分电路。若触发脉冲是周期性的，则其周期应大于 t_W。

4. 用 555 定时器接成的多谐振荡电路

在前面的知识结构中，分析了用 555 定时器构成施密特触发器的原理和方法，同时施密特触发器可以构成多谐振荡器，如图 6.1.14 所示。将 555 与三个阻容元件按如图 6.1.14 所示进行连接，就构成了多谐振荡模式，它与单稳态触发器在结构上的区别在于触发器 TR′端接在充、放电回路的电容 C 上，而不是受外部触发控制。

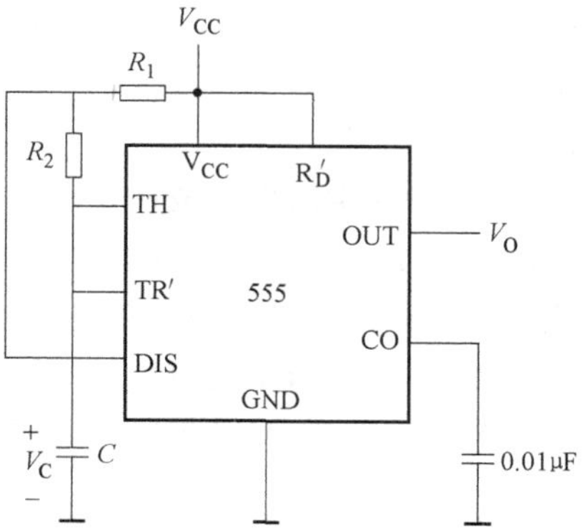

图 6.1.14　555 定时器构成的多谐振荡器

当电路接通电源后，由于 C 的端电压不能突变，

555 处于置位状态，输出端为高电平，内部放电管截止。通过 R_1、R_2对 C 充电，TR′电位随 C 的端电压上升而上升。当 C 上的电压达到（2/3）V_{CC}阈值电平时，比较器 C_1翻转，使基本 RS 触发器置位，经缓冲级 G_3倒相，输出呈低电平。此时放电管 V_D饱和导通，电容 C 经 R_2和 VD 放电。电容 C 放电所需时间为

$$t_{WH}=R_2C\ln2$$

当电容 C 放电至（1/3）V_{CC}时，比较器 C_2翻转，RS 触发器复位，经反相后，使输出端呈高电平，VD 管截止，V_{CC}又将通过 R_1、R_2对 C 充电。当充电至（2/3）V_{CC}时，触发器又发生翻转。如此周而复始产生振荡，在输出端就可得到一个周期性的方波。工作波形如图 6.1.15 所示。

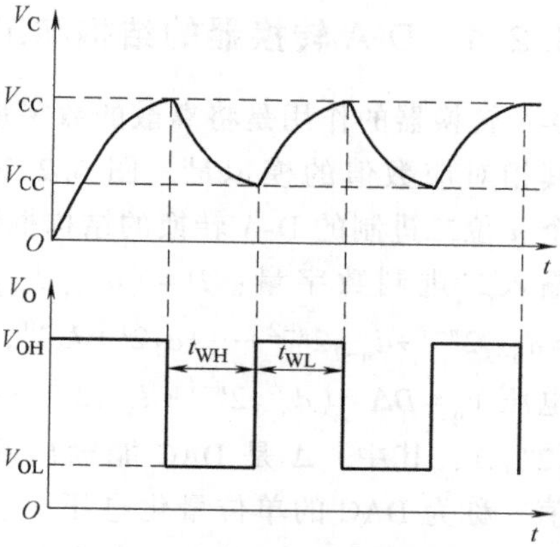

图 6.1.15　多谐振荡器工作波形图

电容 C 的充电时间为

$$t_{WL}=(R_1+R_2)C\ln2$$

从而可得到输出方波的周期和振荡频率为

$$T=t_{WH}+t_{WL}\approx0.69(R_1+2R_2)C$$

$$f=\frac{1}{T}=\frac{1.43}{(R_1+2R_2)C}$$

输出方波占空比为

$$D=\frac{t_{WL}}{T}=\frac{R_1+R_2}{R_2+2R_2}$$

[例 6.1.2]　图 6.1.16 是用 555 定时器构成的压控振荡器，试求输入控制电压 V_I 和振荡频率之间的关系式。当 V_I 升高时频率是升高还是降低？

解：

$$T=T_1+T_2=(R_1+R_2)C\ln\frac{V_{CC}-V_{T-}}{V_{CC}-V_{T+}}+R_2C\ln\frac{V_{T+}}{V_{T-}}$$

将 $V_{T+}=V_I$、$V_{T-}=\frac{1}{2}V_I$ 代入上式后得到

$$T=(R_1+R_2)C\ln\frac{V_{CC}-\frac{1}{2}V_I}{V_{CC}-V_I}+R_2C\ln2$$

当 V_I 升高时，T 变大，振荡频率下降。

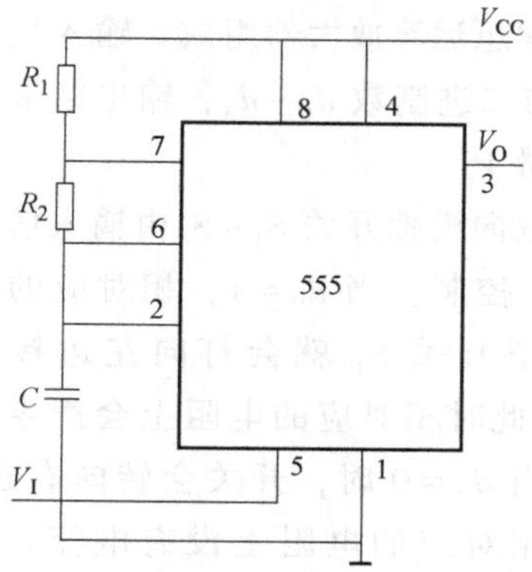

图 6.1.16　例 6.1.2 图

5. 其他类型的脉冲波形产生电路

在实际电路设计中，还有其他形式的脉冲波形产生电路，包括对称多谐和不对称多谐脉冲波形产生电路、环形振荡电路、石英晶体多谐振荡器等。环形振荡电路主要特点是利用延迟负反馈产生振荡。将任何≥3 的奇数个反相器首尾相连接成环形电路，都能产生自激振荡。石英晶体多谐振荡电路的振荡频率取决于石英晶体的固有振荡频率。

6.2 D-A 转换器

6.2.1 D-A 转换器的结构和工作原理

D-A 转换器的作用是将离散的数字量转换成连续的模拟量。也就是将二进制数字信号转换成其相对应数值的模拟量。图 6.2.1 所示是一个 n 位二进制的 D-A 转换的结构框图。

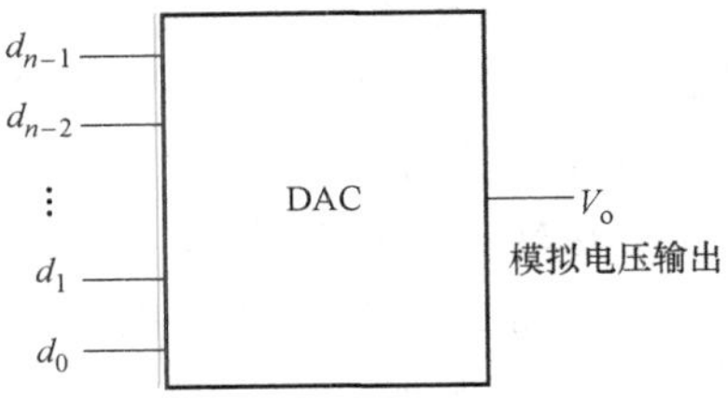

图 6.2.1　DAC 结构框图

输入二进制数字量：$D=(d_{n-1}d_{n-2}\cdots d_1 d_0)_2=d_{n-1}2^{n-1}+d_{n-2}2^{n-2}+\cdots+d_1 2^1+d_0 2^0$，输出模拟电压 $V_o=D\Delta=(d_{n-1}2^{n-1}+d_{n-2}2^{n-2}+\cdots+d_1 2^1+d_0 2^0)\Delta$，其中，$\Delta$ 是 DAC 能输出的最小电压值，称为 DAC 的单位量化电压，它等于 D 最低位（LSB）为 1、其余各位均为 0 时的模拟输出电压（用 V_{LSB}表示）（Least Significant Bit，LSB）。

D-A 转换器数字量的输入方式有并行和串行两种。D-A 转换器的种类很多，比较常见的有权电阻网络 D-A 转换器、倒 T 形电阻网络 D-A 转换器、权电流型 D-A 转换器、权电容网络 D-A 转换器以及开关树形 D-A 转换器等。下面对这几种类型 D-A 转换器的电路结构以及工作原理进行分析。

1. 权电阻网络 D-A 转换器

图 6.2.2 所示是一个 4 位并行输入的权电阻网络 D-A 转换器，是由 2^0R、2^1R、2^2R、2^3R 和 R_f组成的权电阻网络，S_1、S_2、S_3、S_4电子模拟开关，基准电压 V_{CC} 加上理想运算放大器组成。输入量为 4 位的二进制数 $d_0\sim d_3$，输出结果为模拟量 V_o。

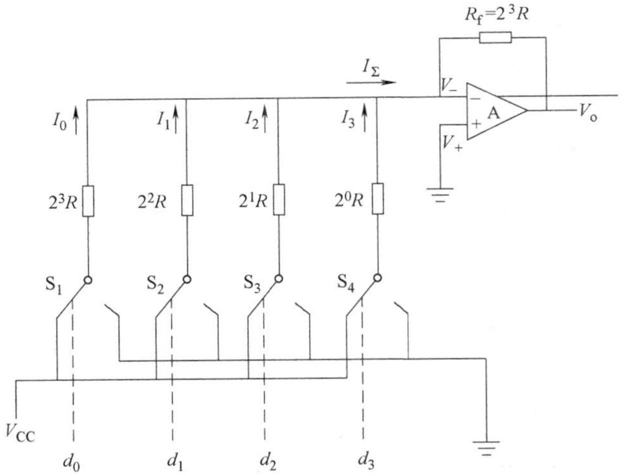

图 6.2.2　4 位输入权电阻网络 D-A 转换器

双向模拟开关 $S_1\sim S_4$由输入信号 $d_0\sim d_3$控制，当 $d_0=1$，相对应的双向模拟开关 S_1 就会打向左边接入 V_{CC}，此时相对应的电阻上会产生电流。当 $d_0=0$ 时，开关会转向右边，此时相对应的电阻上没有电流。图 6.2.2 所示为当 $d_0\sim d_3$都置“1”时的情况。

基于理想运算放大器“虚短”的基本特点进行分析，可知 $V_+=V_-=0$，且权电阻网络的总电流 I_Σ 全部从电阻 R_f处流出。权电阻网络电阻从左往右依次是 2^3R、2^2R、2^1R、2^0R。电流 I_i的大小与其对应的电阻的大小成反比，与其对应的二进制位权的大小成正比（d_i对应的权）。因此就可以列出如下公式：

$$\begin{cases} I_0 = \dfrac{V_{CC}}{2^3R}d_0 \\ I_1 = \dfrac{V_{CC}}{2^2R}d_1 \\ I_2 = \dfrac{V_{CC}}{2^1R}d_2 \\ I_3 = \dfrac{V_{CC}}{2^0R}d_3 \end{cases} \tag{6-1}$$

又 $I_\Sigma = I_0 + I_1 + I_2 + I_3$，所以

$$I_\Sigma = \frac{V_{CC}}{2^3R}(d_3\times2^3 + d_2\times2^2 + d_1\times2^1 + d_0\times2^0) \tag{6-2}$$

利用上面已经提及的理想放大器“虚短”特点且 $V_- = 0$，可知 $V_o = -I_\Sigma R_f$。则

$$\begin{aligned} V_o &= -I_\Sigma R_f \\ &= -\frac{V_{CC}}{2^3R}(d_3\times2^3 + d_2\times2^2 + d_1\times2^1 + d_0\times2^0)\times2^3R \\ &= -V_{CC}(d_3\times2^3 + d_2\times2^2 + d_1\times2^1 + d_0\times2^0) \end{aligned} \tag{6-3}$$

由式（6-3）可以看出，输出的模拟信号 V_o 与输出的数字量成正比，当输入数字量为 0000 时 $V_o = 0$，当输入数字量为 1111 时 $V_o = -(2^4-1)V_{CC}$，完成了 D-A 转换。图 6.2.2 所示是一个 4 位输入的权电阻网络 D-A 转换器，当输入扩充到 n 位时

$$V_o = -V_{CC}(d_{n-1}\times2^{n-1} + d_{n-2}\times2^{n-2} + \cdots + d_1\times2^1 + d_0\times2^0) \tag{6-4}$$

权电阻网络 D-A 转换器的优点：结构简单易于搭建，所用的元器件少。但也存在不足，当输入的数字信号位数变多的时候，相应的电阻的大小将会呈指数级增长，比如 d_{20} 对应的是 $2^{20}R$，这样权电阻网络中电阻的最大值和最小值之间相差了 1024×1024 倍，各电阻的阻值相差较大，不能保证有很高的精度。

2. 倒 T 形电阻网络 D-A 转换器

随着需要转换的数字位数的增加，权电阻网络 D-A 转换器中所出现的电阻阻值相差越来越大，电阻精度无法保证。图 6.2.3 是一种倒 T 形电阻网络 D-A 转换电路。倒 T 形电阻网络 D-A 转换器中只有 $2R$ 和 R 两种阻值的电阻。除电阻网络外同样有 S_0、S_1、S_2、S_3 四个电子模拟开关、基准电压 V_{REF} 和理想运算放大器 A。输入量为 4 位的二进制数 d_0 ~ d_3，输出结果为模拟量 V_o。

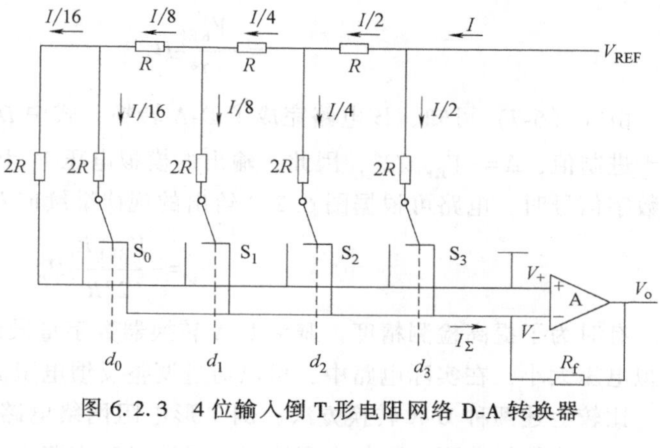

图 6.2.3　4 位输入倒 T 形电阻网络 D-A 转换器

根据理想运算放大器“虚短”的特性可知，$V_+ = V_- = 0$，电子模

拟开关 S_i在对应二进制输入 $d_i=1$ 时会偏向右端，当 $d_i=0$ 时偏向左端，倒 T 形电阻网络 D-A 转换器无论电子模拟开关切换到左边或者右边，该电子模拟开关对应的支路中总是有电流流过，且电流的大小不改变。比如 S_3 所对应的支路，无论电子模拟开关打到哪边，支路中电流都是 $0.5I$。不同开关状态下的倒 T 形电阻网络等效电路如图 6.2.4 所示。

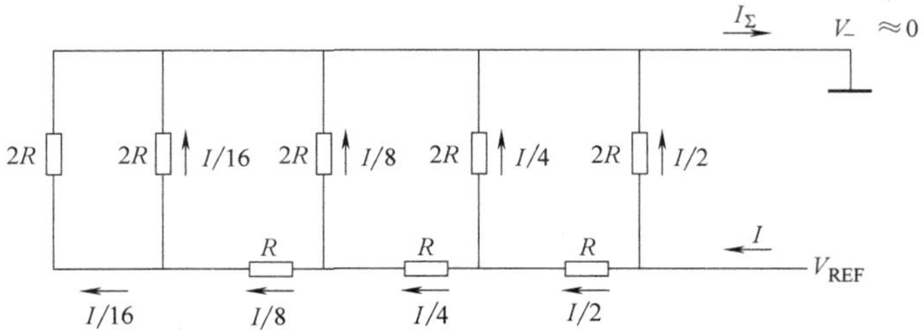

图 6.2.4　不同开关状态下的倒 T 形电阻网络等效电路

在通常情况下，I_Σ 所在的支路称为有效支路，接入运算放大器 V_+的支路为无效支路。有效支路的电流会流经 R_f从而影响模拟输出 V_o，而无效支路的电流不会影响 V_o的值。可以计算 4 个模拟开关在不同位置状态下流入有效支路的总电流 I_Σ，进而决定输出模拟量 V_o。

$$
\begin{aligned}
I_\Sigma &= \frac{1}{2}Id_3+\frac{1}{4}Id_2+\frac{1}{8}Id_1+\frac{1}{16}Id_0 \\
&= \frac{I}{2^4}(2^3d_3+2^2d_2+2^1d_1+2^0d_0)
\end{aligned} \tag{6-5}
$$

式中，电流 I 的大小为

$$
I=\frac{V_{REF}}{R} \tag{6-6}
$$

又 $V_o=-I_\Sigma R_f$，如果设 $R_f=R$，则有

$$
\begin{aligned}
V_o &= -\frac{R_f}{2^4}(2^3d_3+2^2d_2+2^1d_1+2^0d_0) \\
&= -\frac{V_{REF}R_f}{2^4R}D_4 \\
&= -\frac{V_{REF}}{2^4}D_4
\end{aligned} \tag{6-7}
$$

由式（6-7）可知，该电路完成了 D-A 转换，式中 D_4代表的就是输入二进制数字量对应的十进制值，$\Delta=-V_{REF}/2^4$，因此，输出的模拟电压 V_o 和输入的数字量 D 成正比。当输入 n 位数字信号时，电路可根据图 6.2.3 给出的规律继续向左做延伸。

$$
V_o=-\frac{V_{REF}R_f}{2^nR}D_n \tag{6-8}
$$

有时为了提高检测精度，避免 D-A 转换器数字量最低位（LSB）变化一次所造成的输出模拟电压太小，在实际电路中，可以通过调整反馈电阻 R_f的大小来进行放大信号的调整。

比较上述两种 D-A 转换方法，倒 T 形电阻网络电路利用的是并联分流原理，把各支路的电流大小按级分配。而权电阻网络，是通过对支路上的电阻进行按级设定，利用电流大小

与电阻大小成反比，从而实现电流的分级。两者都是通过反馈电阻将电流信号转换成电压信号输出。

实际的模拟开关应该考虑其导通电阻、导通压降和开关时间对 DAC 电路转换精度的影响。具体情况应该结合器件厂家提供的参数进行分析和计算。

3. 权电流型 D-A 转换电路

图 6.2.5 所示是一种常见的权电流型 D-A 转换电路，是在图 6.2.4 基础上用 4 个电流源直接代替倒 T 形电阻网络电阻，直接通过电流源提供电流，电流大小与该支路数字输入比特位的“权”成正比，其他电路基本没变。由于电路中采用了电流源，因此模拟开关的导通电阻、导通压降，以及开关转换时间等对转换精度造成的误差影响会减小。

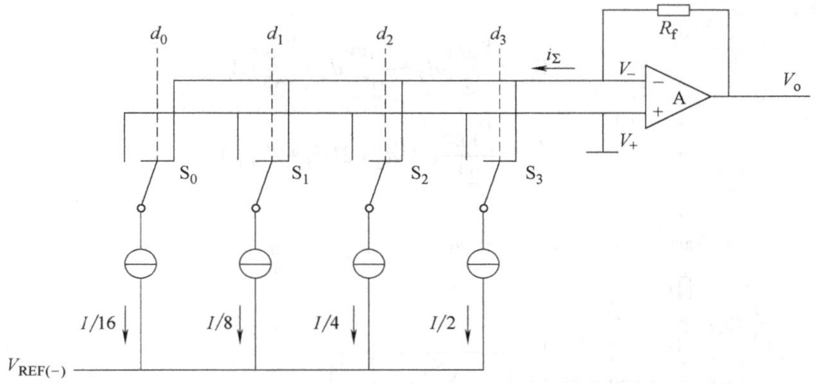

图 6.2.5　权电流型 D-A 转换电路

上面已经提到权电流型 D-A 转换电路中每一个电流源的电流大小与该支路数字输入位的“权”成正比。而当 $d_i=1$ 时，对应的模拟开关“打向右边”，使电流流进 R_f。当 $d_i=0$ 时，模拟开关“打向左边”，使电流从接地点流出。由此写出输出电压的表达式

$$\begin{aligned} V_o &= I_\Sigma R_f \\ &= \frac{I}{2^4}R_f(2^3d_3+2^2d_2+2^1d_1+2^0d_0) \end{aligned} \tag{6-9}$$

显然可以看出输出的模拟量 V_o 与输入的数字量成正比。当 $D_4=0$ 时，输出的最小值 $V_o=0$。当 $D_4=1111$ 时，输出的最大值 $V_o=(15/16)\ IR_f$。

同理可推出，将此 D-A 转换器扩充为 n 位输入的时候，输出电压为

$$V_o=\frac{I}{2^n}R_f(2^{n-1}d_{n-1}+2^{n-2}d_{n-2}+\cdots+2^1d_1+2^0d_0) \tag{6-10}$$

电流源的基本结构如图 6.2.6 所示，由晶体管的特性可知，当 V_B 和 V_{EE} 稳定不变的时候。晶体管集电极上的电流 I_C 将会是一个恒定值，不受开关内阻的影响。电流大小为

$$I_C\approx\frac{V_B-V_{EE}-V_{BE}}{R_E} \tag{6-11}$$

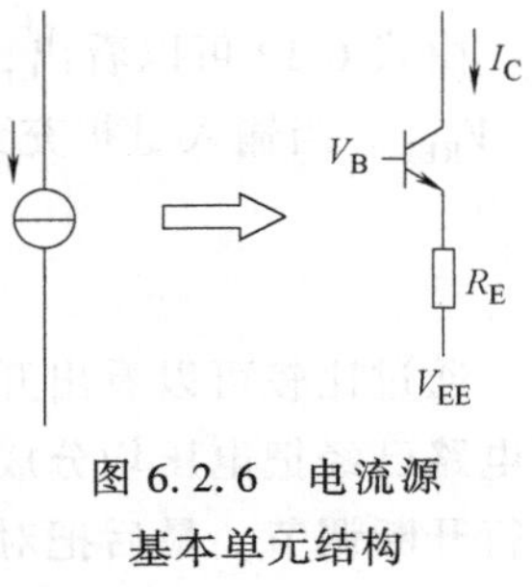

图 6.2.6　电流源基本单元结构

因此，通过控制各条支路的 R_E 来产生需要的不同电流大小的电流源。至于电流源的具体设计细节，读者参考模拟电子技术

或者模拟集成电路设计的相关资料。

4. 开关树形 D-A 转换器

上面分析的三种 D-A 转换器都是利用了运算放大器的反馈电路来实现。对于这三种 D-A 转换器来说用运算放大器搭建的反馈电路是必不可少的电路部分。而下面将分析两种不需要运算放大器的 D-A 转换电路。

如图 6.2.7 所示是 3 位开关树形 D-A 转换器的电路，主要由电阻分压电路和接成树状的开关网络构成，开关树形 D-A 转换器主要由分压电阻和树形开关网络组成。在电路结构中 d_0 用来控制 S_{00}和 S_{01}，当 $d_0=1$ 时，S_{00}断开，S_{01}闭合。当 $d_0=0$ 时，S_{00}闭合，S_{01}断开。同理 d_1 和 d_2 通过同样的方式来分别控制 S_{10}、S_{11}、S_{20}、S_{21}。根据图 6.2.7 的电路结构可以推出下面的方程：

$$\begin{aligned} V_o &= \frac{V_{REF}}{2}d_2 + \frac{V_{REF}}{2^2}d_1 + \frac{V_{REF}}{2^3}d_0 \\ &= \frac{V_{REF}}{2^3}(2^2 d_2 + 2^1 d_1 + 2^0 d_0) \end{aligned} \tag{6-12}$$

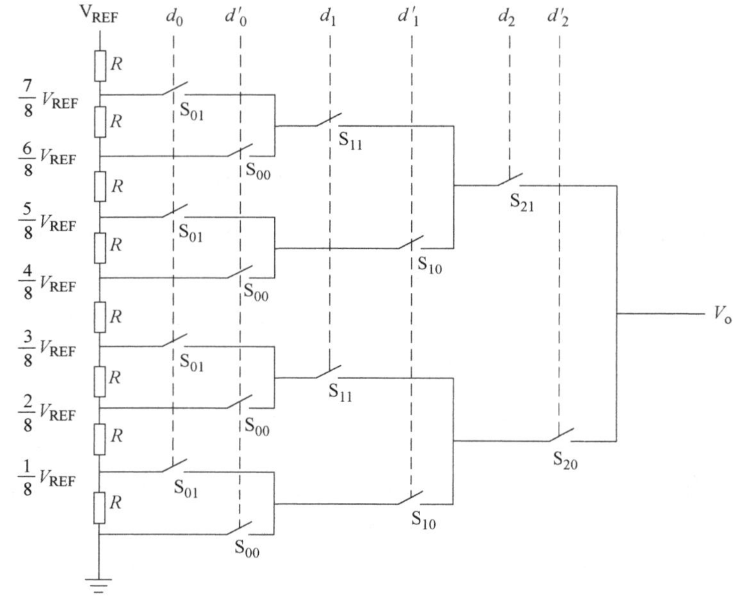

图 6.2.7　开关树形 D-A 转换器

由式 6-12 可以看出，输出的模拟量 V_o 与输入数字量成正比。且 $V_{0\min}=0$，$V_{0\max}=(7/8)\ V_{REF}$。当输入量扩充到 n 位时，对应的输出公式为

$$V_o = \frac{V_{REF}}{2^n}(2^{n-1}d_{n-1} + \cdots + 2^1 d_1 + 2^0 d_0) \tag{6-13}$$

通过比较可以看出开关树形 D-A 转换电路与之前介绍的转换电路有明显区别，电阻分压电路已经把电压均分成 2^3份（当输入量为 n 位时），通过输入的数字量来对树形开关网络进行开断调节。最后把对应的电压节点与 u_o相连，实现电压输出。例 $D_3=010$，(2/8) V_{REF}

对应的电压节点与 V_o 之间的通路就会被连通。

这种电路的优点是利用的电阻类型单一（都是 R），有利于提高转换速度。而且输出不是取自电阻，而是直接取电压，因此，只要 V_o 端外接的元件输入电阻足够大，那么对于开关网络的导通电阻要求不高，从而降低了对模拟开关的要求。

同时也要看到，该电路有复杂的开关网络，一旦输入数字量位数增多时，开关网络会愈加复杂，一方面会占用大量的硅片面积影响集成度，另一方面影响转换器的转换时间。

5. 权电容网络 D-A 转换器

图 6.2.8 是一个 4 位数字输入权电容网络 D-A 转换器的电路结构图。其中 $C_0'=C_x$，其余的 $C_0\sim C_3$ 与各自所对应的权成正比（比如 $C_2=2^2C_x$）。开关 S_0、S_1、S_2、S_3 分别由数字输入 d_0、d_1、d_2、d_3 的状态控制。当 $d_i=0$ 时模拟开关 S_i 打向左端接地。当 $d_i=1$ 时模拟开关转向右端与 V_{REF} 相连。开关 S_D 专门用来给电容放电，以保证电容在每一次转换前没有电荷积累。在转换开始前模拟开关 $S_0\sim S_3$ 会接地，S_D 闭合给电容放电，放电完成后断开 S_D，然后数字输入 d_0、d_1、d_2、d_3 导入。

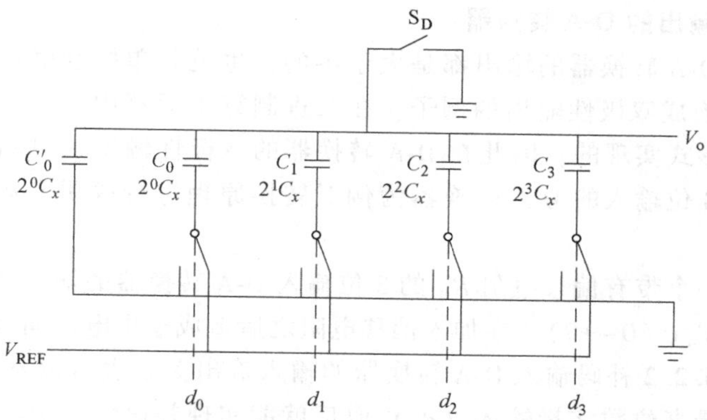

图 6.2.8　权电容网络 D-A 转换器

假设输入的 $d_3d_2d_1d_0=0100$，那么 S_0、S_1、S_3 接地，而 S_2 接入 V_{REF}。电容并联等效于电容的电容量相加。此时会产生一个电容的分压器，如图 6.2.9 所示。电容串联时电容上的电压值与其电容量成正比，所以有如下公式：

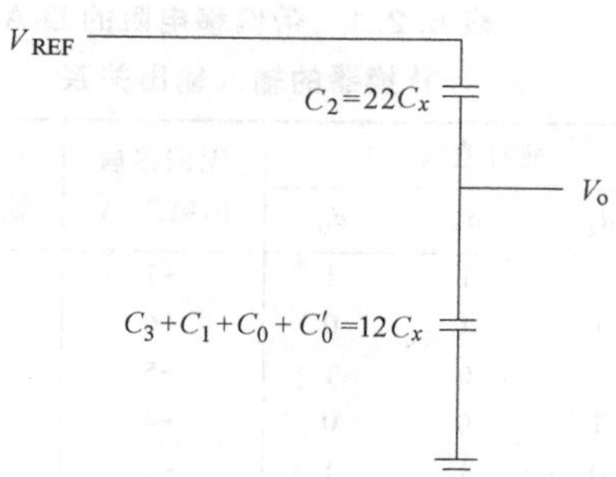

图 6.2.9　$d_3d_2d_1d_0=0100$ 时的等效电路

$$V_o=\frac{C_2}{C_3+C_2+C_1+C_0+C_0'}V_{REF}=\frac{4}{16}V_{REF} \tag{6-14}$$

下面分析 V_o 的通用表达式。令 $C_3+C_2+C_1+C_0+C_0'=C_t$，则有

$$V_o=\frac{d_3C_3+d_2C_2+d_1C_1+d_0C_0}{C_t}V_{REF}=\frac{(d_32^3+d_22^2+d_12^1+d_02^0)C_x}{2^4C_x}V_{REF}$$

$$=\frac{V_{\mathrm{REF}}}{2^4}(d_3 2^3+d_2 2^2+d_1 2^1+d_0 2^0) \tag{6-15}$$

显然输出的模拟量 V_o 与输入的数字量成正比。权电容网络 D-A 转换器有几个显著的特点：①这是一个通过电容分压来实现转换的 D-A 转换器，因此在这个电路中模拟开关的内阻以及电源的内阻不会对转换结果造成太大影响，这就降低了对模拟开关和电源的要求。②电压分配取决于各级电容之间电容量之比，与具体 C_x 无关。目前，在 MOS 集成电路中对于电容的工艺已经十分成熟，电容器不仅容易制作而且可以精确地控制电容组中各电容之间电容量的比例关系，因此在 MOS 工艺制造 D-A 转换器时，权电容网络 D-A 转换器是一种常用的方案。③权电容网络 D-A 转换器在转换完成输出维持稳定值时是不消耗能量的，这很符合现在大规模集成电路低功耗设计的要求。

同时也要看到工作时电容的充放电时间必然会影响转换速度。而且与权电阻网络 D-A 转换器相同，各级电容之间保持倍数关系，必然造成电容量相差较大，影响电路的集成度。

6. 具有双极性输出的 D-A 转换器

之前所介绍的 D-A 转换器的输出都是大于零的，也就是单极性输出。本节介绍一个可以让 D-A 转换器转换成双极性输出的例子。在二进制算术运算中，对于负数的处理和表示通常是通过补码的形式实现的，因此在 D-A 转换器的双极性输出中也利用这样一种方式来实现。下面以一个 3 位输入的 D-A 转换器为例对转换原理进行说明，然后再提供一个电路作为参考。

表 6.2.1 表示一个带有偏移电阻 R_B 的 3 位输入 D-A 转换器的输入输出对应情况。当正常输出时输出电压 $V_o \in (0\sim+7)$。在加入偏移电阻之后造成输出电压向负半轴平移 4 个单位 $V_o'=V_o-4$。对比表 6.2.2 补码输入 D-A 转换器的输入输出关系表可以发现，在对输出 V_o 进行偏移处理后，把最高位数字量输入（d_2）取反就能实现补码输入 D-A 转换器的输出。以上方法为构建补码输入 D-A 转换电路提供了思路。

表 6.2.1 带偏移电阻的 D-A 转换器的输入输出关系

绝对值输入			无偏移输出电压/V	偏移-4V 后的输出电压/V
d_2	d_1	d_0		
1	1	1	+7	-3
1	1	0	+6	-2
1	0	1	+5	-1
1	0	0	+4	0
0	1	1	+3	-1
0	1	0	+2	-2
0	0	1	+1	-3
0	0	0	0	-4

表 6.2.2 补码输入 D-A 转换器的输入输出关系

补码输入			对应的输出电压/V
d_2	d_1	d_0	
0	1	1	-3
0	1	0	-2
0	0	1	-1
0	0	0	0
1	1	1	-1
1	1	0	-2
1	0	1	-3
1	0	0	-4

如图 6.2.10 是一个 3 位输入倒 T 形 D-A 转换器，取 $V_{\mathrm{REF}}=-8\mathrm{V}$、$R_f=\mathrm{R}$。之前对正常输入的倒 T 形 A-D 转换器进行了分析，在未加入反相器 G 和偏移电阻 R_B 之前，D-A 转换器的输入输出关系如表 6.2.1 所示。加入偏移电阻 R_B 使得输出电压 V_o 向负半轴偏移 4V，造成 $V_o'=V_o-4$。也就是说当输入为 100 时 $V_o=0$（注：此时未加反相器）。则偏移电阻须满足

$$\frac{|V_B|}{R_B}=\frac{I}{2}=\frac{|V_{REF}|}{2R} \tag{6-16}$$

式中，V_B 为偏移电压。

正是 V_B 和 R_B 组成了偏移电路。完成输出电压偏移后，在 d_2 输入口也就是数字输入最高位输入口加入一个反相器就形成了图 6.2.10 所示的 3 位补码输入的倒 T 形 D-A 转换器，其输入输出关系如表 6.2.2 所示。

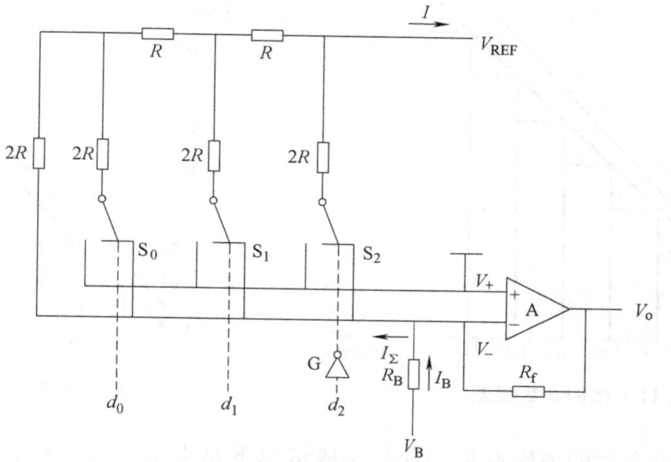

图 6.2.10　3 位补码输入的倒 T 形 D-A 转换器

6.2.2　D-A 转换器的转换精度与转换速度

1. D-A 转换器的转换精度

D-A 转换器的转换精度一般用分辨率和转换误差来描述。

分辨率由输入二进制数的位数 n 决定，且用 n 表示分辨率。一般用 D-A 转换器来输出确定区间的模拟量 V_o，当用分辨率为 n 的 D-A 转换器时，该区间的模拟电压将会以 00…00 到 11…11 一共 2^n种状态来表示。可以分辨出来的最小电压为 $(V_{omax}-V_{omin})/(2^n-1)$。因此分辨率指 D-A 转换电路模拟输出所能产生的最小电压变化量 V_{LSB}与满刻度 V_{FSR}输出电压之比。即：$V_{LSB}/V_{FSB}=1/2^{n-1}$。可以看出，DAC 的位数越多，分辨率值就越小，能分辨的最小输出电压值也越小。

分辨率是对理想情况下理论上 D-A 转换器转换精度的描述。而由于 D-A 转换器转换的各个环节的参数和状态与理论值之间不可避免地会存在差异，比如电路元件参数误差、基准电路不稳、运算放大器零点漂移等因素，所以转换精度还必须考虑转换过程中的转换误差。用这些误差的最大值来描述 D-A 转换器的转换精度。转换误差可分为三类，比例系数误差、平移误差、非线性误差，下面根据各种误差的不同特点分别进行介绍。

1）造成比例系数误差比较常见的情况是由于基准电路不稳造成的误差。例如一个 3 位输入的倒 T 形电阻网络 D-A 转换器，当 V_{REF}偏离标准值 ΔV_{REF}时，会产生误差电压 ΔV_o。

$$\Delta V_o=-\frac{\Delta V_{REF}}{2^3}(2^2d_2+2^1d_1+2^0d_0) \tag{6-17}$$

如图 6.2.11 所示，虚线部分表示基准电压发生偏移以后的输出，实线表示理想输出。可以发现对于比例系数误差而言，当输入数字量越大时输出的误差 ΔV_o 也就越大。

2）当运算放大器产生零点漂移时，会使转换器产生平移误差，而此时的 ΔV_o 大小是一个固定值，与数字输入大小无关只由零点漂移的程度所决定。如图 6.2.12 所示，转换特性曲线将会发生平移，图中所示为 ΔV_o 为正的情况。

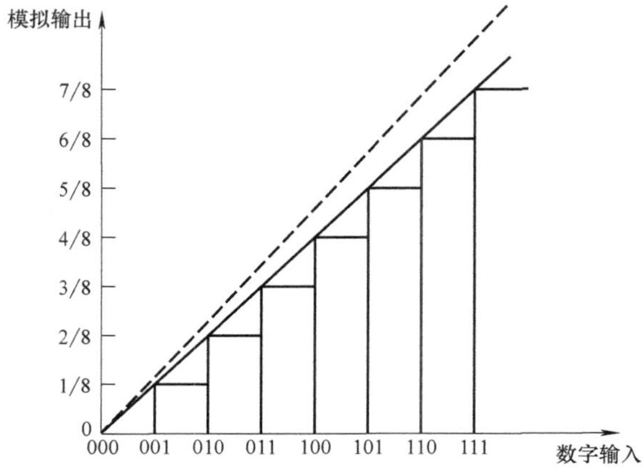

图 6.2.11　比例系数误差

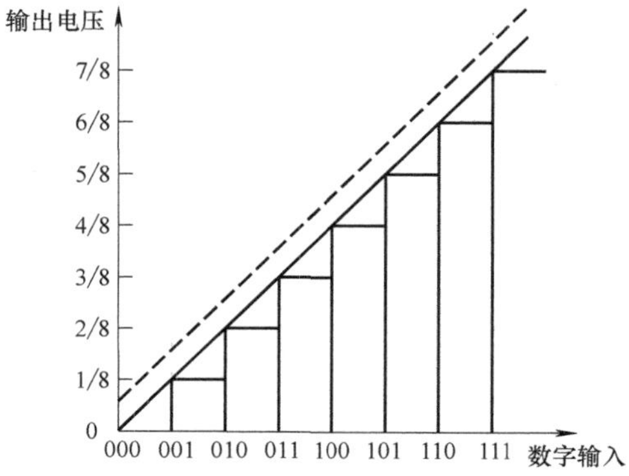

图 6.2.12　平移误差

3）非线性误差产生的原因有很多种，一般情况下是由多个因素综合影响造成的。例如各个模拟开关的导通压降不一致，而且对于一个模拟开关来说接地和接 V_{REF} 时的导通压降也可能是不同的。此外电阻网络中的电阻也存在数值误差，且每条支路上存在的误差不一定相同等，这一系列因素会造成转换器产生非线性误差。这种误差没有一定的变化规律，而且也很有可能造成转换特性曲线在一定范围内不单调，这将严重地影响系统的正常工作。

总之，综上所述可得：转换误差是一个综合指标，不仅与 DAC 中元器件参数的精度有关，而且与环境温度、求和运算放大器的温度漂移以及转换器的位数有关。要获得较高精度的 D-A 转换结果，除了正确选用 DAC 的位数外，还要选用低漂移高精度的求和运算放大器。

2. D-A 转换器的转换速度

转换速度也是 D-A 转换器的一个重要指标，是指 DAC 的输入数字信号开始转换，到输出的模拟信号达到稳定值所需的时间。当输入数据从零变化到满量程时，其输出模拟信号达到满量程值的±(1/2) LSB（或指定与满量程的相对误差）时所需要的时间，通常情况下，D-A 转换电路中的电容、电感和开关电路都会造成电路在时间上延迟。

除了上述参数之外，D-A 转换电路的参数还包括温度系数、电源抑制比、输入形式和输出形式等。

6.3　A-D 转换器

6.3.1　A-D 转换的基本原理

在 6.2 节中分析了 D-A 转换电路中的输出模拟信号 $V_o = D\Delta$，本节分析的 A-D 转换其实是一个 D-A 转换的逆过程，即 $D=[V_i/\Delta]$，其中，V_i 为输入模拟信号，D 为输出数字信号，Δ 称为 ADC 的单位量化电压或量化单位，“ [ ] ”表示取整。A-D 转换器主要目的是把连续的模拟信号转换成离散的数字信号。如图 6.3.1 所示。

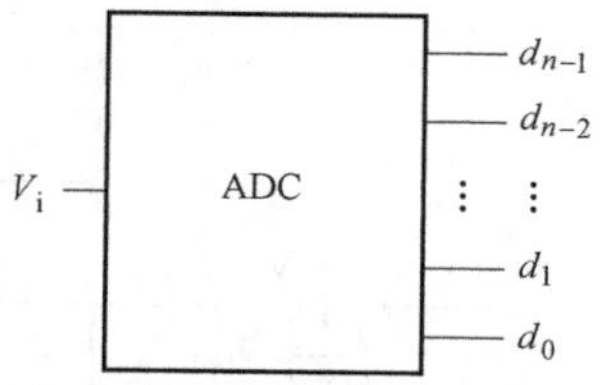

图 6.3.1　ADC 基本结构

既然数字信号是离散的，那么转换只能在一系列选定的瞬间对输入的模拟信号取样，取样结束后进入保持阶段，在保持阶段对模拟信号进行量化编码，编码完成输出转换结果后才算完成一次 A-D 转换，然后再开始下一次转换，转换过程如图 6.3.2 所示。

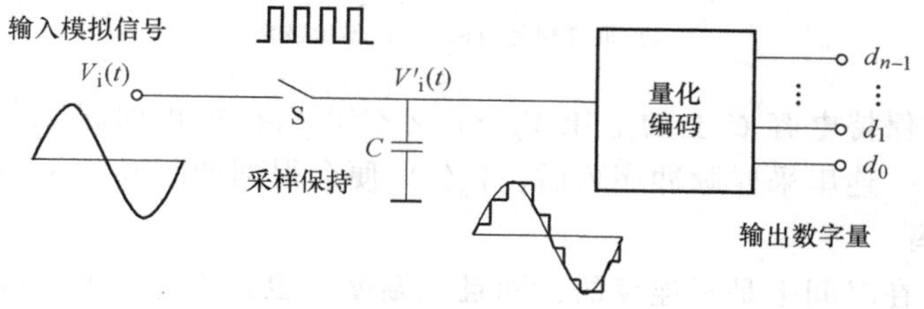

图 6.3.2　A-D 转换过程

1. 取样与保持

取样又称为采样，是把时间连续变化的信号变换为时间离散的信号，即把时间上连续变化的模拟量转换为一系列等间隔的脉冲，脉冲的幅度取决于输入模拟量的大小，如图 6.3.3 所示。图中，$V_i(t)$ 是输入模拟信号，$s(t)$ 为采样脉冲，$V_o(t)$ 为采样后的输出信号。

在采样脉冲作用的周期 τ 内，采样开关接通，使 $V_o(t)=V_i(t)$，在其他时间（$T_s-\tau$）内，输出等于 0。因此，每经过一个采样周期，对输入信号采样一次，输出端便得到输入信号的一个采样值。根据取样定理，当采样频率 f_s 不小于输入模拟信号频谱中最高频率 f_{max} 的两倍时，采样信号可以不失真地恢复为原模拟信号，因此，采样频率必须满足：

$$f_s \geqslant 2f_{max} \tag{6-18}$$

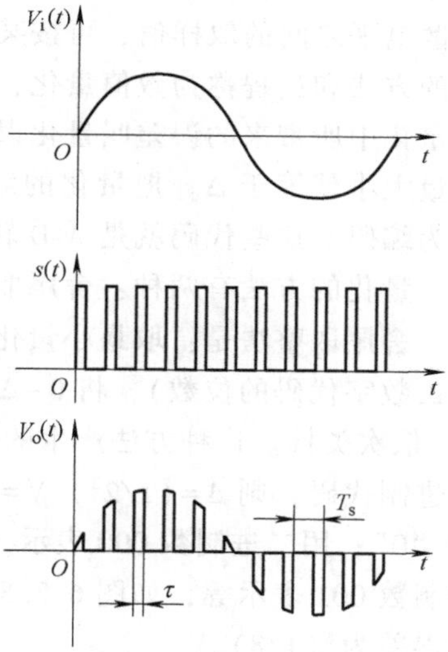

图 6.3.3　采样过程

模拟信号经采样后，得到一系列采样值脉冲。采样脉冲宽度 τ 一般是很短暂的，在下一个采样脉冲到来之前，电路要一直保持本次采样的输出，以便进行转换。因此在采样电路之后须加保持电路。图 6.3.4a 是一种常见的取样保持电路，N 沟道增强型 MOS 管 V 作为模拟开关使用，用来接收采样脉冲信号，电容 C 为保持电容，运算放大器构成跟随器，作为缓冲隔离作用。

在取样脉冲 $s(t)$ 到来的时间 τ 内，MOS 管 V 导通，输入模拟量 $V_i(t)$ 向电容充电。假定充电时间常数远小于 τ，那么电容 C 上的充电电压就能及时跟上 $V_i(t)$ 的采样值。采样结束时，MOS 管 V 迅速截止，保持电容 C 上的电压就保持了前一次取样时模拟输入 $V_i(t)$ 的值，通过电压跟随器就会传给 $V'_o(t)$ 输出到后面进行编码。当下一个取样脉冲到来时，MOS

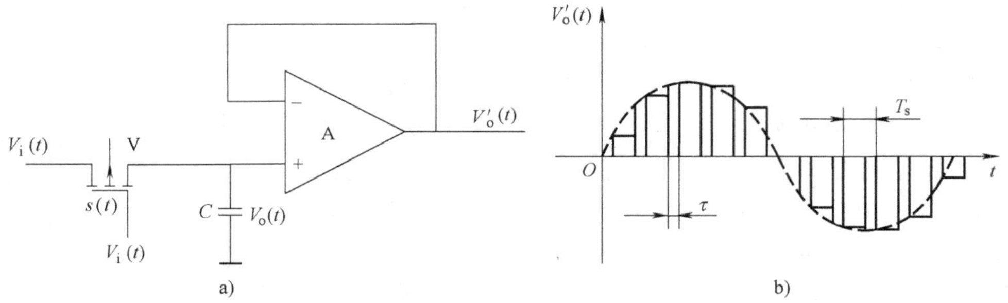

图 6.3.4 取样保持电路及输出波形

a) 取样保持电路 b) 输出波形

管再次导通，此时保持电容 C 上的电压 $V'_o(t)$ 才会再次根据即时输入的 $V_i(t)$ 发生变化。依此循环，在输入一连串采样脉冲序列后，$V'_o(t)$ 便会得到如图 6.3.4b 所示的波形。

2. 量化与编码

数字信号不仅在时间上是不连续的，而且在幅度上也是不连续的。因此任何一个模拟量的大小都只能用某个最小单位的整数倍来表示。而采样-保持后的电压不一定能被最小单位整除，因此在将其转换成数字量时，可以把它与一些规定的离散电平进行比较，凡介于两个离散电平之间的取样值，可按某种方式近似地用这两个离散电平中的一个表示。这种取整并归的方法和过程称为数值量化，简称量化，所取的最小数量单位叫作量化单位，用 Δ 表示，而量化中所带来的误差叫量化误差。显然，数字信号最低有效位（LSB）的“1”所代表的数量大小就等于 Δ。把量化的结果用代码（可以是二进制，也可是其他进制）表示出来，称为编码。这些代码就是 A-D 转换的输出结果。

量化的方法有两种：舍尾取整法和四舍五入法。

舍尾取整法是：取最小量化单位 $\Delta=V_m/2^n$（其中，V_m 为输入模拟电压的最大值；n 为输出数字代码的位数），将 $0\sim\Delta$ 之间的模拟电压归并为 0，把 $\Delta\sim2\Delta$ 之间的模拟电压归并到 Δ，依次类推。这种方法产生的最大量化误差为 Δ。例如，把 0~1V 的模拟电压转换成 3 位二进制代码，则 $\Delta=(1/2^3)\ \text{V}=(1/8)\ \text{V}$，规定凡数值在 0~(1/8) V 之间的模拟电压归并到“0”；用二进制数 000 表示，凡数值在（1/8~2/8）V 之间的模拟电压归并到 1Δ，用二进制数 001 表示等，如图 6.3.5a 所示。从图中可以看出，这种量化方法可能带来的最大量化误差为（1/8）V。

为了减少量化误差，常采用四舍五入的方法，最小量化单位 $\Delta=2V_m/(2^{n+1}-1)$。如图 6.3.5b 所示，将 0~(1/15) V 之间的模拟电压归并到 000，把（1/15）~(3/15) V 之间的模拟电压归并到 001，依此类推。这种方法产生的最大量化误差为 $\Delta/2$。做归一化处理，取 $\Delta=[2/(2^4-1)]\text{V}=(2/15)\text{V}$，则最大量化误差减小到（1/15）V，这种方法主要是将每个输出二进制代码所表示的模拟电压值为它所对应的模拟电压范围的中间值，所以最大量化误差自然不会超过 $\Delta/2$。同理，当输入模拟电压为负数时，以补码的形式输出即可。

6.3.2 A-D 转换器的结构和工作原理

A-D 转换分为直接法和间接法两大类。直接法是通过一套基准电压与取样保持电压进行比较，从而将模拟量直接转换成数字量。其特点是工作速度高，转换精度容易保证，调准也

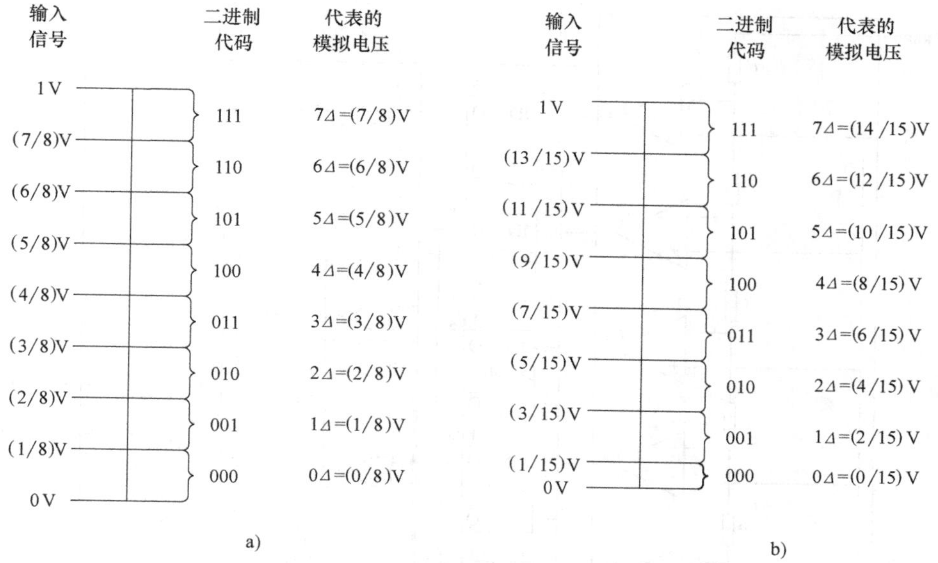

图 6.3.5　划分量化的两种方法及其编码

比较方便。间接法是将取样后的模拟电压信号先转换成一个中间变量（时间 T 或频率 f），然后再将中间变量转换成数字量。其特点是工作速度较慢，但转换精度高，且抗干扰性强。

常用的直接 A-D 转换器有并联比较型和反馈比较型两类。目前经常使用的间接 A-D 转换器多半都属于电压-时间变换型（U-T 变换型）和电压-频率变换型（U-f 变换型），随后逐一进行分析。

1. 并联比较型 A-D 转换器

图 6.3.6 所示为 3 位输出的并联比较型 A-D 转换器电路原理图，主要由三个部分组成：电压比较器，寄存器，代码转换电路。输入电压 V_i 范围为 $0 \sim V_{REF}$，输出 3 位二进制数 $d_2d_1d_0$。设送到图 6.3.6 的输入端的输入模拟量 V_i 已经经过取样保持电路处理。此外本电路采用的编码方式为四舍五入编码。

在图 6.3.6 中，电压比较器由分压电路和多个比较器组合而成。分压电路将电压从下至上依次分为（1/15）V_{REF}、（3/15）V_{REF}、…、（11/15）V_{REF}、（13/15）V_{REF} 作为比较的基准电压，使输入的模拟电压 V_i 与之比较，再将比较状态结果输出给 D 寄存器，再经过寄存器把电平输出给代码转换器（又称为编码器），完成转换。当 V_i<(1/15) V_{REF} 时，输出比较器 $C_1 \sim C_7$ 的输出都为“0”，当时钟 CP 上升沿到来以后寄存器中所有触发器 $FF_1 \sim FF_7$ 都被置“0”，代码转换器电路接收到电平信号后，最终编码成 000。同理当（1/15）$V_{REF} \leqslant V_i <$（3/15）V_{REF} 时，比较器 C_1 会输出“1”，其余输出“0”，造成除触发器 FF_1 以外的触发器都置“0”，触发器 FF_1 置“1”。经代码转换器转换后，编码成 001。依次可以类推出其他所有情况，如表 6.3.1 所示。根据代码转换电路组合逻辑写出逻辑函数式如下：

$$\begin{cases} d_2 = Q_4 \\ d_1 = Q_6 + Q_4'Q_2 \\ d_0 = Q_7 + Q_6'Q_5 + Q_4'Q_3 + Q_2'Q_1 \end{cases} \tag{6-19}$$

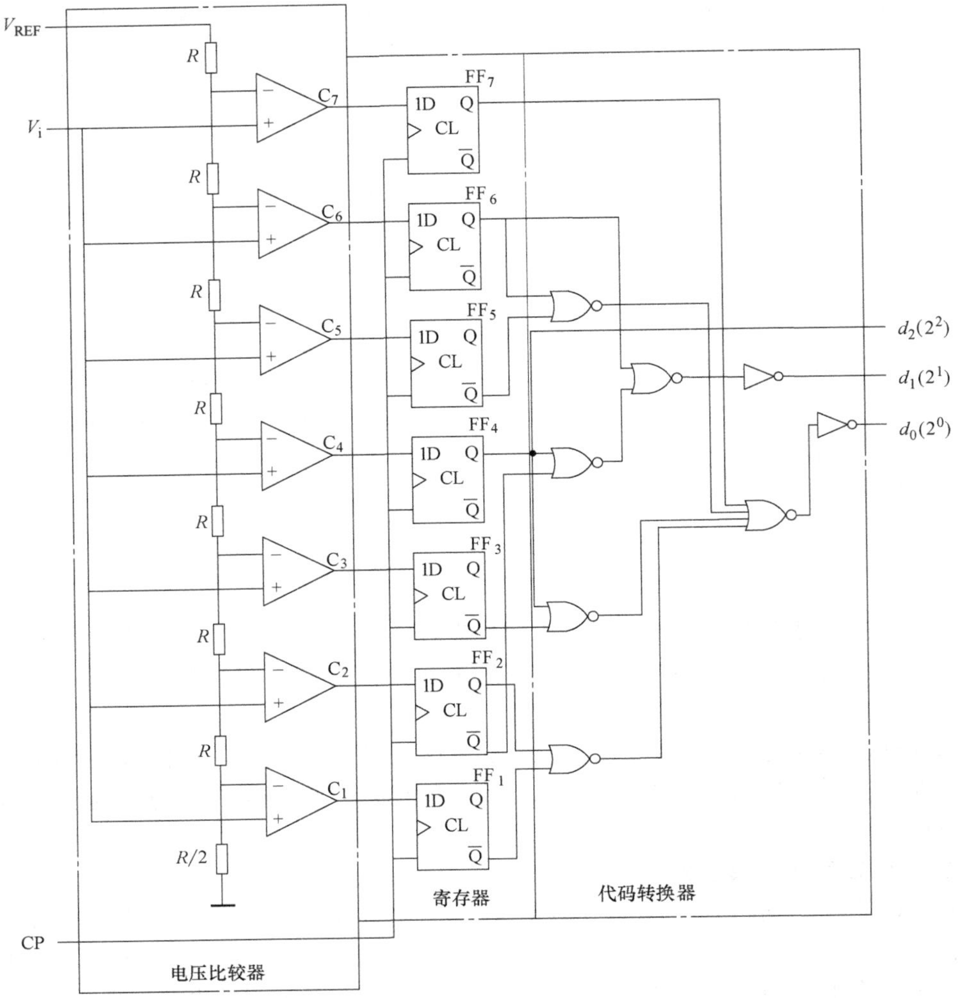

图 6.3.6　并联比较型 A-D 转换器

表 6.3.1　并联比较型 A-D 转换器状态转换表

输入模拟电压 V_i	寄存器状态							代码转换器输出（数字量输出）		
	Q_7	Q_6	Q_5	Q_4	Q_3	Q_2	Q_1	d_2	d_1	d_0
$\left(0\sim\frac{1}{15}\right)V_{REF}$	0	0	0	0	0	0	0	0	0	0
$\left(\frac{1}{15}\sim\frac{3}{15}\right)V_{REF}$	0	0	0	0	0	0	1	0	0	1
$\left(\frac{3}{15}\sim\frac{5}{15}\right)V_{REF}$	0	0	0	0	0	1	1	0	1	0
$\left(\frac{5}{15}\sim\frac{7}{15}\right)V_{REF}$	0	0	0	0	1	1	1	0	1	1
$\left(\frac{7}{15}\sim\frac{9}{15}\right)V_{REF}$	0	0	0	1	1	1	1	1	0	0

（续）

输入模拟电压 V_i	寄存器状态							代码转换器输出（数字量输出）		
	Q_7	Q_6	Q_5	Q_4	Q_3	Q_2	Q_1	d_2	d_1	d_0
$\left(\frac{9}{15}\sim\frac{11}{15}\right)V_{REF}$	0	0	1	1	1	1	1	1	0	1
$\left(\frac{11}{15}\sim\frac{13}{15}\right)V_{REF}$	0	1	1	1	1	1	1	1	1	0
$\left(\frac{13}{15}\sim1\right)V_{REF}$	1	1	1	1	1	1	1	1	1	1

并联比较型 A-D 转换器比较突出的特点是转换速度很快，其完成一次转换只需要在时钟信号到来之后经历 1 个触发器的反转时间和 1 个三级门电路的延迟时间。由于触发器组成的寄存器电路本身具有时钟作用下的存储功能，因此，并联比较型 A-D 转换器其实可以不需要取样保持电路，寄存器就可以完成这一工作，在时钟上升沿到来时取样，剩余时间处于保持状态。

如果要提高并联比较型 A-D 转换电路的转换精度，在电路结构上必须增加分压器的分级数量，也就是把电压 $0\sim V_{REF}$ 区分得更细。这样带来的结果是增加了输出数字量的位数，使代码转换电路变得很复杂，需要用很多门级电路，增加了大量的触发器，例如，一个 3 位输出的并联比较型 A-D 转换器，用了 $2^3=8$ 个电阻，$2^3-1=7$ 个比较器和触发器以及门电路若干，如果为了提高电路的转换精度，把这个 A-D 转换器直接扩充到 6 位时，就需要用 $2^6=64$ 个电阻，$2^6-1=63$ 个比较器和触发器以及极其多的门电路，提高了芯片的复杂度。

2. 流水线型 A-D 转换器

基于并联比较型 A-D 转换电路提高精度带来的电路复杂问题，可以把 6 位数字量高 3 位和低 3 位分开来进行转换，那么需要的电路元件数量是 3 位输出的并联比较型 A-D 转换器的两倍，这样可比直接扩充到 6 位要节约大量元器件。

图 6.3.7 所示是一个基本的流水线型 A-D 转换电路。这是一个二级流水的流水线型 A-D 转换器，又称两步型 A-D 转换器，主要由采样保持电路、高位（并联比较型）A-D 转换电路、低位（并联比较型）A-D 转换电路、DAC、锁存器和一个数字校正对齐电路组成。

该流水线型 A-D 转换器的工作原理如下：模拟输入 V_i经过采样保持电路处理后，进入高位 A-D 转换器。也可以说这是一个“粗糙”的 A-D 转换器，在这个转换器中对模拟量做一个粗糙的处理，以得到数字量的高 M 位部分。同上节一样以搭建一个 3 位输出的流水线型 A-D 转换器（两级流水）作为例子，取 $M=2$。如表 6.3.2 所示的电压等级范围，来搭建分压电路。然后搭建一个两位的并联比较型 A-D 转换器。转换出数字输出的高 2 位，其转换结果也如表 6.3.2 所示。把输出的 d_2d_1一方面存入锁存器保存起来，另一方面把最高位 d_3传给 D-A 转换器。当 $d_3=0$ 时，输出 0V。当 $d_3=1$ 时，输出（7/15）V。

从图 6.3.7 中也可以看出，要用模拟输入 V_i减去 D-A 转换器的输出后送入低位 A-D 转换器。低位 A-D 转换器和高位 A-D 转换器同理，转换出 d_1d_0，对应转换关系如表 6.3.3 所示。

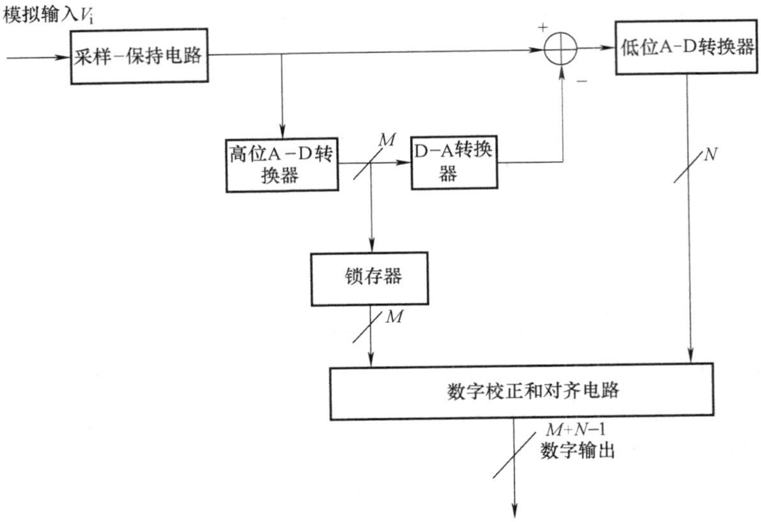

图 6.3.7 流水线型 A-D 转换器结构框图

表 6.3.2 高位 A-D 转换器代码转换表

输入模拟电压 V_i	高位 A-D 转换器转换结果	
	d_2	d_1
$\left(0\sim\frac{3}{15}\right)V_{REF}$	0	0
$\left(\frac{3}{15}\sim\frac{7}{15}\right)V_{REF}$	0	1
$\left(\frac{7}{15}\sim\frac{11}{15}\right)V_{REF}$	1	0
$\left(\frac{11}{15}\sim\frac{13}{15}\right)V_{REF}$	1	1

表 6.3.3 低位 A-D 转换器代码转换表

输入模拟电压 V_i	低位 A-D 转换器转换结果	
	d_1	d_0
$\left(0\sim\frac{1}{15}\right)V_{REF}$	0	0
$\left(\frac{1}{15}\sim\frac{3}{15}\right)V_{REF}$	0	1
$\left(\frac{3}{15}\sim\frac{5}{15}\right)V_{REF}$	1	0
$\left(\frac{5}{15}\sim\frac{7}{15}\right)V_{REF}$	1	1

低位 A-D 转换器转换完成后，高两位的数字信号和低两位的数字信号都送入数字校正对齐电路。可以看出高位和低位 A-D 转换器都转化了 d_1，这其实是一个冗余处理，用来做数字校正和对齐，在多级流水的电路中特别关键，最后 $M+N-1$ 位（3 位）数字信号完成转换。

按照同样的方法可以搭建更高位的流水线型 A-D 转换器，而且可以做成多级流水。这与之前提到的直接扩展并联比较型 A-D 转换器相比芯片面积大大减小，而且它继承了并联比较型 A-D 转换器的速度快，功耗低的特点。

3. 逐次逼近型 A-D 转换电路

图 6.3.8 所示是一种逐次逼近型 A-D 转换电路，主要由比较器、逻辑控制电路、逐次渐进寄存器、D-A 转换器构成，属于直接 A-D 转换电路。这种结构可以解决并行比较型 A-D 转换器使用元器件太多不好拓展的问题。逐次逼近型 A-D 转换器类似于天平称重，先放一个大砝码上去，如果物体重于砝码，则继续加小砝码；如果物体轻于砝码，则把砝码拿下换个小的。照此处理过程一直操作到最小的那个砝码，所留下砝码的总重量就是物体的重量。

在逻辑控制端 V_L 使能电路启动时，会自动把寄存器清零。当第一个时钟信号到达逻辑控制电路时，逻辑控制电路会使逐次渐近寄存器的最高位（MSB）置“1”，假设是 8 位数字输出，则逐次渐进寄存器变为“10000000”。“10000000”经过 D-A 转换器变成模拟量后与 V_i 进行比较。如果 $V_i<V_o$，则逻辑控制电路在下一个时钟信号到来时“换砝码”使最高位置“0”；接着，次高位置“1”——“01000000”。如果 $V_i>V_o$，则继续“添加砝码”使次高位置“1”——“11000000”。依次类推逐次比较得到输出数字量。当比较完最低位（LSB）之后，逻辑控制电路会控制寄存器输出数字量，实现 A-D 转换。

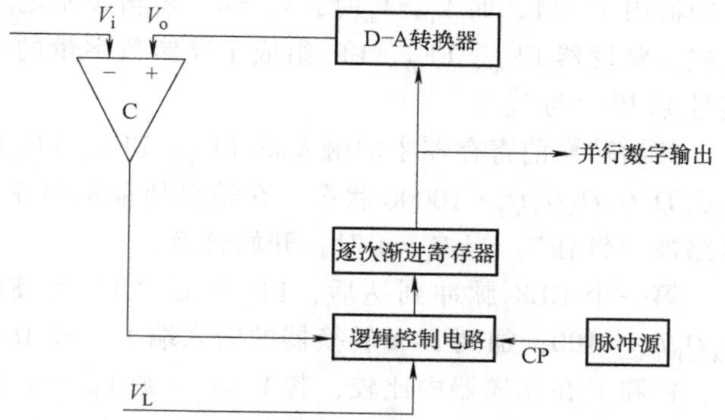

图 6.3.8　逐次逼近型 A-D 转换电路结构框图

上面已经介绍了逐次逼近型 A-D 转换器的工作原理，下面结合电路图详细说明具体实现方式。如图 6.3.9 所示为一个 3 位逐次逼近型 A-D 转换器。C 为比较器。当 $V_o>V_I$时比较

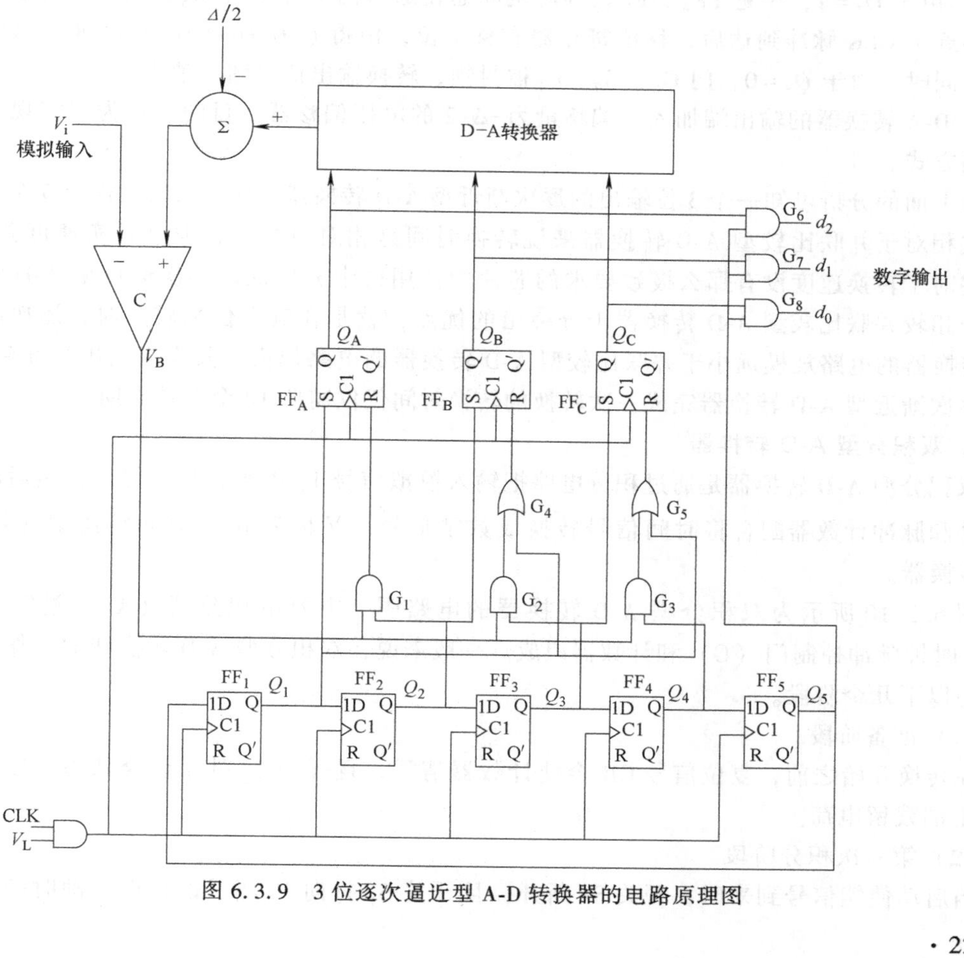

图 6.3.9　3 位逐次逼近型 A-D 转换器的电路原理图

器的输出 $V_B=1$，而 $V_i \geq V_o$时，$V_B=0$。逻辑控制电路由触发器 $FF_1 \sim FF_5$加上门电路 $G_1 \sim G_9$组成。触发器 FF_A、FF_B、FF_C组成了存储数字量的寄存器，时钟信号 CLK 和转换器的使能信号 V_L相“与”。

开始转换前寄存器中的触发器 FF_A、FF_B、FF_C会被清零。环形位移寄存器 $FF_1 \sim FF_5$被置成 $Q_1Q_2Q_3Q_4Q_5=10000$ 状态。在转换使能信号 $V_L=0$ 时，时钟信号无法进入电路，整个电路被“锁住”。当 $V_L=1$ 时，开始转换。

第一个 CLK 脉冲到达后，FF_A 被置“1”而 FF_B、FF_C 置“0”。这时寄存器的状态为 $Q_AQ_BQ_C=100$，加到 D-A 转换器的输入端上，在 D-A 转换器的输出端得到相应的模拟电压 V_o，V_o和 V_i在比较器中比较，若 $V_o>V_i$，则 $V_B=1$；若 $V_i \geq V_o$，则 $V_B=0$。同时移位寄存器右移 1 位，使 $Q_1Q_2Q_3Q_4Q_5=01000$。

第二个 CLK 脉冲到达时 FF_B被置“1”。若原来的 $V_B=1$，则 FF_A被置“0”；若原来的 $V_B=0$，则 FF_A的“1”状态保留。同时移位寄存器右移 1 位，$Q_1Q_2Q_3Q_4Q_5=00100$。

第三个 CLK 脉冲到达时 FF_C被置“1”。若原来的 $V_B=1$，则 FF_B被置“0”；若原来的 $V_B=0$，则 FF_B“1”状态保留。同时移位寄存器右移 1 位，$Q_1Q_2Q_3Q_4Q_5=00010$。

第四个 CLK 脉冲到达时，同样根据这时 V_B的状态决定 FF_C的“1”是否应当保留。这时 FF_A、FF_B、FF_C的状态就是所要的转换结果。同时移位寄存器右移 1 位，$Q_1Q_2Q_3Q_4Q_5=00001$。由于 $Q_5=1$，于是 FF_A、FF_B、FF_C的状态便通过门 G_6、G_7、G_8送到了输出端。

第五个 CLK 脉冲到达后，移位寄存器右移 1 位，使得 $Q_1Q_2Q_3Q_4Q_5=10000$，返回初始状态。同时，由于 $Q_5=0$，门 G_6、G_7、G_8被封锁，转换输出信号随之消失。

在 D-A 转换器的输出端加入了偏移量为 $-\Delta/2$ 的电压偏移器。目的就是为了实现四舍五入编码方式。

由上面的分析可知一个 3 位输出的逐次渐近型 A-D 转换器完成一次转换需要 5 个时钟周期，这相对于并联比较型 A-D 转换器来说转换时间是相对更长的，但是其实速度并不慢，在一些对于转换速度没有那么极致要求的芯片中使用得十分广泛。逐次渐近型 A-D 转换器有一个相较并联比较型 A-D 转换器十分突出的优点，就是在输出位数较多时，逐次渐近型 A-D 转换器的电路规模远小于并联比较型 A-D 转换器的电路规模。其实当输出扩充到 10 位时，逐次渐近型 A-D 转换器完成一次转换的转换时间仅仅需要 12 个时钟周期。

4. 双积分型 A-D 转换器

双积分型 A-D 转换器是通过积分电路把输入模拟信号 V_i 转换成时间信号，然后利用时钟脉冲和脉冲计数器配合将时间信号转换成数字信号，又称为电压-时间转换型（*V-T* 型）A-D 转换器。

图 6.3.10 所示为双积分型 A-D 转换器的电路图。主要由积分器（A）、过零比较器（C），时钟脉冲控制门（G）和计数器组成。一般来说，双积分型 A-D 转换器的工作过程主要分为以下几个阶段。

（1）准备阶段

在转换开始之前，复位信号 CR 会使计数器清零。且开关 S_2 处于闭合状态，以消除电容 C 上的残留电荷。

（2）第一次积分阶段

当启动使能信号到来时，开关 S_2 断开，且开关 S_1 打向 V_i 侧。设转换启动时的时间为

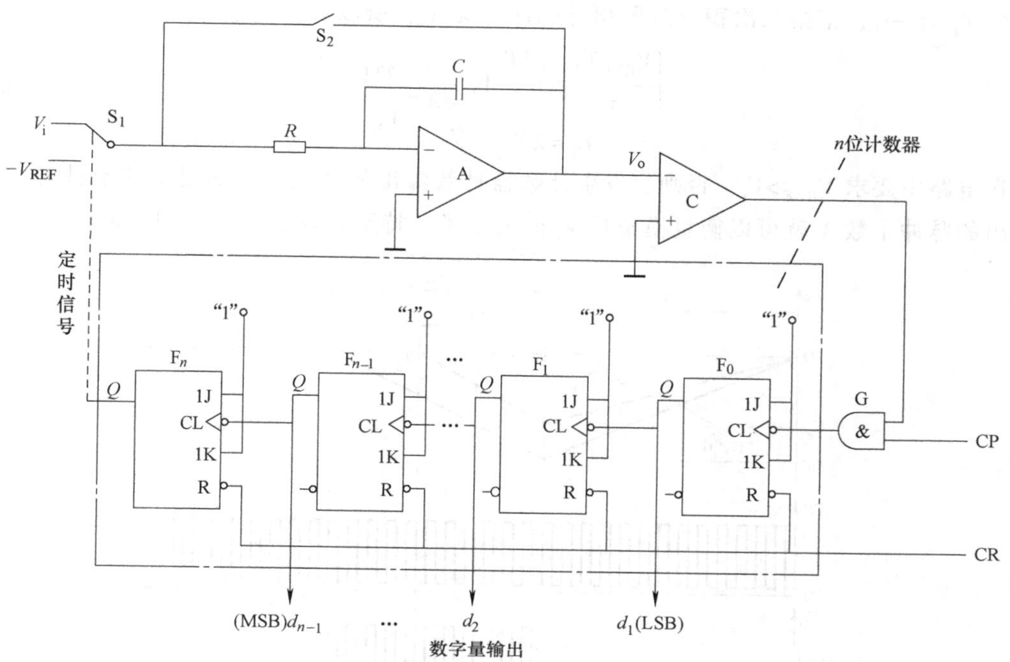

图 6.3.10　双积分型 A-D 转换器的电路图

$t=0$。此时积分器开始进入第一次积分。如图 6.3.11 所示 T_1 时段所示，积分器输出电压 V_o 以正比于 V_i 的斜率上升。表达式为

$$V_o = -\frac{1}{\tau}\int_0^t V_i \mathrm{d}t \qquad (6\text{-}20)$$

其中 $\tau=RC$。显然可以看出此时的 $V_o<0$，因此，过零比较器的输出为“1”，时钟脉冲控制门（G）被打开，时钟脉冲信号进入计数器开始计数。直到经历 2^n 个时钟脉冲后，最高位触发器 F_n 的输出 $Q_n=1$，开关 S_1 打向 $-V_{REF}$ 侧。一共用时 T_1，设 T_c 代表一个时钟脉冲的周期，则有

$$t=T_1=2^nT_c \qquad (6\text{-}21)$$

且此时积分器输出达到峰值 V_p

$$V_p = -\frac{T_1}{\tau}V_i = -\frac{2^nT_c}{\tau}V_i \qquad (6\text{-}22)$$

（3）第二次积分阶段

当积分器输出达到 V_p，这时定时信号 $Q_n=1$ 会导致开关 S_1 打向 $-V_{REF}$ 侧，电路进入到第二次积分阶段，也就是反向积分阶段，对应图 6.3.11 中 T_2 时段。V_o 从 V_p 开始反向上升到零，上升速率与 $-V_{REF}$ 成正比。在此阶段内时钟脉冲控制门（G）依然是导通的，计数器仍然处于计数阶段。直到 $V_o=0$ 使得过零比较器（C）输出置“0”，这时时钟脉冲控制门（G）关上，计数器停止工作，完成 A-D 转换。在本阶段结束后开关 S_2 又闭合给电容放电，等待下一次转换状态。第二阶段 V_o 的表达式为

$$V_o(t_2) = V_p - \frac{1}{\tau}\int_{t_1}^{t_2}(-V_{REF})\mathrm{d}t = 0 \qquad (6\text{-}23)$$

令 $T_2=t_2-t_1$，记第二次积分阶段累计脉冲为 λ 个，所以

$$\begin{cases}\dfrac{V_{\text{REF}}T_2}{\tau}=\dfrac{2^nT_c}{\tau}V_i \Rightarrow \lambda=\dfrac{2^nV_i}{V_{\text{REF}}} \\ T_2=\lambda T_c\end{cases} \tag{6-24}$$

在电路中要求 $V_{\text{REF}}>V_i$，否则会发生计数器计数溢出的情况。当满足上述条件时，可知用输出的脉冲个数 λ 就可以衡量模拟量 V_i 的大小了。特别当取 $V_{\text{REF}}=2^n$ 时，$\lambda=V_i$。

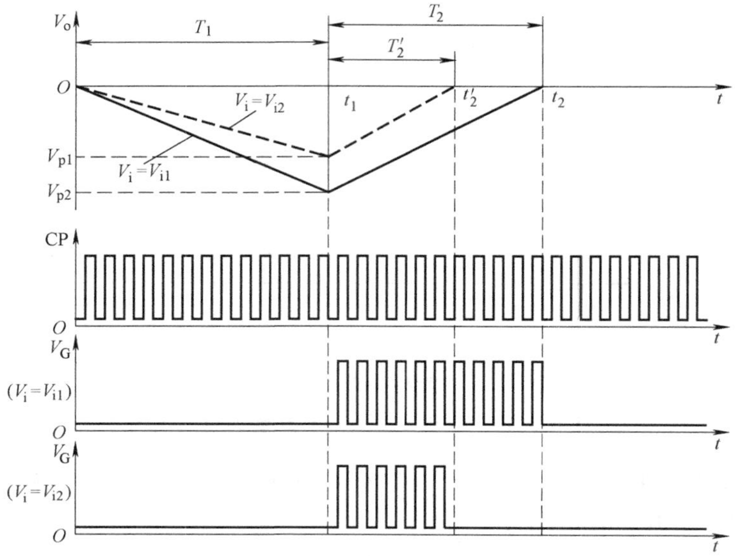

图 6.3.11　不同输入大小下双积分型 A-D 转换器工作波形

双积分型 A-D 转换器的工作特点是工作性能比较稳定，由于转换过程中利用到了积分器这一核心器件，所以对于周期性对称干扰信号的抑制较好，此外由式（6-20）可知，只要在转换过程中 R、C 不发生变化，那么转换结果跟电阻和电容没有关系，因此放宽了对电阻、电容的要求。还有当取 $T_1=NT_c$ 的情况下，转换结果与时钟信号周期无关。只要转换过程中 T_c 不变，即使时钟周期在长时间里发生缓慢的变化也不会带来误差。因此，完全可以用精度不那么高的元器件，制作出转换精度很高的双积分型 A-D 转换器

双积分型 A-D 转换器的缺点也十分明显，由于在一次转换过程中要经历两个积分过程，所以双积分型 A-D 转换器的转换速度比较慢。对于对转换速度要求不高的场合，双积分型 A-D 转换器仍然是很好的选择。

5. *V-F* 变换型 A-D 转换器

图 6.3.12 为一种典型的 *V-F* 变换型 A-D 转换电路架构。该电路先将输入模拟电压信号转换成与之成比例的频率信号，然后再在一个固定时间间隔里对得到的频率信号计数，计数结果正比于输入模拟电压的数字量。*V-F* 变换型 A-D 转换器由核心部件 *V-F* 转换器、控制门 G，用于计数器复位的单稳态触发器，给脉冲信号计数的计数器和储存数字量的寄存器组成。

与 *V-T* 变换型 A-D 转换器相比，类似之处都是通过计数器对脉冲信号计数来形成数字量。不同的是 *V-T* 用的是时钟信号作为输入脉冲信号，*V-F* 变换则是利用 *V-F* 转换器输出的

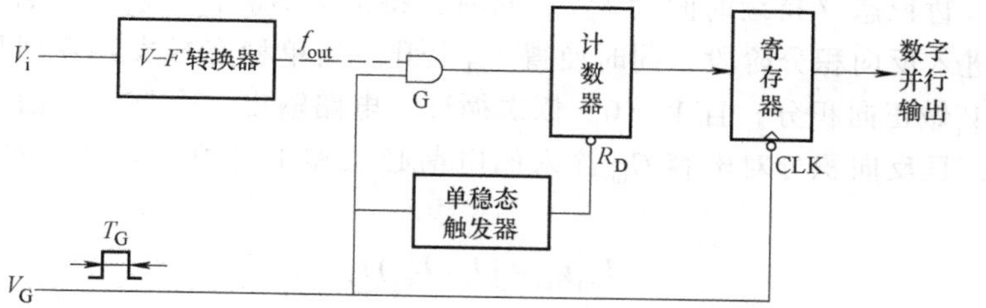

图 6.3.12　*V-F* 变换型 A-D 转换器的电路结构框图

脉冲信号作为计数器的时钟信号。*V-F* 转换器也叫压控振荡器，可以使输出的脉冲信号的频率与输入信号的电压大小成正比。

转换过程由闸门信号 V_G 控制。闸门信号 V_G 是脉宽固定（T_G）的脉冲信号。当闸门信号 V_G 高电平到来时，控制门 G 打开，使 *V-F* 转换器输出的脉冲信号（频率为 f_{out}）进入计数器。计数器对脉冲进行计数，由于 V_G 的脉宽是一定的，所以计数大小跟 f_{out} 成正比。当 V_G 下降沿到来时，寄存器将计数器中的数据存入保持，并输出。同时触发单稳态触发器，使单稳态触发器发出脉冲将计数器清零。在 V_G 变成低电平时控制门 G 关闭。这样就完成了一次完整的 A-D 转换。

V-F 转换器存在多种形式，在单片集成的精密 *V-F* 转换电路中，多采取电荷平衡式结构。电荷平衡式 *V-F* 转换器的电路结构又有积分器型和定时器型。图 6.3.13 所示是一种积分器型的电荷平衡式 *V-F* 转换器。

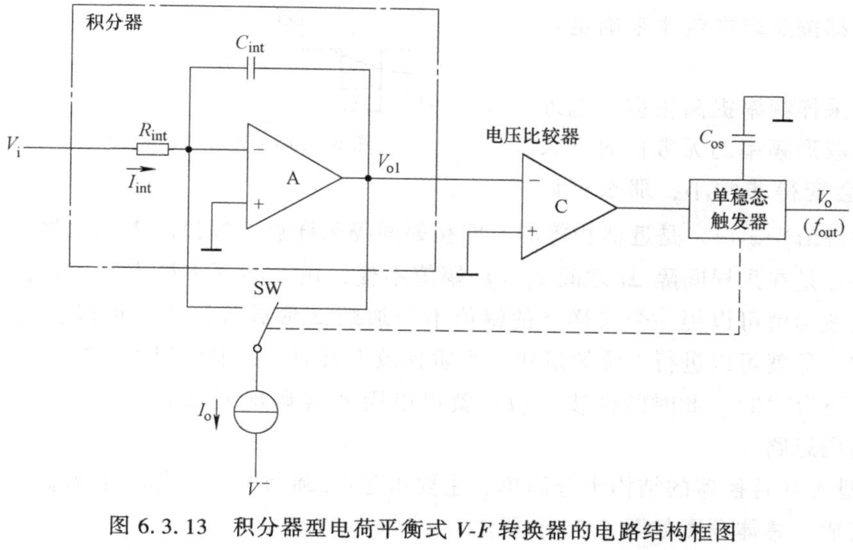

图 6.3.13　积分器型电荷平衡式 *V-F* 转换器的电路结构框图

图 6.3.13 所示的转换器主要由积分器、电压比较器、单稳态触发器和一个直流电流源组成。在单稳态触发器处于稳态时，输出 $V_o=0$。当开关 SW 转向右侧，恒流源电流接入积分器输出端，积分放大器会对输入电压做正向积分。随着积分的进行，积分器输出信号 V_{o1} 逐渐降低。当 V_{o1} 降至“0”时，电压比较器输出负跳变，触发单稳态触发器，使 $V_o=1$，单

稳态触发器进入暂稳态（持续时间为 t_w）。同时，将开关 SW 打向左边，且因为 $I_o>I_{int}$，所以积分器电路进入反向积分阶段，同时使得 V_{o1}上升。当单稳态触发器返回稳态后，积分器又重启开始对 V_i做正向积分，且 $V_o=0$。依次循环，电路输出一个频率跟输入电压 V_i成正相关的脉冲信号，且反向积分对电容 C_{int}注入的电荷必然和正向积分对电容 C_{int}减少的电荷相等。所以有

$$I_{int}t_{int}=(I_o-I_{int})t_w \tag{6-25}$$

式中，t_{int}为正向积分持续时间。

又因为 $I_{int}=V_i/R_{int}$，且 $f_{out}=1/(t_w+t_{int})$，则有

$$f_{out}=(1/I_o t_w R_{int})V_i \tag{6-26}$$

式（6-26）描述了输入电压 V_i与输出脉冲频率 f_{out}之间的线性关系。

6. Σ-△型 A-D 转换器

根据采样频率的不同，A-D 转换器可以分为奈奎斯特（Nyquist）A-D 转换器和过采样 A-D 转换器。两者的本质区别是：奈奎斯特 A-D 转换器对于输入模拟信号的采样频率是输入模拟信号最高频率的 2 倍，且其转换器的转换速率等于采样速率；而过采样 A-D 转换器的采样频率是输入模拟信号最高频率的十几甚至几百倍。上述章节已经分析过的 A-D 转换器都属于传统的奈奎斯特 A-D 转换器。本节将分析过采样 A-D 转换器——Σ-△型 A-D 转换器。

如图 6.3.14 所示，其实从时间轴上来看 A-D 转换器的量化过程就是用等间隔梯形波函数 $x_1(t)$ 去逼近连续函数 $x(t)$。传统的 A-D 转换器的量化是等时间间隔 Δt 对输入模拟量 $x(t)$ 进行采样，并进行幅值量化。其中 Δt 与采样频率有关，一般都按照取样定律来确定采样频率。

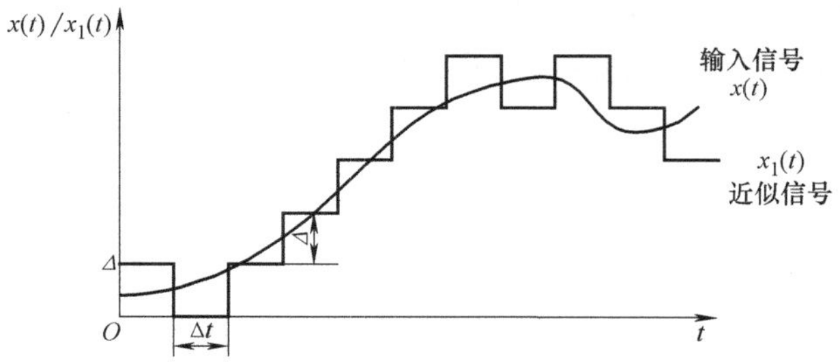

图 6.3.14 连续波形的量化过程

假设将采样频率提高很多，趋近于被测连续波形频率的无数倍时，采样间隔 Δt 会变得非常小，那么可以认为 $\Delta=x_1(t+\Delta t)-x_1(t)$ 是近似相等的，即相邻间隔采样点的幅值之差就是增量 Δ。此阶梯波的主要特点是在采样间隔 Δt 之间 $x_1(t)$ 幅值不变，由于相邻采样点之间幅值相差 Δ，那么一个连续波形就可以用一个采样点的幅值不断加减 Δ 形成阶梯波来近似表达。若把 Δ 作为量化单位，那就可以进行 1 位的量化。当阶梯波上升时，Δ 编码记为“1”：当阶梯波下降时，Δ 编码记为“0”。此时阶梯波 $x_1(t)$ 就可以用 Δ 编码序列来表示。这就是过采样 A-D 转换器的编码思路。

Σ-△型 A-D 转换器的结构十分简单，主要由Σ-△调制器（又称增量调制器）和数字抽取滤波器组成。总体框图如图 6.3.15 所示。

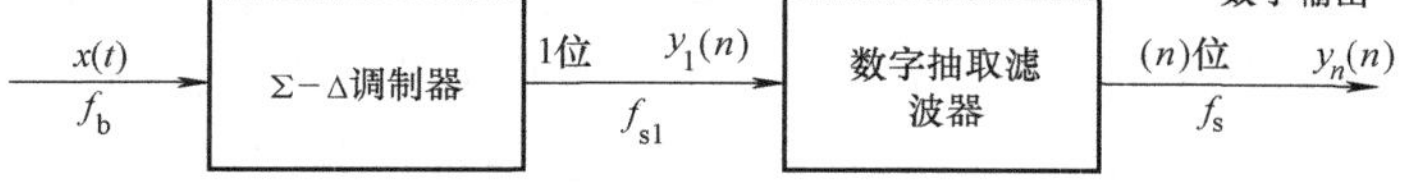

图 6.3.15 Σ-△型 A-D 转换器总体框图

f_b表示输入模拟信号 $x(t)$ 的最高频率。f_{s1}是Σ-△调制器对 $x(t)$ 的采集频率。f_{s1}通常要比奈奎斯特频率f_s（$f_s=2f_b$）高出许多倍，$f_{s1}=256f_s$。这里需要特别说明一下，Σ-△调制器的输出 $y_1(n)$ 是一个 1 位的数字信号，如果放在时间轴上看就如图 6.3.16 所示。

这些高采样频率的 1 位数字信号 $y_1(n)$ 经过数字抽取滤波器的降频抽取和滤波后转换成频率等于奈奎斯特采样率的多位（如 20 位）数字信号。下面进行详细说明。

Σ-△调制器是一种改进的增量调制器，与传统的 A-D 转换器的量化过程不同，其量化对象不是信号采样点的幅值，而是相邻两个采样点的幅值之间的差值，并将这种差值编码为 1bit 的数字信号输出。图 6.3.16 说明了这种量化编码的编码方式。而图 6.3.17 表示了增量调制器的电路原理图。从第一个采样脉冲开始，每当采样脉冲到来时，若 $x(t)>x_1(t)$，则 $e(t)>0$，$y_1(n)=1$，使 $x_1(t)$ 产生 Δ 的阶梯上升。若 $x(t)<x_1(t)$，则 $e(t)<0$，使 $x_1(t)$ 产生 Δ 的阶梯下降。由图 6.3.17 可知 $x_1(t)$ 信号由 $y_1(n)$ 经过 D-A 变换而来。Δ 的上升或下降由差值信号 $e(t)$ 大于或小于零来决定，$e(t)$ 则由 $x(t)$ 与 $x_1(t)$ 经比较器得出，然后由量化编码器在采样频率 f_{s1}控制下进行量化编码。

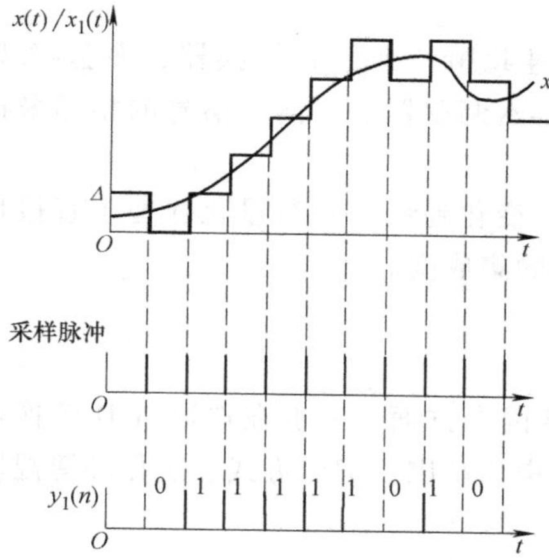

图 6.3.16　调制器量化原理

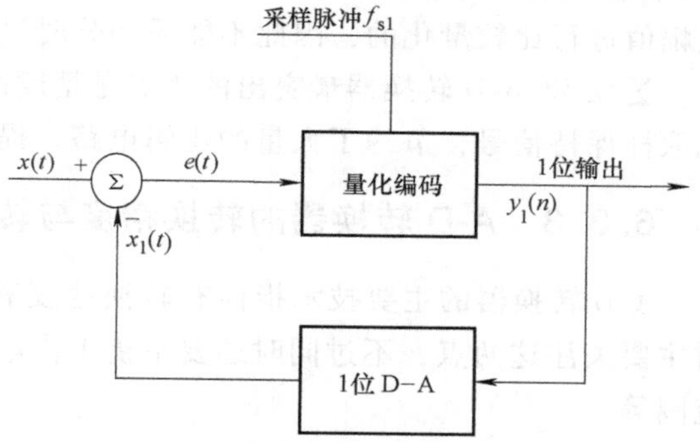

图 6.3.17　调制器电路原理

一般来说图中 1 位 D-A 转换器就可以用一个积分器来代替，同时为了改进增量调制器的高频性能，会对输入信号 $x(t)$ 进行积分后再进行增量调制从而得到如图 6.3.18 所示的综合增量调制器。

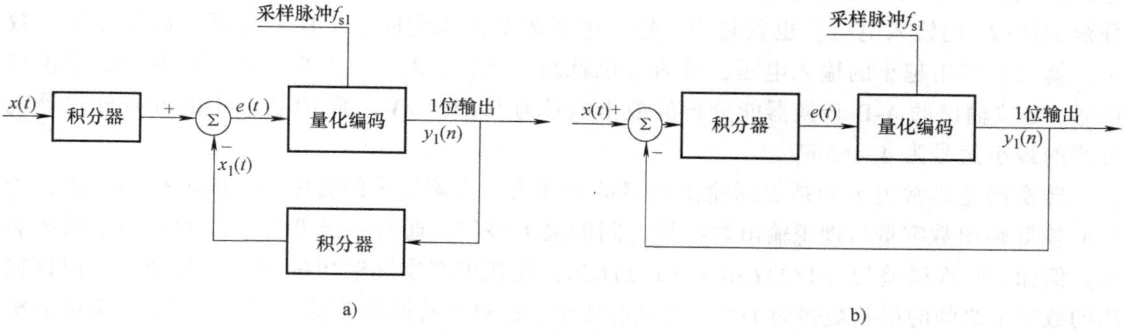

图 6.3.18　Σ-△调制器电路原理

由图 6.3.18 可以求出数字信号 $y_1(n)$ 与输入模拟信号的关系：

$$
\begin{aligned}
e(t) &= \int x(t)\mathrm{d}t - x_1(t) \\
&= \int x(t)\mathrm{d}t - \int y_1(n)\mathrm{d}t \\
&= \int [x(t) - y_1(n)]\mathrm{d}t
\end{aligned} \tag{6-27}
$$

故有：$y_1(n)=x(t)-\mathrm{d}e(t)/\mathrm{d}t$，除 $\mathrm{d}e(t)/\mathrm{d}t$ 项外，$y_1(n)$ 代表数字信号经过低通滤波后就可以恢复为原始模拟输入信号 $x(t)$。此外可以将两个积分器合并得到图 6.3.18b 的电路结构。

数字抽取滤波器是Σ-△型 A-D 转换器的另一个重要环节，其中由复杂的信号处理电路构成，这里简单描述其功能。Σ-△调制器输出信号 $y_1(n)$ 为频率级高的 1 位数字输出。为了转换成电路系统可用的数字信号，需要用数字抽取滤波器对 1 位数据流进行降频抽样，并且编码成要输出的 n 位数字信号。此外，数字抽取滤波器还能用低通滤波将经噪声成形滤波后的Σ-△调制器输出的噪声降至最小。滤除奈奎斯特频率以上的频率分量以防止由于数字抽样产生混迭失真。

这里需要说明的是：传统的 A-D 转换器可以多信号共用一个 A-D 转换器，而Σ-△型 A-D转换器是一个信号一个转换器。其基本原因在于Σ-△调制器是对同一信号的相邻采样点幅值进行比较量化的，因此不能采用分时复用技术。

Σ-△型 A-D 转换器最突出的优点是精度高，用对“变化趋势”进行量化代替了直接量化取样保持信号，节约了大量的逻辑电路，提高了电路的集成度。

6.3.3 A-D 转换器的转换精度与转换速度

A-D 转换器的主要技术指标有转换速度和转换精度两个方面。一般在选取 A-D 转换器时主要关注这两点，不过同时还要平衡工作电压、输入电压范围、编码方式、工作环境温度范围等。

1. A-D 转换器的转换精度

对于单片集成的 A-D 转换器，常用分辨率和转换误差来描述转换精度。

分辨率所描述的是 A-D 转换器理论上可达到的精度，指 ADC 输出数字量的最低位变化一个数码时，对应输入模拟量的变化量。分辨率用 A-D 转换器输出数字信号的二进制位数表示，表明一个 ADC 对输入信号的分辨能力。比如 $n$bit 输出的 A-D 转换器能把输入模拟信号区分成 2^n个等级，能区分输入电压的最小值为满量程输入的 $1/2^n$，即 A-D 转换器最小能分辨 $FSR/2^n$ 的输入电压。也就是说在输入电压的范围固定时，A-D 转换器的数字输出位数多，就能分辨出越小的输入电压，分辨率也就高。比如，对应一个电压范围在 0~5V 的模拟信号，8 位输出的 A-D 转换器能分辨的最小信号为 19.531mV，而 10 位输出的 A-D 转换器能分辨的最小信号为 4.883mV。

转换误差通常表示的是实际输出数字量和理论上应该输出的数字量之间产生的误差，指 ADC 实际输出数字量与理想输出数字量之间的最大差值。通常用最低有效位 LSB 的倍数来表示。例如，转换误差为 $-(1/2)LSB \sim +(1/2)LSB$，这就表明实际输出的数字量与理论上应该输出的数字量之间的误差最多为 1/2 个最低有效位。这里的转换误差就已经包含了 6.2 节中分析过的比例系数误差、漂移误差等，所以在选择器材时无需再分别讨论各个环节带来的误差。

元器件手册上给出的转换误差都是在一定的环境温度下的参数，一旦环境温度发生变化，转换误差也会发生相应的变化。比如 10 位二进制输出的 A-D 转换器 AD571 在室温（+25℃）和标准电压（$V^{+}=+5V$、$V^{-}=-15V$）下转换误差≤(1/2)LSB。而环境温度提到 70℃时，可能产生±1LSB 的附加误差。另外电源的工作电压的波动也会影响 ADC 的转换误差，因此，为了获得较好的稳定性，必须控制 A-D 转换器供电电源的稳定度，且提供相对合适的工作环境。

2. A-D 转换器的转换速度

ADC 的转换时间是指 A-D 转换器从转换控制信号到来开始，到输出端得到稳定的数字信号所经过的时间。A-D 转换器的转换时间与转换电路的类型有关。

不同的 A-D 转换器之间的转换时间相差较大。显然直接 A-D 转换器的速度是要远远快于间接转换 A-D 转换器的速度的。其中并联比较型 A-D 转换器的转换速度是最快的，逐次渐进型次之，相比之下间接 A-D 转换器的速度就要低很多了。

习　题

6-1　填空题

1. 选择一个电路分别完成下列功能。

A. 施密特触发器　　B. 单稳态触发器

C. 多谐振荡器　　D. 触发器

（1）储存二进制代码时，应采用________。

（2）将宽度不同的脉冲信号变换成宽度相同的脉冲信号，应采用________。

（3）获得时钟脉冲信号应采用________。

（4）将变化缓慢的信号变成矩形脉冲信号时，应采用________。

2. 施密特触发器有两个阈值电压，他们是________和________，他们之间的差值称为________

3. 单稳态触发器在________作用下，由________状态翻到________状态。

4. 在由门电路组成的多谐振荡器中，随着电容 C 的充电和放电，电路不停地在两个________之间转换，从而输出________脉冲。

5. 555 定时器组成的多谐振荡器只有两个________状态，其输出脉冲的周期为________，输出脉冲宽度为________。

6-2　多谐振荡器、单稳态触发器、双稳态触发器和施密特触发器各有几个暂稳态？几个能够自动保持的稳定状态________？

6-3　用 TTL 门与 RC 元件组成的微分型单稳态触发器如图题 6-3 所示，设 V_i 为负宽脉

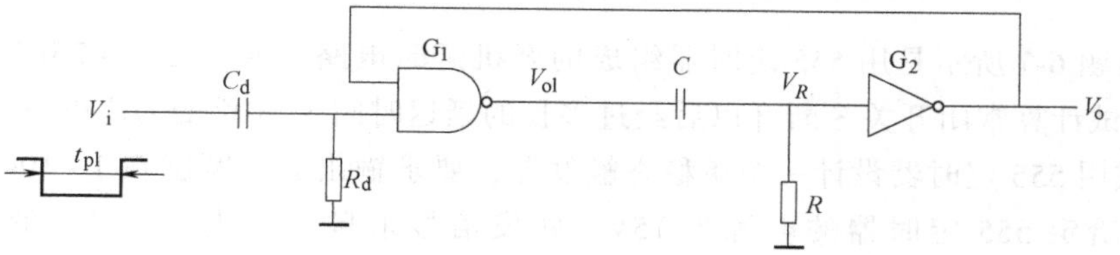

图题 6-3

冲，$\tau_d=R_dC_d\leqslant t_{pl}$。

（1）图中电阻 R_d、R 的取值有何要求？

（2）取 $R_d=10\text{k}\Omega$、$R=300\Omega$，对应输入信号 V_i，定性地画出 V_d、V_{ol}、V_R 和 V_o 的波形。

6-4 若反相施密特触发器的输入信号波形如图题 6-4 所示，试画出输出信号的波形。施密特触发器的触发电平 V_{T+}、V_{T-} 已在输入信号波形图中标出。

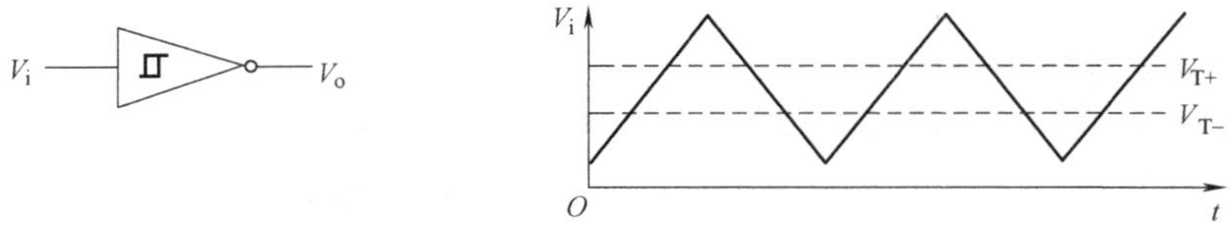

图题 6-4 反相施密特触发器输入波形

6-5 在图题 6-5 所示的可控多谐振荡器中，$R=1\text{k}\Omega$、$C=2\mu\text{F}$，问：

（1）输入端 A 有何作用？

（2）输出脉冲周期是多少？

（3）电路的振荡频率是多少？

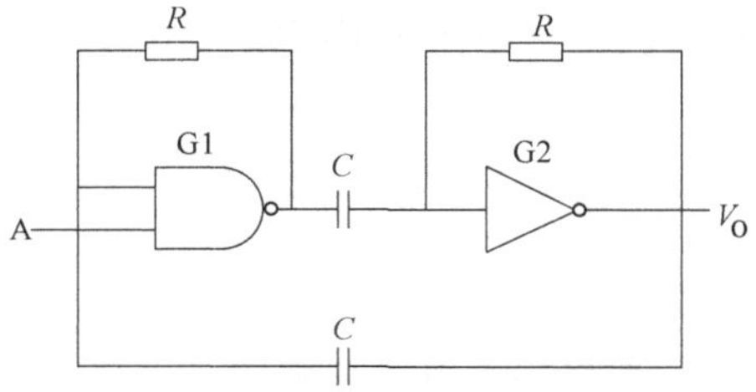

图题 6-5 可控多谐振荡器

6-6 用 555 定时器组成的继电器动点时间可控电路如图题 6-6 所示，输入窄脉冲触发信号 V_i，调节电位器 R_P，改变继电器 KA 的动作时间。KA 动作时要求晶体管 V 工作在饱和状态。

（1）计算继电器动作时间的可调范围。

（2）已知继电器直流绕组的阻值为 24Ω，定时器输出高电平 $V_{OH}=3.6\text{V}$，BJT 的参数：$\beta=50$、$V_{BE}=0.7\text{V}$、$V_{CES}=0.3\text{V}$，试计算 R_b 的最大值和 BJT 的极限参数：I_{CM}、$V_{(BR)CEO}$ 至少为多大。

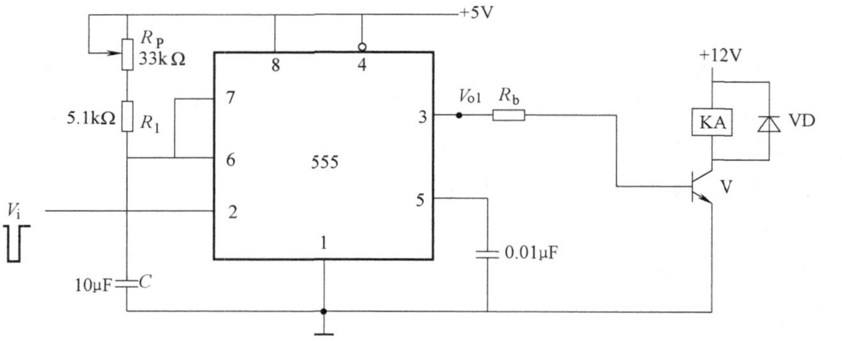

图题 6-6

6-7 图题 6-7 所示是用 555 定时器组成的开机延时电路。若给定 $C=25\mu\text{F}$、$R=91\text{k}\Omega$、$V_{CC}=12\text{V}$，试计算常闭开关 S 断开以后经过多长的延迟时间 V_o 才跳变为高电平。

6-8 试用 555 定时器设计一个单稳态触发器，要求输出脉冲宽度在 1～10s 的范围内可手动调节。给定 555 定时器的电源为 15V。触发信号来自 TTL 电路，高、低电平分别为 3.4V 和 0.1V。

6-9　在图题 6-9 所示的用 555 定时器组成的多谐振荡器电路中，若 $R_1 = R_2 = 5.1\text{k}\Omega$、$C = 0.01\mu\text{F}$，$V_{CC} = 12\text{V}$，试计算电路的振荡频率。

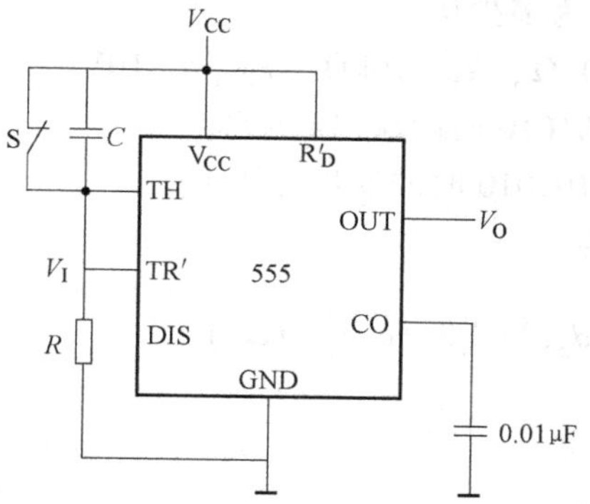

图题 6-7　由 555 定时器组成的开机延时电路

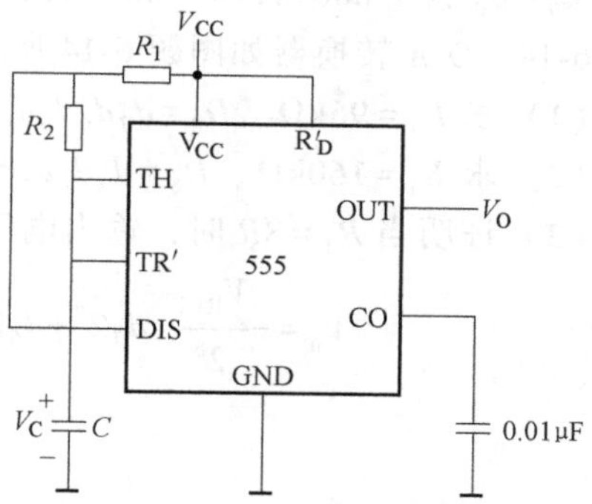

图题 6-9　555 定时器构成多谐振荡器

6-10　图题 6-10 所示是用两个 555 定时器接成的延迟报警器。当开关 S 断开后，经过一定的延迟时间后，扬声器开始发出声音。如果在延迟时间内 S 重新闭合，扬声器不会发出声音。在图中给定的参数下，试求延迟时间的具体数值和扬声器发出声音的频率。图中的 G_1 是 CMOS 反相器，输出的高、低电平分别为 $V_{OH} \approx 12\text{V}$、$V_{OL} \approx 0\text{V}$。

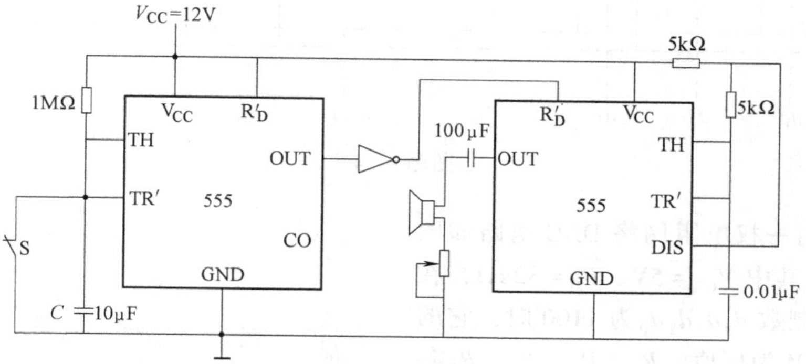

图题 6-10　用两个 555 定时器接成的延迟报警器

6-11　填空题

（1）将模拟信号转换为数字信号用________转换器，把数字信号转换成模拟信号用________转换器。

（2）A-D 转换过程有________、________、________和________ 4 个步骤，取样频率至少是模拟信号最高频率的________倍。

（3）A-D 转换器两个最重要的性能指标是________和________。

（4）8 位 D-A 转换器当输入数字量只有最低位为“1”时，输出电压为 0.02V，若输入数字量只有最高位为“1”时，则输出电压为________V。

（5）将一个时间上连续变化的模拟信号转换为时间上断续（离散）的数字量的过程称为________。

（6）用二进制码表示指定离散电平的过程称为________。

6-12　已知 D-A 转换电路，当输入数字量为“10000000”时，输出电压为 5V，问 D-A

转换器分辨率为多少？如果输入量为“01010000”，输出电压为多少？

6-13　有一个 8 位倒 T 形电阻网络 DAC，$R_F=3R$，若 $d_7 \sim d_0=00000001$ 时 $V_o=-0.04\text{V}$，那么 $d_7 \sim d_0$ 为“00010110”和“11111111”时 V_o 各为多少伏。

6-14　D-A 转换器如图题 6-14 所示，已知 $R=20\text{k}\Omega$、$R_F=10\text{k}\Omega$、$V_{REF}=-10\text{V}$。

（1）求 $R_1=96\text{k}\Omega$、$D_8=d_7d_6d_5d_4d_3d_2d_1d_0=10101010$ 时的输出电压 V_o。

（2）求 $R_1=160\text{k}\Omega$、$D_8=d_7d_6d_5d_4d_3d_2d_1d_0=10101010$ 时的输出电压 V_o。

（3）证明当 $R_1=8R$ 时，输出电压 V_o 的表达式为

$$V_o=-\frac{V_{REF}}{2^8}(d_72^7+d_62^6+d_52^5+d_42^4+d_32^3+d_22^2+d_12^1+d_02^0)$$

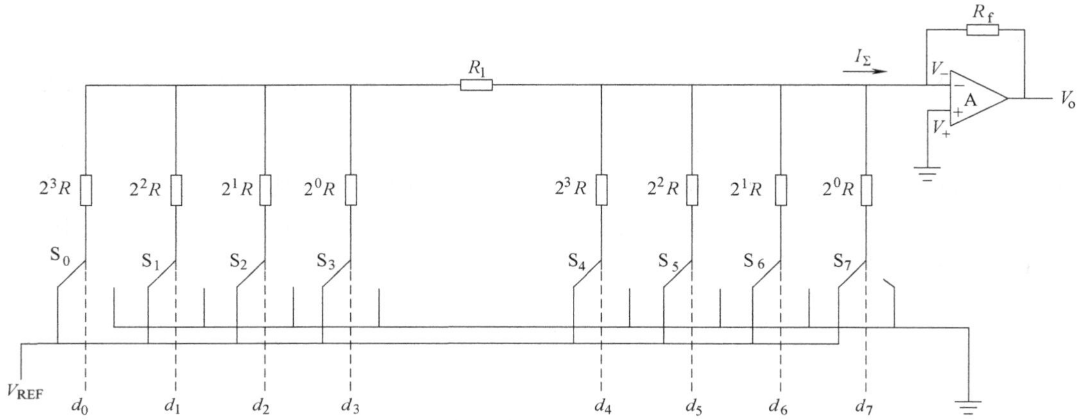

图题 6-14

6-15　若有一权电阻网络 DAC 电路如图题 6-15 所示，其中 $V_{CC}=5\text{V}$、$R_0=32\text{k}\Omega$，在输入 4 位二进制数 $d_3d_2d_1d_0$ 为 1100 时，它的输出模拟电压 V_o 为何值？R_3、R_2、R_1、R_F 各为什么值？

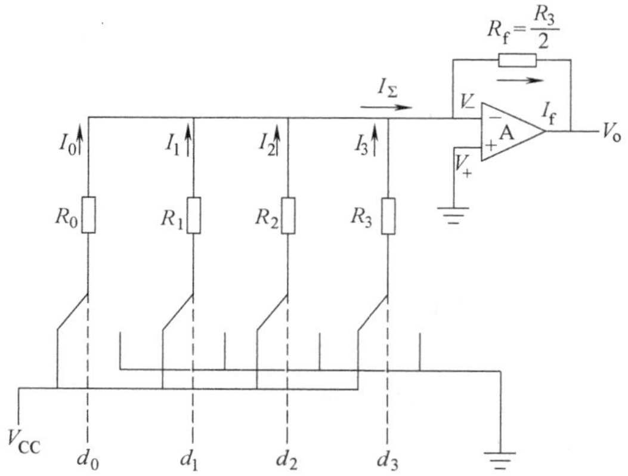

图题 6-15

6-16　对于一个 10 位逐次逼近式 A-D 转换电路，当时钟频率为 1MHz 时，其转换时间是多少？如果要求完成一次转换时间小于 10μs，试问时钟频率要选多大？

6-17　双积分 A-D 转换电路如图题 6-17 所示，试回答下列问题：

（1）若被测电压 $V_{i(max)}=2\text{V}$，要求分辨率 $\leqslant 0.1\text{mV}$，则二进制计数器总容量应大于多少？

（2）需要多少位二进制计数器？

（3）若时钟脉冲频率 $f_{cp}=200\text{kHz}$，则采样保持时间为多少 ms？

（4）若时钟脉冲频率 $f_{cp}=200\text{kHz}$，$|V_i|<|V_{REF}|$，已知 $|V_{REF}|=2\text{V}$，积分器输出电压 V_o 最大值为 5V，问积分时间常数 RC 为多少 ms？

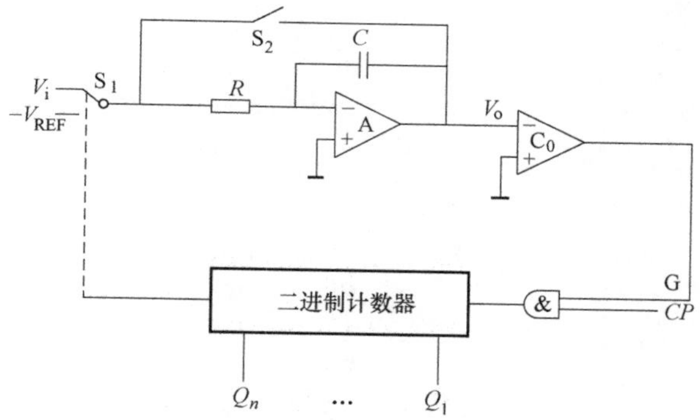

图题 6-17

6-18　双积分型 A-D 转换器中，输入电压 V_i 的绝对值可否大于 $-V_{REF}$ 的绝对值？为什么？

6-19　一个 8 位逐次逼近型 A-D 转换器，设基准电压 $V_{REF}=+16V$，如果输入的模拟电压 $V_i=+13.42V$，试说明其 A-D 转换过程并计算出结果。

6-20　由集成双向移位寄存器 74LS194 和倒 T 形网络 D-A 转换器组成的电路如图题 6-20 所示。图中 $V_{REF}=16V$、$R_f=R$，设 74LS194 初值为 0010，其余参数如图题 6-20 所示。分析电路并画出 V_o 的波形。

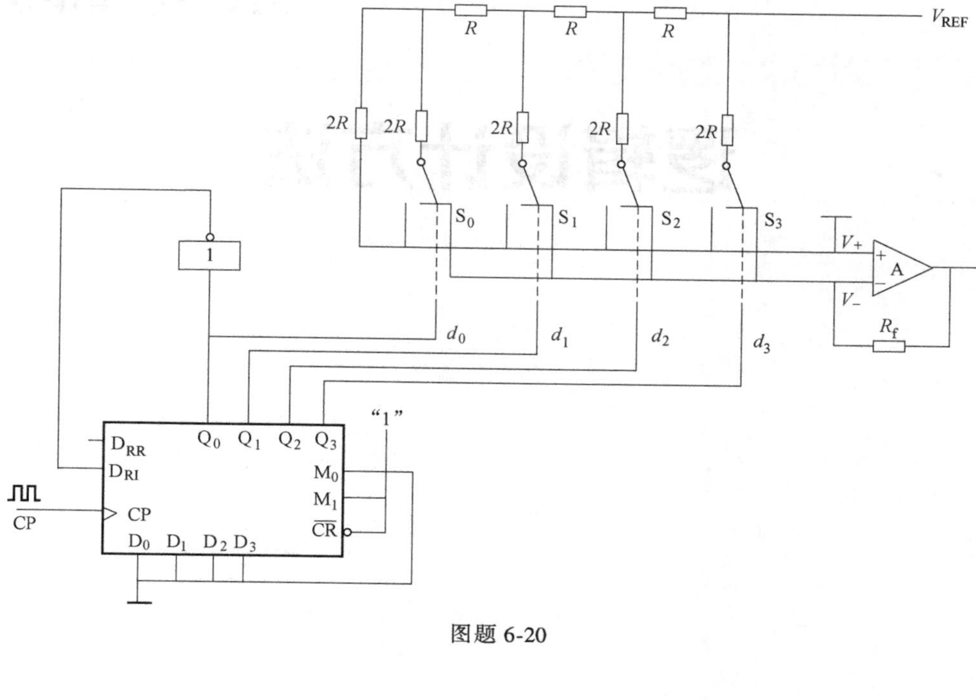

图题 6-20

第 3 部分

逻辑设计方法

第7章 硬件描述语言VHDL

7.1 概 述

VHDL 的英文全名是 Very-High-Speed Integrated Circuit Hardware Description Language，诞生于 1982 年。1987 年年底，VHDL 被 IEEE（The Institute of Electrical and Electronics Engineers）和美国国防部确认为标准硬件描述语言，为各个 EDA 工具所支持，得到了广泛的应用。1993 年，IEEE 标准化组织对 VHDL 作了进一步修订，形成了新的标准，即 IEEE STD 1076—1993（LRM93）。VHDL 是一种强类型语言，具有丰富的表达能力，使得各种不同层次的电子系统（行为级、PCB 级、芯片级、门级）都可以在不同的抽象程度上被描述。一般的硬件描述语言可以在三个层次上进行电路描述，其层次由高到低依次可分为行为级、RTL 级和门电路级，具备行为级描述能力的硬件描述语言是以自顶向下方式设计系统级电子线路的基本保证。VHDL 语言的特点决定了它更适于行为级（也包括 RTL 级）的描述。

VHDL 程序的主要构件有 5 部分：实体（Entity）、结构体（Architecture）、程序包（Package）、配置（Configuration）和库（Library）。前四种是可编译的源设计单元，库中包含上述四种设计单元、集合包 STANDARD、用户设计和 ASIC（专用集成电路）厂商提供的各种单元元件。

VHDL 语言具有如下特点：

1）支持多种设计方法和技术。VHDL 支持的设计方法有 Top-Down 设计方法和 Library-Based 设计方法；支持同步时序电路、异步时序电路、可编程逻辑阵列 PLA 以及随机逻辑。

2）与工艺技术独立。VHDL 没有嵌入与特定工艺有关的知识，然而这样的信息可以用 VHDL 来书写。一个系统可以用门级以上的层次来描述和仿真，当具体实现时再映射为不同的工艺，并分解为详细的门级描述，从而使工艺更新和元器件修改比较容易。

3）多层次描述能力。VHDL 支持从行为级到门级的多层次硬件功能描述。

4）VHDL 语言标准化、规范化，易于共享和复用。

作为一种高级语言，用 VHDL 语言进行硬件设计在许多方面类似于进行普通高级语言的程序设计，编译和运行一个 VHDL 设计类似于编译和运行其他高级语言程序。首先，源代码由编译器读入，编译器编译并给出错误信息，产生目标块并存放在一个特殊的 VHDL 库中，然后根据配置从库中选出目标单元加载到仿真器中运行。但是，作为一种硬件描述语言，VHDL 与普通高级语言相比，又有很大的差别。VHDL 程序为了模拟硬件的功能，涉及延迟和并行处理等一些重要概念。VHDL 程序代码在仿真器中总是按照仿真时间运行，并模拟硬件的并行功能，按照相继的时间步长引发出一系列事件。

在 1997 年 IEEE 推出的 VHDL 1076.1 版中，就增加了描述连续系统的一些功能。

7.2 VHDL 的基础知识

7.2.1 VHDL 程序的结构

VHDL 的主要构件有实体、结构体、配置、程序包和库。实体和结构体是最基本的构成部分，实体可以是一个简单的门电路，例如三态缓冲器、“与”门、“或”门等基本门电路；也可以是一个复杂的数字系统，例如微处理器。实体由实体说明和结构体说明两部分组成。实体说明定义了系统硬件的输入输出端口，以及与外部的接口信号。在实体说明中并不包括输入输出之间的逻辑关系，故实体说明所定义的只是一个具有接口信息的黑盒子。黑盒子内的系统功能由结构体定义。例 7.2.1 是一个 8 位计数器电路。由此程序可归纳出 VHDL 程序的基本结构。

[例 7.2.1] 8 位计数器电路。

```
-- Clearable Loadable 8 bit Counter   --  注释行
  LIBRARY IEEE;
  USE IEEE. STD_LOGIC_1164. ALL;
  USE IEEE. STD_LOGIC_UNSIGNED. ALL;
  USE IEEE. STD_LOGIC_ARITH. ALL;
```

实体说明 / 端口说明

```
    ENTITY counter IS
      PORT(data_in:IN INTEGER RANGE 0 TO 255;
              clk:IN STD_LOGIC;
              clear:IN STD_LOGIC;
              ena:IN STD_LOGIC;
              load:IN STD_LOGIC;
         count_out:OUT INTEGER RANGE 0 TO 255);
    END counter;
```

结构体说明

```
   ARCHITECTURE behav_count OF counter IS
   SIGNAL counter_data:INTEGER RANGE 0 TO 255;
   BEGIN
 PROCESS(clk,clear,load)
 BEGIN
   IF(clear='0')THEN counter_data<=0;
   ELSIF(clk 'EVENT AND clk='1')THEN
     IF(load='1')THEN   counter_data<=data_in;
     ELSE
```

结构体说明

```
            IF(ena='1')THEN
              IF counter_data=255  THEN
                counter_data<=0;
              ELSE
                counter_data<=counter_data +1;
              ENDIF;
              ELSE
            counter_data<=counter_data;
          ENDIF;
        ENDIF;
      ENDIF;
  END PROCESS;
  count_out<=counter_data;
  END behav_count;
```

从上例中可以看出，一个实体中至少有一个结构体说明。

1. 实体（Entity）说明

实体说明由实体说明语句开始的一些说明语句组成，其书写格式如下：

```
ENTITY 实体名 IS
[GENERIC (类属表);]
[PORT (端口表);]
[实体说明部分;]
[BEGIN
  实体语句部分;]
END 实体名;
```

实体说明以"ENTITY 实体名 IS"开始，"END 实体名"结束。VHDL 语言的编译系统对字母的大小写不加区分。一般，为了可读起见，关键字都用大写字母表示。

实体说明定义了一个黑盒子，在例 7.2.1 中，实体说明语句定义如图 7.2.1 所示的一个黑盒子，规定了黑盒子与外部环境的接口信息。

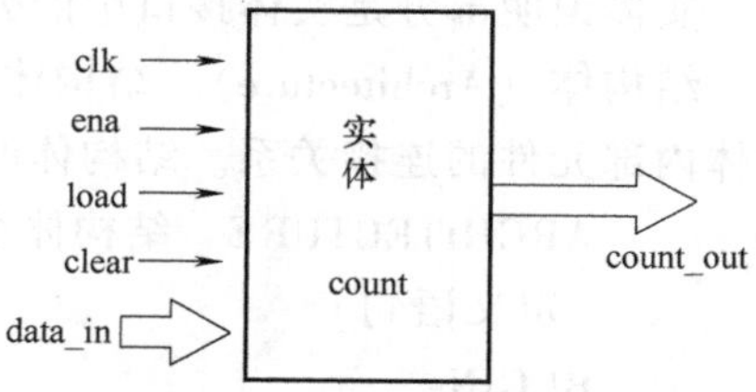

图 7.2.1　实体说明定义的黑盒子

规定了黑盒子与外部环境的接口。

(1) 类属说明

类属说明是实体说明中的可选项，放在端口说明之前。其书写格式如下：

```
GENERIC (端口名 {, 端口名}: [IN] 子类型符 [: =初始值];
        {端口名 {, 端口名}: [IN] 子类型符 [: =初始值]});
```

例如：

GENERIC (m: TIME : =3ns);

这个参数说明语句定义了 m 的类型是时间类（TIME），在构造体内参数 m 的值为 3ns。

GENERIC 语句用来规定端口的大小、I/O 引脚的指派、实体中子元件的数目和实体的定时特性，常用于不同层次之间的信息传递。类属说明可以通过改变类属值而轻易地改变一个设计实体或者元件的内部电路结构或者规模。不过，VHDL 综合器仅支持数据类型为整数的类属值。

（2）端口说明

端口说明是对基本设计实体与外部接口的描述，是设计实体和外部通信的通道。实体说明中的每一个 I/O 信号被称为一个端口。端口可以在同一实体的各个程序模块中使用，是全局量，在 VHDL 中，其数据类型是信号量。端口说明的格式如下：

PORT（端口名 {，端口名}：方向 数据类型名；

⋮

{端口名 {，端口名}：方向 数据类型名}）；

1）端口名。端口名是赋予每个外部引脚的名字，通常以英文字母开头的字符串组成。名字的含义应符合惯例，例如：clk、reset 、d0、a0 等。

2）端口方向。端口方向用以说明数据信号通过该端口的流向，端口方向有如下几种：

IN——输入，由实体外部流入端口。

OUT——输出，从实体内部流向端口。不能将 OUT 定义成输出反馈到实体内部。不用的输出端不能接地。

BUFFER——缓冲输出，其输出可反馈到实体内供使用。

图 7.2.2 说明了 OUT 和 BUFFER 的区别。

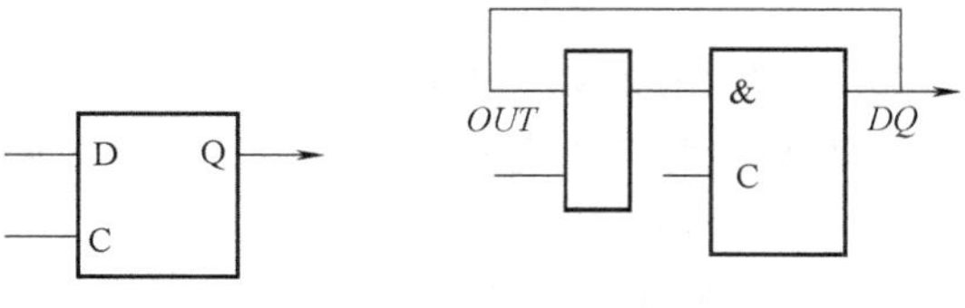

a)　　b)

图 7.2.2　OUT 和 BUFFER 的区别

INOUT——双向，数据总线都是双向的。

LINKAGE——任何方向都可连接，例如导线。

2. 实体说明部分

实体说明部分是实体接口中的公共信息，这部分说明应放在端口说明之后。

结构体（Architecture）。结构体定义了设计实体的功能，规定了设计实体的数据流程和实体内部元件的连接关系。结构体的书写格式如下：

```
ARCHITECTURE  结构体名 OF 实体名
[定义语句]
BEGIN
[并发处理语句]
END 结构体名;
```

结构体从“ARCHITECTURE 结构体名 OF 实体名”开始，到“END 结构体名”结束。结构体的功能描述可用三种不同的风格进行，即行为描述（数学模型或算法描述）、数据流（RTL）描述和结构化描述（逻辑元器件连接方式的描述）。不同的描述方法只体现在描述语句上，结构体的构成是完全一致的。

（1）结构体的命名

结构体的名称由设计者自由命名，是结构体的唯一名称。一个实体可以有多个结构体，在结构体的命名中，可以让其名称反映不同构造体特色，以增加程序的可读性。例如：

```
ARCHITECTURE  behavior  OF  counter  IS      --用结构体的行为命名
ARCHITECTURE  rtl  OF  counter  IS           --用结构体的 RTL 命名
ARCHITECTURE  structure  OF  counter  IS     --用结构体的结构命名
ARCHITECTURE  bool  OF  counter  IS          --用结构体的布尔表达式命名
```

上述结构体都属于实体 counter，每个结构体有着不同的名称对应于不同风格的结构体描述方式，使人一目了然。

（2）定义语句

定义语句位于关键字 ARCHITECTURE 和 BEGIN 之间，用于对结构体内部使用的信号、常数、数据类型和函数进行定义。

（3）并行处理语句

并行处理语句位于关键字 BEGIN 和 END 之间，是结构体功能描述的主要语句。如果结构体的功能用结构描述方式，则并行语句表达了结构体内部元件的互连关系。这些语句是并发执行的，即运算结果与语句的先后顺序无关。

若一结构体的功能用进程描述，且该结构体内含有多个进程，则各进程之间是并发执行的。但是，进程内部的语句是顺序执行的。

3. 库（Library）

在 VHDL 语言中，库是用以存放经编译后的设计单元（包括实体说明、结构体、配置说明、程序包说明和程序包体），通过其目录可查询和调用。库中的内容是 VHDL 程序设计的重要资源。VHDL 可以存在多个不同的库，库和库之间是独立的，不能相互嵌套。

VHDL 的库分为预定义库和资源库两种。预定义库无需说明，可直接使用。属于预定义库的有 STD 库和 WORK 库（即当前工作库）两种。STD 库为所有设计单元所共享，STD 库中含有 STANDARD 和 TEXTIO 两个程序包。当一个设计建立时，就自动建立了一个用户工作库（WORK 库），同时 STD 库也自动被隐含打开。WORK 库用于保存当前正在进行的设计，是项目开发过程中处理设计文件的地方。对于 WORK 库中已经检验的单元，若希望在以后的项目设计中重复引用，则应将这些单元编译到适当的库中。为了便于资源共享，用户应当建立自己的库，以丰富自己的设计资源。

除了 STD 库和 WORK 库之外，其他的库均为资源库。资源库的调用必须用库说明语句进行说明。

库说明语句总是放在设计单元的最前面，其格式如下：

```
LIBRARY 库名;
```

在 VHDL 中，有些元件、函数、集合包等已被 IEEE 认可，存放在一个库中，这个库称为 IEEE 库，是各种 EDA 工具都具有的库。IEEE 库中含有下列程序包：

STD_LOGIC_1164

NUMERIC_BIT

NUMERIC_STD

MATH_REAL

MATH_COMPLEX

VITAL_TIMING

VITAL_PRIMITIVE

EDA 工具制造商都有自己的资源库，也有将一些集合包放入各自开发工具的 IEEE 库中。

除了 IEEE 库之外，有的 EDA 工具还有面向 ASIC 的库。为了进行门级仿真，各公司提供了面向 ASIC 的逻辑门，在这些库中存放着与逻辑门一一对应的实体。

VHDL 的资源库十分丰富，但是资源库的单元名字对其他库单元并不是自动可见的。要想某个库单元为其他设计所可见，必须用 USE 语句进行调用，使库中的元件、程序包、类型说明、函数和子程序等对本设计成为可见。USE 语句的使用通常采用下面的方式：

```
USE  库名．程序包名；
USE  程序包名．对象名；
USE  库名．程序包名．对象名；
```

例如：

```
LIBRARY  IEEE;                       --打开 IEEE 库
USE  IEEE. STD_LOGIC_1164. ALL; --使 STD_LOGIC_1164 程序包的所有项目可见
USE  IEEE. MATH_ REAL. ALL;     --使程序包 MATH_ REAL 的所有项目可见
```

库说明的作用范围与一个实体对应，即从一个实体的说明开始，到该实体所属的所有构造体和配置为止。当一个源程序出现两个以上的实体时，必须分别进行库说明。

VHDL 的库和程序包之间的层次关系如图 7.2.3 所示。

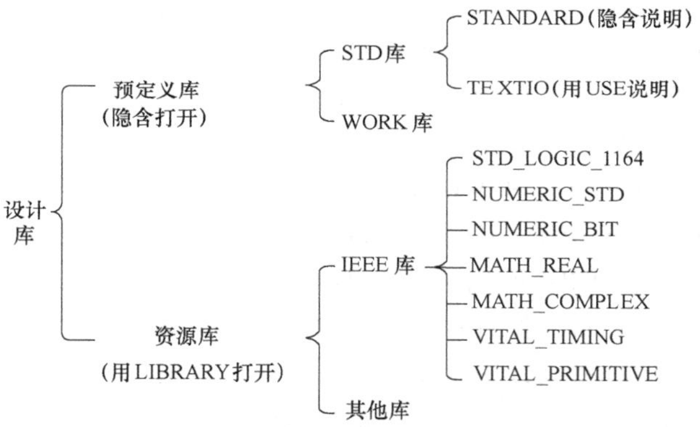

图 7.2.3　VHDL 的库和程序包

4. 程序包（Package）

程序包是一个可编译的 VHDL 源设计单元，用户和厂商都可以编写。程序包是库的一个层次，将常用的相关说明（例如类型说明、常量说明、子程序说明、元件说明、属性说明等）搜集在一起，一旦编译后存入库中，就可以通过 USE 语句调用。对 STD 库中集合包 STANDARD 的调用不需要 USE 语句。USE 语句中的 ALL 表示该集合包中的所有项目；USE 语句也可以指定具体的项目。程序包由两部分组成：程序包说明和程序包体。程序包说明为程序包定义接口，说明包中的类型、元件、函数和子程序；程序包体规定集合包的实际功能，存放说明中的函数和子程序。

程序包说明和程序包体的书写格式如下：

```
PACKAGE  程序包名 IS                      ┐
[说明语句]                                 ├程序包说明
END [PACKAGE] [程序包名];                 ┘
PACKAGE  BODY  程序包名 IS               ┐
[说明语句]                                 ├程序包体
END [PACKAGE  BODY]   [程序包名];        ┘
```

在程序包的两部分中，程序包说明是主设计单元，可以独立地编译并存入设计库中。程序包体是一个可选项。通常在程序包说明中列出所有项目的名称，而在程序包体中给出各项的细节。也可在程序包说明部分给出真实的值和某些实质性的内容，程序包说明部分常常能够满足要求，这时程序包体可以省略。

[例 7.2.2]　程序包的设计。

```
LIBRARY  IEEE;
USE  IEEE.STD_LOGIC_1164.ALL;
PACKAGE upac  IS
    CONSTANT  k:INTEGER := 4;
    TYPE  instruction  IS(add,sub,adc,inc,srf,slf,mov);
    SUBTYPE  cpu_bus  IS  STD_LOGIC_VECTOR(k-1 DOWNTO 0);
END  upac;
```

上例中定义一个名为 upac 的程序包，在该包中定义了 k 位的 cpu_ bus 逻辑矢量和枚举型量 instruction。

[例 7.2.3]　程序包设计举例 6。

```
PACKAGE  example  IS
    CONSTANT  pi:REAL:=3.1415926;
    CONSTANT  defer:INTEGER;
    FUNCTION  mean(a,b,c:REAL)  RETURN  REAL;
    COMPONENT  and  IS
        GENERIC  (tpd1,tpd2:TIME:=3ns);
        PORT  (in1,in2:IN BIT;y:OUT BIT);
    END COMPONENT and;
END  example;
PACKAGE  BODY  example  IS
    CONSTANT  defer:INTEGER:=5;
    FUNCTION  mean(a,b,c:REAL)  RETURN  REAL IS
        BEGIN
            RETURN  (a+b+c)/3.0;
    END  FUNCTION  mean;
END  PACKAGE  BODY  example;
```

上例中，在程序包体中进一步对函数过程 mean 做了说明，并对常数 defer 赋值。

在程序包说明单元中所包含的说明部分有：

USE 语句

属性说明

子程序说明

类型、子类型说明

常量、时间常量说明

信号说明，建立一个全局信号

元件说明

文件说明

为了增加程序的通用性，在常量说明中，往往只给出其名字和类型，而将其实际值放在程序包体中指定。这样，在设定这些常量的值时，并不需要重新编译设计单元，而仅需编译程序包体即可。

程序包体的主要任务是定义常量的值，其中包含的说明部分有：

USE 语句

子程序说明

子程序体说明

类型、子类型说明

常量说明

元件说明

子程序体必须与子程序说明在参数个数、参数类型、返回类型上严格一致。

5. 配置

在 VHDL 中，为了提高构造体的可重用性，采用了配置的方法。配置用于描述层与层之间的连接关系和实体与结构体之间的连接关系。在实体与结构体之间连接关系的配置说明中，设计者可以利用配置语句为实体选择不同的结构体，通过仿真进行性能对比，从而获得最佳的设计目标。在结构体设计中，可以设计出与任何半导体工艺和 EDA 平台无关的结构体通用程序包。在仿真时，无需修改和重新编译结构体程序，只需书写和编译配置说明，即可将与工艺无关的实体模型配置到某一特定的半导体器件中。

配置语句的书写格式如下：

```
CONFIGURATION 标识符 OF 实体名 IS
配置说明
配置指定
END  标识符;
```

其中，标识符是给该配置起的一个名字，配置说明部分的格式如下：

```
FOR 结构体名
    FOR 例化标号:元件名
    UES  ENTITY 实体名[结构体_标识符]
    END  FOR;
END  FOR;
```

下面是一个利用两个半减器和一个“或”门构成的全减器的设计。

[例 7.2.4] 配置语句的使用方法。

```
LIBRARY IEEE;
USE IEEE.STD_LOGIC_1164.ALL;
ENTITY full_sub IS                                --全减器实体
PORT(x,y,cy_in:IN STD_LOGIC;
        diff,cy_out:OUT STD_LOGIC);
END full_sub;
```

```
ARCHITECTURE structure OF full_sub IS                --全减器结构体
COMPONENT half_sub                                   --元件说明(半减器)
    PORT(in1,in2:IN STD_LOGIC;
            diff,b_out:OUT STD_LOGIC);
END COMPONENT;
COMPONENT or_gate                                    --元件说明("或"门)
    PORT(in1,in2:IN STD_LOGIC;out1:OUT STD_LOGIC);
END COMPONENT;
SIGNAL a,b,c:STD_LOGIC;
BEGIN
    u1:half_sub PORT MAP(x,y,a,b);                   --元件例化
    u2:half_sub PORT MAP(a,cy_in,diff,c);            --元件例化
    u3:or_gate PORT MAP(b,c,cy_out);                 --元件例化
END structure;
CONFIGURATION model OF full_sub IS                   --配置说明中指定实体
    FOR structure
        FOR u1,u2:half_sub                           --为元件指定库中
            USE ENTITY work..half_sub(rtl);          --现存的结构体
        END FOR;
        FOR u3:or_gate
            USE ENTITY work.or_gate(rtl);
        END FOR;
    END FOR;
END model;
```

上述配置说明中，将名为 model 的配置给实体 full_sub 相应的结构 structure，为其中的元件 half_sub 和 or_gate 指定了已存于库中的实体和实现的结构体。若结构体名选项缺省，则默认为当前工作库中最新编译的结构体。

7.2.2 VHDL 常用资源库中的程序包

1. STANDARD 程序包

STANDARD 程序包预先在 STD 库中编译，该程序包定义了若干类型、子类型和函数，在设计时自动打开。STANDARD 包中说明的内容有：布尔类型、位（BIT）类型、字符类型、出错级别、实数范围、整数范围、时间单位。子类型有延时长度、自然数范围、整数范围。

STANDARD 程序包的程序如下：

```
--THIS IS PACKAGE STANDARD as defined in the VHDL'93 LRM
PACKAGE  Standard  IS
    TYPE  Boolean  IS(False,True);
    TYPE  Character  IS ( NUL,SOH,STX,ETX,EOT,ENQ,ACK,BEL,BS,HT,
```

```
                                LF,VT,FF,CR,SO,SI,DLE,DC1,DC2,DC3,DC4,NAK,
                                SYN,ETB,CAN,EM,SUB,ESC,FSP,GSP,RSP,USP,
                                ‘(’,‘)’,‘*’,‘!’,‘”’,‘#’,‘$’,‘%’,‘&’,‘’
                                ‘+’,‘-’,‘。’,‘,’,‘0’,‘1’,‘2’,‘3’,‘4’,‘5’,
                                ‘6’,‘7’,‘8’,‘9’,‘:’,‘;’,‘<’,‘=’,‘>’,‘?’,
                                ‘@’,‘A’,‘B’,‘C’,‘D’,‘E’,‘F’,‘G’,‘H’,‘I’,
                                ‘J’,‘K’,‘L’,‘M’,‘N’,‘O’,‘P’,‘Q’,‘R’,‘S’,
                                ‘T’,‘U’,‘V’,‘W’,‘X’,‘Y’,‘Z’,‘[‘,‘\’,‘]’,
                                ‘^’,DEL,‘`’,‘a’,‘b’,‘c’,‘d’,‘e’,‘f’,‘g’,‘h’,
                                ‘i’,’j’,‘k’,‘l’,‘m’,‘n’,‘o’,‘p’,‘q’,‘r’,‘s’,
                                ‘t’,‘u’,‘v’,‘w’,‘x’,‘y’,‘z’,‘{‘,‘|’,‘}’,
                                ‘~’,‘_’,C128,C129,C130,C131,C132,C133,C134,
                                C135,C136,C137,C138,C139,C140,C141,C142,C143,
                                C144,C145,C146,C147,C148,C149,C150,C151,C152,
                                C153,C154,C155,C156,C157,C158,C159);
    TYPE   Severity_level   IS(Note,Warning,Error,Failure);
    TYPE   Real   IS   RANGE   -1.0E+38   TO   +1.0E+38;
    TYPE   Integer   IS   RANGE   -2147483647 TO +2147483647;
    TYPE   Time   IS   RANGE   -2147483647 TO +2147483647
       UNITS   fs;
               ps=1000fs;
               ns=1000ps;
               μs=1000ns;
               ms=1000μs;
               sec=1000ms;
               min=60sec;
               hr=60min;
       END   UNITS;
       SUBTYPE   Delay_length   IS   Time   RANGE   0 TO Time'HIGH;
       IMPURE   FUNCTIO   Now   RETURN   Delay_length;
       SUBTYPE   Natural   IS   INTEGER   0 TO   INTEGER'HIGH;
       SUBTYPE   Positive   IS   INTEGER   1 TO   INTEGER'HIGH;
       TYPE   String   IS   ARRAY   (Positive   RANGE<>)OF   Character;
       TYPE   Bit_vector   IS   ARRAY   (Natural   RANGE<>)OF   BIT;
       TYPE   File_Open_Kind   IS(Read_Mode,Write_Mode,Append_Mode);
       TYPE   File_Open_Status   IS(Open_Ok,Status_Error,Name_Error,Mode_Error);
       ATTRBUTE   Foreign:String;
   END   STANDARD;
```

STANDARD 程序包自动与所有设计项目连接，这是 IEEE STD1076—1993［LRM93］的

规定。

2. TEXTIO 程序包

TEXTIO 程序包预先在 STD 库中编译，它定义了支持 ASC I/O 操作的若干类型和子程序。这些类型和子程序如下：

```
PACKAGE Textio IS
    TYPE Line IS ACCESS String;
    TYPE Text IS FILE OF String;
    TYPE Side IS (Right, Left);
    SUBTYPE Width IS NATURAL;
        FILE Input: Text OPEN Read_ Mode IS "STD_ INPUT";
        FILE Output: Text OPEN Write_ Mode IS "STD_ OUTPUT";
        PROCEDURE Readline (FILE F: Text; L: OUT Line);
        PROCEDURE Read (L: INOUT Line; value: OUT BIT;
                        good: OUT BOOLEAN);
        PROCEDURE Read (L: INOUT Line; value: OUT BIT);
        PROCEDURE Read (L: INOUT Line; value: OUT BIT_ VECTOR;
                        good: OUT BOOLEAN);
        PROCEDURE Read (L: INOUT Line; value: OUT BIT_ VECTOR);
        PROCEDURE Read (L: INOUT Line; value: OUT BOOLEAN;
                        good: OUT BOOLEAN);
        PROCEDURE Read (L: INOUT Line; value: OUT BOOLEAN);
        PROCEDURE Read (L: INOUT Line; value: OUT CHARACTER;
                        good: OUT BOOLEAN);
        PROCEDURE Read (L: INOUT Line; value: OUT CHARACTER);
        PROCEDURE Read (L: INOUT Line; value: OUT INTEGER;
                        good: OUT BOOLEAN);
        PROCEDURE Read (L: INOUT Line; value: OUT INTEGER);
        PROCEDURE Read (L: INOUT Line; value: OUT REAL;
                        good: OUT BOOLEAN);
        PROCEDURE Read (L: INOUT Line; value: OUT REAL);
        PROCEDURE Read (L: INOUT Line; value: OUT STRING;
                        good: OUT BOOLEAN);
        PROCEDURE Read (L: INOUT Line; value: OUT STRING);
        PROCEDURE Read (L: INOUT Line; value: OUT TIME;
                        good: OUT BOOLEAN);
        PROCEDURE Read (L: INOUT Line; value: OUT TIME);
        PROCEDURE Writeline (FILE  F: Text; L: INOUT Line);
        PROCEDURE Write (L: INOUT Line; value: IN BIT;
                        Justified: IN Side: =Right; field: IN Width: =0);
```

```
PROCEDURE Write (L: INOUT Line; value: IN BIT_ VECTOR;
                 Justified: IN Side: =Right; field: IN Width: =0);
PROCEDURE Write (L: INOUT Line; value: IN BOOLEAN;
                 Justified: IN Side: =Right; field: IN Width: =0);
PROCEDURE Write (L: INOUT Line; value: IN  CHARACTER;
                 Justified: IN Side: =Right; field: IN Width: =0);
PROCEDURE Write (L: INOUT Line; value: IN  INTEGER;
                 Justified: IN Side: =Right; field: IN Width: =0);
PROCEDURE Write (L: INOUT Line; value: IN  REAL;
                 Justified: IN Side: =Right; field: IN Width: =0;
                 Digits:   IN   Natural: =0);
PROCEDURE Write (L: INOUT Line; value: IN  STRING;
                 Justified: IN Side: =Right; field: IN Width: =0);
PROCEDURE Write (L: INOUT Line; value: IN  TIME;
                 Justified: IN Side: =Right; field: IN Width: =0;
                 Unit: IN TIME: =ns);
END  Textio;
```

TEXTIO 程序包不能被自动打开，若要使用这个程序包，应该用 USE 语句调用。

3. STD _LOGIC _1164 程序包

STD_LOGIC_1164 程序包在 IEEE 库中，是最常用的程序包。在该程序包中定义了多值（九值）逻辑类型和一系列判决函数。这个包在使用时必须用 LIBRARY 语句和 USE 语句说明，格式如下：

```
LIBRARY  IEEE;
USE  IEEE. STD_LOGIC_1164. ALL;
```

4. NUMERIC _STD 和 NUMERIC _BIT 程序包

NUMERIC_STD 和 NUMERIC_BIT 程序包定义了用 BIT 矢量表示的整数和 STD_LOGIC 元素表示的整数所执行的算术运算。每个程序包都定义了两种类型的数，即无符号数（UNSIGNED）和带符号数（SIGNED）。同时，这两个程序包还定义了一系列函数，包括类型转换函数、时钟检测函数等。表 7.2.1 给出了 NUMERIC_STD 和 NUMERIC_BIT 程序包定义的函数。NUMERIC_STD 和 NUMERIC_BIT 也是 IEEE 资源库中常用的程序包。

表 7.2.1　NUMERIC_STD 和 NUMERIC_BIT 程序包定义的函数

函数名	功　能
SHIFT_LEFT	左移
SHIFT_RIGHT	右移
ROTATE_ LEFT	循环左移
ROTATE_ RIGHT	循环右移
RESIZE	
TO_INTEGER	将无符号数(UNSIGNED)和带符号数(SIGNED)转换成整数
TO_UNSIGNED	将第一个参数转换成由第二个参数所指定长度的矢量(无符号)

（续）

函数名	功　　能
TO_SIGNED	将第一个参数转换成由第二个参数所指定长度的矢量（带符号）
RISING_EDGE①	检测 BIT 类信号的上升沿
FALLING_ EDGE①	检测 BIT 类信号的下降沿
STD_MATCH②	比较函数，两元素相同，返回“TRUE”，否则返回“FALSE”
TO_01②	取消元素的逻辑强度

① 只在 NUMERIC_ BIT 程序包中提供。

② 只在 NUMERIC_ STD 程序包中提供。

5. VITAL_TIMING 和 VITAL_PRIMITIVE 程序包

VITAL 是 EDA 工业界和 IEEE VITAL 技术组的成员共同组成的一个委员会提出的一个技术规范，VITAL_TIMING 和 VITAL_PRIMITIVE 是 VITAL 规范中的两个程序包。

长期以来，由于缺乏高效可靠的用 VHDL 描述的 ASIC 库，所以在一定程度上影响了 VHDL 的广泛应用。而建立 ASIC 库的最大困难在于 VHDL 中没有统一、有效的方法处理时域参数。为此，EDA 工业界和 IEEE 开展了一系列研究工作，尝试解决这一问题，其中 VITAL（VHDL Initiative Towards ASIC Library）是最重要的研究成果。

为了能够对 ASIC 进行精确建模，VITAL 必须解决如下关键问题：

1）精确描述时序关系，包括延时模型、时序检查、尖峰脉冲处理和宏单元之间的互连关系等。

2）高仿真效率。VITAL 主要处理门级逻辑单元，因此必须具备高的仿真效率，否则，因 ASIC 规模很大，导致仿真时间过长。

3）具有反向标注能力。VLSI（超大规模集成电路）的设计是层次式的迭代与提炼的过程，层次越低，得到的延时信息越精确。因此需要一种能把低层次的延时信息反向标注到高层次的机制。

4）通用性，即 VITAL 模型应该适用于各种 VHDL 仿真器。

为了妥善解决上述问题，VITAL 没有对 VHDL 语言本身进行扩展，而是提供了一定的编程指导方针和预定义的程序包，提供了功能和延时造型所需的子程序库，从而实现了对 ASIC 宏单元的准确建模。使用 VITAL 时，功能在模型内部描述，而延时的计算在模型外部完成。VITAL 规范主要包括：建模指导方针、从 SDF 获得反向标注的语法和两个预定义的程序包——VITAL_TIMING 和 VITAL_PRIMITIVE。VITAL_TIMING 包含与 ASIC 单元中时间行为有关的各种类型定义、常数、属性和过程，其中包括计算模型输入输出端口连线延时的过程 Vital Wire Delay、计算引脚到引脚延时的过程 Vital Path Delay、以及检测建立、保持时间的过程 Vital Setup Hold Check。VITAL_PRIMITIVE 包提供了一系列描述数字电路建模中常见的各种电路模块的行为，还提供了一个子程序 Vital Truth Table，使设计者能够以真值表的方式描述电路的行为。表 7.2.2 列出了 VITAL_PRIMITIVE 包中所有的模块，每种模块的代码均有函数和过程两种形式。

6. MATH_REAL 和 MATH_COMPLEX 程序包

MATH_REAL 和 MATH_COMPLEX 是 IEEE 的两个标准程序包，分别对实数和复数定义了相关的常数和函数。表 7.2.3 和表 7.2.4 分别给出了定义在 MATH_REAL 中的常数和函数，表 7.2.5 给出了定义在 MATH_COMPLEX 中的复函数。

表 7.2.2 VITAL_PRIMITIVE 包中的模块

标识符	说　明
AND	“与”门,2、3、4 和 n 输入
OR	“或”门,2、3、4 和 n 输入
XOR	“异或”门,2、3、4 和 n 输入
NAND	“与非”门,2、3、4 和 n 输入
NOR	“或非”门,2、3、4 和 n 输入
XNOR	“异或非”门,2、3、4 和 n 输入
BUFFER	缓冲器 使能端高有效、低有效和无使能端
INVERTER	反向缓冲器 使能端高有效、低有效和无使能端
MUX	多路选择器,2、3、4 和 n 输入
DECODER	译码器,2、4、8 和 n 输入

表 7.2.3 MATH_ REAL 程序包定义的常数

标识符	值	标识符	值
math_e	e	math_log_of_2	ln2
math_1_over_e	1/e	math_log_of_10	ln10
math_pi	π	math_log2_of_e	$\log_2$ e
math_2_pi	2π	math_log10_of_e	$\log_{10}$ e
math_1_over_pi	$1/\pi$	math_sqrt_2	$\sqrt{2}$
math_pi_over_2	$\pi/2$	math_1_over_sqrt_2	$1/\sqrt{2}$
math_pi_over_3	$\pi/3$	math_sqrt_pi	$\sqrt{\pi}$
math_pi_over_4	$\pi/4$	math_deg_to_rad	$2\pi/360$
math_3_pi_over_2	$3\pi/2$	math_rad_to_deg	$360/(2\pi)$

表 7.2.4 MATH_ REAL 程序包定义的函数

函　数	说　明	函　数	说　明
ceil(x)	求≥x 的最小整数	sign(x)	求 x 的符号
floor(x)	求≤x 的最小整数	“mod”(x,y)	求 x/y 的浮点模
round(x)	x 舍入的最近整数	realmax(x,y)	求 x、y 的较大者
trunc(x)	x 朝 0.0 进行删减	realmin(x,y)	求 x、y 的较小者
sqrt(x)	$\sqrt{x}$	log(x)	$\ln x$
cbrt(x)	$\sqrt[3]{x}$	log2(x)	$\log_2 x$
‖ * * ‖$_{(n,y)}$	n^y	log10(x)	$\log_{10} x$
‖ * * ‖$_{(x,y)}$	x^y	log(x,y)	$\log_y x$
exp(x)	e^x		
sin(x)	$\sin x$	arcsin(x)	$\arcsin x$
cos(x)	$\cos x$	arcos(x)	arcos x
tan(x)	$\tan x$	arctan(x)	$\arctan x$
		arctan(x,y)	arctan of point(x,y)
sinh(x)	$\sinh x$	arcsinh(x)	arcsinh x
cosh(x)	$\cosh x$	arccosh(x)	arccosh x
tanh(x)	$\tanh x$	arctanh(x)	arctanh x

7.2.3 VHDL 的词法单元

在 VHDL 语言中，程序设计的大写字母和小写字母没有区别。一般，总是将 VHDL 的保留字大写，其他字母小写。设计良好的程序应该使单词、信号名含义明确，结构程序设计的段落分明、含义确切，嵌套关系清晰，并应辅之以适当的注释。

表 7.2.5　MATH_COMPLEX 程序包定义的函数

函　　数	结果类型	说　　明
complx(x,y)	complex	$x+jy$
get_principal_value(x)	principal_value	对于 $x+2k\pi$, $-\pi\leqslant$结果$\leqslant\pi$
complex_to_polar(c)	complex_ polar	
polar_to_ complex(p)	complex	
arg(z)	principal_value	z 的幅角(弧度)
conj(z)	同 z	z 的共轭复数
sqrt(z)	同 z	$\sqrt{z}$
exp(z)	同 z	e^z
log(z)	同 z	$\ln z$
log2(z)	同 z	$\log_2 z$
log10(z)	同 z	$\log_{10} z$
log(z,y)	同 z	$\log_y z$
sin(z)	同 z	$\sin z$
cos(z)	同 z	$\cos z$
sinh(z)	同 z	$\sinh z$
cosh(z)	同 z	$\cosh z$

VHDL 的基本词法单元有：

1）注释：注释从“--”符号开始，到该行末尾结束。

2）标识符：以英文字母开头，由字母、数字和下划线组成，下划线的前后都必须有字母或数字。标识符不区分大小写。在 VHDL 中使用的名字，如信号名、变量名、实体名、构造体名、进程名、块名等，都是标识符。

上述标识符称为基本标识符。除了基本标识符外，VHDL-1993 和 VHDL-2001 还允许使用扩展标识符（Extended Identifiers)。扩展标识符允许使用任意字符系列。扩展标识符定义为用两个“\”括起的字符串。例如：

\ data bus \　　\ global. clock \

注意，在扩展标识符中，字母的大小写是有区别的，下面的标识符表示不同的标识：name、\ name \ 、\ Name \ 、\ NAME \ 。

3）字符：被单引号括起来的 ASCII 字符，如：‘-’、‘#’、‘ * ’ 等。

4）字符串：被双引号括起来的字符序列，如：“A String”。

5）位串：被双引号括起来的数字序列，数字序列前冠以基数说明符，如：

B “11011100”　　二进制数。

X “FBC”　　十六进制数。

O “371”　　八进制数。

6）数字

VHDL 中的数字表示法有“十进制”表示法和“基”表示法。

十进制数表示法：

十进制数字 :: =整数 [整数] [指数],

其中，整数 :: =数字或下划线连接的数字， :: =是定义符。

　　指数 :: =E [+] 整数或 E [-] 整数。

例如：整数　0，456_ 78，890，2E8。

实数　16-0，3.14159，1.2E-3，6-4E+5。

“基”表示法：“基”表示法用于非十进制数的表示，其表示方法为

以基表示的数 ::=基#基于基的整数［基于基的整数］#指数，

其中，基::=整数。

基于基的整数::=数字（或扩展数字）{［下划线］数字或扩展数字}。

在十六进制数中，以0~9及A、B、C、D、E、F表示，这组数字称为扩展数字。下面是以“基”表示的各种数：

整数：	2#11111111#	--二进制数11111111，即255；
	8#377#	--八进制数数377，即255；
	16#FF#	--十六进制数FF，即255。
浮点数：	16#0F#E-1	--等于十六进制数的0.9375。
	16#FF.FF#E+1	--等于十六进制数的4095.9375。

7）保留字：在VHDL中，有一些标识符具有特殊用途，它们被用来形成一个模型的特殊结构，这些标识符称为保留字或关键字。保留字不能定义为其他标识符。在本书中，保留字用大写字母表示。VHDL的保留字有：

ABS	ACCESS	AFTER	ALIAS
ALL	AND	ARCHITECTURE	ARRAY
ASSERT	ATTRIBUTE		
BEGIN	BLOCK	BODY	BUFFER
BUS			
CASE	COMPONENT	CONFIGURATION	CONSTANT
DISCONNECT	DOWNTO		
ELSE	ELSIF	END	ENTITY
EXIT			
FILE	FOR	FUNCTION	
GENERATE	GENERIC	GROUP	GUARDED
IF	IMPURE	IN	INERTIAL
INOUT	IS		
LABEL	LIBRARY	LINKAGE	LITERAL
LOOP			
MAP	MOD		
NAND	NEW	NEXT	NOR
NOT	NULL		
OF	ON	OPEN	OR
OTHERS	OUT		
PACKAHE	PORT	POSTPONED	PROCEDURE
PROCESS	PROTECTED	PURE	
RANGE	RECORD	REGISTER	REJECT
REM	REPORT	RETURN	ROL

ROR	SELECT	SEVERITY	SHARED
SIGNAL	SLA	SLL	SRA
SRL	SUBTYPE		
THEN	TO	TRANSPORT	TYPE
UNAFFECTED	UNITS	UNTIL	USE
VARIABLE			
WAIT	WHEN	WHILE	WITH
XNOR	XOR		

其中，PROTECTED 不是 VHDL-1993 的保留字，而下述标识符也不是 VHDL-1987 的保留字：

GROUP	IMPURE	INERTIAL	LITERAL	POSTPONED	PROTECTED
PURE	REJECT	ROL	ROR	SHARED	SLA
SLL	SRA	SRL	UNAFFECTED	XNOR	

7.2.4　数据对象和类型

1. 对象

在 VHDL 语言中，凡是可以被赋予值的客体，称为对象。VHDL 的对象有四类：常量（CONSTANT）、信号（SIGNAL）、变量（VRRIABLE）和文件（FILE）。其中文件类型是在 VHDL-1993 标准中增加的。

信号和变量可以连续地被赋值。常量只能在被说明时被赋值，在整个器件工作期间内不变化。

对象说明的一般书写格式如下：

对象类别　标识符表：子类型标识 [: =初值]；

例如：

SIGNAL　reset,clk:STD_LOGIC;

VARIABLE x:BIT : ='0';

(1) 常量（CONSTANT)

常量是设计者给实体某一个常量名赋予的固定值。一般地，常量说明应放在程序开始的说明部分中。常量说明的格式如下：

CONSTANT 常量名：数据类型：=标达式；

例如：设计实体的供电电源的确定值

CONSTANT　Vcc：REAL ：=5.0;

常量名一经赋值，在程序运行中不变。要改变常量值，必须改变实体中的常量说明，然后重新编译。常量必须在程序包、实体、结构体或进程的说明区域中对常量名、类型和值进行定义。定义在程序包中的常量可由本程序包中的任何实体和结构体调用。定义在实体内的常量仅在本实体内使用，同样定义在进程内的常量仅在本进程内使用。

(2) 变量（VARIABLE)

在 VHDL 语言中，变量是一个局部量，变量一经赋值即刻生效，无赋值延时。变量只能用于进程、函数过程和子程序过程。变量说明的格式如下：

VARIABLE　变量名：数据类型　约束条件：=表达式；

例如：

```
VARIABLE  x:STD_LOGIC := '0';
VARIABLE  a,b:INTEGER;
VARIABLE  count:INTEGER RANGE  0 TO 255 :=10;--变量值的范围为
```

0~255，初值为 10

在 VHDL 语言中，应该注意变量使用的规则和限制范围。

变量是局部量。当在进程中使用变量时，其有效范围仅在本进程内。若要将变量的值传递到进程外，则必须将该变量的值赋给一个相同类型的信号，就是说，进程之间靠信号传递信息。

变量用赋值号“:=”赋值；变量不能用于存储元件和硬件连线；变量被赋值后，其值立刻被更新。

在仿真模型中，变量用于高层次建模。而在系统综合时，变量用于计算，作为数据暂存载体。

(3) 信号（SIGNAL）

信号是硬件描述语言所特有的一种客体，在 VHDL 语言中占据着重要的地位。在 VHDL 中，信号是传递数据的载体，是电子电路内部硬件实体相互连接的抽象表示。信号通常在结构体、程序包和实体说明中定义。其一般格式如下：

SIGNAL　信号名：数据类型 约束条件：=表达式；

例如：　SIGNAL　clk：BIT := '0';

除了基本信号之外，信号也用于表示不同宽度的总线，例如：

```
SIGNAL  bus_a:STD_LOGIC_VECTOR(7 DOWNTO 0);
SIGNAL  bus_b:STD_LOGIC_VECTOR(0 DOWNTO 7);
```

上述两个说明都定义了一个 8 位的总线，其中 bus_a 的最高位（MSB：Most-Significant-Bit）是 bus_a（7），最低位（LSB：Least-Significant-Bit）是 bus_a（0）。而 bus_b 正好相反。在进行大型项目设计时，往往有多个设计者参与。为了避免开发混乱，以及由此而产生设计错误，在设计时，特别是在各个模块的接口处，应当采用统一的总线信号说明方式。

信号的概念不同于变量，信号是以前的高级语言中所没有的。信号在说明语句中用赋值号“:=”赋初始值，在说明语句中赋初值不产生延时。在其他场合，信号量用代入语句赋值，并可延时。在 VHDL 语言中，信号是全局量。信号在一个设计之内提供全局通信，在结构设计中用来联结元件，实现元件间的通信；信号也在进程间传递信息，完成进程间的通信。

(4) 文件（FILE）

文件是传输大量数据的客体，其中包含一些专门数据类型的数值。文件用于数据的长期存储，或用于存储运行时需要载入模型的数据或仿真的结果。在仿真测试时，测试的输入激励数据和仿真结果的输出都要用文件来进行。

在 IEEE1076 标准中，TEXTIO 定义了执行字和行的读写功能的过程。

2. VHDL 语言的数据类型

VHDL 语言对电子系统的行为、功能和结构进行描述，并以此进行综合，故 VHDL 是一种强类型语言，不同类型和长度的数据均不能直接代入或在同一表达式中运算。VHDL 语言有着丰富的数据类型，总的可以分为两类：标准数据类型和用户定义的数据类型。在不同的数据类型中，有的可以进行综合，有的只能用于仿真。

VHDL 语言所定义的标准数据类型有 10 个：

整型（INTEGER），实型（REAL），位（BIT），位矢量（BIT_ VECTOR），布尔量（BOOLEAN），字符（CHARACTER），时间类型（TIME），错误等级（SEVERITY LEVEL），自然数（NATURAL）、正整数（POSITIVE），字符串（STRING）。

属于用户自定义的数据类型有：

枚举类型（ENUMERATED）、整型（INTEGER）、实型（REAL）、数组（ARRAY）、存取类型（ACCESS）、文件类型（FILE）、记录类型（RECODE）、时间类型（TIME）。

（1）标准定义的数据类型

1）整型。在 VHDL 语言中，整数的范围从 $-(2^{31}-1)$ 到 $(2^{31}-1)$。整数不能用于逻辑运算，不能单独对某一位操作。在电子系统设计过程中，整数可以用来抽象地表示总线的状态。在类型说明语句中，可以为整型量给出约束区间。例如：

```
VARIABLE  x: INTEGER  RANGE  -128 TO 128;
```

2）实型。在 VHDL 中，实数的取值范围从-1.0E+38 到 +1.0E+38。在有些文献中，实型也称为浮点型。大多数 EDA 工具不支持浮点运算，因为 VHDL 不是面向数值运算、图像处理或文字游戏的程序设计语言，而是用于电子系统硬件的设计和开发。

3）位。位通常用于表示信号的值。位的值应当用单引号括起来。例如：

```
TYPE  BIT  IS  ( '0', '1' );
```

4）位矢量。位矢量是用双引号括起来的一组数据，位矢量可以是二进制（B）数、八制进（O）数和十六进制数（X）。如 B“001100”，X“00BE”等。位矢量可以对其某一位进行操作。

5）布尔量。布尔量具有两个可能的值，“真（TRUE）”或者“假（FALSE）”，“真”以“1”表示，“假”以“0”表示，其“0”“1”值与 BIT 类的“0”“1”含义不同。布尔量的初始值一般赋为“假”。

6）字符。字符是用单引号括起来的字母或符号，字符区分大小写，‘A’‘a’‘B’‘b’都是不同的字符。

7）字符串。字符串在有的文献中也称为字符矢量或字符数组。字符串是由双引号括起来的一个字符序列。例如：“COUNTER”“8bit_bus”等。

8）时间类型。时间类型在有的文献中称为物理类型。完整的时间量包括整数和单位两部分。整数部分是时间量的值，取值范围同整数的定义范围。在整数和单位之间，应至少保留一个空格。例如：55sec；2min 等。时间类型只能用于仿真，不能进行综合。

在 STANDARD 程序包中给出的时间预定义单位为 fs、ps、ns、μs、ms、sec、min、hr。

9）错误等级。错误等级在仿真时用于表示系统工作的状态。错误等级分为四种：NOTE（注意）、WARING（警告）、ERROR（错误）和 FAILURE（失败）。

10）自然数（NATURAL）和正整数（POSITIVE）。自然数和正整数都是整数的子集。

在 EDA 工具中，往往对数据类型作了扩充。VHDL—1993 标准中分别定义了两种数据类型 STD_LOGIC 和 STD_LOGIC_VECTORR。这两种数据放在 IEEE 库中的 STD_LOGIC_1164

包集合中，使用时需用 USE 语句调用。

EDA 工具对用户的设计在进行仿真时，首先检查赋值语句中的类型和区间，任何一个信号或变量的赋值均应落入给定的约束区间。约束区间通常跟在数据类型说明的后面，例如：

```
INTEGER  RANGE  -128 TO 128;
BIT  VECTOR (3 DOWNTO 0);
REAL  RANGE  6-0  TO  30.0;
```

一个 BCD 数比较器，其带着约束区间说明的实体说明为

```
ENTITY  bcd_compare  IS
PORT  (a,b:IN  INTEGER  RANGE 0 TO 9 : =0;
       c:OUT  BOOLEAN);
END  bcd_compare;
```

上例定义的 BCD 数比较器的输入 a、b 两个数值的范围均为 0~9，初值为 0，输出为布尔量。

（2）用户定义的数据类型

VHDL 语言允许用户自定义数据类型，为电子系统的设计提供了极大的灵活性。用户定义的数据类型的书写格式如下：

TYPE　数据类型名｛，数据类型名｝　数据类型定义；

用户定义的数据类型是一种利用其他已定义的说明进行的“假”定义，因此这些数据类型不能进行逻辑综合。VHDL 中属于用户定义的数据类型有下列几种。

1）枚举类型。枚举类型定义语句的书写格式如下：

TYPE　数据类型名 IS（元素，元素，…）；

例如：　TYPE　instruction　IS（add，sub，inc，srl，srf，mov，dec）；

2）整型和实型。这两种数据类型已在 VHDL 的标准数据类型中定义。允许由用户定义是因为出自设计者的特殊用途。例如，在 7 段数码管显示控制中，数码管的显示内容可定义成一个数据类型 digit：

```
TYPE  digit  IS  INTEGER  RANGE  0 TO 9;
```

这样，digit 就可以作为一种特殊的数据类型被使用。

3）数组。将相同类型的数据集合在一起所组成的新的数据类型称为数组，数组的维数可以是一维的，也可以是多维的。VHDL 和 IEEE STANDARD 程序包中仅定义了 BIT_VECTOR、STD_LOGIC_VECTOR 和字符串这几种数组，而未定义其他种类的数组。用户可以用数组说明语句定义其他类型的数组。数组说明语句的书写格式如下：

TYPE 数组名　IS　ARRAY　［下标约束］　OF　数组元素的类型名；

数组的界可定义为有约束的和无约束的两种。约束型边界可以在下标约束中用区间直接指定，如 1 TO 8；或先给出下标类型，再指定区间，如 INTEGER　RANGE 1 TO 8。若下标约束中无类型说明，则下标类型隐含为整型。无约束型数组的边界是待定的，用符号 RANGE<>表示，其边界由调用者所传递的参数确定。下述是一些合法的数组说明：

```
TYPE word8 IS ARRAY(1 TO 8)OF BIT;
TYPE word8 IS ARRAY(INTEGER RANGE 1 TO 8)OF BIT;
```

```
TYPE word8 IS ARRAY(INTEGER RANGE<>)OF STD_LOGIC;        --无界数组
TYPE RAM IS ARRAY(1 TO 8,1 TO 10)OF BIT;                 --二维数组
TYPE instruction IS(add,sub,inc,dec,srl,srf,mov,xfr);
TYPE insflag IS ARRAY(instruction  add TO srf)OF STD_LOGIC;
```

上例中，第一、二两句说明是等价的。最后一句说明语句中，下标的数据类型是用户自定义的数据类型 instruction。

数组可用于总线定义，以及在 RAM、ROM 的系统模型设计中使用。

多维数组仅用于仿真生成硬件的抽象模型，而不能用于逻辑综合。

4）时间类型。VHDL 语言的标准数据类型中有时间类型。用户可以通过自定义数据类型，定义特殊的时间量。用户自定义的时间类型说明语句的书写格式如下：

```
TYPE  数据类型名 IS  范围
    UNITS  基本单位；
           单位；
END  UNITS；
```

例如：

```
TYPE time IS RANGE - 1E18 TO 1E18
    UNITS  fs;
           ps=1000fs;
           ns=1000ps;
           us=1000ns;
           ms=1000us;
           sec=1000ms;
           min=6sec;
           hr=60min;
END UNITS;
```

5）记录类型。记录类型是由不同类型的数据集合在一起形成的数据类型，其说明语句的格式如下：

```
TYPE  数据类型名 IS  RECODE
      元素名：数据类型；
      元素名：数据类型；
            ⋮
    END  RECODE；
```

记录类型经常用于描述总线和通信协议。例如：

```
TYPE  PCI_bus  IS  RECODE
    Addr:STD_LOGIC_VECTOR(31 DOWNTO 0);   --定义 32 位地址总线
    Data:STD_LOGIC_VECTOR(31 DOWNTO 0);   --定义 32 位数据总线
    R0:INTEGER;
    Inst:instructio;
END  RECODE;
```

6）文件类型。文件类型是在系统环境中定义为代表文件的一类客体。其说明格式如下：

```
TYPE 文件类型名 IS FILE 限制;
```

例如：TYPE text IS FILE OF string;

在 TEXTIO 中有两个预定义的标准文本文件：

```
FILE input:text OPEN read_mode IS "STD_INPUT";
FILE output:text OPEN write_mode IS "STD_OUTPUT";
```

7）存取类型。存取类型用于为客体之间建立联系，或者给新对象分配或释放存储空间。其说明格式如下：

```
TYPE  数据类型名 IS  ACCESS  限制;
```

例如：在 TEXTIO 程序包中定义了一个存取类型的量：

```
TYPE  line  IS  ACCESS  string;
```

（3）用户定义的子类型

用户定义的子类型是用户对已定义的数据类型，作一些范围限制而形成的一种新的数据类型。子类型的名称通常采用用户容易理解的名字。子类型定义的一般格式如下：

```
SUBTYPE  子类型名 IS  数据类型名 [范围];
```

例如，在“STD_ LOGIC_ VECTOR”基础上形成的子类：

```
SUBTYPE  iobus  IS  STD_LOGIC_VECTOR(7 DOWNTO 0);
SUBTYPE  digit  IS INTEGER RANGE 0 TO 9;
```

通常，用户定义的数据类型和子类型都放在程序包中定义，然后通过 USE 语句调用。

（4）数据类型的转换

VHDL 是强类型语言，不同类型的数据不能进行运算和直接代入。为了实现上述操作，必须将要代入的数据进行类型转换。类型转换函数通常由 VHDL 预定义的包所提供。在“STD_LOGIC_1164”“STD_LOGIC_ARITH ”和“STD_LOGIC_UNSIGND”程序包中定义了表 7.2.6 所列的类型转换函数。

表 7.2.6　类型转换函数

函数名	功能
STD_LOGIC_1164 程序包	
TO_STDLOGICVECTOR(x)	由 BIT_VECTOR 转换为 STD_LOGIC_VECTOR 类型
TO_BITVECTOR(x)	由 STD_LOGIC_VECTOR 转换为 BIT_VECTOR 类型
TO_STDLOGIC(x)	由 BIT 转换成 STD_LOGIC 类型
TO_BIT(x)	由 STD_LOGIC 转换为 BIT 类型
STD_LOGIC_ARITH 程序包	
CONV_STD_LOGIC_VECTOR(x)	由 INTEGER、UNSIGNED、SIGNED 转换为 STD_LOGIC_VECTOR
CONV_INTEGER(x)	由 UNSIGNED、SIGNED 转换为 INTEGER
STD_LOGIC_UNSIGNED 程序包	
CONV_INTEGER(x)	由 STD_LOGIC_VECTOR 转换成 INTEGER

（5）IEEE 标准数据类型“STD_LOGIC”和“STD_LOGIC_VECTOR”

在 VHDL 的标准数据类型中，“BIT”是一个逻辑型的数据类型，它的取值是“0”和“1”两个值，称为二值逻辑。二值逻辑难以仿真电子系统的实际工作状态。例如，对于双向数据总线的高阻态，用二值逻辑就无法描述。二值逻辑没有不定状态‘X’，因此也无法仿真电子电路处于高电平和低电平之间的逻辑状态。此外，在系统仿真中，有时会遇到逻辑竞争。不同工艺制作的逻辑电路，输出驱动能力是完全不同的。因此，电子系统实际工作时的逻辑电平会呈现出比较复杂的状态。为了能够更好地仿真电子系统的实际工作状态，必须将二值逻辑推广到多值逻辑。一个完整的数字逻辑的数值状态有 46 种，一般都在一个子集中。在 IEEE-1993 标准中，采用了 9 值逻辑，这种 9 值逻辑类型定义为“STD_LOGIC”和“STD_LOGIC_VECTOR”，并将其放入“STD_LOGIC_1164”程序包之中。设计者可以直接调用这个程序包，引用这些数据类型。“IEEE. STD_LOGIC”九态数值模型如下：

‘U’——初始值；

‘X’——不定态；

‘1’——逻辑 1；

‘0’——逻辑 0；

‘Z’——高阻态；

‘W’——弱信号不定；

‘L’——弱信号 0；

‘H’——弱信号 1；

‘—’——不可能情况。

“STD_LOGIC”和“STD_LOGIC_VECTOR”是 IEEE 新制定的标准数据类型，是 VHDL 语法规定的标准数据类型以外的数据类型，故也将它们归属于用户定义的数据类型。然而，这两种数据类型是可以用于逻辑综合的。

“BIT_VECTOR”和“STD_LOGIC_VECTOR”都是位矢量，但两者的数值状态模型是不一样的。此外，“STD_LOGIC_VECTOR”只能表示二进制数，而“BIT_VECTOR”的值除了可以是二进制数之外，还可以是八进制数和十六进制数，并且“BIT_VECTOR”还允许用“_”来分隔数值位。例如：

```
SIGNAL a:BIT_VECTOR(11 DOWNTO 0);
SIGNAL b:STD_LOGIC_VECTOR(11 DOWNTO 0);
a<=X"A8F";                  --a 赋十六进制数 A8F,正确
a<=B"1010_1111_0111";       --a 赋 12 位二进制数,正确
b<=X"A8F";                  --b 赋十六进制数,错误
```

7.2.5　表达式与运算符

VHDL 的表达式与其他程序设计语言相似，由基本元素通过运算符的连接组成。基本元素包括对象、文字、函数调用和括号组成的表达式。VHDL 的运算符分为逻辑运算符、关系运算符、算术运算符和并置运算符，运算优先级如表 7.2.7 所示。

关于 VHDL 的表达式和运算符，有几点说明如下：

1）逻辑运算符适用的对象为 BIT、BOOLEAN、STD_ LOGIC 和 STD_ LOGIC_ VECTOR 类型。运算符两边的数据类型必须一致。

2）关系运算符的运算结果为布尔型数据。在进行运算时，两个比较对象的数据类型必须一致。等于（=）和不等于（/=）适合于所有数据类型的对象之间的比较；大于（>）、

小于（<）、大于等于（>=）和小于等于（<=）适合用于整数、实数、位、位矢量以及数组类型的比较。

3）算术运算符中，+、-、*、/ 的运算对象可以是整数、实数和物理量；MOD（求模）、REM（取余）适用于整数类型；绝对值（ABS）运算可用于任何数值类型的对象；乘方运算（**）的左操作数可以是整型或实型，右操作数（指数）必须是整数；+、-、* 可以进行逻辑综合，其余运算难以或完全不能进行逻辑综合。

4）<=符号有两种含义：代入符和小于等于符，应根据上下文判别。

5）并置运算符“&”用于位的连接形成位矢量，或用于将两个矢量连接构成更大的位矢量。例如：

Data_c<=D0&D1&D2&D3;　　　　--并置符连接

位的连接也可以用集合体连接法，如：

Data_c<=(D0,D1,D2,D3);　　　　--集合体连接。

表 7.2.7　VHDL 的运算符及优先级

优先级顺序	运算操作符类型	操作符	操作符功能
高	逻辑运算符	NOT	逻辑非
↓	算术运算符	ABS	取绝对值
		**	指数运算
		/	除法
		*	乘法
		MOD	求模
		REM	取余
		+	正
		-	负
	并置	&	并置
	算术运算符	+	加法
		-	减法
	移位类逻辑运算符①	SLL	逻辑左移
		SRL	逻辑右移
		SLA	算术左移
		SRA	算术右移
		ROL	循环左移
		ROR	循环右移
	关系运算符	>=	大于等于
		<=	小于等于
		>	大于
		<	小于
	逻辑运算符	/=	不等于
		=	等于
		XOR	异或
		NOR	或非
		NAND	与非
		OR	或
低		AND	与

① VHDL-1987 无此类运算。

7.3　VHDL 结构体的描述方式

结构体是一个设计单元的实体，它具体说明了该设计单元的行为功能。图 7.3.1 说明了结构体的组成。结构体对其基本设计单元的输入输出关系可以用三种方式进行描述，即行为描述（基本设计单元的数学模型描述）、寄存器传输描述（RTL 描述或数据流描述）和结构化描述（逻辑元件连接描述）。不同的描述方式，只体现在描述语句上，结构体的构造是完全一样的。

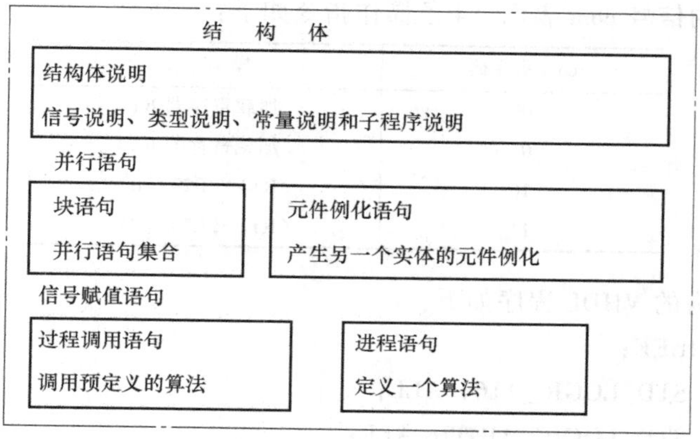

图 7.3.1　结构体的组成

7.3.1　结构体的行为描述

所谓结构体的行为描述（Behavioral Descriptions），即对设计实体按算法的路径进行描述。行为描述往往不涉及设计实体的电路结构，是设计实体整体功能的一种抽象描述。在行为描述方式的程序中，往往大量采用算术运算、关系运算、惯性延时、传输延时等难以进行逻辑综合和不能进行逻辑综合的 VHDL 语句。采用行为描述的 VHDL 程序主要用于系统数学模型的仿真或系统工作原理的仿真，少数也可以用于综合。

[例 7.3.1]　8 位比较器结构体的行为描述。

```
    LIBRARY  IEEE;
    USE  IEEE.STD_LOGIC_1164.ALL;
    ENTITY  comparator  IS
        PORT (a,b:IN STD_LOGIC_VECTOR(7 DOWNTO 0);
              c:OUT STD_LOGIC);
        END comparator;
    ARCHITECTURE behavior  OF comparator IS
        BEGIN
        PROCESS(a,b)
            BEGIN IF a=b THEN c<='1';
            ELSE
```

```
            c<='0';
        END IF;
    END  PROCESS;
END  behavior;
```

上例中，结构体描述中没有给出任何设计单元内部电路结构的信息，电路的结构由综合工具确定。VHDL 语言构造的硬件算法模型由一系列相互关联的过程组成，算法模型的构造实际上就是把描述系统功能的自然语言翻译成一组进程。

[例 7.3.2]　一电子系统由两个 8 位寄存器 R1、R2 和一个加法器组成。该系统有 4 条指令，用一个 2 位的信号 com 表示。4 条操作指令如下：

com 指令码	操　　作
00	加载寄存器 R1
01	加载寄存器 R2
10	(R1)+(R2)→R1
11	(R1)-(R2)→R1

描述该系统行为的 VHDL 程序如下：

```
LIBRARY IEEE;
USE IEEE. STD_LOGIC_1164. ALL;
USE IEEE. STD_LOGIC_ARITH. ALL;
ENTITY Reg IS
    PORT(clk:IN STD_LOGIC;
        com:IN STD_LOGIC_VECTOR(0 TO 1);
            datain:IN STD_LOGIC_VECTOR(7 DOWNTO 0));
END Reg;
ARCHITECTURE alg OF Reg IS
    SIGNAL  R1,R2:STD_LOGIC_VECTOR(7 DOWNTO 0);
    BEGIN
        Function:PROCESS
            BEGIN
                WAIT UNTIL clk'EVENT AND clk='1';  --等到时钟信号的上升沿
            CASE com IS
                WHEN "00"=>R1<=datain;
                WHEN "01"=>R2<=datain;
                WHEN "10"=>R1<=R1+R2;
                WHEN "11"=>R1<=R1-R2;
            END CASE;
    END PROCESS;
END  alg;
```

例 7.3.2 体现了行为描述的基本特点，算法模型将寄存器等电路模块变换为进程。

7.3.2 结构体的 RTL 描述

RTL（Regesist Transform Level）描述，即寄存器传输级描述，有的文献称为数据流描述。RTL 描述是用于逻辑综合的实体描述，与行为描述不同，RTL 描述中指定了各个寄存器的时钟，确定了存储单元的复用结构及总线，指定了电路元器件之间的连接关系。RTL 数据模型描述的语句与实际寄存器的结构模型之间存在直接的映射关系，程序的描述隐含了电路结构。在 RTL 描述中，信号代表了硬件中数据的实际移动方向以及电路的互连关系。由于 RTL 描述用于逻辑综合，故 RTL 描述对语句有严格限制，一些难以综合的语句（如信号代入中的延时等）、一些抽象的数据类型（如实数、记录、文件等）和一些难以综合或不可综合的运算符（如除法“/”、乘方“* *”等），都不能在程序中使用。

一般地说，对于系统硬件资源的分配、总线设计、寄存器元件间的时序关系调度、微代码控制单元的设计等的研发，适合于用 RTL 描述，而不采用行为描述。

下面是两个采用 RTL 描述的电路。

[例 7.3.3]　8 位比较器的布尔方程 RTL 描述。

```
LIBRARY  IEEE;
USE  IEEE.STD_LOGIC_1164.ALL;
ENTITY  comparator  IS
     PORT (a,b:IN STD_LOGIC_VECTOR(7 DOWNTO 0);
            c:OUT STD_LOGIC);
END  comparator;
ARCHITECTURE  rtl  OF  comparator  IS
     BEGIN
          c<=NOT(a(0)XOR b(0))AND NOT(a(1)XOR b(1))
             AND NOT(a(2)XOR b(2))AND NOT(a(3)XOR b(3))
             AND NOT(a(4)XOR b(4))AND NOT(a(5)XOR b(5))
             AND NOT(a(6)XOR b(6))AND NOT(a(7)XOR b(7));
     END  comparator;
```

与例 7.3.1 相比较可见，本例规定了比较器的电路结构和数据流向。

[例 7.3.4]　例 7.3.2 中电子系统的 RTL 描述。

```
LIBRARY  IEEE;
USE  IEEE.STD_LOGIC_1164.ALL;
USE  IEEE.STD_LOGIC_ARITH.ALL;
ENTITY  reg  IS
     PORT (clk:IN STD_LOGIC;
           com:IN STD_LOGIC_VECTOR(0 TO 1);
           datain:IN STD_LOGIC_VECTOR(7 DOWNTO 0));
END  reg;
ARCHITECTURE  rtl  OF  reg  IS
     SIGNAL  R1,R2,R2c,R1mux,sum:STD_LOGIC_VECTOR(7 DOWNTO 0);
```

```
SIGNAL R2mux:STD_LOGIC_VECTOR(7 DOWNTO 0);
SIGNAL  d0,d1,d2,d3,re:STD_LOGIC;
BEGIN
    d0<=NOT com(0)AND NOT com(1);                        --以下是指令译码
    d1<=NOT com(0)AND com(1);
    d2<=com(0)AND NOT com(1);
    d3<=com(0)AND com(1);
    R1mux<=sum WHEN d0='0' ELSE datain;                  --d0='1'加载 R1
    r2_reg:BLOCK(d1='1' AND clk='1' AND clk'EVENT)
                                                         --寄存器 R2 功能
        BEGIN                                            --模块
        R2<=GUARDED datain;
    END BLOCK  r2_reg;
    R2c<=NOT R2 + "00000001";                            --求反加 1 得补码
    R2mux<=R2c  WHEN d3='1' ELSE  R2;
    sum<=R1 + R2mux;
    re<=d0 OR d2 OR d3;
    r1_reg:BLOCK(re='1' AND clk='1' AND clk'EVENT) --寄存器 R1 功能
        BEGIN                                            --模块
            R1<=GUARDER R1mux;
        END BLOCK  r1_reg;
END rtl;
```

例 7.3.4 中的程序采用块（BLOCK）结构完成寄存组 R1 和 R2 的功能，整个程序都由并发语句组成。程序指定了整个系统的电路结构和数据的流向。当然，同一硬件的 RTL 描述，还可以写出其他形式的程序。本例经逻辑综合后得到的电路图如图 7.3.2 所示。

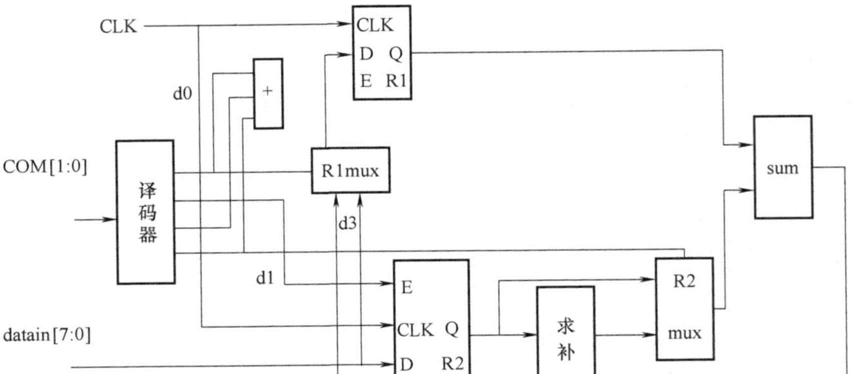

图 7.3.2　设计实体 reg 综合后得到的电路

RTL 描述的限制：

1）为了保证逻辑电路正确，应对不定态“X”状态有所限制。

2）禁止在一个进程中存在两个寄存器描述；寄存器描述中必须代入信号值。

3）关联性强的信号应放在一个进程中。

4）避免使用 WAIT　FOR xx ns 或 AFTER xx ns 类语句。

5）变量和信号尽量不赋初值，因为绝大多数综合工具将忽略赋值等初始化语句，因此应遵循各综合工具的限制。

7.3.3　结构体的结构化描述

结构化描述是常用的层次化设计方法。对于一个复杂的电子系统，可将其分解成若干个子系统，子系统可以再进一步分解成若干个模块。层次化设计便于多人协作，同时并行设计。在结构化设计中，每个设计模块层次可以作为一个元件，而无需考虑元件的复杂性。每个元件可以分别仿真，然后将各个元件组合起来构成系统，进行整体调试。

例 7.3.1 给出的是 8 位比较器的行为描述，当输入量 a=b 时，输出 g=1，否则输出 g=0。图 7.3.3 是 8 位比较器的逻辑图。根据图 7.3.3，可以得到 8 位比较器的结构化描述。

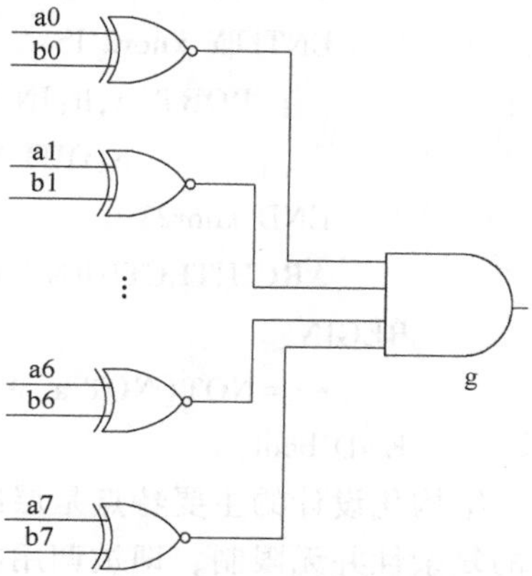

图 7.3.3　8 位比较器逻辑图

[例 7.3.5]　8 位比较器结构体的结构化描述。

```
LIBRARY  IEEE;
USE  IEEE.STD_LOGIC_1164.ALL;
ENTITY  comparator  IS
    PORT(a,b:IN STD_LOGIC_VECTOR(7 DOWNTO 0);
        g:OUT STD_LOGIC);
END comparator;
ARCHITECTURE structure OF comparator IS
    SIGNAL x:STD_LIGIC_VECTOR(7 DOWNTO 0);
    COMPONENT  xnor2
    PORT(a,b:IN STD_LOGIC;
        c:OUT STD_LOGIC);
    END COMPONENT;
      BEGIIN
        U0:xnor2 PORT MAP(a(0),b(0),x(0));
        U1:xnor2 PORT MAP(a(1),b(1),x(1));
        U2:xnor2 PORT MAP(a(2),b(2),x(2));
        U3:xnor2 PORT MAP(a(3),b(3),x(3);
        U4:xnor2 PORT MAP(a(4),b(4),x(4));
        U5:xnor2 PORT MAP(a(5),b(5),x(5);
        U6:xnor2 PORT MAP(a(6),b(6),x(6));
        U7:xnor2PORTMAP(a(7),b(7),x(7));
```

```
            g<=x(0)AND x(1)AND x(2)AND x(3)
               AND(4)AND x(5)
               AND x(6)AND x(7);
      END structure;
```

在上述程序中，调用了元件 xnor2，这个元件必须已经编译在库中。如果库中没有这个元件，则须对 xnor2 的实体和结构体另行描述。下面是 xnor2 的 VHDL 程序。

[例 7.3.6] 二输入“异或非”门。

```
  LIBRARY IEEE;
      USE IEEE.STD_LOGIC_1164.ALL;
      ENTITY xnor2 IS
          PORT(a,b:IN STD_LOGIC;
                 c:OUT STD_LOGIC);
      END xnor2;
      ARCHITECTURE bool OF xnor2 IS
  BEGIN
      c<=NOT(NOT a)AND b OR a AND(NOT b));
  END bool;
```

结构化设计的主要特点是层次化设计，高层次的设计模块程序调用低层次元件，而对元件的复杂性并无限制，即被调用的元件仍然可以采用结构化设计方法调用其他元件。层次化设计是复杂系统设计的主要方法，利用这种方法可以把复杂的大型系统设计简化，同时也可以将先前已经完成的设计作为一种资源共享。通常，将用户自己设计的电路标准化后作为一个元件放在库中供调用的过程称为元件例化，或者称为标准化。在 EDA 工程中，通常把复杂的模块程序称为核（IP Core），已经调试供逻辑综合使用的核称为固核，带有制造工艺参数的核称为硬核，只能供仿真使用的核称为软核。简单的通用模块程序称为元件。元件在结构体中使用，而不能用于进程之中。

结构体的结构化描述方式具有高的设计效率，系统结构清晰，但要求设计人员具有较多的硬件知识。在结构描述方式中，COMPONENT 语句是基本的描述语句，该语句指定了本结构体所调用的是哪一个现成的模块。COMPONENT 语句的书写格式如下：

```
COMPONENT  元件名
[GENERIC 说明;]    --参数说明，仅整型可综合
[PORT 说明;]
END COMPONENT;
```

库中的现有模块与现行设计模块之间的端口映射关系由 PORT MAP 语句说明，其格式如下：

标号名：元件名 PORT MAP（端口关联表）

标号名在结构体中必须是唯一的。

在 COMPONENT 语句中，定义了元件的端口和工作参数，使用 GENERIC 语句易于使器件模型模块化和通用化。在系统功能仿真时，经常遇到具有相同逻辑功能但制造工艺不同的电路模块，由于制造工艺的差别而具有不同的时间特性。为了使模块通用化，应使其中部分

参数可以根据不同的情况设定，这就需要用参数说明语句给予说明，在调用时利用参数映射的方法，将这些参数确定。

[例 7.3.7] GENERIC 语句的用法。

```
ENTITY and2 IS
GENERIC(rise,fall:TIME);          --参数说明
PORT(a,b:IN BIT;c:OUT BIT);
END and2;
ARCHITECTURE  generic_example OF and2 IS
    SIGNAL  cin:BIT;
BEGIN
    cin<=a AND b;
    c<=cin AFTER(rise)WHEN cin='1'ELSE cin AFTER(fall);
END generic_example;
```

例 7.3.7 是一个二输入“与”门的模型，该“与”门的上升沿 rise 和下降沿 fall 的具体值要根据不同的半导体工艺和材料确定。参数的确定由参数映射语句 GENERIC MAP 语句说明。

[例 7.3.8] 通用模块 and2 的调用。

```
ENTITY map_example IS
PORT(d0,d1,d2,d3:IN BIT;q:OUT BIT);
END map_example;
ARCHITECTURE  follow OF map_example IS
    COMPONENT and2                                  --调用元件 and2
    GENERIC(rise,fall:TIME);
    PORT(a,b:IN BIT;  c:OUT BIT);
    END COMPONENT;
    SIGNAL q0,q1:BIT;
    BEGIN
        U0:and2 GENERIC MAP(5nS,7nS)               --U0 参数映射
                PORT MAP(d0,d1,q0);                --U0 端口映射
        U1:and2 GENERIC MAP(10nS,10nS)             --U1 参数映射
                PORT MAP(d2,d3,q1);                --U1 端口映射
        U2:and2 GENERIC MAP(9nS,11nS)              --U2 参数映射
                PORT MAP(q0,q1,q);                 --U2 端口映射
END follow;
```

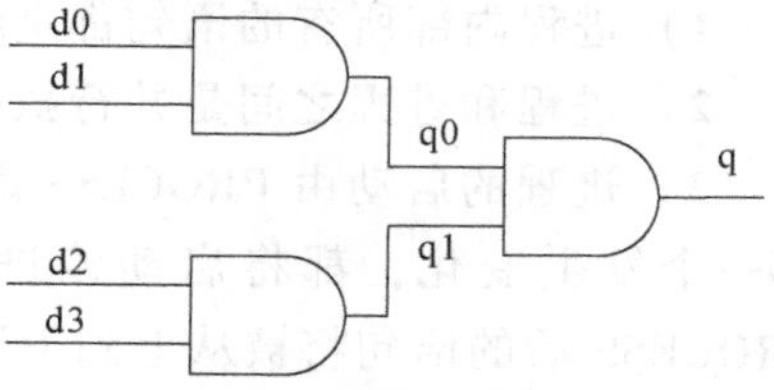

图 7.3.4 例 7.3.8 描述的电路

上述程序实际上描述了图 7.3.4 所示的电路，在该电路中，三个“与”门的时间特性不同。利用通用模块 and2，可以仿真具有不同上升沿和下降沿的“与”门的功能。

在 GENERIC MAP 语句和 PORT MAP 语句中，

参数映射关系和端口映射关系有两种：位置映射和名称映射。

1）位置映射方法：下层元件说明语句关联表中的参数或端口名与 GENERIC MAP 语句或 PORT MAP 语句中指定的实际参数或端口的顺序一一对应。如例 7.3.8 中，对应的映射关系如下：

```
GENERIC MAP(5nS,7nS)
              ↓    ↓
GENERIC      (rise,fall:TIME)        --元件说明语句
```

和

```
PORT MAP(d0,d1,q)
          ↓   ↓   ↘
PORT     (a,b:IN BIT; c:OUT BIT)  --元件说明语句
```

2）名称映射方法：将已存于库中的模块的端口名称或参数名称，赋予设计中模块的信号名或参数值。如：

```
U2: and2  PORT MAP (a=>d0, c=>q, b=>d1);
    GENERIC MAP (rise=>5nS, fall=>10nS);
```

7.4 结构体的子结构形式

一个设计实体，可以有几个结构体。对于比较复杂的结构体，若用一个模块难以描述，则在结构体中可以采用多个子结构模块。VHDL 结构体的子结构形式有三种，即进程（Process）、块（Block）、子程序（Subprogram）。

7.4.1 进程

在 VHDL 程序中，进程是描述硬件功能的最常用、最基本的子结构形式。进程的书写格式如下：

```
[进程名:]   PROCESS [敏感信号量表]
           说明语句
             ⋮
           BEGIN
             顺序执行语句
               ⋮
             END PROCESS [进程名];
```

进程具有如下特点：

1）进程内部所有的语句都是顺序执行的。

2）进程和进程之间是并行执行的。

3）进程的启动由 PROCESS 语句的敏感信号量表中的信号量触发，即这些信号中无论哪一个发生变化，都将启动该进程；进程也可以由 WAIT 语句触发。一旦进程被启动，PROCESS 后的语句将被从上到下逐句执行。当最后一个语句执行完毕后，返回 PROCESS 语句，等待下一次变化的出现。

为了不产生两个进程启动的条件，避免进程误触发，敏感信号表和 WAIT 语句不应存在于同一个进程中。由于进程由敏感信号触发，因此进程所描述的是一个由敏感信号触发的可反复进行的硬件行为。当没有敏感信号的变化时，这个进程就不工作。

[例 7.4.1]　利用进程语句设计一位加法器。

```
ENTITY half-adder IS
    PORT(a,b:IN STD_LOGIC;sum,carry:OUT STD_LOGIC);
END half-adder;
ARCHITECTURE behav OF half-adder IS
BEGIN
    PROCESS(a,b)
    BEGIN
        sum<=a XOR b AFTER 5ns;
        carry<=a AND b AFTER 5ns;
    END PROCESS;
END behav;
```

在这个程序中，半加器的任何一个输入 a 或 b 产生变化，就启动该进程，产生本位和 sum 和进位 carry。

在进程的敏感信号量表中，必须把进程中所有的敏感信号量全部列出，否则将导致错误结果。在例 7.4.1 中，如果敏感信号量表中没有 b 的话，则只有 a 的变化才能启动进程。而当 b 发生变化时，进程并不运行，加法器的值不变，导致了错误结果。

[例 7.4.2]　由时钟信号触发的进程。

```
ENTITY sync-body IS
    PORT(in,clk:IN BIT;b:OUT BIT);
END sync-body;
ARCHITECTURE behav OF sync_body IS
BEGIN
    F1:PROCESS(clk)
        BEGIN
            b<=in AFTER 10ns;   --fMAX=100MHz
        END PROCESS F1;
END behav;
```

在实际仿真时，上述程序所描述的电路理论极限工作速度为 100MHz。当然，这不是实际器件的工作速度。

进程的启动除了可以由敏感信号触发之外，还可以由 WAIT 语句启动，同步进程的执行，同步条件由 WAIT 语句指明。在进程中，信号的当前值仅在同步点发生变化和更新，模拟时钟前进一步。同步点有两种，在用敏感信号表表示的进程中，同步点在“END PROCESS”这一行上；在没有敏感表的进程中，同步点在 WAIT 语句这一行上。WAIT 语句有四种形式：

(1) 无限等待

无限等待的语句格式如下：

WAIT;

(2) 敏感信号量变化等待

敏感信号量变化等待语句的格式如下：

WAIT ON 信号名 [, 信号名];

当 WAIT ON 后的敏感信号量变化时进程启动。

(3) 条件等待

条件等待语句格式如下：

WAIT UNTIL 表达式;

当表达式的条件成立时进程启动。

(4) 时间等待

时间等待语句格式如下：

WAIT FOR 时间表达式;

当表达式所表示的等待时间到后启动进程。例如：

```
WAIT FOR  20ns;  --同步点在延时 20ns 后
WAIT FOR(a * (b+c));  --a * (b+c)为时间量,等待时间由此表达式求出确定
```

下面两个进程的启动条件是等效的：

```
PROCESS (a, b)
BEGIN
    y<=a AND b;
END PROCESS;
```

```
PROCESS
BEGIN
y<=a AND b;
WAIT ON a, b;
END PROCESS;
```

在 WAIT 语句中，可以综合使用上述各种等待条件，得到多条件等待语句。例如：

WAIT ON clk, interrupt FOR 5ns; --当信号 clk 或 interrupt 变化 5ns 后启动进程。

[例 7.4.3] 应用进程语句和等待语句设计“异或”门电路。

```
LIBRARY IEEE;
USE IEEE.STD_LOGIC_1174.ALL;
ENTITY xor IS
    PORT(a,b:IN STD_LOGIC;q:OUT STD_LOGIC);
END xor;
ARCHUTECTURE sync_wait OF xor IS
BEGIN
    PROCESS
        BEGIN
            q<=a XOR b AFTER 10ns;
            WAIT ON a,b;
    END PROCESS;
END xor;
```

上述程序中的进程与下面的描述等效。

```
PROCESS(a,b)
    BEGIN
        q<=a XOR b AFTER 10ns;
    END PROCESS;
```

进程的描述要注意错误的触发条件和无限等待（死机）的产生。下例是一个错误的程序。

［例 7.4.4］　WAIT 语句的错误使用。

```
ARCHITECTURE example OF body IS
SIGNAL a,b:BIT:='0';
BEGIN
    PROCESS(a)           --敏感信号量
        BEGIN
            WAIT ON a;  --又含 WAIT ON 语句,条件重复
            WAIT;        --无限等待,将死机
    END PROCESS;
END example;
```

7.4.2　复杂结构体的多进程组织方法

在硬件的行为描述中，构造算法模型实际上就是把描述系统功能的自然语言翻译成为一组进程，每个进程完成不同的功能。为了方便系统的行为描述，通常用进程模型图（PMG）表示系统的行为。图 7.4.1 所示的系统分解成四个进程，每个进程完成一定的功能，进程之间的关联由箭头线表示。

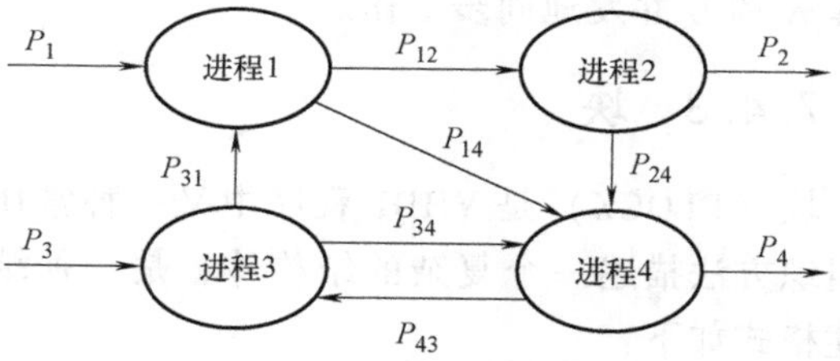

图 7.4.1　描述系统行为的 PMG 图

在这个进程模型中，进程 1 对信号 P_1、P_{31}敏感，当 P_1、P_{31}中任何一个产生变化时，进程 1 被触发启动，进程 1 执行完毕后，产生结果 P_{12}、P_{14}，分别触发进程 2 和进程 4。进程 4 的敏感信号是 P_{14}、P_{24}、P_{34}，当其中任何一个信号变化时，进程 4 被触发启动，进程执行完毕后，输出 P_4 和 P_{43}。P_{43}触发进程 3。进程 3 的敏感信号是 P_3 和 P_{43}，当其中任何一个发生变化时，进程 3 启动，进程 3 执行完毕后，输出 P_{31}和 P_{34}，分别去触发进程 1 和进程 4。进程之间通过信号进行通信，并可以引发进程的运行。只要敏感信号发生变化，进程就会不断被启动运行。

［例 7.4.5］　两个进程间的通信。

```
ENTITY pro_com IS
PORT(sa:IN BIT,q:OUT BIT)
END pro_com;
ARCHITECTURE folow OF pro_com IS
SINGAL sta,stb:BIT:='0';
```

```
BEGIN
    A:PROCESS(sa,sta)
        BEGIN
            IF(sa'EVENT AND sa=‘1’)OR(sta'EVENT AND sta=‘1’)
            THEN
                stb<=‘1’ AFTER 20nS; ‘0’ AFTER 30nS;
            ENDIF;
        END PROCESS a;
    B:PROCESS(stb)
        BEGIN
            IF(stb'EVENT AND stb=‘1’)THEN
                sta<=‘1’ AFTER 10nS;
                     ‘0’ AFTER 20nS;
            ENDIF;
        END PROCESS b;
END folow;
```

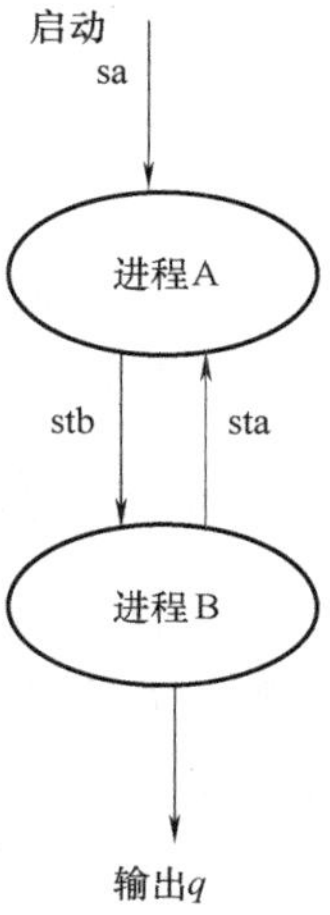

图 7.4.2 两个进程之间的通信

在例 7.4.5 的模型中（见图 7.4.2），有 A、B 两个进程，一旦进程 A 启动，就会产生一个输出脉冲 stb 到进程 B，stb 是进程 B 的敏感信号量，它的变化启动进程 B，进程 B 执行完毕后，产生一个输出脉冲 sta，sta 是进程 A 的敏感信号量，sta 的变化又启动进程 A。如此循环反复，使进程 A 和 B 并发地同步工作。

7.4.3 块

块（BLOCK）是 VHDL 程序中又一种常用的子结构形式。采用多模块组织方法描述一个复杂的结构体，是一种结构化描述方法。块结构的描述格式如下：

```
块名:BLOCK[条件表达式]
[类属子句 类属接口表;]        --用于信号的映射及参数的定义,常用
                              --GENERIC 语句
[端口子句 端口接口表;]
[块说明部分]
BEGIN
      ⋮
    并发执行语句
      ⋮
END BLOCK[块名];
```

从块的结构可以知道块具有如下特点：

1）块内的语句是并发执行的，运行结果与语句的书写顺序无关。

2）在结构体内，可以有多个块结构，块在结构体内是并发运行的。

3）块的运行有无条件运行和条件运行两种。条件运行的块结构称为卫式 BLOCK（GUARDED BLOCK）。

4）块结构内可以再有块结构，形成块的嵌套，组成复杂系统的层次化结构。

综上所述，块的内部结构与结构体类似，是一种层次化结构设计。

下面是一些块结构的应用实例。

[例 7.4.6]　块结构的使用方法。

```
LIBRARY IEEE;
USE IEEE.STD_LOGIC_1164.ALL;
PACKAGE  bit32  IS                              --定义一个名为 bit32 的程序包
TYPE tw32 IS ARRAY(31 DOWNTO 0)OF STD_LOGIC;
                                                --定义一个 32 位数组
END bit32;
USE IEEE.STD_LOGIC_1164.ALL;
USE WORK.bit36-ALL;
ENTITY cpu IS
PORT(clk,interrupt:IN STD_LOGIC;
      Addr:OUT TW32;                            --定义 32 位地址总线
      Data:INOUT TW32);                         --定义 32 位数据总线
END cpu;
ARCHITECTURE cpu_block OF cpu IS
SIGNAL addr_bus,data_bus:TW32;
BEGIN
Alu:BLOCK                                       --Alu 块
    SIGNAL Ad_bus:TW32;
    BEGIN
      ⋮                                         --Alu 功能描述
    END BLOCK Alu;
    Register:BLOCK                              --寄存器组块
        SIGNAL reg_bus:TW32;
        BEGIN
            Register1:BLOCK
                SIGNAL Ad_bus:TW32;             --内层块引用外层块的信号
                BEGIN
                  ⋮                             --寄存器功能描述
            END BLOCK register1;
                  ⋮                             --其余寄存器的功能描述
    END BLOCK register;
      ⋮                                         --cpu_blk 的其余功能描述
END cpu_blk;
```

在上例中，实体中的端口说明有4个量，即clk、interrupt、Addr和Data，它们的作用范围为整个实体cpu，可以为实体内的所有模块所引用；addr_ bus和data_ bus定义在结构体cpu_ blk中，可以为该结构体内的子结构Alu BLOCK、register BLOCK和register1 BLOCK所引用。在BLOCK嵌套结构中，内层BLOCK可以使用外层BLOCK所定义的信号，外层BLOCK不能使用内层BLOCK定义的信号。

BLOCK是一个独立的子结构，可以包含PORT语句、GENERIC语句，通过这两个语句可以将块内的信号传送到块外，也可以将块外的信号传送到块内。

[例7.4.7] 块的参数传递。

```
LIBRARY IEEE;
    USE IEEE.STD_LOGIC_1164.ALL;
    TYPE TW32 IS ARRAY(31 DOWNTO 0)OF STD_LOGIC;
    ENTITY cpu IS
        PORT(clk,interrupt:IN STD_LOGIC;
                Addr:OUT TW32;
                Data:INOUT TW32;
                Cout:IN INTEGER);
    END cpu;
    ARCHITECTURE cpu_blk OF cpu IS
        SIGNAL addr_bus,data_bus:TW32;
        BEGIN
            Alu:BLOCK
                PORT(a_bus,b_bus:IN TW32;
                        d_out:OUT TW32;
                        c_bus:IN INTEGER);
                BEGIN
                PORT MAP(a_bus=>addr_bus;
                            b_bus=>data_bus;
                            d_out=>data;
                            c_bus=>Cout);
                    ⋮
        END BLOCK Alu;
END cpu_blk;
```

在上述程序中，利用PORT MAP语句，将BLOCK Alu中的a_bus、b_bus映射到块外结构的全局信号addr_bus和data_bus上，而将d_out和c_bus映射到实体cpu的端口Data和Cout上，把信号传送到结构体外。

7.4.4 子程序

子程序被主程序调用以后，能将结果返回主程序的程序模块，子程序可以被反复调用。子程序内部的值不能保持。在VHDL中，子程序分两类：即过程（PROCEDURE）和函数

(FUNCTION)。

1. 过程语句

过程 (PROCEDURE) 用过程语句定义。过程语句的结构如下：

```
PROCEDURE 过程名(参数 1;参数 2;…)IS
[定义语句];                  --变量或常量定义
BEGIN
[顺序处理语句]               --过程描述语句
```

过程中的输入输出参数都应列出在过程名后的括号内，过程中的执行语句都是顺序执行语句，与进程的情况一样。

形式参数的模式可以是 IN、OUT 或 INOUT，如果未指明模式，则认为是模式 IN，参数的对象类型可以是常量、变量和信号。缺省对象类型说明的，对于模式 IN，则认为是常量；对于模式 OUT 或 INOUT，则认为是变量。

下例是一个位矢量相加的过程，这个过程在一个结构体中被引用。

[例 7.4.8]　位矢量相加的过程。

```
PROCEDURE add(a,b:IN BIT_VECTOR;cin:IN BIT;
              sum:OUT BIT_ VECTOR;cout:OUT BIT)IS
VARIABLE sumv,av,bv:BIT_ VECTOR(a'LENGTH-1 DOWNTO 0);
VARIABLE carry:BIT;
BEGIN
    av:=a;
    bv:=b;
    carry:=cin;
    for i IN 0 TO sumv 'HIGH  LOOP
        sumv(i):=av(i)xor bv(i)xor carry;
        carry:=(av(i)AND bv(i))OR(av(i)AND carry)OR(bv(i)AND carry);
    END LOOP;
    cout:=carry;
    sum:=sumv;
END add;
```

过程的调用可以被顺序调用，也可以被并发调用。并发过程调用严格等同于一个包含有顺序过程调用的进程，因此，并发过程调用语句可以看作是一个包含有顺序过程调用语句的进程体的简写形式。例 7.4.8 的过程 add 只能被顺序调用，原因在于其输出形式参数 sum 和 cout 都是变量，因而与其对应的实际参数也必须是变量，而变量只能在进程或过程中定义。过程调用的语法规则如下：

```
[标号:] 过程名 [(实际参数表)];
```

形式参数和实际参数的映射关系可以是位置映射，也可以是名称映射。例如：

```
add(data1,data2,cary_in,result,cary_out);          ---位置映射
add(a=>data1,cin=>cary_in,sum=>result,b=>data2,cout=>cary_out);
                                                    ---名称映射
```

形式参数和实际参数的对象类型必须匹配，匹配关系如下：

形式参数	实际参数
信号	信号
变量	变量
常量	表达式

在例 7.4.8 所定义的过程中，a、b 和 cin 的对象类别未说明，隐含为常量，故它们可以和信号或变量匹配，因为信号和变量都是合法的表达式。

2. 函数语句

函数语句的结构如下：

```
FUNCTION 函数名(参数 1,参数 2;…)RETURN 数据类型名 IS
[定义语句]
BEGIN
[顺序处理语句]
RETURN [返回变量名];
END 函数名;
```

在 VHDL 语言中，FUNCTION 语句中括号内的所有参数都是输入参数或输入信号，故括号内指定端口方向的“IN”可以省略，通常各种功能的 FUNCTION 语句的程序都被集中在集合包中。

[例 7.4.9] 函数过程的定义。

```
LIBRARY IEEE;
USE IEEE. STC_LOGIC_1164. ALL;
PACKAGE bpac IS
    FUNCTION max(a:STD_LOGIC_VECTOR;        --参数说明
                b:STD_LOGIC_VECTOR);
            RETURN STD_LOGIC_VECTOR;        --返回变量型说明
    END bpac;
PACKAGE BODY bpac IS
    FUNCTION max(a:STD_LOGIC_VECTOR;b:STD_LOGIC_VECTOR)
            RETURN STD_LOGIC_VECTOR IS
    VARIABLE tmp:STD_LOGIC_VECTOR(a' RAGE);
                                            --函数返回值 a 之范围,
    BEGIN
        IF(a >=b)THEN tmp:=a;
        ELSE tmp:=b;
        END IF;
        RETURN tmp;                         --返回变量名
    END [max];
END bpac;
```

上述程序中,矢量的范围在调用时给出。下例是引用上述函数过程的例子。

[例 7.4.10]　函数过程的调用。

```
LIBRARY IEEE;
USE IEEE.STD_LOGIC_1164.ALL;
USE WORK.bpac.ALL;
ENTITY maxtest IS
PORT (d:IN STD_LOGIC_VECTOR(5 DOWN TO 0);
      clk,set:IN STD_LOGIC;
      q:OUT STD_LOGIC_VECTOR(5 DOWN TO 0);
END maxtest;
ARCHITECTURE rtl OF maxtest IS
    SIGNAL peak:STD_LOGIC_VECTOR(5 DOWN TO 0);
    BEGIN
    PROCESS(clk)
        BEGIN
            IF(clk'EVENT AND clk='1')THEN          --检测 clk 的上升沿
                IF(set='1')THEN peak<=d;
                  ELSE peak<=max(d,peak);           --函数调用
                END IF;
            END IF;
        END PROCESS;
            q<=peak;
  END rtl;
```

在 VHDL 语言中为了能重复使用这些进程和函数，这些程序通常组织在集合包和库中。通常，多个进程和函数汇集在一起构成集合包（Package），若干个集合包汇集在一起形成库（Library）。

7.5　顺序语句和并发语句

VHDL 是一种硬件描述语言。作为一种程序语言，VHDL 程序也是由一条条语句组成。但是语句的执行，既有顺序执行的，也有并发执行的。由于硬件系统运行的并行性，VHDL 作为一种硬件描述语言，必须能够反映硬件的并发运行特点。VHDL 语言的并发语句反映了这个特点，并发语句表示系统内各部分的连接关系，可直接构成结构体。顺序语句主要是用来实现模型的算法部分，比如通常由若干顺序语句构成一个进程来描述一个特定的算法或行为，但它不能直接构成结构体，而必须通过进程、过程调用等方式间接地实现结构体。VHDL 语言的顺序语句和并发语句概括如表 7.5.1 所示。

7.5.1　顺序语句

VHDL 语言的顺序语句有两类：一类是真正的顺序语句；一类是既可以作顺序语句，又可以作并发语句的具有二重特性的语句，这类语句在进程、子程序内是顺序语句，而在构造体内是并发语句。

表 7.5.1 VHDL 语言的顺序语句和并发语句

并发语句	顺序语句	并发语句	顺序语句
块(BLOCK)语句 进程(PROCESS)语句 信号代入语句 条件信号代入语句	WAIT 语句 断言(ASSERT)语句 信号代入语句 变量赋值语句 CASE 语句 IF 语句	选择信号代入语句 并发过程调用语句 生成(GENERATE)语句 元件例化语句	LOOP 语句 EXIT 语句 RETURN 语句 NULL 语句 过程调用语句

VHDL 语言的顺序语句有：变量赋值语句、WAIT 语句、IF 语句、CASE 语句、LOOP 语句、NEXT 语句、RETURN 语句、NULL 语句、REPORT 语句、断言语句。

并发/顺序二重性语句有：过程调用语句、信号代入语句。

1. WAIT 语句

WAIT 语句用于进程中，其作用与敏感信号相同，控制进程的同步执行。当 WAIT 语句中的条件满足时，进程被触发启动，完成进程的行为功能。WAIT 语句的控制条件可以有 4 种不同的设置方式，即

无限等待（WAIT）、敏感信号量变化（WAIT ON）、条件等待（WAIT UNTIL）、时间等待（WAIT FOR）

WAIT 语句的使用方法已在 7.4.1 中作了介绍。上述三种条件 WAIT 语句的条件可以混合在一起，构成多条件等待，例如：

```
WAIT ON cn, int UNTIL ((cn=TRUE) OR (int=TRUE)) FOR 5μs;
```

在上述语句中，当 cn、int 中有一个发生变化，并且 cn、int 之中的一个为“TRUE”后 5μs 进程被启动，继续执行 WAIT 的后继语句。

2. IF 语句

IF 语句是一种条件控制语句，有 3 种形式，即 IF THEN 语句、IF THEN ELSE 语句和 IF THEN ELSIF 语句。

（1） IF THEN 语句

IF THEN 语句的书写格式如下：

```
IF 条件 THEN
   顺序处理语句
END IF
```

在条件满足时执行 IF 块，否则执行 IF 语句的后继语句。

[例 7.5.1] 用 IF 语句设计 D 触发器。

```
LIBRARY IEEE;
USE IEEE.STD_LOGIC_1164.ALL;
ENTITY dff  IS
      PORT(d,clk:IN STD_LOGIC;
              q:OUT STD_LOGIC);
END dff;
ARCHITECTURE rtl_dff IS
```

```
    BEGIN
        PROCESS(clk)
            BEGIN
                IF(clk'EVENT AND clk='1')THEN
                    q<=d;
                ENDIF;
        END PROCESS;
END rtl_dff;
```

上例中，用了信号属性函数' EVENT，当时钟信号 clk 发生变化，且 clk='1' 时，d 的内容被送到 q 端；当该条件不满足时，q 的内容不变。

（2） IF THEN ELSE 语句

IF THEN ELSE 语句的书写格式如下：

```
IF 条件 THEN
  顺序处理语句
ELSE
  顺序处理语句
ENDIF;
```

这个语句是 2 选 1 的条件语句。下例用其描述 2 选 1 电路。

[例 7.5.2]　用 IF THEN ELSE 描述的 2 选 1 电路。

```
LIBRARY IEEE;
USE IEEE.STD_LOGIC_1164.ALL;
ENTITY mux2 IS
    PORT(a,b,sel:IN STD_LOGIC;
         c:OUT STD_LOGIC);
END mux2;
ARCHITECTURE example OF mux2 IS
    BEGIN
        PROCESS(a,b,sel)
            BEGIN
                IF(sel='1')THEN
                    c<=a;
                ELSE
                    c<=b;
                ENDIF;
        END PROCESS;
END example;
```

当输入 a、b 或选择信号 sel 产生变化时，进程被执行，且当 sel='1' 时，输出端 c 为 a 值，否则为 b 值。这是一个典型的 2 选 1 电路。

（3） IF THEN ELSIF 语句

这种类型的 IF 语句实际上是 IF 语句的嵌套，其书写格式如下：

```
IF 条件 1 THEN
    顺序处理语句
ELSIF 条件 2 THEN
    顺序处理语句
      ⋮
ELSIF 条件 n THEN
    顺序处理语句
ELSE
    顺序处理语句
END IF;
```

这种结构的 IF 语句用于选择器、比较器、编码器、译码器和状态机的设计。下例是一个 8 线-3 线优先级编码器，其真值表如表 7.5.2 所示，表中的×是任意项。

[例 7.5.3] 8 线-3 线优先级编码器。

表 7.5.2 8 线-3 线优先级编码器真值表

输入								输出		
d_7	d_6	d_5	d_4	d_3	d_2	d_1	d_0	q_2	q_1	q_0
0	×	×	×	×	×	×	×	1	1	1
1	0	×	×	×	×	×	×	1	1	0
1	1	0	×	×	×	×	×	1	0	1
1	1	1	0	×	×	×	×	1	0	0
1	1	1	1	0	×	×	×	0	1	1
1	1	1	1	1	0	×	×	0	1	0
1	1	1	1	1	1	0	×	0	0	1
1	1	1	1	1	1	1	0	0	0	0

```
LIBRARY IEEE;
USE IEEE.STD_LOGIC_1164.ALL;
    ENTITY priority_encoder IS
        PORT (d:IN STD_LOGIC_VECTOR(7 DOWNTO 0);
              q:OUT STD_LOGIC_VECTOR(2 DOWNTO 0));
END priority_encoder;
ARCHITECTURE example_if OF priority_encoder
    BEGIN
        PROCESS(d)
            BEGIN
                IF(d(7)='0')THEN
                  q<="111";
                ELSIF(d(6)='0')THEN
                  q<="110";
                ELSIF(d(5)='0')THEN
```

```
            q<="101";
          ELSIF(d(4)='0')THEN
            q<="100";
          ELSIF(d(3)='0')THEN
            q<="011";
          ELSIF(d(2)='0')THEN
            q<="010";
          ELSIF(d(1)='0')THEN
            q<="001";
          ELSE
            q<="000";
          END IF;
        END PROCESS;
    END example_if;
```

由于 IF 语句是顺序语句，故程序执行后的结果与语句先后的次序有关。显然，在 IF 语句中，最先判别的 d（7）位优先权最高，只要这一位的值为 0，不论其他各位是什么值，编码器输出 q 的值总是“111”。如果语句的先后次序发生变化，则电路的逻辑功能也将发生变化。

3. CASE 语句

CASE 语句用于描述条件电路，但与 IF 语句不同。IF 语句实现的是优先权电路，而 CASE 语句实现的是平衡电路。CASE 语句常用于描述总线、译码器和平衡编码器的结构。CASE 语句的一般格式如下：

```
CASE 条件表达式 IS
WHEN 条件表达式的值=>顺序处理语句;
END CASE;
```

WHEN 中的条件有下述四种方式：

```
WHEN 值=>顺序处理语句;
WHEN 值|值|…值|=>顺序处理语句; --若干可列的值。
WHEN 值 TO 值=>顺序处理语句; 某个区间的值。
WHEN OTHERS=>顺序处理语句;
```

在 CASE 语句中，“=>”不是赋值号，而是表示“执行”某个语句。

[例 7.5.4]　用 CASE 语句设计 4 选 1 电路。

```
LIBRARY IEEE;
USE IEEE.STD_LOGIC_1164.ALL;
ENTITY mux4 IS
    PORT (a,b,d0,d1,d2,d3:IN STD_LOGIC;
          q:OUT STD_LOGIC);
END mux4;
ARCHITECTURE example_case OF mux4 IS
```

```
    SIGNAL sel:INTEGER RANGE 0 TO 3;
    BEGIN
        PROCESS(a,b,d0,d1,d2,d3)
            BEGIN
                sel<=0;
                IF(a='1')THEN
                    sel<=sel+1;
                END IF;
                IF(b='1')THEN
                    sel<=sel+2;
                END IF;
                CASE sel IS
                    WHEN 0=>q<=d0;
                    WHEN 1=>q<=d1;
                    WHEN 2=>q<=d2;
                    WHEN 3=>q<=d3;
                END CASE;
            END PROCESS;
        END    example_case;
```

上述程序所描述的是一个平衡结构的4选1电路，该程序经逻辑综合后，如果用FPGA实现，其电路结构如图7.5.1所示。

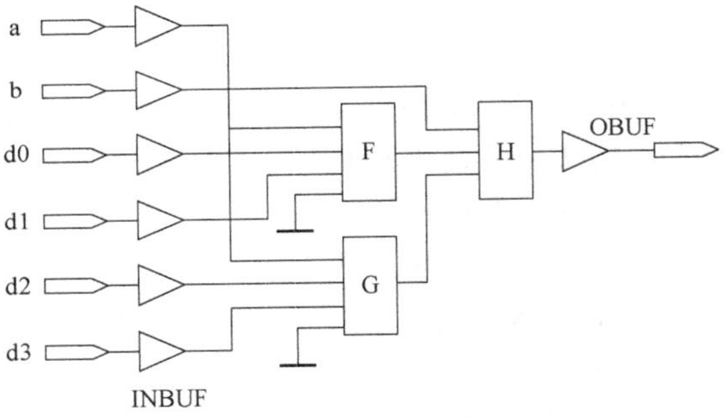

图 7.5.1　CASE语句实现的平衡逻辑4选1电路

4选1电路也可以用IF语句实现，然而所得的结果是一种优先权逻辑电路。例7.5.5是用IF语句设计的4选1电路。

[例7.5.5]　用IF语句设计4选1电路。

```
    LIBRARY IEEE;
    USE IEEE.STD_LOGIC_1164.ALL;
    ENTITY mux4 IS
    PORT(a,b,d0,d1,d2,d3:IN STD_LOGIC;
              q:OUT STD_LOGIC);
    END mux4;
    ARCHITECTURE example_if OF mux4 IS
    BEGIN
        PROCESS(a,b,d0,d1,d2,d3)
        BEGIN
            IF(a='0' AND b='0')THEN
                q<=d0;
```

```
        ELSIF(a='1' AND b='0')THEN
            q<=d1;
        ELSIF(a='0' AND b='1')THEN
            q<=d2;
        ELSIF(a='1' AND b='1')THEN
            q<=d3;
        END IF;
    END PROCESS;
END example_if;
```

很明显，在上述程序描述的结构中，d0（a=0，b=0）通道是优先权最高的，d3（a=1，b=1）通道优先权最低。上述程序经综合后，如果用 FPGA 实现，则其硬件电路如图 7.5.2 所示。

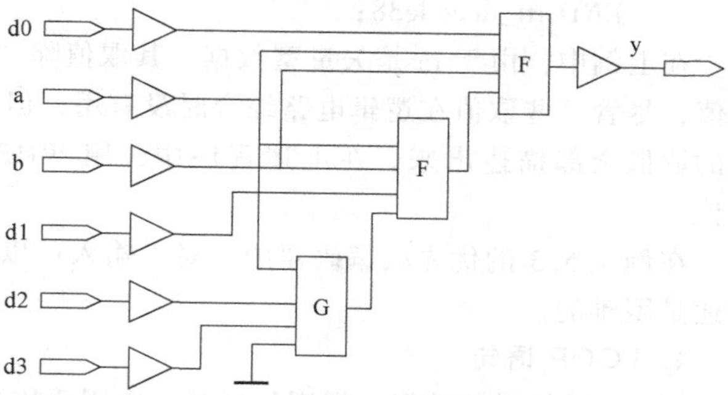

图 7.5.2　用 IF 语句实现的优先权 4 选 1 电路

在用 CASE 语句描述时，条件表示式的值必须举穷尽，也不能重复。有些不能穷尽的表达式的值可用 OTHERS 表示。

［例 7.5.6］　用 WHEN OTHERS 表达的 CASE 语句设计一个 3 线-8 线译码器（74LS138，输出低电平有效）。

```
LIBRARY IEEE;
USE IEEE.STD_LOGIC_1164.ALL;
ENTITY decode_38 IS
PORT (a,b,c,G1,G2A,G2B:IN STD_LOGIC;
      y:OUT STD_LOGIC_VECTOR(7 DOWN TO 0));
END decode_38;
ARCHITECTURE rtl_decode38 OF decode _38 IS
SIGNAL in:STD_LOGIC_VECTOR(2 DOWN TO 0);
BEGIN
    in<=c&b&a;
    PROCESS(in,G1,G2A,G2B)
    BEGIN
        IF(G1='1' AND G2A='0' AND G2B='0')THEN
            CASE in IS
                WHEN "000"=>y<="11111110";
                WHEN "001"=>y<="11111101";
                WHEN "010"=>y<="11111011";
                WHEN "011"=>y<="11110111";
                WHEN "100"=>y<="11101111";
```

```
            WHEN "101" =>y<="11011111";
            WHEN "110" =>y<="10111111";
            WHEN "111" =>y<="01111111";
            WHEN OTHERS=>y<="XXXXXXXX";
        END CASE;
    ELSE
        y<="11111111";
    END IF;
  END PROCESS;
END rtl_decode38;
```

在上例中，由于 in 是矢量型数据，其取值除“0”和“1”之外，还有可能取“x”“z”等值，尽管这些取值在逻辑电路综合时没有用，但在仿真中必须考虑，故在 CASE 中应将可能的取值全部描述出来。在上述程序中，用 WHEN OTHERS 项，包含了 y 输出的所有缺省值。

在例 7.5.3 的优先权编码器中，对于输入可以是任意值“×”的项，因此用 CASE 语句描述是困难的。

4. LOOP 语句

LOOP 语句用以进行有规则的循环，常用于描述迭代电路的行为。

LOOP 语句的书写格式有两种：

(1) FOR-LOOP

书写格式如下：

```
[标号:] FOR 循环变量 IN 离散范围 LOOP
        顺序处理语句
        END LOOP [标号]
```

在这种 LOOP 语句中，循环变量的值在每次循环中都将发生变化，IN 后跟的离散范围表示循环变量在循环过程中依次取值的范围。

[例 7.5.7] 8 位奇偶检验电路的 VHDL 程序

```
LIBRARY IEEE;
USE IEEE.STD_LOGIC_1164.ALL;
ENTITY parity _check IS
PORT (a:IN STD_LOGIC_VECTOR(7 DOWN TO 0);
     y:OUT STD_LOGIC);
END parity-check;
ARCHITECTURE rtl_ parity-check OF parity-check IS
    BEGIN
    PROCESS(a)
        VARIABLE temp:STD_LOGIC;
        BEGIN
      temp='0';
```

```
        FOR i IN 0 TO 7 LOOP
            temp:=temp XOR a(i);
        END LOOP;
    y<=temp;
  END PROCESS;
END rtl_ parity-check;
```

在上述程序中，i 是循环变量，不能在变量说明和信号说明中出现，信号和变量都不能代入此循环变量中。temp 是变量，仅在进程中有效。如果要在进程之外引用该变量之值，必须将其代入信号量（信号量是全局量）。故程序中将 temp 代入信号量 y 中，由 y 带出进程。

（2）WHILE_LOOP 语句

这是一种条件循环语句，其格式如下：

```
[标号:] WHILE 条件 LOOP
        顺序处理语句
        END [标号];
```

在这种语句中，当条件为真时，进行循环，如果条件为假，则结束循环。

[例 7.5.8]　用 WHILE_LOOP 语句描述 8 位奇偶校验电路的程序。

```
LIBRARY IEEE;
USE IEEE.STD_LOGIC_1164.ALL;
ENTITY parity-check IS
PORT(a:IN STD_LOGIC_VECTOR(7 DOWN TO 0);
       y:OUT STD_LOGIC);
END parity-check;
ARCHITECTURE behav_ parity-check OF parity-check IS
    BEGIN
        PROCESS(a)
        VARIBLE temp:STD_LOGIC;
        VARIBLE i:integer;
        BEGIN
            temp:='0';
            i:=0;
                WHILE(i< 8)LOOP
                    temp:=temp XOR a(i);
                    i:=i + 1;
                END LOOP;
            y=temp;
        END PROCESS;
  END behav_ parity-check;
```

虽然，FOR_ LOOP 语句和 WHILE_ LOOP 语句都可以进行逻辑综合，但是一般都不常用 WHILE_ LOOP 语句来进行 RTL 描述。

5. 循环控制语句：NEXT 语句和 EXIT 语句

1）NEXT 语句用以跳出本次循环，其书写格式如下：

NEXT [标号] [WHEN 条件]；

NEXT 后面跟的“标号”表明下次迭代的起始位置，WHEN 后的条件表明 NEXT 语句执行的条件。当条件满足时，则跳出本次循环，转移到以标号为起始的语句执行下一次循环。如果 NEXT 语句后无“标号”，也无 WHEN 条件，则表明执行到 NEXT 后无条件返回到 LOOP 语句的起始位置执行下次循环，例如：

```
WHILE data >1 LOOP
    data = data -2
    NEXT WHEN data = 3;
END LOOP;
N1:FOR i IN 10 DOWN TO 1 LOOP
N2:FOR j IN 0 TO 1 LOOP
    NEXT N1 WHEN i=j;              --条件成立转移到 N1
        matriy(i,j):=i * j + 1;
    END LOOP N2;
END LOOP N1;
```

由上例可见，NEXT 语句主要用于 LOOP 语句的内部循环控制。

2）EXIT 语句用于控制 LOOP 语句的整个循环，其书写格式如下：

EXIT [标号] [WHEN 条件]；

当执行到该语句时，结束 LOOP 语句的循环，转移到“标号”处执行。当 EXIT 后有 WHEN 条件时，为条件控制的结束循环；而无 WHEN 条件时，则无条件结束 LOOP 循环语句的执行。

6. RETURN 语句

RETURN 语句是子程序返回语句，用于子程序过程和函数子程序过程，其书写格式如下：

RETURN [表达式]；

7. NULL 语句

NULL 是一个空语句，类似于汇编语言中的 NOP 语句，其格式如下：

NULL;

7.5.2 并发语句

硬件电路在运行时，所有部分是同时工作的。例如，在算术运算部件中，如果含有加法部件和乘法部件，那么这两个运算部件是同时运行的。为了能够有效仿真硬件电路的这种功能，VHDL 语言的大部分语句是并发执行的。

在 VHDL 程序中，构造体和块结构由并发语句构成。而在并发语句中，BLOCK 语句和 PROCESS 语句定义了两种子结构，这两种子结构在 7.4 节中已做了介绍。这两种语句的并发性，体现在程序体中同时具有若干个 BLOCK 语句或 PROCESS 语句时，它们是并发的。

VHDL 语言的其他并发语句介绍如下。

1. 并发信号代入

信号代入语句是 VHDL 语言中进行行为描述的最基本语句。信号代入语句可以在进程内部使用，此时作为顺序语句的形式出现；信号代入语句也可以在构造体的进程之内使用，此时作为并发语句形式出现，代入语句的一般书写格式如下：

目的信号量<=敏感信号量表达式；

例如：

```
z<=a NOR (b AND c);
```

上式中有 3 个敏感量 a、b、c；无论哪一个敏感量发生新的变化，该代入语句将被执行。一个并发信号代入语句实际上是一个进程的缩写。例如：

```
ARCHITECTURE behav OF examp IS
BEGIN
    output<=aANDb;
END behav;
```

可等效于

```
ARCHITECTURE behav OF examp IS
BEGIN
   PROCESS(a,b)
   BEGIN
      output<=aANDb;
   END PROCESS;
END behav;
```

由信号代入语句可知，当代入符“<=”右边的信号值发生变化时，代入操作被执行，目的信号量被赋新值。而在进程中，a 和 b 是敏感信号量，当其中任何一个发生变化时，进程被启动，代入语句被执行，目标信号量被赋值。由此可见，两种描述方法具有相同的效果。

并发信号代入语句在仿真时刻同时运行，以表征各个独立的电路各自的独立操作，例如：

```
a<=b+c;
d<=e * f;
```

第一个语句描述了一个加法器行为；第二个语句描述了一个乘法器行为。在实际系统中，加法器和乘法器是独立并行工作的。在上述语句中，由于是两个并发信号代入语句，在仿真时刻，两个语句是并行处理的，从而真实地模拟了实际硬件系统中加法器和乘法器的工作。

在信号代入语句中，还可以加入延时，以描述硬件电路的时延。例如：

```
a<=b AFTER 5ns;
```

该语句表示，当 b 发生变化 5ns 后才被代入到信号 a。

众所周知，实际电路都存在固有的传输延迟。这种延迟特性往往可以用具有延时时间的代入语句来描述。下例是一个具有输出延迟的“与”门电路。

[例 7.5.9]

```
ENTITY and 2 IS
PORT(a,b:IN BIT;
       c:OUT BIT);
END and 2;
ARCHITECTURE and 2_behav OF and IS
    BEGIN
        c<=a AND b AFTER 1ns;
END and 2_behav;
```

2. 条件信号代入语句

条件信号代入（Conditional Signal Assignment）语句也是并发语句，它可以根据不同的条件将不同的表达式的值代入目的信号量，其书写格式如下：

```
目的信号量<=表达式 WHEN 条件 1 ELSE
             表达式 WHEN 条件 2 ELSE
                    ⋮
             表达式 n WHEN 条件 n ELSE
             表达式 n+1;
```

每个表达式后都跟有用“WHEN”所指定的条件。当该条件满足时，则该表达式值代入目的信号量，条件不满足时，再判别下一个表达式所指定的条件。当所有条件均不满足时，则将最后一个无条件的表达式值代入目的信号量。

[例 7.5.10] 利用条件信号代入语句设计“异或”门。

```
ENTITY xor-gate IS
    PORT(a,b:IN BIT;
          c:OUT BIT);
END xor-gate;
ARCHITECTURE rtl OF xor-gate IS
BEGIN
    C<='0' WHEN a='0' AND b='0' ELSE
       '0' WHEN a='1' AND b='1' ELSE
       '1';
END rtl;
```

上述程序也可以用 IF 语句实现，但 IF 语句只能在进程中使用，而不能用于结构体内。此外，条件信号代入语句与硬件电路很相近，需要设计者有丰富的硬件电路知识。

3. 选择信号代入语句

选择信号代入（Selective Signal Assignment）语句类似于 CASE 语句，它对条件表达式进行测试，根据选择条件表达式的值将不同的信号表达式的值代入目的信号量。选择信号代入语句的书写格式如下：

```
WITH 选择条件表达式 SELECT
目的信号量<=信号表达式 1 WHEN 选择条件 1
```

信号表达式 2 WHEN 选择条件 2

⋮

信号表达式 n WHEN 选择条件 n;

[例 7.5.11]　利用选择信号代入语句设计 4 选 1 电路。

```
LIBRARY IEEE;
USE IEEE.STD_LOGIC_1164.ALL;
USE IEEE.STD_LOGIC_UNSIGNED.ALL;
USE IEEE.STD_LOGIC_ARITH.ALL;
ENTITY mux4 IS
PORT(d0,d1,d2,d3,a,b:IN STD_LOIGC;
            q:OUT STD_LOGIC);
END mux4;
ARCHITECTURE behav OF mux4 IS
    SIGNAL sel:INTEGER;
    BEGIN
      WITH sel SELECT
          q<=d0 WHEN 0
             d1 WHEN 1
             d2 WHEN 2
             d3 WHEN 3
        'x' WHEN OTHERS;
      sel<=0 WHEN a='0' AND b='0' ELSE
           1 WHEN a='1' AND b='1' ElSE
           2 WHEN a='0' AND b='1' ELSE
           3 WHEN a='1' AND b='1' ELSE
           4;
END behav;
```

上例中，根据 sel 的值选择代入值。选择信号代入语句在进程外使用，当被选择的信号 sel 变化时，程序就会启动执行，它与下例中使用 CASE 语句的进程的功能相当。

[例 7.5.12]　利用 CASE 语句设计 4 选 1 电路。

```
LIBRARY IEEE;
UES IEEE.STD_LOGIC_1164.ALL;
ENTITY mux4 IS
    PORT (d0,d1,d2,d3:IN STD_LOGIC;
          input:IN STD_LOGIC_VECTOR(1 DOWNTO 0);
          q:OUT STD_LOGIC);
END mux4;
ARCHITECTURE rtl OF mux4 IS
    BEGIN
```

```
        PROCESS(input)
            BEGIN
                CASE input IS
                  WHEN"00"=>q<=d0;
                  WHEN"01"=>q<=d1;
                  WHEN"10"=>q<=d2;
                  WHEN"11"=>q<=d3;
                  WHEN OTHERS=>q<='x';
                END CASE;
        END PROCESS;
END rtl;
```

4. 参数传递（GENERIC）语句

参数传递语句用于不同层次设计模块之间信息的传递和参数的传递，例如矢量和数组的长度、器件的延迟时间参数等的传递。

在电子电路系统设计中，经常会遇到一些器件，其逻辑功能相同，但由于产品的生产工艺或产品档次不同，使器件具有不同的工作速度。这时，可以把这一类器件设计成通用的模块，其中的一些参数待调用时确定，GENERIC 语句就是被用于完成参数传递功能。在例 7.3.7 和例 7.3.8 已经讨论 GENERIC 语句的使用方法，可参见例 7.3.7 和例 7.3.8。

5. 元件调用（COMPONENT）和端口映射（PORT MAP）语句

元件调用语句指定了本结构体中所调用的是哪一个模块，这些被调用的模块应已编译在库中，在本结构体中无需再对该模块的功能进行描述。COMPONENT 语句的书写格式如下：

```
COMPONENT  元件名
    GENERIC  说明;        --参数说明
    PORT  说明;           --端口说明
    END COMPONENT;
```

COMPONENT 语句的应用见例 7.3.8。COMPONENT 语句可用于 ARCHITECTURE、PACKGE 以及 BLOCK 中的说明部分，但不能用于进程和子程序过程。

COMPONENT 语句所定义的元件，用端口映射语句来实现连接。端口映射语句的书写格式为：

标号名：元件名 PORT MAP（信号，…，信号）；

通过映射语句，将被调用的元件信号按映射语句中的规定连接到系统上。信号映射的方法有两种：位置映射和名称映射。所谓位置映射，就是在 PORT MAP 语句中所指定的实际信号位置顺序应和库元件说明中的信号书写顺序一一对应，例如例 7.3.7 中的二输入“与”门，端口的定义如下：

```
PORT (a, b: IN BIT;
          c: OUT BIT);
```

在例 7.3.8 中的端口映射语句为：

```
U1: and2 PORT MAP (d0, d1, q0);
```

信号的对应关系为 a↔d0，b↔d1，c↔q0。

信号映射的另外一种方法是名称映射。所谓名称映射就是将已存于库中的模块的端口名称，赋予设计中模块的信号名。例如：

U2：and2 PORT MAP（a=>d0，b=>d1，c=>q0）；

6. 生成（GENERATE）语句

生成语句用于产生多个相同的结构和描述规则结构，在数字系统中常用于描述寄存器阵列、存储单元阵列、仿真状态编译器等。

GENERATE 语句有两种形式，即 FOR-GENERATE 和 IF-GENERATE。

1）FOR-GENERATE 语句的书写格式如下：

标号：FOR 变量 IN 不连续区间（即离散区间）GENERATE

〈并发处理的生成语句〉

END GENERATE［标号名］；

FOR-GENERATE 形式的生成语句用于描述结构相同的多重模式，在结构内是并发处理语句。在此结构不能使用 EXIT 语句和 NEXT 语句。

2）IF-GENERATE 形式的生成语句书写格式如下：

标号：IF 条件 GENERATE

〈并发处理的生成语句〉

END GENERATE［标号名］；

这种形式的生成语句主要描述结构的例外（在某种条件下）情况。

下面用移位寄存器的设计来说明生成语句的使用方法。

［例 7.5.13］　4 位移位寄存器的设计。电路如图 7.5.3 所示。

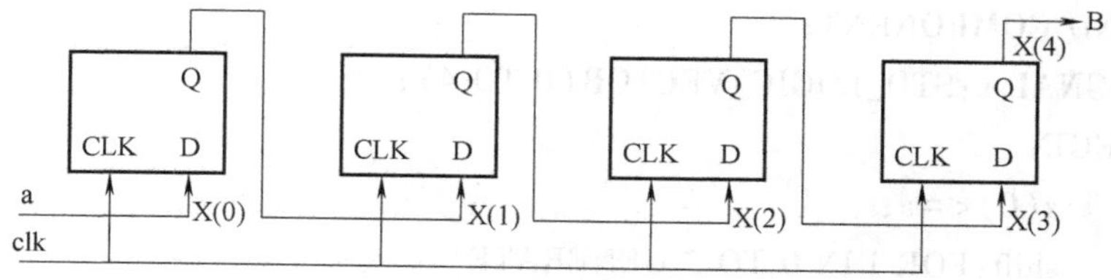

图 7.5.3　4 位移位寄存器

```
LIBRARTY IEEE;
USE IEEE.STD_LOGIC_1164.ALL;
ENTITY shift_register IS
    PORT(a,clk:IN STD_LOGIC;
         B:OUT STD_LOGIC);
END shift_ register;
ARCHITECTURE data_follow OF shift_register IS
    COMPONENT dff                          --调用元件 dff(见例 7.5.1)
    PORT(a,clk:IN STD_LOGIC;
         b:OUT STD_LOGIC);
    END COMPONENT;
    SIGNAL x:STD_LOGIC_VECTOR(0 TO 4);
```

```
    BEGIN
        x(0)<=a;
        dff1:dff   PORT MAP(x(0),clk,x(1));
        dff2:dff   PORT MAP(x(1),clk,x(2));
        dff3:dff   PORT MAP(x(2),clk,x(3));
        dff4:dff   PORT MAP(x(3),clk,x(4));
        B<=x(4);
END data_follow;
```

上述程序中，关于触发器行为的描述是相同的，故可以利用生成语句来描述。程序如例 7.5.14。

[例 7.5.14] 用 FOR-GENERATE 语句设计移位寄存器。

```
LIBRARY IEEE;
USE IEEE.STD_LOGIC_1164.ALL;
ENTITY shift_register IS
PORT(a,clk:IN STD_LOGIC;
        b:OUT STD_LOGIC);
END shift_register;
ARCHITECTURE gene_example OF shift_register IS
    COMPONENT dff
        PORT(d,clk:IN STD_LOGIC;
                q:OUT STD_LOGIC);
    END COMPONENT;
    SIGNAL x:STD_LOGIC_VECTOR(0 TO 4);
    BEGIN
        x(0)<=a;
        shift:FOR i IN 0 TO 3 GENERATE
            dffx:dff   PORT MAP(x(i),clk,x(i+1));
        END GENERATE;
        B<=x(4);
END gene_example;
```

在上述程序中，用 FOR-GENERATE 结构产生了 4 个规则的 D 触发器。程序中的变量 i 无需预定义，也不能赋值，是 EDA 工具进行逻辑综合时所需要的变量，与移位的长度有关，是 GENERATE 重复生成的次数，而不是信号变量和硬件的行为。

7. 并发过程调用语句（Concurrent Procedure CaLL）

VHDL 语言的过程有两种形式，即子程序过程和函数过程。过程可以在进程内被调用，也可以出现在结构体中。出现在结构体中的过程调用语句称为并发过程调用语句。例如：

```
ARCHITECTURE call_example OF body IS
    BEGIN
        vector_to_int(z,x_flag,q);          --并发过程调用
```

```
    ⋮
END call_example;
```

上例中，vector_ to_ int 是对位矢量 z 进行数制转换，使之变成十进制整数 q 的函数的过程，x_flag 是标志位，高电平有效，表示转换是否成功。并发过程调用语句也由过程信号敏感量的变化而启动，上例的位矢量 z 的变化将使 vector_ to_ int 语句得到启动，并被执行。上例的并发过程调用与下述程序中进程对过程的调用等效。

```
ARCHITECTURE example OF body IS
    BEGIN
        PROCESS(z)
            vector_to_int(z,x_flag,q);
            ⋮
        END PROCESS;
END example;
```

7.6　VHDL 中的信号和信号处理

信号是 VHDL 语言中特有的一种数据类型。信号是一个全局量，可以用来进行进程之间的通信；VHDL 语言中对信号的赋值是按时间进行的，信号量的值的改变也需按仿真时间进行。信号的特点和使用方法都与其他数据类型不同，在此给予集中讨论。

7.6.1　信号的驱动源

当某一进程给信号赋值时，可以立即生效，也可以经过一段指定的时间后让信号生效。

进程对信号的作用有两种：一种是“事务（Transaction）”，另一种是“事件（Event）”。如果某进程对信号赋值，不论赋给信号的新值与信号原有的值是否相同，都称该信号发生了一个“事务”；如果某进程对信号赋值，且赋给信号的新值与信号的原值不同，则称该信号上发生了“事件”。在仿真过程中，对信号进行操作必须指明三项内容：①信号名，这是被操作的对象。②操作发生的时刻。③信号值。在仿真器中，通常把对这三项内容指定信号的操作也称为事件，并把对信号的操作保存在一个称为“信号操作队列”（也称为“事件队列”）的链表中。

在时间域内，给某个信号赋值的序列，称为该信号的驱动源。一个进程只能为某个信号建立一个驱动源，而不论赋值多少次。一个信号可能有一个驱动源，也可能有多个驱动源。在结构体或块结构内，当存在对相同的信号多次赋值时，则该信号有多个驱动源，这时，要由判决函数来确定采用哪一个驱动源。

［例 7.6.1］　多驱动源举例。

```
ARCHITECTURE example OF multi_driver IS
    SIGNAL a,b,c:INTEGER;
    BEGIN
        a<=b AFTER 10ns;
        a<=c AFTER 5ns;
```

END EXAMPLE；

上例中，信号 a 究竟由 b 驱动还是由 c 驱动，需要由判决函数确定。

在进程中，由于语句按顺序执行，当发生上述多驱动源的情形时，新的事件将替换老事件。

信号可以由一个当前值以及一个输出波形组成，信号源可以在给定的时间点给该信号赋一系列的值。这些赋值序列及指定的延时称为投影输出波形。例如：

signal<= ‘1’ AFTER 10ns；

signal<= ‘0’ AFTER 20ns；

如果 signal 的原值为 0，则执行上述语句后 signal 的输出波形如图 7.6.1 所示：

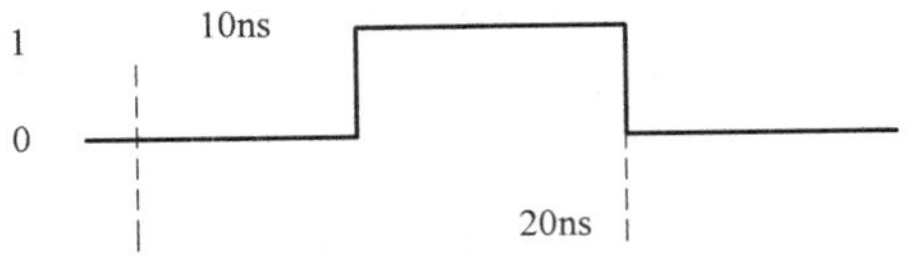

图 7.6.1　例 7.6.1 信号 a 的输出波形

7.6.2　信号的延迟

信号的延迟是从信号发生到生效的时间间隔。在 VHDL 语言中，存在两种延迟模型：惯性延迟和传输延迟。这两种延迟模型常用于结构体的行为描述中。

信号赋值语句的一般格式如下：

信号<=延迟模型/[REJECT 时间表达式]/UNAFFECTED

其中：延迟模型由关键字 INERTIAL 和 TRANSPORT 指定，若无关键字说明，则默认为惯性延迟；保留字 REJECT 用于指定脉冲宽度；保留字 UNAFFECTED 用于表示事件无变化。

1. 信号的惯性延迟（INERTIAL）

惯性延迟用于建立开关器件的模型，几乎所有器件都存在惯性延迟。在硬件电路的设计中，为了逼真地仿真硬件电路的实际工作情况，都需要在代入语句中加入惯性延迟时间的说明。在 VHDL 语言中，惯性延时是缺省的，即在语句中如果不作特别说明，产生的延时一定是惯性延时。在惯性延时中，信号的脉冲宽度由 REJECT 语句指定，若脉冲宽度小于开关电路的延迟时间，则 REJECT 定义的脉冲宽度不能传递。若 REJECT 语句省略，则默认的脉冲宽度为第一个保留字 AFTER 定义的时间值。

惯性延时说明只在行为仿真时有意义，逻辑综合时将被忽略，或者在逻辑综合前去掉惯性延时说明。

惯性延时的书写格式如下：

信号<=[[REJECT 时间表达式]INERTIAL]波形表达式；

例如：

```
ARCHITECTURE example OF delay IS
    SIGNAL a,b:INTEGER;
    SIGNAL c,d,dout1:BIT;
BEGIN
    a<=b AFTER 10ns;
    dout1<=c AND d AFTER 5ns;
END example;
```

当信号赋值中没有 AFTER 子句说明延迟时间，则默认为延迟时间为零，其作用发生在

无穷小延迟 δ 之后，称为零延迟。下面两句赋值语句是等价的。

```
a<=a XOR b;
a<=a XOR b AFTER 0ns;
```

在惯性延迟中，只有当输入值保持给定的时间长度，输出端才有响应。用惯性延迟可以仿真硬件电路中器件的延迟，例如触发器的保持时间，还可以滤除尖峰脉冲干扰和毛刺等。

［例 7.6.2］　去除毛刺的程序。

```
ARCHITECTURE example OF filter IS
    SIGNAL reference:BIT:='0';
    SIGNAL a,b,c:BIT;
    CONSTANT t1:TIME:=10ns;
    CONSTANT t2:TIME:=4ns;
    BEGIN
        Reference<='1' AFTER 10ns;'0' AFTER 20ns;'1' AFTER 25ns;
                   '0' AFTER 30ns;'1' AFTER 45ns;'0' AFTER 55ns;
                   '1' AFTER 58ns;'0' AFTER 60ns;'1' AFTER 65ns;
                   '0' AFTER 80ns;            -- 形成一个脉冲波形
          b<=reference AFTER t1;
          c<=reference AFTER t2;
          a<=reference AFTER 1ns;
    END example;
```

上例中，有四个信号赋值语句，形成四个驱动器。在 reference 赋值语句中的波形表达式给定了多个元素，这些波形元素形成了驱动源。在 VHDL 语言中，要求赋值语句中的波形元素必须按延迟时间升序排列。每个波形元素有一个时间及与其相对应的信号值两个数，这一对数称为一个处理事务。第一个赋值语句共有 10 个处理事务，即

(1, 10ns), (0, 20ns), (1, 25ns), (0, 30ns), (1, 45ns),
(0, 55ns), (1, 58ns), (0, 60ns), (1, 65ns), (0, 80ns)。

一旦第一个事项加入驱动源，接下来的每个事项顺序安排在其后，形成信号的实际驱动源。

这样，reference、a、b 和 c 的输出波形如图 7.6.2 所示：

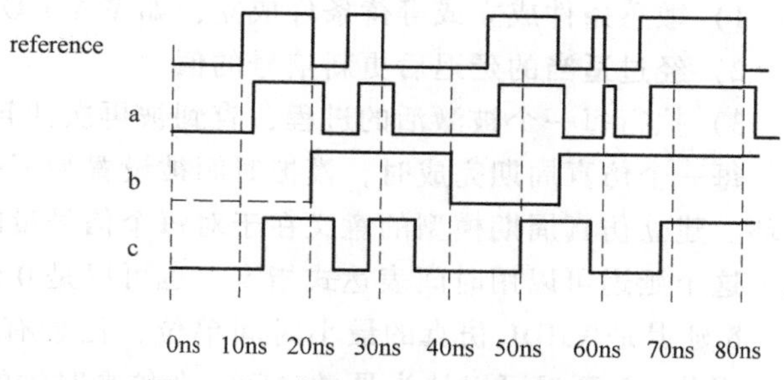

图 7.6.2　例 7.6.2 信号的输出波形

驱动器 a 的延迟为 1ns，故能将 reference 的信号驱动源延时 1ns 后完整地传输。对于驱动器 b，其惯性延迟为 10ns，当信号源 reference 加上时，所有小于 10ns 的波形全被滤除，只有延续时间大于 10ns 的波形延迟 10ns 后输出。驱动器 c 的惯性延迟为 4ns，所有脉冲宽度小于 4ns 的毛刺全部被滤除，其他波形延迟 4ns 后输出。

2. 信号的传输延时

传输延时用于描述连接线、总线、器件内传输路径等的延时。无论输入信号的波形和宽

窄如何，输出端都将复原输入信号。在 VHDL 语言中，传输延时不可缺省，必须在语句中说明。

传输延时的书写格式如下：

signal<=TRANSPORT 波形表达式；

当一个信号的驱动源有多个事件时，如果在时序上有冲突，则将自动删除老事件。例如：

sig<=TRANSPORT 3 AFTER 1 ns，5 AFTER 3 ns，7 AFTER 5 ns；

sig<=TRANSPORT 8 AFTER 4 ns，12 AFTER 10ns；

信号被两次赋值，信号源第一次赋值的波形元素序列为：[3，1ns]、[5，3ns] 和 [7，5ns]；第二次赋值的波形元素序列为：[8，4ns] 和 [12，10ns]。新事件 [8，4ns] 发生在老事件 [7，5ns] 之前，故老事件被自动删除，即 [7，5ns] 不会在 sig 的波形中出现。

7.6.3 仿真周期和信号的 δ 延迟

VHDL 语言用于设计硬件电路，而硬件电路的工作是并行的。例如：

a<=b+c；

y<=b * c；

在硬件中分别对应一个加法器和一个乘法器，两个部件是独立地并行工作的。然而，VHDL 程序的仿真在计算机平台上进行，绝大多数计算机都是单 CPU 结构，对程序的执行是串行的指令执行过程。如果按照计算机指令的执行时间，将难以仿真硬件的并行功能。因此，在 VHDL 的仿真中，时间轴是按仿真时钟的仿真时间单位规划刻度的。在同一仿真时刻，所有发生的事件以及这些事件所激活的所有进程，被一起处理。尽管处理这些事件需要计算机顺序地执行一系列指令，但是在仿真时间内认为是同一时刻。处理该时刻所发生的所有事件和被这些事件所激活的所有的进程的全过程构成了一个仿真周期。在一个仿真周期中，首先判断哪些信号上有事件发生，如果某信号上发生了事件，则被这个信号触发的进程被激活。

仿真周期由三部分组成：

1）敏感条件成立或等待条件成立，如 WAIT ON a；WAIT FOR 10ns 等。

2）经过适当的延迟后更新信号的值。

3）执行每一个被激活的进程，直到被再次挂起。

每一个仿真周期完成时，模拟时间被设置为下一个事务的发生时刻。仿真周期再次开始循环。建立仿真周期模型的意义在于对每个信号量的赋值和信号量值的更新时刻之间存在延迟，这个延迟可以用时间表达式指定，也可以是 0 延迟，0 延迟称为 δ 延迟。

δ 延迟是 VHDL 仿真的最小时间单位，任意有限个 δ 延迟相加并不增加仿真时间的数值。因此，δ 延迟可以认为是微时间。在仿真时钟的同一时刻，可能伴随多个由 δ 延迟产生的仿真周期，一个仿真周期产生的延迟为 δ，然而并不增加仿真时钟数值。对于信号赋值语句，例如 y<=x，语句执行后，y 值并未被更新，其原值一直维持到当前仿真周期结束，在下一个仿真周期开始时，y 值才被更新。如果在当前仿真周期内其他语句要引用 y 的值，无论这语句在赋值语句 y<=x 之前或之后，所使用的均是 y 的原值。在带有时间表达式的信号赋值语句中，例如 y<=x AFTER 10ns，信号 y 要在当前仿真时钟后 10ns 的那个仿真周期内

才得到更新，而在此之前的任何时刻引用 y，使用的全是 y 的原值。

由于采用了仿真时间和 δ 延迟，从而在并发执行的语句中，使得各语句可以并行处理，程序运行的结果与并发语句的先后顺序无关，有效地模拟了硬件电路的并行处理功能。

[例 7.6.3]　利用 δ 延迟实现并发处理。

```
ENTITY gate IS
    PORT(a,clock:IN BIT;
            B,d:OUT BIT);
END gate;
ARCHITECTURE example1 OF gate IS
SIGNAL c:BIT;
BEGIN
    b<=NOT(a);
    c<=NOT(clock AND d);
    d<=c AND a;
END example1;
ARCHITECTURE example2 OF gate IS
SIGNAL c:BIT;
BEGIN
    d<=c AND a;
    b<=NOT(a);
    c<=NOT(clock AND d);
END example2;
```

上述程序中，两个结构体中各有三个赋值语句，赋值语句的位置是不同的。由于在赋值语句中没有时间表达式，因此，在并发执行时采用的是 δ 延迟。当输入信号 a 发生变化时，两段程序在仿真时的运行过程如表 7.6.1 所示。

由表 7.6.1 可见，尽管两个结构体内的信号赋值语句位置不同，但都需经过三个 δ 仿真周期才能完成。在每个仿真周期内，敏感信号的变化、被执行的语句及更新值是一样的，从而得到完全一致的运行结果。由于 δ 延迟并不增加仿真时间，所以三个赋值语句是在同一仿真时刻完成，且运算结果与语句的顺序无关，达到并发执行的效果。

表 7.6.1　并发语句的仿真过程

结构体	仿真周期			
		1δ	2δ	3δ
结构体 1	敏感信号变化	a	(b)d	c
	执行语句	b<=NOT(a) d<=c AND a	c<=NOT(clock AND d)	d<=c AND a
结构体 2	敏感信号变化	a	(b)d	c
	执行语句	d<=c AND a b<=NOT(a)	c<=NOT(clock AND d)	d<=c AND a

7.6.4 信号的属性函数

VHDL 语言具有属性预定义功能，利用属性定义可以写出简明扼要而又可读性好的程序模块。通过各种属性描述语句可以获得客体的各种相关信息。

属性的一般书写格式如下：

　　客体’属性名

VHDL 语言有一大类各种属性函数。本节讨论信号的属性函数。

信号的属性函数用来得到信号的行为信息和功能信息。信号的属性函数可以获取：

1）信号是否发生了值的变化。

2）信号最后一次变化到现在经历的时间。

3）信号变化之前的值。

信号的属性函数有 5 种：

1）signal’EVENT：如果在当前相当小的一段时间间隔内，signal 发生了一个事件，则函数返回一个“真（TRUE)”的布尔量，否则就返回“假（FALSE)”。

2）signal’ACTIVE：若在当前仿真周期中，信号 signal 上有一个事务，则 signal’ACTIVE 返回“真”值，否则返回“假”值。

3）signal’LAST_ EVENT：信号最后一次发生的事件到现在时刻所经历的时间，并将这段时间值返回。

4）signal’LAST_ VALUE：信号最后一次变化前的值，并将此值返回。

5）signal’LAST_ ACTIVE：返回一个时间值，即从信号最后一次发生的事务到现在的时间长度。

利用信号的属性函数可以方便地描述脉冲边沿和触发器的行为。

[**例 7.6.4**] 利用属性函数描述 D 触发器。

```
LIBRARY IEEE;
USE IEEE.STD_LOGIC_1164.ALL;
ENTITY dff IS
    PORT(d,clk:IN STD_LOGIC;
            q:OUT STD_LOGIC);
END dff;
ARCHITECTURE dataflow OF dff  IS
BEGIN
PROCESS(clk)
    BEGIN
        IF(clk'EVENT)AND(clk='1')THEN
            q<=d;
        END IF;
    END PROCESS;
END dataflow;
```

在上述程序的描述中，当 clk 发生变化且变化后的值为“1”，即在 clk 的上升沿时，D

端的输入数据被送到输出端 Q。为了检测时钟的上升沿，引用了属性’EVENT。上例中，如果 clk 原来的电平为“0”，则上述程序描述的逻辑是正确的。但是，如果 clk 原来的电平为“X”，则上例程序同样将 clk 的变化确定为上升沿。显然，在这种情况下，程序会产生错误的结果，即将“X→1”的变化也认为是 clk 的上升沿。为了避免出现这种逻辑错误，可以利用属性’LAST_VALUE，将 IF 语句修改如下：

```
IF(clk'EVENT)AND(clk='1')AND(clk'LAST_VALUE='0')THEN
    q<=d;
END IF;
```

修改以后的 IF 语句可以避免“X→1”状态变化引起的误触发。

此外，例 7.6.4 中进程语句的敏感量是 clk，因此使用 clk’EVENT 并不是必需的，因为进程的启动就是 clk 触发的，其作用与 clk’EVENT 等效。但是，如果进程中有多个敏感信号时，用’EVENT 来说明哪一个信号发生变化还是必需的。

在触发器功能仿真中，经常需要检测建立时间和保持时间。所谓建立时间，是指触发器的数据端数据稳定到时钟上升沿的时间。为了保证触发器在时钟上升沿准确地将输入端的数据传送到输出端，检测到的建立时间应当大于触发器所需要的建立时间。保持时间是指时钟脉冲的后沿到触发器输入端数据开始变化的时间。为了保证触发器在时钟的后沿准确地将数据锁存，检测得到的保持时间应当大于触发器所需要的保持时间。图 7.6.3 是建立时间和保持时间的示意图。

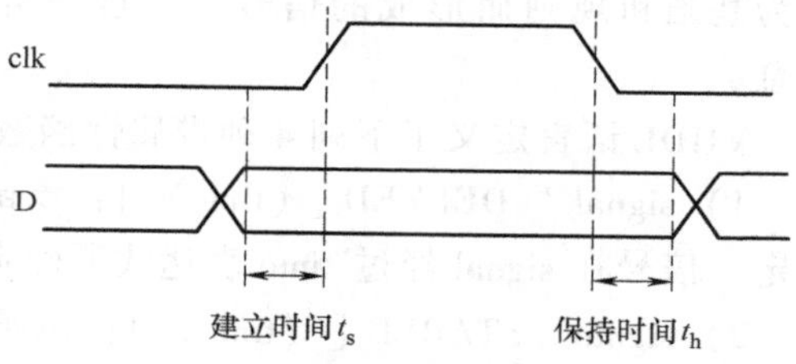

图 7.6.3　建立时间和保持时间

[例 7.6.5]　建立时间的检测。

```
LIBRARY IEEE;
USE IEEE.STD_LOGIC_1164.ALL;
ENTITY dff IS
    GENERIC(setup_tine,hold_time:TIME);          --触发器的建立时间和保持时间
    PORT(d,clk:IN STD_LOGIC;
            q:OUT STD_LOGIC);
    END dff;
    ARCHITECTURE dff_behav OF dff IS
        BEGIN
            Check_process:PROCESS(clk)
            BEGIN
                IF(clk='1')AND(clk'EVENT)THEN
                  ASSERT(d'LAST_EVENT>=setup_time)
                                                  --若检测到的建立时间大于触
                    REPORT "SETUP ERROR"          --发器的建立时间,则执行下
                    SEVERITY ERROR;               --条语句,否则输出出错信息
```

```
            END IF;
        END PROCESS ;
        Dff_process:PROCESS(clk)
            BEGIN
                IF(clk='1')AND(clk'EVENT)THEN
                    q<=d;
                END IF;
        END PROCESS dff_process;
    END dff_behav;
```

当检测到的建立时间小于触发器的建立时间时，则发出报警提示。

7.6.5 带属性函数的信号

带属性函数的信号是一类由属性函数指定的特别信号。这个特别信号是以所加的属性函数为基础和规则而形成的信号。在这一类特别的信号中，包含了属性函数所增加的有关信息。

VHDL 语言定义了下列 4 种带属性函数的信号：

1） signal ’ DELYED [（time）]：该函数产生一个延时的信号，延迟时间由表达式 time 确定，信号在 signal 经过 time 表达式所确定的时间延时后得到。

2） signal’ STABLE [（time）]：该属性可建立一个布尔信号，在表达式 time 规定的时间内，若信号 signal 是稳定的，没有什么事件发生则返回一个 “真” 值，否则为 “假”。

3） signal’ QUIET [（time）]：当参考信号 signal 在时间表达式 time 指定的时间内没有事务要处理时，建立一个布尔量 “真”，否则为 “假”。

4） signal’ TRANSACTION：该属性建立一个 BIT 类型的信号，当属性所加的信号有事务时，其值都将发生变化。信号 signal ’ TRANSACTION 上的一个事件表明在 signal 上有一个事务。

上述各带属性函数的信号不能用于子程序。

1. signal’ DELAYED 属性函数的信号

属性’ DELAYED 可建立一个信号 signal 的延迟版本。为实现同样的功能，也可以用传送延时赋值语句（Transport delay）来实现。两者不同的是，后者要求编程人员用传送延时赋值的方法记入程序中，而且带有传送延时赋值的信号是一个新的信号，它必须在程序中加以说明。

下面来看一下属性’ DELAYED 实际应用的例子。在建立 ASIC 器件模型时，有一种方法是采用器件输入引脚的通路相关延时的模型，如图 7.6.4 所示。

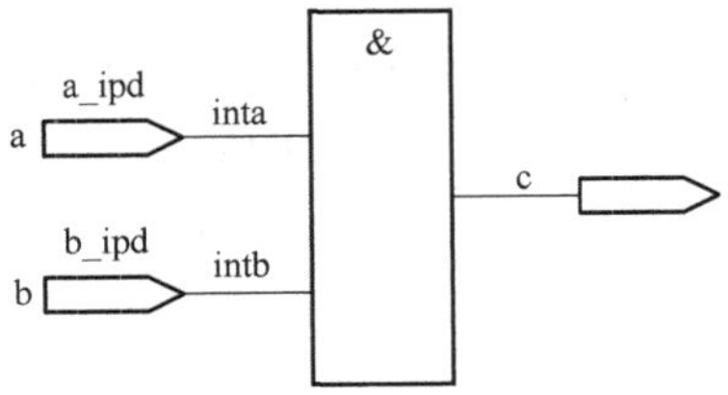

图 7.6.4 ASIC 器件的通路相关延时模型

在设计以前，要估计每一个输入的延时。在设计以后，反过来要注明实际的延时值，并且再次对实际延时情况进行仿真。提供实际延时值的方法之一，是在器件的配置（Configurations）中用 GENERIC 语句产生所说明的延时值。例 7.6.6 是一个对图 7.6.4 中 and2 进行描述的典型程序模块。

[例 7.6.6]

```
LIBRARY IEEE;
USE IEEE.STD_LOGIC_1164.ALL;
ENTITY and2 IS
    GENERIC(a_ipd,b_ipd,c_opd:TIME);
    PORT(a,b:IN STD_LOGIC;
        c:OUT STD_LOGIC);
END and2;
ARCHITECTURE int_signals OF and2 IS
    SIGNAL inta,intb:STD_LOGIC;
    BEGIN
        inta<=TRANSPORT a AFTER a_ipd;
        intb<=TRANSPORT b AFTER b_ipd;
        c<=inta AND intb AFTER c_opd;
END int_signals;
ARCHITECTURE attr OF and2 IS
BEGIN
    c<=a'DELAYED(a_ipd)AND b'DELAYED(b_ipd)AFTER c_opd;
END attr;
```

在例 7.6.6 中采用两种不同的方法来描述信号输入通道的延时。第一种方法采用传送延时描述，它重新定义两个中间信号作为延时后的信号，两个中间信号相“与”以后经延时再赋予输出端 c，从而完成整个器件的通道延时描述。第二种方法使用信号属性’DELAYED。输入信号 a 和 b 分别被已定义的延时时间 a_ipd 和 b_ipd 所延时，延时后的两个信号相“与”后再经 c_opd 延时时间而被赋予输出端口 c。

在使用’DELAYED 属性时，如果所说明的延时时间事先未加定义，那么实际的延时时间被赋为 0ns。

属性’DELAYED 还可用于保持时间的检查。

在前面章节中已经讨论了建立时间和保持时间，并且还举了利用属性’LAST_ EVENT 实现建立时间检查的例子。现在为了实现保持时间的检查，需要使用延时后的 clk 信号，如例 7.6.7 所示。

[例 7.6.7]　建立时间和保持时间的检测。

```
LIBRARY IEEE;
USE IEEE.STD_LOGIC_1164.ALL;
ENTITY dff IS
    GENERIC(setup_time,hold_tim:TIME);
    PORT(d,clk:IN STD_LOGIC;
        q:OUT STD_LOGIC);
    BEGIN
        setup_check:PROCESS(clk)
```

```
        BEGIN
            IF(clk='1')AND(clk'EVENT)THEN
                ASSERT(d'LAST_EVENT<=setup_time)
                    REPORT"setup violation"
                    SEVERITY ERROR;
            END IF;
        END PROCESS setup_check;
        hold_check:PROCESS(clk'DELAYED(hold_time))
            BEGIN
            IF (clk'DELAYED(hold_time)='0')AND
              (clk'DELAYED(hold_time)'EVENT)THEN
              ASSERT(d'LAST_EVENT=0ns)OR
                  (d'LAST_EVENT >hold_time)---在保持时间内 d 有变化
              REPORT "hold violation"          ---给出报警
              SEVERITY ERROR;
            END IF;
        END hold_check;
    END dff;
    ARCHITECTURE dff_behave OF dff IS
    BEGIN
        dff_process:PROCESS(clk)
        BEGIN
            IF(clk='1')AND(clk'EVENT)THEN
                q<=d;
            END IF;
        END PROCESS dff_process;
END dff_behave;
```

在例 7.6.7 中，将 clk 输入的延时信号用于触发保持时间的检查，clk 输入信号延时了相当于保持检查所要求的时间。如果数据输入信号在要求的保持时间内发生了改变，d' LAST_EVENT 将返回一个低于要求保持时间的值。如果数据输入信号与被延时的 clk 信号同时发生改变，那么由 d' LAST_EVENT 返回的是 0ns。这是一种特殊情况，它是正确的，必须作特殊处理。

2. signal' STABLE 属性函数信号

属性' STABLE 用于确定信号对应的有效电平，即它可以在一个指定的时间间隔中，确定信号是否发生改变。若在指定的时间间隔内属性指定的信号无事件发生，则返回“真”，否则返回“假”。属性返回的值就是信号本身的值，用它可以触发其他进程。

[**例 7.6.8**] signal' STABLE 属性函数的应用。

```
LIBRARY IEEE. STD. LOGIC_1164. ALL;
USE IEEE. STD_LOGIC_1164. ALL;
```

```
ENTITY stable_example IS
PORT(a:IN STD_LOGIC; b:OUT STD_LOGIC);
END stable_example;
ARCHITECTURE pluse OF stable_example IS
BEGIN
    b<=a'STABLE(10ns)
END pluse;
```

当图 7.6.5 所示的波形作为输入加入到本模块的 a 信号端，可得到输出波形 b。

输出波形的产生过程如下：当波形 a 的第一个上升沿到时，说明 10ns 内 a 发生变化。a' STABLE（10ns）的输出变为“假”。由于 a 的高电平维持 20ns，故 10ns 后，电平 a 未变，b 变为“真”。A 段的周期为 20ns。当 a 变低时，b 又变成“假”，之后 B 段低电平维持 25ns，b 又输出“真”。C 段变高后，a 变化使 b 又变低，由于 C 段仅 5ns，故在 10ns 时间内 a 又变化，b 输出“假”，一直到 D 段 10 ns 后，b 输出为“真”。

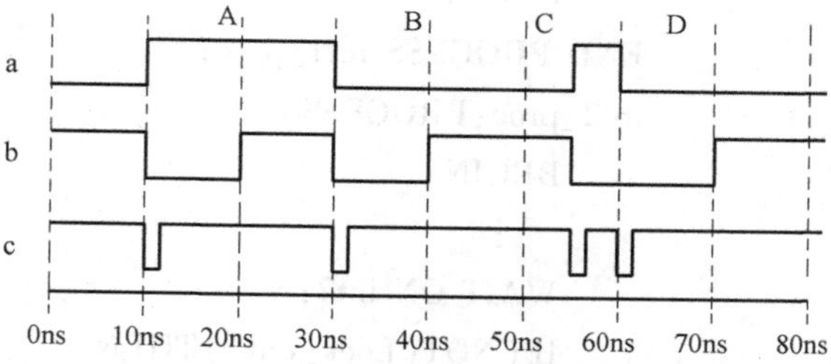

图 7.6.5　使用' STABLE 属性时的输入输出波形关系

如果属性' STABLE 后的 Time 表达式指定的时间间隔为 0ns 或未加说明，那么当信号每次发生改变，输出信号在 a 变化的对应位置产生宽度为 Δ 的窄脉冲，如图 7.6.5 中波形 c 所示。

利用属性' EVENT 和属性' STABLE 都可以检测脉冲信号的上升沿。VHDL 描述方式分别如下：

(1) IF (NOT (clk' STABLE)) AND (clk= '1') AND (clk' LAST_VALUE= '0')
```
  THEN
     ⋮
  END IF
```

(2) IF (clk' EVENT) AND (clk= '1') AND (clk' LAST_VALUE= '0')
```
  THEN
     ⋮
  END IF;
```

由于 signal' SATBLE 需要另处建立一个信号，需要占用更多的资源，比较而言，signal' EVENT 占用内存资源少，速度快，因而效率也较高。

3. Signal' QUIET 属性函数

Signal' QUIET 属性函数检测 signal 有无事务，常用于中断处理、子程序调用等事务的处理。

[例 7.6.9]　Signal' QUIET 属性函数的应用

```
ARCHITECTURE test OF int IS
SIGNAL int,intsig1,intsig2,intsig3:STD_LOGIC;
```

```
SIGNAL lock_out:BOOLEAN;
BEGIN
    Int1_proc:PROCESS                                  --外部触发 int1作敏感信号量
        BEGIN
          ⋮
        WAIT ON int1;                                  --外部触发
        IF(NOT(lock_out))THEN
          intsig1<=int1;                               --存 int1的状态
        END IF;
    END PROCESS int1_proc;
    int2_proc:PROCESS
        BEGIN
          ⋮
        WAIT ON int2;                                  --外部触发信号 2
        IF(NOT(Lock_out))THEN
            intsig2<=int2;                             --存 int2 的状态
        END IF;
    END PROCESS int2_proc;
    int3_proc:PROCESS
        BEGIN
          ⋮
        WAIT ON int3;                                  --外部触发信号 3
        IF(NOT(lock_out))AND(int3='1')THEN
          intsig3<=int3;
        END IF;
    END PROCESS int3_proc;
        int<=intsig1 WHEN NOT(intsig1'QUIET)ELSE      --中断 1 有事务处理
                                                       -- intsig1 赋予 int
        intsig2 WHEN NOT(intsig2'QUIET)ELSE           --中断 2 有事务处理
                                                       -- intsig2 赋予 int
        intsig3 WHEN NOT(intsig3'QUIET)ELSE           --中断 3 有事务处理
                                                       -- intsig3 赋予 int
        int;                                           --无事件处理,int 不变
    int_handle:PROCESS
        BEGIN
          WAIT ON int'TRANSCATION;
          lock_out<=TRUE;
        WAIT FOR 10ns;
        CASE int IS
```

```
            WHEN int1 = >
              ⋮
            WHEN int2 = >
              ⋮
        END CASE;
        Lock_out< = FALSE;
    EMD PROCESS;
END test;
```

例 7.6.9 描述了一个多级外部中断优先级处理器 VHDL 程序模块。程序利用属性' QUIET 确定状态信号的值。优先级处理是利用 int 的条件信号代入语句完成的。

4. 属性' TRANSACTION

在例 7.6.9 中还可以看到，中断处理的进程中利用了 WAIT 语句中属性' TRANSACTION 来实现中断处理的实例。属性' TRANSACTION 将建立一个 BIT 类的信号，当属性所加的信号有事务时，就触发该 BIT 信号翻转。该属性常用于进程调用。在例 7.6.9 中，用属性' TRANSACTION 触发 int' TRANSACTION 翻转，激活 WAIT 语句，启动中断处理进程。

7.7　VHDL 的其他语句

7.7.1　ATTRIBUTE 描述与定义语句

VHDL 语言的属性预定义功能有丰富的内容。利用 ATTRIBUTE 语句可以从所指定的客体中获取有关的信息。VHDL 预定义的属性类型有数值类、函数类、信号类、数据类型类和数据范围类，其中信号类属性已在 7.6 节进行了讨论，本节集中讨论其他各类属性。

1. 数值类属性

数值类属性用来得到数组、块或者常用数据类型的特定值，还用于返回数组的长度和边界等信息。数值类属性可以进一步细分为 3 个子类：

一般数据的数值属性、数组的数值属性、块的数值属性。

(1) 一般数据的数值属性

一般数据的数值属性有以下 4 种：

- T ' LIFT：　得到数据类型或数据子类型区间的左边界值。
- T ' RIGHT：　得到数据类型或数据子类型区间的右边界值。
- T ' HIGH：　得到数据类型或数据子类型的上限值。
- T ' LOW：　得到数据类型或数据子类型的下限值。
- T ' ASCENDING⊖：　如果 T 是一个递增区间，得到 “TRUE”；否则为 “FALSE”。
- T ' IMAGE (x)⊖：　得到表示 x 值的字符串。
- T ' VALUE (s)⊖：　得到由字符串 s 表示的值。

⊖ VHDL-1987 不提供此类属性。

例如：

```
TYPE number IS INTEGER RANGE 31 DOWNTO 0;
```

则有：

```
i：=number’ LEFT;             number 左边界为 31;
i：=number’ RIGHT;            number 右边界为 0;
i：=number’ HIGH;             number 上限为 31;
i：=number’ LOW;              number 下限为 0;
number ’ ASCENDING=FALSE,
number ’ IMAGE (16)=“16”,
number ’ VALUE (“20”)=20
```

注：变量 i 的类型与赋值区间的数据类型应一致。

数值类属性不仅适用于数字类型，而且还适用于任何标量类型。对于标量类型’ HIGH 和’ LOW 属性与该数值的位置序号相对应。

（2）数组的数值属性

数组的数值属性只有一个，即’ LENGTH，在给定数组类型后，用该属性得到数组的长度。该属性适用于任何标量类型数组。

例：

```
PROCESS
TYPE A4 IS ARRAY(0 TO 3)OF BIT;
TYPE A20 IS ARRAY(10 TO 20)OF BIT;
VARIABLE  L1,L2:INTEGER;
BEGIN
     L1:=A4 ’LENGTH;          --数组 A4 的长度=4
     L2:=A20 ’LENGTH;         --数组 A20 的长度=11
        ⋮
END PROCESS;
```

对于多维数组必须指明区间。默认的区间号为 1。

（3）块的数值属性

块的数值属性用于块（BLOCK）结构和结构体（ARCHITECTURE）的信息获取，块的数值属性函数有两种形式：

块或结构体名称’ BEHAVIOR

块或结构体名称’ STRUCTURE

如果在块结构和结构体中不存在 COMPONONT 语句，那么用属性’ BEHAVIOR 将得到“TRUE”的信息，如果块和结构体中只有 COMPONENT 语句或被动进程，那么用属性’ STRUCTURE 将得到“TRUE”的信息。

所谓被动进程，即进程中没有代入语句。这种进程称为无源进程。如果在进程中含有代入语句，则该进程是一个有源进程，或者称主动进程。

2. 函数类属性

函数类属性是指属性以函数的形式使设计人员得到有关数据类型、数组、信号的某些信息。

函数类属性函数有 3 种：·数据类型的属性函数、·数组的属性函数、·信号的属性函数。其中信号的属性函数已在 7.6 节讨论了。

（1）数据类型的属性函数

数据类型的属性函数，可以获得数据类型的相关信息。数据类型属性函数有以下 6 种：

1）T’POS（x）：得到 T 中 x 值的位置序号。

2）T’VAL（n）：得到 T 中位于位置序号 n 处的值。

3）T’SUCC（x）：得到 T 中位置序号比 x 的位置序号大 1 处的值。

4）T’PRED（x）：得到 T 中位置序号比 x 的位置序号小 1 处的值。

5）T’LEFTOF（x）：得到 T 中位置在 x 位置的左边的值。

6）T’RIGHTOF（x）：得到 T 中位置在 x 位置的右边的值。

数据类型属性函数的一个典型应用是将枚举型或物理型的数据转换成整数。例如：

TIME’POS（4ns）= 4000000，

基本时间单位是飞秒（fs）。

（2）数组的属性函数

利用数组的属性函数可得到数组的区间。在对数组的每一个元素进行操作时，必须知道数组的区间。数组属性函数有如下 4 种：

1）数组名’LEFT（n）：得到索引号为 n 的区间的左端边界值，其中 n 是多维数组所定义的多维区间的序号，默认值为 n=1，表示对一维区间进行的操作。

2）数组名’RIGHT（n）：获得索引号为 n 的区间右端位置序号。

3）数组名’HIGH（n）：获得索引号为 n 的区间高端位置序号。

4）数组名’LOW（n）：获得索引号为 n 的区间低端位置序号。

同数据类属性函数一样，在递增区间和递减区间存在着不同的对应关系，在递增区间：

数组’LEFT=数组’LOW

数组’RIGHT=数组’HIGH

在递减区间：

数组’LEFT=数组’HIGH

数组’RIGHT=数组’LOW

3. 数据类型类属性函数

这类属性函数仅一个，即

TYPE’BASE;

这个属性函数可以得到数据类型或子类型，当与其他属性配合使用时，可获取数据中的某一元素的值。

4. 数据区间类的属性函数

利用数据区间类的属性函数，可以获取数据的区间。数据区间的属性函数有如下两种：

数据名'RANGE[(n)];

数据名'REVERSE_RANGE[(n)];

数据区间属性函数将获得由参数 n 指定的第 n 个数据区间。这两个函数的功能相同，但得到的区间范围是颠倒的。若由第一式得到的区间为 0 TO 7，则第二式所获得的区间为 7

DOWN 0。

5. 用户自定义的属性

除了上述讨论的 VHDL 语言所定义的属性以外，还可以由用户自定义属性。用户自定义属性的书写格式如下：

ATTRIBUTE 属性名：数据子类型名；

ATTRIBUTE 属性名 OF 目标名：目标集合 IS 表达式；

例如：

ATTRIBUTE max_area:REAL;

ATTRIBUTE capacitance OF clk,reset:SIGNAL IS 20pf;

7.7.2 ASSERT 语句

ASSERT 语句主要用于仿真、调试时的人机对话，给出一个文字串作为警告和错误信息。ASSERT 语句的书写格式如下：

ASSERT 条件 [REPORT 输出信息] [SEVERITY 级别]；

当条件为“真”时执行下条语句，为“假”时输出出错信息。

7.7.3 TEXTIO

TEXTIO 是 VHDL 语言提供的一个预定义程序包，在 TEXTIO 中包含有对文本文件（即字符串）进行读写的过程和函数。采用 TEXTIO 的输入和输出是基于对动态字符串的操作，存取都是利用在 TEXTIO 程序包中定义的 LINE 类型指针指向字符串的位置。TEXTIO 按行对文件进行处理，一行为一个字符串，并以回车、换行符作为行结束符。TEXTIO 提供了读、写一行的过程及检查文件结束的函数。

为了允许多个进程同时对一个文件进行读写，VHDL 使用 READLINE 操作从输入文件读出完整的一行文本，同时在主机存储器中建立一个字符串对象并返回一个指向这个字符串的指针。然后用各种 READ 操作从这个字符串中读取各个数据。在写入文本时，先用各种 WRITE 语句在存储器中构成一个字符串对象，然后再通过字符串的指针将字符串传给 WRITELINE 操作，将完整的一行文本写入输出文件并重置指针指向一个空的字符串。

EXTIO 的主要用途是编写测试文件。

TEXTIO 中的主要读写语句有：

1）READLINE 语句

READLINE 语句用于从文件中读一行，其书写格式如下：

READLINE（文件变量、行变量）；

2）READ 语句

从一行中读一个数据，其书写格式如下：

READ（行变量、数据变量）；

3）WITELINE 语句

该语句用于将一行写到输出文件，其书写格式如下：

WRITELINE（文件变量、行变量）；

4）WRITE 语句

该语句用于将一个数据写入文件的行中，其书写格式如下：

WRITE（行变量、数据变量）；

有些 EDA 制造商的 VHDL 语言版本对该语句作了扩充，其格式如下：

WRITE（行变量，数据变量，起始位置，字符数）；

其中，起始位置有两种选择：LEFT——从行的最左边开始；RIGHT——从行的最右边开始。

例如：

WRITE（lo，dout，left，9）；

表示 dout 的数据从输出行 lo 的左边开始第 9 个字符位置起写数据。

5）ENDFILE 语句

ENDFILE 语句用以检查文件是否结束，如果检查到文件结束标志，则返回“真”值，否则返回“假”值。该语句的书写格式如下：

ENDFILE（文件变量）；

上述文件输入输出语句，都以过程的形式在程序包 TEXTIO 中，在使用时应当进行必要的说明。

7.8 多值逻辑

随着大规模集成技术的发展，电子系统的结构规模越来越大，制作工艺也趋于复杂，将各种不同制造工艺（ECL、TTL、CMOS）的器件用于一个系统已屡见不鲜。为了描述电子系统的复杂工作状态，仅以二态逻辑是无法模拟电子系统的工作的，而必须采用更为复杂的多值逻辑数值模型。

7.8.1 三态数值模型

数字电路最普遍的数值模型是“0”“1”两种状态。在 VHDL 语言中，BIT 类型就是描述这种二值状态的数据类型。然而，在数据总线的应用中，经常存在多个信号源驱动总线的情况，这时，就可能产生总线竞争。当 U1 和 U2 以相同的强度驱动总线 D0，而 U1 和 U2 的输出相反，即一个为 0，一个为 1，这时 D0 应为何值？显然 D0 的值非 0 也非 1，即是不定值“X”，这样逻辑值就有“0”“1”和“X”三个数值组成。

7.8.2 多值逻辑

电路设计的结构不同，以及制作工艺的差异，都会使电路的驱动能力不同。对于输出的驱动能力，用强度来表示。在 TTL 电路中，若输出是单管驱动，则“0”值的强度比“1”值强，即灌电流负载能力比拉电流负载能力大。然而，若为推挽输出，“0”值和“1”值是相同的，在 NMOS 电路中“0”值强度比“1”值强，而在 PMOS 电路中的情况刚好相反。

为了表示不同的电路结构和不同的制作工艺所引起的驱动能力的差异，将逻辑电平强度分成强度 F，电阻强度 R，弱电阻强度 W 和高阻强度 Z；其中，强度 F 对应于 TTL 推挽输出的驱动强度，电阻强度 R 相当于单晶体管负载电阻“1”的输出强度。高阻强度相当于 CMOS、NMOS 器件的门电路断开时，在分布电容上所存储的电荷产生的电平值，是最弱的一种逻辑强度。弱电阻强度 W 是介于电阻强度 R 和高阻强度 Z 之间的逻辑强度。此外，在三态门的控制中，如图 7.8.1 所示，若输入为“0”，则当三态控制 e=1 时，输出为 F0；当 e=0 时，输出为高阻 0，即 Z0。然而，当 e=X 时，其可能的输出为 {F0，Z0}，即三态门的输出逻辑电平为“0”，但其逻辑强度可能是 F，也可能是 Z，是一个未知强度，用 U 表示。在上述情况下，三态缓冲器的输出是 U0。

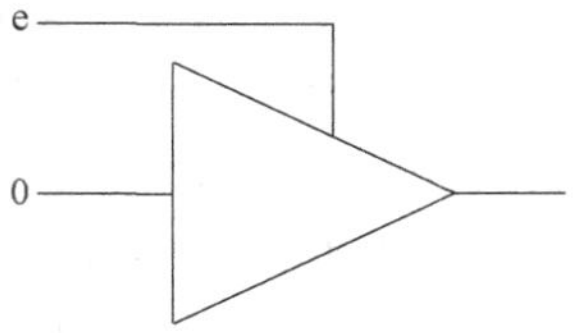

图 7.8.1　三态缓冲器

这样，逻辑值和强度确定之后，数值状态的值也可以确定了，表 7.8.1 给出多值逻辑系统的值。在表 7.8.1 的基础上，加上所有可能的分量，共有 45 个状态值。另外补充一个“D”状态，它表示该点上无电容且不能存储电荷的状态值，相当于网络被切断。这样就得到具有 46 个数值状态的完整的数值系统，如图 7.8.2 所示。在图 7.8.2 中，每个信号用“区间标识”法表示，根据该图，可以预估各个信号可能的取值范围。数字系统的各种工作状态都可能以其中的一种数值状态表示。例如，当由 U1 和 U2 驱动同一总线 D0 时，如果 U1 输出为“1”，U2 输出为“0”，那么，当 U1 和 U2 两者强度相同时，D0 上的状态为“X”；当 U1 的驱动强度高于 U2 时，D0 上的值为“1”，反之，D0 上的值为“0”。这些逻辑判决可以由判决函数完成。

表 7.8.1　多值逻辑系统的数值关系

强度 \ 逻辑值	0	1	X	强度 \ 逻辑值	0	1	X
Z	Z0	Z1	ZX	F	F0	F1	FX
W	W0	W1	WX	U	U0	U1	UX
R	R0	R1	RX				

多值逻辑支持不同的生产工艺，表 7.8.2 为各种工艺所对应的逻辑强度。

表 7.8.2　各种工艺技术的逻辑值

逻辑值 \ 生产工艺	TTL	ECL	NMOS	CMOS	TTLOC
0	F0	R0	F0	F0	F0
1	F1	F1	R1	F1	ZX
X	FX	RFX	FRX	FX	FZX

46 态数值系统比较复杂，一般 EDA 工具仅采用其中的一个子集。在 IEEE 的 STD_LOGIC_1164 程序包中，采用的是九值逻辑。下述程序是 STD_LOGIC_1164 程序包中所定义的 STD_LOGIC 的判决函数 RESOLVED。

判决函数 RESOLVED：

```
TYPE stdlogic_table IS ARRAY(std_ulogic,std_ulogic)OF std_ulogic;
CONSTANT resolution_table:stdlogic_table:=(
--|'U',  'X',  '0',  '1',  'Z',  'W',  'L',  'H',  '-'--||
(('U',  'U',  'U',  'U',  'U',  'U',  'U',  'U',  'U',),--'U'
```

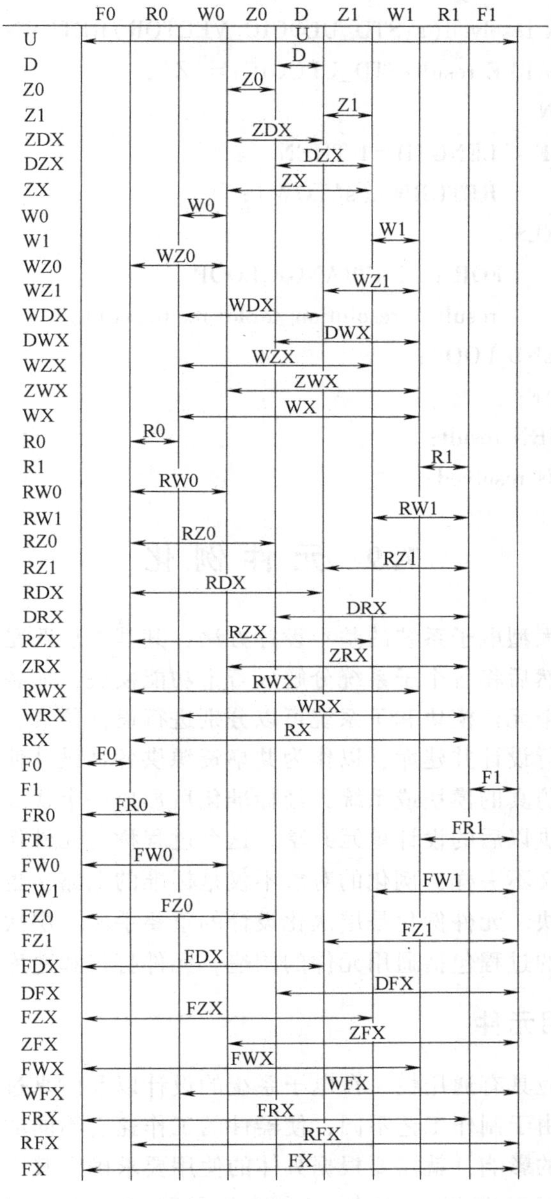

图 7.8.2　46 个数值状态的数值系统

('U',　'X',　'X',　'X',　'X',　'X',　'X',　'X',　'X',),--'X'
('U',　'X',　'0',　'X',　'0',　'0',　'0',　'0',　'X',)　,--'0'
('U',　'X',　'X',　'1',　'1',　'1',　'1',　'1',　'X',)　,--'1'
('U',　'X',　'0',　'1',　'Z',　'W',　'L',　'H',　'X',)　,--'Z'
('U',　'X',　'0',　'1',　'W',　'W',　'W',　'W',　'X',),--'W'
('U',　'X',　'0',　'1',　'L',　'W',　'L',　'W',　'X',),--'L'
('U',　'X',　'0',　'1',　'H',　'W',　'W',　'H',　'X',),--'H'

```
('U', 'X', 'X', 'X', 'X', 'X', 'X', 'X', 'X',),--'-');
    FUNCTION resolved(s:STD_ULOGIC_VECTOR)RETURN STD_LOGIC IS
        VARIABLE result:STD_ULOGIC:='Z';
        BEGIN
            IF s'LENGTH=1 THEN
                RETURN s(s'LOW);
            ELSE
                FOR i IN s'RANGE LOOP
                result:=resolution_table(result,s(i));
            END LOOP;
        END IF;
        RETURN result;
END FUNCTION resolved;
```

7.9 元件例化

层次化设计方法是大型电子系统的基本设计方法，其基本思路是把一个复杂的大型系统分解为若干个子系统，然后将各个子系统分解成若干功能模块，而各功能模块又可以进一步分解成若干个元件。各个元件模块和子系统可以分别进行设计仿真，而一些通用的模块，可以构造成元件而预先进行设计并建库，以作为共享资源供各种设计使用。

把一些已经进行了仿真的模块或系统，经标准化后形成一个代表相同实体的同一构造的通用元件放在库中，以供以后的设计单元共享，这个过程称为元件例化。

例化和标准化的含义不一样，例化的对象不仅是标准的电路，也可以是用户自己定义的具有某种特殊功能的模块。元件例化是层次化设计的重要手段，层次化设计的各个层次都可以作为元件。元件例化的过程包括通用元件的构造，元件打包和建库，以及元件的调用。

7.9.1 设计通用元件

作为例化的元件，应具有通用性。在电子系统的设计以及仿真过程中，经常会遇到器件的逻辑功能相同，然而由于制作工艺不同，使器件的工作速度不同的情况。为了使这个设计模块能够不受制作工艺的影响，就需要根据具体的使用要求确定其中的一些参数。此外，数字系统中还会经常遇到规模的不同，比如 16 位全加器和 32 位全加器，其电路的逻辑功能和结构相似，但规模不同。因此，也希望设计一些通用单元，其规模随具体应用而定。这样，通用元件的设计要参数化，要带有参数的入口，这个任务通常是由参数说明语句完成的。

[例 7.9.1] 带有上升时间和下降时间的门电路。

```
--"与"门
    LIBRARY IEEE;
    USE IEEE.STD_LOGIC_1164.ALL;
    ENTITY and2 IS
        GENERIC  (rise,fall:TIME);              --上升和下降时间作为参数
```

```
        PORT  (a,b:IN STD_LOGIC;
                    c:BUFFER STD_LOGIC);
    END and 2;
    ARCHITECTURE deland OF and2 IS
        SIGNAL cin:STD_LOGIC;
        BEGIN
            cin<=a AND b;
            c<=cin AFTER  (rise)WHEN cin='1'
            ELSE cin AFTER  (fall);
        END deland;
--"或"门
    LIBRARY IEEE
    USE IEEE.STD_LOGIC _1164.ALL;
    ENTITY or2 IS
        GENERIC(rise,fall:TIME);
        PORT(a,b:IN STD_ LOGIC);
    END or2;
    ARCHITECTURE delor OF or2 IS
        SIGNAL cin:STD_LOGIC;
        BEGIN
            cin<=a OR b;
            c<=cin AFTER(rise)WHEN cin='1'
            ELSE cin AFTER(fall);
        END delor;
```

上例中二输入的“与”门和“或”门的上升沿和下降沿都是待定参数，使用时根据不同的制作工艺确定。

[例 7.9.2]　n 位带有异步复位和置位的寄存器组的设计。异步复位和置位均高电平有效。

```
    LIBRARY IEEE;
    USE IEEE.STD_LOGIC_1164.ALL;
    ENTITY regs IS
    GENERIC(size:INTEGER:=2);                 --size 的默认值为 2。
    PORT (clk,reset,set,load:IN STD_LOGIC;
            d:IN STD_LOGIC_VECTOR(size DOWN TO 1);
            q:BUFFER STD_LOGIC_VECTOR(size DOWN TO 1);
    END regs;
    ARCHITECTURE regs_struct OF regs IS
        BEGIN
            P1:PROCESS(clk,reset,set)
```

```
                    BEGIN
                    IF reset='1' THEN
                       q<=(OTHERS=>0);
                    ELSIF set='1' THEN
                       q<=(OTHERS=>1);
                    ELSIF(clk'EVENT AND clk='1')THEN
                       IF load='1' THEN
                           q<=d;
                       ELSE
                           q<=q;
                       END IF;
                    END IF;
                END PROCESS P1;
            END regs_struct;
```

[例 7.9.3] 具有异步复位，同步清零和计数允许的 n 位加 1 计数器的设计。异步复位，同步清零和计数使能均为高电平有效。

```
--clk                  --输入时钟上升沿有效
--areset               --异步复位，高电平有效
--sreset               --同步清零，高电平有效
--enable               --计数使能，高电平有效
--count                --计数器输出
--size                 --计数器宽度
    LIBRARY IEEE;
    USE IEEE.STD_LOGIC_1164.ALL;
    USE IEEE.STD_LOGIC_ARITH.ALL;
    USE IEEE.STD_LOGIC_UNSIGNED.ALL;
    ENTITY counter IS
        GENERIC(size:INTEGER)
        PORT (clk,areset,sreset,enable:IN STD_LOGIC;
              count:BUFFER STD_LOGIC_VECTOR(size DOWN TO 1));
    END counter;
    ARCHITECTURF couner_struect OF counter IS
    BEGIN
        P1:PROCESS(clk,areset,sreset)
            BEGIN
                IF (areset='1')THEN
                   count<=(OTHERS=>0);
                ELSIF  (clk'EVENT AND clk='1')THEN
                    IF sreset='1' THEN
```

```
            count<=(OTHERS=>'0');          --计数同步清零
          ELSIF enable='1' THEN
            count<=count + "00000001";     --计数器+1
          ELSE
            count<=count;                  --计数器保持
          END IF;
        END IF;
      END PROCESS P1;
   END counter_struect;
```

在上面两个例子中，都把宽度 n 作为参数（size），由调用该元件的设计单元确定。

7.9.2　构造程序包

在建立用户元件库时，将入库的内容分门别类地适当打包，可以方便今后使用。在 7.9.1 节中，设计了 4 个通用元件，即 2 输入的“与”门、“或”门和 n 位寄存器、n 位计数器。例 7.9.1 的设计可用于行为仿真，故在同一个程序包中，程序包名为 gats_beha_pkg。例 7.9.2 和例 7.9.3 两个设计单元放在一个程序包中，取名为 reg_pkg。程序包的设计如下：

[例 7.9.4]　用户自定义的通用元件包。

```
      --regs_pkg
   LIBRARY IEEE;
   USE IEEE.STD_LOGIC_1164.ALL;
   PACKAGE regs_pkg IS
      COMPONENT regs
         GENERIC(size:INTEGER:=2);        --size 的隐含值为 2
         PORT(clk,reset,set,load:IN STD_LOGIC;
              d:IN STD_LOGIC_VECTOR(size DOWN TO 1);
              q:BUFFER STD_LOGIC_VECTOR(size DOWN TO 1));
      END COMPONENT;
      COMPONENT counter IS
         GENERIC(size:INTEGER:=2);
         PORT (clk,areset,sreset,enable:IN STE_LOGIC;
                count:BUFFER STD_LOGIC_VECTOR(size DOWN TO 1));
      END COMPONENT;
   END regs_pkg;
   --gats_beha_pkg
      LIBRARY IEEE;
      USE IEEE.STD_LOGIC_1164.ALL;
      PACKAGE gats_beha_pkg IS
         COMPONENT and 2
            GENERIC(rise,fall:TIME);
```

```
                PORT (a,b:IN STD_LOGIC;
                      c:BUFFER STD_LOGIC);
            END COMPONENT;
            COMPONENT or2
                GENERIC(rise,fall:TIME);
                PORT (a,b:IN STD_LOGIC;
                      c:BUFFER STD_LOGIC);
            END COMPONENT;
        END gats_beha_pkg;
```

上述程序包经编译后入库（可放入 WORK 库或用户自己建立的其他元件库）。同时，应将 7.9.1 中的元件的实体经编译后放入同一库中。这样，以后调用这些元件时，只要用 USE 语句说明库和程序包后，即可引用。

7.9.3 元件的调用

在一个设计单元中调用已在库中的现成元件，用元件说明语句和元件例化语句进行。

元件说明语句的格式如下：

```
    COMPONENT  元件名 is
        GENERIC (类属表);
        PORT (端口名表);
    END COMPONENT;
```

COMPONENT 语句可以在结构体、程序包和块的说明中使用。

例化语句也称为映射语句，包括参数映射和端口映射，其格式如下：

```
标号：元件名[GENERIC MAP. (类属关联表) ];
            [PORT MAP (端口关联表) ];
```

两种语句都可以用位置映射和名称映射的方法实现。

[例 7.9.5] 元件例化语句的使用方法。

如图 7.9.1 所示，“与”门 U0 的上升时间为 5ns，下降时间为 7ns；“与”门 U1 的上升时间和下降时间均为 10ns；“与”门 U2 的上升时间为 9ns，下降时间为 11ns。现用元件调用方法实现该电路。所调用的元件为程序包 gats_beha_pkg 中的 and6。

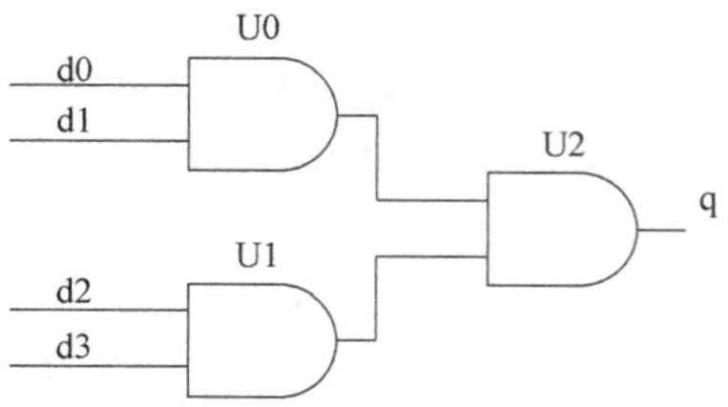

图 7.9.1 例 7.9.5 的逻辑图

```
    LIBRARY IEEE;
        USE IEEE. STD_LOGIC_1164. ALL;
        USE WORK. gats_beha_pkg. ALL;
        ENTITY ins_example IS
            PORT(d0,d1,d2,d3:IN STD_LOGIC;
                 q:OUT STD_LOGIC);
        END ins_example;
    ARCHITECTURE beha OF ins_example IS
```

```
    COMPONENT and2;                                --调用元件 amd2
    GENERIC(rise,fall:TIME);
    PORT(a,b:IN STD_LOGIC;
         c:BEFFER. STD_LOGIC);
    END COMPOENT;
    SIGNAL q0,q1:STD_LOGIC;
    BEGIN
      U0:and2 GENERIC MAP(5ns,7ns);               --U0 参数映射
         PORT MAP(d0,d1,q0);                       --U0 端口映射
      U1:and2 GENERIC MAP(10ns,10ns);             --U1 参数映射
         PORT MAP(d2,d3,q1);                       --U1 端口映射
      U2:and2 GENERIC MAP(9ns,11ns);              --U2 参数映射
         PORT MAP(q0,q1,q);                        --U2 端口映射
    END beha;
```

7.10 配　　置

配置用于描述层于层之间的连接关系（例如设计单元和元件库之间）和实体与结构体之间的连接关系，是整个设计系统的结构指引。

在实体与结构体之间，可以利用配置方法为一个实体选择不同的结构体，通过仿真选择最佳的设计。为提高结构体模块的可重用性，在进行项目设计时，可以设计出与半导体工艺、EDA 平台无关的元件，然后利用配置方法将一个结构体配置到特定工艺的半导体器件中，采用配置方法可以无须重写或编译结构体，而只需书写和编译配置说明。在时序仿真中，为了提高仿真精度，往往在布局布线完成以后，提取出由 EDA 工具计算得到的实际延时参数，用配置方法传递给相应的结构体，以获得精确的时序分析结果。因此，配置是大型系统层次化设计的一种重要方法。

在 VHDL 程序设计中，例化的元件和设计实体的连接有 4 种方式，即默认连接、默认配置、配置说明和元件配置。其中默认连接是没有显式说明的连接方式，默认连接将元件与工作库中和该元件同名的实体相连接，在 7.9 节中讨论的利用元件说明和例化语句调用元件，即是默认连接。另外三种连接方式都属于配置方式。配置说明的基本书写格式如下：

```
CONFIGURATION 配置名 OF 实体名 IS
    FOR 结构体名;
    [配置说明语句];
    END FOR;
END 配置名;
```

相应于不同的使用情况，配置说明有多种形式。

7.10.1　默认配置

默认配置是最简单的配置方式，其书写格式如下：

```
CONFIGURATION 配置名 OF 实体名 IS
    FOR 选配结构体名;
    END FOR;
END 配置名;
```

默认配置定义了配置名，将当前库中的选配结构体配置给实体。利用这种配置方法，可以为一个实体选择不同的结构体。默认配置用于选配不包含块结构和元件的结构体。

[例 7.10.1] 为一个计数器选择两个不同长度的计数器结构体进行仿真。

```
LIBRARY IEEE;
USE IEEE.STD_LOGIC_1164.ALL;
ENTITY counter IS
    PORT(load,clear,clk:IN STD_LOGIC;
              data_in:IN INTEGER;
              data_out:OUT INTEGER);
END counter;
ARCHITECTURE count_255 OF counter IS          --8 位计数的结构体
BEGIN
c1:PROCESS(clk)
    VARIABLE count:INTEGER:=0;
    BEGIN
        IF clear='1' THEN
          count:=0;
        ELSIF load='1' THEN
          count:=data_in;
        ELSE
            IF(clk'EVENT)AND(clk='1')AND(clk'LAST_VALUE='0')
        THEN
            IF(count=255)TNEN count:=0;
            ELSE count:=count + 1;
            END IF;
        END IF;
      END IF;
    data_out<=count;
    END PROCESS c1;
END count_255;
ARCHITECTURE count_64k OF counter IS          --16 位计数的结构体
BEGIN
c2:PROCESS(clk)
    VARIABLE count:INTEGER:=0
    BEGIN
```

```
        IF clear='1' THEN count:=0;
        ELSIF load='1' THEN count:=data_in;
        ELSE
            IF (clk'EVENT)AND(clk='1')AND(clk'LAST_VALUE='0')THEN
              IF(count=65535)THEN count:=0;
              ELSE count:=count +1;
              END IF;
            ENDIF;
        END IF;
        data_out<=count;              --变量代入信号,带出进程
        END PROCESS c2;
    END count_64k;
    CONFIGURATION small_count OF counter IS
        FOR count_255;
        END FOR;
    END small_count;                  --计数器实体 couter 默认配置是结构体 count_255
    CONFIGURATION big_count OF counter IS
        FOR count_64k                 --计数器 counter 第二次默认配置
        END FOR;                      --是结构体 count_64k
    END big_count;
```

7.10.2　元件配置

在结构体设计中，采用库中的例化元件进行设计的方法称为元件配置。元件配置与元件例化是两个相反的过程。为实体写元件配置说明，可以采用底层配置方式和实体-结构体对的形式。在元件配置时，必经预先进行元件例化及元件配置说明。

[例 7.10.2]　元件例化和元件配置。

```
    LIBRARY IEEE;
    USE IEEE.STD_LOGIC_1164.ALL;
    ENTITY inv IS
        GENERIC(rise,fall:TIME);
        PORT(a:IN STD_LOGIC;   b:OUT STD_LOGIC);
    END inv;
    ARCHITECTURE behave OF inv IS
        BEGIN
            PROCESS(a)
            VARIABLE state:STD_LOGIC;
            BEGIN
                state:=NOT(a);
                IF state='1' THEN
```

```
                    b<=state AFTER rise;
                  ELSE
                    b<=state AFTER fall;
                  END IF;
              END PROCESS;
      END behave;
      CONFIGURATION invcon OF inv IS
          FOR behave
          END FOR;
      END invcon;
      LIBRARY IEEE;
      USE IEEE.STD_LOGIC_1164.ALL;
      ENTITY and3 IS
          GENERIC(rise,fall:TIME)
          PORT(a,b,c:IN STD_LOGIC;
                q:OUT STD_LOGIC);
      END and3;
      ARCHITECTURE behave OF and3 IS
          BEGIN
              PROCESS(a,b,c)
                  VARIABLE state:STD_LOGIC
                  BEGIN
                      state:=a AND b AND c;
                      IF state='1' THEN
                        q<=state AFTER rise;
                      ELSE
                        q<=state AFTER fall;
                      END IF
          END PROCESS;
      END behave;
      CONFIGURATION and3_con OF and3 IS
          FOR behave
          END FOR;
      END and3_con;
```

例 7.10.2 中分别例化了两个元件 inv 和 and3，并定义了两个配置名 invcon 和 and3_con，实体说明中定义了两个时间参数，使该实体具有通用性，经编译后可在其他设计单元中引用。

[例 7.10.3] 利用例化元件 inv 和 and3 设计一个 2 输入 4 输出译码器。2 输入 4 输出译码器的电路如图 7.10.1 所示，用结构化程序设计的 VHDL 程序如下。

```
LIBRARY IEEE;
USE IEEE.STD_LOGIC_1164.ALL;
ENTITY decode_24 IS
    PORT(a,b,en:IN STD_LOGIC;
    q0,q1,q2,q3:OUT STD STD_LOGIC);
END decode_24;
ARCHITECTURE struct OF decode_24 IS
COMPONENT inv
    PORT(a:IN STD_LOGIC;b:OUT STD_LOGIC);
END COMPONENT;
COMPONENT and3
    PORT (a,b,c:IN STD_LOGIC;
        q:OUT STD_LOGIC);
END COMPONENT;
SIGNAL nota,notb:STD_LOGIC;
    BEGIN
    IV1:inv PORT MAP(a,nota);
    IV2:inv PORT MAP(b,notb);
    AN1:and3 PORT MAP(nota,en,notb,q0);
    AN2:and3 PORT MAP(a,en,notb,q1);
    AN3:and3 PORT MAP(nota,en,b,q2);
    AN4:and3 PORT MAP(a,en,b,q3);
END struct;
```

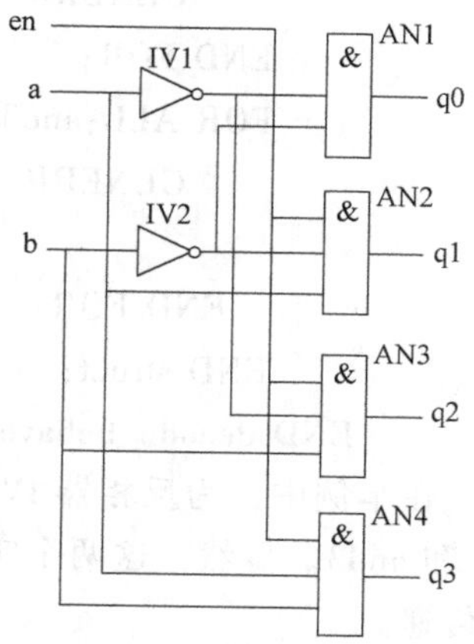

图 7.10.1　2 输入 4 输出译码器逻辑图

上面是一段结构化程序，程序中调用了元件 inv 和 and3，然而尚未给这些元件指明对应的实体结构体。这部分工作应由配置说明完成。

1. 底层元件配置

底层元件配置的书写格式如下：

```
FOR 元件例化标号：元件名　USE CONFIGURATION 库名．配置名；
END FOR;
```

在这个配置说明中，为例化元件指明了一个库中的配置，从而将该元件与一实体（结构体）相连。如果设计单元中有许多例化元件，则底层元件配置是一个元件例表清单，并可用保留字 OTHERS、ALL 来指定其中的一些元件。

［例 7.10.4］　2 输入 4 输出编译器的元件配置说明。

```
CONFIGURATION decode_behave_con OF decode_24 IS      --配置说明
    FOR struct
    FOR IV1:inv USE CONFIGURATION WORK.invcon;  --为反相器 1 指定配置名
GENERIC MAP(1.2ns,1.7ns);
    END FOR;
    FOR IV2:inv USE CONFIGURATION WORK.invcon;  --为反相器 2 指定配置名
```

```
          GENERIC MAP(1.3ns,1.5ns);
        END FOR;
        FOR ALL:and3 USE CONFIGURATION WORK.and3con;
          GENERIC MAP(6-0ns,6-2ns);                --为所有三输入“与”门指定配置
         END FOR;
        END struct;
      END decode_behave_con;
```

在本例中，为反相器 IV1、IV2 和 “与” 门 AN1~AN4 配置的实体是例 7.10.2 中的实体 inv 和 and3。显然，这两个实体的结构体适用于仿真，在配置时，用 GENERIC 语句进行参数传递。

2. 实体-结构体对的元件配置

元件配置的另一种方法是实体-结构体对的配置方式。这种方式说明的书写格式如下：

FOR 例化标号：元件名 USE ENTITY 库名 . 实体名 [（结构体名）]

END FOR;

[例 7.10.5] 2 输入 4 输出译码器电路的配置说明（二）。

```
      CONFIGURATION decode_behave_con2 OF decode IS
        FOR struct
          FOR IV1:inv USE ENTITY WORK.inv(behave);
            GENERIC MAP(1.2ns,1.7ns);
          END FOR;
          FOR OTHERS:INV USE ENTITY WORK.inv(behave);
            GENERIC:MAP(1.3ns,1.5ns);
          END FOR;
          FOR ALL:and3 USE ENTITY WORK.and3(behave);
            GENERIC MAP(6-0ns,6-2ns);
          END FOR;
        END struct;
      END decode_behave_con2;
```

利用配置说明，还可以选择库中同一单元的其他描述的结构体，例如 and3 USE ENTITY WORK.and3 （rtl）；这样无需修改 2 输入 4 输出译码器的结构体，只需选择不同的配置，即可得到 2 输入 4 输出译码器的行为描述的结构体或 RTL 描述的结构体。当然，也可以选配在其他库中的实体（结构体），这时只需对配置说明中的库名加以修改即可。

7.10.3 块的配置

在 VHDL 程序中，块是独立的子结构。当结构体中含有块时，在配置说明中，不仅要说明配置的结构体名，还应说明块名。块配置语句的书写格式如下：

```
      CONFIGURATION 配置名 OF 实体名 IS
        FOR 结构体名
```

```
        FOR 块名
            [配置说明语句]
        END FOR;
    END FOR;
END 配置名;
```

[例 7.10.6]　块配置应用。

```
LIBRARY IEEE;
USE IEEE.STD_LOGIC_1164.ALL;
ENTITY cpu IS
    PORT (clk:IN STD_LOGIC;
          Addr:OUT STD_LOGIC_VECTOR(0 TO 7);
          Data:INOUT STD_LOGIC_VECTOR(0 TO 7);
          Int:IN STD_LOGIC;
          Reset:IN STD_LOGIC);
END cpu;
ARCHITECTURE struct OF cpu IS
    COMPONENT int_reg
        PORT (data:IN STD_LOGIC;
              Regclk:IN STD_LOGIC;
              Data_out:OUT STD_LOGIC);
    END COMPONENT;
    COMPONENT alu
        PORT (a,b:IN STD_LOGIC;
              c,carry:OUT STD_LOGIC);
    END COMPONENT;
    SIGNAL a,b,c,carry:STD_LOGIC VECTOR(0 TO 7);
    BEGIN
        Reg_array:BLOCK
            BEGIN
                Reg:FOR i IN 0 TO 7 GENERATE
                RI:int_reg PORT MAP(data(i),clk,data(i));
        END BLOCK reg_array;
        Shifter:BLOCK
            BEGIN
                alui:FOR i IN 0 TO 7 GENERATE
                AI:alu PORT MAP(a(i),data(i),c(i),carry(i));
                Shift_reg:BLOCK
                    BEGIN
                        R1:int_reg PORT MAP(b(0),clk,b(1));
```

```
                END BLOCK shift_reg;
            END BLOCK shifter;
    END struct;
        CONFIGURATION cpu_con OF cpu IS
            FOR struct
                FOR reg_array
                    FOR ALL:int_reg USE CONFIGURATION WORK. int_reg_con;
                    END FOR;
                END FOR;
                FOR shifter
                      FOR ALL:alu USE CONFIGURATION WORK. alu_con;
                      END FOR;
                      FOR shift_reg
                        FOR R1:int_reg USE CONFIGURATION WORK. int_reg_cin;
                        END FOR;
                      END FOR;
                END FOR;
            END FOR;
        END epu_con;
```

7.10.4 结构体的配置

结构体的配置位于结构体的说明部分中，用来规定用于结构体中的元件配置。这种形式的配置方式无需独立的结构体的配置说明。结构体配置语句的一般形式如下：

FOR 标号名：元件名 USE CONFIGURATION 库名 . 实体名；

[例 7.10.7]　结构体的配置方法。

```
    ENTITY config_example IS
        PORT (altitude,Altitude_set:IN INTEGER RANGE 0 TO 50000;
              Heading,Heading_set:IN INTEGER RANGE 0 TO 359;
              Rudder,Aileron,Elevator:OUT INTEGER RANGE 0 TO 9);
    END config_example;
        ARCHITEOTURE block_level OF config_example IS
            COMPONENT alt_compare
                PORT (alt_ref,Alt_ind:IN INTEGER RANGE 0 TO 50000;
                      up_down:OUT INTEGER RANGE 0 TO 9);
            END COMPONENT;
            COMPONENT hdg_compare
                PORT (hdg_ref,hdg_ind:IN INTEGER RANGE 0 TO 3597;
                      left_right:OUT INTEGER 0 TO 9);
            END COMPONENT;
```

```
COMPONENT hdg_ctrl
    PORT (left_right:IN INTEGER RANGE 0 TO 9;
          Rdr,Alrn:OUT INTEGER RANGE 0 TO 9);
END COMPONENT;
COMPONENT alt_etrl
    PORT (up_down:IN INTEGER RANGE 0 TO 9;
          Elevator:OUT INTEGER RANGE 0 TO 9);
END COMPONENT;
SIGNAL up_down,left_right:INTEGER RANGE 0 TO 9;
FOR M1:alt_compare USE CONFIGURATION WORK. alt_comp_con;
FOR M2:hdg_compare USE CONFIGURATION WORK. hdg_comp_con;
                                                --结构体配置
FOR M3:hdg_ctrl USE ENTITY WORK. hdg_ctrl(behave);
                                                --实体结构体配置
FOR M4:alt_ctrl USE ENTITY WORK. alt_ctrl(behave);
                                                --实体结构体配置
  BEGIN
    M1:alt_compare
      PROT MAP(alt_ref=>altitude,Alt_rin=>alt_set,up_down=>up_down);
    M2:hdg_compare
      PORT MAP (hdg_ref=>heading,hdg_ind=>hdg_set,
                left_right=>left_right);
    M3:hdg_ctrl
      PORT MAP(left_right=>left_right,Rdr=>rudder,Alrn=>aileron);
    M4:alt_ctrl
      PORT MAP(up_down=>up_down,elevator=>elevator);
END block_level;
```

其中，实体 hdg_ctrl、alt_ctrl 应已定义。配置 alt_comp_con 和 hdg_comp_con 也应参考例 7.10.2 的方法预先定义。

习　题

7-1　设计一个三进制计数器。

7-2　设计一个 10 线-2 线编码器。

7-3　用 VHDL 语言设计一个 4 线-16 线译码器。

7-4　设计一个 4 选 1 选择器：采用 if…then 语句设计。

7-5　利用 IF 语句（或 WHEN…ELSE 语句）描述 8 线-3 线优先级编码器，INPUT（0）优先级最高（或 INPUT（7）优先级最高）。

7-6　用 VHDL 设计 7 段数码显示器的十六（或十）进制译码器。

第8章 数字逻辑设计基础

本章通过 VHDL 程序分析，使读者进一步了解如何应用 VHDL 语言对基本数字模块进行设计，并对模块结构和设计方法有进一步的认识，主要包括基于 VHDL 的组合逻辑模块、时序逻辑模块设计、状态机的设计方法等。

8.1 组合逻辑电路的 VHDL 设计

8.1.1 加法器

1. 半加器

半加器（设此模块的器件名是 h_ adder）的电路原理图如图 8.1.1 所示，半加器对应的逻辑真值表如表 8.1.1 所示。此电路模块由两个基本逻辑门元件构成，即“与”门和“异或”门。图中的 A 和 B 是加数和被加数；SO 是和值数据；CO 则是进位数据。根据图 8.1.1 的电路结构，很容易获得半加器的逻辑表述是：

$$SO = A \oplus B, \ CO = AB$$

根据这些叙述可以给出对应的 VHDL 描述，即例 8.1.1 所示的半加器电路模块的 VHDL 表述，此描述展示了可综合的 VHDL 程序的模块结构。

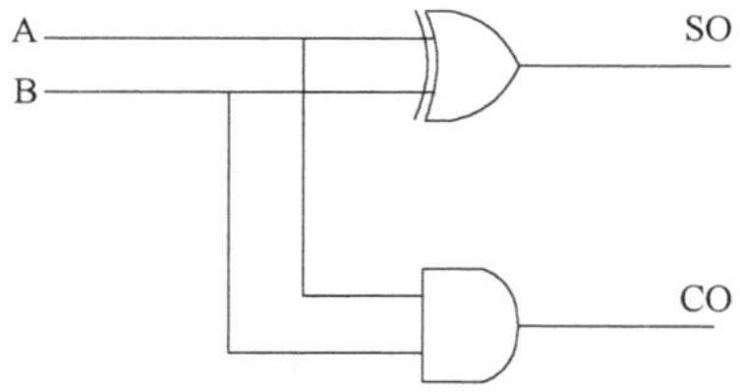

图 8.1.1 半加器的电路结构

表 8.1.1 半加器的真值表

A	B	SO	CO
0	0	0	0
0	1	1	0
1	0	1	0
1	1	0	1

从图 8.1.2 所示的 VHDL 程序及例 8.1.1 右侧的文字说明，可以看出，例 8.1.1 程序虽简单，但却包含了 VHDL 完整的程序结构和必要的语句元素。

[例 8.1.1]

```
library IEEE;
use IEEE.STD_LOGIC_1164.ALL;
    entity h_adder is
        Port (  A : in  STD_LOGIC;
                B : in  STD_LOGIC;
                SO  : out  STD_LOGIC;
                CO  : out  STD_LOGIC);
    end h_adder;
    architecture Behavioral of h_adder is
    begin
      SO<=A XOR B;
      CO<=A AND B;
    end Behavioral;
```

设计库和程序包调用

电路模块端口说明和定义

VHDL 实体描述部分

电路模块功能描述

VHDL 结构体描述部分

VHDL 表述的半加器完整电路模块程序代码

图 8.1.2 VHDL 程序结构

2. 全加器

全加器可以由两个半加器和一个“或”门连接而成，其经典的电路结构如图 8.1.3 所示。图 8.1.3b 是全加器的实体模块，它显示了全加器的端口情况。因此，设计全加器之前，必须设计好半加器和“或”门电路，把它们作为全加器内的元件，再按照全加器的电路结构连接起来。最后获得的全加器电路可称为顶层设计（例 8.1.2）。

其实整个设计过程和表达方式都可以用 VHDL 来描述。半加器元件的逻辑功能和 VHDL 表述已在 8.1.1 节给出，程序是例 8.1.1。文件名及其实体名为 h_adder. vhd；“或”门元件的 VHDL 表述如例 8.1.2 所示，文件名是 or2a. vhd。注意这里只是为了说明 VHDL 的用法，实际工程中没有必要为了一个简单的“或”逻辑操作专门设计一个程序或元件。

根据图 8.1.3，用 VHDL 语句将这两个元件连接起来，就构成了全加器的 VHDL 顶层描述，即例 8.1.2. 这个全加器的名字和端口情况如图 8.1.3b 所示。

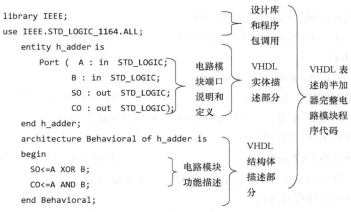

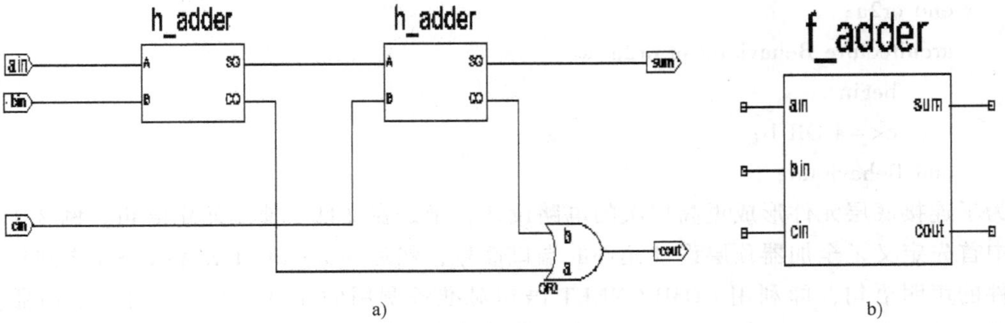

图 8.1.3 全加器 f_adder 电路图及其实体模块 f_adder

以下将通过全加器的设计，介绍含有层次结构的 VHDL 程序设计方法，从而引出例化语句的使用方法。

[例 8.1.2]

```
library IEEE;
```

```
use IEEE.STD_LOGIC_1164.ALL;                --全加器顶层设计描述
entity f_adder is
    Port(ain,bin,cin:in   STD_LOGIC;
        sum,cout:out   STD_LOGIC);
end f_adder;
architecture Behavioral of f_adder is
    COMPONENT h_adder                       --调用半加器声明语句
        PORT(A,B:IN std_logic;SO,CO:OUT std_logic);
    END COMPONENT;
    COMPONENT or2a                          --调用"或"门元件声明语句
        PORT(a,b:IN std_logic;c:OUT std_logic);
    END COMPONENT;
signal net1,net2,net3:std_logic;            --定义3个信号作为内部连接线
begin
    u1:h_adder PORT MAP(A=>ain,B=>bin,SO=>net1,CO=>net2);
                                            ---例化语句
    u2:h_adder PORT MAP(A=>net1,B=>cin,SO=>sum,CO=>net3);
    U3:or2a PORT MAP(a=>net2,b=>net3,c=>cout);
end Behavioral;
```

[例 8.1.3]

```
library IEEE;
use IEEE.STD_LOGIC_1164.ALL;
entity or2a is
    Port(a,b:in   STD_LOGIC;
        c:out   STD_LOGIC);
end or2a;
architecture Behavioral of or2a is
    begin
    c<=a OR b;
end Behavioral;
```

为了连接底层元件形成更高层次的电路设计，于是在文件中使用例化语句。例 8.1.2 在实体中首先定义了全加器顶层设计元件的端口信号，然后在 architecture 和 begin 之间加入调用元件的声明语句，即利用 COMPONNET 语句对准备调用的元件（“或”门和半加器）作了声明，并定义 net1、net2、net3 三个信号作为全加器内部的连接线，具体连接方式如图 8.1.3a 所示。最后利用端口映射语句 PORT MAP（）将两个半加器模块和一个“或”门模块连接起来构成一个完整的全加器。注意在这里的程序已经假设参与设计的半加器文件、“或”门文件和全加器顶层设计文件都存放于同一个文件夹中。

元件例化就是引入一种连接关系，将预先设计好的一个设计实体定义为一个元件，然后利用特定的语句将此元件和当前的设计实体中的指定端口相连接，从而为当前设计实体引进

一个新的低一级的设计层次。在这里，当前设计实体（如例 8.1.2 描述的全加器）相当于一个较大的电路系统，所定义的例化元件相当于一个要插在这个电路系统板上的芯片，而当前设计实体中指定的端口则相当于这块电路板上准备接受此芯片的一个插座。

元件例化是使 VHDL 设计实体构成自上而下层次设计的一个重要途径。

元件例化可以有多个层次。一个调用了较低层次元件的顶层设计实体本身也可以被更高层次设计实体所调用，成为该设计实体中的一个元件。任何一个被例化语句声明并调用的实体可以以不同的形式出现，它可以是一个设计好的 VHDL 设计文件（即一个设计实体），可以是来自 FPGA 元件库的元件或者是 FPGA 器件中的嵌入式宏元件功能块，或者是以别的硬件描述语言设计的元件，如 Verilog HDL 设计的元件（这样就可以实现 VHDL 和 Verilog 语言的混合编程），还可以是 IP 核。

3. 8 位加法器

这里是指可以直接利用加法算术操作符“+”完成的 8 位全加器的 VHDL 程序设计。

例 8.1.4 的设计思想是，为了方便获得两个 8 位数据 A 和 B 相加后的进位值，首先定义了一个 9 位信号 DATA。将 A 和 B 也都扩展为 9 位，即用并位符“&”在它们的高位并位一个“0”。这主要是为了符合 VHDL 语法的要求。VHDL 规定，赋值符号两边的数据类型必须一致，且若为矢量数据类型，两端值的位数必须相等。

此外，在算式中直接使用并位操作符“&”时需要注意，必须对并位式加上括号，如（“00000000”&CIN）。这是因为不同的操作符其优先级别是不同的，例如乘除的优定级别一定高于加减，而加减与并位“&”操作的级别相等。对于平级的情况，排在前面的操作符则具有较高的优先级，其运算将优先进行。于是在例 8.1.4 中对 DATA 赋值的语句中，若后两个加数，即（“0” &B）和（“00000000” & CIN），没有加括号则一定出错。

例如，若（“0” & B）不加括号，则赋值语句最右端的运算结果有 17 位，与左边的 DATA 不符；而若（“00000000” & CIN）不加括号，则运算结果有 10 位，因为在最后并为 CIN 前的运算结果已经有 9 位了。

[例 8.1.4]

```
library IEEE;
use IEEE.STD_LOGIC_1164.ALL;
use IEEE.STD_LOGIC_UNSIGNED.ALL;   --此程序包中包含算术操作符的重载函数
entity adder8b is
    Port(A,B:in  STD_LOGIC_VECTOR(7 downto 0);
         CIN:in  STD_LOGIC;
         COUT:out  STD_LOGIC;
         DOUT:out  STD_LOGIC_VECTOR(7 downto 0));
end adder8b;
architecture Behavioral of adder8b is
signal data:std_logic_vector(8 downto 0);
begin
    data<=('0' & A)+('0' & B)+("00000000"& CIN);
    COUT<=data(8);
```

```
        dout<=data(7 downto 0);
    end Behavioral;
```

例 8.1.4 中另一个值得注意的是，STD_ LOGIC_ UNSIGNED 程序包中预定义的操作符，如加（+）、减（-）、乘（*）、除（/）、等于（=）、大于等于（>=）、小于等于（<=）、大于（>）、小于（<）、不等于（/=）、逻辑与（AND）等，对相应的数据类型 INTEGRE、STD_LOGIC 和 STD_LOGIC_VECTOR 的操作做了重载，赋予了新的数据类型操作能力。即通过重新定义运算符的方式，允许被重载的运算符能够对新的数据类型进行操作，或者允许不同的数据类型之间用此运算符进行运算。

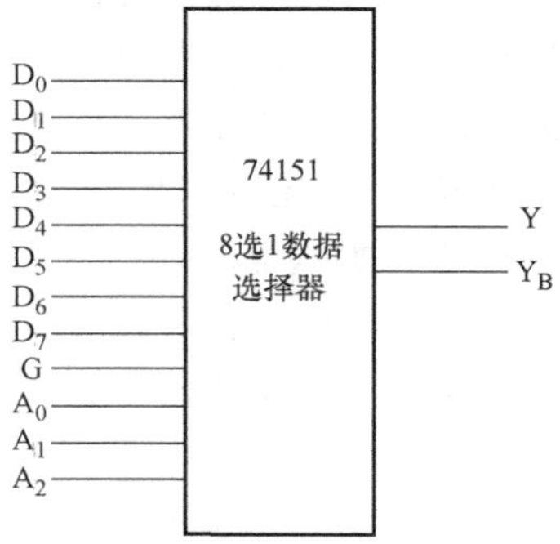

图 8.1.4　8 选 1 数据选择器的逻辑符号

8.1.2　多路选择器

多路选择器是数据选择器的别称。在多路数据传送过程中，能够根据需要将其中任意一路选出来的电路。叫作数据选择器，也称作多路选择器或多路开关。

例 8.1.5 是数据选择器 74151 的 VHDL 设计。8 选 1 的数据选择器 74151 的逻辑符号和真值表分别如图 8.1.4 和表 8.1.2 所示。

表 8.1.2　8 选 1 数据选择器的真值表

	输　入			输出			输　入			输出	
使能	地址选择			Y	Y_B	使能	地址选择			Y	Y_B
G	A_2	A_1	A_0			G	A_2	A_1	A_0		
1	×	×	×	0	1						
0	0	0	0	D_0	$D_{0'}$	0	1	0	0	D_4	$D_{4'}$
0	0	0	1	D_1	$D_{1'}$	0	1	0	1	D_5	$D_{5'}$
0	0	1	0	D_2	$D_{2'}$	0	1	1	0	D_6	$D_{6'}$
0	0	1	1	D_3	$D_{3'}$	0	1	1	1	D_7	$D_{7'}$

[例 8.1.5]

方法一：参考 74151 真值表，采用 IF 语句编写 VHDL 源代码如下：

```
library IEEE;
use IEEE.STD_LOGIC_1164.ALL;
entity mux8_v2 is
    Port(A:in  STD_LOGIC_VECTOR(2 downto 0);
        D0,D1,D2,D3,D4,D5,D6,D7:in  STD_LOGIC;
        G:in  STD_LOGIC;
        Y,YB:out  STD_LOGIC);
end mux8_v2;
architecture Behavioral of mux8_v2 is
begin
PROCESS(A,D0,D1,D2,D3,D4,D5,D6,D7,G)
BEGIN
```

```
        IF(G='1')THEN
            Y<='0';
            YB<='1';
        ELSIF(G='0' AND A="000")THEN
            Y<=D0;
            YB<=NOT D0;
        ELSIF(G='0' AND A="001")THEN
            Y<=D1;
            YB<=NOT D1;
        ELSIF(G='0' AND A="010")THEN
            Y<=D2;
            YB<=NOT D2;
        ELSIF(G='0' AND A="011")THEN
            Y<=D3;
            YB<=NOT D3;
        ELSIF(G='0' AND A="100")THEN
            Y<=D4;
            YB<=NOT D4;
        ELSIF(G='0' AND A="101")THEN
            Y<=D5;
            YB<=NOT D5;
        ELSIF(G='0' AND A="110")THEN
            Y<=D6;
            YB<=NOT D6;
        ELSE
            Y<=D7;
            YB<=NOT D7;
        END IF;
    END PROCESS;
    end Behavioral;
```

方法二：参考 74151 真值表，采用 CASE 语句编写 VHDL 源代码如下：

```
library IEEE;
use IEEE.STD_LOGIC_1164.ALL;
entity mux_v3 is
Port(A2,A1,A0:in   STD_LOGIC;
     D0,D1,D2,D3,D4,D5,D6,D7:in   STD_LOGIC;
     G:in   STD_LOGIC;
     Y,YB:out   STD_LOGIC);
end mux_v3;
```

```
architecture Behavioral of mux_v3 is
SIGNAL COMB:STD_LOGIC_VECTOR(3 DOWNTO 0);
begin
COMB<=G&A2&A1&A0;
PROCESS(COMB,D0,D1,D2,D3,D4,D5,D6,D7)
BEGIN
    CASE COMB IS
        WHEN "0000" =>
            Y<=D0;
            YB<=NOT D0;
        WHEN "0001" =>
            Y<=D1;
            YB<=NOT D1;
        WHEN "0010" =>
            Y<=D2;
            YB<=NOT D2;
        WHEN "0011" =>
            Y<=D3;
            YB<=NOT D3;
        WHEN "0100" =>
            Y<=D4;
            YB<=NOT D4;
        WHEN "0101" =>
            Y<=D5;
            YB<=NOT D5;
        WHEN "0110" =>
            Y<=D6;
            YB<=NOT D6;
        WHEN "0111" =>
            Y<=D7;
            YB<=NOT D7;
        WHEN OTHERS=>
            Y<='0';
            YB<='1';
    END CASE;
END PROCESS;
end Behavioral;
```

8.1.3 编码器与译码器

1. 编码器

用一组二进制代码按一定规则表示给定字母、数字、符号等信息的方法称为编码，能够实现这种逻辑功能的逻辑电路称为编码器。实际上，编码是译码的逆过程。下面以 8 线-3 线编码器为例来进行分析。例 8.1.6 是 8 线-3 线编码器的 VHDL 设计，8 线-3 线编码器的逻辑符号如图 8.1.5 所示，8 线-3 线编码器的真值表如表 8.1.3 所示。

表 8.1.3 8 线-3 线编码器的真值表

输入								输出		
I_0	I_1	I_2	I_3	I_4	I_5	I_6	I_7	A_2	A_1	A_0
1	0	0	0	0	0	0	0	0	0	0
0	1	0	0	0	0	0	0	0	0	1
0	0	1	0	0	0	0	0	0	1	0
0	0	0	1	0	0	0	0	0	1	1
0	0	0	0	1	0	0	0	1	0	0
0	0	0	0	0	1	0	0	1	0	1
0	0	0	0	0	0	1	0	1	1	0
0	0	0	0	0	0	0	1	1	1	1

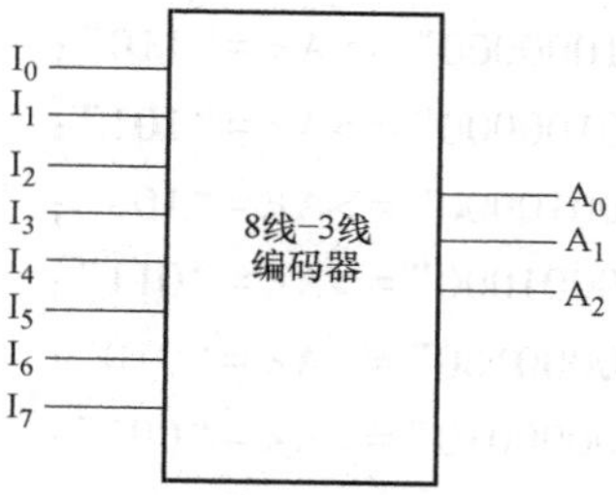

图 8.1.5 8 线-3 线编码器的逻辑符号

8 线-3 线编码器的逻辑表达式为

$$\begin{cases} A_2 = I_4 + I_5 + I_6 + I_7 \\ A_1 = I_2 + I_3 + I_6 + I_7 \\ A_0 = I_1 + I_3 + I_5 + I_7 \end{cases}$$

[例 8.1.6]

方法一：采用行为方式描述的 8 线-3 线编码器 VHDL 源代码（依据逻辑表达式）。

```
library IEEE;
use IEEE.STD_LOGIC_1164.ALL;
entity code83_v1 is
Port(I0,I1,I2,I3,I4,I5,I6,I7:in   STD_LOGIC;
          A0,A1,A2:out   STD_LOGIC);
end code83_v1;
architecture Behavioral of code83_v1 is
begin
     A2<=I4 OR I5 OR I6 OR I7;
```

```
        A1<=I2 OR I3 OR I6 OR I7;
        A0<=I1 OR I3 OR I5 OR I7;
    end Behavioral;
```

方法二：采用数据流描述方式描述的 8 线-3 线编码器 VHDL 源代码（依据真值表）。

```
    library IEEE;
    use IEEE.STD_LOGIC_1164.ALL;
    entity codermux83_v2 is
        Port(I:in   STD_LOGIC_VECTOR(7 downto 0);
             A:out   STD_LOGIC_VECTOR(2 downto 0));
    end codermux83_v2;
    architecture Behavioral of codermux83_v2 is
    begin
        PROCESS(I)
        BEGIN
            CASE I IS
                WHEN "10000000"=>A<="111";
                WHEN "01000000"=>A<="110";
                WHEN "00100000"=>A<="101";
                WHEN "00010000"=>A<="100";
                WHEN "00001000"=>A<="011";
                WHEN "00000100"=>A<="010";
                WHEN "00000010"=>A<="001";
                WHEN others=>A<="000";
            END CASE;
        END PROCESS;
    end Behavioral;
```

2. 译码器

译码器的含义就是把输入的二进制代码的特定含义翻译成被编码的信息。译码器是一类多输入多输出组合逻辑电路器件，它的输入代码组合会在输出端产生特定的信号。译码器按照用途可分为 3 类：变量译码器、码制变换译码器和显示译码器。

变量译码器一般是一种将较少输入变换为较多输出的器件，常见的有 n 线-2^n 线译码。一般输入信号以二进制码出现，输出端只有与输入二进制码对应的那个输出才为 1。通常变量译码器有：2 输入 4 输出的 2 线-4 线译码器，3 输入 8 输出的 3 线-8 线译码器和 4 输入 16 输出的 4 线-16 线译码器等。

码制变换译码器是将一种码制的输入翻译成另一种码制的输出。常见的码制变换译码器有将 8421BCD 码译成十进制码，将余三码译成十进制码，将余三码循环码译成十进制码等码制的变换译码器。8421BCD 译码器分为不完全译码的 BCD 译码器和完全译码的 BCD 译码器。由于 8421BCD 码是用 4 个变量的二进制码来表示十进制码，因此在 16 种可能的变量组合中，只有 0000~1001 前 10 种有可能用到，而 1010~1111 用不到。不完全译码就是将 6 种用不到的变量组合按照任意项处理，而完全译码就是将 6 种用不到的变量组合按照逻辑 1 处理。

显示译码器用来将二进制数转换为对应的 7 段码，一般其可分为驱动 LED 和驱动 LCD 两类。需要输出哪个字符时，只需要该字符对应的二极管发光即可。

例 8.1.7 是 3 线-8 线译码器 74138 的 VHDL 设计。74138 是一种 3 线-8 线译码器，3 个输入 $A_2A_1A_0$ 共有 8 种组合（000～111），可以译出 8 个输出信号 Y_0～Y_7。这种译码器设有 3 个使能输入端，当 G_{2A} 与 G_{2B} 均为 0，且 G_1 为 1 时，译码器处于工作状态，输出低电平。当译码器被禁止时，输出高电平。3 线-8 线译码器 74138 的逻辑符号和真值表分别如图 8.1.6 和表 8.1.4 所示。

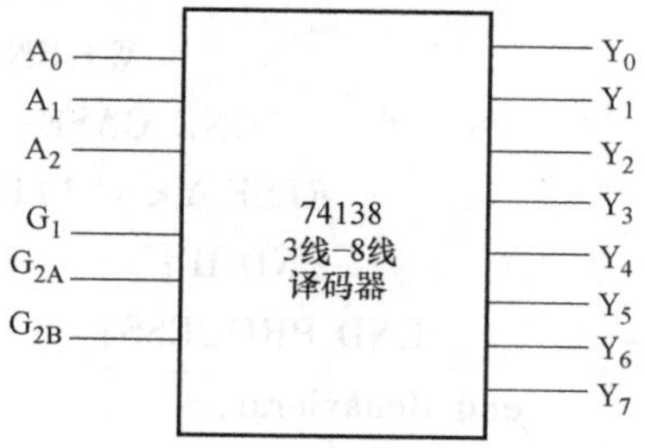

图 8.1.6 3 线-8 线译码器 74138 的逻辑符号

表 8.1.4 3 线-8 线译码器 74138 的真值表

输入						输出							
G_1	G_{2A}	G_{2B}	A_2	A_1	A_{02}	Y_0	Y_1	Y_2	Y_3	Y_4	Y_5	Y_6	Y_7
×	1	×	×	×	×	1	1	1	1	1	1	1	1
×	×	1	×	×	×	1	1	1	1	1	1	1	1
0	×	×	×	×	×	1	1	1	1	1	1	1	1
1	0	0	0	0	0	0	1	1	1	1	1	1	1
1	0	0	0	0	1	1	0	1	1	1	1	1	1
1	0	0	0	1	0	1	1	0	1	1	1	1	1
1	0	0	0	1	1	1	1	1	0	1	1	1	1
1	0	0	1	0	0	1	1	1	1	0	1	1	1
1	0	0	1	0	1	1	1	1	1	1	0	1	1
1	0	0	1	1	0	1	1	1	1	1	1	0	1
1	0	0	1	1	1	1	1	1	1	1	1	1	0

[例 8.1.7]

```
library IEEE;
use IEEE. STD_LOGIC_1164. ALL;
  ⋮
architecture Behavioral of decoder138_v2 is
begin
    PROCESS(G1,G2A,G2B,A)
    BEGIN
        IF(G1 = '1' AND G2A = '0' AND G2B = '0')THEN
          CASE A IS
                WHEN "000" = >Y< = "11111110";
                WHEN "001" = >Y< = "11111101";
                WHEN "010" = >Y< = "11111011";
                WHEN "011" = >Y< = "11110111";
```

```
                WHEN “100” =>Y<=“11101111”;
                WHEN “101” =>Y<=“11011111”;
                WHEN “110” =>Y<=“10111111”;
                WHEN OTHERS=>Y<=“01111111”;
            END CASE;
        ELSE Y<=“11111111”;
        END IF;
    END PROCESS;
end Behavioral;
```

8.1.4 设计实践

1. 快速加法器的设计

加法作为一种基本运算，大量运用在数字信号处理和数字通信的各种算法中。设计结构最为简单的加法器是级联加法器或行波进位加法器，它通过不断调用1位全加器，相互级联而构成，本位的进位输出作为下一级的进位输入。级联加法器的结构简单，但 *N*bit 级联加法运算的延时是1位全加器的 *N* 倍，延时主要是由进位信号级联造成的。在需要高性能的设计中，这种结构不宜采用。

由于加法器使用频繁，因此其速度往往影响着整个系统的运行速度。如果可以设计出快速加法器，则可以提高整个系统的处理速度。在多数情况下，无论是减法、乘法还是除法以及 FFT（快速傅里叶变换）等运算，最终都可以由加法运算来实现，因此对加法运算的实现进行一些研究是非常必要的。下面将介绍两种快速加法器的 VHDL 设计实现，分别是超前进位加法器和进位选择加法器。

（1）超前进位加法器

级联加法器的延时主要是由于进位的延时造成的，因此要加快加法器的运算速度，就必须减小进位延迟，超前进位链能有效地减少进位的延迟。若两个加数分别是 $A_3A_2A_1A_0$ 和 $B_3B_2B_1B_0$，C_0 为最低位进位。设两个辅助变量分别为 $G_3G_2G_1G_0$ 和 $P_3P_2P_1P_0$，其中

$$\begin{cases} G_i = A_iB_i \\ P_i = A_i + B_i \end{cases} \tag{8-1}$$

又1位全加器（A_i、B_i 为加数，C_{i-1} 为低位的进位）的表达式为

$$\begin{cases} S_i = A_i \oplus B_i \oplus C_{i-1} \\ C_i = A_iB_i + A_iC_{i-1} + B_iC_{i-1} \end{cases} \tag{8-2}$$

运用式（8-1）的辅助变量，则全加器的逻辑表达式可以转化为

$$\begin{cases} S_i = A_iG_i' \oplus C_{i-1} \\ C_i = G_i + P_iC_{i-1} \end{cases} \tag{8-3}$$

利用上述关系，一个4位加法器的进位计算就可以用式（8-4）进行表达，即

$$\begin{cases} C_1 = G_0 + P_0C_0 \\ C_2 = G_1 + P_1C_1 = G_1 + P_1G_0 + P_1P_0C_0 \\ C_3 = G_2 + P_2C_2 = G_2 + P_2G_1 + P_2P_1G_0 + P_2P_1P_0C_0 \\ C_4 = G_3 + P_3C_3 = G_3 + P_3G_2 + P_3P_2G_1 + P_3P_2P_1G_0 + P_3P_2P_1P_0C_0 \end{cases} \tag{8-4}$$

由式（8-4）可以看出，每一个计算都直接依赖于整个加法器的最初输入，而不需要等待相邻低位的进位传递。理论上，每一个进位的计算都只需要 3 个门延迟时间，即产生 G_i、P_i的“与”门和“或”门，输入为 G_i、P_i、C_0的“与”门，以及最终的“或”门。同样的道理，理论上最终结果 *sum* 的得到只需要 4 个门延迟时间。

实际上，当加数位数较多时，输入需要驱动的门数较多，其 VLSI（超大规模集成电路）在实现其功能时输出时延增加很多，考虑到互连线的延时情况则总延时将会更加糟糕。因此，通常在芯片设计时先设计位数较少的超前进位加法器结构，而后以此为基础来构建位数较多的加法器。

以下是 4 位超前进位加法器的 VHDL 设计代码。

```
LIBRARY IEEE;
USE IEEE.STD_LOGIC_1164.ALL;
USE IEEE.STD_LOGIC_ARITH.ALL;
ENTITY advance_adder4 IS
    PORT(a1,a2,a3,a4,b1,b2,b3,b4,c0:IN STD_LOGIC;
         s1,s2,s3,s4,c4:OUT STD_LOGIC);
    END advance_adder4;

ARCHITECTURE behav OF advance_adder4 IS
    SIGNAL c1,c2,c3:STD_LOGIC;
BEGIN
s1<=(a1 xor b1)xor c0;
c1<=(a1 AND b1)OR((a1 OR b1)AND c0);
s2<=(a2 xor b2)xor c1;
c2<=(a2 AND b2)OR((a2 OR b2)AND a1 and b1)or((a2 or b2)and(a1 or b1)and c0);
s3<=(a3 xor b3)xor c2;
c3<=(a3 and b3)or((a3 or b3)and a2 and b2)or((a3 or b3)and(a2 or b2)and a1 and
    b1)or((a3 or b3)and(a2 or b2)and(a1 or b1)and c0);
s4<=(a4 xor b4)xor c3;
c4<=((a4 xor b4)and(a3 xor b3)and(a2 xor b2)and(a1 xor b1)and c0)or((a4 xor
    b4)and(a3 xor b3)and(a2 xor b2)and a1 and b1)or((a4 xor b4)and(a3 xor b3)
    and a2 and b2)or((a4 xor b4)and a3 and b3)or(a4 and b4);
END behav;
```

（2）进位选择加法器

由超前进位加法器级联构成的多位加法器只提高了进位传递速度，其计算过程与普通级联加法器一样同样需要等待进位传递的完成。

借鉴并行计算的原理，人们提出了进位选择加法器结构，或者称为有条件的加法器结构（Conditional Sum Adder），此结构实质是上用增加硬件面积来换取速度性能的提高。二进制加法的特点是进位要么是逻辑 1，要么是逻辑 0。将进位链较长的加法器分成 *M* 块分别进行加法计算，对除去最低位计算块外的 *M*-1 块加法结构复制成两份，其中进位输出分别预设成逻辑 1 和逻辑 0。于是，M 块加法器可以同时并行进行各自的加法计算，然后根据各自相邻位的加法运算结果产生进位输出，选择正确的加法结果输出。图 8.1.7 所示为 12 位进位选择加法器的结构图。12 位加法器划分成 3 块，最低一块（4 位）可以由 4 位行波进位加法器或者是超前进位加法器构成，后两块分别假设前一块的进位为 0 和 1 并将两种结果都计算出来，再根据前一级进位选择正确的"和"与进位。如果每一块加法结构内部都采用速度较快的超前进位加法器结构，那么进位选择加法器的计算延时为

$$t_{\mathrm{CSA}}=t_{\mathrm{carry}}+(M-2)t_{\mathrm{mux}}+t_{\mathrm{sum}}$$

式中，t_{sum}、t_{carry} 分别是加法器的"和"与加法器的进位时延；t_{mux} 为数据选择器的时延。

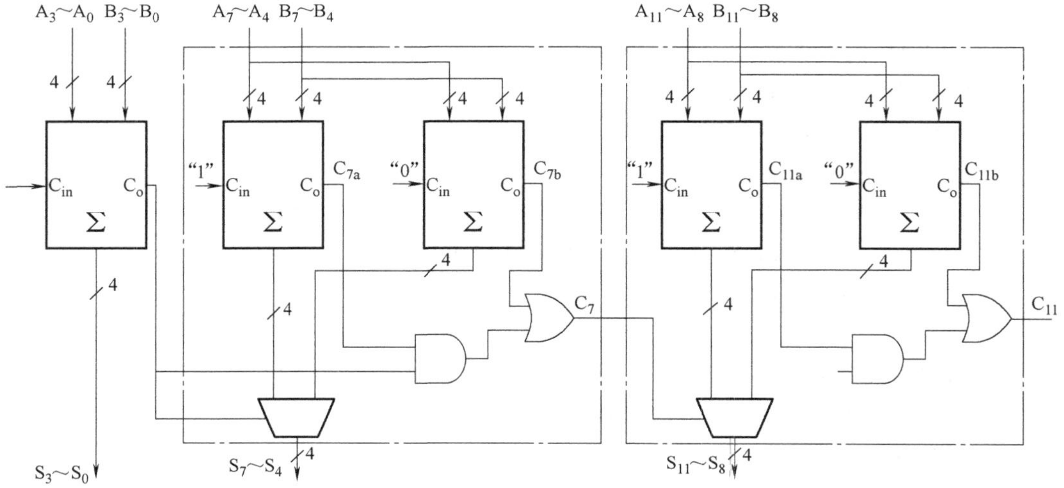

图 8.1.7　12 位进位选择加法器原理图

2. 4×4 乘法器的设计

乘法器是数字系统中的基本逻辑器件，在很多应用中都会出现如各种滤波器的设计、矩阵的运算等。但是，运用乘法器的代价很高且乘法器的运行速度很慢，许多计算问题的性能常常受限于乘法器运算的速度。这一事实促使设计者致力于研究出快速乘法器以满足现代数字信号处理和数字系统的要求。纯组合逻辑构成的乘法器工作速度比较快，但占用的硬件资源也相对较多，很难实现多位数据的乘法运算。为解决这类问题，工程师发明了很多快速乘法器，如阵列乘法器、树形乘法器和桶形移位乘法器等。它们各自有其优缺点，在实际应用时，需要针对不同的应用场合和应用需求选取合适的快速乘法器结构。

"移位加"算法是模拟笔算的一种比较简单的算法，图 8.1.8 所示就是 4 位无符号二进

				A_3	A_2	A_1	A_0	A
×				B_3	B_2	B_1	B_0	B
				A_3B_0	A_2B_0	A_1B_0	A_0B_0	部分积 0
			A_3B_1	A_2B_1	A_1B_1	A_0B_1		部分积 1
		A_3B_2	A_2B_2	A_1B_2	A_0B_2			部分积 2
+	A_3B_3	A_2B_3	A_1B_3	A_0B_3				部分积 3
P_7	P_6	P_5	P_4	P_3	P_2	P_1	P_0	P

图 8.1.8　乘法运算过程

制数 A 和 B 通过“移位加”相乘的过程。其中每一行称为部分积，它表示左移的被乘数根据对应的乘数数位乘以 0 或 1，所以二进制数乘法的实质就是部分积的移位和相加。

以下代码是通过参数传递说明语句（GENERIC 语句）实现这种“移位加”算法的乘法器。

```
LIBRARY IEEE;
USE IEEE.STD_LOGIC_1164.ALL;
USE IEEE.STD_LOGIC_UNSIGNED.ALL;
USE IEEE.STD_LOGIC_ARITH.ALL;
ENTITY MULT4 IS
    GENERIC(s:INTEGER:=4);      --定义参数 s 为整数类型,且等于 4
    PORT (
        A,B:IN STD_LOGIC_VECTOR(s DOWNTO 1);
        R:OUT STD_LOGIC_VECTOR(2*s DOWNTO 1)
        );
    END MULT4;

    ARCHITECTURE behav OF MULT4 IS
        SIGNAL A0:STD_LOGIC_VECTOR(2*s DOWNTO 1);
    BEGIN
        A0<=CONV_STD_LOGIC_VECTOR(0,s)& A;
--CONV_STD_LOGIC_VECTOR()为类型转换函数,将整数类型的"0"转换为 s 位宽的 STD_
  LOGIC_VECTOR 类型
    Process(A,B)
        Variable R1:STD_LOGIC_VECTOR(2*s DOWNTO 1);
    Begin
      R1:=(others=>'0');          --若 s=4,则此句等效于 R1:="00000000"
      For i in 1 to s Loop
          IF(B(i)='1')Then
            R1:=R1 + TO_STD_LOGIC_VECTOR(TO_BIT_VECTOR(A0)SLL(i-1));
            --TO_STD_LOGIC_VECTOR()和 TO_BIT_VECTOR()都是类型转换函数
          END IF;
      END LOOP;
      R<=R1;
  END Process;
  END behav;
```

3. 除法逻辑运算

针对区间内归一化的无符号整数，二进制数除法按以下算法执行：

```
R = A
for i = N-1 to 0
    D = R-B
    if D<0 then Qi = 0, R' = R // R<B
    else        Qi = 1, R' = D // R≥D
    if i/ = 0 then R = 2R'
```

中间余数（Partial Remainder）R 初始化为被除数 A。中间余数重复地减去除数 B，以判断它是否合适。如果差值 D 为负数，（D 的符号位为 1），则商 Q_i 为 0，且这个差被忽略。否则，Q_i 为 1，中间余数也更新为差值 D。在每次循环中，中间余数都要乘以 2（左移了 1 位）。结果符合 $A/B = (Q+R/B)\ 2^{-(N-1)}$。

图 8.1.9 为一个 4 位阵列除法器的原理图。除法器计算 A/B，产生商 Q 和余数 R。图例给出了除法器的电路符号和阵列中每一个单元的原理图。信号 P 表示 R-B 是否为负，从最左行的单元输出 C_{out} 获得，为差值的符号位。

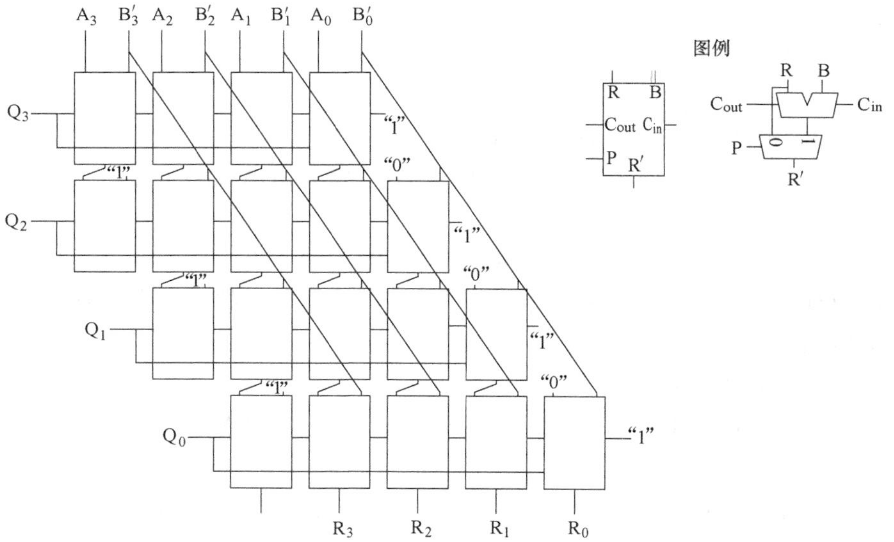

图 8.1.9 阵列除法器

因为在确定符号和多路选择器决定选择 R 或者 D 前，进位必须逐次地通过一行中的所有 N 级，而且对于 N 行都需要完成这样的操作，所以 N 位除法器阵列延迟按 N^2 比例增长。除法是一个缓慢，并非常耗费硬件资源的操作，应尽量少使用。

8.2 时序电路的 VHDL 设计

在本书第 7 章基础上，本节主要介绍时序电路设计 VHDL 的相关语句和语法知识，基础时序模块的设计方法。

8.2.1　基础时序逻辑模块

1. D 触发器

(1) D 触发器的 VHDL 描述

最简单、最常用、最具代表性的时序元件是 D 触发器，它是现代数字系统设计中最基本的底层时序单元，甚至是 ASIC 设计的标准单元。JK 和 T 等触发器都可由 D 触发器构建而来。D 触发器的描述包含了 VHDL 对时序电路的最基本和典型的表达方式，同时也包含了 VHDL 许多最具特色的语言。以下首先对 D 触发器的 VHDL 描述进行详细分析，得出时序电路描述的一般规律和设计方法。

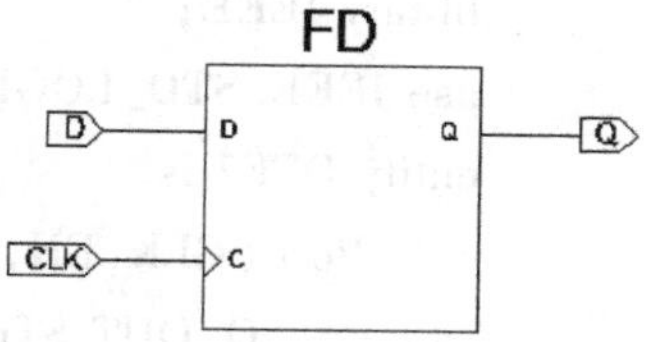

图 8.2.1　D 触发器模块图

具有边沿触发性能的 D 触发器的基本模块如图 8.2.1 所示。只有当时钟上升沿到来时，输出的值才会随入口 D 的数据而改变，这里称之为更新。例 8.2.1 给出了 VHDL 对 D 触发器的一种常用描述形式。

[例 8.2.1]　设计一个 D 触发器的 VHDL 描述。

```
library IEEE;
use IEEE.STD_LOGIC_1164.ALL;
entity DFF1 is
     Port(CLK,D:in   STD_LOGIC;
          Q:out   STD_LOGIC);
end DFF1;
architecture Behavioral of DFF1 is
SIGNAL Q1:STD_LOGIC;
begin
     PROCESS(CLK,Q1)
         BEGIN
              IF(CLK'EVENT AND CLK='1')THEN
              Q1<=D;
              END IF;
     END PROCESS;
     Q<=Q1;
end Behavioral;
```

(2) 含异步复位和时钟使能的 D 触发器及其 VHDL 描述

实用的 D 触发器标准模块如图 8.2.2 所示，此类 D 触发器除了数据端 D、时钟端 CLK 和输出端 Q 以外还有两个控制端，即异步复位端和时钟使能端 EN。这里所谓的“异步”是指独立于时钟控制的复位控制端。即在任何时刻，只要 RST=1（有的 D 触发器基本模块是

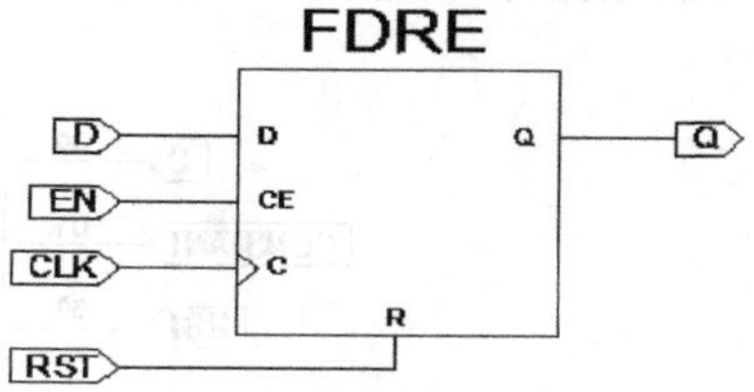

图 8.2.2　含使能和复位控制信号的 D 触发器

低电平清零有效)，只有当 EN=1 时，时钟上升沿才能导致触发器数据更新。因此图 8.2.2 中 D 触发器的 RST 和 EN 信号是对时钟 CLK 的有效性进行控制的。当然也可以认为，EN 是时钟的同步信号，即只有时钟信号有效时（有上升沿时)，EN 才会发生作用。这种含有异步复位和时钟使能控制的 D 触发器的 VHDL 描述如例 8.2.2。

[例 8.2.2]　设计一个含使能和复位控制信号的 D 触发器的 VHDL 描述。

```
library IEEE;
use IEEE.STD_LOGIC_1164.ALL;
entity DFF2 is
     Port (CLK,EN,D,RST:in   STD_LOGIC;
          Q:OUT STD_LOGIC);
end DFF2;
architecture Behavioral of DFF2 is
SIGNAL Q1:STD_LOGIC;
begin
PROCESS(CLK,Q1,RST,EN)
  BEGIN
  IF RST='1' THEN Q1<='0';
  ELSIF CLK'EVENT AND CLK='1' THEN
         IF EN='1' THEN Q1<=D;
         END IF;
    END IF;
END PROCESS;
Q<=Q1;
end Behavioral;
```

(3) 含同步复位控制的 D 触发器及其 VHDL 描述

通常，基本 D 触发器模块中不含同步清零控制逻辑。因此，需要含此功能时，必须外加逻辑才能构建此功能。图 8.2.3 就是一个含有同步清零的 D 触发器电路，它在输入端口 D 处加了一个 2 选 1 多路选择器。工作时，当 RST=1 时，即选通“1”端的数据 0，使 0 进入触发器的 D 输入端。如果这时 CLK 有一个上升沿，便将此 0 送往输出端 Q，这就实现了同步清零的功能。而当 RST=0 时，则选通“0”端的数据 D，使数据进入触发器的 D 输入端。这时的电路即与图 8.2.3 普通触发器相同了。

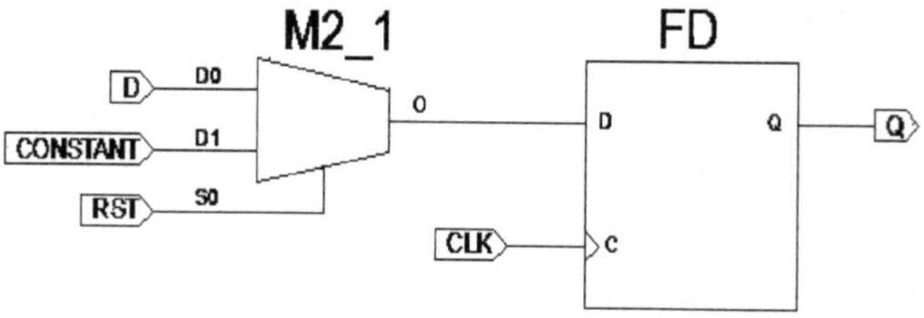

图 8.2.3　含同步清零控制的 D 触发器

例 8.2.3 是对此类触发器的 VHDL 描述。注意清零控制信号 *RST* 在程序中放置的位置。此外，可以看出此程序的特点是，有两条嵌套的 IF 语句，外层的 IF 属于条件不完整语句，故构成了 D 触发器，而内层的 IF 语句的条件叙述是完整的，故构成了典型的多路选择器组合电路。

[例 8.2.3]　设计一个含同步清零控制的 D 触发器的 VHDL 描述。

```
library IEEE;
use IEEE.STD_LOGIC_1164.ALL;
entity DEF3 is
    Port(CLK,RST,D:in   STD_LOGIC;
         Q:out   STD_LOGIC);
end DEF3;
architecture Behavioral of DEF3 is
SIGNAL   Q1:STD_LOGIC;
begin
    PROCESS(CLK,Q1,RST)
    BEGIN
        IF CLK'EVENT AND CLK='1' THEN
            IF RST='1' THEN Q1<='0';
            ELSE Q1<=D;
            END IF;
        END IF;
    END PROCESS;
Q<=Q1;
end Behavioral;
```

2. 锁存器

锁存器是一种在异步时序逻辑电路中对电平敏感的存储单元。锁存器本身是一种常用的逻辑单元，有一定的应用价值。

在数据未被锁存时，锁存器输出端的信号随输入信号变化，即输入信号被透明地传输到输出端。一旦锁存信号有效，则数据被锁存，输出信号不再随输入信号而变化。本质上，锁存器和触发器都可以用作存储单元，且锁存器所需的逻辑门数更少，具备更高的集成度。但是锁存器具有一些不足，主要包括：电平触发方式使得锁存器对毛刺非常敏感；不能异步复位，因此通上电后锁存器处于不确定状态；锁存器的存在会使电路的静态时序分析变得非常复杂，电路不具备可重用性；基于查找表原理的 FPGA 中，基本单元是由查找表和触发器构成的，若生成锁存器反而需要更多的逻辑资源。

图 8.2.4 是基本锁存器模块内部电路结构。基本锁存器是一个电平触发型时序模块，当 CLK 为高电平时，其输出 Q 的数值才会随 D 输入的数据改变，即更新；而当 CLK 为低电平时将保存其在高电平时锁入的数据。例 8.2.4 是对此电路模块的 VHDL 描述。

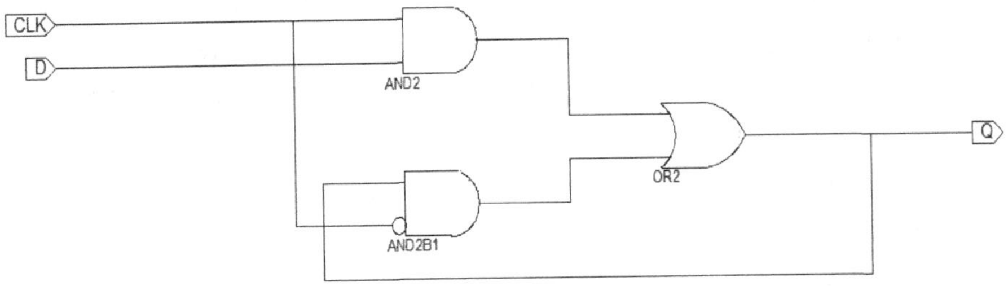

图 8.2.4　基本锁存器模块内部电路结构

[例 8.2.4]　基本锁存器模块的 VHDL 描述。

```
library IEEE;
use IEEE.STD_LOGIC_1164.ALL;
entity LTCH2 is
      Port(CLK,D:in   STD_LOGIC;
            Q:out   STD_LOGIC);
end LTCH2;

architecture Behavioral of LTCH2 is
begin
      PROCESS(CLK,D)
      BEGIN
            IF CLK='1' THEN Q<=D;
            END IF;
      END PROCESS;
end Behavioral;
```

下面来分析例 8.2.4 对锁存器功能的描述，首先考查时钟信号 CLK。设某个时刻 CLK 由低电平 0 变为高电平 1，这时过程语句被启动，于是顺序执行以下的 IF 语句，而此时恰好满足 IF 语句的条件，即 CLK=1，于是执行赋值语句 Q<=D，将 D 的数据向 Q 赋值，即更新 Q，并结束 IF 语句。至此还不能认为综合器即可借此构建时序电路。

必须再考察问题的另一面才能决定，即考察以下两种情况：

1）当 CLK 发生了电平变化，但是从 1 变到 0，这时无论 D 是否变化，都将启动过程，去执行 IF 语句，但这时 CLK=0，不满足 IF 语句的条件，故直接跳过 IF 语句，从而无法执行赋值语句 Q<=D，于是 Q 只能保持原值不变，这就意味着需要引入存储元件于设计模块中，因为只有存储元件才能满足当输入改变而保持 Q 不变的条件。

2）当 CLK 没有发生任何变化，且 CLK 一直为 0（结果与以上讨论相同），而敏感信号 D 发生了变化。这时也能启动过程，但由于 CLK=0，将直接跳过 IF 语句，从而同样无法执行赋值语句 Q<=D，导致 Q 只能保持原值，这也意味着需要引入存储元件于设计模块中。

在以上两种情况中，由于 IF 语句不满足条件，于是将跳过赋值表达式 Q<=D，不执行此赋值表达式而结束 IF 语句和过程。对于这种语言现象，VHDL 综合器解释为对于不满足

条件，跳过赋值语句 Q<=D 不予执行，即意味着保持 Q 的原值不变（保持前一次满足 IF 条件时 Q 被更新的值）。对于数字电路来说，当输入改变后试图保持一个值不变，就意味着需要使用具有存储功能的元件，即必须引进时序元件来保存 Q 中的原值，直到满足 IF 语句的判断条件后才能更新 Q 中的值，于是便产生了时序元件。

8.2.2 计数器的 VHDL 设计

计数电路模块是数字系统的一种基本部件，是典型的时序逻辑单元。计数器按照工作原理和使用情况可分为很多种类，如最基本的计数器、带清零端的（包括同步清零和异步清零）计数器、能并行预加载初始计数值的计数器、各种进制的计数器（如二进制、六十进制）等。

1. 基本计数器

基本计数器只能实现单一递增计数或递减计数功能，没有其他任何控制端。下面以递增计数器为例介绍其设计方法。

[例 8.2.5] 递增基本计数器的 VHDL 设计。

```
library IEEE;
use IEEE.STD_LOGIC_1164.ALL;
use IEEE.STD_LOGIC_UNSIGNED.ALL;
entity countbasic is
      Port(clk:in   STD_LOGIC;
           q:buffer   STD_LOGIC_VECTOR(7 downto 0));
end countbasic;
architecture Behavioral of countbasic is
begin
process(clk)
     variable qtmp:std_logic_vector(7 downto 0);
     begin
          if clk'event and clk='1' then
               qtmp:=qtmp+1;
          end if;
     q<=qtmp;
end process;
end Behavioral;
```

2. 同步清零的计数器

同步清零计数器只是在基本计数器的基础上增加了一个同步清零控制端。例 8.2.6 设计了一个同步清零计数器。

[例 8.2.6] 设计一个同步清零计数器。

```
library IEEE;
use IEEE.STD_LOGIC_1164.ALL;
use IEEE.STD_LOGIC_UNSIGNED.ALL;
entity countclr is
```

```
        Port(clk:in   STD_LOGIC;
             clr:in   STD_LOGIC;
             q:buffer   STD_LOGIC_VECTOR(7 downto 0));
    end countclr;
    architecture Behavioral of countclr is
    begin
    process(clk)
        variable qtmp:std_logic_vector(7 downto 0);
        begin
            if clk'event and clk='1' then
                if clr='0' then qtmp:="00000000";
                else qtmp:=qtmp+1;
                end if;
            end if;
        q<=qtmp;
    end process;
    end Behavioral;
```

3. 同步预置计数器

有时计数器不需要从 0 开始累计数，而希望从某个数开始往前或者往后计数。这时就需要有控制信号能使计数器在计数开始时从期望的初始值开始计数，这就是可预加载初始计数器。例 8.2.7 设计了一个对时钟同步的预加载（或称预置）计数器。

[例 8.2.7] 对时钟同步的预加载（或称预置）计数器的 VHDL 设计。

```
    library IEEE;
    use IEEE.STD_LOGIC_1164.ALL;
    use IEEE.STD_LOGIC_UNSIGNED.ALL;
    entity countload is
    Port(clk:in   STD_LOGIC;
           clr,en,load:in   STD_LOGIC;
           din:in std_logic_vector(7 downto 0);
         q:buffer   STD_LOGIC_VECTOR(7 downto 0));
    end countload;
    architecture Behavioral of countload is
    begin
    process(clk)
    begin
        if clk'event and clk='1' then
            if clr='0' then
            q<="00000000";
            elsif en<='1' then
```

```
                if load = '1' then q<=din;
                else q<=q+1;
                end if;
            end if;
        end if;
    end process;
    end Behavioral;
```

4. 带进制的计数器

前面几个实例中，计数最高值都受计数器输出位数的限制，当位数改变时，计数最高值也会发生改变。如对于 8 位计数器，其最高计数值为“11111111”，即每计 255 个脉冲后就回到“00000000”；而对于 16 位制计数器，其最高计数值为“FFFFH”，每计 65535 个时钟脉冲后就回到“0000H”。

如果需要计数到某特定值时就回到初始计数状态，则用以上程序无法实现，这就提出了设计某进制计数器的问题。例 8. 2. 8 设计了一个一百二十八进制的计数器，为使该程序更具代表性，还增加了一些控制功能。

[例 8. 2. 8]　128 进制计数器的 VHDL 设计。

一个同步清零、使能、同步预置数的 128 进制计数器应具备的引脚位有：时钟输入端 clk，计数输出端 Q，同步清零端 clr，同步使能端 en，加载控制端 load，加载数据输入端 din。

```
library IEEE;
use IEEE.STD_LOGIC_1164.ALL;
use IEEE.STD_LOGIC_UNSIGNED.ALL;
entity count128 is
Port(clk:in  STD_LOGIC;
        clr,en,load:in  STD_LOGIC;
        din:in std_logic_vector(7 downto 0);
      q:buffer  STD_LOGIC_VECTOR(7 downto 0));
end count128;
architecture Behavioral of count128 is
begin
    process(clk)
    begin
        if clk'event and clk='1' then
            if clr='0' then
              q<="00000000";
            elsif q<="01111111" then
              q<="00000000";
            elsif en='1' then
                if load='1' then
```

```
                q<=din;
            else q<=q+1;
            end if;
        end if;
    end if;
  end process;
end Behavioral;
```

8.2.3 堆栈与 FIFO

1. 堆栈

通常，队列是计算机系统中的一种基本数据结构。队列按照存储方式的不同，一般可以分为先进先出队列（First In First Out，FIFO）或者先进后出队列（First In Last Out，FILO）等，它们是微机系统中非常重要的存储器单元。队列作为一种基本的数据结构或者存储单元，它们存放数据的结构和随机存储器是完全一致的，只是具体的存储方式不同。

堆栈是一种先进后出的存储器。它要求存入数据按顺序排列，存储器全满时给出信号并拒绝继续存入；读出时按后进先出原则；存储数据一旦读出就从存储器中消失。在大多数 CPU 中，指针寄存器都由堆栈结构实现，也作堆栈指针（Stack Pointer，SP）寄存器。

[例 8.2.9] 堆栈的 VHDL 设计。

设计思想：将每一个存储单元设置为字（Word）；存储器整体作为由字构成的数组；为每个字设计一个标记（Flag），用以表达该存储单元是否已经存放了数据；每写入或者读出一个数据，字的数组内容进行相应的移动，标记也做相应的变化。

其 VHDL 程序代码如下：

```
library IEEE;
use IEEE.STD_LOGIC_1164.ALL;
use IEEE.STD_LOGIC_ARITH.ALL;
use IEEE.STD_LOGIC_UNSIGNED.ALL;
entity stack is
    Port(datain:in  STD_LOGIC_VECTOR(7 downto 0);
         push,pop,reset,clk:in  STD_LOGIC;
         stackfull:out  STD_LOGIC;
         dataout:buffer  STD_LOGIC_VECTOR(7 downto 0));
end stack;
architecture Behavioral of stack is
type arraylogic is array(15 downto 0)of std_logic_vector(7 downto 0);
signal data:arraylogic;
signal stackflag:std_logic_vector(15 downto 0);
begin
stackfull<=stackflag(0);
```

```
process(clk,reset,pop,push)
    variable selffunction:std_logic_vector(1 downto 0);
    begin
    selffunction:=push & pop;
    if reset='1' then
        stackflag<=(others=>'0');
        dataout<=(others=>'0');
        for i in 0 to 15 loop
            data(i)<="00000000";
        end loop;
    elsif clk'event and clk='1' then
        case selffunction is
        when "10"=>
            if stackflag(0)='0' then
            data(15)<=datain;
            stackflag<='1'&stackflag(15 downto 1);
            for i in 0 to 14 loop
            data(i)<=data(i+1);
            end loop;
            end if;
        when "01"=>
            dataout<=data(15);
            stackflag<=stackflag(14 downto 0)&'0';
            for i in 15 to 1 loop
            data(i)<=data(i-1);
            end loop;
        when others=>null;
        end case;
        end if;
    end process;
end Behavioral;
```

以上程序基于的是移位寄存器的设计思想；若基于存储器的设计思想，则可以设置一个指针（Point），表示出当前写入或读出单元的地址，使这种地址进行顺序变化，就可以实现数据的顺序读出或写入。

2. FIFO 存储器

FIFO 是一种先进先出存储器。它要求存入数据按顺序排放，存储器全满时给出信号并拒绝继续存入，全空时也给出信号并拒绝读出；读出时按先进先出原则；存储数据一旦读出就从存储器中消失。

FIFO 一般用于不同时钟域之间的数据传输，比如 FIFO 的一端是 AD 数据采集，另一端是计算机的 PCI 总线，假设其 AD 采集的速率为 16 位 100K SPS（Samples Per Second），那么每秒的数据量为 100K×16bit=1.6Mbit/s，而 PCI 总线的速度为 33MHz，总线宽度为 32 位，其最大传输速率为 1056Mbit/s，在两个不同的时钟域间就可以采用 FIFO 来作为数据缓冲。另外，对于不同宽度的数据接口也可以用 FIFO 来匹配传输，例如单片机为 8 位数据输出，而 DSP 可能是 16 位数据输入，在单片机与 DSP 连接时就可以使用 FIFO 来达到数据匹配的目的。

[**例 8.2.10**] FIFO 的 VHDL 设计。

设计思想：结合堆栈指针的设计思想，采用环行寄存器方式进行设计；分别设置写入指针 WP 和读出指针 rp，标记下一个写入地址和读出地址；地址随写入或读出过程顺序变动；设置全空标记和全满标记以避免读出或者写入错误。

设计时需要注意处理好从地址最高位到地址最低位的变化。其 VHDL 程序代码如下：

```
library IEEE;
use IEEE.STD_LOGIC_1164.ALL;
use IEEE.STD_LOGIC_ARITH.ALL;
use IEEE.STD_LOGIC_UNSIGNED.ALL;
entity kfifo is
    Port(datain:in   STD_LOGIC_VECTOR(7 downto 0);
         push,pop,reset,clk:in   STD_LOGIC;
         full,empty:out   STD_LOGIC;
         dataout:out   STD_LOGIC_VECTOR(7 downto 0));
end kfifo;
architecture Behavioral of kfifo is
type arraylogic is array(15 downto 0)of std_logic_vector(7 downto 0);
signal data:arraylogic;
signal fi,ei:std_logic;                  --为全满全空设置内部信号,以便内部调用;
signal wp,rp:natural range 0 to 15;      --指针
begin
process(clk,reset,pop,push)
    variable selffunction:std_logic_vector(1 downto 0);
    begin
    full<=fi;empty<=ei;
    selffunction:=push & pop;
if reset='1' then
    wp<=0;rp<=0;fi<='0';ei<='1';
    dataout<=(others=>'0');
    for i in 0 to 15 loop
    data(i)<="00000000";
    end loop;
elsif clk'event and clk='1' then
```

```
--write
    if fi='0' and selffunction="10" and wp<15 then
        data(wp)<=datain;
        wp<=wp+1;
        if wp=rp then fi<='1';end if;
        if ei='1' then ei<='0';end if;
    end if;

    if fi='0' and selffunction="10" and wp=15 then
        data(wp)<=datain;
        wp<=0;
        if wp=rp then fi<='1';end if;
        if ei='1' then ei<='0';end if;
    end if;
--read
    if ei='0' and selffunction="01" and rp<15 then
        dataout<=data(rp);
        rp<=rp+1;
        if wp=rp then ei<='1';end if;
        if fi='1' then fi<='0';end if;
    end if;

    if ei='0' and selffunction="01" and rp=15 then
        dataout<=data(rp);
        rp<=0;
        if wp=rp then ei<='1';end if;
        if fi='1' then fi<='0';end if;
    end if;
end if;
end process;
end Behavioral;
```

8.2.4 多边沿触发问题分析

VHDL 可以描述信号的上升沿和下降沿，因而理论上可以同时利用信号的上升沿和下降沿来处理数据。但是 VHDL 中一般不允许在时钟信号的两个边沿都对同一个信号进行赋值操作。

一般情况下，VHDL 进程中不允许使用多沿触发，多沿问题按照信号源可以划分为两种情况：一种是同一个信号的两个边沿；另一种是不同信号的边沿。

同一个信号的两个边沿触发程序格式如下：

```
IF (rising_ edgc (clk)) THEN
⋮
ELSIF (fail_ edge (clk)) THEN
……
```

或者

```
IF (rising_ edgc (clk)) THEN
⋮
END IF;
IF (fail_ edge (clk)) THEN
⋮
END IF;
```

不同信号的边沿触发格式如下：

```
IF (clk1 边沿提取) THEN
⋮
ELSIF (clk2 边沿提取) THEN
⋮
```

或者

```
IF (clk1 边沿提取) THEN
⋮
END IF;
IF (clk2 边沿提取) THEN
⋮
END IF;
```

事实上，不管是上述四种情况中的哪种情况，多边沿问题如果在同一个 IF 语句中出现两个边沿的描述和触发了其中的任何一个或者在不同边沿触发下对同一个信号进行赋值操作，就不可进行综合。

1. 不可综合的多沿触发

多沿触发较容易引起程序不可综合，所幸 VHDL 程序中不经常遇到多沿触发问题。在编写程序时，若遇到多沿触发的情形，应注意区分哪类多沿触发形式是不可综合的。

1）在同一个 IF 语句中出现两个边沿的描述和触发的多沿问题不可综合。在 VHDL 程序设计中，设计者有时希望在时钟信号的两个边沿都进行触发。以计数器为例，时钟信号为 clk，使用下面的语句，希望能在 clk 的上升沿和下降沿都实现计数。

```
IF(rising_edgc(clk))THEN
    cnt<=cnt+1;
ELSIF(fail_edge(clk))THEN
    cnt<=cnt+1;
END IF;
```

上述语句中，一条 IF 语句就同时包含了 clk 信号的两个边沿，这在 VHDL 设计中是不允许的。不要在同一个 IF 语句中描述两个或两个以上的信号边沿。

2）在不同的边沿触发下对同一个信号进行赋值操作的多沿问题不可综合。上述计数器的描述语句还存在一个问题，即在不同边沿触发下对同一信号 cnt 进行了赋值。这在 VHDL 程序设计中也是不允许的，对这一点的解释如下：

在 FPGA 等可编程逻辑器件的实际电路中并没有一种元件能够实现双沿触发的。因为 FPGA 中的记忆元件主要是触发器，而

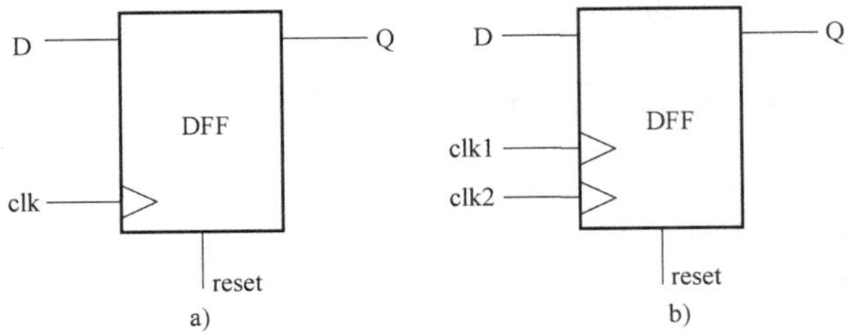

图 8.2.5　触发器结构
a）正确　b）错误

由数字电路的基础知识可知，所有的触发器都只有一个时钟端口，如图 8.2.5a 所示。这种在不同的边沿触发下对同一个信号（如图 8.2.5b 中的 Q 信号）进行赋值的电路，即使不同的边沿是在不同的 IF 语句中描述的，其结构也会如图 8.2.25b 所示，因而是无法实现的。

2. 多触发协同工作

只要进程内的多个边沿不满足上述两条中的任何一条，多边沿触发的进程还是可以进行综合的。如下列代码：

```
PROCESS(clk)
BEGIN
    IF(rising_edgc(clk))THEN
        A<=B;
    END IF;
    IF(fail_edge(clk))THEN
        C<=A;
    END IF;
END PROCESS;
```

可以看出，进程中两个边沿的描述不在同一个 IF 语句中；并且两个边沿触发下赋值的对象是不同的信号，一个为 A，另一个为 C。

可见，多沿触发问题不满足两个条件中的任何一条，是可以进行综合。事实上，上述代码中的描述可以等价于将两个边沿触发分割到两个进程中的描述方法。之所以能把一个进程分割成两个进程，是因为两个边沿触发下的赋值对象为不同的信号，因此可以在两个进程中分别赋值。如果两个边沿触发下的赋值对象有相同的信号，分割到两个进程中就会引起两个进程同时对同一个信号赋值，叫作对信号的多重赋值，这在硬件设计中是绝不允许的。

多沿触发可综合的原则为：多沿描述不可出现在同一个 IF 语句之内；本质上可以将该多沿触发进程分解成多个单沿触发进程。

8.2.5　设计实践

1. 奇数分频器

在实用数字系统设计中常需要完成不同类型的分频。对于偶数次分频并要求以 50% 占空比输出的电路是比较容易实现的，但却难以用相同的设计方案直接获得奇数次分频且占空比也是 50% 的电路。通过一个五进制计算器可以方便地得到一个占空比为 40% 的五分频信号，欲得到占空比为 50% 的 5 分频信号可以借鉴该方法。通过待分频时钟信号的下降沿触发进行计数，产生一个占空比为 40%（2/5）的 5 分频器。将产生的时钟与上升沿触发产生的时钟相“或”，即可得到一个占空比为 50% 的 5 分频器。

推广为一般方法：欲实现占空比为 50% 的 $2N+1$ 分频器，则需要对待分频时钟上升沿和下降沿分别进行 $N/(2N+1)$ 分频，然后将两个分频所得的时钟信号相“或”得到占空比为 50% 的 $2N+1$ 分频器。

下面的代码就是利用上述思想获得占空比为 50% 的 7 分频器的。需要分别对上升沿和下降沿进行 3/7 分频，再将分频获得的信号相“或”。

```
--description:占空比为 50%的 7 分频
LIBRARY IEEE;
USE IEEE. STD_LOGIC_1164. ALL;
USE IEEE. STD_LOGIC_UNSIGNED. ALL;
USE IEEE. STD_LOGIC_ARITH. ALL;
    entity clk_div3 is
    port(clk_in:in std_logic;
        clk_out:out std_logic);
     end clk_div3;

architecture behav of clk_div3 is
    signal cnt1,cnt2:integer range 0 to 6;
    signal clk1,clk2:std_logic;
begin
    process(clk_in)
    begin
        if(rising_edge(clk_in))then
          if(cnt1< 6)then
            cnt1<=cnt1 + 1;
            else cnt1<=0;
          end if;
          if(cnt1< 3)then
            clk1<='1';
            else clk1<='0';
        end if;
    end if;
end process;

process(clk_in)
begin
    if(falling_edge(clk_in))then
        if(cnt2< 6)then
            cnt2<=cnt2 + 1;
            else cnt2<=0;
        end if;
        if(cnt2< 3)then
            clk2<='1';
            else clk2<='0';
```

```
            end if;
        end if;
    end process;
    clk_out<=clk1 or clk2;
    end behav;
```

2. 半整数分频器

在某些场合下，时钟源与所需的频率不成整数倍关系，此时需要用小数分频器进行分频，比如：分频系数为 2.5、3.5、7.5 等半整数分频器。例如，欲实现分频系数为 2.5 的分频器，可采用以下方法：设计一个模为 3 的计数器，再设计一个脉冲扣除电路，加在模 3 计数器输出之后，每来两个脉冲就扣除一个脉冲，就可以得到分频系数为 2.5 的小数分频器。程序如下。采用类似方法，可以设计分频系数为任意半整数的分频器。

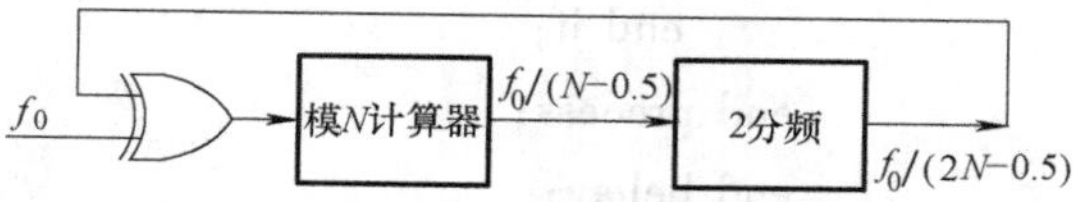

图 8.2.6　通用半整数分频器电路组成

推广开来，设需要设计一个分频系数为 $N-0.5$ 的分频器，其电路可由一个模为 N 计数器、二分频器和一个“异或”门组成，如图 8.2.6 所示。

```
    --description:占空比为 50%的 2.5 分频
    LIBRARY IEEE;
    USE IEEE. STD_LOGIC_1164. ALL;
    USE IEEE. STD_LOGIC_UNSIGNED. ALL;
    USE IEEE. STD_LOGIC_ARITH. ALL;
        entity clk_divN_5 is
        port(clk:in std_logic;
              clkout:out std_logic);
        end clk_divN _5;

    architecture behav of clk_divN_5 is
        constant counter_len:integer:=3;
        signal clk_tem,qout1,qout1:std_logic;
    begin
        qout1<=clk xor qout2;
        process(qout1)
            variable cnt:integer range 0 to counter_len-1;
        begin
            if(rising_edge(qout1))then
                if(cnt=counter_len-1)then
                    cnt:=0;clk_tem<='1';clkout<='1';
                else
                    cnt:=cnt+1;clk_tem<='0';clkout<='0';
```

```
            end if;
        end if;
    end process;
    process(clk_tem)
        variable tem:std_logic;
    begin
        if(rising_edge(clk_tem))then
            tem:=not tem;
        else
            qout2<=tem;
        end if;
    end process;
    end behav;
```

3. DCM 模块设计分析

在数字系统设计中，除了自行设计分频模块外，更常用的方法是通过数字时钟管理核(Digital Clock Manager，DCM）进行时钟信号的管理。DCM 的作用是管理和控制时钟信号，它具有对时钟源进行分频、倍频、去抖动和相位调整等功能。Xilinx（赛灵思）的 DCM 模块是基于数字延迟锁相环（DLL）设计的，和 DLL 相比，DCM 具有更加强大的时钟管理和控制功能，其功能包括时钟延迟消除、时钟相位调整和频率合成等。DCM 的结构框架如图 8.2.7 所示，它由 4 个独立的功能单元构成，这 4 个功能单元分别是 DLL、Phase Shifter（移相器）、Digital Frequency Synthesizer（数字频率合成器）和 Digital Spread Spectrum（数字频谱扩展器）。

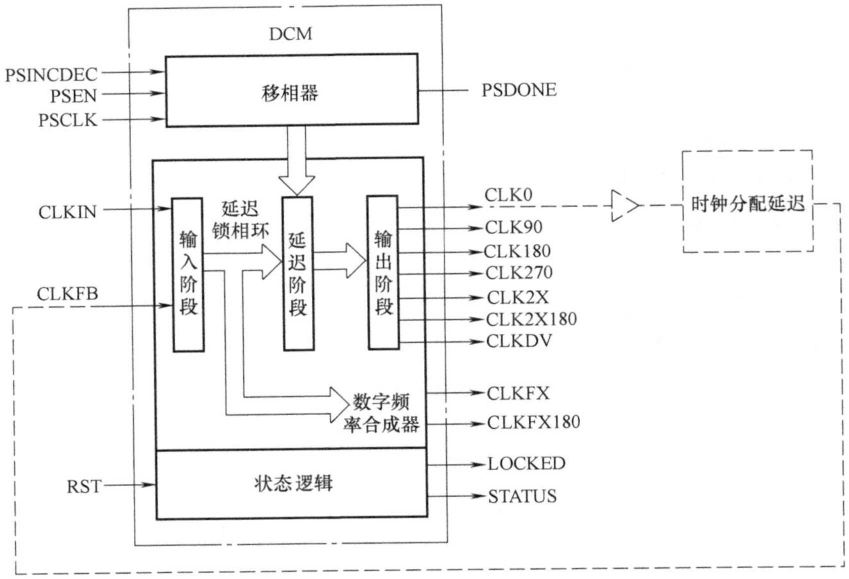

图 8.2.7　DCM 模块

（1）DLL 功能单元

DLL 单元提供了芯片上数字延时消除电路，用以产生零延迟的时钟信号。其工作原理是通过监视 CLKIN 和 CLKFB 之间的偏差，调整延时消除电路参数，在输入时钟之后不断插入延时，直到输入时钟和反馈时钟的上升沿同步，锁定环路进入锁定状态，只要输入时钟不变化，输入时钟和反馈时钟就能一直保持同步。DCM 的反馈时钟信号来自于 CLK0 或 CLK2X 引脚。该反馈信号可以来自芯片内部，也可以来自芯片外部。内部反馈是为了保证内部时钟与输入芯片的 I/O PAD 上的时钟相位对齐，外部反馈是为了保证输出到外部的时钟的相位与输入芯片的 I/O PAD 上的时钟相位对齐。

（2）DFS 功能单元

DFS 的输出频率计算公式为

$$F_{\mathrm{CLKFX}}=F_{\mathrm{CLKIN}}\times\frac{\mathrm{CLKFX\_MULTIPLY}}{\mathrm{CLKFX\_DIVIDE}}$$

当 CLKFX_MULTIPLY = 3，CLKFX_DIVIDE = 2，CLKIN 的频率为 100MHz 时，合成频率为 150MHz。利用 DFS 能够在器件允许的频率范围内生成各种频率的时钟信号，供用户设计使用。参数 CLKFX_MULTIPLY 的值可以取 2～32 的任意整数，而参数 CLKFX_DIVIDE 的值可在｛1.5，2，2.5，3，3.5，4，4.5，5，5.5，6，6.5，7，7.5，8，9，10，11，12，13，14，15，16｝集合中任取。

（3）DSS 功能单元

DSS 是 Xilinx（赛灵思）推出的利用扩频时钟技术来减少电磁干扰（EMI）的一项技术，它可以帮助用户解决电磁干扰问题，减小因电磁干扰对设计带来的影响。

（4）PS 功能单元

PS 即数字移相器，通过设置 PS 属性 PHASE_SHIFT 的值可以进行移相。Xilinx 的数字移相器支持 3 种移相模式：NONE、固定相移和可变相移。

NONE 模式（默认）即输入输出同相，相当于固定相移设置成 0。

固定相移是指输出相对于输入延迟的相位值是固定的，PS 的相移值范围为 $-256\sim256$，PHASE_SHIFT 值的计算公式为 256T/Tclkin，其中 T 为待调整的时间值，Tclkin 为 CLKIN 的时钟周期，例如，输入时钟周期为 10ns，要将输出时钟调整为 +0.5ns，PS 属性 PHASE_SHIFT $=256\times0.5/10^{18}$。

可变相移是指当相移使能信号 PSEN 为高时，输出 CLK0 开始移相，并根据 PSINCDEC 的值判断是增加还是减小，每次 CLK0 相对于 CLKIN 移动一个相位，同时 PSDONE会产生一个脉冲表示一次移相完成，等到 LOCKED 的输出为高时表明锁定成功，输出时钟有效。

不同器件的 DCM 允许的输入时钟频率、输出时钟频率和输入时钟允许的抖动范围是不同的。以 Virtex-II Pro 系列 FPGA 器件为例，DLL 功能单元的输入时钟频率范围因工作模式的不同而不同，在低速工作模式下，输入频率范围为 24～270MHz，在高速工作模式下，输入频率范围为 48～450MHz。输入时钟允许的时钟抖动范围因工作模式的不同而不同，在高速模式下，允许的最大抖动范围是 ±150ps，而低速模式下是 ±300ps。DCM 的输入输出信号说明如表 8.2.1 所示。

表 8.2.1　DCM 输入输出端口列表

DLL 输入信号	功 能 说 明
RST	复位信号，高电平有效，复位时至少需要维持 3 个时钟周期；使用时常接地
CLKIN	源时钟输入端时钟信号，一般来自经过了 IBUFG 或 BUFG 的外部时钟信号，输入时钟频率必须在 Datasheet 规定的范围之内
CLKFB	反馈时钟信号输入端时钟信号，接收来自 CLK0 或者 CLK2X 的时钟信号，CLK0 或 CLK2X 输出端和 CLKFB 输入端之间必须用 IBUFG 或 BUFG 相连
DLL 输出信号	**功 能 说 明**
CLK0	同频信号输出端输出信号，与 CLKIN 无相位偏移
CLK90	
CLK180	与 CLKIN 分别有 90°、180°和 270°的相位偏移
CLK270	
CLK2X	双倍时钟信号输出端输出信号，输出信号频率是 CLKIN 的 2 倍
CLK2X180	输出端信号与 CLK2X 有 180°的相移
CLKDV	分频输出端信号，对输入时钟 CLKIN 进行分频，分频系数为 1.5、2、2.5、3、4、5、8 和 16，分频时钟计算公式为 $F_{\text{CLKDV}}=\dfrac{F_{\text{CLKIN}}}{\text{CLKFX\_DIVIDE}}$
LOCKED	DLL 锁存信号，DLL 完成锁存一般需要上千个周期，完成后 LOCKED 置"1"，输出时钟信号有效
PS 输入信号	**功 能 说 明**
PSEN	动态移相器使能信号，可以在 DCM 内部被反相，未反相时，高电平有效
PSINCDEC	相位增减控制信号，可以在 DCM 内部被反相，未反相时，高电平表示增，低电平表示减
PSCLK	动态移相器时钟输入端信号
PS 输出信号	**功 能 说 明**
PSDONE	移相操作完成标志信号，高电平表示移相完成，完成标志维持 1 个 PSCLK 周期
DFS 输出信号	**功 能 说 明**
CLKFX	合成频率输出端信号，如果只使用 CLKFX 和 CLKFX180，则无需时钟反馈，合成频率计算公式为 $F_{\text{CLKFX}}=F_{\text{CLKIN}}\times\dfrac{\text{CLKFX\_MULTIPLY}}{\text{CLKFX\_DIVIDE}}$ CLKFX_MULTIPLY 可取 2～32 的任意整数，默认值是 4
CLKFX180	合成频率输出端信号，与 CLKFX 有 180°的相移
状态输出信号	**功 能 说 明**
STATUS[0]	移相溢出状态位
STATUS[1]	CLKIN 输入停止标志，仅当 CLKFB 端口连接时有效，高电平时表明 CLKIN 信号没有翻转
STATUS[2]	CLKFX 和 CLKFX180 输出停止标志，高电平时表明 CLKFX 和 CLKFX180 输出端没有跳变信号

8.3　有限状态机的 VHDL 设计

有限状态机及其设计方法是数字系统设计中的重要组成部分，也是实现高效率、高可靠

性和高速控制逻辑系统的重要途径。在现代数字系统设计中，状态的设计对系统的高速性能、高可靠性、稳定性都具有决定性的作用，

本节重点介绍 VHDL 设计不同类型有限状态机的方法，同时考虑设计实现中许多必须重点关注的问题。

8.3.1　VHDL 状态机的一般形式

就理论而言，任何时序模型都可以归结为一个状态机。如只含一个 D 触发器的二分频电路或一个 4 位二进制计数器都可算作一个状态机；前者是两状态型状态机，后者是 16 状态型状态机。

基于现代数字系统设计技术意义上的状态机的 VHDL 表述形式和表述风格具有一定的典型性和规律性。因此，综合器能从不同表述形态的 VHDL 代码中轻易地萃取出（Extract）状态机，并加以多侧面多目标和多种形式的优化。

对于不断涌现的优秀的 EDA 设计工具，状态机的设计和优化的自动化已经到了相当高的程度。用 VHDL 可以设计出不同表述方式和不同使用功能的状态机，而且多数状态机都有相对固定的语句和程序表达方式。只要掌握好这些固定的语句表达部分，就能根据实际需要进行不同风格和面向不同使用目的的 VHDL 状态机设计。

1. 状态机的一般结构

用 VHDL 设计的状态机根据不同的分类标准可以分为多种不同类型：从状态机的输出方式上分，有 Mealy 型和 Moore 型两种状态机；从状态机的结构描述上分，有单进程状态机和多进程状态机；从状态表达方式上分，有符号化状态机和确定状态编码的状态机。

然而最一般和最常用的状态机结构中通常都包含了说明部分、主控时序进程、主控组合进程、辅助进程等几个部分。以下分别给予说明。

（1）说明部分

说明部分中使用 TYPE 语句定义新的数据类型。状态变量（如现态和次态）应定义为信号，便于信息传递，并将状态变量的数据类型定义为含有既定状态元素的新定义的数据类型。说明部分一般放在结构体的 ARCHITECTURE 和 BEGIN 之间，例如：

```
ARCH I TECTURE. . IS
    TYPE FSM_ST IS(s0,s1,s2,s3);
    SIGNAL current_state,next_state:FSM_ST;
BEGIN
```

其中，新定义的数据类型名是 FSM_ST，其类型的元素分别为 s0、s1、s2、s3；使其恰好表达状态机的 4 个状态。定义为信号 SIGNAL 的状态变量是现态信号 current_state 和次态信号 next_state。它们的数据类型被定义为 FSM_ST，因此状态变量 current_state 和 next_state 的取值范围在数据类型 FSM_ST 所限定的 4 个元素中。换言之，也可以将信号 curren_state 和 next_state 看成两个容器，在任一时刻，它们只能分别装有 s0、s1、s2、s3 中的任何一个状态。此外，由于状态变量的取值是文字符号，因此以上语句定义的状态机属于符号化状态机。

（2）主控时序进程

所谓主控时序进程是指负责状态机运转和在时钟驱动下负责状态转换的进程。状态机是

随外部时钟信号，以同步的方式工作的。因此状态机必须包含一个对工作时钟信号敏感的进程，用作状态机的“驱动泵”。时钟 clk 相当于这个“驱动泵”中电动机的驱动电源。当时钟发生有效跳变时，状态机的状态才发生改变。状态机向下一个状态（包括可能再次进入本状态）转换的实现仅取决于时钟信号的到来。许多情况下，主控时序进程不负责下一状态的具体状态取值，如 s0、s1、s2、s3 中的某一状态值。

当时钟的有效跳变到来时，时序进程只是机械地将代表次态的信号 next_ state 中的内容送入现态的信号 current_state 中，而信号 next_state 中的内容完全由其他进程根据实际情况来决定。当然此时序进程中也可以放置一些同步或异步清零或置位方面的控制信号。总体来说主控时序进程的设计固定、单一和简单。

（3） 主控组合进程

如果将状态机比喻为一台机床，那么主控时序进程即为此机床的驱动电动机，clk 信号为此电动机的功率导线，而主控组合进程则为机床的机械加工部分。利用机床来说明其工作过程，即它本身的运转有赖于电动机的驱动，它的具体工作方式则依赖于机床操作者的控制。图 8.3.1 所示是一个状态机的一般结构框图。其中 COM 进程即为主控组合进程，它通过信号 current_state 中的状态值，进入相应的状态，并在此状态中根据外部的信号（指令），如 state_inputs 等向内或/和外发出控制信号，如 com_outputs，同时确定下一状态的走向，即向次态信号 next_state 中赋相应的状态值。此状态值将通过 next_state 传给图中的 REG 时序进程，直至下一个时钟脉冲的到来再进入另一次的状态转换周期。

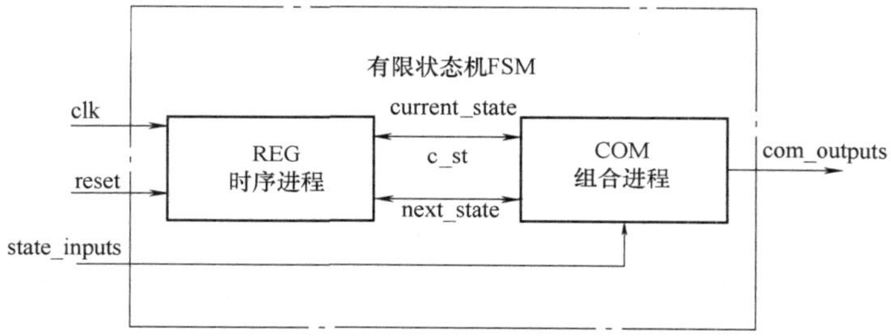

图 8.3.1 状态机一般结构示意图

因此，主控组合进程也可称为状态译码进程，其任务是根据外部输入的控制信号，以及来自状态机内部其他非主控的组合或时序进程的信号，或/和当前状态的状态值，确定下一状态（next_state）的取向，即 next_state 的取值内容，以及确定对外输出或对内部其他组合或时序进程输出控制信号的内容。

（4） 辅助进程

辅助进程是用于配合状态机工作的组合进程或时序进程。例如为了完成某种算法的进程或用于配合状态机工作的其他时序进程，或为了稳定输出设置的数据锁存等。

例 8.3.1 描述的状态机是由两个主控进程构成的，其中含有主控时序进程和主控组合进程，其结构可用图 8.3.1 来表示。

[例 8.3.1]

```
library IEEE;
use IEEE.STD_LOGIC_1164.ALL;
```

```
entity FSM_EXP is
    Port(clk,reset:in  STD_LOGIC;                   --状态机工作时钟和复位信号
        state_inputs:in  STD_LOGIC_VECTOR(0 to 1);
                                                    --来自外部的状态机控制信号
        comb_outputs:out  INTEGER range 0 to 15);
                                                    --状态机对外部发出的控制信号
    end FSM_EXP;

    architecture Behavioral of FSM_EXP is
        type FSM_ST IS(S0,S1,S2,S3,S4);             --整形数据定义,定义状态符号
        signal c_st,next_state:FSM_ST;              --将现态和次态定义为新的数据
                                                      类型 FSM_ST
    begin
    REG:PROCESS(reset,clk)BEGIN                     --主控时序进程
        IF reset='0' THEN
            c_st<=s0;                               --检测异步复位信号,复位信号到
                                                      来后回到初态 s0
        ELSIF clk='1' and clk'event THEN
            c_st<=next_state;
        END IF;
    END PROCESS REG;

    COM:PROCESS(c_st,state_inputs)begin             --主控组合进程
        case c_st IS
        WHEN S0=>comb_outputs<=5;                   --进入状态 s0 后输出 5
            IF state_inputs="00" then next_state<=s0;
            else next_state<=s1;end if;
        WHEN S1=>comb_outputs<=8;
            IF state_inputs="01" then next_state<=s1;
            else next_state<=s2;end if;
        WHEN S2=>comb_outputs<=12;
            IF state_inputs="10" then next_state<=s0;
            else next_state<=s3;end if;
        WHEN S3=>comb_outputs<=14;
            IF state_inputs="01" then next_state<=s3;
            else next_state<=s4;end if;
        WHEN S4=>comb_outputs<=9;next_state<=s0;
        WHEN OTHERS=>next_state<=s0;
    end case;
```

```
    end process com;
end Behavioral;
```

在此例的模块说明部分，定义了5个文字参数符号（s0，s1，s2，s3，s4），代表5个状态。对于此程序，如果异步清零信号 reset 有一个复位脉冲，当前状态即可被异步设置成 s0；与此同时启动组合过程，执行条件分支语句。图 8.3.2 是此状态机的工作状态转换图。

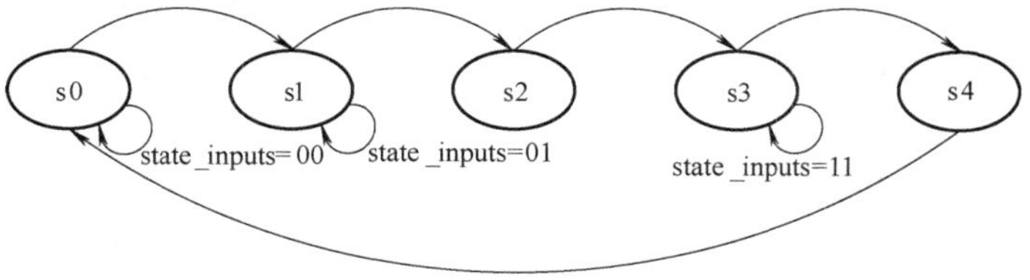

图 8.3.2　例 8.3.1 状态机的状态转换图

2. Moore 型有限状态机

正如之前提到的，从信号的输出方式上分，有 Moore 型和 Mealy 型两类状态机；若从输出时序上看，前者属同步输出状态机，而后者属于异步输出状态机（注意工作时序方式都属于同步时序）。Mealy 型状态机的输出是当前状态和所有输入信号的函数，它的输出是在输入变化后立即发生的，不依赖时钟的同步。Moore 型状态机的输出则仅为当前状态的函数，这类状态机在输入发生变化时还必须等待时钟的到来，时钟使状态发生变化时才导致输出变化，所以比 Mealy 机要多等待一个时钟周期。Moore 型状态机框图如图 8.3.3 所示。

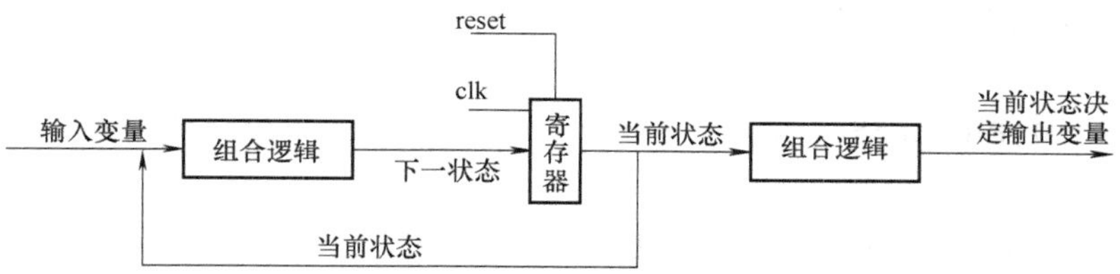

图 8.3.3　Moore 型状态机框图

一个基本的状态机应有以下信号：输入变量 input、脉冲输入信号 clk、状态复位信号 reset、输出变量 output。

下面介绍的用 VHDL 设计的基本 Moore 型状态机是一般形式的状态机，在 VHDL 设计中，设某状态机的状态为两态（s0 和 s1），在当前状态为 s0 时，要求只要时钟有效边沿到来时，不管输入变量的逻辑值是什么，状态机的状态必须转为下一个状态 s1；而当前状态为 s1 时，如果输入变量不为“1”，则当前状态始终维持不变，即保持 s1，直到输入变量为“1”时，状态才转到 s0。状态机当前状态为 s0 时，输出变量为“0”；当前状态为 s1 时，输出变量为“1”，即该状态机的输出仅由当前状态决定，是一个二态 Moore 型状态机。

以下是 Moore 型状态机的 VHDL 程序。

［例 8.3.2］　Moore 型状态机的 VHDL 设计。

```
library IEEE;
use IEEE.STD_LOGIC_1164.ALL;
```

```
entity statmach is
      Port(clk,input,reset:in   bit;
            output:out   bit);
end statmach;

architecture Behavioral of statmach is
type state_type is(s0,s1);                          --定义两个状态(s0,s1)的数据类型
signal state:state_type;                            --信号 state 定义为 state_type 类型
begin
process(clk)
begin
      if reset='1' then
      state<=s0;                                    --当复位信号有效时,状态回到 s0
      elsif(clk'event and clk='1')then
      case state is
            when s0=>
            state<=s1;                              --当前状态为 s0,则时钟上升沿来后转
                                                      变为下一个状态

            when s1=>
                  if input='1' then
                        state<=s0;
                  else state<=s1;                   --当前状态为 s1,则时钟上升沿到达时
                                                      根据输入信号 input 的取值情况决定
                                                      下一状态的是保持 s1 还是回到 s0

                  end if;
            end case;
            end if;
      end process;
      output<='1' when state=s1 else '0';   --根据当前状态决定输出
      end Behavioral;
```

3. Mealy 型有限状态机

Mealy 型状态机的输出逻辑不仅与当前状态有关，还与当前的输入变量有关，输入变量不仅与当前状态一起决定当前状态的下一状态是什么，还决定当前状态的输出变量的逻辑值。Mealy 型状态机框图如图 8.3.4 所示。

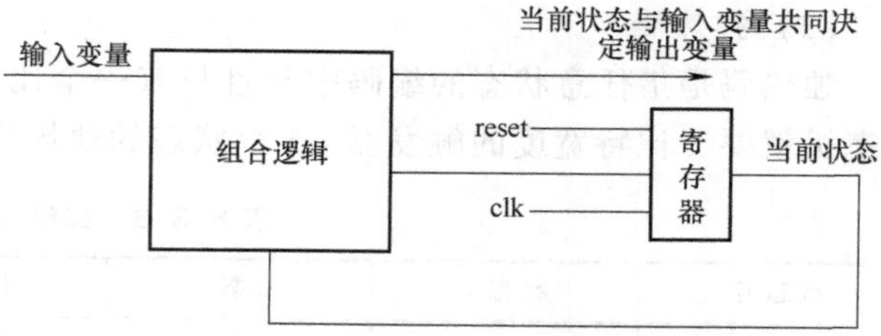

图 8.3.4 Mealy 型状态机框图

一个基本的 Mealy 型状态机应具有以下信号：脉冲输入信号 clk、输入变量 input、输出变量 output、状态复

位信号 reset。

8.3.2 有限状态机的一般设计方法

状态机是时序电路的一种，但是其状态转移比一般的时序电路复杂。虽然状态机的基本结构与一般时序电路相似，但其设计方法却不同。本节主要介绍有限状态机的一般设计方法。

1. 状态编码方式

状态机的状态在硬件电路中也是以 0、1 的形式存储的，不同的状态用不同的 0、1 序列表示。状态编码又叫作状态分配，是指如何用 0、1 序列标识状态机的各个状态。

由于有限状态机中输出信号通常是通过状态的组合逻辑电路驱动的，因此有可能由于状态跳转时比特变化的不同步而引入毛刺。因此，状态编码不仅要考虑节省编码位宽，还要考虑状态转移时可能存在的毛刺现象。常见的状态编码方法有二进制码、格雷码、独热码（one-hot-coding）等。

（1）二进制码

二进制码是指直接用数字的二进制形式表示的状态编码。例如，对于 5 个状态的二进制编码如表 8.3.1 所示。

表 8.3.1 二进制编码

状态名	状态 1	状态 2	状态 3	状态 4	状态 5
编码形式	000	001	010	011	100

二进制码的特点是状态的数据位宽较小，但从一个状态转移到另一个状态时，可能有多个比特发生变化，容易产生毛刺。

（2）格雷码

格雷码的相邻状态只有一个比特发生变化，且和二进制码一样都是压缩状态编码，状态的数据位宽较小。5 个状态的格雷码编码如表 8.3.2 所示。

表 8.3.2 格雷码编码

状态名	状态 1	状态 2	状态 3	状态 4	状态 5
编码形式	000	001	011	010	110

格雷码在相邻状态间转移时只有一个比特发生变化，因此能减少毛刺的产生。但格雷码在非相邻状态间没有这个性质，因此对于具有复杂分支的状态机也不能达到消除毛刺的目的。

（3）独热码

独热码是指任意状态的编码中有且只有一个比特为 1，其余都为 0。因此，n 个状态的状态机就要 n 比特宽度的触发器。5 个状态的独热码编码如表 8.3.3 所示。

表 8.3.3 独热码编码

状态名	状态 1	状态 2	状态 3	状态 4	状态 5
编码形式	00001	00010	00100	01000	10000

独热码编码的状态机速度与状态的个数无关，且不易产生毛刺，但编码占据的位宽较大。当状态机的状态增加时，如果使用二进制码进行状态编码，状态机的速度会明显下降。采用独热码时虽然使用的触发器个数有所增加，但由于译码简单，故节省和简化了组合逻辑电路。独热码还具有设计简单、修改灵活、易于综合和调试等优点。

由于大多数 FPGA 内部的触发器数目相当多，又加上独热码状态机（one-hot-state machine）的译码逻辑最为简单，所以在设计采用 FPGA 实现的状态机时往往采用独热码状态机（即每个状态只有一个寄存器置位的状态机）。

2. 状态转移图

状态机设计的关键是掌握状态转移图的画法。状态转移图是状态机的一种最自然的表示方法，它能够清晰地说明状态机的所有关键要素，包括状态、状态转移的条件（输入各状态下的输出等）。可以说状态转移图表达了状态机的几乎所有信息。

例如，考虑一个序列检测器，检测的序列流为“1001”，当输入信号依次为“1001”时输出一个脉冲，否则输出为低电平。

由于输入信号是连续的单比特信号，而需要检测的序列有 4bit，因此有必要在电路中引入记忆元件，记录当前检测到的序列状态。记忆元件的数据宽度为 4bit，因此共有 16 种取值。若将 16 种取值分别看作一个状态，这样也可以实现检测功能，但状态机的状态数就需要 16 个。在实际应用中，进行状态化简后，可简化为 5 个状态。这 5 个状态从高位到低位依次检测序列“1001”，5 个状态分别为“0xxx”（idle）“1xxx”“10xx”“100x”“1001”。其状态转移图如图 8.3.5 所示。

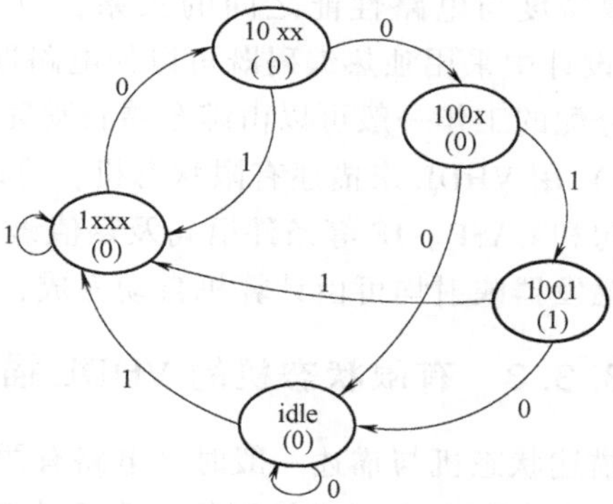

图 8.3.5　“1001”序列检测状态转移图

图中每个状态用一个圆圈表示，并标明状态名称。各状态圆圈中括号内的数字“0”或“1”表示处于该状态时状态机的输出。各状态间连线上的数字“0”或“1”表示状态转移的条件，在这里是输入信号。状态机一开始处于起始状态“idle”，各状态间根据输入信号的不同按照图 8.3.5 所示相互转移。当状态转移到“1001”时，输出高电平，否则输出低电平。

由图可知，该状态机为 Moore 型，其输出只由当前状态决定，因此可将输出写到对应的状态中。若为 Mealy 型状态机，即输出与输入也有关系，就不能把输出与状态写到一起了。Mealy 型状态机需要将输出信息也写到表示状态转移条件的连线上，并用“/”与输入隔开。例如，对于“11”序列的检测器，其 Mealy 型状态机的状态转移图如图 8.3.6 所示。

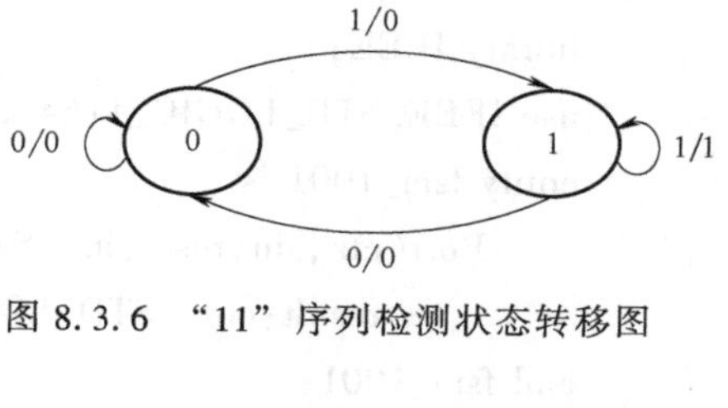

图 8.3.6　“11”序列检测状态转移图

状态转移图是状态机的一种重要表示方式，也是设计状态机的关键。但要在硬件中实现状态机的逻辑功能，还要将状态转移圈用 VHDL 语句描述出来。8.3.3 节将介绍状态机的 3 种 VHDL 描述方式，并比较它们的利弊。

3. 有限状态机的设计流程

在有限状态机设计中最重要的是根据实际问题得到状态转移圈。因此，无论是 Moore 型还是 Mealy 型，状态机的设计流程均分为下列 5 个步骤。

1）理解问题背景。状态机往往是由于解决实际问题的需要而引入的，因此深刻理解实际问题的背景对设计符合要求的状态机十分重要。

2）逻辑抽象，得出状态转移图。状态转移图是实际问题与使用 VHDL 描述状态机之间的桥梁。直接从实际问题着手描述状态机往往不容易，而且容易出错，因此有必要先画出状态转移图，再根据状态转移图用 VHDL 描述出状态机。

3）状态化简。如果在状态转移图中出现这样两个状态，它们在相同的输入下转移到同一状态去，并得到一样的输出，则称它们为等价状态。显然等价状态是重复的，可以合并为一个状态。电路的状态数越少，存储电路也就越简单。状态化简的目的就在于将等价状态尽可能地合并，以得到最简的状态转移图。

4）状态分配。状态分配又称状态编码。通常有很多编码方法，编码方案选择得当，设计的电路可以简单；反之，选得不好，则设计的电路就会复杂。在实际设计时，需综合考虑电路复杂度与电路性能之间的关系，对其进行折中处理。在触发器资源丰富的 FPGA 或 ASIC 设计中采用独热编码既可以使电路性能得到保证又可充分利用其触发器数量多的优势。状态分配的工作一般可以由综合器自动完成，并可以设置分配方式。

5）用 VHDL 来描述有限状态机，可以充分发挥硬件描述语言的抽象建模能力，使用进程语句和 CASE、IF 等条件语句及赋值语句即可方便实现。具体的逻辑化简过程以及逻辑电路到触发器映射均可由计算机自动完成，从而使电路的设计工作简化了，效率得到了提高。

8.3.3 有限状态机的 VHDL 描述

描述状态机与描述一般时序电路有两个不同的地方：一方面，使用状态名称来表示各个状态，在 VHDL 中可以使用枚举类型来定义各状态；另外一方面，状态机的状态转移过程较复杂，利用简单的组合逻辑，如递增或移位，已经不能描述其转移过程，而必须根据状态转移图来描述。下面以“1001”序列检测电路为例，说明状态机的 VHDL 描述方法。

1. “三进程”描述

状态机内部按照功能可以分为三个部分，即下一状态产生电路、状态更新电路和输出信号产生电路。“三进程”描述方式正是基于这样的划分来描述状态机的。利用“三进程”方式描述“1001”序列检测器，如例 8.3.3。

[例 8.3.3] “三进程”模式状态机。

```
library IEEE;
use IEEE.STD_LOGIC_1164.ALL;
entity fsm_1001 is
    Port(clk,sin,reset:in   STD_LOGIC;
        result:out   STD_LOGIC);
end fsm_1001;


architecture Behavioral of fsm_1001 is
```

```
        type state_type is(idle,s0,s1,s2,s3);             --用枚举类型定义状态
        signal state_current,state_next:state_type;      --定义当前状态和下一状态
begin
        process(clk)                                      --状态更新进程
        begin
            if(rising_edge(clk))then
                if(reset='1')then
                    state_current<=idle;
                else
                    state_current<=state_next;
                end if;
            end if;
        end process;
        process(state_current,sin)                        --下一状态产生进程
        begin
            case(state_current)IS
                    when idle=>
                            if(sin='0')then
                                state_next<=idle;
                            else
                                state_next<=s0;
                            end if;
                    when s0=>
                            if(sin='0')then
                                state_next<=s1;
                            else
                                state_next<=s0;
                            end if;
                    when s1=>
                            if(sin='0')then
                                state_next<=s2;
                            else
                                state_next<=s0;
                            end if;
                    when s2=>
                            if(sin='0')then
                                state_next<=idle;
                            else
                                state_next<=s3;
```

```
                        end if;
                when s3 = >
                        if( sin = '0' ) then
                            state_next< = idle;
                        else
                            state_next< = s0;
                        end if;
                when others = >null;
            end case;
    end process;
    process( state_current)                         -- 输出信号产生进程
    begin               case( state_current) IS
            when idle = >result< = '0' ;
            when s0 = >result< = '0' ;
            when s1 = >result< = '0' ;
            when s2 = >result< = '0' ;
            when s3 = >result< = '1' ;
            when others = >null;
        end case;
    end process;
end Behavioral;
```

程序中在结构体声明处首先利用枚举类型 type 来定义状态机的状态，分别为 idle、s0、s1、s2、s3。其中 s0、s1、s2、s3 分别代表图 8.3.5 中的状态“1xxx”“10xx”“100x”“1001”。

结构体描述部分可以分为 3 个部分：第一部分用于描述状态更新，同步复位后当前状态 state_current 被置为“idle”，否则在 clk 时钟的同步下完成状态更新，即把 state_current 更新为 state_next。第二部分用于产生下一状态，是状态机中最关键的部分。FSM 根据状态转移圈，检测输入信号的状态，并决定当前状态的下一状态（state_next）取值。本例中，当前状态的下一状态取值由输入信号 sin 决定，程序根据 sin 是 0 还是 1 判断下一状态的去向，因此进程的敏感信号列表为 state_ current 和 sin，并利用 IF 语句实现状态选择。第三部分用于产生输出逻辑，由于本例是 Moore 状态机，其输出只与当前状态有关，因此进程敏感信号列表中只需要 state_ current。本例仍然使用 CASE 语句，分别讨论各状态下的输出，这是一种比较标准的写法（其实本例可以使用 IF 语句化简）。

2. “双进程”描述

“双进程”模式将“三进程”模式下的下一状态产生部分和输出信号产生部分这两个组合逻辑部分合并起来。

其结构体描述分为两个部分：第一部分是用于描述状态更新的进程，是时序电路；第二部分用于描述当前状态下的输出信号以及下一个状态逻辑，是组合电路。由于只是将两个描述组合电路的进程合并，其综合和仿真结果不会受影响。

3. “单进程”描述

上述两种模式都将时序电路和组合电路分成不同的进程加以描述，实际上这两种电路还可以在同一个进程内描述。这样，就可以用“单进程”描述状态机了。

“单进程”模式状态机虽然简洁明了，只需要定义当前状态 state，但是，整个进程要在 clk 信号的同步下工作，因此状态机的输出信号就需要先经过一个由 clk 同步的触发器后再输出，如图 8.3.7 所示。由于输出信号必须经过一级触发器，因此必然导致输出延迟一个时钟周期。

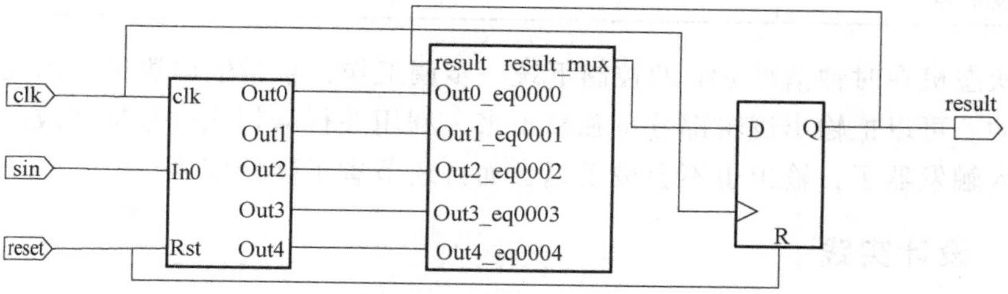

图 8.3.7 “单进程”状态机经过触发器输出信号

4. 状态机 VHDL 描述总结

上述三种描述模式中，前两种模式都是将组合逻辑和时序逻辑分开描述，因而能使状态转移同步于时钟信号（同步状态机），而结果可以直接输出（不经过触发器的延迟）。但电路需要寄存两个状态，即当前状态和下一状态。

“单进程”模式比较简洁，且较符合思维习惯。但其输出信号需要经过触发器，与时钟信号同步，因而被延迟一个时钟周期输出。“单进程”模式状态机的这个特性有利也有弊。一方面，状态机的输出信号经常被用作其他模块的控制信号，需要同步于时钟信号；另一方面，输出经过触发器后被延迟一个时钟周期，不能即时反映状态的变化。

“双进程”和“三进程”模式描述的状态机的综合结果是完全一样的，因此占用的资源情况也完全一样，都如表 8.3.4 所示。由于需要保存当前状态 state_current 和下一状态 state_next，因此相比“单进程”模式占用的资源稍多。

表 8.3.4 “双进程”和“三进程”电路资源占用情况

电路资源占用情况估计值			
逻辑使用情况	使用	可用	利用率(%)
基本逻辑单元	3	4656	0
触发器	5	9312	0
查找表	6	9312	0
输入输出模块	4	232	1
全局时钟	1	24	4

“单进程”模式状态机的资源占用情况如表 8.3.5 所示。由于只需要保存一个当前状态 state，相比“双进程”和“三进程”模式，其资源占用会少点。

综上分析，“单进程”模式状态机在程序书写的简洁性和占用硬件资源两个方面均有不小的优势，只是其输出被触发器缓冲而引起了输出延迟。分析“单进程”模式状态机描述

表 8.3.5 “单进程”电路资源占用情况

电路资源占用情况估计值			
逻辑使用情况	使用	可用	利用率(%)
基本逻辑单元	2	4656	0
触发器	4	9312	0
查找表	3	9312	0
输入输出模块	4	232	1
全局时钟	1	24	4

可知，整个状态机在时钟信号 clk 的控制下统一步调工作，包括输出逻辑，因此，输出才被触发器所缓冲。可以把输出逻辑部分单独拿出来，利用并行语句或进程描述成组合电路，这样就不会引入触发器了，输出也不会被延迟，而且还节省了硬件资源。

8.3.4 设计实践

本试验将设计一个简化的十字路口交通灯控制器，该控制器完成的功能如表 8.3.6 所示，控制器实现三种工作模式：正常工作模式下，每个状态持续的时间各自独立，通过 CONSTANT 定义；测试模式下，每个状态持续一个较短的时间，以便观察状态转移过程，该时间可以通过程序修改；紧急模式下，两个方向都亮黄灯，直到状态解除为止，该状态的设置可以通过外界输入，如按钮或拨码开关。

表 8.3.6 交通灯控制器状态表

状态(State)	状态模式		
	正常(Regular)	测试(Test)	紧急(Emergecy)
RG(a 红 b 绿)	30s	2s	—
RY(a 红 b 黄)	5s	2s	—
GR(a 绿 b 红)	45s	2s	—
YR(a 黄 b 红)	5s	2s	—
YY(a 黄 b 黄)	—	—	未定

根据表 8.3.6，系统划分为 RG、RY、GR、YR 和 YY5 个状态，进一步分析得到系统的状态转移图如图 8.3.8 所示。

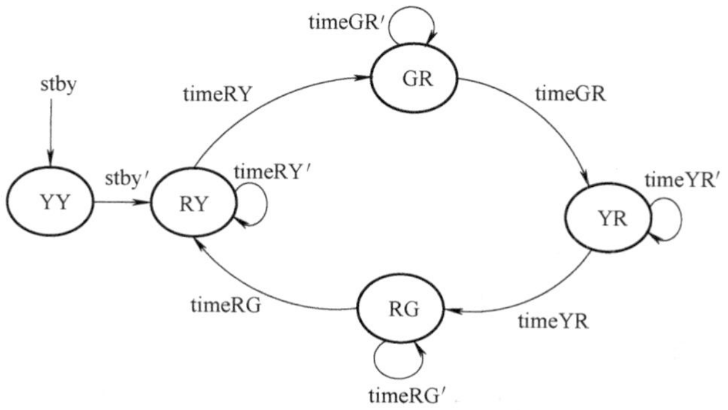

图 8.3.8 交通灯控制器状态转换图

控制器中各状态的时间都在秒级，因此可以将设计的输入时钟频率设定为 1Hz，通过外部分频器得到 1Hz 的时钟信号，作为控制器的输入。控制器部分的 VHDL 设计代码见例 8.3.4。

[例 8.3.4]

```
library IEEE;
use IEEE.STD_LOGIC_1164.ALL;
entity tlc is
    Port(clk,test,emerge:in   STD_LOGIC;
         ra,rb,ya,yb,ga,gb:out   STD_LOGIC);
end tlc;

architecture Behavioral of tlc is
    type state_type is(RG,RY,GR,YR,YY);--定义状态机状态类型
    signal state_cur,state_next:state_type;   --定义当前状态和下一状态
    constant timeMax:integer:=45;
    constant timeRG:integer:=30;
    constant timeRY:integer:=5;
    constant timeGR:integer:=45;
    constant timeYR:integer:=5;
    constant timeTEST:integer:=2;
    signal times:integer range 0 to timeMax;
begin
    process(clk,emerge)                     --进程 1,用于计算以及描述状态的更新
        variable   cnt:integer range 0 to timeMax;
    begin
        if(emerge='1')then
                state_cur<=YY;cnt:=0;
        elsif(rising_edge(clk))then
            if(cnt=times-1)then
                state_cur<=state_next;
                cnt:=0;
            else
                cnt:=cnt+1;
            end if;
        end if;
    end process;

    process(state_cur,test)                 --进程 2,下一状态产生和输出逻辑产生
    begin
```

```
case state_cur IS
    when RG =>  state_next<=RY;
        ra<='1';ya<='0';ga<='0';
        rb<='0';yb<='0';gb<='1';
        if(test='1')then
            times<=timeTEST;
        else
              times<=timeRG;
        end if;
    when RY =>  state_next<=GR;
        ra<='1';ya<='0';ga<='0';
        rb<='0';yb<='1';gb<='0';
        if(test='1')then
            times<=timeTEST;
        else
            times<=timeRY;
        end if;
    when GR =>  state_next<=YR;
        ra<='0';ya<='0';ga<='1';
        rb<='1';yb<='0';gb<='0';
        if(test='1')then
            times<=timeTEST;
        else
            times<=timeGR;
        end if;
    when YR =>  state_next<=RG;
        ra<='0';ya<='1';ga<='0';
        rb<='1';yb<='0';gb<='0';
        if(test='1')then
            times<=timeTEST;
        else
            times<=timeYR;
        end if;
    when YY =>  state_next<=RY;
        ra<='0';ya<='1';ga<='0';
        rb<='0';yb<='1';gb<='0';
        if(test='1')then
            times<=timeTEST;
        else
```

```
                    times<=timeYR;
                end if;
            when others=>null;
        end case;
    end process;
end Behavioral;
```

代码中，进程 1 用于实现状态的转移，方法是以 cnt 进行计数，从而在每个状态下等待一个特定的时间，该时间由进程 2 描述的当前状态对应的时间来决定，到时间后就把状态转移到进程 2 中描述的下一状态。

习　　题

8-1　写出图题 8-1 的 VHDL 程序。

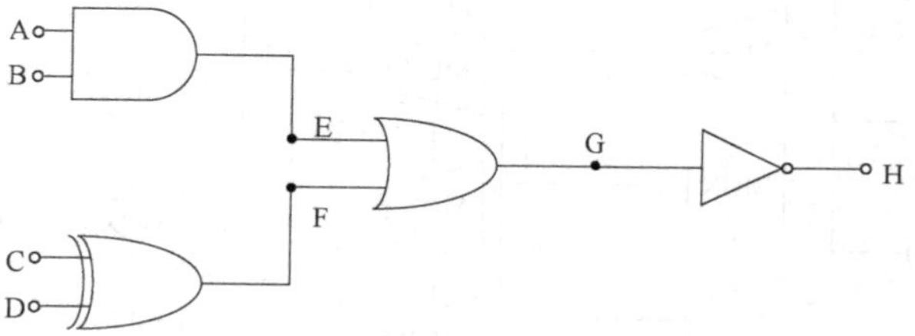

图题 8-1

8-2　设计一个计数范围为 0~49 的计数器。当计到 49 后，下一个时钟沿到来时恢复到 0，开始下一轮计数。此外，当检测到特殊情况（Hold="1"）发生时，计数器暂停计数，而系统复位信号 Reset 则使计数器异步清零。

8-3　请用 VHDL 语言描述一个 8 路 4 选 1 复用器。

8-4　请用 VHDL 设计一个 8 输入优先编码器。

8-5　用 VHDL 语言描述一个 3 线-8 线译码器。

8-6　一个有限状态机，编码实现如图题 8-6 所示状态转移关系的 VHDL 代码。

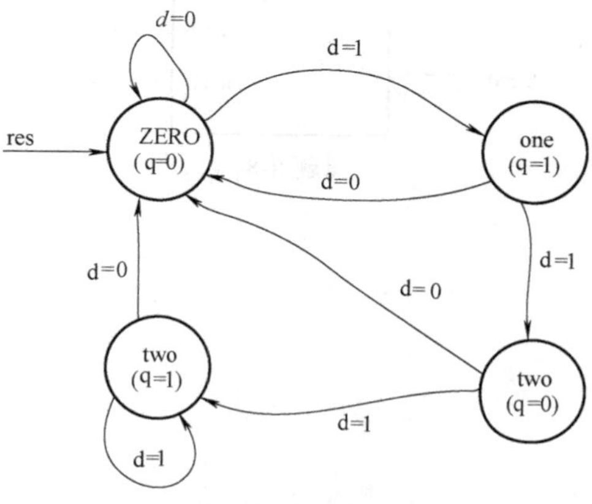

图题 8-6　状态转移图

8-7 用 VHDL 描述一个 8 位输入的桶形位移寄存器，位移的位数由输入的 shift 值决定。电路图如图题 8-7 所示。

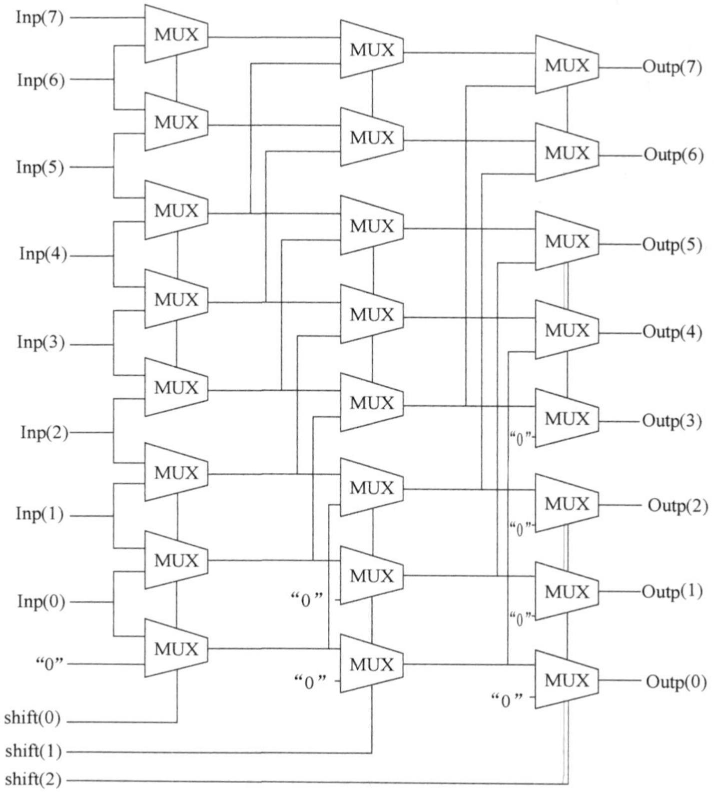

图题 8-7 桶形移位寄存器

8-8 用 VHDL 描述下面的有符号数比较器。输入为两个 n+1 宽度的比较数 a、b。x_1、x_2、x_3 分别代表输出比较结果。比较器框图如图题 8-8 所示。

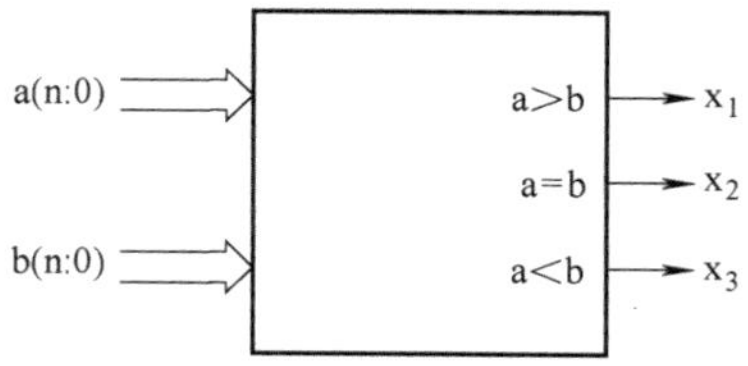

图题 8-8

第9章 数字系统设计与FPGA

9.1 数字系统设计自动化技术

在数字系统设计自动化技术发展之初（20 世纪 70 年代），出现了借助电子计算机辅助设计（Computer Aided Design，CAD）集成电路和数字系统的软件产品，其功能主要是大规模集成电路（LSI）布线和印制电路板（Printed Circuit Board，PCB）布线设计，它使用二维图形编辑和分析工具代替传统的手工布图线方法，将设计人员从重复性的繁杂劳动中解放了出来，使工作效率和产品设计的复杂程度大大提高。人们把这种技术称之为计算机辅助设计技术。

20 世纪 80 年代，出现了第二代电路 CAD 软件，其产品主要是交互式逻辑图编辑工具、逻辑模拟工具、LSI 和 PCB 自动布局布线工具，它可以使设计人员在产品的设计阶段对产品的性能进行分析，验证产品的功能，并且生成产品制造文件。这一时期的电路 CAD 工具已不仅是代替设计工作中绘图的重复劳动，而是具有一定的设计功能，可以代替设计人员的部分设计工作，人们称之为计算机辅助工程（Computer Aided Engineering，CAE）技术。

20 世纪 80 年代末至 90 年代初，随着电路 CAD 技术的不断发展，融合了计算机辅助制造（Computer Aided Manufacturing，CAM）、计算机辅助测试（Computer Aided Translation，CAT）和计算机辅助工程等概念，形成了第三代电路 CAD 系统，也就是电子设计自动化（Electronic Design Automation，EDA）这一概念。这一时期 EDA 工具的主要功能是以逻辑综合、硬件行为仿真、参数分析和测试为重点。20 世纪数字系统设计自动化技术的发展历程如图 9.1.1 所示。

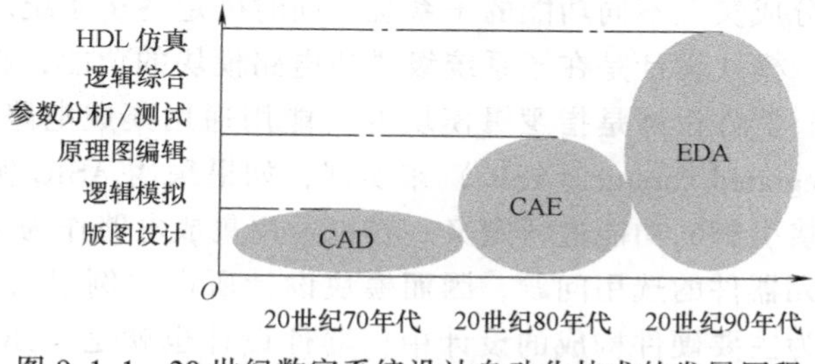

图 9.1.1 20 世纪数字系统设计自动化技术的发展历程

目前流行的 EDA 工具门类齐全、种类繁多，主要构成为：设计输入模块、设计数据库模块、综合模块、分析验证模块和布局布线模块，它能够在算法级、寄存器传输级（RTL）、门级和电路级进行设计描述、综合与仿真。

另外，EDA 工具与前两代电路 CAD 产品的重要差别之一是，不仅可以用逻辑图进行设计描述，还可以用文字硬件描述语言进行设计描述，以及用图文混合方式进行设计描述。

9.2 数字系统的设计流程

数字系统的设计从设计方法学角度来讲，有自顶向下（TOP-DOWN）和自底向上（DOWN-UP）两种方法。

由于 EDA 工具首先是在低层次上得到发展的，所以 DOWN-UP 设计方法曾经被广泛应用，这种方法以门级单元库和基于门级单元库的宏单元库为基础，从小模块逐级构造大模块以至整个电路，其设计流程如图 9.2.1 所示。在设计过程中，任何一级发生错误，往往都会使得设计重新返工。因此，自底向上设计方法的效率和可靠性低、设计成本高。

随着 EDA 技术的不断发展，TOP-DOWN 设计方法目前得到越来越广泛的应用。按照 TOP-DOWN 设计思路，数字系统的设计流程可分为这样几个层次：系统设计、模块设计、器件设计和版图设计，如图 9.2.2 所示。

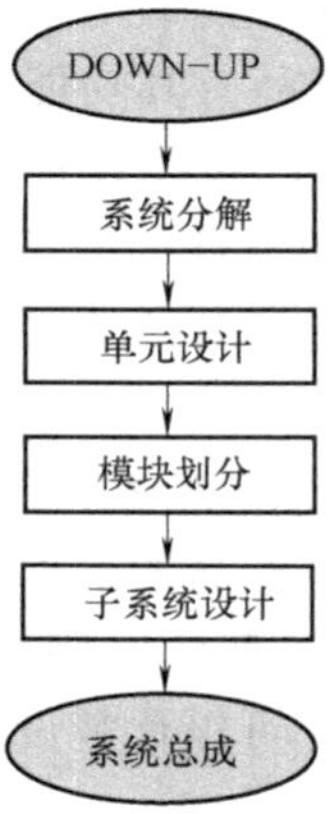

图 9.2.1　DOWN-UP 设计流程

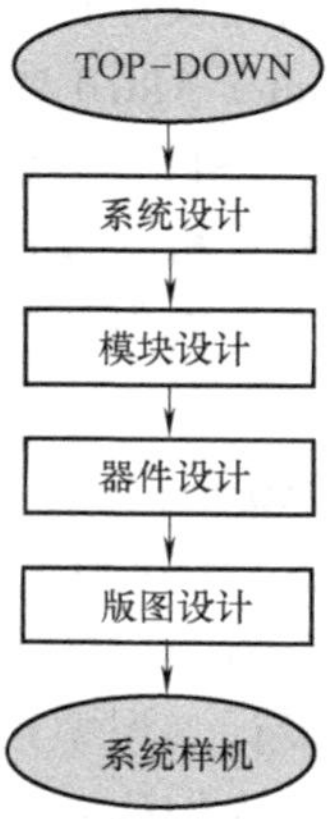

图 9.2.2　TOP-DOWN 设计流程

系统设计将设计要求在系统级对系统的功能和性能（技术指标）进行描述，并将系统划分成实现不同功能的子系统，同时确定各子系统之间的接口关系。

模块设计是在子系统级描述电路模块的功能，将子系统划分成更细的逻辑模块。

器件设计是指逻辑模块的功能用通用集成电路或者专用集成电路（Application Specific Integrated Circuit，ASIC）来实现，如果采用 ASIC 实现方案，则还需对 ASIC 的内部逻辑和外接引脚的功能进行定义。在以通用集成电路作为主要硬件构成的设计中，器件设计主要解决元器件的选用问题，因而模块设计所占比例很大，器件设计工作相对较少。而在以 ASIC 作为主要硬件构成的设计中，器件设计也就是 ASIC 设计，因此器件设计占了很大的比例。ASIC 的采用使得模块设计工作大部分是在器件设计中完成的，即模块设计延伸到器件设计工作之中，使得这两部分设计工作的分界线不明显了。

版图设计包含 ASIC 芯片版图设计和 PCB 版图设计。

ASIC 版图设计包括芯片物理结构分析、逻辑分析、建立后端设计流程、版图布局布线、版图编辑、版图物理验证等设计工作，这些工作可以融合到上一层次的器件设计中。如果采用复杂可编程逻辑器件（Complex Programmable Logic Device，CPLD）和现场可编程门阵列（Field Programmable Gate Array，FPGA）作为 ASIC 设计的实现手段，则芯片版图设计工作将大为简化。

PCB 版图设计则是按照系统设计要求，确定电路板的物理尺寸，并进行元器件的布局和布线，从而完成系统样机的整体功能。无论采用通用集成电路还是 ASIC 作为主要硬件构成，PCB 版图设计工作都是不可或缺的，特别是高速数字系统，更是决定系统设计成败的重要一环。

需要特别指出的是，CPLD/FPGA 的系统编程功能可以在完成 PCB 设计和焊接工作之后，重新修改可编程逻辑器件（Programmable Logic Device，PLD）的内部逻辑，这使得数字系统设计更为灵活和方便。

在上述各层次的设计中，主要有描述、划分、综合和验证 4 种类型的工作，这些工作贯穿于整个设计的各个层次。首先在高级别层次进行描述、验证，然后经过划分和综合，将高级别的描述转换至第一级别的描述，再经过验证、划分和综合，将设计工作向更低级别延伸。

下面分别介绍这 4 种类型的设计工作。

1. 描述

指用文字（例如硬件描述语言 VHDL、Verilog HDL 等）、图形（例如真值表、状态图、逻辑电路图、PCB 或芯片版图）或者两者结合来描述不同设计层次的功能，主要有几何描述、结构描述、RTL 描述和行为描述 4 种描述方法。

（1）几何描述

主要是指集成电路芯片 PCB 版图的几何信息。这些信息可以用物理尺寸表达，也可以用符号来表达；可以用图形方式描述，也可以掩膜网表文件的形式存在。

（2）结构描述

表示一个电路的基本元件构成以及这些基本元件之间的相互连接关系，它可以用文字表达，也可以用图形来表达；可以在电路级，也可以在门级进行结构描述。电路级的基本元件是晶体管、电阻、电容等，电路级描述表达了这些基本元件的互连关系；门级的基本元件是各种逻辑门和触发器，门级描述表达了这些基本元件之间的互联关系，即逻辑电路的结构信息。除了使用图形描述方式之外，结构描述的信息还可以用门级网表的形式存放在网表（Net List）文件中。

（3）RTL 描述

表示信息在一个电路中的流向，即信息是如何从电路的输入端经过何种变换最终流向输出端的。RTL 的基本元件是寄存器、计数器、多路选择器、存储器、算术逻辑单元（ALU）和总线等宏单元，RTL 描述表达了数据流在宏单元之间的流向，因此也称为数据流描述。与此同时，RTL 描述还隐含了宏单元之间的结构信息，所以一个正确的 RTL 描述可以被直接转换或综合为结构描述（即门级）网表的形式。

（4）行为描述

表示一个电路模块输入信号和输出信号之间的相互关系，也可以用文字或者图形两种形式来表达。算法级描述是对 RTL 之上的模块电路的行为描述，行为描述不包含模块电路的结构信息，所以不能用以模块电路为基本元件的图形来表达。通常采用真值表、状态图或硬件描述语言等形式来描述模块电路的输入信号与输出信号之同的对应关系。即使是一个正确的行为描述，也不一定能够被转换或综合为可以用硬件门电路实现的形式。也就是说，不一定能够被综合成一个正确的 RTL 描述。

2. 划分

划分是在不同的设计层次，将大模块逐级划分成小模块的过程，它可以有效降低设计的复杂性，增强可读性。在划分模块时应注意以下几点：

1）在同一层次的模块之间，尽量使模块的结构匀称，这样可以减少在资源分配上的差异，从而有效避免系统在性能上的瓶颈。

2）尽量减少模块之间的接口信号线。在信号连接最少的地方划分模块，使模块之间用最少的信号线相连，以减少由于接口信号复杂而引起的设计错误和布线困难。

3）划分模块的细度应适合描述。如果用硬件描述语言 VHDL 描述模块的行为，则可以划分到算法一级；用逻辑图来描述模块，则需要划分到门、触发器和宏模块一级。

4）对于功能相似的逻辑模块，应尽量设计成共享模块。这样可以改善设计的结构化特性，减少需要设计的模块数量，提高模块设计的可重用性。

5）划分时尽量避免考虑与器件有关的特性，使设计具有可移植性，即可以在不同的器件上实现设计，例如采用不同制造工艺或者不同制造方法等。

3. 综合

将高层次的描述转换至低层次描述的过程。综合可以在不同的层次上进行，通常分为 3 个层次：行为综合、逻辑综合、版图综合。

（1）行为综合

将算法级的行为描述转换为寄存器传输级描述的过程，这样不必通过人工改写就可以较快地得到 RTL 描述。因此可以缩短设计周期，提高设计速度，并且可以在不同的设计方案中，寻求满足目标集合和约束条件且花费最少的设计方案。

（2）逻辑综合

在标准单元库和特定设计约束（例如面积、速度、功耗及可测性等）的基础上，把 RTL 描述转换成优化的门级网表的过程。首先将 RTL 描述转换成由各种逻辑门（反相器、“与非”门、触发器或锁存器等）组成的结构描述，然后对其进行逻辑优化，再依照所选工艺的工艺库参数，将优化后的结构描述映射到实际的逻辑门电路——门级网表文件中。逻辑综合将给出满足 RTL 描述的逻辑电路（门级网表），它可以分为组合逻辑电路综合和时序逻辑电路综合两大类。

（3）版图综合

将门级网表转换为 ASIC 或者 PCB 版图的布局布线表述，并生成版图文件的过程。

4. 验证

对功能描述和综合的结果是否能够满足设计功能的要求进行模拟分析的过程。如果验证的结果不能满足要求，则必须对该层次的功能描述进行修正，甚至可能需要修改更高层次的功能描述和划分，直到验证的结果满足设计功能的要求为止。

验证的目的主要有以下 4 个方面：

1）验证原始描述的正确性。

2）验证综合结果的逻辑功能是否符合原始描述。

3）验证综合结果中是否含有违反设计规则的错误。

4）验证方法通常有 3 种：逻辑模拟（也称仿真）、规则检查和形式验证。

9.3　基于 FPGA 的数字系统设计

随着集成电路深亚微米工艺技术的发展，FPGA 器件及其应用获得了长足的发展，FPGA 器件的单片规模大大扩展，系统运行速度不断提高，功耗不断下降，价格大幅度调低。因此，与传统电路设计方法相比，利用 FPGA/CPLD 进行数字系统的开发具有功能强大、投资小、周期短、便于修改及开发工具智能化等特点。并且随着电子工艺不断改进，低成本高性能的 FPGA/CPLD 器件不断推陈出新，促使 FPGA/CPLD 成为当今硬件设计的首选之一。熟练掌握 FPGA/CPLD 设计技术已经是对电子设计工程师的基本要求。

电子设计自动化（EDA）技术是以计算机为工作平台，融合了应用电子技术、计算机技术、智能化技术最新成果而开发出来的一套先进的电子系统设计的软件工具。集成电路设计技术的进步也对 EDA 技术提出了更高的要求，大大地促进了 EDA 技术的发展。以高级语言描述、系统仿真和综合技术为特征的 EDA 技术，代表了当今电子设计技术的最新发展方向。EDA 设计技术的基本流程是设计者按照“自顶而下”的设计方法，对整个系统进行方案设计和功能划分。电子系统的关键电路一般用一片或几片专用集成电路（ASIC）实现，采用硬件描述语言（HDL）完成系统行为级设计，最后通过综合器和适配器生成最终的目标器件。这种被称为高层次的电子设计方法，不仅极大地提高了系统的设计效率，而且使设计者摆脱了大量的辅助性工作，将精力集中于创造性的方案与概念的构思上。近年来的 EDA 技术主要有以下特点：

1）采用行为级综合工具，设计层次由 RTL 级上升到了系统级。

2）采用硬件描述语言描述大规模系统，使数字系统的描述进入抽象层次。

3）采用布局规划（Floor Planning）技术，即在布局布线前对设计进行平面规划，使得复杂 IC 的描述规范化，做到在逻辑综合早期设计阶段就考虑到物理设计的影响。

从某种意义上来讲，FPGA 和 EDA 技术的发展，将会进一步引起数字系统设计思想和方法的革命。正是在这样的技术发展背景下，为了配合数字系统设计课程教学，本书主要讨论基于 FPGA 器件来实现数字系统，所有设计试验课题在 Xilinx 公司的 XUP Virtex-II Pro 开发平台上实现，不过少量试验课题还需要读者自己制作扩展板。

9.3.1　可编程逻辑器件的发展历史

可编程逻辑器件（PLD）是 20 世纪 70 年代发展起来的一种新型逻辑器件，是当今数字系统设计的主要硬件平台。PLD 的应用和发展简化了电路设计，缩短了系统设计周期，提高了系统的可靠性并降低了成本，因此获得了广大硬件工程师的青睐，形成了巨大的 PLD 产业规模。

20 世纪 70 年代初到 70 年代中期为 PLD 的第 1 阶段，这个阶段只有简单的可编程只读存储器（PROM）、紫外线可擦除只读存储器（EPROM）和电可擦除只读存储器（EEPROM）3 种。由于结构的限制，它们只能完成简单的数字逻辑功能。

20 世纪 70 年代中期到 80 年代中期为 PLD 的第 2 阶段，这个阶段出现了结构上稍微复杂的可编程阵列逻辑（Programmable Array Logic，PAL）和通用阵列逻辑（Generic Array Logic，GAL）器件，正式被称为PLD，能够完成各种逻辑运算功能。典型的PLD由“与”“或”阵列组成，用“与或”表达式来实现任意组合逻辑，所以PLD能以乘积和的形式完成大量的逻辑组合。

20世纪80年代中期到90年代末为PLD的第3阶段，这个阶段Xilinx和Altera分别推出了与标准门阵列类似的FPGA和类似于PAL结构的扩展型CPLD，提高了逻辑运算的速度，具有体系结构和逻辑单元灵活、集成度高和适用范围宽等特点；兼容了PLD和通用门阵列的优点，能够实现超大规模电路；编程方式也很灵活，成为产品原型设计和中小规模（一般<10000门）产品生产的首选。在这个阶段，CPLD、FPGA器件在制造工艺和产品性能上都获得长足的发展，达到了0.18pn工艺和百万门的规模。

20世纪90年代末到目前为PLD的第4阶段，这个阶段出现了系统可编程芯片（System on Programmable Chip，SoPC）和芯片级系统（System on Chip，SoC）技术，是PLD和ASIC技术融合的结果，涵盖了实时化数字信号处理技术、高速数据收发器、复杂计算和嵌入式系统设计技术的全部内容。Xilinx和Altera也推出了相应的SoC FPGA产品，制造工艺达到了45nm水平，系统门数也超过千万门。并且，这一阶段的逻辑器件内嵌了硬核高速乘法器、分高速串行接口、时钟频率高达500MHz的PowerPC微处理器、软核MicroBlaze、PicoBlaze结合。它已超越了ASIC器件的性能和规模，也超越了传统意义上FPGA的概念，使得PLD的应用范围从单片扩展到系统级。目前，基于PLD芯片可编程的概念仍在进一步向前发展。

9.3.2 基于FPGA的数字系统设计流程

数字系统设计发展至今天，需要利用多种EDA工具进行设计，了解并熟悉其设计流程应成为当今电子工程师的必备知识。FPGA是在PAL、GAL、CPLD等可编程器件的基础上进一步发展的产物。它是作为ASIC领域中的一种半定制电路而出现的，既解决了定制电路的不足，又克服了原有可编程器件门电路的缺点。FPGA开发的一般流程如图9.3.1所示，包括电路设计、设计输入、功能仿真、综合、综合后仿真、实现与布局布线、时序仿真、芯片编程与调试等主要步骤。

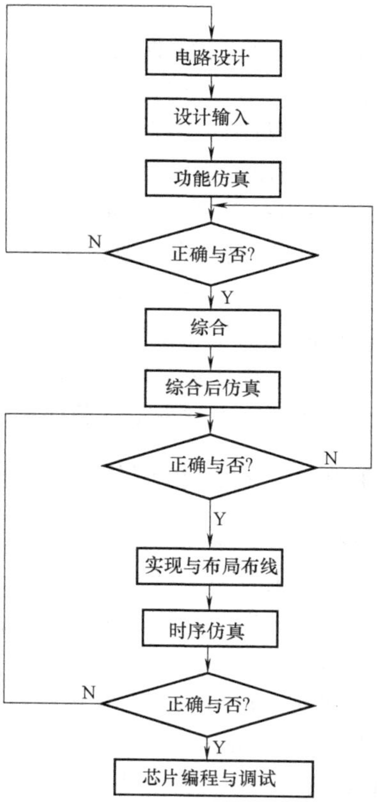

图9.3.1 FPGA开发的一般流程

1. 电路设计

在系统设计之前，首先要进行方案论证、系统设计和FPGA芯片选择等准备工作。系统设计工程师根据任务要求，如系统的指标和复杂度，对工作速度和芯片本身各种资源、成本等方面的要求进行权衡，选择合理的设计方案和合适的器件类型。一般都采用自顶而下的设计方法，把系统分成若干个子系统，再把每个子系统划分为若干个功能模块，直至分成基本模块单元电路为止。

2. 设计输入

设计输入是将所设计的系统或电路以开发软件要求的某种形式表示出来，并输入给 EDA 工具的过程。常用的方法有硬件描述语言（HDL）与原理图输入等。

原理图输入方式是一种最直接的描述方式，这种方法虽然直观并易于仿真，但效率很低，且不易维护，不利于模块构造和重用。更主要的缺点是可移植性差，当芯片升级后，所有的原理图都需要作一定的改动。

HDL 设计方式是目前设计大规模数字系统的最好形式，其主流语言有 IEEE 标准中的 VHDL 与 VerilogHDL。HDL 语言在描述状态机、控制逻辑、总线功能方面较强，用其描述的电路能在特定综合器作用下以具体硬件单元较好地实现其功能。HDL 的主要特点有：语言与芯片工艺无关，利于自顶向下设计，便于模块的划分与移植，可移植性好，具有很强的逻辑描述和仿真功能，而且输入效率很高。

近年来出现的图形化 HDL 设计工具，可以接收逻辑结构图、状态转换图、数据流图、控制流程图及真值表等输入方式，并通过配置的翻译器将这些图形格式转化为 HDL 文件，如 Mentor Graphics 公司的 Renoir，以及 Xilinx 公司的 Foundation Series 都带有将状态转换图翻译成 HDL 文本的设计工具。

另外，FPGA 厂商的软件与第三方软件设有接口，可以把第三方设计文件导入进行处理。如 Foundation 与 Quartus 都可以把 EDIF（电子设计交换格式）网表作为输入网表而直接进行布局布线，布局布线后，再将生成的相应文件交给第三方进行后续处理。

3. 功能仿真

功能仿真也称为前仿真，是在编译之前对用户所设计的电路进行逻辑功能验证，此时的仿真没有延迟信息，仅对初步的功能进行检测。仿真前，要先利用波形编辑器或 HDL 等工具建立波形文件和测试向量（即将所关心的输入信号组合成序列），仿真结果将生成报告文件和输出信号波形，从中便可以观察各个节点信号的变化。如果发现错误，则返回设计修改逻辑设计。常用的工具有 ModelTech 公司的 ModelSim，Sysnopsys 公司的 VCS 和 Cadence 公司的 NC-Verilog、NC-VHDL 等软件。

4. 综合

综合（Synthesis）就是针对给定的电路实现功能和实现此电路的约束条件，如速度、功耗、成本及电路类型等，通过计算机进行优化处理，获得一个能满足上述要求的电路设计方案。也就是说，综合的依据是逻辑设计的描述和各种约束条件，综合的结果则是一个硬件电路的实现方案：将设计输入编译成由门电路、RAM、触发器等基本逻辑单元组成的逻辑连接网表。对于综合来说，满足要求的方案可能有多个，综合器将产生一个最优的或接近最优的结果。因此，综合的过程也就是设计目标的优化过程，最后获得的结构与综合器的工作性能有关。

常用的综合工具有 Synplicity 公司的 Synplify、Synplify Pro 软件和各个 FPGA 厂家自己推出的综合开发工具。

5. 综合后仿真

综合后仿真检查综合结果是否与原设计一致。在仿真时，把综合生成的标准延时文件反标注到综合仿真模型中去，可估计门延时带来的影响。但这一步骤不能估计线延时，因此和布线后的实际情况还有一定的差距，并不十分准确。

目前的综合工具较为成熟，对于一般的设计可以省略这一步，但如果在布局布线后发现电路结构和设计意图不符，则需要回溯到综合后仿真来确认问题的来源。在功能仿真中介绍的软件工具一般都支持综合后仿真。

6. 实现与布局布线

实现是将综合生成的逻辑网表配置到具体的 FPGA 芯片上。实现主要分为 3 个步骤：翻译（Translate）逻辑网表，映射（Map）到器件单元，布局布线（Place & Route）。其中，布局布线是最重要的过程。布局将逻辑网表中的硬件原语和底层单元合理地配置到芯片内部的固有硬件结构上，并且往往需要在速度最优和面积最优之间做出选择。布线根据布局的拓扑结构，利用芯片内部的各种连线资源，合理正确地连接各个元件。目前，FPGA 的结构非常复杂，特别是在有时序约束条件时，需要利用时序驱动的引擎进行布局布线。布线结束后，软件工具会自动生成报告，提供有关设计中各部分资源的使用情况。由于只有 FPGA 芯片生产商对芯片结构最为了解，所以布局布线必须选择芯片开发商提供的工具。

7. 时序仿真

时序仿真也称为后仿真，是指将布局布线的延时信息反标注到设计网表中来检测有无时序违规（即不满足时序约束条件或器件固有的时序规则，如建立时间、保持时间等）现象。时序仿真包含的延迟信息最全，也最精确，能较好地反映芯片的实际工作情况。由于不同芯片的内部延时不一样，不同的布局布线方案也给延时带来不同的影响。因此在布局布线后，通过对系统和各个模块进行时序仿真，分析其时序关系，估计系统性能，以及检查和消除“竞争-冒险”是非常有必要的。

8. 芯片编程与调试

设计开发的最后步骤就是在线调试或者将生成的配置文件写入芯片中进行测试。芯片编程配置是在功能仿真与时序仿真正确的前提下，将实现与布局布线后形成的位流数据文件（Bitstream Generation）下载到具体的 FPGA 芯片中。FPGA 设计有两种配置形式：一种是直接由计算机经过专用下载电缆进行配置，另一种则是由外围配置芯片在通上电时自动配置。因为 FPGA 具有掉电信息丢失的性质，所以可在验证初期使用电缆直接下载位流文件，若有必要再将文件烧录配置于芯片中（如 Xilinx 的 XC18V 系列、Altera 的 EPC2 系列）。

将位流文件下载到 FPGA 器件内部后进行实际器件的物理测试即为电路验证，当得到正确的验证结果后就证明了设计的正确性。

9.4 数字系统综合试验

9.4.1 直接数字频率合成技术的设计与实现

1. 试验目的

1）掌握直接数字频率合成（DDS）技术，了解 DDS 技术的应用。

2）掌握用 ChipScope Pro 观察波形的方法。

2. DDS 的基本原理

DDS 的主要思想是，从相位的概念出发合成所需的波形。其结构由相位累加器、相位-幅值转换器（Sine ROM）、D-A 转换器和低通滤波器组成。它的基本原理框图如图 9.4.1所示。

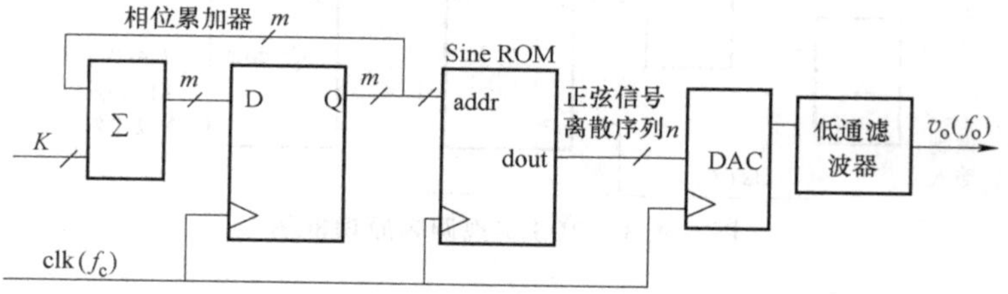

图 9.4.1　DDS 原理框图

在图 9.4.1 中，Sine ROM 中存放着完整的正弦信号样品，正弦信号样品根据式（9-1）的映射关系构成，即

$$S(i)=(2^{n-1}-1)\times\sin\left(\frac{2\pi i}{2^m}\right),i=0,1,2,\cdots,2^{m-1} \tag{9-1}$$

式中，m 为 Sine ROM 地址线位数；n 为 ROM 的数据线宽度；$S(i)$ 的数据形式为补码。

f_c为取样时钟 clk 的频率，K 为相位增量（也称为频率控制字），输出正弦信号的频率 f_o 由 f_c和 K 共同决定，即

$$f_o=\frac{Kf_c}{2^m} \tag{9-2}$$

注意：m 为图 9.4.1 中相位累加器的位数。为了得到更准确的正弦信号频率，相位累加器位数会增加 p 位小数。也就是说，相位累加器的位数是由 m 位整数和 p 位小数组成。相位累加器的高 m 位整数部分作为 Sine ROM 的地址。

因为 DDS 遵循奈奎斯特（Nyquist）取样定律，即最高的输出频率是时钟频率的一半，即 $f_o \leqslant f_c/2$。实际中 DDS 的最高输出频率由允许输出的杂散电平决定，一般取值为 $f_o \leqslant 40\% \times f_c$，因此 K 的最大值一般为 $40\% \times 2^{m-1}$。

DDS 可以很容易实现正弦信号和余弦信号正交两路输出，只需用相位累加器的输出同时驱动固化有正弦信号波形的 Sine ROM 和余弦信号波形的 Cos ROM，并各自经数-模转换器和低通滤波器输出即可。

另外，DDS 也容易实现调幅和调频，图 9.4.2 和图 9.4.3 所示分别为 DDS 实现调幅和调频的原理框图。

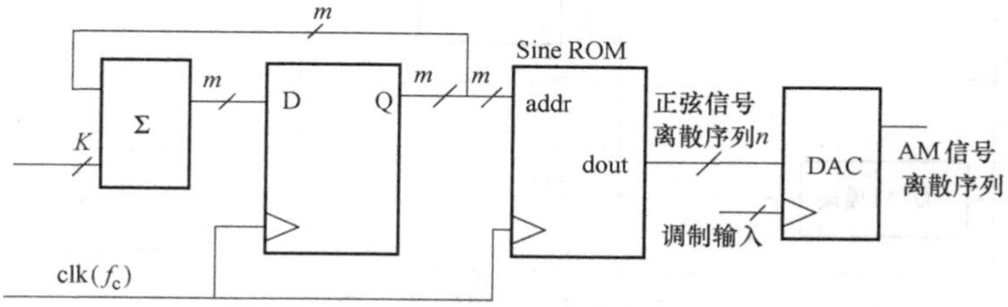

图 9.4.2　DDS 实现调幅原理框图

3. 试验任务

1）设计一个 DDS 正弦信号序列发生器，指标要求：

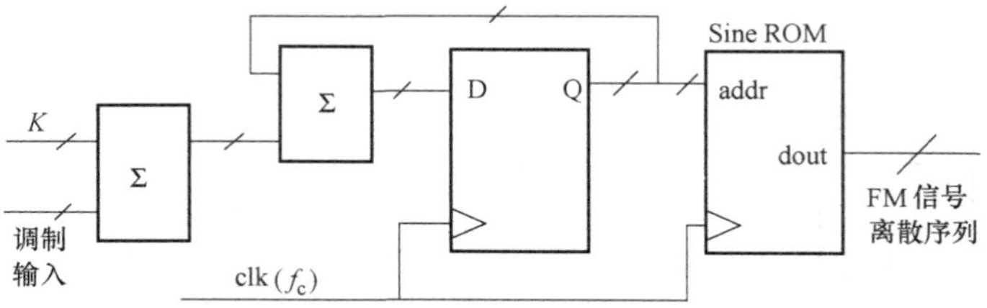

图 9.4.3　DDS 实现调频原理框图

- 采样频率 $f_c = 50\text{MHz}$。
- 正弦信号频率范围为 20kHz～20MHz。
- 正弦信号序列宽度为 16 位，包括 1 位符号。
- 复位后正弦信号初始频率约为 1MHz。

2）本试验要求采用 ChipScope Pro 内核逻辑分析仪观察信号波形，验证试验结果。为了更好地验证试验结果，设置 UpK、DownK、UpKPoint、DownKPoint 4 个按键调节输出正弦信号频率，其中 UpK、DownK 分别控制相位增量 K 的整数部分增减，UpKPoint、DownKPoint 为频率细调按键，分别控制相位增量 K 的小数部分增减。

4. 试验原理

（1）系统的总体设计

首先，根据 DDS 输出信号频率范围要求，结合式（9-2）计算出 $m = 12$，相位增量 K 值应用 11 位二进制数表示。但为了得到更准确的正弦信号频率，相位累加器位数会增加 11 位小数。其次，根据试验要求可将系统划分为 DDS 模块、时钟管理 DCM 模块、K 值设置模块和 ChipScope 4 个子模块，如图 9.4.4 所示。

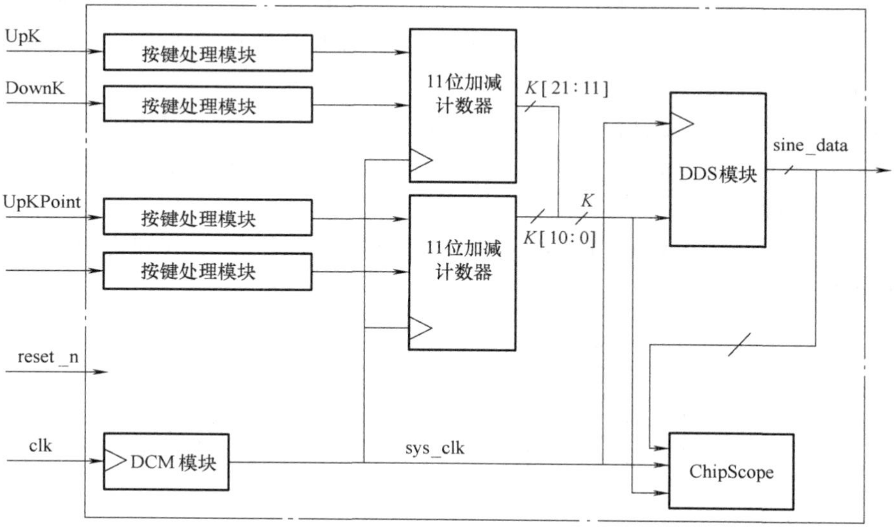

图 9.4.4　系统结构框图

DDS 模块根据输入的相位增量 K 值，输出符合要求的正弦信号样品序列。

时钟管理 DCM 模块完成二分频电路，产生系统所要求的 50MHz 时钟，可由 DCM 内核实现。

K 值设置子模块由按键处理模块和两个 11 位可逆计数器组成，其中按键处理模块由输入同步器、按键防颤动和脉宽变换电路组成。

ChipScope 子模块可采用核插入器的流程完成，不过本例触发信号与数据信号不同，数据包括 K 值和 sine_data 共 38 位，而触发信号只用 sine_data 的 16 位。

（2）DDS 模块的设计

1）优化构想。优化的目的是，在保持 DDS 原有优点的基础上，尽量减少硬件复杂性，降低芯片面积和功耗，提高芯片速度。

因为 $m=12$，所以存储一个完整周期的正弦信号样品就需要 $2^{12}\times16$bit 的 ROM。但由于正弦波形的对称性，如图 9.4.5 所示，只需要在 Sine ROM 中存储 1/4 的正弦信号样品即可。本试验提供的 Sine ROM 容量为 $2^{10}\times16$bit，即 10 位地址，存储 1/4 的正弦信号样品（00 区），共 1024 个。值得注意的有两点：

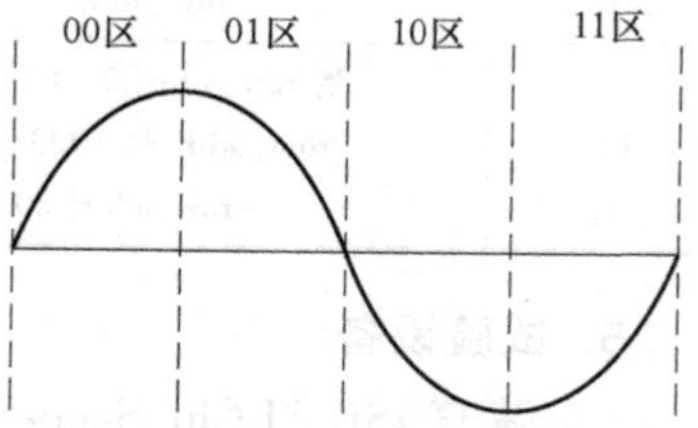

图 9.4.5　正弦信号波形

① Sine ROM 存放的是 1/4 的正弦信号样品，一个完整的正弦周期是它的 4 倍，也就是说存储一个完整的周期需要 $4\times2^{10}\times16$bit 的容量，即 12 位地址，因此本试验中的 $m=12$。

② 1/4 周期的正弦信号样品未给出 90°的样品值，因此在地址为 1024（即 90°）时可取地址为 1023 的值（实际上地址为 1023 时，正弦信号样品已达最大值）。

因为必须利用 1024 个样品复制出一个完整正弦周期的 4096 个样品，所以对 DDS 结构要进行必要处理，如图 9.4.6 所示。为了准确得到正弦频率，用 22 位二进制定点数表示相位增量 K 值，其中后 11 位为小数部分。地址累加得到 23 位原始地址 raw_addr［22：0］，其中整数部分 raw_addr［22：11］即为完整周期正弦信号样品的地址，根据高两位地址可把正弦信号分为 4 个区域，如图 9.4.5 所示。从图 9.4.5 可以看出，只有在 00 区域 Sine ROM 地址可直接使用 raw_addr［20：11］，且 Sine ROM 输出的数据（raw_ data）可直接用作正弦幅度序列，在其他 3 个区域的 Sine ROM 地址或数据必须进行必要处理，处理方法如表 9.4.1所示。

另外，图 9.4.6 所示的 DDS 结构采用了流水线结构，所以控制“数据处理”电路的最高地址位 raw_addr［22］需要一级缓冲。

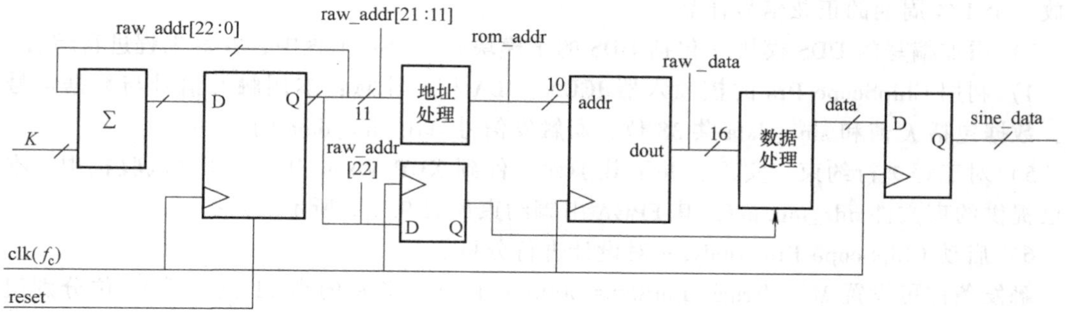

图 9.4.6　优化后的 DDS 结构

2）快速加法器的设计。试验要求采样频率 $f_c=50$MHz，也就是说对系统的工作速度要求很高。从图 9.4.6 可知，对速度影响最大的主要有三个加法器：累加器中的 23 位加法器（实际上用 24 位加法器实现）、地址处理电路中的 10 位加法器和数据处理电路中的 16 位加法器。

表 9.4.1　Sine ROM 的地址和数据处理方法

区域	Sine ROM 地址	data	备注
00	raw_addr[20 : 11]	raw_addr[15 : 0]	—
01	当 raw_addr[20 : 11] = 1024 时，rom_addr 取 1023，其他情况取 ~raw_addr[20 : 11]+1	raw_addr[15 : 0]	1024-raw_addr[20 : 11] = ~raw_addr[20 : 11]+1
10	raw_addr[20 : 11]	~raw_addr[15 : 0]+1	数据去反
11	当 raw_addr[20 : 11] = 1024 时，rom_addr 取 1023，其他情况取 ~raw_addr[20 : 11]+1	~raw_addr[15:0]+1	数据去反

5. 试验设备

1）装有 ISE 和 ChipScope Pro 软件的计算机。

2）XUP Virtex-II Pro 开发系统一套。

6. 试验内容

1）编写 DDS 模块的 Verilog HDL 代码及其测试代码，并用 Isim/ModelSim 仿真。

2）将光盘中的 experiment8-2\ DDS 文件夹复制到硬盘中，打开 dds_exam. ise 工程文件，ISE 的文件结构如图 9.4.7 所示。

① 模块 button_press_unit 为按键处理模块，由 brute_force_synchronizer（同步器）、debounce（按键防颤）、one_pulse（脉宽变换）三个子模块组成。

② 模块 counter_k 为 11 位可逆计数器，由于试验要求复位时频率约 1MHz，所以 K 的初值为 81.92，这样复位时 K 值为 {11′d81, 11′d92}。

③ 模块 sine_rom 为 DDS 模块的子模块，存放一个 1/4 周期的正弦信号样品。

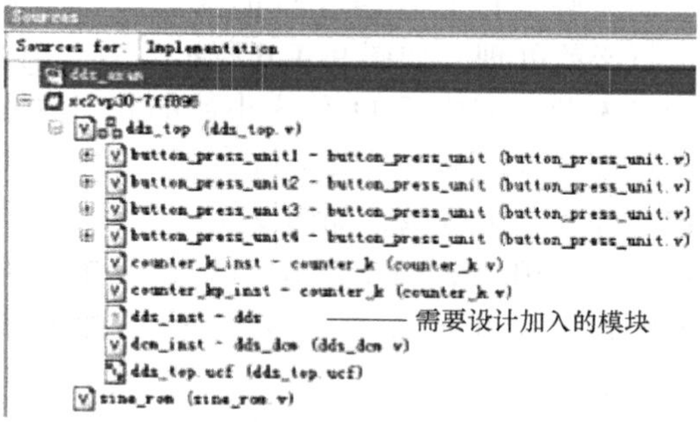

图 9.4.7　DDS 工程的文件结构

3）添加编写的 DDS 模块（包括 DDS 的子模块）到 ISE 工程中，并对工程进行综合。

4）利用 ChipScope Pro 的核插入器 ICON、ILA 核。注意：本例触发信号与数据信号不同，数据包括 K 值和 sine_data 共 38 位，而触发信号只用 sine_data 的 16 位。

5）对工程进行约束、实现，并下载工程文件到 XUP Virtex-II Pro 开发试验板中。本试验已提供约束文件 dds_top. ucf，其 FPGA 引脚约束如表 9.4.2 所示。

6）启动 ChipScope Pro Analyzer 对设计进行分析。

触发条件可设置 M0：TriggerPort0 = = 0000（Hex）。将 K 的高 11 位、低 11 位分别组成数组 K 和 KP，用 unsigned decimal 方式显示数值；将 sine_data 组成数组，必须用 signed decimal 方式显示数值，并利用 Bus Plot 功能绘制 sine_data 波形。试验结果从 Waveform 窗口中读取 K 值，在 Bus Plot 窗口分析正弦信号。

表 9.4.2　FPGA 引脚约束内容

引脚名称	I/O	FPGA 引脚编号	说　明
clk	Input	AJ15	系统 100MHz 主时钟
reset_n		AG5	Enter 按键
UpK		AH4	Up 按键
DownK		AG3	Down 按键
UpKPoint		AH2	Right 按键
DownKPoint		AH1	Left 按键

单击 Up、Down、Left 或 Right 按键，调节 K 值，重新采集数据，分析输出的正弦波形是否符合要求。

9.4.2　基于 FPGA 的 FIR 数字滤波器的设计

1. 试验目的

1）掌握滤波器的基本原理和数字滤波器的设计技术。

2）了解 FPGA 在数字信号处理方面的应用。

2. 试验任务

1）采用分布算法设计 16 阶 FIR 低通滤波器，设计参数指标如表 9.4.3 所示。

表 9.4.3　FIR 低通滤波器的参考指标

参数名	参数值	参数名	参数值
采样率 F_s	8.6kHz	截止频率 F_c	3.4kHz
最小阻带衰减 A_s	-50dB	通带允许起伏	-1dB
输入数据带宽	8 位补码	输出数据宽度	8 位补码

MATLAB 为设计 FIR 滤波器提供了一个功能强大的工具箱。打开 MATLAB FDA Tool（Filter Design & Analysis Tool），选择 Design Filter，进入滤波器设计界面，选择滤波器类型为低通 FIR，设计方法为窗口法，阶数为 15（16 阶滤波器在 MATLAB 软件中被定义为 15 阶），窗口类型为 Hamming，Beta 为 0.5，F_S 为 8.6kHz，F_C 为 3.4kHz。此时可利用 FDA Tool 有关工具分析所设计的滤波器的幅频、相频特性，以及冲激、阶跃响应、零极点等。导出的滤波器系数为

$h(0)=h(15)=-0.0007$；$h(1)=h(14)=-0.0025$；$h(2)=h(13)=0.012$；$h(3)=h(12)=-0.0277$。

$h(4)=h(11)=0.0357$；$h(5)=h(10)=-0.0072$；$h(6)=h(9)=-0.1068$；$h(7)=h(8)=0.5965$。

2）本试验要求采用 ChipScope Pro。内核逻辑分析仪观察信号波形，验证试验结果。

3. 试验原理

目前 FIR 滤波器的实现方法有三种：单片通用数字滤波器集成电路、DSP 器件和可编程逻辑器件。单片通用数字滤波器使用方便，但由于字长和阶数的规格较少，不能完全满足实际需要。使用 DSP 器件实现虽然简单，但由于程序顺序执行，执行速度必然不快。FPGA 有

着规整的内部逻辑阵列和丰富的连线资源，特别适合于数字信号处理任务，相对于串行运算为主导的通用 DSP 芯片来说，FPGA 的并行性和可扩展性更好。但长期以来，FPGA 一直被用于系统逻辑或时序控制，很少有信号处理方面的应用，主要是因为 FPGA 缺乏实现乘法运算的有效结构。不过现在这个问题已得到解决，FPGA 在数字信号处理方面有了长足的发展。

（1）FIR 滤波器与分布式算法的基本原理

一个 N 阶 FIR 滤波器的输出可表示为

$$y = \sum_{i=0}^{N-1} h(i)x(N-1-n) \tag{9-3}$$

式中，$x(n)$ 是 N 个输入数据；$h(i)$ 是滤波器的冲激响应。当 N 为偶数时，根据线性相位 FIR 数字滤波器冲激响应的对称性，可将式(9-3)变换成式(9-4)所示的分布式算法，乘法运算量减小了一半。式(9-4)相应的电路结构如图 9.4.8 所示。

$$y = \sum_{n=0}^{N/2-1} [x(n) + x(N-1-n)]h(i) \tag{9-4}$$

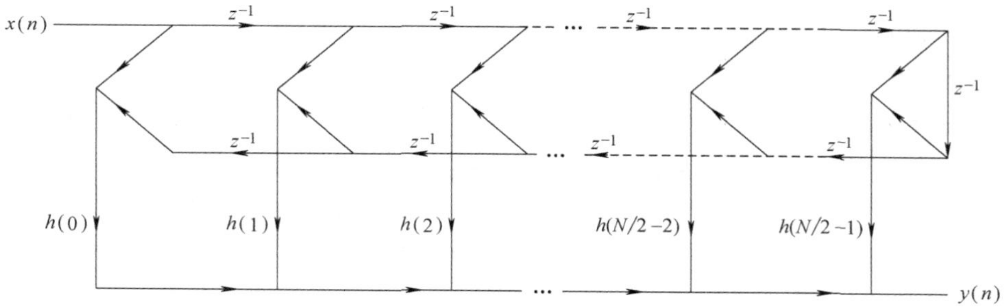

图 9.4.8　线性相位直接型结构

（2）并行方式设计原理

对于 16 阶 FIR 滤波器，利用式(9-4)可得一种比较直观的 Wallace 树加法算法，如图 9.4.9所示，图中 sample 为取样脉冲。采用并行方式的好处是处理速度得到了提高，但它

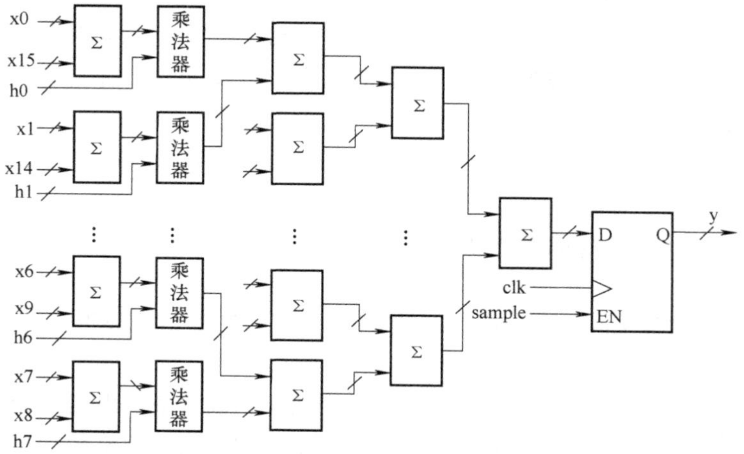

图 9.4.9　FIR 并行工作方式的原理框图

的代价是硬件规模更大了。

注意：为了提高系统的工作速度，Wallace 树加法器一般还可采用流水线技术。

（3）乘累加方式设计原理

因为本试验对 FIR 算法速度要求不高，所以采用“乘累加”工作方式以减少硬件规模，其原理框图如图 9.4.10 所示。

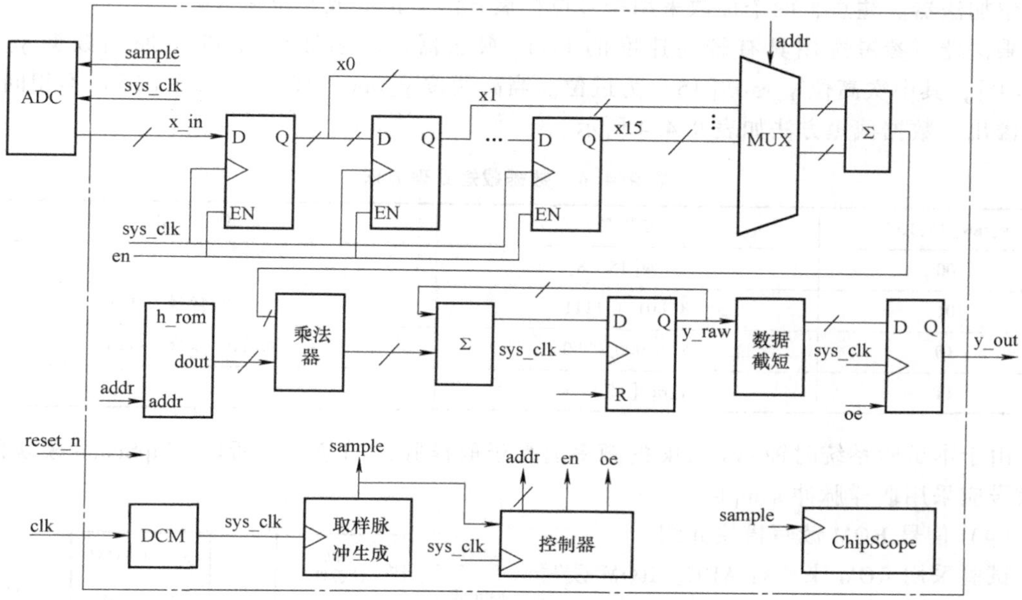

图 9.4.10　FIR“乘累加”方式的原理框图

由于本试验对速度要求不高，所以对输入的 100MHz 时钟由 DCM 内核进行 16 分频，得到的 6.25MHz 的 sys_clk 信号作为系统主时钟。较低的系统时钟可降低加法器、乘法器的设计难度。

取样脉冲产生电路与实际所采用的 A-D 转换器（ADC）芯片有关，试验采用 ROM 来代替 A-D 转换器（ADC）。根据试验要求和 ROM 接口要求，取样脉冲 sample 应是宽度为一个 sys_clk 周期、频率大于 8.6kHz 的周期信号。因此，sample 信号可由 sys_clk 进行 512 分频获得，sample 信号的频率约 12.2kHz。

控制器是电路的核心，控制 FIR 进行 8 次乘累加，图 9.4.11 所示为算法流程图。注意，考虑到实际情况下，ADC 的取样脉冲 sample 信号的宽度可能大于一个 sys_clk 周期，因此在设计控制器时假设 sample 信号的宽度一般情况

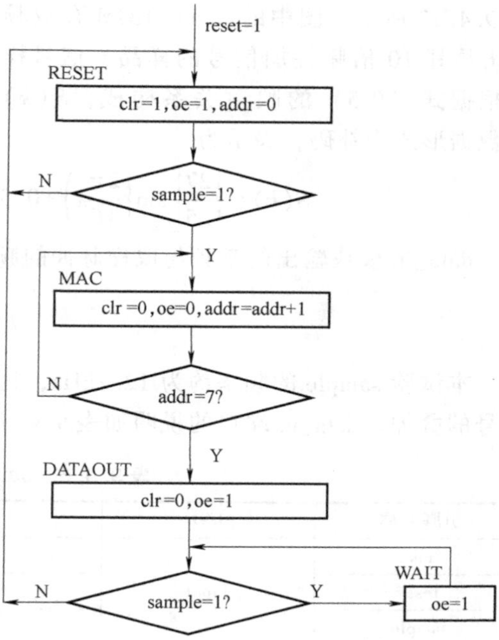

图 9.4.11　控制器的算法流程图

下大于或等于 sys_clk 周期。

模块 h_rom 存放冲激响应系数 h（n）。由于 FIR 滤波器冲激响应系数是一系列的浮点数，但 FPGA 不支持浮点数的运算，所以浮点数需转换成定点数。设计可采用 Q 值量化法，将系数同时扩大 2^7（=128）倍，然后转化为 8 位二进制数补码。

数据选择器 MUX 选出两个数据进行相加。为了防止溢出，保证电路的正常工作，应采用 9 位加法器。注意，两个加数采用符号位扩展方法，扩展成 9 位输入。

乘法器可参考选用具有较高速度的 booth 乘法器。乘累加输出 17 位原始数据 y_raw [16：0]，其中次高位 y_raw [15] 为进位。当高两位 y_raw [16]、y_raw [15] 不相同时，表示溢出。数据截短方法如表 9.4.4 所示。

表 9.4.4　数据截短处理方法

y_raw[16:15]	参数名	说　明
00	y_raw[15：8]	
01	8'b0111_1111	上溢出,取最大 127
10	8'b1000_0000	下溢出,取最小-128
11	y_raw[15：8]	

由于本试验系统时钟 sys_ clk 的频率远大于取样脉冲的频率，所以 ChipScope 模块的时钟信号应采用取样脉冲 sample。

（4）信号 ROM 读写模块介绍

试验采用 ROM 来代替 ADC。ROM 读写模块 data_in 的功能是，每输入一个取样脉冲，模块输出一个信号样品，其工作原理如图 9.4.12 所示。图中的 Signal ROM 存放频率 f 及其 10 倍频叠加信号的样品，信号样品根据式（9-5）的映射关系构成，$S(k)$ 的数据形式为补码，表示为

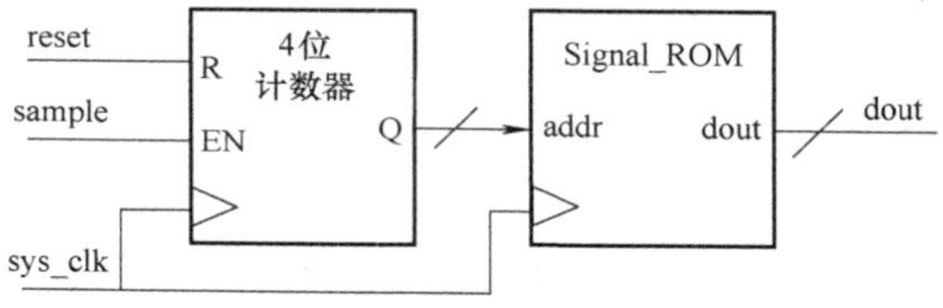

图 9.4.12　ROM 读写模块 data_in 原理框图

$$S(k)=\frac{127}{1.5}\left[\sin\left(\frac{2\pi}{16}k\right)+0.5\sin\left(\frac{2\pi}{1.6}k\right)\right],\quad k=0,1,2,\cdots,15 \tag{9-5}$$

data_in 模块输出的基频与取样脉冲的频率有关，其关系为

$$f=\frac{f_{\text{sample}}}{16} \tag{9-6}$$

本试验 sample 的频率约为 12.2kHz，这样 dout 信号是频率约为 763Hz 与 7.63kHz 正弦信号的叠加。data_in 端口的说明如表 9.4.5 所示。

表 9.4.5　data_in 模块的端口信号

引脚名称	I/O	引 脚 说 明
clk	Input	时钟信号
reset		同步复位,高电平有效
sample		取样脉冲,要求宽度为一个 *clk* 周期
dout[7：0]	Output	信号样品输出,补码形式

4. 提供的文件

本书光盘中提供了 ROM 读写模块 data_in. v 及其子模块 signal rom. v 代码。

5. 试验设备

1）装有 ISE 和 ChipScope Pro 软件的计算机。

2）XUP Virtex-Ⅱ Pro 开发系统一套。

6. 试验内容

1）编写 FIR 模块（包括子模块）的 VHDL/Verilog HDL 代码及其测试代码，并用 Isim/ModelSim 仿真。在进行这一步时可暂时不插入 DCM 模块。

2）将光盘中的 experiment8-4 文件夹中的内容复制到硬盘中，建立 ISE 工程文件，并对工程进行综合。

3）利用 ChipScope Pro 的核插入器 ICON、ILA 核分析 FIR 的输出信号 y_out，本例触发信号和数据信号均采用 y_out。注意，本例 ChipScope 模块的时钟和系统时钟不同，ChipScope 模块采用 sample 作为采样时钟。

4）对工程进行约束、实现，并下载工程文件到 XUP Virtex-Ⅱ Pro 开发试验板中。本试验的 FPGA 引脚约束如表 9. 4. 6 所示。

表 9. 4. 6　引脚约束内容

引脚名称	I/O	FPGA 引脚编号	说　明
clk	Input	AJ15	系统 100MHz 主时钟
reset_n		AG5	Enter 按键

5）启动 ChipScope Pro 分析器对设计进行分析。

触发条件可设置 M0：TriggerPort0 = = 00（Hex）。将输入数据和输出数据分别组成数据 x_in和 y_out，用 signed decimal 方式显示数值。并利用 Bus Plot 功能绘制 y_out 波形，在 Bus Plot 窗口观察 y_out 信号。

注意：运行 ChipScope Pro 采集数据时，应先单击 reset_n（Enter 按键），否则有可能采不到数据。

7. 思考

采用 FPGA 实现的数字信号处理电路有什么特点？

9. 4. 3　数字下变频器的设计

1. 试验目的

1）初步了解软件无线电的基本概念。

2）掌握频谱搬移的概念。

3）锻炼独立设计数字系统的能力。

2. 相关背景知识

近年来软件无线电已经成为通信领域一个新的发展方向，它的中心思想是：构造一个开放性、标准化、模块化的通用硬件平台，将各种功能，如工作频段、调制解调类型、数据格式、加密模式、通信协议等，交由应用软件来完成。软件无线电的设计思想之一是将 A-D 转换器尽可能靠近天线，即把 A-D 从基带移到中频甚至射频，把接收到的模拟信号尽早数字化。由于数字信号处理器（DSP）的处理速度有限，往往难以对 A-D 采样得到的高速率数字信号直接进行各种类别的实时处理。为了解决这一矛盾，利用数字下变频（Digtal Down Converter，DDC）技术将采样得到的高速率信号变成低速率基带信号，以便进行下一步的信号处理。可以看出，数字下变频技术是软件无线电的核心技术之一，也是计算量最大的部分，一般通过 FPGA 或专用芯片等硬件实现。用 FPGA 来设计数字下变频器有许多好处：在硬件上具有很强的稳定性和极高的运算速度；在软件上具有可编程的特点，可以根据不同的系统要求采用不同的结构来完成相应的功能，灵活性很强，便于进行系统功能扩展和性能升级。

3. 试验任务

基于 FPGA 设计数字下变频器，设计要求如下：

1）输入模拟中频信号为 26MHz，带宽为 2MHz。测试时可用信码率小于 4MB/s 的 QPSK 信号作为模拟中频信号。

2）对模拟中频信号采用带通采样方式，ADC 采样率为 20MS/s（Million Samples per Second），采样精度为 14 位，ADC 输出为 14 位二进制补码。

3）经过 A-D 变换之后数字中频送到 DDC，要求 DDC 将其变换为数字正交基带 I、Q 信号，并实现 4 倍抽取滤波，即 DDC 输出的基带信号为 5MS/s 的 14 位二进制补码。

4. 试验原理

（1）算法分析

数字下变频器（DDC）将数字化的中频信号变换到基带，得到正交的 I、Q 数据，以便进行基带信号处理。一般的 DDC 由数字振荡器（Numerically Controlled Oscillator，NCO）、数字混频器、低通滤波器和抽取滤波器组成，如图 9.4.13 所示。

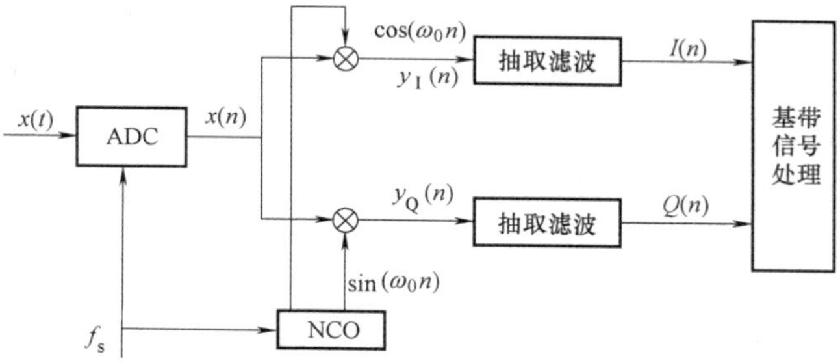

图 9.4.13　数字下变频原理框图

假设输入模拟信号为

$$x(t)=a(t)\cos[\omega_c t+\varphi(t)] \tag{9-7}$$

式中，$a(t)$ 为信号瞬时幅度；ω_c 为信号载波角频率。则经 ADC 采样后的数字中频信号为

$$x(n)=a(n)\cos[\omega_c nT_s+\varphi(nT_s)] \tag{9-8}$$

式中，$T_s=1/f_s$，f_s 为 ADC 采样频率。假设 NCO（数字控制振荡器）的角频率为 ω_0，NCO 产生的正交本振信号为 cos（$\omega_0 nT_s$）和 sin（$\omega_0 nT_s$），则乘法器输出为

$$y_I(n)=\frac{a(n)}{2}\{\cos[(\omega_c-\omega_0)nT_s+\varphi(nT_s)]+\cos[(\omega_c+\omega_0)nT_s+\varphi(nT_s)]\} \tag{9-9}$$

$$y_Q(n)=\frac{a(n)}{2}\{\sin[(\omega_c+\omega_0)nT_s+\varphi(nT_s)]-\sin[(\omega_c-\omega_0)nT_s+\varphi(nT_s)]\} \tag{9-10}$$

由式（9-9）和式（9-10）可知，在混频后用一个低通滤波器滤除和频部分、保留差频部分，即可将信号由中频变到基带。经过低通滤波后得到的基带信号为

$$I(n)=\frac{a(n)}{2}\cos[2\pi\Delta f nT_s+\varphi(nT_s)] \tag{9-11}$$

$$Q(n)=\frac{a(n)}{2}\sin[2\pi\Delta f nT_s+\varphi(nT_s)] \tag{9-12}$$

式中，$\Delta f=f_c-f_0$。整个过程将信号频率由中频变换到基带，实现下变频处理。

为了获得较高的信噪比及瞬时采样带宽，中频采样速率应尽可能选得高一些，但这将导致中频采样后的数据流速率仍然较高，后级的处理难度增大。由于实际的信号带宽较窄，为了降低数字基带处理的计算量，有必要对采样数据流进行降速处理，即抽取滤波。下面讨论有利于实时处理的多相滤波结构。

设抽取滤波器中的低通滤波器的冲激响应为 $h(n)$，则其 z 变换可表示为

$$H(z)=\sum_{n=-\infty}^{+\infty}h(n)z^{-n}=\sum_{k=0}^{D-1}z^{-n}E_k(z^D) \tag{9-13}$$

$$E_k(z^D)=\sum_{n=-\infty}^{+\infty}h(nD+k)z^{-n} \tag{9-14}$$

式中，$E_k(z^D)$ 称为多相分量，D 为抽取因子。式（9-14）就是数字滤波器的多相结构表达式，将其应用于抽取器后的结构如图 9.4.14 所示。

利用多相滤波结构，可以将数字下变频的先滤波再抽取的结构等效转换为先抽取再滤波的形式，如图 9.4.15 所示。这样，对滤波器的各个分相支路来说，滤波计算在抽取之后进行，原来在一个采样周期内必须完成的计算工作量，可以允许在 D 个采样周期内完成，且每组滤波器的阶数是低通滤波器阶数的 $1/D$，实现起来要容易得多。

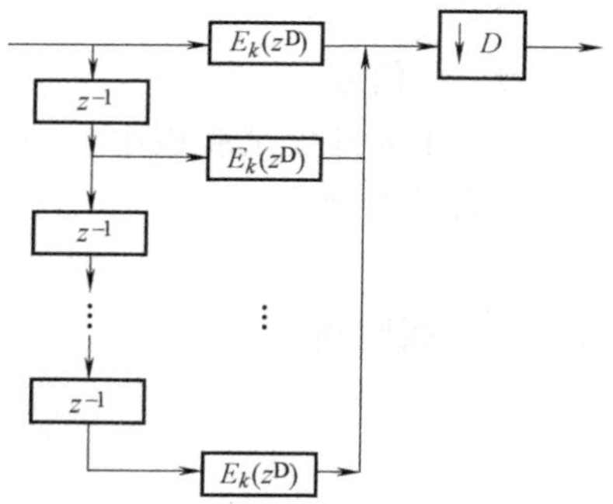

图 9.4.14　先滤波再抽取结构

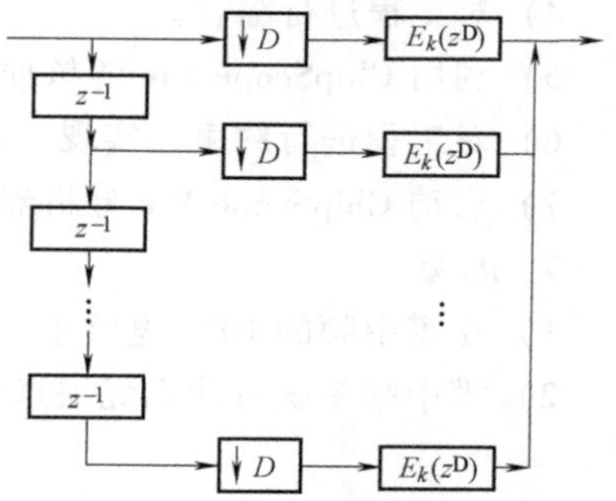

图 9.4.15　先抽取再滤波结构

（2）DDC 的 FPGA 实现

1）NCO 的实现。NCO 的作用是产生正弦、余弦样本。本试验要求 $\Delta f=0$，所以要求 NCO 产生频率为 26MHz 的正弦、余弦样本，取样频率为 20MHz。

一般情况下，NCO（数字控制振荡器）采用 DDS 的方法实现，要求样品 ROM 为双端口 ROM，具有同相和正交两路输出。

2）混频器的实现。数字混频器将原始采样信号与 NCO 产生的正、余弦波形分别相乘，最终得到两路互为正交的信号。由于输入信号的采样率较高，因此要求混频器的处理速度大

于等于信号采样率。数字下变频系统需要两个数字混频器，也就是乘法器。XC2VP30 器件内嵌 136 个 18×18 位硬件乘法器，其最高工作频率为 500MHz，因此采用硬件乘法器完全能够满足混频器的设计要求。使用 Xilinx 公司的 Multiplier IP 核可以轻松实现硬件乘法器的配置。该设计中采用两路 14 位的输入信号，输出信号也为 14 位。

3）实现抽取滤波模块。因为经 DDS 后的信号是带宽为 2MHz 的零中频信号，只考虑正频率范围，故该滤波器的通带截止频率为 1 MHz，设计采用 FIR 滤波器。FIR 的阶数越高，性能越好，但考虑资源占用情况，FIR 的阶数不宜过高，建议设计采用 32 阶 FIR。在 MATLAB 中设计一个通带截止频率为 2MHz 的 32 阶 FIR，将系数量化为 14 位二进制数值 $h(0)$ ~ $h(31)$。

设计采用多相滤波器结构。该设计按照 4∶1 的比例抽取信号，即 $D=4$，因此把这个 32 阶的 FIR 滤波器“拆分”为 4 个 8 阶的滤波器，那么每个分支滤波器的冲激响应满足

$$h_k(n)=h(k+4n) \tag{9-15}$$

式中，k 表示第 k 支路，$k=0, 1, 2, 3$；$n=0, 1, 2, \cdots, 7$。

5. 试验设备

1）装有 ISE、ModelSim SE 和 ChipScope Pro 软件的计算机。

2）XUP Virtex-Ⅱ Pro 开发系统一套。

6. 试验内容

1）编写 DDC 模块（包括子模块）的 VHDL/Verilog 代码及其测试代码，并用 Isim/MoedelSim 仿真验证。

2）为了测试需要，试验可采用 ROM 代替 ADC，查阅相关资料编写一个信号 ROM：存放信码率小于 4Mbit/s 的 QPSK 信号样本，样本以 20MS/s 速率读出。

3）建立 ISE 工程文件，包括 DDC 模块和信号 ROM 模块。

4）对工程进行综合。

5）利用 ChipScope Pro 的核插入器 ICON，ILA 核分析输出 I、Q 信号。

6）对工程进行约束、实现，并下载工程文件到 XUP Virtex-Ⅱ Pro 开发试验板中。

7）启动 ChipScope Pro 分析器对设计进行分析，验证设计是否符合要求。

7. 思考

1）在零中频的 DDC 电路中，是否要求本振信号与输入信号同频同相？

2）零中频系统有什么优缺点？

附录

逻辑符号国外与国标对照表

名　称	国标符号	曾用符号	国外流行符号
与门	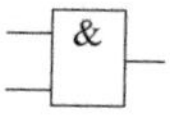	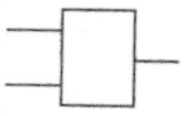	
或门	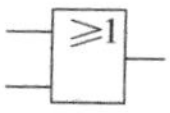	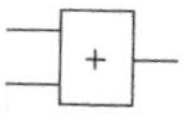	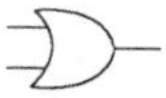
非门	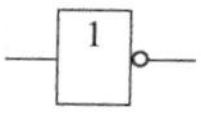	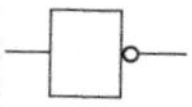	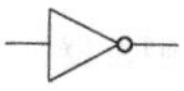
与非门	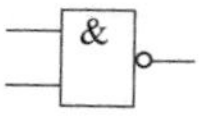	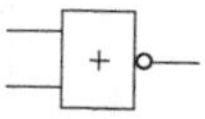	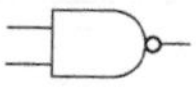
或非门	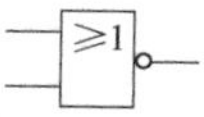	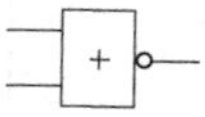	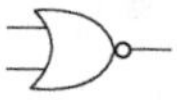
与或非门	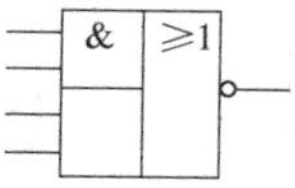	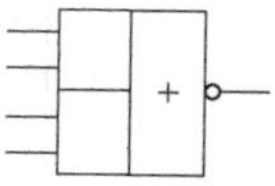	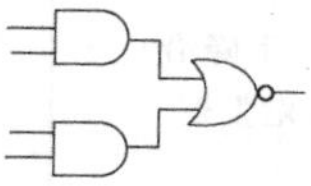
异或门	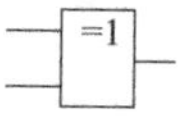	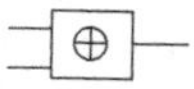	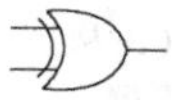
逻辑恒等	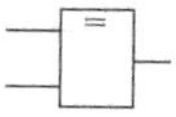	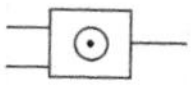	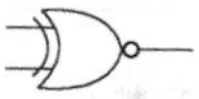
集电极开路的与门	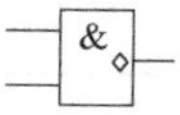	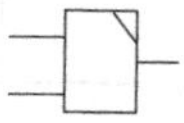	
三态输出的非门	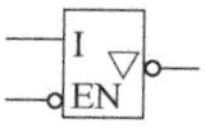	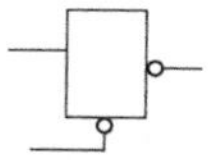	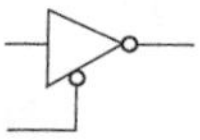

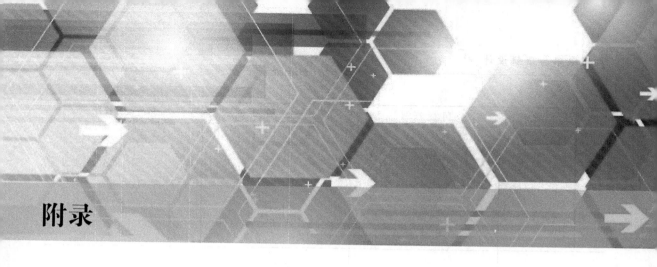

（续）

名　称	国标符号	曾用符号	国外流行符号
传输门	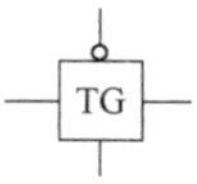	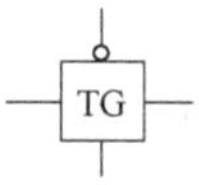	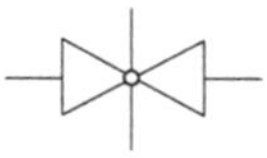
双向模拟开关	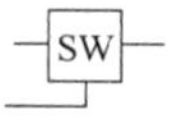	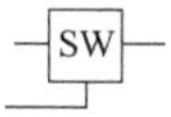	
半加器	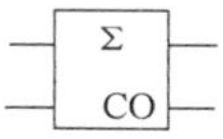	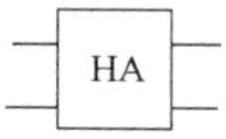	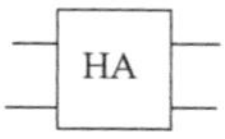
全加器	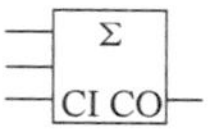	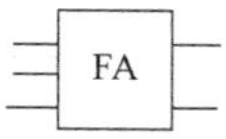	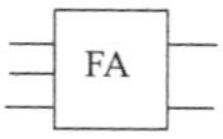
基本 RS 触发器	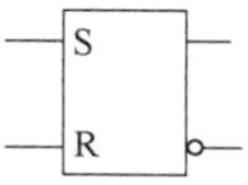	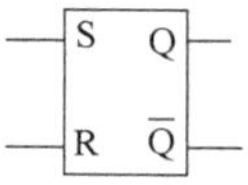	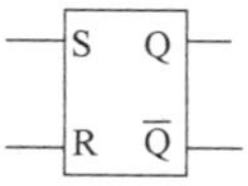
同步 RS 触发器	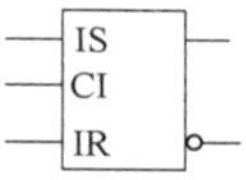	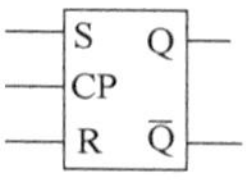	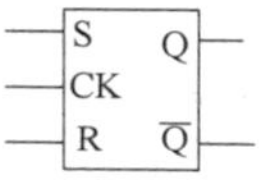
边沿（上升沿）D 触发器	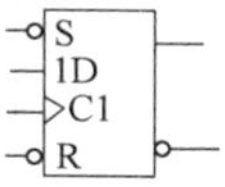	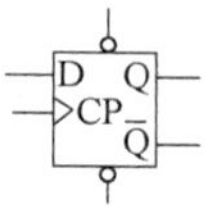	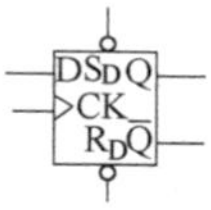
边沿（下降沿）JK 触发器	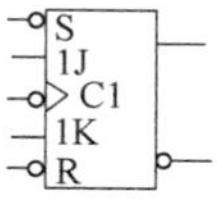	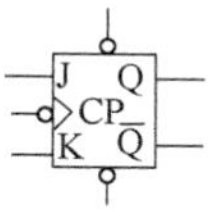	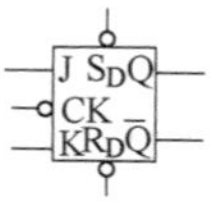
脉冲触发（主从）JK 触发器	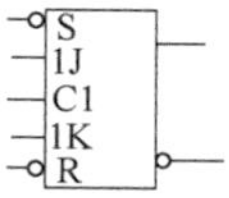	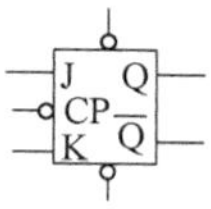	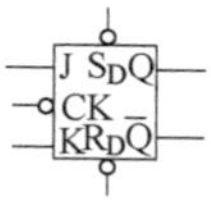
带施密特触发特性的与门	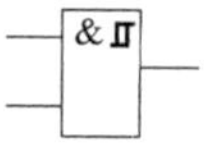	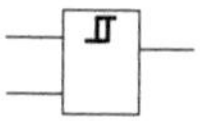	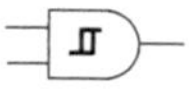

参考文献

[1] 阎石，王红，等. 数字电子技术基础［M］. 5版. 北京：高等教育出版社，2006.

[2] 陈光梦，王勇，等. 数字逻辑基础学习指导与教学参考［M］. 上海：复旦大学出版社，2004.

[3] MANO M M，CILETTI M D. Digital Design With an Introduction to the Verilog HDL［M］. New Jersey：Pearson Education，Inc.，2013.

[4] MARCOVITZ A B. Introduction to Logic Design［M］. New York：McGraw-Hill，a business unit of The McGraw-Hill Companies，Inc，2010.

[5] 刘昕彤，马文华，郑荣杰，等. 数字电子技术［M］. 北京：北京理工大学出版社，2017.

[6] 刘联会，陈建铎，王亚亚，等. 数字电子技术［M］. 北京：北京邮电大学出版社，2017.

[7] 吴雪琴，等. 数字电子技术［M］. 北京：北京理工大学出版社，2016.

[8] 贾立新，等. 数字电路［M］. 北京：电子工业出版社，2017.

[9] 李晓辉，等. 数字电路与逻辑设计［M］. 2版. 北京：电子工业出版社，2017.

[10] 李文渊，等. 数字电路与系统［M］. 北京：高等教育出版社，2017.

[11] 霍尔兹沃思. 数字逻辑设计［M］. 樊志容，邹政平，译. 西安：西安交通大学出版社，1987.

[12] 胡锦. 数字电路与逻辑设计［M］. 2版. 北京：高等教育出版社，2004.

[13] 邵有为，杨竹君. 数字电路基础［M］. 北京：中国建材工业出版社，2011.

[14] 潘宗福，刘小光. 集成门电路及其应用［M］. 北京：人民邮电出版社，1990.

[15] 苏莉萍. 电子技术基础［M］. 4版. 西安：西安电子科技大学出版社，2017.

[16] 陈隆道，蔡忠法，沈红. 集成电子技术基础教程：上册［M］. 3版. 北京：高等教育出版社，2015.

[17] 蔡良伟. 数字电路与逻辑设计［M］. 3版. 西安：西安电子科技大学出版社，2014.

[18] 成立，王振宇. 数字电子技术基础［M］. 3版. 北京：机械工业出版社，2016.

[19] 韩进. 数字逻辑［M］. 徐州：中国矿业大学出版社，2006.

[20] 禹思敏，朱玉玺. 数字电路与逻辑设计［M］. 广州：华南理工大学出版社，2006.

[21] 华中科技大学电子技术课程组，康华光. 电子技术基础：数字部分［M］. 6版. 北京：高等教育出版社，2014.

[22] 刘勇. 数字电路［M］. 北京：电子工业出版社，2007.

[23] 蒋万君. 数字电路及数字系统设计［M］. 成都：西南交通大学出版社，2010.

[24] 罗胜钦. 系统芯片（SOC）设计原理［M］. 北京：机械工业出版社，2007.

[25] 万国春，苏立峰，罗胜钦，等. 系统芯片（SOC）设计方法与实践［M］. 上海：同济大学出版社，2016.

[26] HARRIS D M，HARRIS S L. 数字设计和计算机体系结构［M］. 2版. 陈俊颖，译. 北京：机械工业出版社，2016.

[27] 万国春，童美松. 数字系统设计方法与实践［M］. 上海：同济大学出版社，2015.

[28] 王菽蓉. 以电压-频率转换器为基础的模数转换［J］. 电测与仪表，1981，5：42-45.

[29] 徐信颖，陈巴特尔，徐洧学. 不受电路参数影响的 V-F 变换型 A/D 转换电路［J］. 自动化仪表，2000，7：44-45.